Kusch · Haarmann

Mathematik für Fachoberschulen und Fachgymnasien

Mathematik

für Fachoberschulen und Fachgymnasien

von
Lothar Kusch
Hermann Haarmann

Verlag W. Girardet, Essen

CIP-Kurztitelaufnahme der Deutschen Bibliothek

Kusch, Lothar:
Mathematik für Fachoberschulen und Fachgymnasien/
von Lothar Kusch; Hermann Haarmann. –
Essen: Girardet, 1980.
ISBN 3-7736-2205-8

NE: Haarmann, Hermann:

ISBN 3-7736-2205-8
Bestellnummer 2205

W. Girardet Buchverlag GmbH, Essen

Einbandgestaltung U. Thoenißen, Essen
Gesamtherstellung H. Stürtz AG, Würzburg
Printed in Germany · 1980
(Berichtigter Nachdruck 1981)

Inhalt

Mathematische Zeichen (Symbole)

DIN 1302, 5473

Zeichen (Symbol)	Sprechweise	Beispiel, Erläuterung, Verwendung
	Elementares Rechnen	
$=$	gleich	$11 = 3 + 8$
$\neq$	ungleich, nicht gleich	$6 \neq 4$
$\approx$	ungefähr, nahezu gleich, rund, etwa	$\frac{1}{3} \approx 0{,}33$
$\equiv$	identisch	$f(x) \equiv 1$, d.h. die Funktion f ist für jedes x gleich 1.
$<$	kleiner als	$5 < 8$
$>$	größer als	$6 > 2$
$\leq$	kleiner gleich	$4 \leq 5$; $4 \leq 4$
$\geq$	größer gleich	$5 \geq 4$; $5 \geq 5$
$\mid\ \mid$	absoluter Betrag von, Betrag	$\lvert -5 \rvert = 5$
$\hat{=}$	entspricht	1 cm $\hat{=}$ 500 kg (z.B. in einer Zeichnung)
sgn	Signum	$\operatorname{sgn} x = \begin{cases} 1, & \text{wenn } x > 0 \\ 0, & \text{wenn } x = 0 \\ -1, & \text{wenn } x < 0 \end{cases}$
$n!$	n Fakultät	$n! = 1 \cdot 2 \cdots n$; z.B. $5! = 1 \cdot 2 \cdot 3 \cdot 4 \cdot 5 = 120$
$\binom{n}{p}$	n über p	Binomialkoeffizient: $\binom{n}{p} = \frac{n \cdot (n-1) \cdots (n-p+1)}{p!}$
$\sum$	Summe	$\sum\limits_{\nu=1}^{n} x_\nu = x_1 + \cdots + x_n$; Grenzbezeichnungen sind unter und über das Summenzeichen zu setzen. Die Summationsvariable wird unter das Zeichen gesetzt: $\sum\limits_{\nu=1}^{n}$ oder $\sum\limits_{\nu}$

Zeichen (Symbol)	Sprechweise	Beispiel, Erläuterung, Verwendung
	Aussagen, Mengen	
$\Rightarrow$	daraus folgt; aus … folgt; folglich ist	$A = \{1, 2, 3\} \Rightarrow 2 \in A$
$\Leftrightarrow$	gilt genau dann, wenn; ist äquivalent mit; ist gleichwertig mit	$3x = 6 \Leftrightarrow x = 2$
$\wedge$	und; sowohl als auch	$2 \in \mathbb{N} \wedge 2 \in \mathbb{Z}$ (Konjunktion)
$\vee$	oder	$x^2 = 4 \Rightarrow x = 2 \vee x = -2$
p, q		Aussage p: $2 + 3 = 5$; Aussage q: $2 < 5$
$p(x)$	p von x	Aussageform $p(x)$: $2x + 3 = 10$
$q(x, y)$	q von x und y	Aussageform $q(x, y)$: $x^2 + 3y = 25$
$A, B, C, \ldots$		Namen (Symbole) für Mengen
$\{a, b, c\}$	Menge mit den Elementen a, b, c	$A = \{1, 2, 3\}$
$\{x \mid \ldots\}$	Menge aller x, für die gilt:	$\{x \mid x \in \mathbb{R} \wedge x^2 - 9 = 0\} = \{3, -3\}$
L		Lösungsmenge (bei Gleichungen), z.B. $x^2 = 2 \Rightarrow L = \{\sqrt{2}, -\sqrt{2}\}$.
$\mathbb{N}$	Menge aller natürlichen Zahlen	$\mathbb{N} = \{0, 1, 2, 3, \ldots\}$
$\mathbb{N}^*$	Menge aller natürlichen Zahlen ohne die Zahl Null	$\mathbb{N}^* = \{1, 2, 3, \ldots\}$
$\mathbb{Z}$	Menge aller ganzen Zahlen	$\mathbb{Z} = \{\ldots, -2, -1, 0, 1, 2, \ldots\}$
$\mathbb{Z}_+^*$	Menge aller positiven ganzen Zahlen	$\mathbb{Z}_+^* = \{1, 2, 3, \ldots\} = \mathbb{N}^*$
$\mathbb{Z}_+$	Menge der nicht negativen ganzen Zahlen	$\mathbb{Z}_+ = \{0, 1, 2, 3, \ldots\} = \mathbb{N}$
$\mathbb{Z}_-^*$	Menge aller negativen ganzen Zahlen	$\mathbb{Z}_-^* = \{-1, -2, -3, \ldots\}$
$\mathbb{Z}_-$	Menge aller nicht positiven ganzen Zahlen	$\mathbb{Z}_- = \{0, -1, -2, -3, \ldots\}$

Zeichen (Symbol)	Sprechweise	Beispiel, Erläuterung, Verwendung
$\mathbb{Q}$	Menge aller rationalen Zahlen	$\mathbb{Q} = \left\{ \frac{a}{b} \,\middle|\, a, b \in \mathbb{Z}; b \neq 0 \right\}$
$\mathbb{Q}_+, \mathbb{Q}_+^*,$ $\mathbb{Q}_-, \mathbb{Q}_-^*$		Teilmengen der rationalen Zahlen analog $\mathbb{Z}_+, \mathbb{Z}_+^*, \mathbb{Z}_-, \mathbb{Z}_-^*$
$\mathbb{R}$	Menge aller reellen Zahlen	$\mathbb{R} = \mathbb{Q} \cup I$
$\mathbb{R}_+, \mathbb{R}_+^*,$ $\mathbb{R}_-, \mathbb{R}_-^*$		Teilmengen der reellen Zahlen analog $\mathbb{Z}_+, \mathbb{Z}_+^*, \mathbb{Z}_-, \mathbb{Z}_-^*$
G	Menge aller geraden Zahlen	$G = \{\ldots, -4, -2, 2, 4, \ldots\}$
U	Menge aller ungeraden Zahlen	$U = \{\ldots, -3, -1, 1, 3, \ldots\}$
G_+, G_-, U_+, U_-		entsprechende Teilmengen von G und U
P	Menge aller Primzahlen	$P = \{2, 3, 5, 7, 11, \ldots\}$
$\|A\|$, card A	Kardinalzahl der Menge A	$A = \{a, b, c\}$; $\|A\| = 3$
$\sim$	gleichmächtig mit	$\{a, b\} \sim \{x, y\}$
$\nsim$	nicht gleichmächtig mit	$\{a, b\} \nsim \{x\}$
$A \times B$	kartesisches Produkt (Produktmenge)	$A \times B = \{x, y \mid x \in A \wedge y \in B\}$
$\emptyset$	leere Menge	$\mathbb{Z}_+^* \cap \mathbb{Z}_-^* = \emptyset$
$\in$	(ist) Element (von)	$5 \in \mathbb{N}$
$\notin$	(ist) nicht Element (von)	$0{,}5 \notin \mathbb{Z}$
$\subset$	(ist) Teilmenge (von)	$\mathbb{N} \subset \mathbb{R}$
$\subsetneqq$	(ist) echte Teilmenge (von)	$\mathbb{N} \subsetneqq \mathbb{Z}$, d.h. $\mathbb{N} \subset \mathbb{Z} \wedge \mathbb{N} \neq \mathbb{Z}$
$\not\subset$	(ist) nicht Teilmenge (von)	$\mathbb{Z} \not\subset \mathbb{N}$
$\cup$	vereinigt mit, Vereinigung	$\mathbb{Z}_+ \cup \mathbb{Z}_- = \mathbb{Z}$
$\cap$	geschnitten mit, Durchschnitt	$\mathbb{Z}_+ \cap \mathbb{Z}_- = \{0\}$
$\setminus$	ohne	Differenzmenge: $\mathbb{Z} \setminus \mathbb{Z}_+^* = \mathbb{Z}_-$
$[a, b]$	abgeschlossenes Intervall a, b	$[a, b] = \{x \mid a \leq x \leq b\}$
(a, b)	offenes Intervall a, b	$(a, b) = \{x \mid a < x < b\}$
$(a, b]$ $[a, b)$	halboffenes Intervall a, b	$(a, b] = \{x \mid a < x \leq b\}$ $[a, b) = \{x \mid a \leq x < b\}$

Zeichen (Symbol)	Sprechweise	Beispiel, Erläuterung, Verwendung
	Relationen, Funktionen, Folgen	
(a, b)		geordnetes Paar mit den Komponenten a und b
$P(x, y)$		Punkt der reellen Zahlenebene mit den Koordinaten x und y
R		Relation $R = \{(x, y) \mid y^2 = 2x; x, y \in \mathbb{R}\}$
R^{-1}	R hoch minus eins	Umkehrrelation zu R: $R^{-1} = \left\{(x, y) \mid y = \frac{x^2}{2}; x, y \in \mathbb{R}\right\}$
f		$f = \{(x, y) \mid x \in D \wedge y \in W\}$
f^{-1}	f hoch minus eins	$f^{-1} = \{(x, y) \mid x \in W \wedge y \in D\}$
$D(f)$	D von f	Definitionsbereich $D = D(f)$
$W(f)$	W von f	Wertebereich $W = W(f)$
$\rightarrow$		$f: \mathbb{R} \rightarrow \mathbb{R}_+^*$, d.h. f ist Funktion von $\mathbb{R}$ in $\mathbb{R}_+^*$.
$\langle \mapsto \rangle$	wird abgebildet auf	Funktionsbildungsoperator: $f: x \mapsto 2x^2$ ist die Funktion, die jedes x auf das zugehörige $2x^2$ abbildet.
$\langle \mapsto \mid \rangle$	wird abgebildet auf, …, wobei gilt	Eingeschränkter Funktionsbildungs-operator: $f = \langle x \mapsto 2x^2 \mid x \in \mathbb{N} \rangle$; $D(f)$ ist eingeschränkt auf $x \in \mathbb{N}$.
$y = f(x)$	y gleich f von x	Funktionsgleichung $y = 2x^2$
$\mathbb{G}(f)$	$\mathbb{G}$ von f	Graph von f (Punktmenge): $\mathbb{G}(f) = \{P(x, y) \mid y = f(x)\}$
$a_n = f(n)$	a_n gleich f von n	Bildungsvorschrift einer Zahlenfolge
$\langle a_n \rangle$	Folge a_n	$\langle a_n \rangle = \{(n, a_n) \in \mathbb{N} \times \mathbb{R} \mid a_n = f(n)\}$ $\langle a_n \rangle$: $a_1, a_2, a_3, \ldots$
$U_\varepsilon(g)$	ε-Umgebung von g	$U_\varepsilon(g) = \{x \mid x \in (g - \varepsilon, g + \varepsilon)\}$ $= \{x \mid \|x - g\| < \varepsilon\}$
$\rightarrow$	gegen, nähert sich, konvergiert nach	$x \rightarrow a$; $a \in \mathbb{R}$ oder a ist ∞ bzw. $-\infty$
lim	Limes, Grenzwert	$\lim\limits_{x \to a} f(x) = b$ $f(x)$ konvergiert gegen b für $f(x)$ gegen a
a^x	a hoch x	Exponentialfunktion zur Basis a: $y = 2^x$
e^x	e hoch x	Exponentialfunktion zur Basis e: $y = e^x$ ($e \approx 2{,}718$; Umkehrfunktion zu $y = \ln x$)

Zeichen (Symbol)	Sprechweise	Beispiel, Erläuterung, Verwendung
$\log_a$	Logarithmus (zur Basis a)	$\log_5 125 = \log_5 5^3 = 3$
lg	Zehnerlogarithmus	$\lg x = \log_{10} x$
ln	natürlicher Logarithmus	$\ln x = \log_e x$
lb	Binär-, Duallogarithmus, Zweierlogarithmus	$\text{lb}\, x = \log_2 x$
sin	Sinus	$\sin x$, $\cos x$, $\tan x$, $\cot x$ } Funktionswerte der trigonometrischen Funktionen
cos	Cosinus	
tan	Tangens	
cot	Cotangens	
Differential- und Integralrechnung		
Δf	Delta f	Differenz zweier Funktionswerte: $\Delta f(x) = f(x_1) - f(x_2)$
$f'(x), f''(x), \ldots, f^{(n)}(x)$	f Strich von x, f zwei Strich von x, …, fn Strich von x	Ableitungsfunktion erster, zweiter, …, n-ter Ordnung der Funktion $f(x)$
$y', y'', \ldots, y^{(n)}$	y Strich, y zwei Strich, …, yn Strich	Erste, zweite, …, n-te Ableitung $y' = f'(x)$ usw.
$[A]_a^b$	Flächeninhalt A der durch den Graph $\mathbb{G}(f)$ der Funktion f, der x-Achse und den Achsen $x = a$ und $x = b$ begrenzt wird.	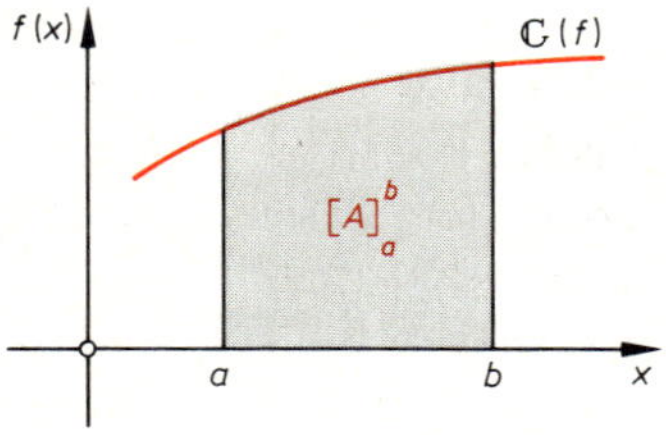
$\int$	Integral	
$\int_a^b f(x)\,dx$	Integral $f(x)$ von a bis b	Bestimmtes Integral; a und b sind die Grenzen. Gelegentlich schreibt man der Deutlichkeit halber auch $\int\limits_{x=a}^{b} f(x)\,dx$

1. Mengen und Aussagen

1.1 Einführung in die Mengenlehre

Der Begriff Menge hat in der Mathematik eine exaktere und eingeschränktere Bedeutung als in der Umgangssprache; er beinhaltet eine Zusammenfassung bestimmter wohlunterschiedener Objekte zu einem Ganzen.
Beispiele wie „*Die Menge von zwei Litern Milch*" oder „*In den Straßen befinden sich eine Menge Menschen*" sind im mathematischen Sinne nicht als Mengen zu bezeichnen. Im ersten Beispiel ist unklar, welche Objekte zum Begriff Milch zusammengefaßt werden sollen, im zweiten Beispiel ist keine bestimmte, wohldefinierte Menge Menschen gemeint.
Der Haller Mathematiker Georg Cantor (1845 ... 1918), der Begründer der Mengenlehre, definierte den Begriff der Menge wie folgt:
„Eine Menge ist eine Zusammenfassung bestimmter wohlunterschiedener Objekte unserer Anschauung oder unseres Denkens zu einem Ganzen."
Die Objekte, die eine Menge bilden, bezeichnet man als *Elemente* dieser Menge.

Beispiel:

Eine Bibliothek ist eine Menge von Büchern. Das Buch „Die Blechtrommel" von Günther Grass ist ein Element dieser Menge. Alle anderen Bücher in dieser Bibliothek sind ebenfalls Elemente der Menge aller Bücher dieser Bibliothek. Findet man ein bestimmtes Buch, z.B. „Was sind und was sollen die Zahlen" von Richard Dedekind, nicht in dieser Bibliothek, so ist dieses Buch kein Element dieser Bibliothek.

Mengen werden mit kursiven (schrägen) lateinischen Großbuchstaben bezeichnet.	$A, B, \dots, M_1, M_2, \dots$
Die Standardmengen, also die Mengen der natürlichen, ganzen, rationalen, reellen und komplexen Zahlen, werden allerdings mit einem doppelstrichigen Großbuchstaben bezeichnet.	$\mathbb{N}, \mathbb{Z}, \mathbb{Q}, \mathbb{R}, \mathbb{C}$
Die Elemente einer Menge können Bilddarstellungen, Buchstaben, Wörter, Zahlen usw. sein.	*Vater, Mutter, Kinder* $a, b, c, \dots, x, y, z$
Die Zugehörigkeit eines Elements zu einer Menge wird durch das Zeichen „$\in$" zum Ausdruck gebracht; „$\in$" wird gelesen: „*ist Element von*".	$a \in A,\ x \in M_1$
Das Zeichen „$\notin$" drückt die Nichtzugehörigkeit eines Elements zu einer Menge aus; „$\notin$" wird gelesen: „*ist nicht Element von*".	$a \notin A,\ x \notin M_1$

Um anzudeuten, daß eine Menge eine Zusammenfassung ist, schreibt man ihre Elemente in eine geschweifte Klammer und trennt sie durch ein Komma oder Semikolon.

$M_1 = \{a, b, c, d\}, \quad A = \{6, 7, 8, 9\}$

Bei der Darstellung einer Menge durch ein *Mengenbild* werden die Elemente mit einer in sich geschlossenen Linie umrandet. Solche Mengendarstellungen heißen auch *Mengendiagramme* bzw. *Euler-* oder *Venndiagramme*.

Beispiel:

M sei die Menge der ersten vier natürlichen Zahlen.

$M = \{0, 1, 2, 3\}$
Es gilt: $3 \in M, \quad 5 \notin M$

Mengen werden unterschieden in endliche und unendliche Mengen, je nachdem, ob die Anzahl ihrer Elemente begrenzt ist oder nicht.

Die Menge aller Wochentage ist eine endliche Menge.

$A = \{Montag, Dienstag, \ldots, Sonntag\}$

Die Menge der natürlichen Zahlen ist eine unendliche Menge.

$\mathbb{N} = \{0, 1, 2, 3, 4, 5, \ldots\}$

Eine besondere Festlegung bei der Mengendefinition ist die *Wohlunterschiedenheit* der Elemente. Man versteht darunter, daß alle Elemente untereinander verschieden sein müssen bzw. gleiche Elemente in einer Menge nur einmal genannt werden.

Nach dieser Verabredung enthält die nebenstehende Menge nur die Zahlen 1, 2, 3, 5; mehrmals vorkommende Elemente zählen nur einmal.

$A = \{1, 2, 3, 5, 2\}$
$A = \{1, 2, 3, 5\}$

Beispiel:

Ist $M = \{\sqrt{4},\ 4-3,\ \frac{1}{2}+\frac{1}{2},\ 1\}$ eine Menge mit vier Elementen?

Lösung:

Da $4 - 3 = 1$ und $\frac{1}{2} + \frac{1}{2} = 1$ ist, gilt: $M = \{\sqrt{4}, 1\}$; *M* ist eine Menge mit zwei Elementen.

Darstellung von Mengen

Die Darstellung einer Menge kann auf zwei Arten erfolgen:

a) *Beschreibende Form*

Bei dieser Form wird die Eigenschaft angegeben, die alle Elemente der betreffenden Menge und nur die Elemente der Menge haben.

A = *Menge aller Quadratzahlen*
A = {*alle Quadratzahlen*}
B = *Menge aller Schüler in einer Klasse*
B = {*alle Schüler in der Klasse*}
C = {*alle rechtwinkligen Dreiecke*}

Vorteilhaft bei dieser Form der Darstellung einer Menge ist die Verwendung von Variablen. Die Variable steht für alle Elemente der Menge, die eine bestimmte Eigenschaft haben.

$A = \{x | x \textit{ ist Primzahl und } x > 17\}$
gelesen: A ist die Menge aller x, für die gilt:
x ist eine Primzahl
und x ist größer als 17.

b) *Aufzählende Form*
Bei dieser Form der Darstellung einer Menge werden alle Elemente genannt, die zu der betreffenden Menge gehören.

Menge aller Vokale im deutschen Alphabet.	$A = \{a, e, i, o, u\}$
Menge aller Monate, in denen ein Wechsel der Jahreszeiten eintritt.	$B = \{\textit{März, Juni, September, Dezember}\}$
Hat eine Menge unendlich viele Elemente, so schreibt man nur einige von ihnen und deutet die nachfolgenden Elemente durch drei Punkte an, wenn klar ist, wie fortgesetzt werden soll.	*Menge der natürlichen Zahlen* $\mathbb{N} = \{0, 1, 2, 3, 4, 5, 6, 7, \dots\}$

Die Wahl der geeigneteren Methode, eine Menge darzustellen, hängt vom Einzelfall ab. Die wirksamere Methode der beschreibenden Form findet in der Mathematik häufiger Anwendung.

Im folgenden werden einige Zahlenmengen angegeben, die in der Mathematik eine sehr wichtige Rolle spielen.

Menge der natürlichen Zahlen:	$\mathbb{N} = \{0, 1, 2, 3, 4, 5, \dots\}$
Menge der natürlichen Zahlen ohne Null:	$\mathbb{N}^* = \{1, 2, 3, 4, 5, 6, \dots\}$
Menge der ganzen Zahlen:	$\mathbb{Z} = \{\dots, -3, -2, -1, 0, 1, 2, 3, \dots\}$
Menge der positiven geraden Zahlen:	$G_+ = \{2, 4, 6, 8, \dots\}$
Menge der negativen ungeraden Zahlen:	$U_- = \{-1, -3, -5, -7, \dots\}$
Menge der Primzahlen:	$P = \{2, 3, 5, 7, 11, \dots\}$
Menge der ganzen Zahlen ohne Null:	$\mathbb{Z}^* = \{\dots, -3, -2, -1, 1, 2, 3, \dots\}$
Menge der nicht negativen ganzen Zahlen:	$\mathbb{Z}_+ = \{0, 1, 2, 3, 4, 5, \dots\} = \mathbb{N}$
Menge der positiven ganzen Zahlen:	$\mathbb{Z}_+^* = \{1, 2, 3, 4, 5, \dots\} = \mathbb{N}^*$
Menge der rationalen Zahlen:	$\mathbb{Q} = \left\{x \middle| x = \frac{p}{q};\ p, q \in \mathbb{Z} \textit{ und } q \neq 0\right\}$
Menge der rationalen Zahlen ohne Null:	$\mathbb{Q}^* = \mathbb{Q} \setminus \{0\}$
Menge der positiven rationalen Zahlen:	$\mathbb{Q}_+^* = \{x \mid x > 0 \text{ und } x \in \mathbb{Q}\}$
Menge der positiven reellen Zahlen:	$\mathbb{R}_+^* = \{x \mid x > 0 \text{ und } x \in \mathbb{R}\}$
Menge der reellen Zahlen:	$\mathbb{R} = \{x \mid x \textit{ ist rationale oder irrationale Zahl}\}$
Menge der nicht positiven reellen Zahlen:	$\mathbb{R}_- = \{x \mid x \leq 0 \text{ und } x \in \mathbb{R}\}$

Veranschaulichung von Mengen

Zur Veranschaulichung von Mengen verwendet man Mengendiagramme, die auch „*Venn-Diagramme*“ oder „*Euler-Diagramme*“ genannt werden. Durch eine in sich geschlossene Linie (Mengenschleife), in die die Elemente hineingeschrieben werden, wird angegeben, welche Elemente zur Menge gehören. Die Form der Mengenschleife kann beliebig sein.

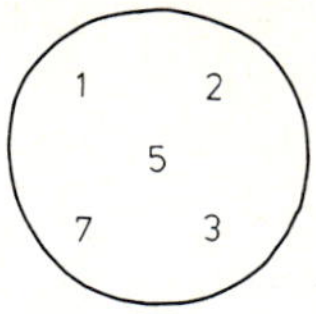

$M = \{1, 2, 3, 5, 7\}$

$M = \{$*Buchstaben des Namens SILKE*$\}$

Gleichheit von Mengen

Zwei Mengen werden als gleich bezeichnet, wenn sie dieselben Elemente enthalten.

$A = \{6, 12, 14\}$
$B = \{6, 12, 14\}$ $\quad A = B$

Sind a und b Elemente zweier Mengen A und B, so gilt wegen der Gleichheit von A und B:

$a \in A$ *und* $a \in B \qquad A = \{a, b\}$
$b \in A$ *und* $b \in B \qquad B = \{a, b\}$
$A = B$

Wird ein und dasselbe Element durch verschiedene Namen gekennzeichnet, so hat dies keinen Einfluß auf die Gleichheit der Mengen.

$A = \{0{,}333\ldots;\ 4 \cdot 2;\ \sqrt{3} \cdot \sqrt{3};\ 1\}$
$B = \{\frac{1}{3},\ 2 \cdot 2 \cdot 2,\ 3,\ 1\}$; *daraus folgt:*
$A = B = \{\frac{1}{3}, 1, 3, 8\}$

Beispiel:

Welche Beziehung besteht zwischen den beiden gegebenen Mengen A und B:
$A = \{\frac{81}{27},\ 1 + 5,\ 1^5,\ 4\}$ und $B = \{3,\ 2 \cdot 2,\ 2 + 4,\ 1\}$

Lösung:

Die Mengen A und B sind gleich, denn es gilt:

$\frac{81}{27} = 3;\ 1 + 5 = 2 + 4;\ 1^5 = 1;\ 2 \cdot 2 = 4$
$A = B = \{3, 6, 1, 4\}$

Die leere Menge

Will man zum Beispiel die Menge aller Berge auf der Erde bilden, die über 15000 m hoch sind, so wird man feststellen, daß sie kein Element enthält. Eine Menge, die kein Element enthält, heißt *leere* Menge. Das Zeichen für *die leere Menge* ist $\emptyset$.

$M = \{$*alle Berge der Erde über* 15000 m *Höhe*$\}$
M ist eine leere Menge

$M = \emptyset$

Beispiel:

Aus welchen Zahlen besteht die Menge $M_1 = \{n | n \textit{ ist Primzahl und } 24 \leq n \leq 28\}$?

Lösung: Da zwischen den Zahlen 24 und 28 keine Primzahlen liegen, gilt: M ist leere Menge.	$M = \emptyset$

Übungen	**1.1**

Einführung in die Mengenlehre

1. Charakterisieren Sie folgende Mengen durch Beschreibung ihrer Elemente:

a) $M_1 = \{1, 2, 4, 8, 16, 32, 64\}$ **b)** $M_2 = \{4, 9, 25, 49, 121\}$

c) $M_3 = \{1, 8, 27, 64\}$ **d)** $M_4 = \{1, 3, 5, 7, 9, \ldots\}$

2. Geben Sie folgende Mengen in aufzählender Form an:

a) M_1 = Menge aller Kubikzahlen, die kleiner als 100 sind.

b) M_2 = Menge aller Primzahlen.

c) M_3 = Menge aller durch 5 teilbaren Zahlen.

3. Schreiben Sie bei folgenden Mengen mehrmals vorkommende Elemente nur einmal.

a) $M_1 = \{x | x + 2 = 6;\ x = 2;\ x = 4;\ x = 6\}$ **b)** $M_2 = \{\sqrt{16},\ 2 \cdot 2,\ 4^2\}$

c) $M_3 = \{\sin 45°, \cos 45°, \frac{1}{2} \cdot \sqrt{2}, \pi\}$ **d)** $M_4 = \{16^2, \sqrt{64}, 6 \cdot 16, 4, 5\}$

4. Schreiben Sie folgende Mengen in aufzählender Form; $x \in \mathbb{N}$:

a) $D = \{x | 6 < x \leq 18\}$

b) $B = \{x | x \text{ ist eine Primzahl und } 0 \leq x \leq 17\}$

c) $C = \{x | x = 12 \text{ oder } x = 6 \text{ oder } x = 2\}$

d) $A = \{x | x \text{ ist eine ungerade natürliche Zahl und } x \leq 6\}$

e) $E = \{x | x \text{ ist Teiler von } 64\}$

5. Vereinfachen Sie folgende Angaben:

a) 8 ist Element der Menge der natürlichen Zahlen.

b) $\sqrt{6{,}25}$ ist Element der Menge der positiven rationalen Zahlen.

c) $\frac{21}{3}$ ist eine rationale Zahl und eine Primzahl.

d) 12 ist eine positive ganze Zahl und eine natürliche Zahl.

6. Welche der folgenden Mengen sind gleich?

a) $A = \{\frac{16}{8}, 11 - 10, \sqrt{9}\}$ **b)** $B = \{1, 2, 3\}$

c) $C = \{\frac{1}{3} + \frac{2}{3}, 2, \sqrt{3} \cdot \sqrt{3}\}$ **d)** $D = \{\frac{16}{4}, \sqrt{100}, 2 \cdot 3, 2\}$

1.2 Aussagen und Mengen

Die Mathematik stellt eine bestimmte Art der wissenschaftlichen Redeweise dar. Diese Redeweisen erscheinen als Kette von Zeichen und Symbolen (Zahlen, Figuren, ...), deren Einheiten man Sätze nennt. Es gibt verschiedene Arten von Sätzen: Fragesatz, Ausrufesatz, Behauptung, Feststellung u.a.m.

In der Mathematik verwenden wir den Begriff Satz im Sinne einer Feststellung.

Sätze sind: Alle Primzahlen sind ungerade. (Ausnahme: zwei)
$12 + 7 = 19$.
Jedes Quadrat kann in ein flächeninhaltsgleiches Rechteck verwandelt werden.

Keine Sätze sind: Wer hat die Kreide zerbrochen?
Die Tische müssen weiter auseinanderstehen.

Haben wir es mit Sätzen zu tun, die eine Feststellung beinhalten, und vermitteln die Sätze einen Sinn, so daß ihr Inhalt entweder falsch oder wahr ist, so bezeichnen wir solche Sätze als Aussagen.

Demnach muß eine Aussage folgende Eigenschaften besitzen:

1. Sie muß entweder mit „falsch" oder „wahr" beantwortet werden können.
2. Sie muß eine objektive Feststellung beinhalten, die sowohl von Zeit und Ort als auch von dem, der sie ausspricht, unabhängig ist.

Definition:

Eine Aussage ist ein sprachliches Gebilde, das entweder falsch (f) oder wahr (w) ist.

Bezeichnung:

Aussagen bezeichnet man meist mit kleinen lateinischen Buchstaben: $p, q, r, s, t, u, v, \ldots$

z.B.: p: $2 \cdot 3 = 6$
q: *6 ist eine gerade Zahl*

In jeder Aussage findet man ein Subjekt und ein Prädikat. In manchen Aussagen kommen mehrere Subjekte und Prädikate vor. Das kennen wir bereits aus der Sprachlehre.

Beispiele:

Fügt man zu einem Prädikat *ein* Subjekt hinzu, damit eine Aussage entsteht, so heißt das Prädikat einstellig.

1.

7	*ist eine Primzahl*
Subjekt	*Prädikat*

Fügt man zu einem Prädikat *zwei* Subjekte hinzu, so heißt das Prädikat zweistellig.

2.

5	*ist kleiner als*	9
1. *Subjekt*	*Prädikat*	2. *Subjekt*

3.

2	*ist Teiler von*	8
1. *Subjekt*	*Prädikat*	2. *Subjekt*

Erklärung:

Subjekte in Aussagen sind Namen von Dingen (Objekte), z.B. Zahlen.
Prädikate in Aussagen sind Satzteile wie „ist eine Primzahl" oder „ist kleiner als" usw., denen ein oder mehrere Subjekte zugefügt werden.

Aussageformen

In der Mathematik ersetzt man die Namen von Objekten in Aussagen oft durch Variable, die man durch Buchstaben angibt, z.B. $x, y, z, \ldots$

Beispiele:

Ersetzt man in einer Aussage ein oder mehrere Subjekte durch eine oder mehrere Variablen, so ist das dann entstehende Gebilde keine Aussage mehr. Solch ein Gebilde heißt *Aussageform*. Bei einer Aussageform kann man nicht mehr über wahr oder falsch entscheiden.

1.	*München*	*ist eine Stadt*		*Aussage*
	x	*ist eine Stadt*		*Aussageform*
2.	13	*ist größer als*	7	*Aussage*
	x	*ist größer als*	y	*Aussageform*

Definition:

Sätze mit Variablen heißen Aussageformen. Bei Aussageformen kann man nicht über wahr oder falsch entscheiden.
Aussageformen mit einer Variablen heißen einstellig.
Aussageformen mit zwei Variablen heißen zweistellig.

Bezeichnung:

Aussageformen mit einer Variablen:	$p(x)$; $q(x)$; $r(x)$; …	*einstellige Aussageform*
Aussageformen mit zwei Variablen:	$p(x, y)$; $q(x, y)$; $r(x, y)$; …	*zweistellige Aussageform*

Beispiele:

1.	Einstellige Aussageform:	$p(x)$: *x ist eine gerade Zahl*
2.	Zweistellige Aussageform:	$q(x, y)$: *x ist kleiner als y*
3.	Zweistellige Aussageform:	$r(y, z)$: *y ist Teiler von z*

Grundmenge, Lösungsmenge

Damit man in der Mathematik zu exakten und sinnvollen Aussagen kommt, muß die Subjektvariable in der Aussageform durch geeignete Elemente aus einem zugehörigen Bereich ersetzt werden; dieser Bereich heißt *Grundmenge*.

Beispiele:

a)

Aussageform:	$p(x)$:	*x ist eine Stadt in Nordrhein-Westfalen mit über 100000 Einwohnern.*
Grundmenge:		*Alle Städte in Nordrhein-Westfalen.*
Aussagen:	t:	*Bochum ist eine Stadt in Nordrhein-Westfalen mit über 100000 Einwohnern.* (w)
	u:	*Unna ist eine Stadt in Nordrhein-Westfalen mit über 100000 Einwohnern.* (f)
	v:	*„Bremen ist eine Stadt in Nordrhein-Westfalen mit über 100000 Einwohnern" ist eine nicht sinnvolle Aussage, denn Bremen ist nicht Element der Grundmenge.*

b)

Aussageform:	$q(x)$:	*x ist ein echter Bruch*
Grundmenge:		*Menge der rationalen Zahlen*
Aussagen:		$\frac{7}{10}$ *ist ein echter Bruch* (w)
		$\frac{12}{5}$ *ist ein echter Bruch* (f)

Alle die Elemente der Grundmenge, die eine Aussageform zu einer wahren Aussage machen, heißen *Lösungen* der Aussageform und werden zu einer Menge zusammengefaßt. Die Menge aller Lösungen bezüglich einer angegebenen Grundmenge heißt *Lösungsmenge*; sie wird mit L bezeichnet.

$r(x)$: *x ist ein echter Bruch*

$x = \frac{3}{4}$, $x = \frac{5}{9}$, $x = \frac{1}{7}$, $x = \frac{1}{4}$

$L = \{\frac{3}{4}, \frac{5}{9}, \frac{1}{7}, \frac{1}{4}\}$ ◄ *Lösungsmenge*

Beispiel:

Aussageform:	$s(x)$:	*x ist eine Primzahl*
Grundmenge:		*Menge der natürlichen Zahlen*
Lösungsmenge:		$L = \{2, 3, 5, 7, 11, 13, \ldots\}$

Übungen 1.2

Aussagen und Mengen

1. Geben Sie die Lösungsmenge L von folgenden Aussageformen an (Grundmenge: alle europäischen Hauptstädte):

a) $p(x)$: x liegt nördlich der Alpen.

b) $p(x)$: x hat mehr als 300000 Einwohner.

c) $p(x)$: x beginnt mit dem Buchstaben B.

d) $p(x)$: x richtete schon einmal Olympische Spiele aus.

2. Grundmenge ist die Menge $\mathbb{Q}$ der rationalen Zahlen. Bestimmen Sie die Lösungsmengen folgender Aussageformen:

a) $p(x)$: $x + 4 = 10$ **b)** $p(x)$: $x - 2 > 5$

c) $p(x)$: $x^2 = 4$ **d)** $p(x)$: $4x + 3 = 9$

3. Welche Grundmenge kann man für folgende Aussageformen wählen?

a) $p(x)$: x ist ein Vokal **b)** $p(x)$: x ist eine Quadratzahl.

c) $p(x)$: x ist eine Buche. **d)** $p(x)$: x ist ein echter Bruch.

1.3 Verknüpfungen von Aussagen

Aussagen kann man durch geeignete Bindewörter zu einer neuen Aussage miteinander verbinden (verknüpfen). Nachfolgend werden die gebräuchlichsten Verknüpfungen näher untersucht.

Konjunktion (Verknüpfung mit „und")

Im täglichen Leben werden oft zwei Aussagen p und q durch das Wort „*und*" miteinander verbunden, man sagt auch, sie werden durch „*und*" miteinander *verknüpft*.

Beispiel:

1. *Aussage p*: Köln liegt am Rhein.
2. *Aussage q*: Köln ist die größte Stadt in Nordrhein-Westfalen.

Verknüpfung: Köln liegt am Rhein, *und* Köln ist die größte Stadt in Nordrhein-Westfalen.

Für das zwei Aussagen verbindende Wort „*und*", das auch an Stelle von „*sowohl… als auch…*" steht, verwendet man das Verknüpfungszeichen „ $\wedge$ ". Man nennt das Verknüpfungszeichen auch *Junktor*. Man bezeichnet eine solche Verknüpfung als „*konjunktive*" Verknüpfung oder *Konjunktion*. Wann sind durch „*und*" verknüpfte Aussagen wahr, wann sind sie falsch? Die *Wahrheitswerte* einer „und"-Verknüpfung von zwei Aussagen p und q können in einer *Wahrheitswerttabelle* zusammengefaßt werden. Man unterscheidet vier Fälle:

Definition:

Die Konjunktion $p \wedge q$ ist genau dann wahr, wenn beide Aussagen p und q wahr sind.

(w: wahr, f: falsch)

p	q	$p \wedge q$
w	w	w
w	f	f
f	w	f
f	f	f

Wahrheitswerttabelle für die Konjunktion

Beispiele:

p		q		$p \wedge q$	
München ist eine Großstadt	w	*München liegt in Bayern*	w	*München ist eine Großstadt, u. München liegt in Bayern*	w
Köln liegt in NRW	w	*Köln liegt am Main*	f	*Köln liegt in NRW, und Köln liegt am Main*	f
Hannover liegt in Hessen	f	*Hannover ist eine Landeshauptstadt*	w	*Hannover liegt in Hessen, und Hannover ist eine Landeshauptstadt*	f
3 *ist eine gerade Zahl*	f	3 *ist größer als* 5	f	3 *ist eine gerade Zahl, und* 3 *ist größer als* 5	f
$5 \in \mathbb{N}$	w	$6 > 2$	w	$5 \in \mathbb{N} \wedge 6 > 2$	w

Disjunktion (Verknüpfung mit „oder")

Aussagen können auch durch das Wort „*oder*" miteinander verknüpft werden. Man muß dabei aber, wenn man an unsere Umgangssprache denkt, zwei verschiedene Inhalte für das Wort „*oder*" beachten. Es gibt das „*oder im ausschließenden Sinn*", und es gibt das „*oder im nichtausschließenden Sinn*".

Beispiele:

1. Fall:

Die Rakete wird am Montag *oder* am Mittwoch der nächsten Woche gestartet werden.

Lösung:

Diese Aussage enthält zwei Möglichkeiten. Der Start erfolgt *entweder* am Montag *oder* am Mittwoch. Die Aussage ist nur wahr, wenn *genau eine* der beiden Teilaussagen wahr, die andere dagegen falsch ist. Das so verwendete *oder* heißt „*ausschließendes oder*".

a) *Der Start erfolgt am Montag;*

b) *der Start erfolgt am Mittwoch, dann aber nicht am Montag.*

2. Fall:

Es wird ein Ingenieur gesucht, der Englisch *oder* Französisch spricht.

Diese Aussage enthält drei Möglichkeiten. Das in dieser Aussage verwendete *oder* bedeutet entweder Englisch oder Französisch oder beides. Das so verwendete *oder* heißt „*nichtausschließendes oder*".

a) *Der Ingenieur spricht Englisch;*

b) *der Ingenieur spricht Französisch;*

c) *der Ingenieur spricht Englisch und Französisch.*

In der Mathematik ist das nichtausschließende *oder* weit wichtiger und ist, wenn nicht ausdrücklich etwas anderes gesagt wird, immer gemeint. Das Zeichen (der Junktor) dafür ist „$\vee$“. Man nennt eine solche „*oder*“-Verknüpfung auch „*disjunktive*“ Verknüpfung oder *Disjunktion*.

Wann sind durch „*oder*“ verknüpfte Aussagen wahr, wann sind sie falsch?

Die Wahrheitswerte der „*oder*“-Verknüpfung bei zwei Aussagen p und q können in einer Wahrheitswerttabelle zusammengefaßt werden.

Definition:

Sind die Aussagen p und q gegeben, so entsteht durch Verknüpfung mit „oder“ die neue Aussage $p \vee q$ (gelesen: „p oder q“). Die Disjunktion $p \vee q$ ist genau dann wahr, wenn mindestens eine der beiden Aussagen p oder q wahr ist. Die andere Aussage kann falsch sein.

p	q	$p \vee q$
w	w	w
w	f	w
f	w	w
f	f	f

Wahrheitswerttabelle für die Disjunktion

Beispiele:

p		q		$p \vee q$	
3 ist kleiner als 5	w	*5 ist Teiler von 20*	w	$3<5$ *oder 5 ist Teiler von 20*	w
Rom liegt in Italien	w	*Köln liegt in England*	f	*Rom liegt in Italien, oder Köln liegt in England*	w
9 ist größer als 15	f	*15 ist eine ungerade Zahl*	w	$9>15$ *oder* $15 \in U_+$	w
Der Wechsel ist ein Testament	f	*Der Scheck ist ein Kaufvertrag*	f	*Der Wechsel ist ein Testament, oder der Scheck ist ein Kaufvertrag*	f

Negation (Verneinung)

Oft erlebt man, daß zwei entgegengesetzte Meinungen geäußert werden. Dann stößt man auf „*entgegengerichtete*“ Aussagen.

Beispiel:

1. *Aussage p*: Dortmund liegt in Nordrhein-Westfalen.
2. *Aussage q*: Dortmund liegt *nicht* in Nordrhein-Westfalen.

Die zweite Aussage q ist die „*Verneinung*“ oder „*Negation*“ der ersten Aussage p.

Definition:

Die Aussage „nicht p“ heißt die Verneinung oder Negation der Aussage „p“. Für „nicht“ schreibt man das Zeichen „$\neg$“. „Nicht p“ wird geschrieben: „$\neg p$“. Ist p wahr, so ist die Verneinung $\neg p$ falsch. Ist aber p falsch, so ist $\neg p$ wahr.

p	$\neg p$
w	f
f	w

Wahrheitswerttabelle für die Negation

Beispiele:

p		$\neg p$	
Die Elbe fließt in die Nordsee	w	*Die Elbe fließt nicht in die Nordsee*	f
3 ist Teiler von 5	f	*3 ist nicht Teiler von 5*	w

Mit Hilfe der Verknüpfungszeichen $\wedge$, $\vee$, $\neg$, den *Junktoren*, kann man Aussagen miteinander verknüpfen. Das ist in der folgenden Tabelle noch einmal zusammenfassend dargestellt.

p	q	$\neg p$	$\neg q$	$\neg(\neg p)$	$p \wedge q$	$p \vee q$	$\neg(p \vee q)$	$\neg p \wedge \neg q$
w	w	f	f	w	w	w	f	f
w	f	f	w	w	f	w	f	f
f	w	w	f	f	f	w	f	f
f	f	w	w	f	f	f	w	w

Subjunktion — Implikation

Zwei Aussagen p und q können durch die Wörter „*wenn, so*" oder „*wenn, dann*" zu der neuen Aussage „*wenn p, so q*" bzw. „*wenn p, dann q*" miteinander verknüpft werden. Man nennt eine solche Aussagenverknüpfung „*Subjunktion*". Für diese Verknüpfung verwendet man das Verknüpfungszeichen (Junktor) „$\rightarrow$".
Wann ist — das ist die nächste Frage — eine Subjunktion $p \rightarrow q$ wahr, wann ist sie falsch? Wir werden das an einem Beispiel untersuchen und uns von derjenigen Logik leiten lassen, die uns aus der Logik in unserer Umgangssprache her bekannt ist. Wann $p \rightarrow q$ *wahr* bzw. *falsch* ist, wird natürlich davon abhängen, ob p bzw. q *wahr* oder *falsch* ist.

Aufgabe:

Untersuchen Sie, wann die Subjunktion
„*Wenn Lothar kommt, dann hat Helga Geburtstag*" wahr ist.

Lösung:

Die Aussage besteht aus den beiden folgenden Einzelaussagen:
1. p: Lothar kommt.
2. q: Helga hat Geburtstag.

1. Fall: p: Lothar kommt. [w]
q: Helga hat Geburtstag. [w]
Wenn Lothar kommt, dann hat Helga Geburtstag. [w]

2. Fall: p: Lothar kommt. [w]
q: Helga hat Geburtstag. [f]
Wenn Lothar kommt, dann hat Helga Geburtstag. [f]

1. p [w]; q [w] ▶ [$p \rightarrow q$] [w]

2. p [w]; q [f] ▶ [$p \rightarrow q$] [f]

3. Fall: *p*: Lothar kommt. [f]
q: Helga hat Geburtstag. [w]
Wenn Lothar kommt, dann hat Helga Geburtstag. [w]

4. Fall: *p*: Lothar kommt. [f]
q: Helga hat Geburtstag. [f]
Wenn Lothar kommt, dann hat Helga Geburtstag. [w]

3. p [f]; q [w] ▶ [$p \rightarrow q$] [w]

4. p [f]; q [f] ▶ [$p \rightarrow q$] [w]

In der Umgangssprache gebraucht man die Redewendung „*wenn p, dann q*" oder, was das gleiche ist, „*aus p folgt q*" im allgemeinen nur, wenn zwischen p und q ein inhaltlicher Zusammenhang besteht. Weil aber zwischen dem Gebrauch des „*wenn ..., dann ...*" in der Umgangssprache und dem in der Aussagenlogik oft keine Übereinstimmung besteht, ist es meist sehr schwierig, bei Gebrauch der umgangssprachlichen Formulierung den Wahrheitswert einer Subjunktion festzustellen. Wir definieren daher:

Definition:

Sind die Aussagen p und q gegeben, so entsteht durch Verknüpfung mit dem Junktor $\rightarrow$ *die neue Aussage* $p \rightarrow q$.

Gelesen: *„Wenn p, so q" oder*
„wenn p, dann q" oder
„aus p folgt q" oder
„p subjungiert q".

Diese Aussagenverknüpfung heißt Subjunktion von p und q und ist nur genau dann falsch, wenn p eine wahre und q eine falsche Aussage ist.

p	q	$p \rightarrow q$
w	w	w
w	f	f
f	w	w
f	f	w

Wahrheitswerttabelle für die Subjunktion

Beispiel:

Bestimmen Sie die Wahrheitswerte der Aussagen $(\neg p) \vee q$ und $p \rightarrow q$ mit Hilfe einer Wahrheitswerttabelle.

Lösung:

Wie man aus der Wahrheitswerttabelle erkennen kann, stimmen die Wahrheitswerte von $(\neg p) \vee q$ und $p \rightarrow q$ überein. Man kann also an Stelle von $p \rightarrow q$ jederzeit $(\neg p) \vee q$ schreiben; es ist jedoch – aus praktischen Gründen – angebracht, $p \rightarrow q$ beizubehalten.

Wahrheitswerttabelle:

p	$\neg p$	q	$(\neg p) \vee q$	$p \rightarrow q$
w	f	w	w	w
w	f	f	f	f
f	w	w	w	w
f	w	f	w	w

Logisch immer wahre Subjunktion

Beispiel:

Bestimmen Sie die Wahrheitswerte der Aussage $(p \wedge q) \rightarrow q$ mit Hilfe einer Wahrheitswerttabelle.

Lösung:

Unabhängig vom Wahrheitswert der Teilaussagen ist die Aussage $(p \wedge q) \rightarrow q$ *immer wahr*. Diese Form der Aussagenverknüpfung ist allgemeingültig und sie heißt *logisch wahr*, weil sie aus *formallogischen* Gründen *immer* wahr ist.

Wahrheitswerttabelle:

p	q	$p \wedge q$	$(p \wedge q) \rightarrow q$
w	w	w	w
w	f	f	w
f	w	f	w
f	f	f	w

Definition:

Jede Subjunktion $p \rightarrow q$*, die immer den Wahrheitswert* (w) *hat, heißt Implikation.*

$p \Rightarrow q$

gelesen: p *impliziert* q *oder aus* p *folgt* q.
$p \Rightarrow q$ *bedeutet:* $p \rightarrow q$ *ist allgemeingültig.*

Beispiel:

Ist die folgende Aussage eine Implikation?

„Wenn der Hahn kräht auf dem Mist, dann ändert sich das Wetter oder es ändert sich nicht."

p: Der Hahn kräht auf dem Mist.
q: Das Wetter ändert sich.
$\neg q$: Das Wetter ändert sich nicht.

Subjunktion:

$p \rightarrow (q \vee \neg q)$

Wahrheitswerttabelle:

p	q	$q \vee \neg q$	$p \rightarrow (q \vee \neg q)$
w	w	w	w
w	f	w	w
f	w	w	w
f	f	w	w

Da nur der Wahrheitswert (w) in der letzten Spalte der Tabelle erscheint, ist die Subjunktion eine Implikation (*gelesen:* „Aussage p impliziert Aussage $q \vee \neg q$"); es gilt: $p \Rightarrow (q \vee \neg q)$.

Bijunktion — Äquivalenz

Jetzt soll die Frage untersucht werden, ob eine Subjunktion $p \rightarrow q$, die wahr ist, auch für die Umkehrung $q \rightarrow p$ wahr bleibt. Man schreibt in diesem Fall $(p \rightarrow q) \wedge (q \rightarrow p)$ oder abgekürzt $p \leftrightarrow q$; diese Verknüpfung heißt *Bijunktion*.

Geschrieben: $p \leftrightarrow q$. Gelesen: *„Wenn p, dann q und umgekehrt"* oder
„p genau dann, wenn q" oder
„p dann und nur dann, wenn q" oder
„p bijungiert q".

Mit Hilfe der Wahrheitswerttabelle der Subjunktion können wir die Wahrheitswerte der Bijunktion ableiten.

Aus der Verknüpfung der verschiedenen Wahrheitswerte ergibt sich, daß die Bijunktion $p \longleftrightarrow q$ genau nur dann wahr ist, wenn die Aussagen p und q gleiche Wahrheitswerte (w, w oder f, f) haben.

p	q	$p \longrightarrow q$	$q \longrightarrow p$	$(p \longrightarrow q) \wedge (q \longrightarrow p)$ $p \longleftrightarrow q$
w	w	w	w	w
w	f	f	w	f
f	w	w	f	f
f	f	w	w	w

Definition:

Die Bijunktion $p \longleftrightarrow q$ ist genau dann wahr, wenn beide Aussagen p und q die gleichen Wahrheitswerte haben.

p	q	$p \longleftrightarrow q$
w	w	w
w	f	f
f	w	f
f	f	w

Wahrheitswerttabelle für die Bijunktion

Logisch immer wahre Bijunktion

Beispiel:

Bestimmen Sie die Wahrheitswerte der Aussagenverknüpfung $(p \longrightarrow q) \longleftrightarrow (\neg p \vee q)$, indem Sie eine Wahrheitswerttabelle aufstellen.

Lösung:

p	$\neg p$	q	$p \longrightarrow q$	$\neg p \vee q$	$(p \longrightarrow q) \longleftrightarrow (\neg p \vee q)$
w	f	w	w	w	w
w	f	f	f	f	w
f	w	w	w	w	w
f	w	f	w	w	w

Unabhängig vom Wahrheitswert der Teilaussagen ist der Wahrheitswert der Aussagenverknüpfung, die als Ganzes auch eine Aussage ist, *immer wahr*. Diese Form der Aussage ist allgemeingültig und heißt *logisch wahr*, weil sie aus *formal-logischen* Gründen *immer* wahr ist.

Definition:

Jede Bijunktion $p \longleftrightarrow q$, die immer den Wahrheitswert (w) *hat, heißt Äquivalenz.*

$p \Leftrightarrow q$

gelesen: „p ist äquivalent q", oder „aus p folgt q und umgekehrt"

$p \Leftrightarrow q$ bedeutet: $p \longleftrightarrow q$ ist allgemeingültig

Beispiel:

Beweisen Sie folgendes Gesetz: $\neg(p \wedge q) \Leftrightarrow (\neg p) \vee (\neg q)$ (Gesetz von de Morgan).

Lösung:

Da in den beiden letzten Spalten der Tabelle für jede Zeile der gleiche Wahrheitswert auftritt, gilt das Gesetz als bewiesen.

Wahrheitswerttabelle:

p	q	$\neg p$	$\neg q$	$p \wedge q$	$\neg(p \wedge q)$	$(\neg p) \vee (\neg q)$
w	w	f	f	w	f	f
w	f	f	w	f	w	w
f	w	w	f	f	w	w
f	f	w	w	f	w	w

Damit in den folgenden Übungen nicht zu viele Klammern gesetzt werden müssen, soll folgende Vereinbarung gelten:

Vereinbarung:

1. Die Negation „$\neg$" bindet stärker als jeder Junktor (aussagenlogische Verknüpfungszeichen).

   statt: $A \rightarrow (\neg A)$
   nur: $A \rightarrow \neg A$

2. Die Konjunktion „$\wedge$" und die Disjunktion „$\vee$" binden stärker als die Subjunktion „$\rightarrow$ ($\Rightarrow$)" und die Bijunktion „$\leftrightarrow$ ($\Leftrightarrow$)".

   statt: $(A \wedge C) \rightarrow (A \vee B)$
   nur: $A \wedge C \rightarrow A \vee B$
   statt: $[(A \rightarrow C) \wedge (C \rightarrow B)] \rightarrow (A \rightarrow B)$
   nur: $(A \rightarrow C) \wedge (C \rightarrow B) \rightarrow (A \rightarrow B)$

Beispiele:

Für welche Elemente $x \in \mathbb{Z}$ werden folgende Aussageformen zu einer wahren Aussage:

a) $2x - 4 = 0 \wedge x + 1 < 5$ **b)** $x \geq 3 \rightarrow x^2 + x = 20$

Lösung:

a) Wir bestimmen die Lösungsmengen L_1 und L_2 der einzelnen Aussageformen. Die Konjunktion ist für die Elemente aus den Lösungsmengen wahr, die in beiden Lösungsmengen enthalten sind.

$p(x)$: $2x - 4 = 0 \Rightarrow L_1[p(x)] = \{2\}$
$q(x)$: $x + 1 < 5 \Rightarrow L_2[p(x)] = \{x | x < 4\}$
$p(x) \wedge q(x)$ [w] *für* $x = 2$

b) Wir bestimmen die Lösungsmengen L_1 und L_2 der einzelnen Aussageformen. Die Subjunktion ist falsch für alle Elemente, die die Aussageform $p(x)$ erfüllen, $L_1[p(x)]$, und die die Aussageform $q(x)$, $L_2[q(x)]$, nicht erfüllen, sonst ist sie wahr.

$p(x)$: $x \geq 3 \Rightarrow L_1[p(x)] = \{x | x \geq 3\}$
$q(x)$: $x^2 + x = 20 \Rightarrow L_2[q(x)] = \{-5, 4\}$

$p(x)$ [w] $\rightarrow$ $q(x)$ [f] — [f] *für* $x \geq 3 \wedge x \neq 4$; $x \neq 5$

$p(x)$ [w] $\rightarrow$ $q(x)$ [w] — *für* $x \geq 3 \vee x = -5 \vee x =$
$p(x)$ [f] $\rightarrow$ $q(x)$ [w] — [w] *für* $x < 3 \vee x = -5 \vee x =$
$p(x)$ [f] $\rightarrow$ $q(x)$ [f] — *für* $x < 3 \vee x \neq -5 \vee x \neq$

Beispiel:

Besteht zwischen den Aussageformen $p(x)$: $\frac{3}{x+7} = \frac{1}{x+1}$ und $q(x)$: $x^2 - 4 = 0$ auf der Lösungsmenge $L[q(x)]$ Implikation oder Äquivalenz; $x \in \mathbb{Z} \wedge x \neq -7 \wedge x \neq -4$?

Lösung:

Wir bestimmen die Lösungsmengen für $p(x)$ und $q(x)$.

$$p(x): \frac{3}{x+7} = \frac{1}{x+1} \Rightarrow L\,[p(x)] = \underline{\underline{\{2\}}}$$

$$q(x): x^2 - 4 = 0 \Rightarrow L_1[q(x)] = \underline{\underline{\{-2, 2\}}}$$

Es besteht keine Äquivalenz, da die durch Bijunktion verknüpften Aussagen für $x = -2$ eine ungleiche Wahrheitswertverteilung haben.

$$\frac{3}{x+7} = \frac{1}{x+1}\ \boxed{f} \longleftrightarrow x^2 - 4 = 0\ \boxed{w} \qquad \boxed{f}$$

für $x = -2$

Es besteht Implikation auf der Lösungsmenge $L_1[q(x)]$, da für alle Elemente aus $L_1[q(x)]$ die Subjunktion $p(x) \longrightarrow q(x)$ wahr ist.

$$\frac{3}{x+7} = \frac{1}{x+1} \xRightarrow{L_1[q(x)]} x^2 - 4 = 0$$

$$\frac{3}{x+7} = \frac{1}{x+1}\ \boxed{w} \longrightarrow x^2 - 4 = 0\ \boxed{w} \qquad \boxed{w}$$

für $x = 2$

$$\frac{3}{x+7} = \frac{1}{x+1}\ \boxed{f} \longrightarrow x^2 - 4 = 0\ \boxed{w} \qquad \boxed{w}$$

für $x = -2$

Beispiel:

Prüfen Sie, ob die Subjunktion $(p \longrightarrow q) \longrightarrow q$ als Implikation bezeichnet werden kann.

Lösung:

Schon die Überprüfung von p [f] und q [f] zeigt, daß die Subjunktion nicht allgemeingültig sein kann.

Wahrheitswerttabelle:

p	q	$p \longrightarrow q$	$(p \longrightarrow q) \longrightarrow q$
f	f	w	f

Übungen 1.3

Verknüpfung von Aussagen

Konjunktion

1. Geben Sie die Menge $D = \{x \mid x \in \mathbb{N} \wedge x < 4\}$ durch Angabe der Elemente an.
2. Geben Sie die Elemente folgender Mengen in aufzählender Form an:
   a) $M_1 = \{x \mid x \in \mathbb{N} \wedge x \leq 3\}$
   b) $M_2 = \{x \mid x = 2 \wedge x = 5\}$
   c) $M_3 = \{x \mid x = 3 \wedge x \in \{1, 2, 3\}\}$
   d) $M_4 = \{x \in \mathbb{N} \mid x \leq 2 \wedge x > 1\}$

3. Durch welche Einsetzungen für $x, y \in \mathbb{Z}$ werden folgende Aussageformen zu wahren Aussagen?

a) $2x + 3 = 3 \wedge 4y - 3 = -7$ **b)** $x + 2 = 3 \wedge x < 3$

c) $17x - 17 = 34 \wedge 15y - 16 = 134$ **d)** $x - 7 = 5 \wedge y^2 = 144$

4. Gegeben seien die Aussageformen $p(x)$: $x \leq 5$ und $q(x)$: $x > 4$. Für welche natürlichen Zahlen wird die Aussagenverknüpfung $x \leq 5 \wedge x > 4$ zu einer wahren Aussage?

Disjunktion

1. Geben Sie die Elemente folgender Mengen in aufzählender Form an:

a) $M_1 = \{x | x = 1 \vee x = 3\}$ **b)** $M_2 = \{x | x \in \mathbb{N} \vee x = 5\}$

c) $M_3 = \{x \in \mathbb{N}^* | x > 3 \vee x \leq 3\}$

2. Geben Sie die Elemente in aufzählender Form an:

a) $M_1 = \{x | x = 3 \vee x \in \{0, 1, 3, 5\}\}$ **b)** $M_2 = \{x | x \in \mathbb{N} \vee x \in \{a, \blacksquare\}\}$

3. Durch welche Einsetzungen für $x, y \in \mathbb{Z}$ werden folgende Aussageformen zu wahren Aussagen?

a) $21 - 99 = 5x \vee 13y - 4 = 9$ **b)** $6x + 3 = 12 \vee 7y - 17 = -10$

c) $5x + x = 12 \vee y^2 = 36$ **d)** $3x - 1 = 5x - 3 \vee x^2 - 4 = 0$

4. Bestimmen Sie $\{x \in \mathbb{N} | p(x) \vee q(x)\}$ für $p(x)$: $x = 1$ und $q(x)$: $x \leq 4$.

Negation (Verneinung)

1. Verneinen Sie folgende Aussagenverknüpfungen, und geben Sie an, ob die angegebene Aussage p oder die negierte (verneinte) Aussage $\neg p$ wahr ist:

a) p: $4 + 2 = 6 \wedge 5 \cdot 7 = 35$ **b)** p: $5 \cdot 6 = 20 \wedge 15 - 3 = 12$

c) p: $7 \cdot 9 - 2 = 50 + 11 \vee 6 \cdot 4 = 4 \cdot 9 - 12$ **d)** p: $2 \cdot 8 + 6 \neq 3 \cdot 7 \vee 5 \cdot 13 \neq 5 \cdot 11 + 10$

2. Folgende Aussagen seien gegeben:

p: $12 \cdot 3 \neq 8 \cdot 4$, q: $71 \in P$, s: $9 < \frac{54}{8}$

Bestimmen Sie den Wahrheitswert folgender Aussagenverknüpfungen:

a) $\neg p \wedge q$ **b)** $\neg q \wedge \neg s$ **c)** $\neg (q \wedge s)$ **d)** $\neg s \vee \neg q$

Subjunktion — Implikation

1. Bestimmen Sie den Wahrheitswert folgender Aussagen:

a) $3 \cdot 9 = 26 \rightarrow 5 + 8 = 13$ **b)** $3^2 + 4 = 20 \rightarrow 2 + 7 = 11$

c) $4 \cdot 5 + 17 = 37 \rightarrow 2 \cdot 19 = 40 - 3$ **d)** $16 + 5 = 22 \rightarrow 5^2 + 1 = 26$

2. Durch welche Einsetzungen für $x \in \mathbb{Q}$ werden folgende Aussageformen zu wahren Aussagen:

a) $9x - 13 = -30 \rightarrow 22x + 43 = 0$ **b)** $x \geq 0 \rightarrow x^2 > 0$

c) $7 + 14 = 3x \rightarrow 5x = 26$ **d)** $2x^2 - 2 = 0 \rightarrow x = 1$

3. Bestimmen Sie mit Hilfe einer Wahrheitswerttabelle den Wahrheitswert folgender Aussagenverknüpfungen. Welche der Aussagen ist eine Implikation?

a) $p \wedge q \rightarrow p$ **b)** $p \rightarrow p \vee q$ **c)** $p \wedge (p \rightarrow q) \rightarrow q$ **d)** $\neg p \wedge q \rightarrow (p \rightarrow q)$

Bijunktion — Äquivalenz

1. Beweisen Sie (Wahrheitswerttabellen verwenden):

a) $\neg p \wedge q \leftrightarrow \neg p \vee \neg q$ **b)** $(p \rightarrow q) \wedge p \leftrightarrow p$

c) $(p \rightarrow q) \wedge \neg q \leftrightarrow \neg p$ **d)** $(p \rightarrow q) \leftrightarrow (p \wedge \neg q) \rightarrow q$

2. Durch welche Einsetzungen für $x \in \mathbb{Q}$ werden folgende Aussageformen zu wahren Aussagen:

a) $x < 1 \leftrightarrow x^2 > 1$ **b)** $x \leq 0 \leftrightarrow x^2 \geq 0$

c) $144x - 30 = 258 \leftrightarrow 15x - 149 = 2$ **d)** $x + 4 = 7 \leftrightarrow 4x - 3 = -7$

3. Gegeben seien die Aussageformen $p(x)$ und $q(x)$. Besteht auf der Menge $L[q(x)]$ zwischen den Aussagen Implikation oder Äquivalenz; $x \in \mathbb{Z}$?

a) $p(x)$: $3x + 4 = 13$; $q(x)$: $x < 5$ **b)** $p(x)$: $12x^2 \leq 12$; $q(x)$: $x + 5 = 6$

c) $p(x)$: $3x - 4 > 2$; $q(x)$: $x > 2$ **d)** $p(x)$: $x^2 \geq 25$; $q(x)$: $x^2 - 2x \geq 10$

e) $p(x)$: $10x + 5 > 100$; $q(x)$: $x \in \mathbb{N}$ **f)** $p(x)$: $\frac{4}{x} = \frac{2x}{2{,}5}$; $q(x)$: $x \geq 4$

1.4 Eigenschaften von Mengen

Teilmenge

Definition:

Eine Menge A heißt Teilmenge einer Menge B genau dann, wenn jedes Element von A auch Element von B ist.

$A = \{a, b, c\}$; $B = \{a, b, c, d\}$
geschrieben: $A \subseteq B$
gelesen: „A ist eine Teilmenge von B“

Wir stellen diesen Sachverhalt mit Hilfe eines Mengendiagramms dar:

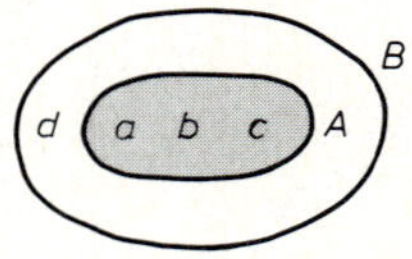

Ist $A \subseteq B$ und $A \neq B$, dann gibt es mindestens ein Element in B, das nicht in A enthalten ist.

$A = \{a, b, c\}$; $B = \{a, b, c, d\}$
$d \in B \wedge d \notin A$

Definition:

Eine Menge A heißt echte Teilmenge einer Menge B genau dann, wenn A Teilmenge von B ist und wenn es in B mindestens ein Element gibt, das nicht in A enthalten ist (A ≠ B).

$A = \{a, b\}$, $B = \{a, b, x\}$

$A \subsetneqq B$ — *echte Teilmenge* $x \in B \wedge x \notin A$

$A \subseteq B$ *und* $A \neq B$

Das Zeichen $\subsetneqq$ hat die Bedeutung von „*enthalten*“ und „*ungleich*“.

Eine Menge A ist eine *unechte Teilmenge* von B, wenn $A = B$ ist.

$A \subseteq B \Rightarrow A = B$ *unechte Teilmenge*

Die Teilmengenbeziehung kann durch ein Venn- oder Euler-Diagramm veranschaulicht werden.

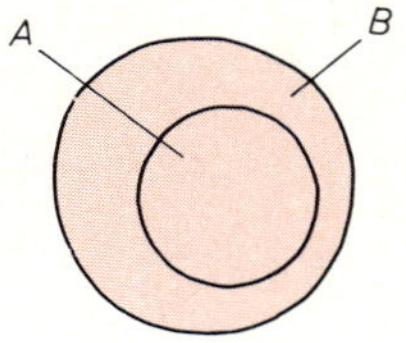

$A \subsetneqq B$

Sind die Elemente von A *nicht* zugleich auch Elemente von B, so ist A *keine* Teilmenge von B. Man verwendet dafür das Zeichen $\nsubseteq$. Das Element b gehört der Menge A, nicht aber der Menge B an.

$A = \{a, b\}$; $B = \{a, c, d, e\}$
geschrieben: $A \nsubseteq B$
gelesen: „*A ist nicht Teilmenge von B*"
$b \in A$ *und* $b \notin B$

Satz:

Zwei Mengen A und B sind genau dann gleich, wenn A Teilmenge von B und B Teilmenge von A ist.

$A = B \Leftrightarrow A \subseteq B$ *und* $B \subseteq A$

Danach gilt, daß jede Menge Teilmenge von sich selbst ist.

$A \subseteq A$; $B \subseteq B$

Außerdem ist die leere Menge Teilmenge einer jeden Menge.

$\emptyset \subseteq A$; $\emptyset \subseteq B$; $\emptyset \subseteq \emptyset$

Beispiel:

Welche Teilmengenbeziehungen bestehen zwischen den Mengen:

$A = \{1, 2, 3, 4\}$; $B = \{2 \cdot 2, \sqrt{2} \cdot \sqrt{2}, 3, 1, 6\}$; $C = \{1, 2, \sqrt{3} \cdot \sqrt{3}, 4, 6\}$; $D = \mathbb{N}^*$

Lösung:

In aufzählender Form lauten die Mengen:

$A = \{1, 2, 3, 4\}$; $B = \{1, 2, 3, 4, 6\}$
$C = \{1, 2, 3, 4, 6\}$; $\mathbb{N}^* = \{1, 2, 3, 4, 5, 6, \ldots\}$

Es ergeben sich nebenstehende Teilmengenbeziehungen:

$B \subseteq C$ *und* $C \subseteq B \Leftrightarrow C = B$
$A \subsetneqq B$, $A \subsetneqq C$, $A \subsetneqq D$, $B \subsetneqq D$, $C \subsetneqq D$

Aufgabe:

Gegeben seien die Mengen $A = \{x \mid x \in G_+\}$ und $B = \{y \mid y \in P \wedge 4 < y < 18\}$.

a) Stellen Sie die Mengen in aufzählender Form dar.

b) Was können Sie über die Elemente beider Mengen aussagen?

Lösung:

a) Die Menge A enthält als Elemente alle geraden natürlichen Zahlen.

$A = \{2, 4, 6, 8, \ldots\}$

Die Menge B enthält als Elemente alle Primzahlen, die größer als 4 und kleiner als 18 sind.

$B = \{5, 7, 11, 13, 17\}$

b) Die Mengen A und B haben kein Element gemeinsam.

Definition:

Zwei Mengen heißen disjunkt (elementfremd), wenn sie kein Element gemeinsam haben.

$A = \{a, b, c\}$,
$B = \{x, y, z\}$
Menge A heißt disjunkt zu Menge B

Potenzmenge

Definition:

Die Menge aller Teilmengen einer Menge M heißt Potenzmenge der Menge M; sie wird mit $\mathcal{P}M$ bezeichnet.

$\mathcal{P}M = \{A | A \subseteq M\}$

Die *Anzahl* der Teilmengen hängt von der *Anzahl* der Elemente der Ausgangsmenge ab:
bei einer Ausgangsmenge mit *einem* Element entstehen *zwei* Teilmengen
bei einer Ausgangsmenge mit *zwei* Elementen entstehen *vier* Teilmengen
bei einer Ausgangsmenge mit *drei* Elementen entstehen *acht* Teilmengen usw.

Satz:

Eine endliche Menge M mit n Elementen hat 2^n Teilmengen.

$M = \{a_1, a_2, a_3, \ldots, a_n\}$
$\mathcal{P}M = \{M_1, M_2, M_3, \ldots, M_{2^n}\}$

Übungen 1.4

Eigenschaften von Mengen

1. Setzen Sie eines der Zeichen $\in$, $\subseteq$ oder $\nsubseteq$ richtig zwischen die folgenden Mengen:

a) $M \ldots M$
b) $\{0\} \ldots \emptyset$
c) $\{\{1,2\}, K\} \ldots K$
d) $\{\{1,2\}, K\} \ldots \{1\}$

2. Gegeben sei die Menge $A = \{3, 4, \{5, 6\}\}$. Welche der folgenden Angaben sind richtig?

a) $\{3,4\} \subseteq A$
b) $\emptyset \in A$
c) $\{B\} \subsetneqq A;\ B = \{5,6\}$
d) $\{3,4\} \in A$
e) $\{6\} \notin A$

3. Veranschaulichen Sie folgende Beziehungen bzw. Eigenschaften durch Mengendiagramme:

a) $A \subseteq B \wedge B \subseteq A$
b) $A \subseteq B \wedge A \subseteq C \wedge B \nsubseteq C$
c) $\{x | x \in A \wedge x \in B \wedge x \in C \wedge (A \subseteq C) \wedge (B \nsubseteq C)\}$
d) $\{x | x \in A \wedge x \notin B \wedge x \in C \wedge (B \subseteq A) \wedge (C \nsubseteq A)\}$

4. Welche der folgenden Aussagen sind falsch?

a) $\{x | 2 \leq x \leq 5\} \subsetneqq \{x | 0 < x \leq 5\}$
b) $\{x | x \in \mathbb{N}\} \subsetneqq \{x | x \in \mathbb{R}_+\}$
c) $\{x | -3 < x < 100\} \subsetneqq \{x | x \in \mathbb{N} \wedge x \leq 100\}$
d) $\{x | x \in \mathbb{N} \wedge x \text{ ist teilbar durch } 2\} \subsetneqq \mathbb{N}$

5. Bilden Sie alle Teilmengen:

a) $A = \{2, 3, 4, 5\}$

b) $B = \{x | x^2 + 2x - 35 = 0\}$

c) $C = \{x \in \mathbb{N} | x^2 < 9\}$

d) $D = \left\{x \in \mathbb{N} \middle| \frac{x+2}{3} > x - 4\right\}$

e) $E = \{x \in \mathbb{Z} | (x - 3)(2x + 10) = 0\}$

6. Wieviel Teilmengen gibt es zu der Menge $A = \{a, 3, \blacksquare\}$?
Geben Sie die Teilmengen an. Welche der Teilmengen ist unecht? Welche der Teilmengen sind disjunkt?

7. Bilden Sie alle Teilmengen von $\{x, y, z\}$, und fassen Sie diese Teilmengen zu einer Potenzmenge zusammen.

1.5 Verknüpfungen von Mengen

Durchschnitt von Mengen

Aus zwei gegebenen Mengen A und B kann durch die Auswahl der Elemente, die in beiden Mengen enthalten sind, eine dritte Menge D gebildet werden. Diese dritte Menge bezeichnet man als „*Durchschnitt*" und definiert:

$D = \{x | x \in A \wedge x \in B\}$
$D = A \cap B$: *Durchschnitt von A und B*

Definition:

Unter dem Durchschnitt $A \cap B$ zweier Mengen A und B versteht man die Menge aller Elemente, die sowohl zu A als auch zu B gehören.

$$A \cap B = \{x | x \in A \wedge x \in B\}$$

$A \cap B$; *gelesen: „A geschnitten mit B"*

Darstellung von $A \cap B$ in einem Venn-Diagramm:

Die beiden Mengenschleifen veranschaulichen die beiden Mengen A und B. Dann veranschaulicht die Menge der gemeinsamen Punkte (gerasterte Fläche) den Durchschnitt.

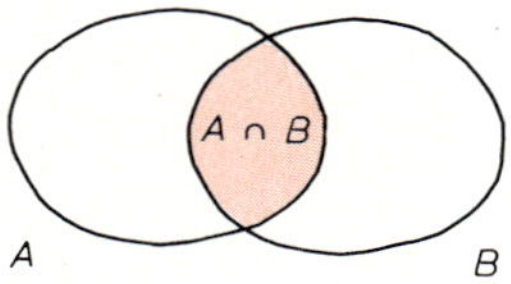

Beispiel:

Bestimmen Sie alle möglichen Durchschnitte folgender Mengen:

$A = \{x | x \in \mathbb{N} \wedge 2 \leq x \leq 4\}$, $B = \{x | x \in \mathbb{Z} \wedge x < 2\}$, $C = \{x | x \in \mathbb{Q} \wedge 1 \leq x \leq 2\}$.

Lösung:

Die Darstellung der Mengen A und B erfolgt in aufzählender, die der Menge C in beschreibender Form.

$A = \{2, 3, 4\}$,
$B = \{\ldots, -2, -1, 0, 1\}$,
$C = \{x | x \in \mathbb{Q} \wedge 1 \leq x \leq 2\}$

Die Durchschnittsbildungen sind:
$A \cap B$, $A \cap C$, $B \cap C$, $A \cap B \cap C$

$A \cap B = \emptyset$, $A \cap C = \{2\}$,
$B \cap C = \{1\}$, $A \cap B \cap C = \emptyset$

Vereinigung von Mengen

Aus zwei gegebenen Mengen A und B kann durch Zusammenfassung der Elemente beider Mengen eine neue Menge V gebildet werden.

$V = \{x | x \in A \vee x \in B\}$

Diese neue Menge bezeichnet man als „*Vereinigung*" und definiert:

$V = A \cup B$: *Vereinigung von A und B*

Definition:

Unter der Vereinigung $A \cup B$ zweier Mengen A und B versteht man die Menge aller Elemente, die zur Menge A oder zur Menge B gehören.

$$A \cup B = \{x | x \in A \vee x \in B\}$$

$A \cup B$; gelesen: „A vereinigt mit B"

Das Wort „oder" ist im nichtausschließenden Sinne zu verstehen (s. Seite 22).

Darstellung von $A \cup B$ in einem Venn-Diagramm:
Die gerasterten Flächen stellen die Vereinigungsmenge dar.

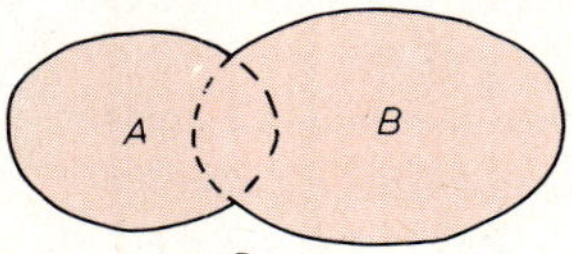

$A \cup B$

Beispiel:

Bestimmen Sie alle möglichen Vereinigungen folgender Mengen:

$A = \{x | x \in \mathbb{N}^* \wedge x < 4\}$, $B = \{x | x^2 - 2x = 0 \wedge x \in \mathbb{Z}\}$, $C = \{x | x \in \mathbb{Z} \wedge 0 \leq x \leq 4\}$.

Lösung:

Die Darstellung der Mengen A, B und C erfolgt in aufzählender Form.

$A = \{1, 2, 3\}$,
$B = \{0, 2\}$,
$C = \{0, 1, 2, 3, 4\}$,

Die Vereinigungen sind:
$A \cup B$, $A \cup C$, $B \cup C$, $A \cup B \cup C$

$A \cup B = \{0, 1, 2, 3\}$,
$A \cup C = \{0, 1, 2, 3, 4\}$,
$B \cup C = \{0, 1, 2, 3, 4\}$,
$A \cup B \cup C = \{0, 1, 2, 3, 4\}$

Beispiel:

Bestimmen Sie aus den folgenden drei Mengen

$M_1 = \{x | x^2 + x - 2 = 0 \wedge x \in \mathbb{Z}\}$, $M_2 = \{x | -1 \leq x \leq 2 \wedge x \in \mathbb{Z}\}$ und $M_3 = \mathbb{N}^*$:

a) $M_1 \cap M_2$, **b)** $M_1 \cup (M_2 \cap M_3)$, **c)** $M_1 \cap (M_2 \cup M_3)$.

Lösung:

Darstellung der Mengen M_1, M_2, M_3 in aufzählender Form:

$M_1 = \{-2, 1\}$,
$M_2 = \{-1, 0, 1, 2\}$,
$M_3 = \{1, 2, 3, 4, 5, \ldots\}$

a) $M_1 \cap M_2$ — $M_1 \cap M_2 = \{1\}$
b) $M_1 \cup (M_2 \cap M_3)$ — $M_1 \cup (M_2 \cap M_3) = \{-2, 1, 2\}$
c) $M_1 \cap (M_2 \cup M_3)$ — $M_1 \cap (M_2 \cup M_3) = \{1\}$

Beziehungen zwischen Mengen und Aussagen

Beispiel:

Gegeben seien die beiden Aussageformen $p(x)$: $x < 4$ und $q(x)$: $x > 1$. Bestimmen Sie in der Menge $\mathbb{N}$ die Lösungsmenge L, deren Elemente Lösungen beider Ungleichungen sind.

Lösung:

Bei dieser Aufgabe handelt es sich um eine *Verknüpfung* zweier Aussageformen. Die Lösungen der Aussageformen müssen *sowohl* die erste *als auch* die zweite Ungleichung erfüllen.	*1. Aussageform* $p(x)$: $x < 4$ *2. Aussageform* $q(x)$: $x > 1$
Das Wort *und* zwischen beiden Aussageformen wird durch das *Verknüpfungszeichen* $\wedge$ ersetzt.	$x < 4$ *und* $x > 1$ $x < 4 \quad \wedge \quad x > 1$
Die Lösungsmengen der beiden Aussageformen sind L_1 und L_2.	$L_1 = L[p(x)] = \{0, 1, 2, 3\}$ $L_2 = L[q(x)] = \{2, 3, 4, \ldots\}$
Die Lösungsmenge L enthält die gemeinsamen Elemente (natürliche Zahlen) der Lösungen beider Aussageformen.	$L = \{x \in \mathbb{N} \mid x < 4 \wedge x > 1\}$ $\underline{\underline{L = \{2, 3\}}}$

Erkenntnis:

Beim Vergleich von L_1 und L_2 können wir feststellen, daß die Elemente 2 und 3 in beiden Lösungsmengen vorkommen, also die Lösungsmenge L bilden. Nach Definition ist L aber der Durchschnitt von L_1 und L_2. Hier zeigt es sich, daß Aussagenverknüpfungen und Mengenverknüpfungen miteinander korrespondieren.

Satz:

Sind zwei Aussageformen $p(x)$ bzw. $q(x)$ mit „und" zu einer neuen Aussageform $p(x) \wedge q(x)$ miteinander verknüpft, so gilt: $\{x \mid p(x) \wedge q(x)\} = L[p(x)] \cap L[q(x)]$.

Die Lösungsmenge von „$p(x) \wedge q(x)$" ist gleich dem Durchschnitt der Lösungsmengen beider Aussageformen.

Jetzt können wir wiederholen: Unter dem Durchschnitt zweier Mengen A und B versteht man die Menge aller Elemente, die sowohl zu A als auch zu B gehören.	$A \cap B = \{x \mid x \in A$ *und* $x \in B\}$ $A \cap B = \{x \mid x \in A \quad \wedge \quad x \in B\}$

Merke:

Durchschnitte von Mengen sind „und"-Mengen. $\cap$ entspricht also $\wedge$.

Beispiel:

Gegeben seien die beiden Aussageformen $p(x)$: $x > 2$ und $q(x)$: $x < 4$. Bestimmen Sie in der Menge $\mathbb{N}$ die Lösungsmenge L, deren Elemente Lösungen der einen *oder* der anderen Aussageform sind.

Lösung:

Bei der neuen Aussageform $p(x) \vee q(x)$ erfolgt die Verknüpfung durch das Bindewort „*oder*".
Die Lösungsmenge L enthält die Elemente der Lösungen beider Aussageformen $p(x)$ bzw. $q(x)$. Man erhält als Vereinigung die Menge $\mathbb{N}$.

$p(x)$ *oder* $q(x)$
$x > 2 \vee x < 4$
$L = \{x \in \mathbb{N} | x > 2 \vee x < 4\}$
$x < 4 \blacktriangleright L_2 = \{0, 1, 2, 3\}$
$x > 2 \blacktriangleright L_1 = \{3, 4, 5, \ldots\}$
$L = \{0, 1, 2, 3, 4, \ldots\}$
$\underline{\underline{L = \mathbb{N}}}$

Erkenntnis:

In der Lösungsmenge L der „oder"-Verknüpfung kommen neben allen Elementen der Lösungsmenge L_1 ebenso alle Elemente der Lösungsmenge L_2 vor. Auch hier können wir erkennen, daß Aussagenverknüpfungen und Mengenverknüpfungen miteinander korrespondieren.

Satz:

Sind zwei Aussageformen $p(x)$ bzw. $q(x)$ durch „oder" zu einer neuen Aussageform $p(x) \vee q(x)$ miteinander verknüpft, so gilt: $\{x \mid p(x) \vee q(x)\} = L[p(x)] \cup L[q(x)]$.

Die Lösungsmenge von „$p(x) \vee q(x)$" ist gleich der Vereinigung der Lösungsmengen beider Aussageformen.
Dieser Satz entspricht dem Satz der „*und*"-*Verknüpfung* von Aussageformen.

Jetzt können wir wiederholen:

Unter der Vereinigung zweier Mengen A und B versteht man die Menge aller Elemente, die zu A oder zu B gehören.

$A \cup B = \{x | x \in A \text{ oder } x \in B\}$
$A \cup B = \{x | x \in A \quad \vee \quad x \in B\}$

Merke:

Vereinigungen sind „oder"-Mengen. $\cup$ entspricht also $\vee$.

Differenzmenge

Definition:

Unter der Differenzmenge $A \setminus B$ zweier Mengen A und B versteht man die Menge aller Elemente, die zur Menge A, nicht aber zur Menge B gehören.

$$A \setminus B = \{x | x \in A \wedge x \notin B\}$$

$A \setminus B$: *gelesen: „A ohne B"*

Veranschaulichung der Differenzmenge durch Venndiagramme.

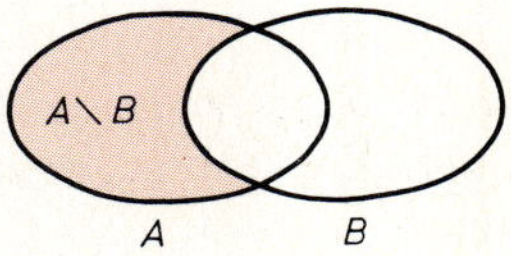

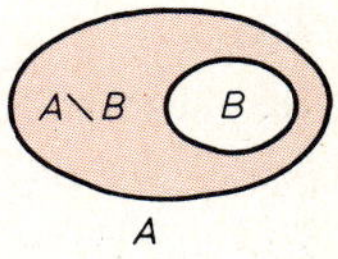

Beispiel:

Bestimmen Sie von den beiden Mengen $A = \{x | x \in \mathbb{N} \wedge 1 \leq x \leq 8\}$ und $B = \{1, 3, 5, 7, 9\}$:

a) $A \setminus B$ und $B \setminus A$ **b)** $(A \setminus B) \cup (B \setminus A)$

Lösung:

a) Die Differenzmenge $A \setminus B$ besteht aus allen Elementen, die zu A, nicht aber zu B gehören. Die Differenzmenge $B \setminus A$ besteht aus allen Elementen, die zu B nicht aber zu A gehören.

b) Die Vereinigung besteht aus allen Elementen von $A \setminus B$ und $B \setminus A$.

Die Mengen A und B in aufzählender Form:

$A = \{1, 2, 3, 4, 5, 6, 7, 8\}$;

$B = \{1, 3, 5, 7, 9\}$

$A \setminus B = \{2, 4, 6, 8\}$

$B \setminus A = \{9\}$

$$(A \setminus B) \cup (B \setminus A) = \{2, 4, 6, 8\} \cup \{9\} = \{2, 4, 6, 8, 9\}$$

Beispiel:

Gegeben seien die beiden Mengen $A = \{1, 2, 3, 4, 5\}$ und $B = \{6, 7, 8, 9\}$. Bestimmen Sie die Differenzmenge $A \setminus B$ durch Angabe der Elemente und durch ein Mengendiagramm.

Lösung:

Beide Mengen sind disjunkt. Die Differenzmenge $A \setminus B$ besteht in diesem Falle aus allen Elementen der Menge A.

$A = \{1, 2, 3, 4, 5\}$

$B = \{6, 7, 8, 9\}$

$A \setminus B = \{1, 2, 3, 4, 5\} = A$

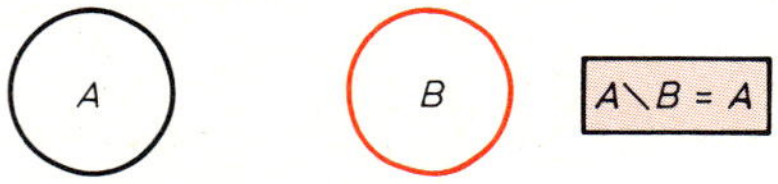

Kartesisches Produkt (Produktmenge)

Im *kartesischen Koordinatensystem* werden die einzelnen Punkte durch Zahlenpaare (x, y) bestimmt. Dabei ist die erste Zahl des Zahlenpaares ein Element der Menge der Zahlen, die auf der *horizontalen* x-Achse aufgetragen werden, die zweite Zahl ist ein Element der Zahlenmenge der Zahlen, die auf der *vertikalen* y-Achse aufgetragen werden. Diese Reihenfolge ist zwar willkürlich, sie hat sich aber in der Mathematik bewährt. (Wenn im folgenden vom „Koordinatensystem" gesprochen wird, ist immer das „kartesische Koordinatensystem" gemeint.)

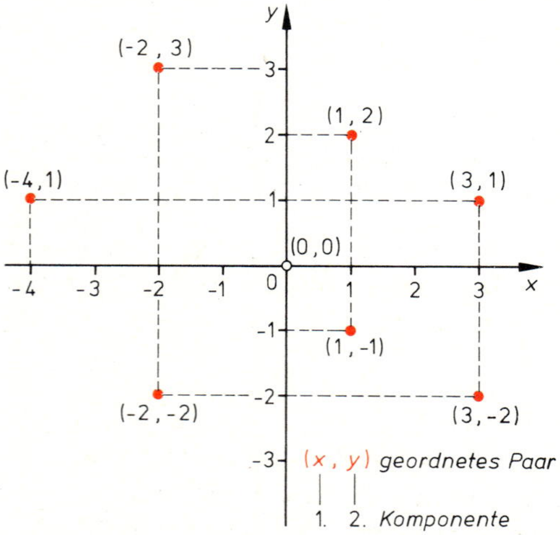

Diese Paare, bei denen die Reihenfolge der Elemente eine Rolle spielt, heißen „*geordnete Paare*". Wir schreiben geordnete Paare (x, y) mit runden Klammern, um sie von Mengen $\{x, y\}$ mit zwei Elementen zu unterscheiden.

Definition:

Die aus den Elementen zweier nichtleerer Mengen A und B gebildeten Paare (x, y) heißen „geordnete Paare", wenn es auf die Reihenfolge der Elemente $x \in A$ und $y \in B$ ankommt. Geordnete Paare bestehen aus einer ersten und einer zweiten Komponente; sie werden durch ein Komma oder Semikolon getrennt.

$$A = \{x_1, x_2, x_3, \ldots, x_n\}$$
$$B = \{y_1, y_2, y_3, \ldots, y_n\}$$

geordnetes Paar

(x, y)

Element aus A — 1. *Komponente*

Element aus B — 2. *Komponente*

Definition:

Zwei geordnete Paare heißen genau dann gleich, wenn sie sowohl in der ersten als auch in der zweiten Komponente übereinstimmen.

Ein geordnetes Paar ist also nicht nur bestimmt durch die Angabe der Elemente, sondern auch durch die Reihenfolge der Elemente.

$$(x, y) = (a, b) \Leftrightarrow (x = a \wedge y = b)$$

$$(2, 5) = (2, 5)$$
$$(2, 5) \neq (5, 2)$$

Beispiel:

Bilden Sie die Menge M aller geordneten Paare aus den Mengen $A = \{1, 2, 3\}$, $B = \{4, 5\}$.

Lösung:

Die neue Menge M entsteht, indem man jedem Element von A genau ein Element von B zuordnet.

$$A = \{1, 2, 3\}, \quad B = \{4, 5\}$$
$$M = \{(1, 4), (1, 5), (2, 4), (2, 5), (3, 4), (3, 5)\}$$

Man beachte: Die Paare sind nicht mit einer Menge zu verwechseln, denn bei einer Menge kann die Reihenfolge der Elemente beliebig sein.

$$(2, 4) \neq (4, 2)$$
$$\{2, 4\} = \{4, 2\}$$

Diese Paarmenge M bezeichnet man als *kartesisches Produkt* oder auch als *Produktmenge*, und man definiert:

$M = A \times B$ ► *kartesisches Produkt*

Definition:

Unter dem kartesischen Produkt $A \times B$ zweier Mengen A und B versteht man die Menge aller geordneten Paare, bei denen die erste Komponente ein Element aus der Menge A und die zweite Komponente ein Element aus der Menge B ist.

$$A \times B = \{x, y | x \in A \wedge y \in B\}$$

$A \times B$; *gelesen: „A kreuz B"*

Beispiel:

Gegeben seien die Mengen $A = \{a, b\}$ und $B = \{x, y\}$. Bilden Sie die kartesischen Produkte $A \times B$ und $B \times A$.

Lösung:

Die Produktmengen bestehen aus $2^2 = 4$ Elementen. Durch die vorgeschriebene Ordnung der Elemente sind die Produktmengen verschieden.

$$A = \{a, b\}; \quad B = \{x, y\}$$
$$A \times B = \{(a, x), (a, y), (b, x), (b, y)\}$$
$$B \times A = \{(x, a), (x, b), (y, a), (y, b)\}$$

Aus diesem Grunde kann gefolgert werden, daß das Kommutativgesetz für Produktmengenbildung nicht gilt.

$$\boxed{A \times B \neq B \times A}$$

Zusammenfassende Beispiele:

1. Gegeben seien die Mengen $A = \{x \in \mathbb{Q} \mid -1 \leq x \leq 2\}$, $B = \{x \in \mathbb{Q} \mid 3 \leq x \leq 4\}$, $C = \{y \in \mathbb{Q} \mid 1 \leq y \leq 2\}$. Welche der folgenden Produktmengen wird in der Zeichnung veranschaulicht?

a) $A \times B \times C$ **b)** $(A \cup B) \times C$

c) $(A \cap B) \times C$ **d)** $A \times (B \cup C)$

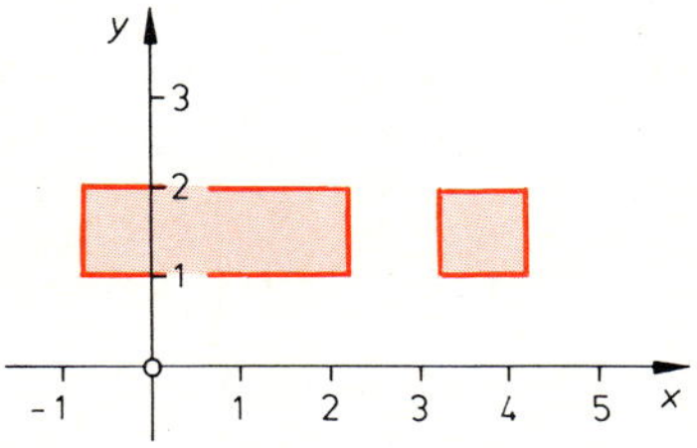

Lösung:

a) Die Menge $A \times B \times C$ kann nicht in einem ebenen Koordinatensystem dargestellt werden.

b) Die Menge $(A \cup B) \times C$ wird in der Zeichnung dargestellt.

c) Die Menge $(A \cap B) \times C$ ist leer, denn $A \cap B$ ist die leere Menge.

d) Die Menge $A \times (B \cup C)$ ist durch ein anderes Bild zu veranschaulichen.

2. Für das kartesische Produkt $A \times B$ ist mit den Mengen $A = \{x \in \mathbb{Z} \mid -2 \leq x \leq 1\}$, $B = \{y \in \mathbb{Z} \mid -1 \leq y \leq 3\}$ die Teilmenge zu bestimmen, die die Ungleichung $y < x$ erfüllt. Veranschaulichen Sie die Zahlenpaare der Lösungsmenge in einem Koordinatensystem.

Lösung:

Kartesisches Produkt $A \times B$ bilden.

$$A \times B = \left\{\begin{matrix}(-2,-1), (-2,0), (-2,1), (-2,2), \\ (-2,3), (-1,-1), (-1,0), (-1,1), \\ (-1,2), (-1,3), (0,-1), (0,0), \\ (0,1), (0,2), (0,3), (1,-1), (1,0), \\ (1,1), (1,2), (1,3)\end{matrix}\right\}$$

$L = \{(x, y) \in A \times B \mid y < x\}$
$L = \{(0, -1), (1, -1), (1, 0)\}$.

Darstellung der Zahlenpaare der Lösungsmenge im Koordinatensystem.

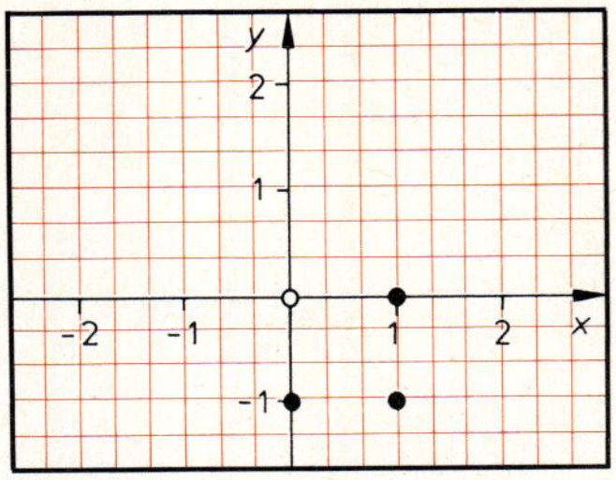

3. Veranschaulichen Sie das kartesische Produkt $\{x \in \mathbb{Q} \mid 2 \leq x \leq 3\} \times \mathbb{Q}$ im Koordinatensystem.

Lösung:
Veranschaulichung der Produktmenge:

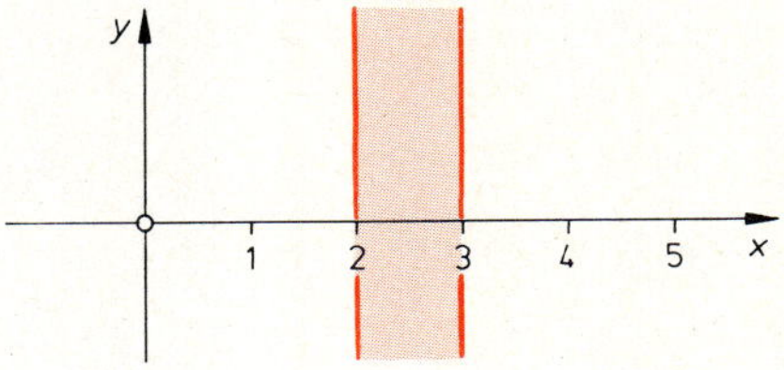

Übungen 1.5

Verknüpfungen von Mengen

1. Bilden Sie von folgenden Mengen die Durchschnitte in aufzählender Form:

a) $A \cap B$; $A = \{1, 2, 3, 4, 6, 8\}$; $B = \{x \mid x \text{ ist Primzahl}\}$

b) $A \cap B \cap C$; $A = \{x \mid x \in \mathbb{N}\}$; $B = \{x \in \mathbb{Z} \mid -3 \leq x \leq 5\}$; $C = \{x \mid x < 5 \wedge x \in \mathbb{N}\}$

c) $\mathbb{N} \cap G_+$; G_+ = Menge der positiven geraden Zahlen

d) $A \cap B$; $A = \{x \in \mathbb{Z}^* \mid x^2 + 2x = 0\}$; $B = \left\{x \in \mathbb{Z}^* \,\middle|\, \frac{2}{x} = \frac{10}{5x^2}\right\}$

2. Bilden Sie folgende Vereinigungen in aufzählender Form:

a) $A \cup B$; $A = \{5, 6, 7, 8\}$; $B = \{x \mid x \text{ ist Primzahl} \wedge 0 < x < 10\}$

b) $A \cup B \cup C$; $A = \{x \mid 2 < x < 6 \wedge x \in \mathbb{N}\}$; $B = \{x \mid x \text{ ist Quadratzahl} \wedge x \in \mathbb{N}\}$;
$C = \{x \mid x < 7 \wedge x \in \mathbb{N}\}$

c) $A \cup B$; $A = \{x \mid x = y^{\frac{1}{2}} \wedge y \leq 100 \wedge x, y \in \mathbb{N}\}$;
$B = \{x \in \mathbb{N} \mid x \text{ ist eine positive ungerade Zahl} \wedge x < 13\}$

3. Bestimmen Sie folgende Mengen:

a) $A \cap B$; $A = \{1, 2, 4, 5, 7, 9\}$; $B = \{1, 3, 5, 7, 8, 9\}$

b) $A \setminus B$; $A = \{3, 5, 7, 9, 11, 13\}$; $B = \{x \mid x \text{ ist Primzahl}\}$

c) $B \setminus A$; $A = \{a, b, m, n, x, y\}$; $B = \{\text{alle Konsonanten}\}$

d) $(A \setminus B) \setminus C$; $A = \{x \mid 0 < x < 20\}$; $B = \{x \mid 5 < x < 10\}$; $C = \{x \mid 3 < x < 14\}$; $x \in \mathbb{N}$

4. Welche Mengenverknüpfungen sind in folgenden Mengendiagrammen dargestellt?

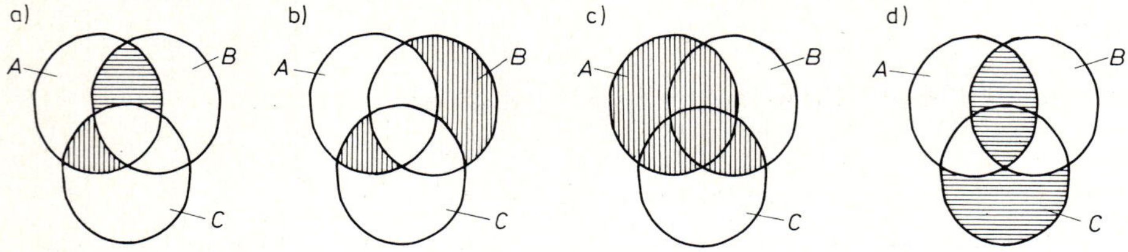

5. Welche Punktmengen in der Ebene werden durch folgende Angaben definiert (Veranschaulichung)?

a) $\mathbb{N} \times \mathbb{Z}$

b) $\{x \in \mathbb{N} \mid 1 \leq x \leq 4\} \times \mathbb{Q}$

c) $\mathbb{Q} \times \{2\}$

d) $\{1, 4\} \times \mathbb{Z}$

e) $\{x \in \mathbb{Q} \mid 0 \leq x \leq 2\} \times \{1, 2\} \cup \{x \in \mathbb{Q} \mid 1 \leq x \leq 2\} \times \{0, 1\}$

6. Gegeben sei die Produktmenge, die aus $A \times B$ entsteht:

$A = \{x \in \mathbb{Z} \mid -3 \leq x \leq 3\}$, $B = \{y \in \mathbb{Z} \mid -3 \leq y \leq 3\}$.

Bestimmen Sie die Lösungsmenge, und veranschaulichen Sie diese Lösungsmenge im Koordinatensystem.

a) $y < 2x + 2$

b) $y \leq x + 1$

c) $\{x, y \mid 2x + y > 1\} \cap \{x, y \mid x = y\}$

d) $\{x, y \mid 2x + y > 1\} \cup \{x, y \mid x = y\}$

e) $\{x, y \mid 3 - x^2 \leq y\} \cap \{x, y \mid x^2 \geq y + 3\}$

2. Von den natürlichen zu den reellen Zahlen

2.1 Die Menge ℕ der natürlichen Zahlen

Einführung der natürlichen Zahlen

Der Zahlbegriff ist von grundlegender Bedeutung in der Mathematik. Der Aufbau des Zahlensystems von den natürlichen Zahlen zu den ganzen Zahlen und von den ganzen über die rationalen zu den reellen Zahlen entspricht in etwa der Entwicklung der Zahlen überhaupt, denn man benötigte im Verlauf der Menschheitsgeschichte immer leistungsfähigere Zahlensysteme. Die erste Stufe der Zahlen, die natürlichen Zahlen, sind die Zahlen des Zählens mit den Symbolen $0, 1, 2, 3, \ldots$

Die ursprüngliche Bedeutung dieser natürlichen Zahlen kann auch durch andere Symbole dargestellt werden.

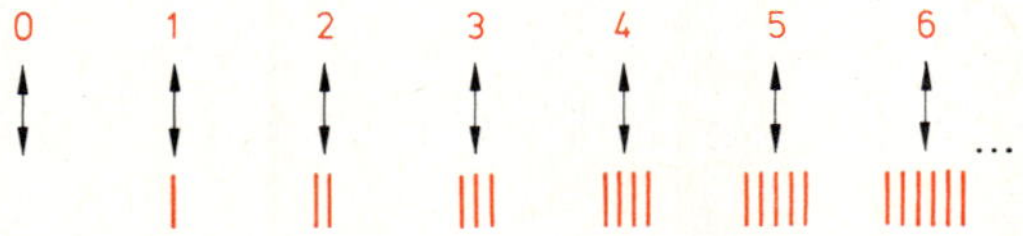

Die Striche, die z.B. der Kellner auf den Bierdeckel zeichnet, geben eine Anzahl an, und zwar die Anzahl der bestellten Glas Bier. Wir kommen so von einer natürlichen Zahl zur nächsten natürlichen Zahl, indem wir stets einen weiteren Strich hinzufügen.

Dieser Aufbau des Zahlensystems der natürlichen Zahlen, der von Erhard Schmidt und Giuseppe Peano zu bestimmten wissenschaftlichen Überlegungen entwickelt wurde, führt zunächst nicht dazu, diese Zahlen in der mathematischen Praxis zu benutzen. Wir wollen daher versuchen, die natürlichen Zahlen aus Betrachtungen über Mengen herzuleiten.

Um zwei oder mehr Mengen miteinander vergleichen zu können, wollen wir versuchen, mit Hilfe von Pfeildiagrammen jedem Element einer Menge A genau ein Element einer Menge B zuzuordnen (A und B sind endliche Mengen).

Wir unterscheiden hierbei drei Fälle:

1. Es gibt in B mindestens ein Element, das keinem Element aus A zugeordnet ist.

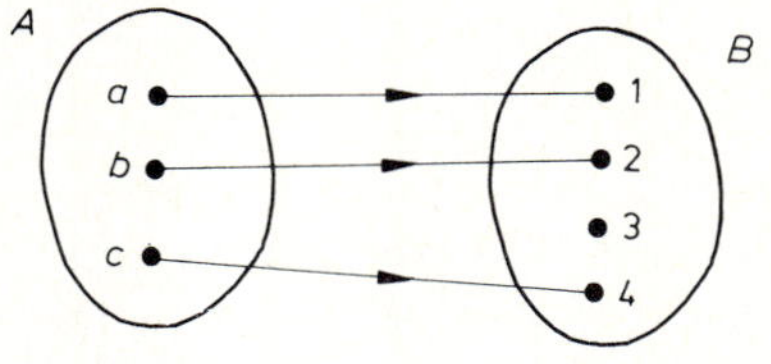

2. Es gibt Elemente in B, denen mehrere Elemente aus A zugeordnet sind.

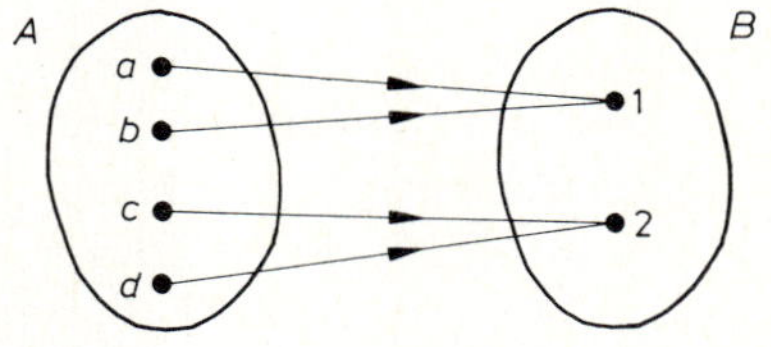

3. Jedem Element in B ist genau ein Element aus A zugeordnet und umgekehrt. Eine solche Zuordnung heißt *eineindeutig* oder auch umkehrbar eindeutig.

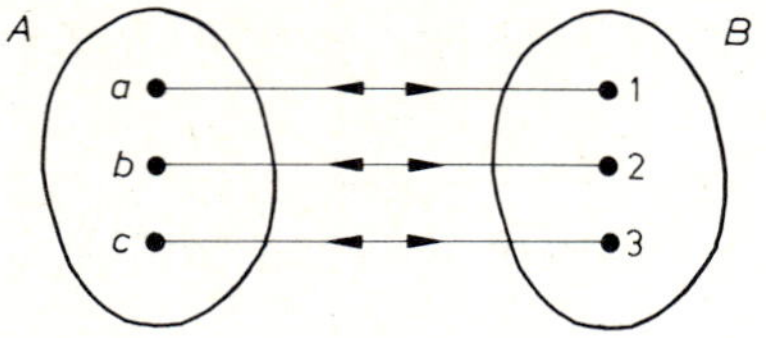

Ist eine Zuordnung zwischen endlichen Mengen *eineindeutig*, so enthalten sie gleichviel Elemente. Von Mengen mit gleich vielen Elementen sagt man auch, sie sind *gleichmächtig*. Diese Bezeichnung kann man auf unendliche Mengen übertragen. Bei ihnen kann man nicht mehr von der gleichen Anzahl sprechen, da man sie nicht durch eine natürliche Zahl angeben kann.

Beispiel:

Die Mengen $\mathbb{N}^*$ und G_+ sind gleichmächtig, denn wir können jeder natürlichen Zahl eineindeutig eine gerade natürliche Zahl zuordnen.

$$\mathbb{N}^* = \{1, 2, 3, 4, 5, 6, \ldots, n, \ldots\}$$

$$\updownarrow \quad \updownarrow \quad \updownarrow \quad \updownarrow \quad \updownarrow \quad \updownarrow \qquad \updownarrow$$

$$G_+ = \{2, 4, 6, 8, 10, 12, \ldots, 2n, \ldots\}$$

Definition:

Zwei (nichtleere) Mengen A und B heißen gleichmächtig ($\sim$), wenn sich die Elemente von A den Elementen von B eineindeutig zuordnen lassen;
gelesen: „A ist gleichmächtig mit B."
Sind die Mengen A und B nicht gleichmächtig, so setzt man zwischen sie das Zeichen $\nsim$;
gelesen: „A ist nicht gleichmächtig mit B."
Die leere Menge ∅ soll zu sich selbst gleichmächtig sein.

$A \sim B$
▼
gleichmächtig

$A \nsim B$
▼
nicht gleichmächtig

$\emptyset \sim \emptyset$

Satz:

Endliche gleichmächtige Mengen haben dieselbe Anzahl von Elementen.

Beweis:
Folgt aus der Definition.

Die Mächtigkeit von endlichen Mengen kann man durch eine Zahl, die sogenannte *Kardinalzahl*, kennzeichnen. Die Kardinalzahl ist gleich der Anzahl der Elemente einer Menge. Eine Kardinalzahl ist somit die gemeinsame Eigenschaft gleichmächtiger Mengen. Kardinalzahlen teilen die Mengen in *Klassen* ein.

$A = \{1, 5, 9, 11, 15\}$

A enthält 5 Elemente
▼
Kardinalzahl

Mengen mit derselben Kardinalzahl gehören zu derselben Klasse.

Die Mächtigkeit oder die Kardinalzahl einer Menge A bezeichnet man mit $|A|$ oder card(A) (*gelesen:* „Mächtigkeit von *A oder* Kardinalzahl von *A*").

$|A| = |\{1, 5, 9, 11, 15\}|$
$|A| = 5$

Es gilt nebenstehende Bezeichnung:

$|A| = |B|$ *ist gleichbedeutend mit* $A \sim B$

Gleichmächtige Mengen haben dieselbe Kardinalzahl, sie gehören zur selben Klasse M. Es gilt:

$M = \{A, B, C, D, \ldots\}$
$M = \{X | X \sim A\}$

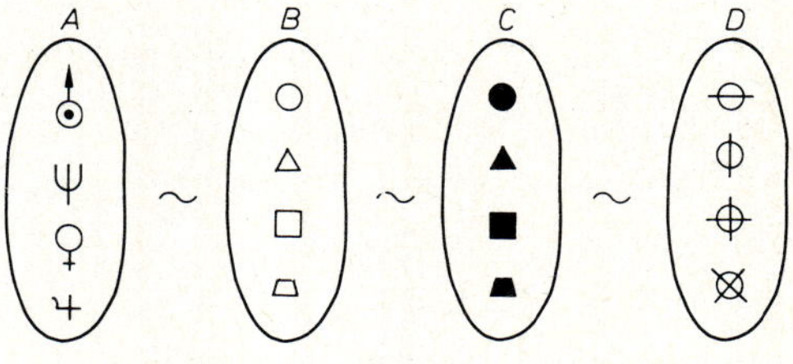

$|A| = 4$ $|B| = 4$ $|C| = 4$ $|D| = 4$

Definition:

Unter der Zahl 4 versteht man die gemeinsame Eigenschaft aller Mengen, die die gleiche Mächtigkeit wie zum Beispiel die Menge C = {●, ▲, ■, ⏢} *haben. Man sagt: Die Klasse M definiert die Zahl 4, die auch Kardinalzahl 4 oder natürliche Zahl 4 genannt wird.*

So kann man nacheinander alle *natürlichen Zahlen* definieren. Jede Klasse gleichmächtiger endlicher Mengen bestimmt eine zugehörige natürliche Zahl.

natürliche Zahlen 0, 1, 2, 3, 4, ...

1 *ist die klassenbildende Eigenschaft der Klasse*

{A|A ~ {■}}

2 *ist die klassenbildende Eigenschaft der Klasse*

{B|B ~ {●, ■}}

Die Klasse für die Zahl 0 besteht aus Mengen die kein Element (leere Mengen) haben.

Beispiel:

Bestimmen Sie die Kardinalzahlen folgender Mengen:

a) $A = \{\alpha, \beta, y\}$, **b)** $B = \{x | 3x + 4 = 10\}$, **c)** C = {■, ●, ▲}, **d)** $D = \emptyset$

Welche der Mengen sind gleichmächtig?

Lösung:

a) card(A) = $|A| = 3$, **b)** card(B) = $|B| = 1$, **c)** card(C) = $|C| = 3$, **d)** card(D) = $|D| = 0$

Die Mengen A und C sind gleichmächtig, da card(A) = card(C) = 3.

Da die natürlichen Zahlen uns vom bisherigen Mathematikunterricht bereits bekannt sind, wollen wir sie im weiteren Verlauf nur hinsichtlich der in ihnen erklärten Rechenoperationen betrachten.

Addition und Multiplikation in der Menge $\mathbb{N}$

Es seien $m, n \in \mathbb{N}$ und die disjunkten Mengen M und N mit $m = |M|$ und $n = |N|$ gegeben.

Definition:

Die Verknüpfung $m + n = |M \cup N|$, wobei M und N endliche Mengen sind, heißt Addition in $\mathbb{N}$.

$$M \cap N = \emptyset;\ m = |M|;\ n = |N|$$
$$m + n = |M| + |N| = |M \cup N|$$

$m, n \in \mathbb{N}$

Die mengentheoretische Erklärung der Addition ist nur möglich für den Fall:

$$M \cap N = \emptyset$$

a) $2 = |\{a, b\}|;\ 2 = |\{c, d\}|$ und

$\{a, b\} \cap \{c, d\} = \emptyset$

$\Rightarrow\ |\{a, b\} \cup \{c, d\}| = |\{a, b, c, d\}| = \underline{\underline{4}}$

b) $2 = |\{a, b\}|;\ 2 = |\{c, b\}|$ und

$\{a, b\} \cap \{b, c\} \neq \emptyset$

$\Rightarrow\ |\{a, b\} \cup \{b, c\}| = |\{a, b, c\}| = \underline{\underline{3}}$

Beispiel:

Es seien mit $A = \{a, b, c\}$ und $B = \{4, 5\}$ zwei endliche Mengen gegeben. Bilden Sie das kartesische Produkt $A \times B$ mit Hilfe einer Tabelle.

Lösung:

Jedem Feld der Tabelle entspricht ein Element des kartesischen Produktes $A \times B$. Soll die Anzahl der Felder ohne die Hilfe einer Tabelle bestimmt werden, so müssen die Kardinalzahlen der Mengen A und B miteinander multipliziert werden.

$\times$	4	5
a	$(a, 4)$	$(a, 5)$
b	$(b, 4)$	$(b, 5)$
c	$(c, 4)$	$(c, 5)$

Die Anzahl der geordneten Paare des kartesischen Produktes $A \times B$ entspricht also genau dem „Produkt" der Kardinalzahlen von A und B. Somit können wir nun das Produkt von natürlichen Zahlen definieren.

Definition:

Die Verknüpfung $m \cdot n = |M \times N|$, wobei M und N endliche Mengen sind, heißt Multiplikation in $\mathbb{N}$.

$$m = |M|;\ n = |N|$$
$$m \cdot n = |M| \cdot |N| = |M \times N|$$

$m, n \in \mathbb{N}$

Anordnung in der Menge $\mathbb{N}$ der natürlichen Zahlen

Ist eine Menge M echte Teilmenge einer Menge N, so enthält die Menge N eine größere Anzahl von Elementen als die Menge M. Das läßt sich durch Zuordnen leicht feststellen und ermöglicht die folgende Definition.

Definition:

Die natürliche Zahl m heißt kleiner als die natürliche Zahl n, wenn es Mengen M und N mit $m = |M|$ und $n = |N|$ gibt und $M \subsetneqq N$ gilt. In Zeichen: $m < n$.

$$m, n \in \mathbb{N}$$
$$m = |M|; \quad n = |N|$$
$$M \subsetneqq N \Rightarrow m < n$$

Anmerkungen:

1. Gilt nur $M \subseteq N$, ist also auch der Fall $M = N$ und damit $m = n$ eingeschlossen, verwendet man $m \leq n$ und liest „m ist kleiner oder gleich n".
2. Gilt $m < n$, so ist die Beziehung $M \subsetneqq N$ nicht für alle Mengen M und N mit $|M| = m$ und $|N| = n$ wahr. Die Definition fordert lediglich die Existenz solcher Mengen. Dazu folgendes Beispiel.

Beispiel:

Ist $2 = |\{1, 2\}|$ und $3 = |\{4, 7, 9\}|$, so gilt $2 < 3$ bzw. $|\{1, 2\}| < |\{4, 7, 9\}|$; es gilt aber nicht $\{1, 2\} \subseteq \{4, 7, 9\}$.

Subtraktion und Division natürlicher Zahlen

Nachdem die Addition und die Multiplikation mit Hilfe von Mengen erklärt worden sind, soll nun noch kurz auf die Subtraktion und die Division eingegangen werden.

Es seien die endlichen Mengen M und N gegeben mit $|M| = m$, $|N| = n$ und $N \subseteq M$.

Definition:

Die Verknüpfung $m - n = |M \setminus N|$ wird Subtraktion genannt.

$m - n$ ist gleich der Zahl, die zu n addiert m ergibt.

$n + (m - n) = (m - n) + n = m;$

oder für $m - n = x$

$n + \quad x \quad = \quad x \quad + n = m$

$m - n$ ist also die Lösung der Gleichung $x + n = m$

Für x ist aber in $\mathbb{N}$ nicht immer eine Lösung möglich. Für alle $m < n$ ist $x \notin \mathbb{N}$.

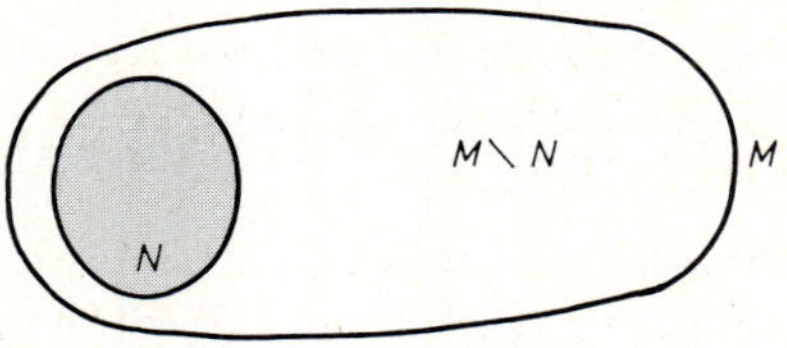

$|M| - |N| = |M \setminus N|$
$m - n = x$
$4, 7 \in \mathbb{N}$
$4 - 7 = -3; \; -3 \notin \mathbb{N}$

Diese Tatsache zwingt uns, neue Zahlen einzuführen, wie es im folgenden Kapitel geschieht.

Die Division ist in $\mathbb{N}$ ebenfalls nicht immer möglich. Sind $m, n \in \mathbb{N}$; $n \neq 0$, so gibt es Gleichungen, die für $x = \frac{m}{n}$ nicht lösbar sind.

$$n \cdot x = m \Rightarrow x = \frac{m}{n}; \; \frac{m}{n} \notin \mathbb{N}$$

$$z.B.: \; 3 \cdot x = 5 \Rightarrow x = \frac{5}{3}; \; \frac{5}{3} \notin \mathbb{N}$$

Hierüber folgen Ausführungen im übernächsten Kapitel.

Übungen — 2.1

Die Menge $\mathbb{N}$ der natürlichen Zahlen

1. Gegeben seien folgende Mengen:

$A = \{1, 2, 3\}$ $\quad B = \{\text{Oslo, Bremen}\}$ $\quad C = \emptyset$ $\quad D = \{\alpha, \beta\}$

$E = \{w, x, y, z\}$ $\quad F = \{2, \alpha, y\}$ $\quad G = \{3, \text{Bremen}, x, z, \beta\}$

a) Bestimmen Sie die Kardinalzahlen der einzelnen Mengen.

b) Addieren Sie die Kardinalzahlen von: A und C; E und F; E und G; B und D.

c) Multiplizieren Sie die Kardinalzahlen von: A und C; C und F; E und G; B und D.

d) Prüfen Sie: $|A| < |B|$; $|D| < |G|$
Ergeben $|A| - |B|$; $|C| - |B|$; $|D| - |A|$ Lösungen in $\mathbb{N}$?

2. Durch welche Einsetzung für $x \in \mathbb{N}$ werden folgende Aussageformen zu wahren Aussagen?

a) $9 < x^2$ **b)** $x^2 = 5x + 6$ **c)** $x + x^2 + 1 \neq 7$ **d)** $x + 5 < 10$

e) $2x + 4 = 24$ **f)** $2x \leq 6$ **g)** $x + y - z = 0$

3. Welche der folgenden Aussageformen sind in $\mathbb{N}$ erfüllbar?

a) $x < y + 1$ **b)** $x + y + z < 8$ **c)** $x^2 + x \leq 100$ **d)** $2x + 9 = 9$

e) $x \leq x^2$ **f)** $3x + 4 = 5$ **g)** $a^2 + a = 1$

2.2 Die Menge $\mathbb{Z}$ der ganzen Zahlen

Einführung der ganzen Zahlen

Die bisher behandelten natürlichen Zahlen wurden über den Kardinalzahlbegriff eingeführt. Für eine Erweiterung der Menge $\mathbb{N}$ ist es aber notwendig, den Zahlbegriff anders zu definieren.

Wir stellen uns die Aufgabe, die Gleichung $n + x = m$ zu lösen und setzen $m > n$ voraus.

Die Lösung dieser Gleichung hängt sicher von den natürlichen Zahlen m und n ab, die wir zu einem Zahlenpaar zusammenfassen. Jedem Zahlenpaar (m, n) wird durch die Rechenoperation (Verknüpfung) $x = m - n$, mit $m > n$ genau eine Zahl $x \in \mathbb{N}$ zugeordnet, die wir als Lösung der Gleichung bezeichnen.

$n + x = m$: $x = m - n$

$(m, n) \in \mathbb{N} \times \mathbb{N} \wedge m > n$

$3 + x = 6$; $x = 6 - 3$

$(6, 3) \blacktriangleright 3 = 6 - 3$

(6 ↔ m, 3 ↔ n)

Umgekehrt liefert aber eine natürliche Zahl nicht eindeutig ein geordnetes Zahlenpaar, denn jede natürliche Zahl x entspricht einer Menge von geordneten Zahlenpaaren, die die gleiche Differenz $m - n$ haben.

$$3 = 6 - 3 = 5 - 2 = 4 - 1 = \dots$$
$$(m\,,\,n) \quad (r\,,\,s) \quad (p\,,\,q)$$

$$5 = 9 - 4 = 8 - 3 = 7 - 2 = \dots$$

Fassen wir solche Zahlenpaare (m, n), (r, s), ... zusammen, für die $m + s = n + r$ gilt, so erhalten wir Zahlenpaare mit *gleicher Differenz*, die wir zu Paarmengen zusammenfassen.

Jede dieser Paarmengen charakterisiert eine natürliche Zahl.

$$\{(7\,,\,3), (6\,,\,2), (5\,,\,1), \dots\} = 4$$
$$\{(6\,,\,5), (5\,,\,4), (4\,,\,3), \dots\} = 1$$

Definition:

Zwei Zahlenpaare (m, n) und (r, s), mit $m, n, r, s \in \mathbb{N}$ heißen äquivalent (gleichwertig) genau dann, wenn gilt:

$$m + s = n + r$$

$$(m\,,\,n) \sim (r\,,\,s) \Leftrightarrow m + s = n + r$$
$$m, n, r, s \in \mathbb{N}$$

Beispiel:

Nebenstehende Zahlenpaare sind nach Definition äquivalent.

$$(5\,,\,1) \sim (6\,,\,2) \sim \cdots \sim (14\,,\,10) \sim \cdots$$
$$(5\,,\,3) \sim (6\,,\,4) \sim \cdots \sim (102\,,\,100) \sim \cdots$$
$$(8\,,\,1) \sim (9\,,\,2) \sim \cdots \sim (21\,,\,14) \sim \cdots$$

Bisher haben wir vorausgesetzt, daß bei der Gleichung $x = m - n$ die Bedingung $m > n$ gilt. Damit für alle Zahlen $m, n \in \mathbb{N}$ die Verknüpfung $m - n = x$ definiert ist, muß diese Bedingung $m > n$ fortfallen.

Definition:

Die Menge aller Zahlenpaare, die zu einem gegebenen Zahlenpaar äquivalent sind, heißt Äquivalenzklasse.

$$[(0\,,\,1)] = \{(1\,,\,2), (2\,,\,3), (3\,,\,4), \dots\}$$
$$[(5\,,\,4)] = \{(2\,,\,1), (3\,,\,2), (4\,,\,3), \dots\}$$
$$[(10\,,\,17)] = \{(1\,,\,8), (2\,,\,9), (3\,,\,10), \dots\}$$

Es entstehen dann auch Äquivalenzklassen, denen wir keine Zahl aus $\mathbb{N}$ zuordnen können. Es ist sinnvoll, ihnen die negativen Zahlen zuzuordnen.

(5 , 3), (4 , 2), (3 , 1), ...	2	$2 \in \mathbb{N}$
(4 , 4), (5 , 5), (6 , 6), ...	0	$0 \in \mathbb{N}$
(4 , 5), (5 , 6), (6 , 7), ...	−1	$-1 \notin \mathbb{N}$
(7 , 14), (8 , 15), (9 , 16), ...	−7	$-7 \notin \mathbb{N}$
⋮ ⋮ ⋮	⋮	⋮
$(m\,,\,n)$	$m - n$	

Es ist uns bekannt, daß die Elemente des kartesischen Produkts als Zahlenpaare im Koordinatensystem dargestellt werden können. Überträgt man die bisher behandelten Zahlenpaare in ein Koordinatensystem, so entsteht folgende Darstellung:

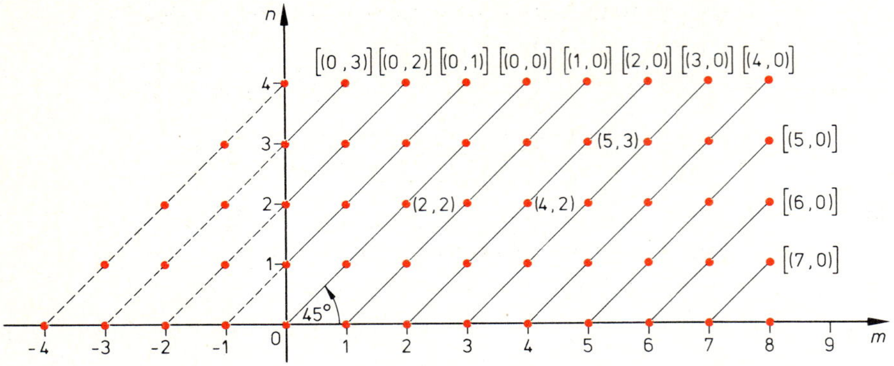

Aus der graphischen Darstellung kann man erkennen, daß äquivalente Zahlenpaare immer auf einer 45°-Geraden liegen.

Nun sind wir in der Lage, die ganzen Zahlen zu definieren.

Definition:

Eine Äquivalenzklasse $[(m,n)]$ *heißt eine ganze Zahl. Die Menge der ganzen Zahlen wird mit* $\mathbb{Z}$ *bezeichnet.*

$[(m,n)]$ *mit* $m, n \in \mathbb{N}$ *heißt eine ganze Zahl.*
$\mathbb{Z} = \{[(m,n)] \mid [(m,n)] = m - n \wedge m, n \in \mathbb{N}\}$

Definition:

Eine ganze Zahl $[(m,n)]$ *heißt positiv, wenn* $m > n$ *ist und sie heißt negativ, wenn* $m < n$ *ist.* $[(m, n = m)]$ *stellt die Zahl Null dar.*

(2, 0), (3, 1), (12, 6) ; *Differenzen sind positiv*
(3, 4), (0, 3), (1, 7) ; *Differenzen sind negativ*
(0, 0), (1, 1), (10, 10); *Differenzen sind gleich Null*

Die Menge $\mathbb{Z}$ der ganzen Zahlen besteht aus der Menge $\mathbb{N}$ der natürlichen Zahlen und der Menge $\mathbb{Z}^*_-$ der negativen ganzen Zahlen.

$\mathbb{Z} = \{\ldots, -3, -2, -1, 0, 1, 2, 3, 4, \ldots\}$

Beispiel:

Gegeben seien die folgenden Zahlenpaare: (1 , 1), (2 , 1), (3 , 4), (5 , 2), (7 , 10). Welche Ziffernsymbole sind für die diesen Zahlenpaaren entsprechenden Äquivalenzklassen üblich?

Lösung:

Zahlenpaar	*Äquivalenzklasse*	*Ziffernsymbol*
(1 , 1)	[(0 , 0)]	0
(2 , 1)	[(1 , 0)]	1
(3 , 4)	[(0 , 1)]	−1
(5 , 2)	[(3 , 0)]	3
(7 , 10)	[(0 , 3)]	−3

Addition und Multiplikation in der Menge $\mathbb{Z}$ der ganzen Zahlen

Definition:

Die Summe zweier ganzer Zahlen $a = [(m, n)]$ und $b = [(k, l)]$ ist gegeben durch:

$$a + b = [(m, n)] + [(k, l)] = [(m + k, n + l)]$$

Beispiele:

Die Summe zweier ganzer Zahlen soll bestimmt werden:

a) $[(2,4)] + [(4,7)] = [(2 + 4, 4 + 7)] = [(6, 11)] = \underline{\underline{-5}}$

b) $[(4,1)] + [(1,4)] = [(4 + 1, 1 + 4)] = [(5,5)] = \underline{\underline{0}}$

c) $[(9,10)] + [(2,0)] = [(9 + 2, 10 + 0)] = [(11, 10)] = \underline{\underline{1}}$

Erinnern wir uns daran, warum wir die ganzen Zahlen einführten. Wir wollten die Gleichung $n + x = m$, für $m < n$ lösen. Für diesen Zweck definieren wir zunächst ganz allgemein die Subtraktion.

Definition:

Die Differenz zweier ganzer Zahlen $a = [(m, n)]$ und $b = [(k, l)]$ ist gegeben durch:

$$a - b = [(m, n)] - [(k, l)] = [(m + l, n + k)]$$

Nun sind wir in der Lage, jede Gleichung der Form $a + x = b$; $a, b, x \in \mathbb{Z}$ zu lösen.

Beispiele:

Bestimmen Sie x: **a)** $[(4, 7)] + x = [(2, 19)]$; **b)** $[(11, 3)] + x = [(6, 19)]$

Lösung:

a) $x = [(2, 19)] - [(4, 7)] = [(2 + 7, 19 + 4)] = [(9, 23)] = \underline{\underline{-14}}$

b) $x = [(6, 19)] - [(11, 3)] = [(6 + 3, 19 + 11)] = [(9, 30)] = \underline{\underline{-21}}$

Für die Multiplikation in $\mathbb{Z}$ gilt folgende Definition:

Definition:

Das Produkt zweier ganzer Zahlen $a = [(m, n)]$ und $b = [(k, l)]$ ist gegeben durch:

$$a \cdot b = [(m, n)] \cdot [(k, l)] = [(mk + nl, ml + nk)]$$

Beispiele:

Das Produkt folgender ganzer Zahlen soll bestimmt werden:

a) $[(3, 4)] \cdot [(7, 1)]$; **b)** $[(0, 3)] \cdot [(4, 16)]$; **c)** $[(4, 1)] \cdot [(7, 0)]$

Lösung:

a) $[(3, 4)] \cdot [(7, 1)] = [(3 \cdot 7 + 4 \cdot 1, 3 \cdot 1 + 4 \cdot 7)] = [(25, 31)] = \underline{\underline{-6}}$

b) $[(0, 3)] \cdot [(4, 16)] = [(0 \cdot 4 + 3 \cdot 16, 0 \cdot 16 + 3 \cdot 4)] = [(48, 12)] = \underline{\underline{36}}$

c) $[(4, 1)] \cdot [(7, 0)] = [(4 \cdot 7 + 1 \cdot 0, 4 \cdot 0 + 1 \cdot 7)] = [(28, 7)] = \underline{\underline{21}}$

Anordnung in der Menge der ganzen Zahlen

Wir wollen auch ganze Zahlen ihrer Größe nach miteinander vergleichen.

Definition:

Für alle a und b aus $\mathbb{Z}$ gilt $a \leq b$ genau dann, wenn $b - a$ Element aus $\mathbb{N}$ ist.

$$a, b \in \mathbb{Z}$$
$$a \leq b \Leftrightarrow (b - a) \in \mathbb{N}$$

Beispiele:

1. $3 \leq 7 \Rightarrow 7 - 3 = 4;\ 4 \in \mathbb{N}$

2. $-5 \leq 2 \Rightarrow 2 - (-5) = 7;\ 7 \in \mathbb{N}$

3. $-7 \leq -4 \Rightarrow -4 - (-7) = 3;\ 3 \in \mathbb{N}$

Fassen wir zusammen: Wir haben die Menge $\mathbb{N}$ zu der Menge $\mathbb{Z}$ erweitert, weil wir Gleichungen der Form $n + x = m$, für alle $n, m \in \mathbb{N}$ lösen wollten, die in $\mathbb{N}$ nicht immer eine Lösung hatten.

Diese Menge $\mathbb{Z}$ der ganzen Zahlen enthält die Menge $\mathbb{N}$ der natürlichen Zahlen: $\mathbb{N} \subseteq \mathbb{Z}$. In $\mathbb{Z}$ gelten folgende Rechengesetze:

Gesetz	Addition		Multiplikation	
Existenzgesetz (Abgeschlossenheit)	$a, b \in \mathbb{Z} \Rightarrow (a + b) \in \mathbb{Z}$	**E +**	$a, b \in \mathbb{Z} \Rightarrow (a \cdot b) \in \mathbb{Z}$	**E ·**
Assoziativgesetz	$(a + b) + c = a + (b + c)$	**A +**	$(a \cdot b)\, c = a(b \cdot c)$	**A ·**
Neutrales Element	$a + 0 = a$	**N +**	$a \cdot 1 = a$	**N ·**
Inverses Element	$a + (-a) = 0$	**I +**		**I ·**
Kommutativgesetz	$a + b = b + a$	**K +**	$a \cdot b = b \cdot a$	**K ·**
Distributivgesetz	$a(b + c) = a \cdot b + a \cdot c$			**D**
Monotoniegesetz	$a < b \Leftrightarrow a + c < b + c$	**M +**	$a < b \Leftrightarrow a \cdot c < b \cdot c;\ c > 0$ $a < b \Leftrightarrow a \cdot c > b \cdot c;\ c < 0$	**M ·**

Für die Multiplikation existiert in der Menge $\mathbb{Z}$ nicht immer ein inverses Element.

Übungen 2.2

Die Menge $\mathbb{Z}$ der ganzen Zahlen

1. Berechnen Sie x.

a) $[(4, 8)] + x = [(12, 14)]$

b) $[(1, 2)] + x = [(21, 18)]$

c) $[(7, 9)] + x = [(2, 9)]$

d) $[(3, 4)] + x = [(14, 14)]$

e) $[(3, 12)] + x = [(0, 5)]$

f) $[(4, 5)] + x = [(12, 13)]$

2. Multiplizieren Sie:

a) $[(4,5)] \cdot [(8,1)]$ **b)** $[(3,4)] \cdot [(2,1)]$ **c)** $[(2,7)] \cdot [(3,9)]$

d) $[(2,2)] \cdot [(5,12)]$ **e)** $[(4,1)] \cdot [(2,9)]$ **f)** $[(14,11)] \cdot [(13,6)]$

3. Welche der folgenden Gleichungen sind in $\mathbb{Z}$ lösbar?

a) $4x^2 = 16$ **b)** $3x + 25 = 17$ **c)** $8x \cdot 5 = 100$

d) $x + 5 = 3x - 7$ **e)** $4x + 5x = 30 - 6x$ **f)** $3x^2 - 4 = 44$

g) $5x + 5 = 10$ **h)** $23x \cdot 5 - 4 = 19$

2.3 Die Menge $\mathbb{Q}$ der rationalen Zahlen

Einführung der rationalen Zahlen

Beginnen wir unsere Überlegungen mit einem „*Steckbrief*", der folgenden Wortlaut hat:

> **Gesucht**
> ist eine Zahlenmenge, in der
> 1. die in $\mathbb{Z}$ geltenden Rechengesetze **E+**, **A+**, **N+**, **I+**, **K+** und **M+** gültig bleiben, aber
> 2. Gleichungen der Form $n \cdot x = m$ für alle $n, m \in \mathbb{Z}$ $(n \neq 0)$ gelöst werden können.

Das Motiv für die erneute Erweiterung des Zahlbereiches ist in Bedingung 2. formuliert. Nicht jede Gleichung der Form $n \cdot x = m$ ist in $\mathbb{Z}$ lösbar. Beispielsweise gelingt es uns nicht, die Gleichung $3 \cdot x = 7$ in $\mathbb{Z}$ zu lösen.
Bei den ganzen Zahlen hing die Lösung der Gleichung $n + x = m$ von den natürlichen Zahlen m und n ab. Aus diesen Zahlen bildeten wir das Zahlenpaar (m, n). Die gleichen Überlegungen stellen wir nun an, um die Gleichung $n \cdot x = m$ zu lösen. Auch hier hängt die Lösung von den Zahlen n, m ab; n und m sind in diesem Fall ganze Zahlen $(n, m \in \mathbb{Z})$ und es muß $n \neq 0$ sein.
Wir setzen zunächst voraus, daß m ein Vielfaches von n ist.

Diese Zahlen $m, n \in \mathbb{Z}$ werden ebenfalls zu Zahlenpaaren zusammengefaßt, die uns die Lösung $x = \frac{m}{n}$ der Gleichung $n \cdot x = m$ angeben.

$$n \cdot x = m \Rightarrow x = \frac{m}{n}; \quad m, n \in \mathbb{Z}; n \neq 0$$

$$\frac{m}{n} \blacktriangleright (m, n)$$

Die Bildung der Zahlenpaare ist jedoch nicht an die Voraussetzung gebunden, daß m Vielfaches von n ist. Wir definieren deshalb ganz allgemein:

Definition:

Zwei Zahlenpaare (m, n) *und* (r, s), *mit* $m, n, r, s \in \mathbb{Z}$, $n, s \neq 0$ *heißen äquivalent genau dann, wenn gilt:*

$$m \cdot s = n \cdot r$$

$$(m, n) \sim (r, s) \Rightarrow m \cdot s = n \cdot r$$

$m, n, r, s \in \mathbb{Z} \quad n, s \neq 0$

Nebenstehende Zahlenpaare sind äquivalent.

$(3,4) \sim (6,8)$, *weil* $3 \cdot 8 = 4 \cdot 6$
$(5,2) \sim (10,4)$, *weil* $5 \cdot 4 = 2 \cdot 10$

Äquivalente Zahlenpaare werden wieder zu Äquivalenzklassen zusammengefaßt. Auch hierbei entstehen Äquivalenzklassen, denen wir keine Zahl des Ausgangsbereiches, der Menge $\mathbb{Z}$, zuordnen können. Es ist sinnvoll, ihnen rationale Zahlen zuzuordnen.

Definition:
Eine Äquivalenzklasse $\left[\frac{m}{n}\right]$ *heißt eine rationale Zahl. Die Menge der rationalen Zahlen wird mit* $\mathbb{Q}$ *bezeichnet.*

$\left[\frac{m}{n}\right]$ mit $m, n \in \mathbb{Z};\ n \neq 0$

heißt eine rationale Zahl.

$$\mathbb{Q} = \left\{\left[\frac{m}{n}\right] \middle| m, n \in \mathbb{Z} \wedge n \neq 0\right\}$$

Beispiel: $\left[\frac{1}{2}\right] = \{(1,2), (-1,-2), (2,4), (-2,-4), (3,6) \ldots\}$

$\left[-\frac{1}{2}\right] = \{(-1,2), (1,-2), (-2,4), (2,-4), (-3,6) \ldots\}$

In der Menge $\mathbb{Q}$ der rationalen Zahlen können Rechenoperationen und eine Anordnung definiert werden. Es läßt sich zeigen, daß die Menge der rationalen Zahlen der aus der Mittelstufe bekannten Menge der Brüche entspricht und daß Rechenregeln gelten, die denen für Brüche analog sind. Wir wollen jedoch nicht tiefer in diese Theorie eindringen, sondern nur anschaulich anstelle von $\left[\frac{m}{n}\right]$ einfacher $\frac{m}{n}$ (mit $m, n \in \mathbb{Z}$, $n \neq 0$) schreiben und wichtige Definitionen und Sätze kurz zusammenstellen.

Teilmengen von $\mathbb{Q}$ sind:

Menge der positiven rationalen Zahlen: $\mathbb{Q}_+^* = \left\{x \middle| x = \frac{m}{n} \wedge m, n \in \mathbb{Z}_+^* \vee m, n \in \mathbb{Z}_-^*\right\}$

Menge der negativen rationalen Zahlen: $\mathbb{Q}_-^* = \left\{x \middle| x = \frac{m}{n} \wedge (m \in \mathbb{Z}_-^* \wedge n \in \mathbb{Z}_+^*) \vee (m \in \mathbb{Z}_+^* \wedge n \in \mathbb{Z}_-^*)\right\}$

Menge der nicht-negativen rationalen Zahlen: $\mathbb{Q}_+ = \mathbb{Q}_+^* \cup \{0\}$

Menge der nicht-positiven rationalen Zahlen: $\mathbb{Q}_- = \mathbb{Q}_-^* \cup \{0\}$

Außerdem gelten: $\mathbb{Q}_+ \subseteq \mathbb{Q};\ \mathbb{Z} \subseteq \mathbb{Q};\quad \mathbb{Q}_- \subseteq \mathbb{Q};\ \mathbb{N} \subseteq \mathbb{Q}$

Multiplikation und Addition in der Menge $\mathbb{Q}$ der rationalen Zahlen

Definition:
Das Produkt zweier rationaler Zahlen $\frac{m}{n}$ *und* $\frac{r}{s}$ *ist durch die Multiplikation der beiden Zähler und der beiden Nenner gegeben.*

$a = \frac{m}{n};\quad b = \frac{r}{s};\quad n, s \neq 0$

$$a \cdot b = \frac{m}{n} \cdot \frac{r}{s} = \frac{m \cdot r}{n \cdot s}$$

Beispiele:

Bestimmen Sie das Produkt folgender rationaler Zahlen:

a) $\frac{4}{1} \cdot \frac{4}{9} = \frac{4 \cdot 4}{1 \cdot 9} = \frac{16}{9} = 1\frac{7}{9}$

b) $\frac{-21}{6} \cdot \frac{3}{-7} = \frac{-21 \cdot 3}{6 \cdot (-7)} = \frac{63}{42} = 1\frac{1}{2}$

c) $\frac{13}{-4} \cdot \frac{-5}{-6} = \frac{13 \cdot (-5)}{-4 \cdot (-6)} = -\frac{65}{24} = -2\frac{17}{24}$

d) $\frac{0}{7} \cdot \frac{6}{1} = \frac{0 \cdot 6}{7 \cdot 1} = 0$

Definition:

Die Summe zweier rationaler Zahlen $\frac{m}{n}$ *und* $\frac{r}{s}$ *wird gebildet, indem man die Brüche gleichnamig macht und anschließend die Zähler addiert.*

$$a = \frac{m}{n}; \quad b = \frac{r}{s}; \quad n, s \neq 0$$

$$a + b = \left(\frac{m}{n} + \frac{r}{s}\right) = \frac{m \cdot s + r \cdot n}{n \cdot s}$$

Beispiele:

Bestimmen Sie die Summe folgender rationaler Zahlen:

a) $\frac{4}{7} + \frac{-3}{4} = \frac{4 \cdot 4 + (-3) \cdot 7}{7 \cdot 4} = \frac{-5}{28} = -\frac{5}{28}$

b) $\frac{-4}{1} + \frac{-8}{-11} = \frac{4 \cdot (-11) + (-8) \cdot 1}{1 \cdot (-11)} = \frac{52}{11} = 4\frac{8}{11}$

Da die Division und die Subtraktion in $\mathbb{Q}$ aus der Multiplikation und Addition als inverse Rechenoperationen hervorgehen, ist es nicht notwendig, sie getrennt zu behandeln. Zusammenfassend können wir daher folgendes feststellen:

In der Menge $\mathbb{Q}$ sind alle vier Grundrechenarten — mit Ausnahme der Division durch Null — uneingeschränkt ausführbar.
Addition, Subtraktion, Multiplikation und Division sind somit Verknüpfungen *in* der Menge $\mathbb{Q}$; sie führen nicht aus der Menge $\mathbb{Q}$ heraus.

Addition	$(a+b) \in \mathbb{Q}$	$a, b \in \mathbb{Q}$
Subtraktion	$(a-b) \in \mathbb{Q}$	
Multiplikation	$a \cdot b \in \mathbb{Q}$	
Division	$\frac{a}{b} \in \mathbb{Q}$	$a, b \in \mathbb{Q} \wedge b \neq 0$

Anordnung der rationalen Zahlen

Um auch rationale Zahlen ihrer Größe nach miteinander vergleichen zu können, müssen wir eine Anordnung in $\mathbb{Q}$ definieren. Dabei soll die uns schon bekannte Anordnung in $\mathbb{Z}$ erhalten bleiben.

Zunächst müssen wir jedoch wissen, wann eine rationale Zahl als positiv bezeichnet werden kann.

Definition:

Eine rationale Zahl $a = \frac{m}{n}$ heißt positiv, wenn Zähler und Nenner aus $\mathbb{Z}_+^*$ oder wenn Zähler und Nenner aus $\mathbb{Z}_-^*$ sind.

$a = \frac{m}{n}$ *ist positiv* $\Rightarrow m, n \in \mathbb{Z}_+^* \vee m, n \in \mathbb{Z}_-^*$

Nun sind wir in der Lage, eine Anordnung der rationalen Zahlen zu erklären.

Definition:

Für zwei Zahlen a und b aus $\mathbb{Q}$ gilt $a \leq b$ genau dann, wenn $b - a$ Element aus $\mathbb{Q}_+$ ist.

$a \leq b \Leftrightarrow (b - a) \in \mathbb{Q}_+$

Beispiele:

Welcher der jeweils beiden Brüche ist kleiner?

a) $\frac{6}{7}$ und $\frac{11}{13}$

b) $-\frac{7}{12}$ und $-\frac{5}{8}$

Lösung:

a)

Brüche:	$\frac{6}{7}, \frac{11}{13}$; *Hauptnenner:* $7 \cdot 13$
1. Bruch:	$\frac{6 \cdot 13}{7 \cdot 13} = \frac{78}{91}$
2. Bruch:	$\frac{11 \cdot 7}{13 \cdot 7} = \frac{77}{91}$
Wegen $77 < 78$ gilt:	$\frac{77}{91} < \frac{78}{91}$, *denn* $\frac{78}{91} - \frac{77}{91} = \frac{1}{91} \in \mathbb{Q}_+ \Rightarrow \frac{11}{13} < \frac{6}{7}$

b)

Brüche:	$-\frac{7}{12}, -\frac{5}{8}$; *Hauptnenner:* 24
1. Bruch:	$-\frac{14}{24}$
2. Bruch:	$-\frac{15}{24}$
Wegen $-15 < -14$ gilt:	$-\frac{15}{24} < -\frac{14}{24}$, *denn* $-\frac{14}{24} - (-\frac{15}{24}) = \frac{1}{24} \in \mathbb{Q}_+$
	$\Rightarrow \underline{\underline{-\frac{5}{8} < -\frac{7}{12}}}$

Einzigkeitsgesetz:

Von den drei Aussagen $a < b$; $a = b$; $a > b$ wird bei jeder Einsetzung aus $\mathbb{Q}$ genau eine wahr.

$a < b$; $a = b$; $a > b$	**E ≤**

Fassen wir zusammen:

Wir haben die Menge $\mathbb{Z}$ zu der Menge $\mathbb{Q}$ erweitert, weil wir Gleichungen der Form $n \cdot x = m$, für alle $n, m \in \mathbb{Z}$, $n \neq 0$, die in $\mathbb{Z}$ nicht immer eine Lösung hatten, lösen wollten. Alle diese Lösungen $x = \frac{m}{n}$, $n \neq 0$ erweitern die Menge $\mathbb{Z}$ zur Menge $\mathbb{Q}$. In $\mathbb{Q}$ gelten folgende Rechengesetze (Verknüpfungsgesetze):

Gesetz		Addition			Multiplikation	
Existenzgesetz (Abgeschlossenheit)	**E+**	$\frac{a}{c}, \frac{b}{d} \in \mathbb{Q} \Rightarrow \left(\frac{a}{c}+\frac{b}{d}\right) \in \mathbb{Q}$	$a, b, c, d \in \mathbb{Z} \wedge c, d, e, f \neq 0$	**E·**	$\frac{a}{b}, \frac{c}{d} \in \mathbb{Q} \Rightarrow \frac{a}{b} \cdot \frac{c}{d} = \frac{ac}{bd} \in \mathbb{Q}$	$a, b, c, d \in \mathbb{Z}$; $b, d \neq 0$
Assoziativgesetz	**A+**	$\left(\frac{a}{c}+\frac{b}{e}\right)+\frac{d}{f}=\frac{a}{c}+\left(\frac{b}{e}+\frac{d}{f}\right)$		**A·**	$\left(\frac{a}{b} \cdot \frac{c}{d}\right) \cdot \frac{e}{f}=\frac{a}{b} \cdot \left(\frac{c}{d} \cdot \frac{e}{f}\right)$	$a, b, c, d, e, f \in \mathbb{Z}$; $b, d, f \neq 0$
Neutrales Element	**N+**	$\frac{a}{c}+0=\frac{a}{c}$		**N·**	$\frac{a}{b} \cdot 1=\frac{a}{b}$	$a, b \in \mathbb{Z}$; $b \neq 0$
Inverses Element	**I+**	$\frac{a}{c}+\left(-\frac{a}{c}\right)=0$		**I·**	$\frac{a}{b} \cdot \frac{b}{a}=1$	$a, b \in \mathbb{Z}$; $a, b \neq 0$
Kommutativgesetz	**K+**	$\frac{a}{c}+\frac{b}{d}=\frac{b}{d}+\frac{a}{c}$		**K·**	$\frac{a}{b} \cdot \frac{c}{d}=\frac{c}{d} \cdot \frac{a}{b}$	$a, b, c, d \in \mathbb{Z}$; $b, d \neq 0$
Distributivgesetz	**D**	$\frac{a}{b} \cdot \left(\frac{c}{d}+\frac{e}{f}\right)=\frac{a}{b} \cdot \frac{c}{d}+\frac{a}{b} \cdot \frac{e}{f}$	$a, b, c, d, e, f \in \mathbb{Z}$; $b, d, f \neq 0$			
Monotoniegesetz	**M+**	$a<b \Leftrightarrow a+c<b+c$		**M·**	$a<b \Leftrightarrow a \cdot c<b \cdot c$; $c>0$; $a<b \Leftrightarrow a \cdot c>b \cdot c$; $c<0$	

Definition:

Gelten in einer Menge folgende Verknüpfungsgesetze, so heißt die Menge ein Zahlenkörper oder kurz Körper:

Existenzgesetz bezüglich der Addition und Multiplikation
Assoziativgesetz bezüglich der Addition und Multiplikation
Neutrales Element bezüglich der Addition und Multiplikation
Inverses Element bezüglich der Addition und Multiplikation
Kommutativgesetz bezüglich der Addition und Multiplikation
Distributivgesetz

Satz:

Die Menge $\mathbb{Q}$ aller rationalen Zahlen bildet einen Körper.

Dichtheit von $\mathbb{Q}$

Die ganzen Zahlen können wir auf der Zahlengeraden graphisch darstellen. Da zwischen den ganzen Zahlen noch die rationalen Zahlen liegen, sagt man auch, $\mathbb{Z}$ ist in sich nicht dicht.

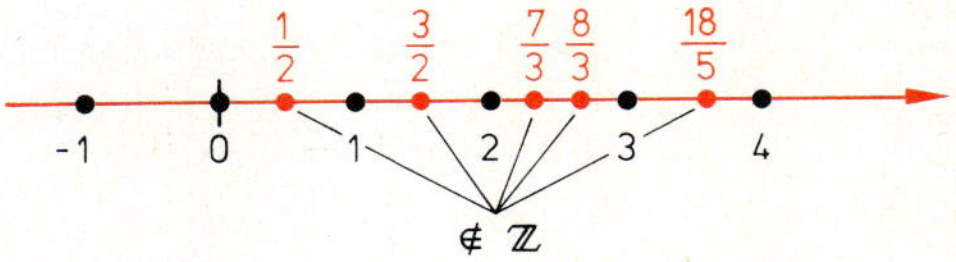

Auf der Zahlengeraden ist jeder rationalen Zahl *genau ein Punkt zugeordnet.* Zwischen zwei verschiedenen rationalen Zahlen a und b liegen stets noch weitere rationale Zahlen.

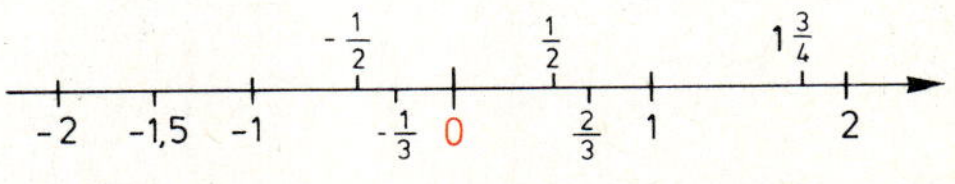

Zahlengerade mit Elementen aus der Menge $\mathbb{Q}$

Satz:

Die rationalen Zahlen sind in sich dicht, d.h., zwischen zwei verschiedenen rationalen Zahlen liegen unbegrenzt viele weitere rationale Zahlen.

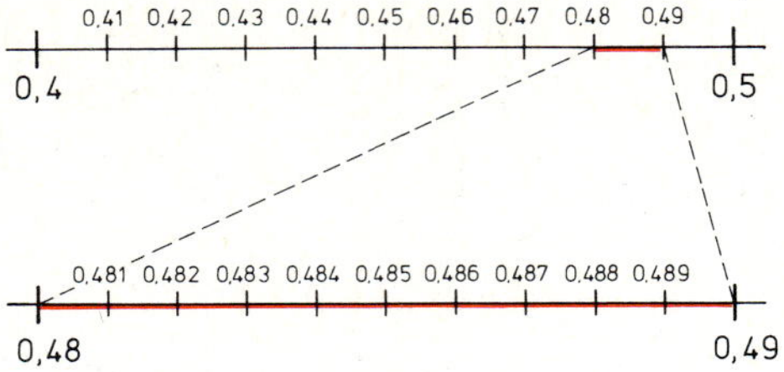

Beweis:

Zwischen zwei verschiedenen rationalen Zahlen a und b, mit $a < b$, liegt stets deren arithmetisches Mittel $\frac{a+b}{2}$. In gleicher Weise kann man nun für die rationalen Zahlen a und $\frac{a+b}{2}$ und ebenso für $\frac{a+b}{2}$ und b die Mitte angeben usw.

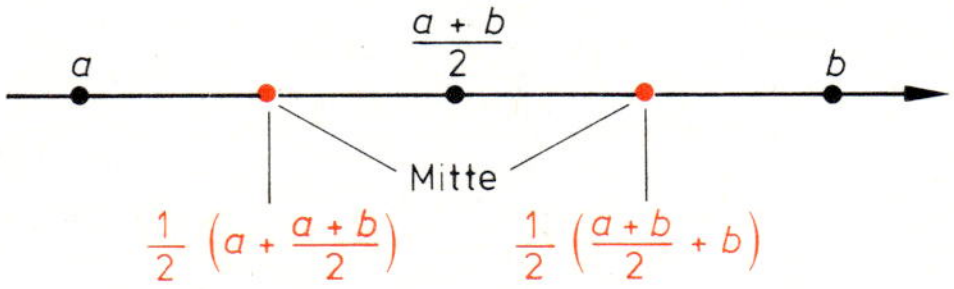

Übungen 2.3

Die Menge $\mathbb{Q}$ der rationalen Zahlen

1. Welche rationalen Zahlen werden durch folgende Äquivalenzklassen (quotientgleiche Zahlenpaare) dargestellt.

a) $\{\cdots, (24, 42), \cdots, (32, 56), \cdots\}$ **b)** $\{\cdots, (-91, -189), \cdots, (143, 297), \cdots\}$

c) $\{\cdots, (55, 65), \cdots, (77, 91), \cdots\}$ **d)** $\{\cdots, (-21, 217), \cdots, (45, -465), \cdots\}$

2. Geben Sie die Paarmengen von Aufgabe 1 in beschreibender Form an.

3. Welche der folgenden Aussagen sind wahr?

a) $\frac{7}{3} \in \{\cdots, \frac{36}{84}, \cdots\}$ **b)** $\frac{14}{21} \in \left\{x, y \,\middle|\, \frac{x}{y} = \frac{2}{3} \wedge x, y \in \mathbb{Z} \wedge y \neq 0\right\}$

c) $\frac{15}{24} \in \{\cdots, \frac{65}{104}, \cdots\}$ **d)** $\frac{8}{40} \in \left\{x, y \,\middle|\, \frac{x}{y} = \frac{24}{112} \wedge x, y \in \mathbb{Z} \wedge y \neq 0\right\}$

4. Zeichnen Sie in ein Koordinatensystem die Geraden ein, auf denen die Klassen quotientgleicher Zahlenpaare liegen, die zu den folgenden Brüchen äquivalent sind:

a) $\frac{3}{5}$ **b)** $\frac{-2}{-3}$ **c)** $\frac{-5}{6}$ **d)** $\frac{4}{-5}$

5. Addieren und multiplizieren Sie folgende Brüche:

a) $\left(\frac{3}{4}\right), \left(\frac{-4}{5}\right)$ **b)** $\left(\frac{1}{7}\right), \left(\frac{3}{5}\right)$ **c)** $\left(\frac{1}{8}\right), \left(\frac{-4}{9}\right)$ **d)** $\left(\frac{-3}{4}\right), \left(\frac{-4}{13}\right)$

e) $\left(\frac{3}{-10}\right), \left(\frac{-4}{16}\right)$ **f)** $\left(\frac{7}{3}\right), \left(\frac{0}{5}\right)$ **g)** $\left(\frac{8}{3}\right), \left(\frac{-1}{7}\right), \left(\frac{2}{5}\right)$

6. Ordnen Sie folgende Brüche der Größe nach:

a) $\left(\frac{2}{-3}\right), \left(\frac{4}{3}\right)$ **b)** $\left(\frac{4}{3}\right), \left(\frac{8}{5}\right)$ **c)** $\left(\frac{3}{-4}\right), \left(\frac{1}{11}\right), \left(\frac{4}{13}\right)$

d) $\left(\frac{5}{6}\right), \left(\frac{7}{9}\right), \left(\frac{11}{14}\right)$ **e)** $\left(\frac{-3}{7}\right), \left(\frac{1}{10}\right), \left(\frac{4}{100}\right)$ **f)** $\left(\frac{3}{17}\right), \left(\frac{5}{21}\right), \left(\frac{7}{40}\right)$

2.4 Die Menge $\mathbb{R}$ der reellen Zahlen

2.4.1 Irrationale Zahlen

Die bisher behandelten vier Grundrechenarten waren in der Menge $\mathbb{Q}$ der rationalen Zahlen uneingeschränkt durchführbar (mit Ausnahme der Division durch Null). Wir wollen nun mathematische Probleme kennenlernen, bei denen die Menge $\mathbb{Q}$ nicht mehr ausreicht.

1. Die Lösungsmenge der Gleichung $x^2 = 1$ enthält zwei Elemente, die in bezug auf die Addition invers zueinander sind. Beide Elemente sind Lösungen der Gleichung, denn es entstehen wahre Aussagen, wenn man die Lösungselemente in die Gleichung einsetzt.

1. $x^2 = 1$

$\underline{\underline{L = \{-1, 1\}}}$

Probe: $(-1)^2 = 1$

$\underline{\underline{1 = 1}}$ *wahre Aussage*

$1^2 = 1$

$\underline{\underline{1 = 1}}$ *wahre Aussage*

2. Die Lösungsmenge der Gleichung $x^2 = \frac{4}{9}$ enthält ebenfalls zwei Elemente aus der Menge $\mathbb{Q}$.

2. $x^2 = \frac{4}{9}$

$\underline{\underline{L = \left\{-\frac{2}{3}, \frac{2}{3}\right\}}}$

3. Die Lösungsmenge der Gleichung $x^2 = 0$ enthält ein Element, das auch der Menge $\mathbb{Q}$ angehört.

3. $x^2 = 0$

$\underline{\underline{L = \{0\}}}$

4. Die Lösungsmenge der Gleichung $x^2 = -9$ enthält kein Element, denn das Quadrat einer Zahl aus $\mathbb{Q}$ kann nicht negativ sein.

4. $x^2 = -9$

$\underline{\underline{L = \emptyset}}$

5. Bei der Gleichung $x^2 = 2$ kann man zunächst nicht erkennen, ob sie eine rationale Zahl als Lösung hat oder nicht. Wegen $(-x)^2 = x^2$ werden auch bei dieser Gleichung zwei Lösungen vermutet. Die positive Lösung bezeichnet man als *Quadrat-Wurzel* von 2 und schreibt dafür das Zeichen $\sqrt{2}$ (*gelesen: „Wurzel aus 2“*).

5. $x^2 = 2$

$\underline{\underline{L = \{-\sqrt{2}, \sqrt{2}\}}}$

Definition:

Das Zeichen $\sqrt{2}$ steht für diejenige positive Zahl, die quadriert 2 ergibt; $(\sqrt{2})^2 = 2$.

Wir wollen nun untersuchen, ob $\sqrt{2} \in \mathbb{Q}$ ist.

Für diese Untersuchung wollen wir ein Beweisverfahren kennenlernen, das man den „*indirekten Beweis*" nennt. Ein solcher Beweis wird in vier Schritten durchgeführt.

Indirekter Beweis

1. *Behauptung:*	In der Behauptung steht die Aussage, die bewiesen werden soll.
2. *Negation:*	Die Behauptung wird *negiert* (verneint).
3. *Widerspruch:*	Es muß nun durch logisches Überlegen gezeigt werden, daß die Negation falsch ist.
4. *Schlußfolgerung:*	Wenn die Negation *falsch* ist, so muß die Behauptung *wahr* sein. Damit ist die Behauptung auf indirekte Weise bewiesen.

Wir wollen nun zeigen, daß $\sqrt{2} \notin \mathbb{Q}$ wahr ist.

1. *Behauptung:* Es gibt *keine* rationale Zahl x, für die gilt: $x^2 = 2$	$\sqrt{2} \notin \mathbb{Q}$
2. *Negation:* Es gibt eine rationale Zahl x, für die gilt: $x^2 = 2$.	$\sqrt{2} \in \mathbb{Q}$
3. *Widerspruch:* Jede rationale Zahl können wir in der Form $\frac{a}{b}$ schreiben.	$\sqrt{2} = \frac{a}{b}$; *a, $b \in \mathbb{Z}$ und teilerfremd, außerdem* $b \neq 0$
Einsetzen von $\frac{a}{b}$ in die Gleichung $x^2 = 2$.	$\left(\frac{a}{b}\right)^2 = 2 \Rightarrow \frac{a^2}{b^2} = 2$
Gleichung umformen. Wegen des Faktors 2 ist $2b^2 \in G_+$. Folglich ist auch $a^2 \in G_+$ und $a \in G_+$, denn das Quadrat einer geraden Zahl ist gerade. Für $a \in G_+$ kann man $a = 2r$ schreiben.	$2b^2 = a^2$ $2b^2 \in G_+$ $a^2 \in G_+$ $\Rightarrow a \in G_+$ $a = 2r;\ r \in \mathbb{N}^*$
$2r$ an Stelle von a in die Gleichung $2b^2 = a^2$ einsetzen.	$2b^2 = (2r)^2 \Rightarrow b^2 = 2r^2$
Auch hier gilt wie oben:	$b^2 \in G_+$ $\Rightarrow b \in G_+ \Rightarrow b = 2s;\ s \in \mathbb{N}^*$
Somit müssen sein: $a, b \in G_+$.	$a = 2r;\ r \in \mathbb{N}^*$ $b = 2s;\ s \in \mathbb{N}^*$

Wir können durch 2 kürzen:	$\frac{a}{b} = \frac{2r}{2s}$
Für $\frac{a}{b}$ erhält man dann:	$\frac{a}{b} = \frac{r}{s}$

Es ergibt sich ein Widerspruch zu der Voraussetzung, daß der Bruch $\frac{a}{b}$ teilerfremd ist.

4. *Schlußfolgerung:*

Die Annahme, also die Negation der Behauptung, hat zu einem Widerspruch geführt. $\sqrt{2} \in \mathbb{Q}$ ist falsch, also muß $\sqrt{2} \notin \mathbb{Q}$ richtig sein, denn von zwei Aussagen, nämlich der Behauptung und der Negation, ist nur genau eine Aussage wahr. Die Gleichung $x^2 = 2$ hat in der Menge $\mathbb{Q}$ keine Lösung. Die Menge $\mathbb{Q}$ ist bezüglich der Lösbarkeit von algebraischen Gleichungen *unvollständig*.

Satz:

Es gibt keine rationale Zahl, deren Quadrat gleich 2 ist. Die Gleichung $x^2 = 2$ hat in der Menge $\mathbb{Q}$ keine Lösung.

Diese Unvollständigkeit der Menge $\mathbb{Q}$ führt zur Konstruktion einer neuen Zahlenmenge, in der Zahlen wie $\sqrt{2}$ enthalten sind. Im Gegensatz zu den rationalen Zahlen nennt man $\sqrt{2}$ eine *irrationale* Zahl, und die Menge der irrationalen Zahlen bezeichnet man mit I.

Es muß nun noch gezeigt werden, daß $\sqrt{2}$ ein ganz bestimmter Punkt auf der Zahlengeraden zugeordnet werden kann.

Die nebenstehende Zeichnung zeigt zwei Quadrate. Man kann leicht erkennen, daß der Flächeninhalt vom kleinen Quadrat den Zahlenwert 1 und der Flächeninhalt vom großen Quadrat den Zahlenwert 2 hat.

Die Quadratseite x muß auch einen Zahlenwert haben. Ihren Endpunkt A kann man auf der Zahlengeraden abtragen und erhält den Punkt P, der der Zahl $\sqrt{2}$ zugeordnet ist.

Es gibt unendlich viele Punkte auf der Zahlengeraden, die solchen irrationalen Zahlen zugeordnet sind.

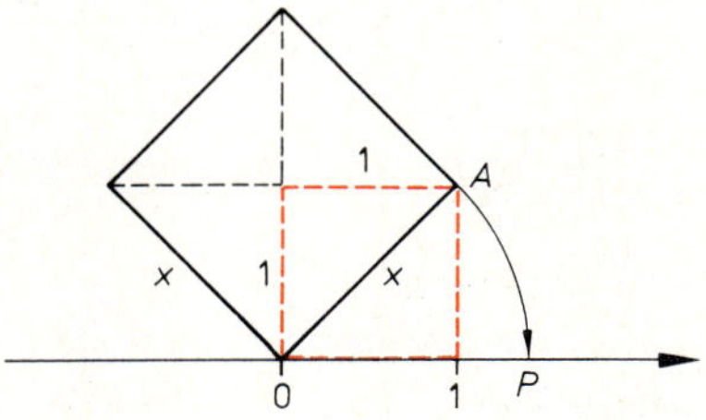

$x = \sqrt{2}$ *irrationale Zahl*

$x^2 = 3 \Rightarrow x = \sqrt{3}$

$x^2 = 5 \Rightarrow x = \sqrt{5}$ *irrationale Zahlen*

$x^2 = 6 \Rightarrow x = \sqrt{6}$

$x^2 = 7 \Rightarrow x = \sqrt{7}$

Definition:

Die Punkte auf der Zahlengeraden, die irrationalen Zahlen eineindeutig zugeordnet sind, heißen irrationale Punkte.

Die rationalen Punkte haben also die Zahlengerade nicht lückenlos ausgefüllt. Dieses Ergebnis ist sehr erstaunlich, denn die rationalen Zahlen liegen auf der Zahlengeraden überall dicht, d.h. zwischen zwei noch so benachbarten rationalen Zahlen liegen immer noch unendlich viele weitere rationale Zahlen.

Wir können eine irrationale Zahl, wie z.B. $\sqrt{2}$, beliebig genau zwischen zwei rationalen Dezimalzahlen eingrenzen. Die Grenzen nähern sich von beiden Seiten immer mehr der irrationalen Zahl, die durch eine *unendlich-nichtperiodische* Dezimalzahl dargestellt werden kann.

$x \leq \sqrt{2} \leq y$
$1 \leq \sqrt{2} \leq 2$
$1{,}4 \leq \sqrt{2} \leq 1{,}5$
$1{,}41 \leq \sqrt{2} \leq 1{,}42$
$1{,}414 \leq \sqrt{2} \leq 1{,}415$
$1{,}4142 \leq \sqrt{2} \leq 1{,}4143$
$\vdots$
$1{,}4142135623 \leq \sqrt{2} \leq 1{,}4142135624$

Satz:

Irrationale Zahlen lassen sich als unendlich-nichtperiodische Dezimalzahlen schreiben.

Alle Wurzeln, die nicht zu rationalen Zahlen führen, gehören zu den irrationalen Zahlen; man nennt sie *algebraisch irrationale* Zahlen.

$\sqrt{4} = 2; \quad 2 \in \mathbb{Q}$

$\sqrt{3} = 1{,}7321\ldots; \quad \sqrt{3} \in I$

$\sqrt{5} = 2{,}2360\ldots; \quad \sqrt{5} \in I$

Unter den irrationalen Zahlen gibt es auch Zahlen, die nicht durch Wurzeln angegeben werden können, z.B. die Kreiszahl π. Man nennt sie *transzendent irrationale Zahl*.

$\pi = 3{,}1415926\ldots; \quad \pi \in I$

transzendent irrationale Zahl

2.4.2 Intervalle und Intervallschachtelung

Definition:

Die Menge aller Zahlen, die zwischen zwei Zahlen liegen, bildet ein Intervall. Die beiden Zahlen selbst sind die Grenzen des Intervalls.

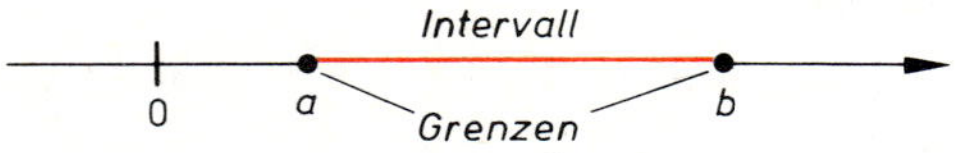

Je nachdem, ob die Grenzen zum Intervall gehören oder nicht, unterscheidet man durch eine besondere Kennzeichnung folgende Möglichkeiten:

Definition:

1. *Offenes Intervall*

   Eine Zahlenmenge, deren Grenzelemente nicht zum Intervall gehören, heißt offenes Intervall.

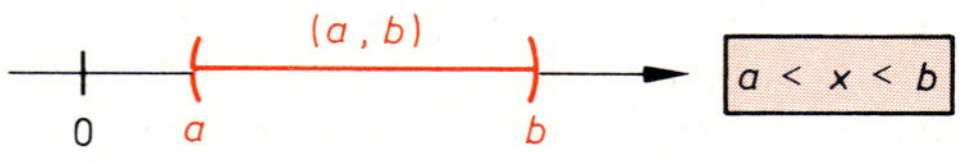

$(a\ ,\ b) = \{x \in \mathbb{Q} \mid a < x < b\}$

2. *Links offenes, rechts abgeschlossenes Intervall*

   Gehört nur das rechte Grenzelement zum Intervall, so heißt das Intervall links offenes Intervall.

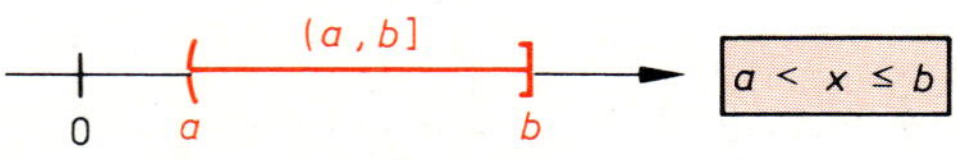

$(a\ ,\ b] = \{x \in \mathbb{Q} \mid a < x \leq b\}$

3. *Rechts offenes, links abgeschlossenes Intervall*
Gehört nur das linke Grenzelement zum Intervall, so heißt das Intervall rechts offenes Intervall.

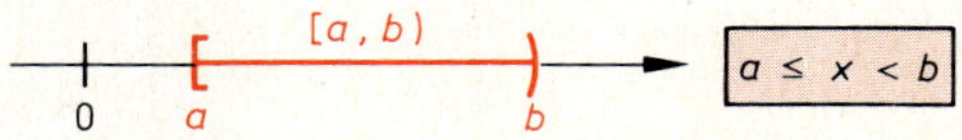

$[a\,,\,b) = \{x \in \mathbb{Q} \mid a \leq x < b\}$

4. *Abgeschlossenes Intervall*
Gehören beide Grenzelemente zum Intervall, so heißt das Intervall abgeschlossenes Intervall.

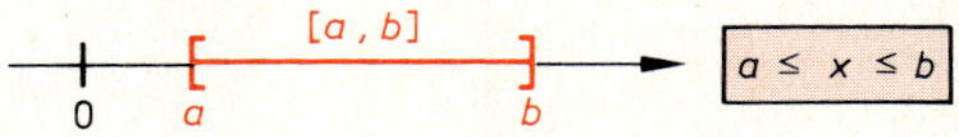

$[a\,,\,b] = \{x \in \mathbb{Q} \mid a \leq x \leq b\}$

Beispiel:

Stellen Sie die Lösungsmenge der Ungleichung $-1 < a \leq 3$ als Intervall graphisch auf dem Zahlenstrahl dar. Zeichnen Sie den Graphen in $\mathbb{Q}$.

Lösung:

Die Ungleichung $-1 < a \leq 3$ kennzeichnet ein links offenes, rechts abgeschlossenes Intervall. Die Variable a steht an Stelle aller rationalen Zahlen, die größer als -1 und die kleiner als 3 oder gleich 3 sind.

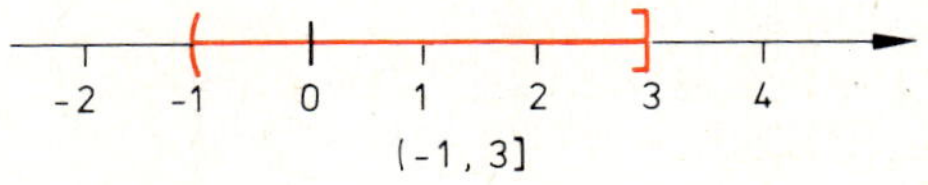

Beispiel:

Welches Intervall wird auf dem Zahlenstrahl durch $a \geq 2{,}5$ gekennzeichnet? Zeichnen Sie den Graphen in $\mathbb{Q}$.

Lösung:

Die Angabe $a \geq 2{,}5$ kennzeichnet ein links abgeschlossenes Intervall. Der rot gezeichnete Teil der Zahlengeraden ist der Graph einer Zahlenmenge, die nach rechts unbegrenzt ist. In diesem Fall ist das Intervall an dieser Stelle offen, und man schreibt das Intervall mit dem Zeichen ∞.

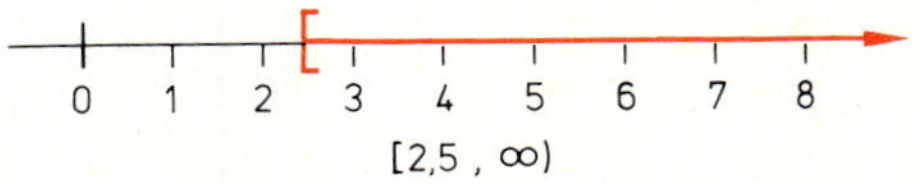

Betrachten wir noch einmal die Eingrenzung der irrationalen Zahl $\sqrt{2}$. Neben der Darstellung der Zahl als Kette von Ungleichungen können wir $\sqrt{2}$ auch durch Intervalle mit immer kürzer werdenden Intervallängen $(b_n - a_n)$ darstellen, wie die nun folgende Tabelle zeigt.

Unterer Näherungspunkt a_n	Zahl	Oberer Näherungspunkt b_n	Intervall	Intervallänge $b_n - a_n$
1	$\sqrt{2}$	2	$[1; 2]$	1
1,4	$\sqrt{2}$	1,5	$I_1 = [1,4; 1,5]$	0,1
1,41	$\sqrt{2}$	1,42	$I_2 = [1,41; 1,42]$	0,01
1,414	$\sqrt{2}$	1,415	$I_3 = [1,414; 1,415]$	0,001
⋮	⋮	⋮	⋮	⋮
1,4142135	$\sqrt{2}$	1,4142136	$[1,4142135; 1,4142136]$	0,0000001

$I_1 = \{x | 1,4 \leq x \leq 1,5\}$ *bzw.* $[1,4; 1,5]$

In jedem Intervall sind alle folgenden Intervalle enthalten.

$I_2 = \{x | 1,41 \leq x \leq 1,42\}$ *bzw.* $[1,41; 1,42]$

Die beiden Grenzen der immer kürzer werdenden Intervalle nähern sich immer mehr der inneren Zahl $\sqrt{2}$, die in jedem dieser Intervalle enthalten ist.

$I_3 = \{x | 1,414 \leq x \leq 1,415\}$ *bzw.* $[1,414; 1,415]$

Die Intervallänge strebt gegen Null, und das Intervall enthält schließlich nur noch die innere Zahl $\sqrt{2}$.

$$1,5 - 1,4 = 0,1$$
$$1,42 - 1,41 = 0,01$$
$$1,415 - 1,414 = 0,001$$

Man nennt diese Intervallfolge „*Intervallschachtelung*" und definiert wie folgt.

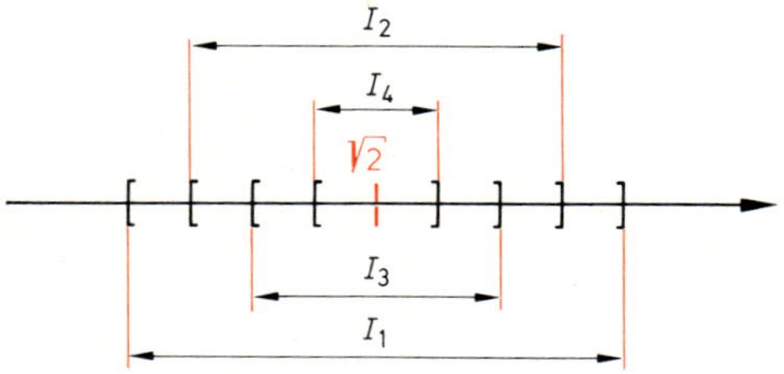

Definition:

Eine Folge von unendlich vielen Intervallen $I_1, I_2, I_3, \ldots$ heißt Intervallschachtelung, wenn folgende Bedingungen erfüllt sind:

1. *Für die Menge der linken Intervallgrenzen gilt:* $M = \{a_n | a_1 \leq a_2 \leq a_3 \leq a_4 \leq \cdots\}$
2. *Für die Menge der rechten Intervallgrenzen gilt:* $M = \{b_n | b_1 \geq b_2 \geq b_3 \geq b_4 \geq \cdots\}$

3. *Die Intervallängen „gehen gegen Null".*
   Anmerkung: siehe auch Kapitel 7.

1; 0,1; 0,01; 0,001 ···

Beispiele:

Welche innere Zahl wird bei folgenden Intervallschachtelungen jeweils dargestellt?

Lösung:

1. Die Intervalle nähern sich immer mehr der inneren Zahl 0,666...; $0,\overline{6} \in \mathbb{Q}$.

1.
[0; 1]
[0,6; 0,7]
[0,66; 0,67]
[0,666; 0,667]
[0,6666; 0,6667]

2. Die Intervalle nähern sich der inneren Zahl 0,20220222022220...
   Diese Zahl ist keine periodische Dezimalzahl und daher nicht Element von $\mathbb{Q}$.

2.
[0,2; 0,3]
[0,20; 0,21]
[0,202; 0,203]
[0,2022; 0,2023]
[0,20220; 0,20221]
[0,202202; 0,202203]
[0,2022022; 0,2022023]
[0,20220222; 0,20220223]
[0,202202220; 0,202202221]

3. Die innere Zahl bei beiden Intervallschachtelungen ist −4,1...

3.
[−5; −4]
[−4,2; −4,0]
[−4,11; −4,09]
[−4,101; −4,099]
[−4,1001; −4,0999]

[−5; −4]
[−4,1; −4,0]
[−4,10; −4,09]
[−4,100; −4,099]
[−4,1000; −4,0999]

4. Die innere Zahl ist −0,5...
   Ab I_3 sind alle Intervallgrenzen negativ.

4.
[−0,6; 0,5]
[−0,51; 0,00]
[−0,501; −0,169]
[−0,5001; −0,2500]
[−0,50001; −0,30000]
[−0,500001; −0,333300]

Diese Beispiele lassen folgende Aussagen erkennen:

1. Eine Intervallschachtelung wird mit Hilfe von rationalen Zahlen angegeben.
2. Es können rationale und irrationale Zahlen durch Intervallschachtelungen definiert werden.
3. Durch die immer kürzer werdenden Intervallängen $b_n - a_n$ gibt es in jeder Intervallschachtelung nur eine Zahl x, die allen Intervallen angehört.

Eine Intervallschachtelung ist eine andere Bezeichnung für eine Zahl.

Definition:

Alle rationalen Zahlen ($\mathbb{Q}$) *und alle irrationalen Zahlen* (I) *bilden zusammen die Menge der reellen Zahlen* ($\mathbb{R}$).

$$\boxed{\begin{array}{r} \mathbb{Q} \cup I = \mathbb{R} \\ I \subseteq \mathbb{R} \\ \mathbb{Q} \subseteq \mathbb{R} \end{array}} \Rightarrow \begin{array}{r} \mathbb{Q} = \mathbb{R} \setminus I \\ I = \mathbb{R} \setminus \mathbb{Q} \end{array}$$

$\mathbb{R}$: *reelle Zahlen*

Die reellen Zahlen füllen als Bildpunkte die Zahlengerade lückenlos aus.
Das nebenstehende Mengendiagramm verdeutlicht die verschiedenen Zahlenbereiche:

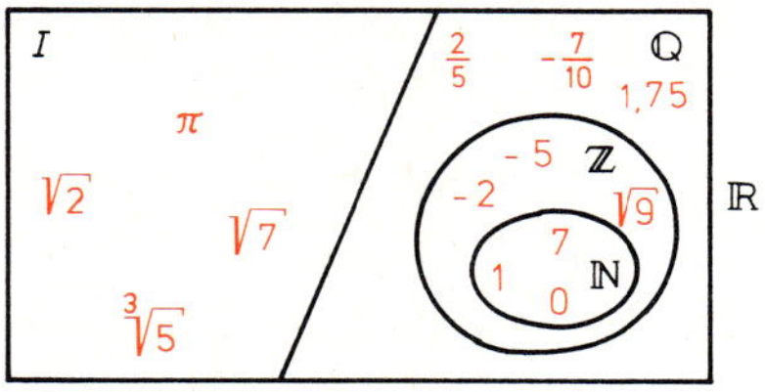

Teilmengen aus $\mathbb{R}$ sind:

Menge der positiven reellen Zahlen: $\mathbb{R}_+^*$

Menge der negativen reellen Zahlen: $\mathbb{R}_-^*$

Menge der nicht negativen reellen Zahlen: $\mathbb{R}_+ = \mathbb{R}_+^* \cup \{0\}$

Menge der nicht positiven reellen Zahlen: $\mathbb{R}_- = \mathbb{R}_-^* \cup \{0\}$

Die Menge I der irrationalen Zahlen ist kein Körper, da schon Axiom $\boxed{\text{E}\,\cdot}$ aus der Menge I herausführt.

$$x^2 = 2$$
$$x = \sqrt{2}$$
$$\sqrt{2} \cdot \sqrt{2} = 2; \; \sqrt{2} \in I; \; 2 \in \mathbb{Q}$$

Beim Rechnen ersetzt man irrationale Zahlen durch rationale Näherungswerte.

$$\sqrt{5} - \sqrt{2} \approx 2{,}236 - 1{,}414$$
$$= \underline{\underline{0{,}822}}$$

2.4.3 Eigenschaften der reellen Zahlen

Wir haben gesehen, daß man eine reelle Zahl durch eine Intervallschachtelung angeben kann. Es entsteht nun die Frage, ob auch für die reellen Zahlen die gleichen Rechengesetze gelten wie für die rationalen Zahlen. Wir können nun mit Hilfe der Intervallschachtelung die Rechengesetze für reelle Zahlen ableiten. Dabei werden Summen, Differenzen, Produkte und Quotienten von reellen Zahlen auf Summen, Differenzen, Produkte und Quotienten von rationalen Zahlen (Intervallschachtelungen) zurückgeführt. Da eine vollständige Behandlung hierüber sehr umfangreich ist, begnügen wir uns mit einem Beispiel.

Beispiel:

$\sqrt{2}$ und $\sqrt{3}$ sollen als eine Intervallschachtelung (Folge von Ungleichungen) angegeben werden, und durch Addition der Intervalle soll die Summe $\sqrt{2}+\sqrt{3}$ und durch Multiplikation der Intervalle soll das Produkt $\sqrt{2} \cdot \sqrt{3}$ gebildet werden.

Lösung:

$$
\begin{array}{lrcl}
 & 1{,}4 < 1{,}41 < 1{,}414 < \ldots < & \sqrt{2} & < \ldots < 1{,}415 < 1{,}42 < 1{,}5 \\
 & +\,1{,}7 < 1{,}73 < 1{,}732 < \ldots < & \sqrt{3} & < \ldots < 1{,}733 < 1{,}74 < 1{,}8 \\
\hline
\text{Summen:} & 3{,}1 < 3{,}14 < 3{,}146 < \ldots < & \sqrt{2}+\sqrt{3} & < \ldots < 3{,}148 < 3{,}16 < 3{,}3
\end{array}
$$

$$
\begin{array}{lrcl}
 & 1{,}4 < 1{,}41 < 1{,}414 < \ldots < & \sqrt{2} & < \ldots < 1{,}415 < 1{,}42 < 1{,}5 \\
 & \cdot\,1{,}7 < 1{,}73 < 1{,}732 < \ldots < & \sqrt{3} & < \ldots < 1{,}733 < 1{,}74 < 1{,}8 \\
\hline
\text{Produkte:} & 2{,}3 < 2{,}43 < 2{,}449 < \ldots < & \sqrt{2}\cdot\sqrt{3} & < \ldots < 2{,}452 < 2{,}47 < 2{,}7
\end{array}
$$

Wir können erkennen, daß auf diese Weise wieder Intervallschachtelungen entstehen. Die innere Zahl dieser Intervallschachtelungen ist die Summe der beiden irrationalen Zahlen $\sqrt{2}$ und $\sqrt{3}$ bzw. das Produkt von $\sqrt{2}$ und $\sqrt{3}$ und bestimmt jeweils einen Punkt auf der Zahlengeraden. Auf ähnliche Weise können auch die anderen Rechenarten gezeigt werden. Zusammenfassend kann gesagt werden: Für die reellen Zahlen gelten die Rechengesetze der rationalen Zahlen (siehe Abschnitt 2.3).

Satz:

Die Menge $\mathbb{R}$ der reellen Zahlen bildet wie die Menge $\mathbb{Q}$ der rationalen Zahlen einen Körper.

Anordnung der reellen Zahlen

Eine Anordnung der reellen Zahlen kann nach lexikographischem Aufbau festgesetzt werden.

Zwei positive reelle Zahlen α und β, deren Dezimalstellen durchnumeriert werden, können wir ihrer Größe nach miteinander vergleichen, indem wir entsprechend der Numerierung gleiche Dezimalstellen vergleichen.

$$\alpha = a, a_1 a_2 a_3 \ldots$$
$$\beta = b, b_1 b_2 b_3 \ldots$$
$$\alpha \gtrless \beta, \text{ wenn: } \begin{array}{l} \textbf{1. } a \gtrless b \\ \vee\,\textbf{2. } a = b \wedge a_1 \gtrless b_1 \\ \vee\,\textbf{3. } a = b \wedge a_1 = b_1 \wedge a_2 \gtrless b_2 \\ \vee\,\textbf{4. } a = b \wedge a_1 = b_1 \wedge a_2 = b_2 \wedge a_3 \gtrless b_3 \\ \qquad \vdots \end{array}$$

Beispiel:

Vergleichen Sie die beiden gegebenen Dezimalzahlen ihrer Größe nach:

$\alpha = 2{,}769141$; $\beta = 2{,}769139$

Lösung:

$$\alpha = 2{,}\overset{1}{7}\overset{2}{6}\overset{3}{9}\overset{4}{1}\overset{5}{4}1$$
$$\beta = 2{,}769139$$
$$a = b \wedge a_1 = b_1 \wedge a_2 = b_2 \wedge a_3 = b_3 \wedge a_4 = b_4 \wedge a_5 > b_5$$
$$\Rightarrow \underline{\underline{2{,}769141 > 2{,}769139}}$$

Betrachtet man zwei negative reelle Zahlen α und β, so gelten die gleichen Überlegungen, nur müssen wir entsprechend dem Aufbau der Zahlengeraden die Ungleichheitszeichen umkehren.

$\alpha = -a, a_1 a_2 a_3 \dots$ $\alpha \gtrless \beta$ *wenn:* **1.** $a \lessgtr b$
$\beta = -b, b_1 b_2 b_3 \dots$

$\vee$ **2.** $a = b \wedge a_1 \lessgtr b_1$
$\vee$ **3.** $a = b \wedge a_1 = b_1 \wedge a_2 \lessgtr b_2$
$\vee$ **4.** $a = b \wedge a_1 = b_1 \wedge a_2 = b_2 \wedge a_3 \lessgtr b_3$
$\vdots$

Beispiel:

Vergleichen Sie die beiden gegebenen Dezimalzahlen ihrer Größe nach:
$\alpha = -6{,}45191$; $\beta = -6{,}45279$

Lösung:

$$\alpha = -6{,}45191$$
$$\beta = -6{,}45279$$
$$a = b \wedge a_1 = b_1 \wedge a_2 = b_2 \wedge a_3 < b_3$$
$$\Rightarrow \underline{\underline{-6{,}45191 > -6{,}45279}}$$

Ausblicke

Unser bisheriges Vorgehen beim Aufbau des Zahlensystems legt die Frage nahe, ob das Zahlensystem über die Menge $\mathbb{R}$ der reellen Zahlen hinaus noch erweitert werden kann. Eine solche Erweiterung ist nicht möglich, denn die Punkte der Zahlengeraden sind den Elementen der Menge $\mathbb{R}$ umkehrbar eindeutig zugeordnet. Die Zahlengerade weist keine Lücken mehr auf (Vollständigkeitseigenschaft).
Die Menge $\mathbb{R}$ der reellen Zahlen läßt jedoch noch nicht zu, daß alle mathematischen Probleme in ihr gelöst werden können. Ein besonderes Beispiel stellt die Gleichung $x^2 + 1 = 0$ dar. Ihre Unerfüllbarkeit im Körper der reellen Zahlen folgt aus der Tatsache, daß es keine Zahl gibt, deren Quadrat negativ ist ($x^2 < 0$ ist nicht möglich).
Die Existenz solcher unerfüllbarer Gleichungen in $\mathbb{R}$ legt es nahe, die Lösung solcher Gleichungen in einem erweiterten Zahlbereich zu suchen. Die Vollständigkeitseigenschaft läßt jedoch eine Erweiterung im bisherigen Sinne, die fordert, daß alle Körper- und Anordnungseigenschaften erhalten bleiben müssen, nicht zu.
Die Einführung eines neuen Zahlbereiches ist nur möglich, wenn einige der Körpereigenschaften bzw. die Anordnungseigenschaft ihre Gültigkeit verlieren. Lösungen von Gleichungen der Form $x^2 + 1 = 0$ sind nur in der Menge $\mathbb{C}$ (Menge der komplexen Zahlen) möglich. Diese Menge $\mathbb{C}$ jedoch ist nicht geordnet.

Übungen 2.4

Die Menge $\mathbb{R}$ der reellen Zahlen

1. Welche Zahlen bei folgenden Aufgaben sind Elemente aus $\mathbb{Q}$ oder I?

a) $\sqrt{49}$ **b)** $\sqrt{0{,}04}$ **c)** $\sqrt{0{,}4}$ **d)** $\sqrt{0{,}81}$
e) $\sqrt{0{,}9}$ **f)** $\sqrt{6{,}76}$ **g)** $\sqrt{0{,}016}$ **h)** $\sqrt{16}$
i) 5,721666 … **k)** 2,35351111 … **l)** 0,102002000200002 …
m) 1,0101101110 … **n)** 2,765476547 …

2. Schreiben Sie kürzer:

a) $\mathbb{R}_+ \cup \mathbb{R}^*_-$ **b)** $\mathbb{Q} \cup I$ **c)** $\mathbb{R} \setminus I$ **d)** $\mathbb{R}_+ \setminus \mathbb{R}^*_+$

e) $\mathbb{R} \setminus \mathbb{R}^*_-$ **f)** $\mathbb{R} \cap \mathbb{Q}$ **g)** $\mathbb{R}^*_- \cap \mathbb{R}_+$ **h)** $\mathbb{R}^*_+ \cup \mathbb{R}^*_- \cup \{0\}$

i) $\mathbb{Q} \cap I$ **k)** $\mathbb{Z} \cup \mathbb{R} \cup \mathbb{N}$ **l)** $(\mathbb{Q} \cup I) \setminus \mathbb{R}_+$ **m)** $\mathbb{R} \setminus \mathbb{Q}$

3. Schreiben Sie folgende Zahlen entsprechend ihrer Mengenzugehörigkeit in ein Mengendiagramm wie nebenstehend abgebildet:

$-2;\ 7;\ \frac{3}{5};\ 2{,}1;\ \sqrt{7};\ \sqrt{4};\ \pi;\ -\sqrt{5};\ -\frac{1}{2};\ 0.$

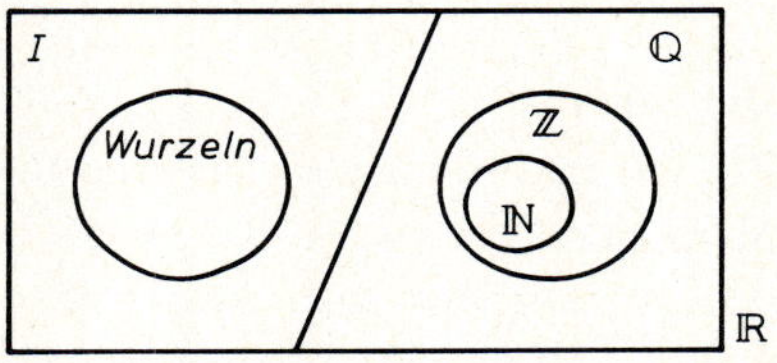

4. Schreiben Sie die gegebenen Mengen als Intervalle und zeichnen Sie ihre Graphen:

a) $\{x \in \mathbb{R} \mid 2 < x \leq 5\}$ **b)** $\{x \in \mathbb{R} \mid -1 \leq x < 3\}$

c) $\{x \in \mathbb{R} \mid -2 \leq x \leq 4\}$ **d)** $\{x \in \mathbb{R} \mid 0 < x < 5\}$

5. Schreiben Sie die gegebenen Intervalle reeller Zahlen als Mengen:

a) $(-2, 4]$ **b)** $[3{,}14; 6)$ **c)** $(-3, -1)$ **d)** $[3, 11]$

e) $[\sqrt{9}, \sqrt{16})$ **f)** $(-\pi; 0{,}9]$ **g)** $(-\infty, \infty)$ **h)** $[-5, \infty)$

6. Welche Zahlen werden durch folgende Intervallschachtelungen bestimmt?

a)
[1 ; 2]
[1,3 ; 1,4]
[1,33 ; 1,34]
[1,333 ; 1,334]
⋮

b)
[0 ; 1]
[0,4 ; 0,5]
[0,44 ; 0,45]
[0,444 ; 0,445]
⋮

c)
[2 ; 3]
[2 ; 2,1]
[2 ; 2,01]
[2 ; 2,001]
⋮

7. Geben Sie für die Zahlen folgender Aufgaben dezimale Intervallschachtelungen an. Geben Sie jeweils vier Intervallfolgen an.

a) $\frac{2}{9}$ **b)** $\frac{25}{111}$ **c)** 3,1 **d)** $\sqrt{3}$

8. Welche Bedingung ist bei den angegebenen Intervallfolgen nicht erfüllt, um sie als Intervallschachtelungen zu definieren?

a)
[0,5 ; 1]
[0,65 ; 0,75]
[0,665 ; 0,666]
[0,6667 ; 0,6668]
[0,66667 ; 0,66668]
⋮

b)
[4 ; 5]
[4,9 ; 5,1]
[4,99 ; 5,01]
[4,499 ; 5,001]
⋮

c)
[1 ; 2]
[1,2 ; 1,3]
[1,21 ; 1,31]
[1,211 ; 1,311]
[1,211 ; 1,3111]
⋮

d)
[2 ; 3]
[2,4 ; 2,5]
[2,40 ; 2,50]
[2,400 ; 2,500]
⋮

9. Vergleichen Sie folgende reelle Zahlen ihrer Größe nach:

a) $\alpha = 4{,}15716,\ \beta = 4{,}15629$ **b)** $\alpha = -5{,}1515,\ \beta = -5{,}01$

c) $\alpha = 1{,}0924,\ \beta = 1{,}0095$ **d)** $\alpha = -17{,}00051,\ \beta = -17{,}000051$

3. Operationen in der Menge $\mathbb{R}$

3.1 Potenzen

3.1.1 Potenzen mit ganzen Zahlen als Exponenten

Definition:

Ein Produkt, das aus n gleichen Faktoren a besteht, kann man kürzer als Potenz a^n schreiben. Der gleichbleibende Faktor a heißt Basis, die Anzahl n der Faktoren heißt Exponent.

n Faktoren, Basis, Exponent

$$\underbrace{a \cdot a \cdot a \cdot \ldots \cdot a}_{\text{Produkt}} = \underbrace{a^n}_{\text{Potenz}}$$

$a \in \mathbb{R}$
$n \in \mathbb{N}^*$

Den Exponenten 1 einer Potenz kann man weglassen.

$$a^1 = a \qquad a \in \mathbb{R}$$

Definition:

Eine Potenz mit dem Exponenten Null ist gleich 1.

$$a^0 = 1 \qquad a \in \mathbb{R}^*$$

Merke:

0^0 ist nicht definiert

Definition:

Der Kehrwert einer Potenz a^n ist $a^{-n} = \frac{1}{a^n}$.

$$a^{-n} = \frac{1}{a^n} \qquad a \in \mathbb{R}^*,\ n \in \mathbb{Z}$$

Die Beweise folgender Sätze ergeben sich aus der Definition der Potenzen.

Satz (nur für definierte Potenzen):

1. *Eine Potenz mit positiver Basis ist positiv.*

2. *Eine Potenz mit negativer Basis ist positiv, wenn der Exponent eine gerade Zahl ($2n$) ist; sie ist negativ, wenn der Exponent eine ungerade Zahl ($2n + 1$) ist.*

3. *Potenzen mit gleichen Exponenten und gleichen Basen (gleiche Potenzen) werden addiert oder subtrahiert, indem man ihre Beizahlen addiert oder subtrahiert.*

1. $$a^n > 0 \qquad a \in \mathbb{R}^*_+;\ n \in \mathbb{Z}$$

2. $$(-a)^{2n} = a^{2n} > 0$$
$$(-a)^{2n+1} = -a^{2n+1}$$
$a \in \mathbb{R}^*_+;\ n \in \mathbb{Z}$

3. $$p \cdot a^n + q \cdot a^n = (p + q) \cdot a^n$$
$$p \cdot a^n - q \cdot a^n = (p - q) \cdot a^n$$
$p, q \in \mathbb{R}$
$a \in \mathbb{R}$
$n \in \mathbb{Z}$

4. *Potenzen mit gleichen Basen werden multipliziert, indem man die Basis mit der Summe der Exponenten potenziert.*

4. $a^m \cdot a^n = a^{m+n}$ $\quad a \in \mathbb{R};\ m, n \in \mathbb{Z}$

5. *Ein Produkt wird potenziert, indem man jeden Faktor mit demselben Exponenten potenziert und die so erhaltenen Potenzen multipliziert.*

5. $(a \cdot b)^n = a^n \cdot b^n$ $\quad a, b \in \mathbb{R};\ n \in \mathbb{Z}$

6. *Ein Bruchterm wird potenziert, indem man Zähler und Nenner mit demselben Exponenten potenziert und die so erhaltenen Potenzen dividiert.*

6. $\left(\frac{a}{b}\right)^n = \frac{a^n}{b^n}$ $\quad a, b \in \mathbb{R};\ n \in \mathbb{Z}$; $b \neq 0$

7. *Potenzen mit gleichen Basen werden dividiert, indem man die Basis mit der Differenz der Exponenten potenziert.*

7. $\frac{a^m}{a^n} = a^{m-n}$ $\quad m, n \in \mathbb{Z}$; $a \in \mathbb{R}^*$

8. *Eine Potenz wird potenziert, indem man die Basis mit dem Produkt der Exponenten potenziert.*

8. $(a^m)^n = (a^n)^m = a^{mn}$ $\quad a \in \mathbb{R};\ m, n \in \mathbb{Z}$

9. *Eine Summe oder Differenz wird potenziert, indem man die Potenz in ein Produkt umwandelt und das Produkt dann berechnet.*

9. $$(a \pm b)^2 = (a \pm b)(a \pm b) = a^2 \pm 2ab + b^2 \quad a, b \in \mathbb{R}$$

Die Umkehrung dieser Potenzsätze (1 ... 9) gilt ebenfalls.

Im folgenden sollen die Regeln für das Rechnen mit Potenzen an einigen Beispielen gezeigt werden:
Die Ziffern vor den nun folgenden Beispielen beziehen sich auf die Ziffern vor den Potenzsätzen.

Beispiele:

3. Die Beizahlen der Potenzen mit gleichen Exponenten werden addiert oder subtrahiert.

3. $$6a^4 + 2a^2 + 8a^4 - a^2 = 6a^4 + 8a^4 + 2a^2 - a^2 = \underline{\underline{14a^4 + a^2}}$$

4. a) Die Exponenten der Potenzen werden addiert.
   b) Eine Potenz kann in ein Produkt von Potenzen umgewandelt werden.

4. a) $a^4 \cdot a^3 = a^{4+3} = \underline{\underline{a^7}}$

b) $10^5 = 10^{3+2} = \underline{\underline{10^3 \cdot 10^2}} = \underline{\underline{10 \cdot 10^4}}$

5. Jeder Faktor des Produktes wird mit dem Exponenten potenziert.

5. $$(2nx)^3 = 2^3 \cdot n^3 \cdot x^3 = \underline{\underline{8n^3x^3}}$$

6. Bei einem Bruchterm werden Zähler und Nenner potenziert.

6. $\left(\frac{3a^2}{2x^3}\right)^3 = \frac{3^3 \cdot a^6}{2^3 \cdot x^9} = \underline{\underline{\frac{27a^6}{8x^9}}}$

7. Die Exponenten werden subtrahiert.

7. $\frac{x^5 \cdot y^7}{x^3 \cdot y^5} = x^{5-3} \cdot y^{7-5}$
$= \underline{\underline{x^2 y^2 = (xy)^2}}$

8. Die Exponenten werden miteinander multipliziert.

8. $[(2a^3x^4)^2]^3 = [2^2 \cdot a^6 \cdot x^8]^3 = 2^6 \cdot a^{18} \cdot x^{24}$
$= \underline{\underline{64a^{18}x^{24}}}$

oder

$= (2a^3x^4)^6 = \underline{\underline{64a^{18}x^{24}}}$

Beispiele:

1. Bei negativer Basis und $n \in U_+$ ist die Potenz negativ.

1. $(-2ax)^3 = (-2ax)(-2ax)(-2ax)$
$= \underline{\underline{-8a^3x^3}}$

2. Die Exponenten werden unter Beachtung der Vorzeichenregeln addiert.

2. $b^{5-x} \cdot b^{x+n} = b^{5-x+x+n} = \underline{\underline{b^{5+n}}}$

3. u. 4. Wird eine Potenz vom Zähler in den Nenner oder vom Nenner in den Zähler gebracht, so müssen wir die Vorzeichen der Exponenten umkehren.

3. $\frac{a^{n+1} \cdot c^x}{a^n \cdot c^{x-1}} = a^{n+1-n} \cdot c^{x-(x-1)} = \underline{\underline{ac}}$

4. $\frac{a^{-2} \cdot x^4 \cdot y^{-6}}{b^3 \cdot c^{-4} \cdot d^{-5}} : \frac{a^{-3} \cdot b^{-3} \cdot x^3}{c^{-5} \cdot y^6 \cdot d^{-6}}$
$= \frac{x^4c^4d^5}{a^2b^3y^6} : \frac{x^3c^5d^6}{y^6a^3b^3} = \frac{x^4c^4d^5 \cdot y^6a^3b^3}{a^2b^3y^6 \cdot x^3c^5d^6}$
$= \underline{\underline{\frac{ax}{cd}}}$

3.1.2 Potenzen mit rationalen Zahlen als Exponenten

Bisher waren für die Exponenten von Potenzen Elemente aus der Menge $\mathbb{Z}$ zugelassen. Es entsteht nun die Frage, ob die Potenzsätze auch gelten, wenn wir für die Exponenten von Potenzen Elemente aus der Menge $\mathbb{Q}$ zulassen. Nach dem *Permanenzprinzip* sollen bei Erweiterungsdefinitionen die bestehenden Sätze soweit wie möglich erhalten bleiben; es dürfen insbesondere keine Widersprüche auftreten.

Allgemeiner Wurzelbegriff

Definition:

Die n-te Wurzel aus $a \in \mathbb{R}_+$ ist diejenige Zahl $x \in \mathbb{R}_+$, deren n-te Potenz gleich a ist.

$$x = \sqrt[n]{a} \Leftrightarrow x^n = a \qquad a, x \in \mathbb{R}_+;\ n \in \mathbb{N}^* \setminus \{1\}$$

Es wird festgesetzt:

$$\sqrt[1]{a} = a \Leftrightarrow a^1 = a$$
$$\sqrt[n]{0} = 0 \Leftrightarrow 0^n = 0$$

Man nennt n den Wurzelexponenten und a die Wurzelbasis (Radikand). Der Rechengang heißt Radizieren oder Wurzelziehen.

Wurzelexponent

$$\sqrt[n]{a} = x$$

Radikand (Basis)

Aus der Definition folgt:

$$x = \sqrt[n]{a}$$
$$\Rightarrow x^n = (\sqrt[n]{a})^n = a$$

Satz:

Radizieren und nachfolgendes Potenzieren mit dem gleichen Exponenten heben sich auf.

Für alle $a \in \mathbb{R}_+$; $n \in \mathbb{N}^*$ gilt:

$$(\sqrt[n]{a})^n = a$$

In der umgekehrten Reihenfolge gilt das jedoch nicht immer.

$$\sqrt[4]{(3)^4} = \underline{\underline{3}}; \quad \sqrt[4]{(-2)^4} = \underline{\underline{2}}$$
$$\sqrt[3]{5^3} = \underline{\underline{5}}$$

$$\sqrt[n]{a^n} = |a| \qquad a \in \mathbb{R},\ n \in G_+$$

$$\sqrt[n]{a^n} = a \qquad a \in \mathbb{R}_+,\ n \in U_+$$

Definition:

1. $a^{\frac{1}{n}} = \sqrt[n]{a}$	2. $a^{\frac{m}{n}} = \sqrt[n]{a^m}$
3. $a^{-\frac{1}{n}} = \dfrac{1}{\sqrt[n]{a}}$	4. $a^{-\frac{m}{n}} = \dfrac{1}{\sqrt[n]{a^m}}$

$a \in \mathbb{R}_+^*$
$m \in \mathbb{N}$
$n \in \mathbb{N}^*$

Rechengesetze für Potenzen mit rationalen Zahlen als Exponenten

Von folgenden Sätzen gilt auch die Umkehrung.

1. Addieren und Subtrahieren

Satz: *Für alle $a, b, c \in \mathbb{R}$; $e \in \mathbb{R}_+^*$; $m \in \mathbb{Z}$; $n \in \mathbb{N}^*$ gilt:*

$$a \cdot e^{\frac{m}{n}} + b \cdot e^{\frac{m}{n}} - c \cdot e^{\frac{m}{n}} = (a + b - c) \cdot e^{\frac{m}{n}}$$

$$a \cdot \sqrt[n]{e^m} + b \cdot \sqrt[n]{e^m} - c \cdot \sqrt[n]{e^m} = (a + b - c) \cdot \sqrt[n]{e^m}$$

Potenzen (Wurzeln) mit gleichen Exponenten und gleichen Basen werden addiert oder subtrahiert, indem man ihre Beizahlen addiert oder subtrahiert.

2. Erweitern und Kürzen

Satz:

Für alle $a \in \mathbb{R}_+^*$; $m \in \mathbb{Z}$; $k, n \in \mathbb{N}^*$ *gilt:*

$$a^{\frac{m}{n}} = a^{\frac{m \cdot k}{n \cdot k}}$$

Eine Potenz mit rationalen Zahlen als Exponenten ändert sich nicht, wenn man den Exponenten erweitert oder kürzt.

$$\sqrt[n]{a^m} = \sqrt[n \cdot k]{a^{m \cdot k}}$$

Eine Wurzel ändert sich nicht, wenn man den Wurzelexponenten und den Basisexponenten mit derselben Zahl multipliziert (erweitert) oder durch dieselbe Zahl dividiert (kürzt).

Da Wurzeln nur eine andere Schreibweise für Potenzen mit Brüchen als Exponenten sind, werden die folgenden Beweise an Potenzen durchgeführt.

Beweis:

Definition S. 73: $x = a^{\frac{m}{n}} \Leftrightarrow x^n = a^m$

Satz S.71/8: $(x^n)^k = (a^m)^k$

$x^{n \cdot k} = a^{m \cdot k}$

Definition S. 73: $x = a^{\frac{mk}{nk}}$

$\Rightarrow a^{\frac{m}{n}} = a^{\frac{mk}{nk}}$

3. Multiplizieren

Satz:

Für alle $a, b \in \mathbb{R}_+^*$; $m \in \mathbb{Z}$; $n \in \mathbb{N}^*$ *gilt:*

$$a^{\frac{m}{n}} \cdot b^{\frac{m}{n}} = (ab)^{\frac{m}{n}}$$

Potenzen mit gleichen Exponenten werden multipliziert, indem man das Produkt der Basen mit dem gemeinsamen Exponenten potenziert.

$$\sqrt[n]{a^m} \cdot \sqrt[n]{b^m} = \sqrt[n]{(ab)^m}$$

Gleichnamige Wurzeln (d.h. Wurzeln mit gleichen Exponenten) werden multipliziert, indem man das Produkt der Radikanden radiziert.

Beweis:

$a^{\frac{m}{n}} \cdot b^{\frac{m}{n}}$

Definition S. 73: $x = a^{\frac{m}{n}}$ ‖ $y = b^{\frac{m}{n}}$

$x^n = a^m$ ‖ $y^n = b^m$

Beide Gleichungen multiplizieren: $x^n \cdot y^n = a^m \cdot b^m$

$(x \cdot y)^n = (a \cdot b)^m$

Satz S. 70: $x \cdot y = (a \cdot b)^{\frac{m}{n}}$

$\Rightarrow a^{\frac{m}{n}} \cdot b^{\frac{m}{n}} = (ab)^{\frac{m}{n}}$

Satz: *Für alle $a \in \mathbb{R}_+^*$; $m, p \in \mathbb{Z}$; $n, q \in \mathbb{N}^*$ gilt:*

$$a^{\frac{m}{n}} \cdot a^{\frac{p}{q}} = a^{\frac{m}{n}+\frac{p}{q}}$$

Potenzen mit gleichen Basen werden multipliziert, indem man die Basis mit der Summe der Exponenten potenziert.

$$\sqrt[n]{a^m} \cdot \sqrt[q]{a^p} = \sqrt[nq]{a^{mq} \cdot a^{np}} = \sqrt[nq]{a^{mq+np}}$$

Wurzeln mit gleichen Basen werden multipliziert, indem man sie vorher durch Erweitern gleichnamig macht und das Produkt der Radikanden mit dem neuen Wurzelexponenten radiziert.

Beweis:

$$a^{\frac{m}{n}} \cdot a^{\frac{p}{q}}$$

Definition S. 73: $x = a^{\frac{m}{n}}$ $\quad y = a^{\frac{p}{q}}$

$x^n = a^m$ $\quad y^q = a^p$

Satz S. 70: $(x^n)^q = (a^m)^q$ $\quad (y^q)^n = (a^p)^n$

Beide Gleichungen multiplizieren: $x^{nq} = a^{mq}$ $\quad y^{nq} = a^{np}$

$x^{nq} \cdot y^{nq} = a^{mq} \cdot a^{np}$

Satz S. 70: $(x \cdot y)^{nq} = a^{mq+np}$

$x \cdot y = a^{\frac{mq+np}{nq}}$

$$\Rightarrow a^{\frac{m}{n}} \cdot a^{\frac{p}{q}} = a^{\frac{m}{n}+\frac{p}{q}}$$

4. Dividieren

Dividieren von Potenzen kann man auf das Multiplizieren mit dem Kehrwert zurückführen.

$$a^{\frac{m}{n}} : a^{\frac{p}{q}} \blacktriangleright a^{\frac{m}{n}} \cdot a^{-\frac{p}{q}}.$$

Satz: *Für alle $a \in \mathbb{R}_+^*$; $m, p \in \mathbb{Z}$; $n, q \in \mathbb{N}^*$ gilt:*

$$\frac{a^{\frac{m}{n}}}{a^{\frac{p}{q}}} = a^{\frac{m}{n}-\frac{p}{q}}$$

Potenzen mit gleichen Basen werden dividiert, indem man die Basis mit der Differenz der Exponenten potenziert.

$$\frac{\sqrt[n]{a^m}}{\sqrt[q]{a^p}} = \sqrt[nq]{\frac{a^{mq}}{a^{np}}} = \sqrt[nq]{a^{mq-np}}$$

Ungleichnamige Wurzeln werden dividiert, indem man die Wurzelexponenten multipliziert und mit dem Produkt der Exponenten die Wurzel aus dem Quotienten der Radikanden zieht.

Satz: *Für alle $a, b \in \mathbb{R}_+^*$; $m \in \mathbb{Z}$; $n \in \mathbb{N}^*$ gilt:*

$$\frac{a^{\frac{m}{n}}}{b^{\frac{m}{n}}} = \left(\frac{a}{b}\right)^{\frac{m}{n}}$$

Potenzen mit gleichen Exponenten werden dividiert, indem man den Quotienten der Basen mit dem gemeinsamen Exponenten potenziert.

$$\frac{\sqrt[n]{a^m}}{\sqrt[n]{b^m}} = \sqrt[n]{\frac{a^m}{b^m}} = \sqrt[n]{\left(\frac{a}{b}\right)^m}$$

Gleichnamige Wurzeln werden dividiert, indem man den Quotienten der Radikanden radiziert.

5. Potenzieren

Satz:

Für alle $a \in \mathbb{R}_+^*$; $m, p \in \mathbb{Z}$; $n, q \in \mathbb{N}^*$ gilt:

$$\left(a^{\frac{m}{n}}\right)^{\frac{p}{q}} = a^{\frac{m \cdot p}{n \cdot q}}$$

Eine Potenz wird potenziert, indem man die Basis mit dem Produkt der Exponenten potenziert.

$$\sqrt[q]{\left(\sqrt[n]{a^m}\right)^p} = \sqrt[nq]{a^{mp}}$$

Eine Wurzel wird radiziert, indem man die Wurzelexponenten multipliziert und mit dem Produkt der Exponenten aus der Basis die Wurzel zieht.

Für alle $a, x \in \mathbb{R}_+^*$; $m, p \in \mathbb{Z}$; $n, q \in \mathbb{N}^*$ gilt:

Beweis:

$$x = \left(a^{\frac{m}{n}}\right)^{\frac{p}{q}} \Leftrightarrow x^q = \left(a^{\frac{m}{n}}\right)^p$$

$$= \left[(a^m)^{\frac{1}{n}}\right]^p$$

$$= (a^m)^{\frac{p}{n}}$$

$$= \left[(a^m)^p\right]^{\frac{1}{n}}$$

$$(x^q)^n = (a^m)^p$$

$$x^{nq} = a^{mp}$$

$$x = a^{\frac{mp}{nq}}$$

$$\Rightarrow \left(a^{\frac{m}{n}}\right)^{\frac{p}{q}} = a^{\frac{mp}{nq}}$$

Beweis:

$$x = \sqrt[q]{\left(\sqrt[n]{a^m}\right)^p} \Leftrightarrow x = \sqrt[q]{\sqrt[n]{a^{mp}}}$$

$$= \sqrt[q]{\sqrt[n:n]{a^{\frac{mp}{n}}}}$$

$$= \sqrt[q]{a^{\frac{mp}{n}}}$$

$$= \sqrt[q \cdot n]{a^{\frac{mp \cdot n}{n}}}$$

$$x = \sqrt[nq]{a^{mp}}$$

$$\Rightarrow \sqrt[q]{\left(\sqrt[n]{a^m}\right)^p} = \sqrt[nq]{a^{mp}}$$

Folgerungen:

1. Man darf beim Potenzieren von Potenzen die Exponenten miteinander vertauschen.

2. Man darf beim Radizieren von Wurzeln die Wurzelexponenten miteinander vertauschen.

Für alle $a \in \mathbb{R}_+$; $m, n \in \mathbb{Q} \setminus \{0\}$ gilt:

$$(a^m)^n = (a^n)^m$$

$$\sqrt[n]{\sqrt[m]{a}} = \sqrt[m]{\sqrt[n]{a}}$$

Beispiele:

1. Entsprechend Definition werden die Potenzen mit rationalen Zahlen als Exponenten umgeformt und berechnet.

1. $$\left(\frac{16}{81}\right)^{-\frac{3}{4}} = \frac{1}{\sqrt[4]{\left(\frac{16}{81}\right)^3}} = \frac{1}{\left(\sqrt[4]{\frac{16}{81}}\right)^3} = \frac{1}{\left(\frac{2}{3}\right)^3} = \frac{27}{8}$$

2. Bei der Multiplikation von Wurzeln mit gleichen Exponenten werden die Basen multipliziert, und der gemeinsame Exponent wird beibehalten.

2. $\sqrt{\frac{a^2}{b}} \cdot \sqrt{\frac{a}{b}} \cdot \sqrt[12]{\frac{a}{b^5}} = \sqrt{\frac{a^2 \cdot a}{b \cdot b}} \cdot \sqrt[12]{\frac{a}{b^5}}$

$= \sqrt[12]{\frac{a^{18}}{b^{12}}} \cdot \sqrt[12]{\frac{a}{b^5}}$

$= \sqrt[12]{\frac{a^{19}}{b^{17}}} = \underline{\underline{\frac{a^{\frac{19}{12}}}{b^{\frac{17}{12}}}}}$

3. Bei der Multiplikation von Potenzen mit gleichen Basen werden die Exponenten addiert.

3. a) $\sqrt{a} \cdot \sqrt[3]{a} \cdot \sqrt[6]{a} = a^{\frac{1}{2}} \cdot a^{\frac{1}{3}} \cdot a^{\frac{1}{6}} = a^{\frac{1}{2}+\frac{1}{3}+\frac{1}{6}} = \underline{\underline{a}}$

b) $\sqrt[10]{27 \cdot \sqrt[4]{3 \cdot \sqrt[3]{3}}} = \sqrt[10]{27 \cdot \sqrt[12]{3^4}}$

$= \sqrt[10]{3^3 \cdot 3^{\frac{1}{3}}}$

$= \sqrt[10]{3^{3\frac{1}{3}}} = \sqrt[10]{3^{\frac{10}{3}}}$

$= 3^{\frac{1}{3}} = \underline{\underline{\sqrt[3]{3}}}$

4. Beim Radizieren von Wurzeln werden die Exponenten multipliziert.

4. $\sqrt[4]{\sqrt[3]{x^2}} \cdot \sqrt{\sqrt[6]{x^{10}}} + \sqrt[9]{y^6 \cdot \sqrt[4]{y^{12}}}$

$= \sqrt[12]{x^2} \cdot \sqrt[12]{x^{10}} + \sqrt[9]{y^9}$

$= \sqrt[12]{x^{12}} + y$

$= \underline{\underline{x + y}}$

5. Bei der Division von Potenzen mit gleichen Basen werden die Exponenten subtrahiert.

5. $\frac{x^{\frac{2}{3}}}{\sqrt[3]{x}} + \frac{3x^{\frac{5}{3}}}{x\sqrt[3]{x}} = \frac{x^{\frac{2}{3}}}{x^{\frac{1}{3}}} + \frac{3x^{\frac{5}{3}}}{x \cdot x^{\frac{1}{3}}}$

$= x^{\frac{1}{3}} + \frac{3x^{\frac{5}{3}}}{x^{\frac{4}{3}}}$

$= x^{\frac{1}{3}} + 3x^{(\frac{5}{3}-\frac{4}{3})}$

$= \underline{\underline{4x^{\frac{1}{3}}}}$

6. Bei der Division von Potenzen mit gleichen Exponenten werden unter Beibehaltung des gemeinsamen Exponenten die Basen dividiert.

6. $\frac{\sqrt[m-x]{c^{m+3x}}}{\sqrt[m-x]{c^{4x}}} + \frac{\sqrt[m+x]{c^{3m+2x}}}{\sqrt[m+x]{c^{2m+x}}}$

$= \sqrt[m-x]{\frac{c^{m+3x}}{c^{4x}}} + \sqrt[m+x]{\frac{c^{3m+2x}}{c^{2m+x}}}$

$= \sqrt[m-x]{c^{m+3x-4x}} + \sqrt[m+x]{c^{3m+2x-(2m+x)}}$

$= \sqrt[m-x]{c^{m-x}} + \sqrt[m+x]{c^{m+x}}$

$= \underline{\underline{2c}}$

Potenzen

1. Vereinfachen Sie folgende Terme:

a) $x^3 \cdot x^4 \cdot x^6$ b) $a^{n+3} \cdot a^{n+1} \cdot a^{n-4}$ c) $\left(\frac{x}{2}\right)^n \cdot \left(\frac{x}{2}\right)^{3n} \cdot \left(\frac{x}{2}\right)^{4n}$

d) $\frac{b^{n-1}}{b^n \cdot b^{n-4}}$ e) $\frac{(q+p)^n}{(q+p)^{n-2}}$ f) $\frac{z^{2n-1}}{z^{2n+1}}$

g) $\frac{x^m \cdot z^{n+2}}{z^{n-1} \cdot x^{2m}}$ h) $\left(\frac{a}{b}\right)^{2n+1} \cdot \left(\frac{b}{a}\right)^{n-1}$ i) $(x^{3n-m})^{2m}$

k) $\frac{[(5a)^x]^{3z}}{(5a)^{2xz} \cdot (4a)^{xz}}$ l) $\left(\frac{x^{-3} \cdot z^4}{c^2 x^{-2} \cdot b^0}\right)^{-2}$ m) $\left(1 - \frac{x^2}{y^2}\right) : \left(\frac{x}{y} + 1\right)$

n) $\frac{a^{2x-3y}}{x^{3a-2b}} : \frac{a^{x-3y}}{x^{3a-2b}}$ o) $\frac{4a^{x+y} - 10a^{y+2z-x} - 12a^{x-z} + 20a^{z-x}}{3a^{x-z} - 5a^{z-x}}$

p) $\left(\frac{4b^{m+1} \cdot a^n}{12c^{2n-2}}\right)^4 : \left(\frac{2b^4 \cdot a^3}{4c^4}\right)^n$ q) $\frac{a^{2m} + 14a^m + 49}{a^{2m} - 49}$

r) $\frac{a^{s-1} - 4a^{s-2}}{a^{s+1} - 8a^{s} + 16a^{s-1}}$

2. Formen Sie die Wurzeln zu Potenzen um, und vereinfachen Sie dann die Terme:

a) $\sqrt[3]{x} \cdot \sqrt{x^2} \cdot \sqrt[6]{x}$ b) $\frac{x}{\sqrt[3]{x^2} \cdot \sqrt[3]{x^3}}$ c) $\frac{\sqrt{x} \cdot \sqrt[4]{x}}{\sqrt[3]{x^9}}$

d) $\sqrt[3]{\sqrt[3]{a}}$ e) $\sqrt[7]{\sqrt[4]{a^3}}$ f) $x\sqrt[3]{\frac{1}{x}} - y \cdot \sqrt[3]{\frac{1}{x}}$

g) $\frac{2}{\sqrt[6]{x^5}} \cdot x^{\frac{4}{3}} + \frac{\sqrt[3]{x^2}}{\sqrt[3]{x}}$ h) $\sqrt[x]{\sqrt[y]{a^2}} : \sqrt[x \cdot y]{a}$ i) $\sqrt[3]{x^{n+3}} \cdot x \cdot \sqrt[3]{x^n}$

3. Vereinfachen Sie folgende Terme:

a) $\frac{2 \cdot \sqrt[x]{b}}{\sqrt[x]{c}} + \frac{4 \cdot \sqrt[x]{b^2}}{\sqrt[x]{bc}} - 3\sqrt[x]{\frac{b}{c}}$ b) $\sqrt[m \cdot n + m \cdot n]{(c+d)^{m+n}} + \sqrt[a \cdot x - b \cdot x]{(c+d)^{a-b}}$

c) $\sqrt[7]{(\sqrt{a\sqrt{a\sqrt{a}}})^8}$ d) $\sqrt[4]{\frac{a^2 \cdot b}{c^3}} \cdot \sqrt[3]{\frac{c^{\frac{3}{4}}}{\sqrt[6]{a} \cdot b^{\frac{3}{4}}}}$

e) $\frac{2}{x^{-3}} + (\sqrt[4]{x})^{-\frac{4}{3}}$ f) $\sqrt[2a-4b]{(m-n)^2} : \sqrt[3a-6b]{(m-n)^3}$

g) $\sqrt[9]{a^6 \cdot a^3} + \sqrt[12]{b^{10}} \cdot \sqrt[3]{\sqrt[4]{b^2}}$ h) $\sqrt[x-y]{a^{x^2-2xy+y^2}} : \sqrt[x+y]{a^{x^2+2xy+y^2}}$

i) $\left(\sqrt[x^2-y^2]{a^{x+y}} + \sqrt[x^2-y^2]{a^{x-y}}\right) \cdot \sqrt[x+y]{a}$

3.2 Logarithmen

3.2.1 Logarithmensysteme – Logarithmensätze

Bisher sind Potenzen mit rationalen Zahlen als Exponenten betrachtet worden.

$$2^{\frac{2}{3}} = \sqrt[3]{4}$$
$$2^{\frac{2}{3}} = 1{,}5874\ldots$$
$$\Rightarrow 2^{\frac{2}{3}} \in I$$

Wir wollen nun eine Erweiterung vornehmen und auch irrationale Zahlen als Exponenten zulassen.

$2^{\sqrt{2}}$: *Potenz mit irrationaler Zahl als Exponent*

Bekanntlich kann $\sqrt{2} = 2^{\frac{1}{2}}$ als Intervallschachtelung angegeben werden.

$[1{,}4;\ 1{,}5];\ [1{,}41;\ 1{,}42];\ [1{,}414;\ 1{,}415];\ \ldots$
$1{,}4142135623 \leq \sqrt{2} \leq 1{,}4142135624$

Man kann daher eine Potenz mit einer *irrationalen* Zahl als Exponent (z. B. $\sqrt{2}$) zwischen zwei benachbarte Potenzen mit *rationalen* Zahlen als Exponenten einschachteln.

$[2^{1,4};\ 2^{1,5}];\ [2^{1,41};\ 2^{1,42}];\ [2^{1,414};\ 2^{1,415}];\ \ldots$
$2^{1,4142135623} \leq 2^{\sqrt{2}} \leq 2^{1,4142135624}$

Die Intervallschachtelung nähert sich immer mehr der irrationalen Zahl $2^{\sqrt{2}} = 2{,}6651441426\ldots$

Der Nachweis solcher Intervallschachtelungen wird hier nicht erbracht.

$$2^{\sqrt{2}} = 2^{1,414213562373\ldots} = 2{,}6651441426\ldots$$

Die Potenz $a^b;\ a \in \mathbb{R}_+^*;\ b \in \mathbb{R}$ kann stets durch eine Intervallschachtelung mit rationalen Zahlen eindeutig definiert werden.

$a^b;\ a \in \mathbb{R}_+^*;\ b \in \mathbb{R}$ ▶ $a^b \in \mathbb{R}_+^*$

für $b > 0$ ist auch $a = 0$ zugelassen

Satz:

Die Potenzsätze gelten auch für irrationale Zahlen als Exponenten.

Die Beweise können mit Hilfe von Intervallschachtelungen erbracht werden, sind aber an dieser Stelle zu schwer.

Steht nun in einer Potenzaufgabe $a^x = b$ die Lösungsvariable x im Exponenten, so können wir x nicht mit den uns bisher bekannten Mitteln berechnen.

Bei einfachen Aufgaben kann der Exponent unmittelbar angegeben werden. Bei schwierigeren Aufgaben sowie bei entsprechenden Problemen müssen wir eine neue Bezeichnung, den *Logarithmus*, einführen.

$$2^x = 4 \Rightarrow x = 2$$
$$10^x = 1000 \Rightarrow x = 3$$
$$0{,}5^x = 0{,}17677$$
$$a^x = b$$

Logarithmus (bezeichnet den Exponenten x)

Definition:

$\log_a b$ ist diejenige reelle Zahl x, für die $a^x = b$ gilt.
Die Zahl x heißt der Logarithmus von b zur Basis a. Die Zahl $b \in \mathbb{R}_+^*$ heißt der zum Logarithmus x und zur Basis a gehörende Numerus. Der Rechenvorgang, der den Zahlen a und b die Zahl $x = \log_a b$ zuordnet, heißt Logarithmieren.

Logarithmen sind also Exponenten.

$$a^x = b \Leftrightarrow x = \log_a b \qquad a \in \mathbb{R}_+^* \setminus \{1\};\ b \in \mathbb{R}_+^*$$

$$\mathbf{x = \log_a b}$$

Logarithmus (x), *Basis* (a), *Numerus* (b)

Folgerungen:

Für alle $a \in \mathbb{R}_+^* \setminus \{1\};\ b \in \mathbb{R}_+^*$ gilt:

$a^{\log_a b} = b$	$\log_a a = 1$	$\log_a 1 = 0$	$\log_a (a^x) = x$
$3^{\log_3 9} = 9$	$\log_3 3 = 1$	$\log_3 1 = 0$	$\log_3 3^2 = 2$
$\log_3 9 = 2$	*denn* $3^1 = 3$	*denn* $3^0 = 1$	*denn* $3^2 = 3^2 = 9$
denn $3^2 = 9$			

Beispiele:

Berechnen Sie x:

1. $\log_2 8 = x \Rightarrow 2^x = 8 \Rightarrow \underline{\underline{x = 3}}$

2. $\log_3 81 = x \Rightarrow 3^x = 81 \Rightarrow \underline{\underline{x = 4}}$

3. $\log_{0,2} 125 = x \Rightarrow 0{,}2^x = 125 \Rightarrow \underline{\underline{x = -3}}$

4. $\log_{10} \frac{1}{10} = x \Rightarrow 10^x = \frac{1}{10} \Rightarrow \underline{\underline{x = 0{,}1}}$

5. $\log_\pi 1 = x \Rightarrow \pi^x = 1 \Rightarrow \underline{\underline{x = 0}}$

6. $\log_3 \sqrt[3]{9} = x \Rightarrow 3^x = \sqrt[3]{9} \Rightarrow \underline{\underline{x = \frac{2}{3}}}$

Alle Logarithmen mit gleicher Basis bilden ein *Logarithmensystem*. Als Basis können alle Elemente aus $\mathbb{R}_+^* \setminus \{1\}$ benutzt werden.

Die Logarithmen mit der Basis 2 (binär) werden mit lb abgekürzt.

$\log_2 n \equiv \mathrm{lb}\, n$ — *binäre Logarithmen*

In den Naturwissenschaften wird vielfach als Basis e = 2,71828 ... verwendet. Die Abkürzung dafür ist ln. Logarithmen mit dieser Basis heißen natürliche Logarithmen.

$\log_e b \equiv \ln b$ — *natürliche Logarithmen*

Die Zahl e geht auf den Mathematiker Leonhard Euler (1707 ... 1783) zurück. Es gilt:

$$e = 2 + \frac{1}{1 \cdot 2} + \frac{1}{1 \cdot 2 \cdot 3} + \frac{1}{1 \cdot 2 \cdot 3 \cdot 4} + \ldots$$

Um das Rechnen einfach zu gestalten, wählte der englische Mathematiker Henry Briggs (1561 ... 1630) die Zahl 10 als Basis. Man nennt diese Logarithmen Briggssche, dekadische oder Zehnerlogarithmen (lg).

$$\log_{10} b \equiv \lg b \quad \textit{Zehnerlogarithmen}$$

Logarithmensätze

Satz:

Ein Produkt wird logarithmiert, indem man die Logarithmen der Faktoren addiert.

Für alle $a \in \mathbb{R}_+^* \setminus \{1\}$; $u, v \in \mathbb{R}_+^*$ *gilt:*

$$\log_a (u \cdot v) = \log_a u + \log_a v$$

Beweis:

Nach Definition S. 80 gilt:

$$\log_a u = x \Leftrightarrow u = a^x$$
$$\log_a v = y \Leftrightarrow v = a^y$$

folglich:

$$u \cdot v = a^x \cdot a^y = a^{x+y}$$
$$\Leftrightarrow \log_a (u \cdot v) = x + y$$
$$\Leftrightarrow \log_a (u \cdot v) = \log_a u + \log_a v$$

Satz:

Ein Quotient wird logarithmiert, indem man vom Logarithmus des Zählers den Logarithmus des Nenners subtrahiert.

Für alle $a \in \mathbb{R}_+^* \setminus \{1\}$; $u, v \in \mathbb{R}_+^*$ *gilt:*

$$\log_a \frac{u}{v} = \log_a u - \log_a v$$

Beweis:

setzt man: $\log_a u = x$ *und* $\log_a v = y$

so heißt dies in Potenzform: $a^x = u$ *und* $a^y = v$

folglich: $\frac{u}{v} = \frac{a^x}{a^y} = a^{x-y}$

in Logarithmenform: $\log_a \left(\frac{u}{v}\right) = x - y$

also: $\log_a \left(\frac{u}{v}\right) = \log_a u - \log_a v$

Satz:

Eine Potenz wird logarithmiert, indem man den Logarithmus der Basis mit dem Exponenten multipliziert.

Für alle $a \in \mathbb{R}_+^* \setminus \{1\}$; $b \in \mathbb{R}_+^*$; $n \in \mathbb{R}$ *gilt:*

$$\log_a b^n = n \cdot \log_a b$$

Beweis:

setzt man: $\log_a b = x$

so heißt das: $a^x = b$

folglich: $b^n = (a^x)^n = a^{nx}$

also: $\log_a b^n = nx = n \cdot \log_a b$

Sonderfall:

Da n Platzhalter für jede beliebige reelle Zahl sein kann, können auch Brüche als Exponenten verwendet werden.

Für alle $a \in \mathbb{R}_+^* \setminus \{1\}$; $b \in \mathbb{R}_+^*$; $u \in \mathbb{Z}$; $v \in \mathbb{N}^*$ *gilt:*

$$\log_a \sqrt[v]{b^u} = \log_a b^{\frac{u}{v}} = \frac{u}{v} \cdot \log_a b$$

Beweis: $\log_a b^n = n \cdot \log_a b$ *für* $n = \frac{u}{v}$

$$\log_a b^{\frac{u}{v}} = \frac{u}{v} \cdot \log_a b$$

$$\log_a \sqrt[v]{b^u} = \frac{u}{v} \cdot \log_a b$$

Beispiele:

1. Aus einer Potenz wird eine Multiplikation (Briggsscher Logarithmus).

1. $\lg 10^4 = 4 \cdot \lg 10$

$\lg 10000 = 4 \cdot 1 = 4$

denn $\underline{\underline{10^4 = 10000}}$

2. Die Wurzel wird durch eine Potenz mit einer Bruchzahl als Exponent ersetzt.

2. $\lg \sqrt[4]{100^2} = \lg 100^{\frac{2}{4}} = \frac{2}{4} \cdot \lg 100 = \frac{2}{4} \cdot 2 = 1$

$\lg \sqrt[4]{10000} = \lg 10 = 1$

3. u. 4. Die Ausdrücke werden mit Hilfe der Logarithmensätze umgeformt.

3.
$$\begin{aligned} \lg \left(\frac{a^2}{c \cdot b^2}\right) &= \lg a^2 - \lg(c \cdot b^2) \\ &= \lg a^2 - (\lg c + \lg b^2) \\ &= \underline{\underline{2 \cdot \lg a - (\lg c + 2 \cdot \lg b)}} \end{aligned}$$

4.
$$\begin{aligned} &\lg \sqrt[4]{\frac{a^2 \cdot b^x}{\sqrt{c \cdot a}}} \\ &= \tfrac{1}{4}[\lg a^2 + \lg b^x - \tfrac{1}{2}\lg(c \cdot a)] \\ &= \underline{\underline{\tfrac{1}{4}[2 \cdot \lg a + x \cdot \lg b - \tfrac{1}{2}(\lg c + \lg a)]}} \end{aligned}$$

3.2.2 Berechnen von Zahlentermen mit Hilfe der dekadischen Logarithmen

Wie schon erwähnt, werden für das praktische Rechnen meist die Zehnerlogarithmen verwendet.

$\log_{10} x \equiv \lg x$

Alle Zahlen aus $\mathbb{R}_+^*$ werden als Potenzen mit der Basis 10 dargestellt; es gibt Tafeln, in denen sie verzeichnet sind. Je nach der Genauigkeit der Tafel, haben die Logarithmen vier oder mehr Dezimalstellen. Obwohl es sich nur um angenäherte Werte handelt, verwendet man das Gleichheitszeichen.

$1000 = 10^3 \Rightarrow \lg 1000 = 3$

$100 = 10^2 \Rightarrow \lg 100 = 2$

$3{,}5 = 10^{0{,}5441} \Rightarrow \lg 3{,}5 = 0{,}5441$

Der Exponent 0,5441 heißt *Logarithmus* von 3,5 zur Basis 10; die Zahl 3,5 heißt der *Numerus* des Logarithmus 0,5441 zur Basis 10.

$3{,}5 = 10^{0{,}5441} \Rightarrow \lg 3{,}5 = 0{,}5441$

(3,5: *Numerus*; 0,5441: *Logarithmus*)

Die Logarithmen der Zahlen $1 \leq x \leq 10$ liegen zwischen 0 und 1.

$\lg 1 = 0$

$\lg 10 = 1$

$\Rightarrow \lg 3{,}5 = 0{,}5441$

Alle Logarithmen in diesem Bereich beginnen also mit 0, ... Man nennt die Ziffer vor dem Komma *Kennzahl* und die Ziffern hinter dem Komma *Mantisse*.

$\lg 3{,}5 = 0,$ $\boxed{5441}$

(0: *Kennzahl*; 5441: *Mantisse*)

Liegt der Numerus nicht im Intervall $1 \leq x \leq 10$, so können wir ihn mit Hilfe der Logarithmensätze umformen.

$$\lg 3{,}5 = 0{,}5441$$

$$\lg 35 = \lg(10 \cdot 3{,}5) = \lg 10 + \lg 3{,}5 = 1 + 0{,}5441 = 1{,}5441$$

Merke:

Die Kennzahl des Logarithmus hängt von der Kommastellung ab, die Mantisse des Logarithmus von der Ziffernfolge.

$$\lg 350 = \lg(100 \cdot 3{,}5) = \lg 100 + \lg 3{,}5 = 2 + 0{,}5441 = 2{,}5441$$

Bestimmung der Kennzahl:

$$\lg 0{,}035 = \lg(3{,}5 : 100) = 0{,}5441 \underbrace{-2}_{\textit{Kennzahl}}$$

Die Kennzahl des Logarithmus für eine Zahl, die größer ist als 1, ist immer um 1 kleiner als die Anzahl der Stellen der ganzen Zahl vor dem Komma.

Umkehrung:

Hat der Logarithmus die Kennzahl 2, so hat der Numerus drei Stellen links vom Komma.

$$\lg \overbrace{350}^{3} = \overbrace{2}^{\textit{Kennzahl}}{,}\overbrace{5441}^{\textit{Mantisse}}$$

$$\lg 35 = 1{,}5441$$

$$\lg 3{,}5 = 0{,}5441$$

Merke:

Die Kennzahl des Logarithmus für eine Zahl, die kleiner ist als 1, ist negativ (-1, -2, -3, ...) und ohne Berücksichtigung des Kommas gleich der Anzahl der Nullen vor der ersten Ziffer. Man schreibt die Kennzahl hinter die Mantisse.

$$\left.\begin{aligned} \lg 0{,}35 &= 0{,}5441 - 1 \\ \lg 0{,}035 &= 0{,}5441 - 2 \\ \lg \underbrace{0{,}00}_{3}35 &= 0{,}5441 - 3 \end{aligned}\right\} \textit{Kennzahl}$$

Umkehrung:

Hat ein Logarithmus die Kennzahl -3, so hat der Numerus zwei Nullen hinter dem Komma oder, ohne Berücksichtigung des Kommas, drei Nullen vor der ersten Ziffer.

In den Logarithmentafeln stehen nur die Mantissen der Logarithmen. Die Kennzahl müssen wir hinzufügen. Bei Logarithmen setzt man hinter die Kennzahl ein Komma.

Beispiele:

Berechnen Sie folgende Aufgaben mit Hilfe von Logarithmen:

1. Die Zahlen werden multipliziert, indem wir ihre Logarithmen addieren. Der Numerus wird ebenfalls in der Logarithmentafel (bzw. auf dem Elektronenrechner) abgelesen, und zwar *nur* unter Berücksichtigung der Mantisse.

1. $\lg(4{,}4 \cdot 284 \cdot 0{,}03)$

$= \lg 4{,}4 + \lg 284 + \lg 0{,}03$

$= 0{,}6435 + 2{,}4533 + 0{,}4771 - 2$

$= 3{,}5739 - 2 = 1{,}5739$

$\underline{\underline{N = 37{,}49}}$

2. Soll ein größerer Logarithmus von einem kleineren subtrahiert werden, so müssen wir den kleineren Logarithmus entsprechend umformen.

2. $\lg \frac{168 \cdot 0{,}25}{15{,}4 \cdot 62}$
$= \lg 168 + \lg 0{,}25 - \lg 15{,}4 - \lg 62$
$= 2{,}2253 + 0{,}3979 - 1 - 1{,}1875 - 1{,}7924$
$= 2{,}6232 - 1 - 2{,}9799$
$= 3{,}6232 - 2 - 2{,}9799$
$= 0{,}6433 - 2$

$\underline{\underline{N = 0{,}04398}}$

3. Wird ein negativer Logarithmus mit einer Zahl multipliziert, so müssen Mantisse und Kennzahl mit dieser Zahl multipliziert werden.

3. $\lg \frac{4{,}5^4 \cdot 8{,}3^3}{0{,}18^6 \cdot 41{,}4^2}$
$= 4 \cdot \lg 4{,}5 + 3 \cdot \lg 8{,}3 - 6 \cdot \lg 0{,}18 - 2 \cdot \lg 41{,}4$
$= 4 \cdot 0{,}6532 + 3 \cdot 0{,}9191 - 6 \cdot (0{,}2553 - 1) - 2 \cdot 1{,}6170$
$= 5{,}3701 - 1{,}5318 + 6 - 3{,}234$
$= 6{,}6043$

$\underline{\underline{N = 4020685}}$

4. Es ist zweckmäßig, die Klammern auszurechnen und die Logarithmen so zu erweitern, daß beim Dividieren der Brüche keine Bruchzahlen als Kennzahlen entstehen.

4. $\lg 100 \cdot \sqrt[4]{0{,}47 \cdot \sqrt{410}}$
$= \lg 100 + \frac{1}{4}(\lg 0{,}47 + \frac{1}{2}\lg 410)$
$= 2 + \frac{1}{4}(0{,}6721 - 1 + \frac{1}{2} \cdot 2{,}6128)$
$= 2 + \frac{3{,}6721 - 4}{4} + \frac{1{,}3064}{4}$
$= 2 + 0{,}9180 - 1 + 0{,}3266$
$= 3{,}2446 - 1 = 2{,}2446 \Rightarrow \underline{\underline{N = 175{,}5}}$

5. Steht im zu berechnenden Term ein Plus- oder ein Minuszeichen, so können wir nicht Logarithmieren, denn das Addieren und Subtrahieren läßt sich nicht auf eine noch einfachere Rechenart zurückführen. Wir müssen die einzelnen Terme getrennt ausrechnen und dann zusammenfassen.

5. $\lg \frac{43{,}4^2 + 152}{33^2 - \sqrt[3]{154}}$
$= \lg \frac{2035{,}56}{1083{,}64}$
$= \lg 2035{,}56 - \lg 1083{,}63$
$= 3{,}3086 - 3{,}0350$
$= 0{,}2736 \Rightarrow \underline{\underline{N = 1{,}877}}$

Heute werden solche Berechnungen fast nur noch mit dem elektronischen Rechner durchgeführt.

Berechnen von Logarithmen verschiedener Basen

Unter dem Logarithmus verstehen wir nach Definition (S. 80) den Exponenten x, der die Gleichung $a^x = b$ erfüllt. Es gilt also $a^x = b \Leftrightarrow x = \log_a b$.

Außerdem lernten wir drei Logarithmensysteme kennen, und zwar lg, ln und lb.

$\log_{10} = \lg$; $\log_e = \ln$; $\log_2 = \text{lb}$

Um nun einen Zusammenhang zwischen zwei Logarithmensystemen herstellen zu können, vergleichen wir die Logarithmen gleicher Zahlen aus den drei Systemen miteinander.

$$\begin{array}{lll} \ln 2 = 0{,}6931; & \lg 2 = 0{,}3010; & \text{lb}\, 2 = 1 \\ \ln 10 = 2{,}3025; & \lg 10 = 1; & \text{lb}\, 10 = 3{,}3219 \\ \ln e = 1; & \lg e = 0{,}4343; & \text{lb}\, e = 1{,}4428 \end{array}$$

Um vom Logarithmus des einen Systems zu dem Logarithmus eines anderen Systems zu kommen (bei gleichem Numerus), müssen wir eine Verhältniszahl (Modul) einführen.

$$\frac{\lg 2}{\ln 2} = \frac{\lg 10}{\ln 10} = \frac{\lg e}{\ln e} = \frac{0{,}4343}{1} = 0{,}4343$$

$$\frac{\lg 2}{\text{lb}\, 2} = \frac{\lg 10}{\text{lb}\, 10} = \frac{\lg e}{\text{lb}\, e} = \frac{0{,}4343}{1{,}4428} = 0{,}3010$$

$$\frac{\ln 2}{\text{lb}\, 2} = \frac{\ln 10}{\text{lb}\, 10} = \frac{\ln e}{\text{lb}\, e} = \frac{1}{1{,}4428} = 0{,}6931$$

Es bestehen nebenstehende Zusammenhänge:

1. $\lg x = 0{,}4343 \cdot \ln x$

2. $\lg x = 0{,}3010 \cdot \text{lb}\, x$

3. $\ln x = 0{,}6931 \cdot \text{lb}\, x$

Beweis zu 1.:

Es gilt: $a = \ln b \Rightarrow b = e^a$

Logarithmieren beider Seiten mit lg: $\lg b = a \cdot \lg e$

Ersetzen von a: $\lg b = \ln b \cdot \lg e$

Berechnen von lg e: $\lg b = \ln b \cdot 0{,}4343$

Die Beweise für die Zusammenhänge 2 und 3 sind genauso zu führen.

Beispiel:

Berechnen Sie ln 25 und lb 25, wenn lg 25 = 1,3979 ist.

Lösung: $\ln 25 = \dfrac{\lg 25}{0{,}4343} = \underline{\underline{3{,}2188}}$ $\qquad \text{lb}\, 25 = \dfrac{\lg 25}{0{,}3010} = \underline{\underline{4{,}6443}}$

Wegen ihrer besonderen Bedeutung sind die Logarithmen der Basen 10, e und 2 in Tafeln zusammengestellt. Dies ermöglicht es uns, auch Logarithmen mit beliebiger Basis zu berechnen.

Um die Gleichung $\log_a b = x$ bzw. $a^x = b$ lösen zu können, wählen wir eine uns bekannte Basis und logarithmieren beide Seiten zu dieser Basis.
Setzen wir nun für $x = \log_a b$, so erhalten wir eine Gleichung, aus der wir x berechnen können.

$\log_a b = x \Leftrightarrow a^x = b$

gewählter Logarithmus: lg

$x \cdot \lg a = \lg b$

$\log_a b \cdot \lg a = \lg b$

$$\log_a b = x = \frac{\lg b}{\lg a}$$

Beispiel:

Berechnen Sie: **a)** $\log_3 2187$ **b)** $\log_5 1397{,}5$ **c)** $\log_{12} 3{,}464$

Lösung:

a) Die gewählte neue Bais ist 10.

$$\log_3 2187 \Rightarrow 3^x = 2187$$
$$x \cdot \lg 3 = \lg 2187$$
$$x = \frac{\lg 2187}{\lg 3}$$
$$\underline{\underline{x = 7}}$$

b) Die gewählte neue Basis ist 10.

$$\log_5 1\,397{,}5 \Rightarrow 5^x = 1\,397{,}5$$
$$x \cdot \lg 5 = \lg 1\,397{,}5$$
$$x = \frac{\lg 1\,397{,}5}{\lg 5}$$
$$\underline{\underline{x = 4{,}5}}$$

c) Die gewählte neue Basis ist e.

$$\log_{12} 3{,}464 \Rightarrow 12^x = 3{,}464$$
$$x \cdot \ln 12 = \ln 3{,}464$$
$$x = \frac{\ln 3{,}464}{\ln 12}$$
$$\underline{\underline{x = 0{,}5}}$$

Übungen 3.2

Logarithmen

1. Berechnen Sie den Logarithmus folgender Aufgaben:

a) $\log_2 16$ **b)** $\log_2 \frac{1}{8}$ **c)** $\log_5 125$ **d)** $\log_5 0{,}04$

e) $\log_\pi 1$ **f)** $\log_{\frac{1}{4}} 8$ **g)** $\log_3 \frac{1}{9}$ **h)** $\log_{10} 0{,}01$

i) $\log_{0,5} 0{,}25$ **k)** $\log_5 \frac{1}{\sqrt[3]{5}}$ **l)** $\log_{\sqrt{5}} 25$ **m)** $\log_a \frac{1}{a^n}$

2. Formen Sie mit Hilfe der Logarithmensätze um:

a) $\lg \frac{1}{1+x}$ **b)** $\lg \sqrt[4]{\frac{y}{x^2}}$ **c)** $\lg \sqrt{a^3 \cdot b \cdot c^4}$ **d)** $\lg \left(a\sqrt{a^2 - x^2}\right)$

e) $\lg \frac{b+a}{b-a}$ **f)** $\frac{1}{3}\lg(x^3 + y^3) - \frac{1}{3}\lg x$ **g)** $\lg u - \lg v - \lg z$

h) $\lg a - \frac{1}{2}\lg b + \frac{1}{3}\lg c$ **i)** $3\lg(a + b^2) + \frac{1}{3}\lg a^2 - 2\lg b^2$

3. Berechnen Sie folgende Aufgaben logarithmisch:

a) $50{,}6 \cdot 0{,}003 \cdot 4{,}63$ **b)** $\dfrac{0{,}042 \cdot 41{,}5}{17{,}9 \cdot 0{,}34}$ **c)** $\dfrac{14{,}5^3 \cdot 17{,}5^4}{160^5 \cdot 0{,}03}$

d) $\dfrac{5{,}7^3 \cdot \sqrt[3]{405}}{17{,}5 \cdot 6{,}5^2}$ **e)** $\left(\dfrac{14{,}5^2 \cdot 3{,}04}{0{,}5^4 \cdot 170^2}\right)^2$ **f)** $\sqrt[3]{17{,}5 \cdot \sqrt[2]{\dfrac{13{,}5}{4{,}5}}}$

g) $\sqrt[3]{(174 - \sqrt[2]{55}) \cdot \pi}$ **h)** $\sqrt[7]{\dfrac{36{,}5 \cdot 6{,}83}{0{,}876}}$ **i)** $\sqrt[5]{21} + \sqrt[3]{72{,}6^2 \cdot 13{,}5}$

4. Zur Berechnung folgender Aufgaben wählen Sie die Basis 10:

a) $\log_4 2{,}5$ **b)** $\log_{\frac{1}{2}} 3{,}5$ **c)** $\log_9 0{,}25$ **d)** $\log_{6,5} 130$
e) $\log_{\frac{1}{4}} \frac{1}{20}$ **f)** $\log_2 100$ **g)** $\log_3 0{,}5$ **h)** $\log_6 3{,}57$
i) $\log_{\sqrt{2}} 1{,}0905$ **k)** $\ln 403{,}42$

5. Zur Berechnung folgender Aufgaben wählen Sie die Basis e:

a) $\log_4 90$ **b)** $\log_6 0{,}45$ **c)** $\log_{12} 3{,}45$ **d)** $\log_{10} 4{,}5$
e) $\log_2 5{,}7$ **f)** $\log_5 100$ **g)** $\mathrm{lb}\, 0{,}05$ **h)** $\mathrm{lb}\, 17{,}5$

4. Ungleichungen

4.1 Äquivalenzumformungen von Ungleichungen

Definition:

Sind T_1 und T_2 Terme, so heißen Gebilde der Form

1. $T_1 < T_2$
2. $T_1 > T_2$
3. $T_1 \leq T_2$
4. $T_1 \geq T_2$

Ungleichungen.

$T_1 < T_2$
$T_1 > T_2$
$T_1 \leq T_2$
$T_1 \geq T_2$

Ungleichungen

Beispiele:

1. $2x > 6$

2. $3x \leq 5 - 2x$

3. $\frac{x+1}{x-3} \geq 2$ *Bruchungleichung*

4. $|3(2x-1)| < 15$ *Betragsungleichung*

5. $x^2 - 2x < 15$ *Quadratische Ungleichung*

Ungleichungen sind Aussageformen, zu denen eine Grundmenge angegeben werden muß. Wir erinnern uns daran, daß diejenigen Elemente der Grundmenge, für die eine Aussageform definiert ist, zur Definitionsmenge D zusammengefaßt werden.

Ist $\mathbb{R}$ die Grundmenge von Ungleichungen, so gilt bei linearen und quadratischen Ungleichungen sowie bei Betragsungleichungen $D = \mathbb{R}$. Bei Bruchungleichungen müssen alle Elemente ausgesondert werden, die den oder die Nenner gleich Null werden lassen.

Beispiele:

1. $4x - 5 \leq 2;\ D = \mathbb{R}$

2. $\frac{4}{x-1} \geq 2;\ D = \mathbb{R} \setminus \{1\}$

3. $\frac{5x+2}{2x+10} > \frac{1}{x-4}$

$$\left.\begin{array}{l} D(T_1) = \mathbb{R} \setminus \{5\} \\ D(T_2) = \mathbb{R} \setminus \{4\} \end{array}\right\} \Rightarrow D = \mathbb{R} \setminus \{4, 5\}$$

Ungleichungen haben meist *mehrere* oder oft sogar *unendlich viele* Lösungen.

Um Ungleichungen lösen zu können, muß versucht werden, sie mit Hilfe von *Äquivalenzumformungen* auf die einfachste Form zu bringen. Die Lösungsmenge L kann dabei oft auch als Intervall angegeben werden.

$3x + 2 > 2x + 5$ $\quad D = \mathbb{R}$

$\Leftrightarrow$ *Äquivalenzumformungen*

$\Leftrightarrow$

$\Leftrightarrow$ $x > 3$ *einfachste Form*

$$L = \{x \in \mathbb{R} \mid x > 3\} = (3, \infty)$$

Wir wollen jetzt (analog zu Gleichungen) auch für Ungleichungen Sätze angeben, die die Äquivalenzumformungen regeln. Alle Sätze werden wir für das Ungleichheitszeichen $<$ formulieren; sie gelten entsprechend für die Zeichen $>$, $\leq$ und $\geq$.

Satz:

Vertauscht man bei einer Ungleichung $T_1 < T_2$ die beiden Seiten miteinander, so muß man auch das Zeichen „<" umkehren, um eine äquivalente Ungleichung zu erhalten.

$T_1 < T_2 \Leftrightarrow T_2 > T_1$	**Su**

Seiten einer Ungleichung vertauschen

Beispiele:

Bestimmen Sie die Lösungsmenge L und geben Sie L auch als Intervall an.

a) $L = \{x \in \mathbb{R} \mid 4 < x\}$

$$4 < x$$
$$\Leftrightarrow \quad x > 4$$
$$\underline{\underline{L = \{x \in \mathbb{R} \mid x > 4\} = (4, \infty)}}$$

b) $L = \{x \in \mathbb{R} \mid 5 > x\}$

$$5 > x$$
$$\Leftrightarrow \quad x < 5$$
$$\underline{\underline{L = \{x \in \mathbb{R} \mid x < 5\} = (-\infty, 5)}}$$

Satz:

Addiert man zu beiden Seiten einer Ungleichung dieselbe Zahl $c \in \mathbb{R}$, so erhält man eine äquivalente Ungleichung.

Für alle $c \in \mathbb{R}$ gilt:

$T_1 < T_2 \Leftrightarrow T_1 + c < T_2 + c$	**M+**
Monotonieeigenschaft der Summe	

Beispiele:

Bestimmen Sie die Lösungsmenge L, und geben Sie L auch als Intervall an.

a) $L = \{x \in \mathbb{R} \mid x + 3 < 7\}$

$$x + 3 < 7$$
$$x + 3 + (-3) < 7 + (-3)$$
$$x < 4$$
$$\underline{\underline{L = \{x \in \mathbb{R} \mid x < 4\} = (-\infty, 4)}}$$

b) $L = \{x \in \mathbb{R} \mid x - 3 > 8\}$

$$x - 3 > 8$$
$$x - 3 + 3 > 8 + 3$$
$$x > 11$$
$$\underline{\underline{L = \{x \in \mathbb{R} \mid x > 11\} = (11, \infty)}}$$

Satz:

Multipliziert man beide Seiten einer Ungleichung mit derselben Zahl $c \in \mathbb{R}_+^*$, so erhält man eine äquivalente Ungleichung.

Für alle $c \in \mathbb{R}_+^*$ *gilt:*

$T_1 < T_2 \Leftrightarrow T_1 \cdot c < T_2 \cdot c$	**M·**
Monotonieeigenschaft des Produktes	

Beispiele:

Bestimmen Sie die Lösungsmenge L, und geben Sie L auch als Intervall an.

a) $L = \{x \in \mathbb{R} \mid 2x < 8\}$

$$2x < 8$$
$$2x \cdot \tfrac{1}{2} < 8 \cdot \tfrac{1}{2}$$
$$x < 4$$
$$\underline{\underline{L = \{x \in \mathbb{R} \mid \ x < 4\} = (-\infty, 4)}}$$

b) $L = \{x \in \mathbb{R} \mid \frac{1}{3}x > 9\}$

$$\tfrac{1}{3}x > 9$$
$$\tfrac{1}{3}x \cdot 3 > 9 \cdot 3$$
$$x > 27$$
$$\underline{\underline{L = \{x \in \mathbb{R} \mid \ x > 27\} = (27, \infty)}}$$

Satz:

Multipliziert man beide Terme einer Ungleichung mit derselben Zahl $c \in \mathbb{R}_-^*$ und kehrt man gleichzeitig das Ungleichheitszeichen um, so erhält man eine äquivalente Ungleichung.

Für alle $c \in \mathbb{R}_-^*$ *gilt:*

$T_1 < T_2 \Leftrightarrow T_1 \cdot c > T_2 \cdot c$	**M ·**
Monotonieeigenschaft des Produktes	

Beispiele: **a)**

$$3 < 4$$
$$3 \cdot (-1) > 4 \cdot (-1)$$
$$-3 > -4$$

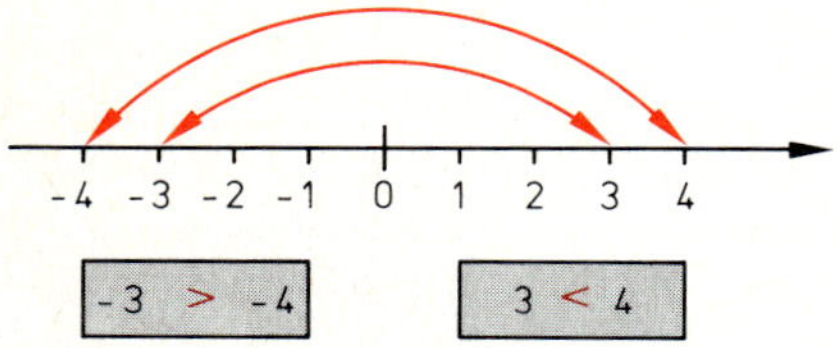

b) $L = \{x \in \mathbb{R} \mid -x < 2\}$

$$-x < 2$$
$$-x \cdot (-1) > 2 \cdot (-1)$$
$$x > -2$$
$$\underline{\underline{L = \{x \in \mathbb{R} \mid x > -2\} = (-2, \infty)}}$$

Man kann die Monotonieeigenschaft des Produktes auch mit **Su** und **M+** begründen.

$$L = \{x \in \mathbb{R} \mid -x < 2\}$$
$$-x < 2$$

Monotoniegesetz der Addition anwenden: **M+** $\quad -x + x < 2 + x$

$$0 < 2 + x$$

Seiten der Ungleichung miteinander vertauschen: **Su** $\quad 2 + x > 0$

Monotoniegesetz der Addition anwenden: **M+** $\quad 2 + (-2) + x > 0 + (-2)$

$$x > -2$$
$$\underline{\underline{L = \{x \in \mathbb{R} \mid x > -2\} = (-2, \infty)}}$$

Übungen 4.1

Äquivalenzumformungen von Ungleichungen

1. Entscheiden Sie über den Wahrheitswert folgender Äquivalenzbeziehungen:

a) $x < 5 \Leftrightarrow 5 \geq x$ **b)** $x - 2 < 0 \Leftrightarrow x < 2$ **c)** $3 < x \Leftrightarrow x > 3$

d) $2x < 10 \Leftrightarrow x < 5$ **e)** $-x < 5 \Leftrightarrow x < -5$ **f)** $-x > 3 \Leftrightarrow -3 > x$

g) $3 - x \leq 10 \Leftrightarrow x - 3 \geq -10$ **h)** $2x + \frac{1}{4} \geq \frac{3}{4} \Leftrightarrow x \geq \frac{1}{4}$ **i)** $-\frac{1}{2}x < 1 \Leftrightarrow -x > 2$

2. Welche der folgenden Aussagen sind wahr; $a, b, c, d \in \mathbb{R}$; $b > 0$; $a > b$?

a) $a \cdot b > b \cdot b$ **b)** $a - c > b - c$ **c)** $-a > -b$ **d)** $7a > 7b$

e) $\frac{a}{d} > \frac{b}{d}$; $d \in \mathbb{R}_+$ **f)** $\frac{a}{b} > 1$ **g)** $b(-1) < a(-1)$ **h)** $b < a$

i) $\frac{a}{2} < \frac{b}{2}$ **k)** $\frac{1}{a} < \frac{1}{b}$

4.2 Lösungsmengen von Ungleichungen

Lineare Ungleichungen ohne Bruchterme

Das Lösen von linearen Ungleichungen soll an einigen Beispielen erklärt werden. Bei den Äquivalenzumformungen werden die in Kapitel 4.1 behandelten Sätze angewendet. Im übrigen geht man beim Berechnen der Lösungsmengen von Ungleichungen in gleicher Weise wie bei Gleichungen vor.

Beispiel:

Berechnen Sie: $L = \{x \in \mathbb{N} \mid 4(3 - x) < 8 - (1 - x)\}$.

Lösung:

Klammern auflösen und vereinfachen:		$4(3 - x) < 8 - (1 - x)$
		$12 - 4x < 7 + x$
Mit $(-x)$ Satz **M+** anwenden:	**M+**	$12 - 4x + (-x) < 7 + x + (-x)$
		$12 - 5x < 7$
Mit (-12) Satz **M+** anwenden:	**M+**	$12 + (-12) - 5x < 7 + (-12)$
		$-5x < -5$
Mit (-1) Satz **M·** anwenden:	**M·**	$(-5x) \cdot (-1) > -5 \cdot (-1)$
		$5x > 5$
Mit $\frac{1}{5}$ Satz **M·** anwenden:	**M·**	$5x \cdot \frac{1}{5} > 5 \cdot \frac{1}{5}$
		$x > 1$
Lösungsmenge angeben:		$\underline{\underline{L = \{x \in \mathbb{N} \mid x > 1\} = \{2, 3, 4, \ldots\}}}$

Beispiel:

Gegeben sei $2(3x - 8) \geq 8 - 3(5 - 3x)$

a) Bestimmen Sie L für $D = \mathbb{N}$; $D = \mathbb{Z}$; $D = G$; $D = \mathbb{R}$.

b) Zeichnen Sie den Graphen von L für $D = \mathbb{R}$.

Lösung:

a) Klammern auflösen und Gleichung vereinfachen:		$2(3x - 8) \geq 8 - 3(5 - 3x)$
		$6x - 16 \geq -7 + 9x$
Mit $(-9x)$ Satz **M+** anwenden:	**M+**	$6x + (-9x) - 16 \geq -7 + 9x + (-9x)$
		$-3x - 16 \geq -7$
Mit 16 Satz **M+** anwenden:	**M+**	$-3x - 16 + 16 \geq -7 + 16$
		$-3x \geq 9$
Mit (-1) Satz **M·** anwenden:	**M·**	$-3x \cdot (-1) \leq 9 \cdot (-1)$
		$3x \leq -9$
Mit $\frac{1}{3}$ Satz **M·** anwenden:	**M·**	$3x \cdot \frac{1}{3} \leq -9 \cdot \frac{1}{3}$
		$\underline{\underline{x \leq -3}}$

Die Lösungsmenge der Ungleichung hängt von der gegebenen Definitionsmenge D ab.

$D = \mathbb{N} \Rightarrow L = \emptyset$

$D = \mathbb{Z} \Rightarrow L = \{-3, -4, -5, \ldots\}$

$D = G \Rightarrow L = \{-4, -6, -8, \ldots\}$

$D = \mathbb{R} \Rightarrow L = \{x \in \mathbb{R} \mid x \leq -3\}$

$\underline{\underline{L = (-\infty, -3]}}$

b) Der rot gezeichnete Teil der Zahlengeraden ist der Graph der Lösungsmenge, die nach links unbegrenzt ist und die auch als Intervall geschrieben werden kann.

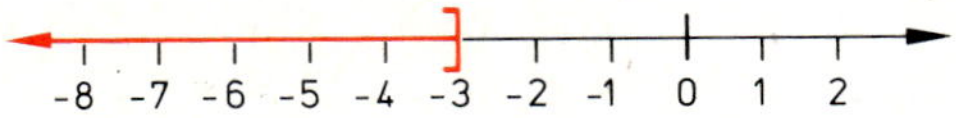

$\underline{\underline{L = \{x \in \mathbb{R} \mid x \leq -3\} = (-\infty, -3]}}$

Beispiel:

Gegeben sei das Intervall $(3, 9]$.

a) Stellen Sie das Intervall mit Hilfe von Ungleichungen dar, und geben Sie die Lösungsmenge an.

b) Welche natürlichen Zahlen liegen in diesem Intervall?

c) Zeichnen Sie den Graphen der Lösungsmenge für $D = \mathbb{R}$.

Lösung:

a) Das Intervall ist links offen und rechts abgeschlossen. Die linke und die rechte Grenze des Intervalls können durch zwei Ungleichungen dargestellt werden. An Stelle der beiden Ungleichungen können wir auch eine fortlaufende Ungleichung schreiben.

$(3, 9] \Rightarrow x > 3 \wedge x \leq 9$

$\Rightarrow 3 < x \leq 9.$

$L = (3, 9] = \{x \in \mathbb{R} \mid x > 3 \wedge x \leq 9\}$ *oder*

$\underline{\underline{L = \{x \in \mathbb{R} \mid 3 < x \leq 9\}}}$

b) Die Lösungsmenge für $D = \mathbb{N}$ ergibt sich als Durchschnitt zweier endlicher Mengen.

$L = \{x \in \mathbb{N} \mid x > 3\} \cap \{x \in \mathbb{N} \mid x \leq 9\}$

$L = \{4, 5, 6, \ldots\} \cap \}1, 2, \ldots, 8, 9\}$

$\underline{\underline{L = \{4, 5, 6, 7, 8, 9\}}}$

c) Die Grundmenge für den Graphen ist die Menge $\mathbb{R}$. Der Graph veranschaulicht alle reellen Zahlen des Intervalls.

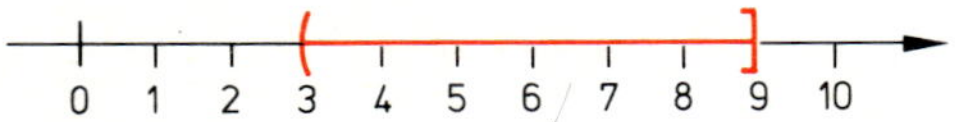

$(3, 9] = \{x \in \mathbb{R} \mid 3 < x \leq 9\}$

Lineare Ungleichungen mit Bruchtermen

Beim Lösen von Bruchungleichungen spielen die Nennerterme eine besondere Rolle. Da der Nenner nicht gleich Null sein darf, muß zunächst die Definitionsmenge D bestimmt werden. Anhand eines Beispiels wollen wir ein Rechenverfahren für das Lösen von Ungleichungen mit Bruchtermen entwickeln.

Beispiel:

Bestimmen Sie die Lösungsmenge L der Ungleichung $\frac{2x-3}{x+1} > 1$ auf der Grundmenge $G = \mathbb{R}$.

Lösung:

1. *Bestimmen der Definitionsmenge D:*

Da der Nenner nicht gleich Null sein darf, muß das Element -1 aus der Definitionsmenge ausgeschlossen sein.

$$D = \mathbb{R} \setminus \{1\}$$

2. *Ungleichung in die Form $T > 0$ überführen:*

Die Äquivalenzumformung auf die Form $T > 0$ erfolgt mit Hilfe der Sätze **Su**, **M+**, **M·**.

$$\frac{2x-3}{x+1} > 1$$

$$\frac{2x-3}{x+1} - 1 > 0$$

$$\frac{2x-3}{x+1} - \frac{x+1}{x+1} > 0$$

$$\frac{x-4}{x+1} > 0$$

3. *Fallunterscheidung:*

1. Fall Aus $\frac{T_1}{T_2} > 0$ folgt, daß Zähler und Nenner größer als Null sind.

$$\frac{T_1}{T_2} = \frac{x-4}{x+1} > 0$$

$$\Rightarrow \quad T_1 > 0 \land T_2 > 0$$

$$T_1 : x - 4 > 0 \Leftrightarrow \boxed{x > 4}$$

$$T_2 : x + 1 > 0 \Leftrightarrow \boxed{x > -1}$$

$$\Rightarrow \quad \boxed{x > 4 \land x > -1}$$

Es gilt: $L_1(x > 4 \land x > -1) = L_{T_1}(x > 4) \cap L_{T_2}(x > -1)$

$L_{T_1} = \{x \in D \mid x > 4\}$

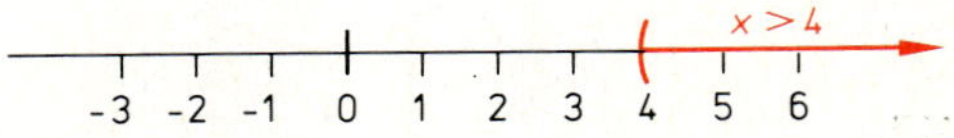

$L_{T_2} = \{x \in D \mid x > -1\}$

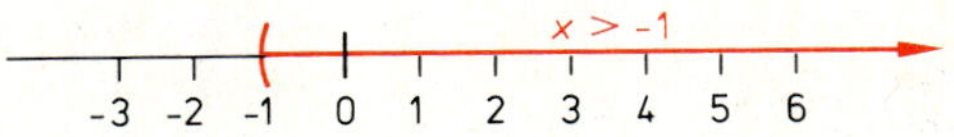

$L_1 = L_{T_1} \cap L_{T_2} = \{x \in D \mid x > 4\}$

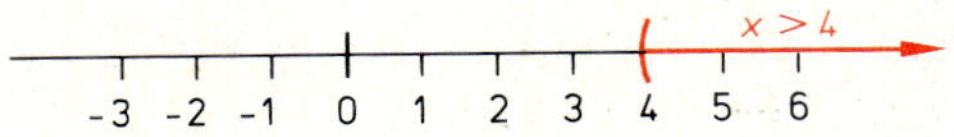

2. Fall Aus $\frac{T_1}{T_2} > 0$ folgt, daß Zähler und Nenner kleiner als Null sind.

$$\frac{T_1}{T_2} < 0$$

$$\Rightarrow \quad T_1 < 0 \wedge T_2 < 0$$

$$T_1: \quad x - 4 < 0 \Leftrightarrow \boxed{x < 4}$$

$$T_2: \quad x + 1 < 0 \Leftrightarrow \boxed{x < -1}$$

$$\Rightarrow \quad \boxed{x < 4 \wedge x < -1}$$

Es gilt:

$$L_2(x<4 \wedge x<-1) = L_{T_1}(x<4) \cap L_{T_2}(x<-1)$$

$$L_{T_1} = \{x \in D \mid x < 4\}$$

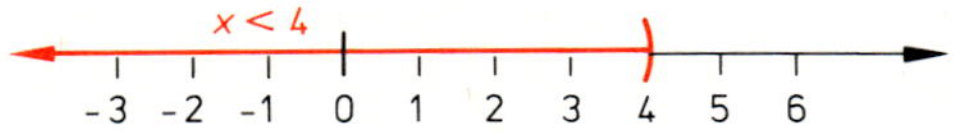

$$L_{T_2} = \{x \in D \mid x < -1\}$$

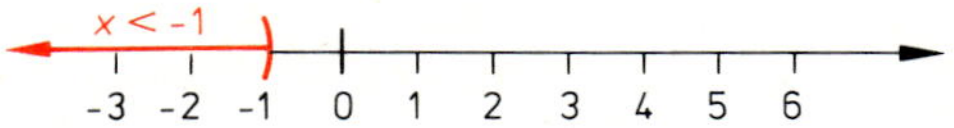

$$L_2 = L_{T_1} \cap L_{T_2} = \{x \in D \mid x < -1\}$$

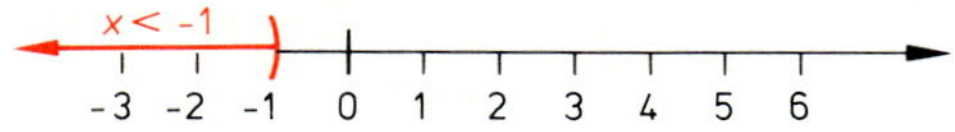

4. *Bestimmen der Lösungsmenge L:*

Beide Fälle führen zu einer Menge von Zahlen (L_1 oder L_2), die die Ungleichung erfüllen. Die gesamte Lösungsmenge erhalten wir aus der *Vereinigung* dieser beiden Mengen.

$$L_1 = \{x \in D \mid x > 4\}$$
$$L_2 = \{x \in D \mid x < -1\}$$
$$L = L_1 \cup L_2$$
$$L = \{x \in D \mid x > 4 \vee x < -1\}$$

Die Lösungsmenge der Ungleichung kann auch mit Hilfe der Intervallschreibweise angegeben werden.

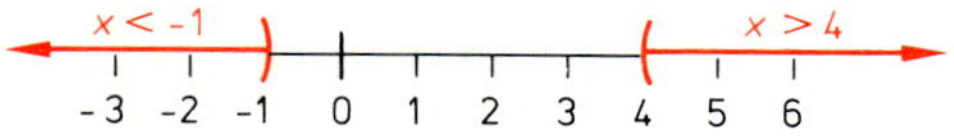

$$\underline{\underline{L = \mathbb{R} \setminus [-1, 4]}}$$

Beispiel:

Bestimmen Sie $L = \left\{x \in D \,\middle|\, \frac{9}{x+6} > \frac{4}{x+1}\right\}$.

Lösung:

1. $L = \left\{x \in D \,\middle|\, \frac{9}{x+6} > \frac{4}{x+1}\right\}$; $D = \mathbb{R} \setminus \{-6, -1\}$

2. $T > 0$

$$\frac{9}{x+6} - \frac{4}{x+1} > 0$$

$$\frac{5x - 15}{(x+6)(x+1)} > 0$$

3. $\frac{T_1}{T_2} > 0$

$\Rightarrow T_1 > 0 \wedge T_2 > 0$

$\Rightarrow 5x-15>0 \wedge (x+6)(x+1)>0$

$\Rightarrow$ **a** $x > 3 \wedge x > -6 \wedge x > -1$

Beide Faktoren von $T_2 > 0$

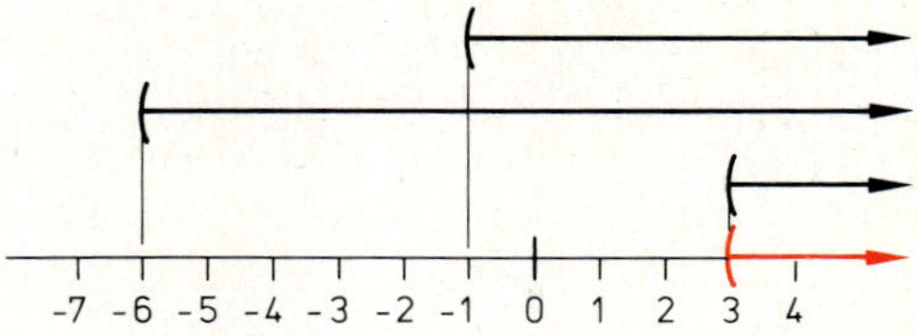

$L_1 = \{x \in D \mid x > 3\}$

$\Rightarrow$ **b** $x > 3 \wedge x < -6 \wedge x < -1$

Beide Faktoren von $T_2 < 0$

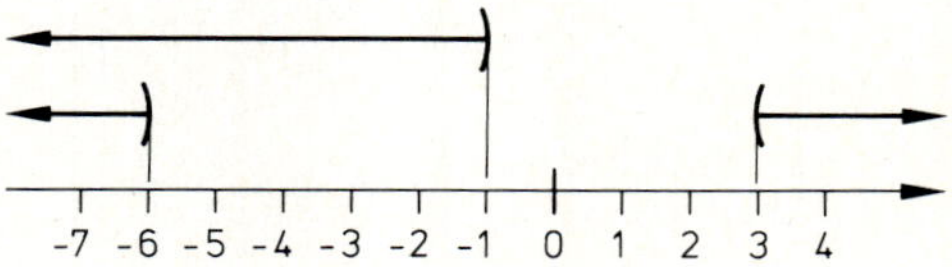

$L_2 = \emptyset$

$\frac{T_1}{T_2} > 0$

$\Rightarrow T_1 < 0 \wedge T_2 < 0$

$\Rightarrow 5x-15<0 \wedge (x+6)(x+1)<0$

$\Rightarrow$ **a** $x<3 \wedge x>-6 \wedge x<-1$

1. Faktor von $T_2 > 0$,
2. Faktor von $T_2 < 0$.

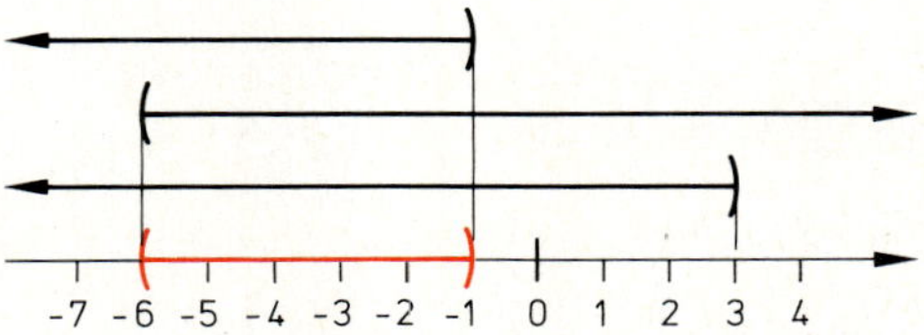

$L_3 = \{x \in D \mid -6 < x < -1\}$

b $x<3 \wedge x<-6 \wedge x>-1$

1. Faktor von $T_2 < 0$,
2. Faktor von $T_2 > 0$

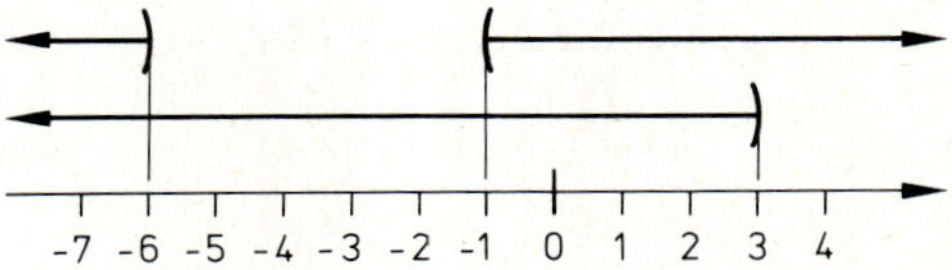

$L_4 = \emptyset$

4. $L = L_1 \cup L_2 \cup L_3 \cup L_4$

$L = L_1 \cup \emptyset \cup L_3 \cup \emptyset = L_1 \cup L_3$

$L = \{x \in D \mid x>3 \vee -6<x<-1\}$

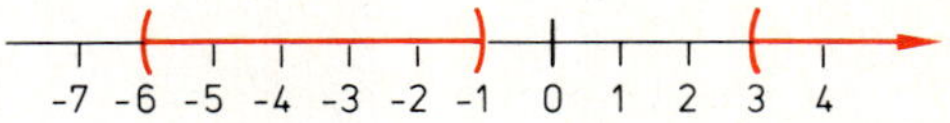

Lineare Ungleichungen mit Beträgen

Für den absoluten Betrag $|x|$ einer Zahl x gilt:

$$|x| = \begin{cases} x, & \text{für } x \geq 0 \\ -x, & \text{für } x < 0 \end{cases}$$

$$\Rightarrow |x| = |-x|$$

Beispiel:

Bestimmen Sie $L = \{x \in \mathbb{R} \mid |x| < 3\}$, und zeichnen Sie den Graphen von L.

Lösung:

Aufgrund von $|x| = |-x|$ müssen wir zwei Fälle unterscheiden, und zwar $x \geq 0$ oder $x < 0$.

$L = \{x \in \mathbb{R} \mid |x| < 3\}$

1. Fall $x \geq 0$:

$|x| < 3$

Lösungsmenge L_1:

$\boxed{x \geq 0} \Rightarrow \boxed{x < 3}$

$L_1 = \{x \in \mathbb{R} \mid x \geq 0 \wedge x < 3\} = [0, 3)$

Graph von L_1:

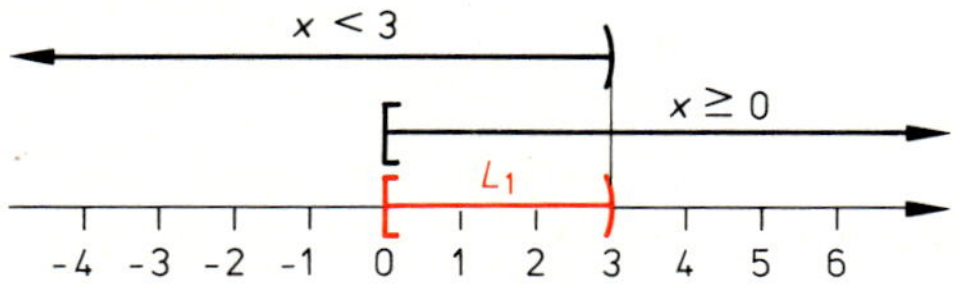

2. Fall $x < 0$:

$|x| < 3$

$\boxed{x < 0} \Rightarrow -x < 3$

$\Leftrightarrow \boxed{x > -3}$

Lösungsmenge L_2:

$L_2 = \{x \in \mathbb{R} \mid x < 0 \wedge x > -3\} = (-3, 0)$

Graph von L_2:

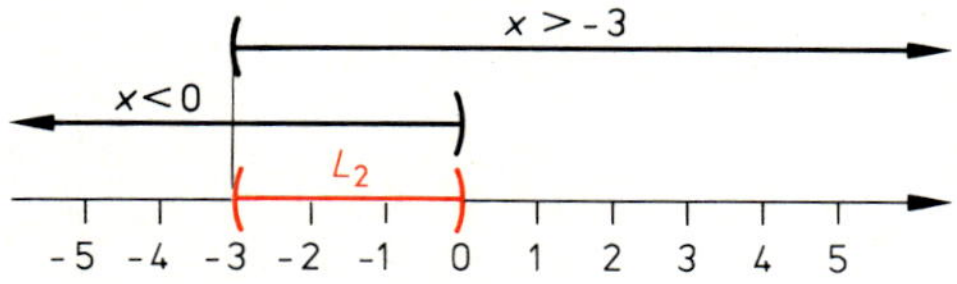

Lösungsmenge der Ungleichung:

$L = \{x \in \mathbb{R} \mid (x \geq 0 \wedge x < 3) \vee (x < 0 \wedge x > -3)\}$

$L = L_1 \cup L_2$

$\underline{\underline{L = [0, 3) \cup (-3, 0) = (-3, 3)}}$

Graph der Lösungsmenge L:

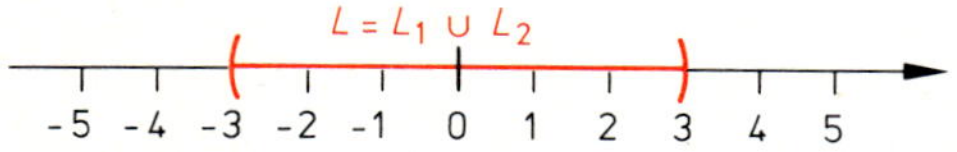

Beispiel:

Bestimmen Sie $L = \{x \in \mathbb{R} \mid |3(2x - 1)| < 15\}$, und zeichnen Sie den Graphen von L.

Lösung:

Auch hier gilt: $|3(2x-1)| = |-3(2x-1)|$

1. Fall $3(2x-1) \geq 0$: $6x - 3 \geq 0 \Leftrightarrow \boxed{x \geq \frac{1}{2}}$

Ungleichung: $6x - 3 < 15 \Leftrightarrow \boxed{x < 3}$

Lösungsmenge L_1: $L_1 = \{x \in \mathbb{R} \mid x \geq \frac{1}{2} \wedge x < 3\} = [\frac{1}{2}, 3)$

Graph von L_1:

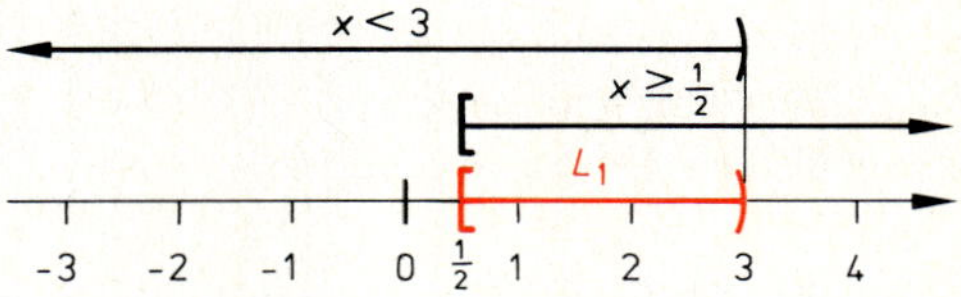

2. Fall $3(2x-1) < 0$: $6x - 3 < 0 \Leftrightarrow \boxed{x < \frac{1}{2}}$

$-(6x-3) < 15 \Leftrightarrow -6x + 3 < 15$

$\Leftrightarrow \boxed{x > -2}$

Lösungsmenge L_2: $L_2 = \{x \in \mathbb{R} \mid x < \frac{1}{2} \wedge x > -2\} = (-2, \frac{1}{2})$

Graph von L_2:

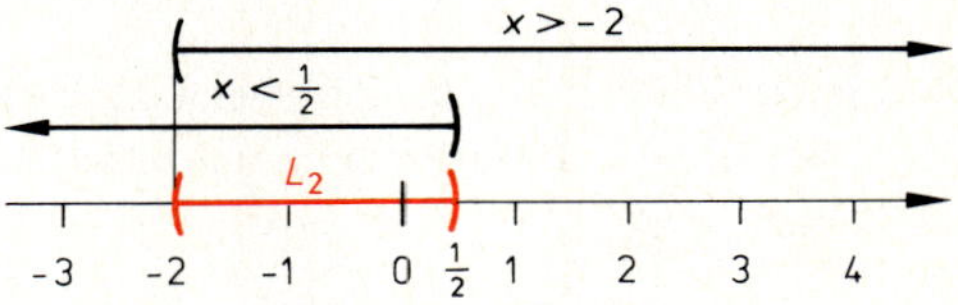

Lösungsmenge L der Ungleichung:

$L = \{x \in \mathbb{R} \mid (x \geq \frac{1}{2} \wedge x < 3) \vee (x < \frac{1}{2} \wedge x > -2)\}$

$L = L_1 \cup L_2$

$\underline{\underline{L = [\frac{1}{2}, 3) \cup (-2, \frac{1}{2}) = (-2, 3)}}$

Graph der Lösungsmenge L:

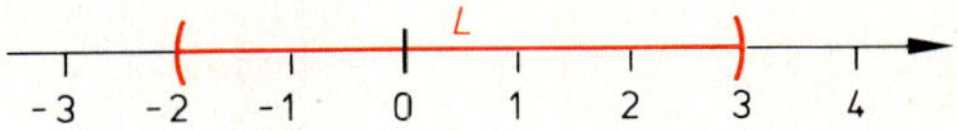

Quadratische Ungleichungen

Das Bestimmen der Lösungsmenge bei rationalen Ungleichungen zweiten Grades (quadratischen Ungleichungen) erfordert die gleichen Rechengesetze wie das Bestimmen der Lösungsmenge bei quadratischen Gleichungen. Zusätzlich muß jedoch die bereits bekannte Vorzeichenregel berücksichtigt werden, die besagt, daß das Produkt zweier Zahlen $a, b \in \mathbb{R}$

a) positiv ist, wenn beide Zahlen gleiche Vorzeichen haben,

b) negativ ist, wenn beide Zahlen verschiedene Vorzeichen haben.

Beispiel:

Bestimmen Sie $L = \{x \in \mathbb{R} \mid x^2 + 4x - 12 > 0\}$.

Lösung:

Da die Diskriminante D größer ist als Null, kann der Term links vom Ungleichheitszeichen in ein Produkt zerlegt werden.

$D = \left(\frac{4}{2}\right)^2 + 12 = 16; \quad 16 > 0$

$(x - 2)(x + 6) > 0$

Wir unterscheiden zwei Fälle:
1. Beide Terme sind positiv.
2. Beide Terme sind negativ.

Vereinfachen der Ungleichungen.

1. $(x - 2 > 0 \wedge x + 6 > 0) \vee$
2. $(x - 2 < 0 \wedge x + 6 < 0)$
$\Rightarrow$ *zu* **1.** $(x > 2 \wedge x > -6) \vee$
zu **2.** $(x < 2 \wedge x < -6)$

Als Lösungsmengen L_1 und L_2 gelten jeweils die Durchschnitte von 1. und 2.

$L_1 = \{x \in \mathbb{R} \mid x > 2\}; \; L_2 = \{x \in \mathbb{R} \mid x < -6\}$

Die Lösungsmenge der Ungleichung besteht aus der Vereinigung von L_1 und L_2.

$L_1 \cup L_2$

$L = \{x \in \mathbb{R} \mid x < -6 \vee x > 2\}$

$L = \mathbb{R} \setminus [-6, 2]$

In diesem Beispiel ist die Diskriminante $D > 0$. Eine quadratische Gleichung hätte zwei Lösungen. Diese Überlegung können wir auch in ähnlicher Form auf Ungleichungen anwenden.

In der folgenden Übersicht wollen wir untersuchen, welcher Zusammenhang zwischen der Diskriminante $D = \left(\frac{p}{2}\right)^2 - q$ und den Lösungsmengen bei den Ungleichungen $x^2 + px + q > 0$ und $x^2 + px + q < 0$ besteht.

Wir untersuchen insgesamt sechs Fälle:

1. $x^2 + px + q > 0$ und $D = \left(\frac{p}{2}\right)^2 - q$.

Für $D > 0$ gilt für alle $x < x_1$ oder $x > x_2$ die Ungleichung:

$$x^2 + px + q > 0.$$

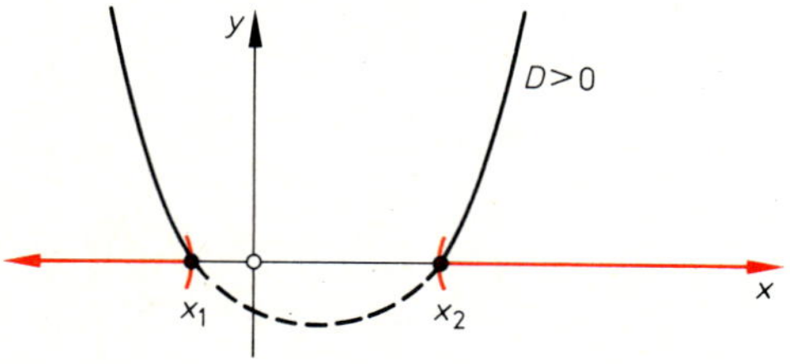

Setzen wir voraus, daß $x_1 < x_2$ ist, so erhalten wir nebenstehende Lösungsmenge.

$L = \{x \in \mathbb{R} \mid x < x_1 \vee x > x_2\} = \mathbb{R} \setminus [x_1, x_2]$

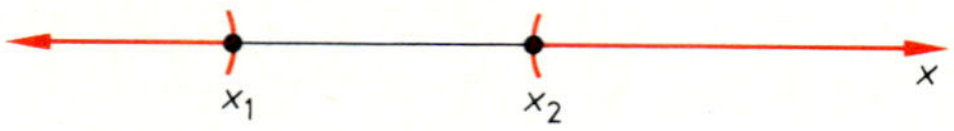

2. $x^2 + px + q > 0$ und $D = \left(\frac{p}{2}\right)^2 - q$.

Für $D < 0$ gilt für alle $x \in \mathbb{R}$ die Ungleichung:

$$x^2 + px + q > 0$$

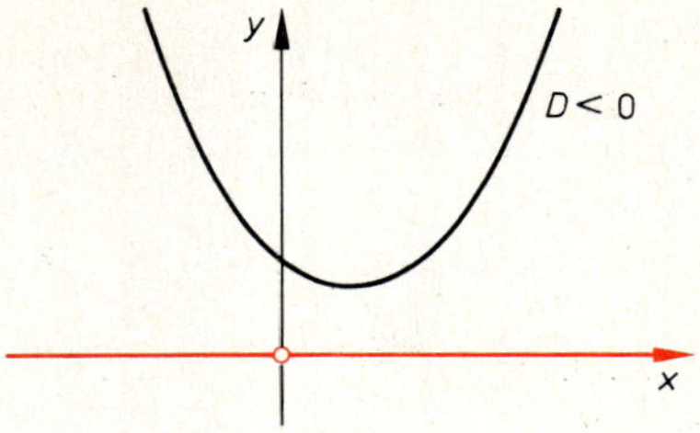

$\underline{\underline{L = \mathbb{R}}}$

3. $x^2 + px + q > 0 \wedge D = \left(\frac{p}{2}\right)^2 - q$; $D = 0$.

$$x^2 + px + q > 0$$

$$\left(x + \frac{p}{2}\right)^2 \underbrace{- \left(\frac{p}{2}\right)^2 + q}_{D = 0} > 0$$

$$\Rightarrow \left(x + \frac{p}{2}\right)^2 > 0 \Rightarrow x \neq -\frac{p}{2}$$

Das heißt, für alle $x \in \mathbb{R} \setminus \left\{-\frac{p}{2}\right\}$ gilt die Ungleichung: $x^2 + px + q > 0$

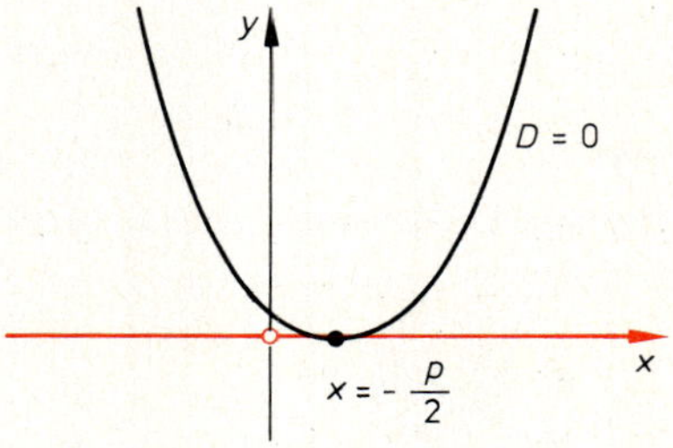

$\underline{\underline{L = \mathbb{R} \setminus \left\{-\frac{p}{2}\right\}}}$

4. $x^2 + px + q < 0$ und $D = \left(\frac{p}{2}\right)^2 - q$.

Für $D > 0$, gilt für alle x mit $x_1 < x < x_2$ die Ungleichung:

$$x^2 + px + q < 0.$$

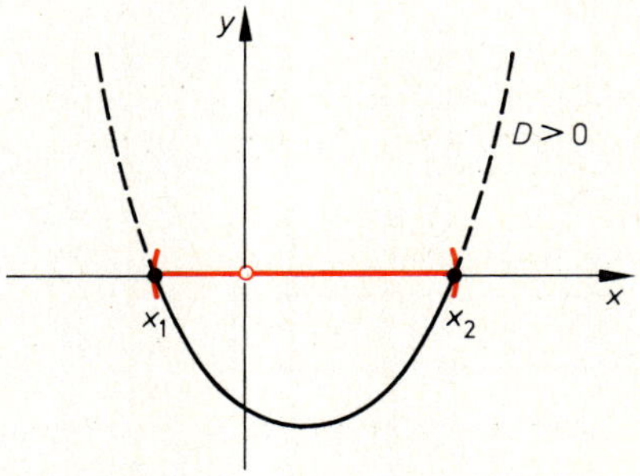

Setzen wir voraus, daß $x_1 < x_2$ ist, so erhalten wir die nebenstehende Lösungsmenge.

$\underline{\underline{L = \{x \in \mathbb{R} \mid x_1 < x < x_2\} = (x_1, x_2)}}$

5. $x^2 + px + q < 0$ und $D = \left(\frac{p}{2}\right)^2 - q$.

Für $D < 0$ gibt es kein $x \in \mathbb{R}$, für das gilt:

$$x^2 + px + q < 0$$

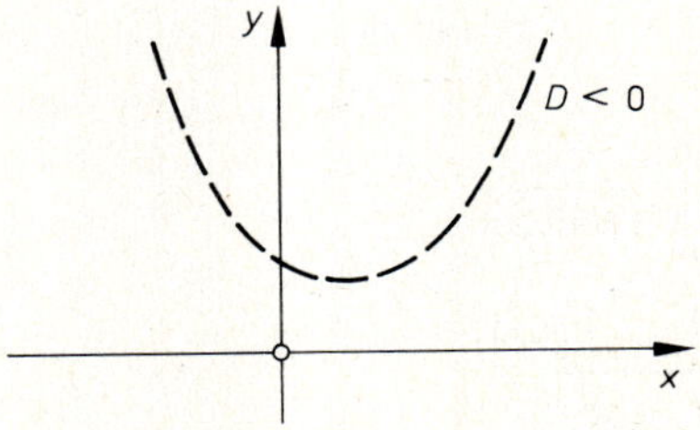

$\underline{\underline{L = \emptyset}}$

6. $x^2 + px + q < 0$ und $D = \left(\frac{p}{2}\right)^2 - q$.

Für $D = 0$ gibt es kein $x \in \mathbb{R}$, für das gilt:

$$x^2 + px + q < 0.$$

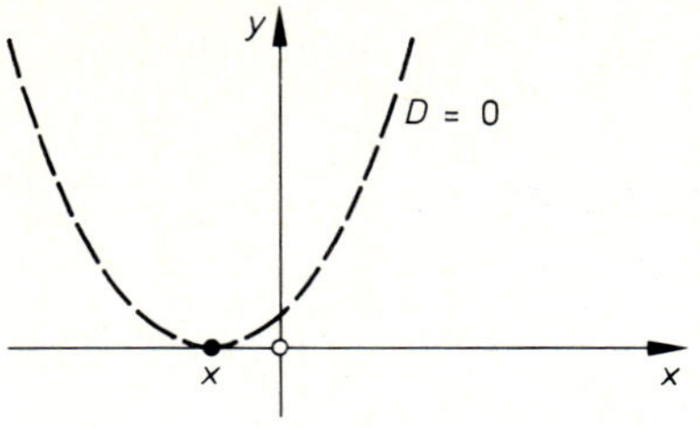

$\underline{\underline{L = \emptyset}}$

Beispiele:

Für folgende Ungleichungen sind die Diskriminanten und die Lösungsmengen zu bestimmen; $x \in \mathbb{R}$.

a) $x^2 + 2x - 3 < 0$

b) $x^2 + 24x + 150 > 0$

c) $x^2 - 8x + 7 > 0$

d) $4x^2 - 24x + 36 > 0$

Lösung:

a) $x^2 + 2x - 3 < 0$

$\Rightarrow D = \left(\frac{2}{2}\right)^2 + 3 = 4;\ D > 0$

Fall 4

$x^2 + 2x - 3 = 0$

$\Rightarrow x = -3 \vee x = 1$

$L = \{x \mid -3 < x < 1\}$

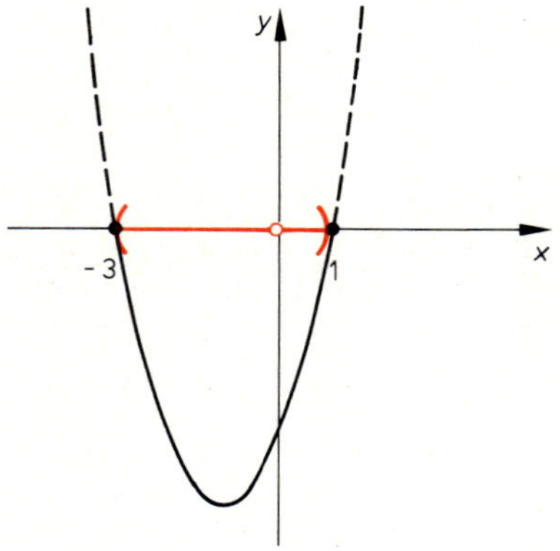

b) $x^2 + 24x + 150 > 0$

$\Rightarrow D = \left(\frac{24}{2}\right)^2 - 150 = -6;\ D < 0$

Fall 2

$x^2 + 24x + 150 = 0$

$\Rightarrow$ keine reelle Lösung

$L = \mathbb{R}$

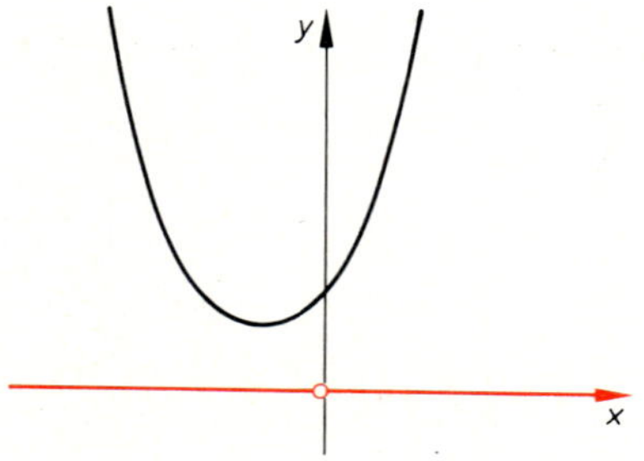

c) $x^2 - 8x + 7 > 0$

$\Rightarrow D = \left(\frac{-8}{2}\right)^2 - 7 = 9;\ D > 0$

Fall 1

$x^2 - 8x + 7 = 0$

$\Rightarrow x = 7 \vee x = 1$

$L = \{x \mid x < 1 \vee x > 7\}$

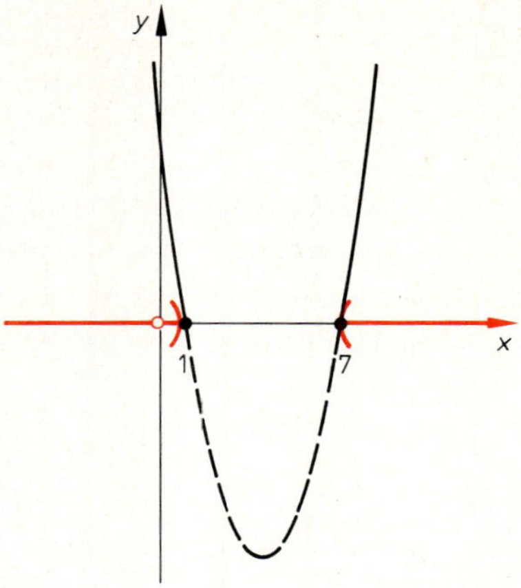

d) $4x^2 - 24x + 36 > 0$

$\Rightarrow D = \left(\frac{-6}{2}\right)^2 - 9 = 0;\ D = 0$

Fall 3

$4x^2 - 24x + 36 = 0$

$\Rightarrow x_1 = 3$

$L = \mathbb{R}\setminus\{3\}$

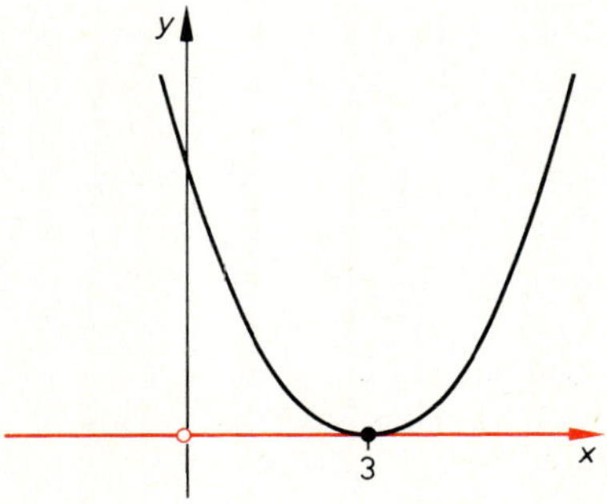

Übungen 4.2

Lösungsmengen von Ungleichungen

1. Bestimmen Sie von folgenden Mengen die Lösungsmengen L, und zeichnen Sie die Graphen von L:

a) $\{x \in \mathbb{Z}^*_- \mid 3(x+5) > 0\}$ **b)** $\{x \in \mathbb{R} \mid x - 1 \leq 4(6 - x)\}$

c) $\{x \in \mathbb{R}^*_- \mid 3x(4x+1) < 4x(2+3x)\}$ **d)** $\{x \in \mathbb{R} \mid 6 - 3x > 5 + x\}$

e) $\left\{x \in \mathbb{R} \,\middle|\, \frac{8}{3}x - 5x + \frac{7}{2}x > 21\right\}$ **f)** $\left\{x \in \mathbb{R}^*_- \,\middle|\, \frac{x}{3} + \frac{7}{9} \geq \frac{x}{9} - \frac{1}{3}\right\}$

2. Bestimmen Sie die Definitions- und Lösungsmengen folgender Bruchungleichungen in der Grundmenge $\mathbb{R}$:

a) $\frac{4}{x-1} > 1$ **b)** $\frac{20}{z-2} < 10$ **c)** $\frac{x+1}{x-1} \leq 2$

d) $\frac{x+2}{x} > \frac{x}{x-2}$ **e)** $\frac{1}{x+2} < \frac{1}{0{,}5x - 1}$ **f)** $\frac{1}{x+1} - \frac{2}{x-2} < 0$

g) $\frac{x+2}{x-4} < \frac{2x+4}{x+4}$

3. Bestimmen und veranschaulichen Sie folgende Lösungesmengen:

a) $\{x \in \mathbb{R} \mid |x| < 1\}$ **b)** $\{x \in \mathbb{R} \mid |2x| < 7\}$ **c)** $\{x \in \mathbb{R} \mid |2x - 1| < 7\}$

d) $\{x \in \mathbb{R} \mid |2x - 1| > 7\}$ **e)** $\{x \in \mathbb{R} \mid 4 > |x + 2|\}$ **f)** $\{x \in \mathbb{R} \mid |x - 10| < 3\}$

4. Bestimmen Sie Diskriminante D und Lösungsmenge L folgender Ungleichungen (mit Graphen). Geben Sie bei den einzelnen Aufgaben den jeweiligen Fall an:

a) $x^2 - 8x < 0$ **b)** $x^2 + x - 2 > 0$ **c)** $2x^2 + 5x + 3 < 0$

d) $x^2 - 8x + 15 < 0$ **e)** $3x^2 + 12x - 15 > 0$ **f)** $x^2 + 4 < 2x - 7$

5. Relationen und Funktionen

5.1 Relationen

Das aus dem Lateinischen stammende Wort „*Relation*" (von relatio) kann mit dem deutschen Wort „*Beziehung*" übersetzt werden. Objekte, Ideen und Ereignisse können so miteinander verknüpft werden, daß zwischen ihnen Beziehungen entstehen, die aber nicht immer einen Sinnzusammenhang ausdrücken müssen. Daraus folgt, daß zum Beispiel Objekte und Begriffe niemals völlig isoliert dastehen, denn sie lassen sich erst durch die Gesamtheit ihrer Relationen zu anderen Objekten und Begriffen erfassen. In der Mathematik ist dieses Verstehen, dieses Erfassen und das Untersuchen von Relationen besonders wichtig; hier werden Relationen zwischen den verschiedensten mathematischen Objekten untersucht.
Zur genauen Definition des Begriffes „Relation" müssen wir uns zunächst noch ausführlicher mit der Darstellung von kartesischen Produkten befassen.

Darstellung von kartesischen Produkten

Beispiel:

Gegeben seien die beiden Mengen $A = \{x \in \mathbb{N} \mid 1 \leq x \leq 4\}$ und $B = \{y \in \mathbb{N} \mid 1 \leq y \leq 6\}$.

a) Bestimmen Sie das kartesische Produkt $A \times B$ in aufzählender und beschreibender Form.

b) Veranschaulichen Sie das kartesische Produkt $A \times B$ mit Hilfe eines Pfeildiagramms.

c) Veranschaulichen Sie das kartesische Produkt $A \times B$ in einer Zuordnungstabelle.

d) Veranschaulichen Sie das kartesische Produkt $A \times B$ im Koordinatensystem.

Lösung:

a) Bei der Angabe des kartesischen Produktes $A \times B$ in *aufzählender Form* werden alle geordneten Paare angegeben. Handelt es sich dabei um viele Paare, so ist zur Darstellung nebenstehendes Schema zweckmäßig.

Besteht das kartesische Produkt aus vielen Elementen, so wenden wir die *beschreibende Form* an.

$A = \{1, 2, 3, 4\}; \quad B = \{1, 2, 3, 4, 5, 6\}$

$$A \times B = \left\{ \begin{matrix} (1,1), (1,2), (1,3), (1,4), (1,5). (1,6), \\ (2,1), (2,2), (2,3), (2,4), (2,5), (2,6), \\ (3,1), (3,2), (3,3), (3,4), (3,5), (3,6), \\ (4,1), (4,2), (4,3), (4,4), (4,5), (4,6) \end{matrix} \right\}$$

$A \times B$ in aufzählender Form

$A \times B = \{x, y \mid x \in A \wedge y \in B\}$
$A \times B$ in beschreibender Form

b) Bei der Darstellung als Pfeildiagramm werden alle Elemente der Menge A den Elementen der Menge B zugeordnet. Dabei stellt jeder Zuordnungspfeil, der von einem Element von A zu einem Element von B führt, ein geordnetes Paar dar.

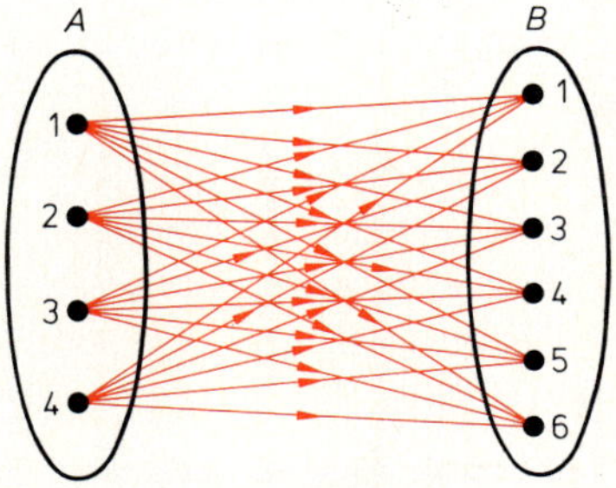

$A \times B$ als Pfeildiagramm

c) Bei der Veranschaulichung des kartesischen Produktes $A \times B$ in einer *Zuordnungstabelle* werden die geordneten Paare in die einzelnen Felder der Tabelle eingetragen.

B	6	(1,6)	(2,6)	(3,6)	(4,6)	$A \times B$
	5	(1,5)	(2,5)	(3,5)	(4,5)	
	4	(1,4)	(2,4)	(3,4)	(4,4)	
	3	(1,3)	(2,3)	(3,3)	(4,3)	
	2	(1,2)	(2,2)	(3,2)	(4,2)	
	1	(1,1)	(2,1)	(3,1)	(4,1)	
	y/x	1	2	3	4	
		A				

$A \times B$ als Zuordnungstabelle

d) Bei der Veranschaulichung des kartesischen Produktes $A \times B$ im *Koordinatensystem* werden die Elemente aus $A \times B$ durch Punkte dargestellt. Die Menge aller Punkte heißt der *Graph* des kartesischen Produktes $A \times B$ und wird mit $\mathbb{G}(A \times B)$ bezeichnet.
$\mathbb{G}(A \times B)$ wird gelesen: „*Graph von A kreuz B*". Die Schreibweise $\mathbb{G}$ für den Graphen bedeutet, daß die Punktmenge gemeint ist.

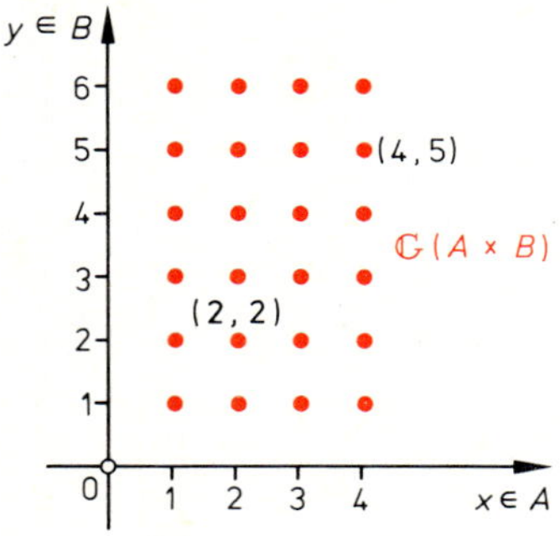

Relation als Paarmenge

Betrachten wir das kartesische Produkt $A \times B$, das wir aus den beiden nebenstehenden Mengen A und B gebildet haben, so können wir Teilmengen dieses kartesischen Produktes bilden. Diese Teilmengen bezeichnen wir als *Relationen*. Relationen können willkürlich gebildet werden, ohne daß eine sinnvolle Beziehung zwischen den Komponenten der Paare erkennbar sein muß.

$A = \{1, 2, 3\}; \quad B = \{1, 2\}$
$A \times B = \{(1,1), (1,2), (2,1), (2,2), (3,1), (3,2)\}$
$R_1 = \{(1,1), (1,2), (3,1)\}; \quad R_1 \subseteq A \times B$
$R_2 = \{(1,2), (3,1), (3,2)\}; \quad R_2 \subseteq A \times B$
(Bildungsvorschrift)

Definition:

Unter einer Relation R auf dem kartesischen Produkt $A \times B$ versteht man eine echte oder unechte Teilmenge des kartesischen Produktes $A \times B$. Man schreibt $(x, y) \in R$ oder $x R y$.

$R \subseteq A \times B$, *wenn*
$R = \{x, y \mid x \in A \wedge y \in B\}$
$(x, y) \in R$ *oder* $x R y$

gelesen: „x steht in Relation zu y".

In der Mathematik werden hauptsächlich solche Paarmengen betrachtet, bei denen die geordneten Paare mit Hilfe einer *Relationsvorschrift* gebildet werden.

Beispiel:

Gegeben seien die Mengen $A = \{1, 2, 3\}$ und $B = \{1, 2\}$. Bilden Sie eine Relation R, bei der die Komponenten der geordneten Zahlenpaare die Zuordnungsvorschrift $x > y$ erfüllen.

Lösung:

Die Relation R ist die Menge aller geordneten Zahlenpaare $(x, y) \in A \times B$, bei denen die erste Komponente größer ist als die zweite.

$R = \{(x, y) \in A \times B \mid x > y\}$
$A \times B = \{(1,1), (1,2), (2,1), (2,2), (3,1), (3,2)\}$
$R = \{(2,1), (3,1), (3,2)\}$
$R \subseteq A \times B$

Beispiele für Relationen in beschreibender Form

Relator ▼

$R = \{(x, y) \in A \times B \mid x\,R\,y\}$ ◄ *Relation (Paarmenge)*

Relationsvorschrift

1. x *ist größer als* y ist zum Beispiel eine Relation auf $\mathbb{N} \times \mathbb{N}$.
2. x *ist Teiler von* y ist zum Beispiel eine Relation auf $A \times A$; $A = \{1, 2, 3, 4, 12\}$.
3. x *ist kleiner als* y ist eine Relation auf $\mathbb{R} \times \mathbb{R}$.
4. x *ist gleich* $3y + 15$ ist eine Relation auf $\mathbb{R} \times \mathbb{R}$.

1. $R_1 = \{(x, y) \in \mathbb{N} \times \mathbb{N} \mid x > y\}$

2. $R_2 = \{(x, y) \in A \times A \mid x \mid y\}$

3. $R_3 = \{(x, y) \in \mathbb{R} \times \mathbb{R} \mid x < y\}$

4. $R_4 = \{(x, y) \in \mathbb{R} \times \mathbb{R} \mid x = 3y + 15\}$

In der Schulmathematik ist es üblich, als Kurzbezeichnung für eine *Relation* die Relationsvorschrift zu verwenden.

Beispiele:

An Stelle von $\{(x, y) \in \mathbb{R} \times \mathbb{R} \mid x > y\}$ schreibt man $x > y$; oder
an Stelle von $\{(x, y) \in \mathbb{R} \times \mathbb{R} \mid x + y < 5\}$ schreibt man $x + y < 5$.

Relationen im Koordinatensystem

Beispiel:

Gegeben sei die Relation $R = \{(x, y) \in \mathbb{Z} \times \mathbb{Z} \mid x = \frac{1}{2}y - \frac{1}{2}\}$.

a) Bestimmen Sie R in aufzählender Form für die Werte $x \in \{1, 2, 3, 4\}$ mit einer Wertetabelle.
b) Zeichnen Sie den Graphen $\mathbb{G}(R)$ der Relation in ein Koordinatensystem.

Lösung:

a) Die Elemente der Relation (geordnete Zahlenpaare) werden mit Hilfe der Aussageform $x = \frac{1}{2}y - \frac{1}{2} \Leftrightarrow y = 2x + 1$ gebildet.

$R = \{(x, y) \in \mathbb{Z} \times \mathbb{Z} \mid x = \frac{1}{2}y - \frac{1}{2}\}$

x	1	2	3	4
$y = 2x + 1$	3	5	7	9

Wertetabelle

$R = \{(1,3), (2,5), (3,7), (4,9)\}$

b) Die geordneten Zahlenpaare aus $\mathbb{Z} \times \mathbb{Z}$ übertragen wir als Punkte in ein Koordinatensystem. Die Menge aller Punkte, deren Koordinatenpaare zur Relation gehören, bildet den Graphen $\mathbb{G}(R)$ der Relation. Die Werte der x-Komponenten bilden die Menge D (*Definitionsbereich*), die Werte der y-Komponenten die Menge W (*Wertebereich*).

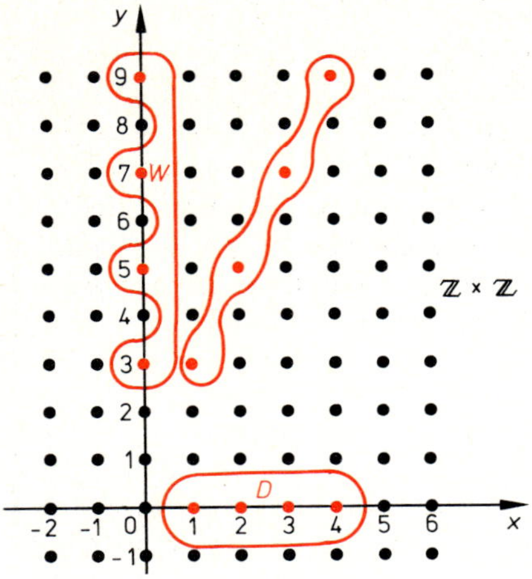

Definition:

Der Definitionsbereich $D(R)$ einer Relation ist die Menge aller $x \in A$, zu denen es mindestens ein $y \in B$ gibt, so daß $(x, y) \in R$ ist.

Der Wertebereich $W(R)$ einer Relation ist die Menge aller $y \in B$, zu denen es mindestens ein $x \in A$ gibt, so daß $(x, y) \in R$ ist.

$$D(R) = \{x \mid x \in A \wedge (x, y) \in R\}$$

$$W(R) = \{y \mid y \in B \wedge (x, y) \in R\}$$

Beispiel:

Gegeben sei die Relation $R = \{(x, y) \mid x = \frac{1}{2}y\}$.

Zeichnen Sie den Graphen $\mathbb{G}(R)$ der Relation, und geben Sie $D(R)$ und $W(R)$ an für:

a) $(x, y) \in \mathbb{Z} \times \mathbb{Z}$ und $-2 \leq x \leq 2$; **b)** $(x, y) \in \mathbb{R} \times \mathbb{R}$ und $x \in [-2, 2]$.

Lösung:

a) $R = \{(x,y) \in \mathbb{Z} \times \mathbb{Z} \mid x = \frac{1}{2}y \wedge -2 \leq x \leq 2\}$

$R = \{(-2,-4), (-1,-2), (0,0), (1,2), (2,4)\}$

$D(R) = \{-2, -1, 0, 1, 2\}$

$W(R) = \{-4, -2, 0, 2, 4\}$

Der Graph $\mathbb{G}(R)$ der Relation besteht aus fünf Punkten.

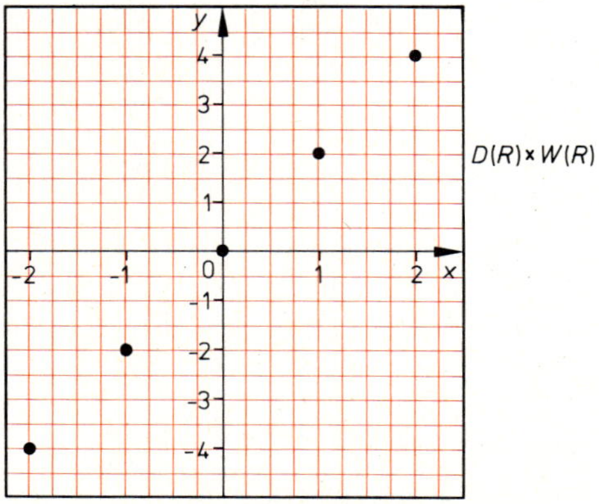

$$x = \frac{1}{2}y \Leftrightarrow y = 2x$$

b) $R = \{(x, y) \in \mathbb{R} \times \mathbb{R} \mid x = \frac{1}{2}y \wedge x \in [-2, 2]\}$.
$D(R) = \{x \mid x \in [-2, 2]\}$,
$W(R) = \{y \mid y \in [-4, 4]\}$
Wegen $x \in [-2, 2]$ liegen die Bildpunkte der geordneten Zahlenpaare *dicht*. Die Relation R kann nicht in aufzählender Form angegeben werden. Der Graph $\mathbb{G}(R)$ der Relation ist eine Strecke.

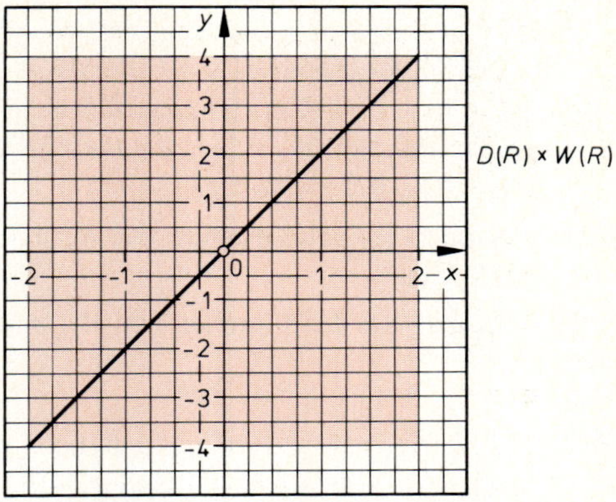

Beispiele:

1. $R = \{(x, y) \in \mathbb{Z} \times \mathbb{Z} \mid x > y\}$
Alle Punkte mit $x, y \in \mathbb{Z}$ unterhalb der Geraden mit der Gleichung $x = y$ bilden den Graphen der Relation R. Es ist hier jedoch nur eine Teilmenge von R dargestellt.

Die Gerade mit der Gleichung $x = y$ gehört nicht zum Graphen der Relation R.

1.

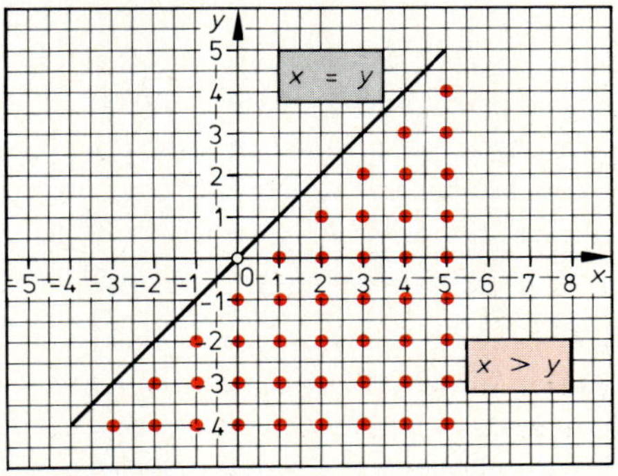

2. $R = \{(x, y) \in \mathbb{R} \times \mathbb{R} \mid x > y\}$
Wegen $x, y \in \mathbb{R}$ ist der Graph $\mathbb{G}(R)$ der Relation eine Fläche (Vollständigkeit von $\mathbb{R}$). Es ist hier jedoch nur eine Teilmenge von R dargestellt. Wegen $x > y$, gehören die Punkte der Geraden mit der Gleichung $x = y$ nicht zum Graphen der Relation R.

2.

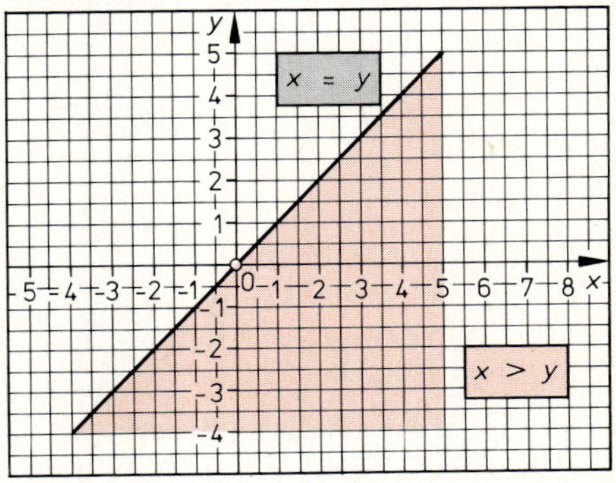

3. $R = \{(x, y) \in \mathbb{R} \times \mathbb{Z} \mid x < y + 3\}$

Wegen $x \in \mathbb{R} \wedge y \in \mathbb{Z}$ besteht der Graph der Relation aus Geraden. Es ist hier jedoch nur eine Teilmenge von R dargestellt. Wegen $x < y + 3$, gehören die Punkte auf der Geraden mit der Gleichung $x = y + 3$ nicht zum Graphen der Relation R.

3.

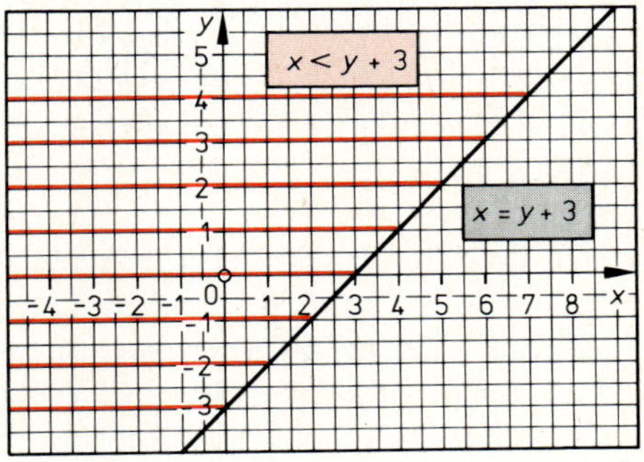

Beispiel:

Gegeben sei die Relation $R_1 = \{(x, y) \in A \times B \mid x^2 - 1 \leq y\}$,
mit $A = \{x \in \mathbb{Z} \mid -2 \leq x \leq 2\}$ und $B = \{y \in \mathbb{Z} \mid 0 \leq y \leq 4\}$,
sowie die Relation $R_2 = \{(x, y) \in E \times F \mid x^2 - 1 \leq y\}$, mit $E = \{x \in \mathbb{R} \mid x \in [-2, 2]\}$
und $F = \{y \in \mathbb{R} \mid y \in [0, 4]\}$.

a) Zeichnen Sie den Graphen von R_1 in ein Koordinatensystem, und geben Sie $D(R_1)$ und $W(R_1)$ an.

b) Zeichnen Sie den Graphen von R_2, und geben Sie $D(R_2)$ und $W(R_2)$ an.

Lösung:

a) Das kartesische Produkt $A \times B$ besteht aus 25 geordneten Zahlenpaaren.

$$A = \{-2, -1, 0, 1, 2\}$$
$$B = \{0, 1, 2, 3, 4\}$$
$$A \times B = \{(-2,0), (-2,1), \ldots, (2,3), (2,4)\}$$

Die Relation R_1 besteht aus der Menge aller geordneten Zahlenpaare des kartesischen Produktes, die die Aussageform $x^2 - 1 = y$ oder die Aussageform $x^2 - 1 < y$ erfüllen.

$$R_1 = \left\{\begin{array}{l} (-2,3), (-2,4), (-1,0), (-1,1) \\ (-1,2), (-1,3), (-1,4), \\ (0,0), (0,1), (0,2), (0,3), (0,4), \\ (1,0), (1,1), (1,2), (1,3), (1,4), \\ (2,3), (2,4) \end{array}\right\}$$

Der Graph der Relation R_1 wird gebildet aus allen Punkten, die in R_1 als geordnete Zahlenpaare vorkommen.

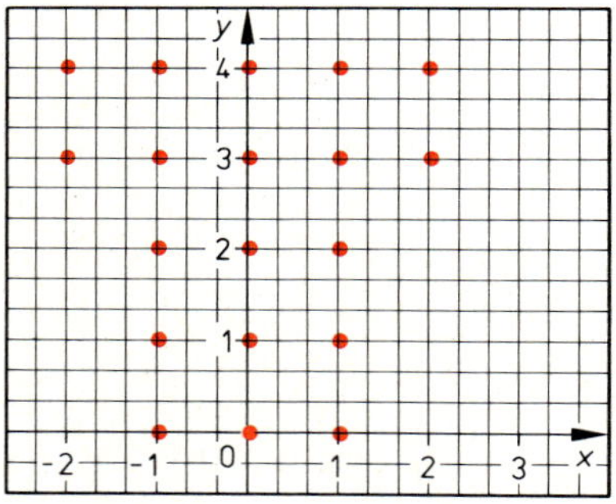

Der Definitionsbereich $D(R_1)$ besteht aus allen Elementen der Menge A, die bei den Zahlenpaaren an erster Stelle stehen. Der Wertebereich $W(R_1)$ besteht aus allen Elementen der Menge B, die bei den Zahlenpaaren an zweiter Stelle stehen.

$D(R_1) = \{-2, -1, 0, 1, 2\}$ ► *x-Komponenten der Zahlenpaare*

$W(R_1) = \{0, 1, 2, 3, 4\}$ ► *y-Komponenten der Zahlenpaare*

b) Da die Elemente der Mengen E und F aus $\mathbb{R}$ sind, kann die Relation R_2 nicht in aufzählender Form angegeben werden. Jedes Intervall aus $\mathbb{R}$ enthält unendlich viele Elemente.

$$R_2 = \{(x, y) \in E \times F \mid x^2 - 1 \leq y\}$$
$$E = [-2, 2]; \; F = [0, 4]$$

Der Graph der Relation R_{2a} für die Aussageform $x^2 - 1 = y$ besteht aus zwei Linien.
Der Graph der Relation R_{2b}, für die Aussageform $x^2 - 1 < y$ ist eine Fläche.

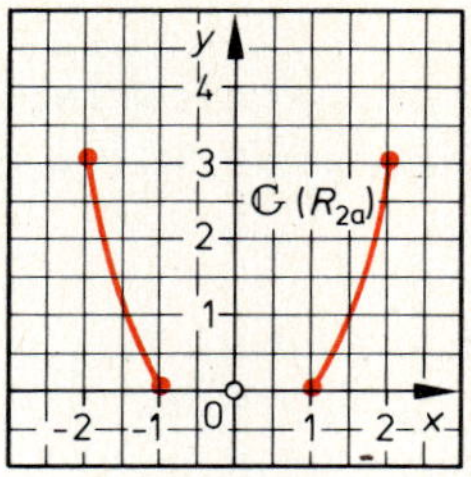

$R_{2a} = \{(x, y) \in E \times F \mid x^2 - 1 = y\}$

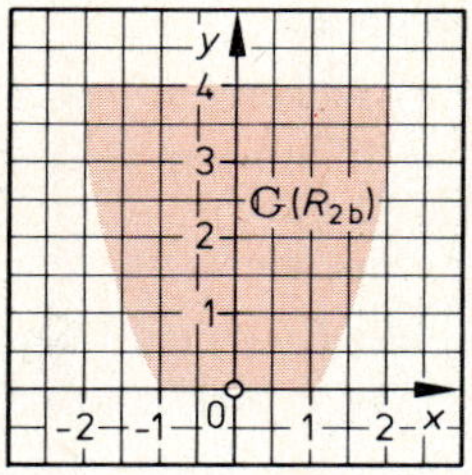

$R_{2b} = \{(x, y) \in E \times F \mid x^2 - 1 < y\}$

Vereinigen wir die Punktmengen von R_{2a} und R_{2b}, so erhalten wir die Punktmenge von R_2.

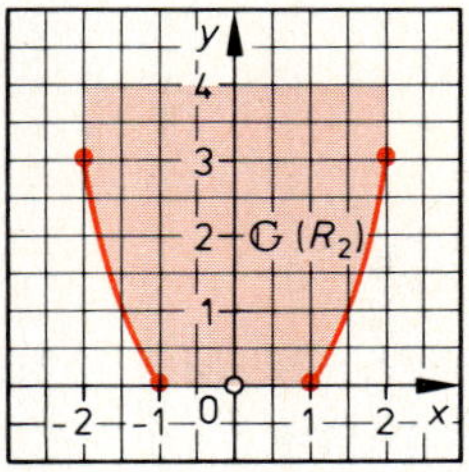

$R_{2a} \cup R_{2b} = R_2 = \{(x, y) \in E \times F \mid x^2 - 1 \leq y\}$

Der Definitionsbereich $D(R_2)$ besteht aus allen Elementen der Menge E. Der Wertebereich $W(R_2)$ ist gleich der Menge F.

$$D(R_2) = \{x \in \mathbb{R} \mid x \in [-2, 2]\} = E$$
$$W(R_2) = \{y \in \mathbb{R} \mid y \in [0, 4]\} = F$$

Betrachten wir noch einmal die Relation R_{2a} mit der Aussageform $x^2 - 1 = y$; ihr Definitionsbereich $D(R_{2a})$ besteht aus zwei abgeschlossenen Intervallen und ihr Wertebereich $W(R_{2a})$ besteht aus der Menge $[0, 3]$, deren Elemente die Gleichung $x^2 - 1 = y$ erfüllen.

$$R_{2a} = \{(x, y) \in E \times F \mid x^2 - 1 = y\}$$
$$D(R_{2a}) = \{x \in \mathbb{R} \mid [-2, -1] \cup [1, 2]\}$$
$$W(R_{2a}) = \{y \in \mathbb{R} \mid y \in [0, 3]\}$$

Eigenschaften von Relationen

Auf Grund der Zuordnungen der Elemente der Mengen A und B einer beliebigen Relation $R = \{(x, y) \in A \times B \mid x\,R\,y\}$ werden Relationen wie folgt eingeteilt:

1. *Rechtseindeutigkeit*

Geht von jedem Element der Menge A *höchstens* ein Zuordnungspfeil zu den Elementen der Menge B, dann heißt eine solche Relation *„rechtseindeutig"* (eindeutig in der Zuordnung von links nach rechts).
Es muß aber nicht von allen Elementen der Menge A ein Zuordnungspfeil nach B gehen.

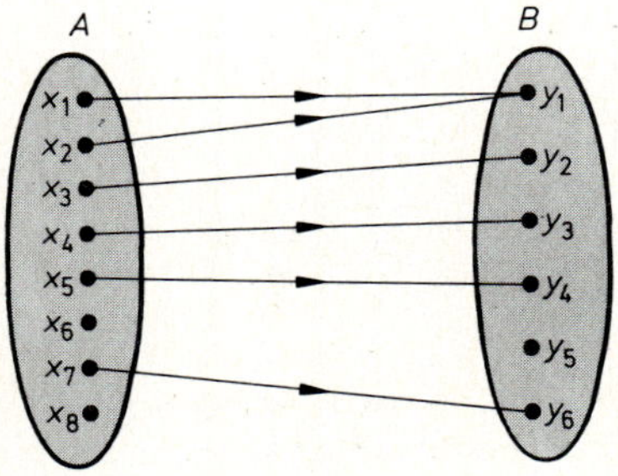

Definition:

Eine Relation R zwischen zwei Mengen A und B heißt genau dann rechtseindeutig, wenn jedem $x \in A$ höchstens ein $y \in B$ zugeordnet ist.

2. *Linkseindeutigkeit*

Endet bei jedem Element der Menge *B* *höchstens* ein Zuordnungspfeil aus der Menge *A*, dann heißt eine solche Relation *„linkseindeutig"*.
Es muß aber nicht bei allen Elementen der Menge *B* ein Zuordnungspfeil enden.

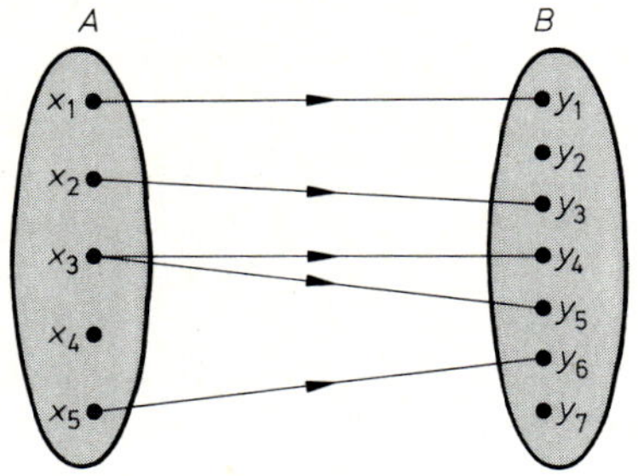

Definition:

Eine Relation R zwischen zwei Mengen A und B heißt genau dann linkseindeutig, wenn jedes $y \in B$ höchstens einem $x \in A$ zugeordnet ist.

3. *Rechtstotal*

Endet bei *allen* Elementen der Menge *B* *mindestens* ein Zuordnungspfeil aus der Menge *A*, dann heißt eine solche Relation *„rechtstotal"*.

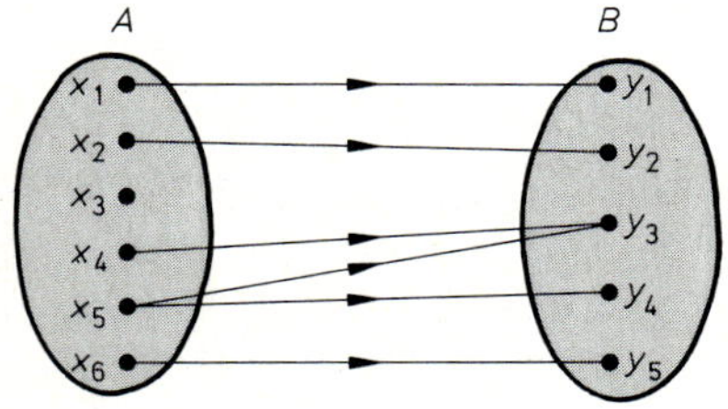

Definition:

Eine Relation R zwischen zwei Mengen A und B heißt genau dann rechtstotal, wenn es zu jedem $y \in B$ mindestens ein $x \in A$ gibt.

4. *Linkstotal*

Geht von *allen* Elementen der Menge *A* *mindestens* ein Zuordnungspfeil zu den Elementen der Menge *B*, dann heißt eine solche Relation *„linkstotal"*.

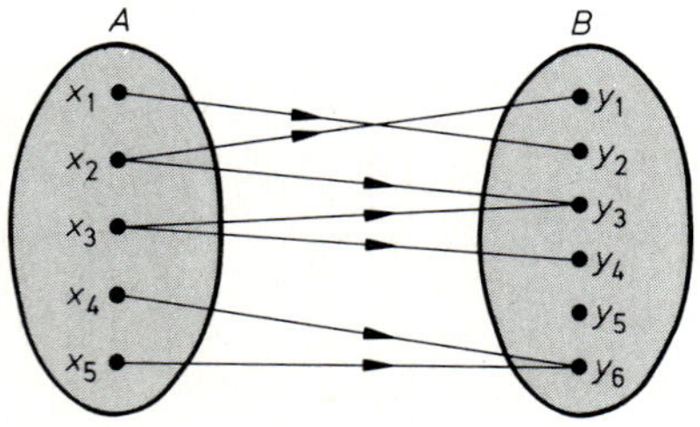

Definition:

Eine Relation R zwischen zwei Mengen A und B heißt genau dann linkstotal, wenn es zu jedem $x \in A$ mindestens ein $y \in B$ gibt.

Beispiel:

Welche der vier beschriebenen Eigenschaften (rechtseindeutig, linkseindeutig, rechtstotal, linkstotal) besitzen die folgenden abgebildeten Relationen?

1.

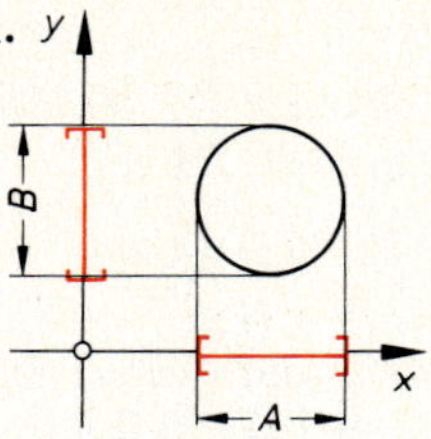

rechtstotal
linkstotal

2.

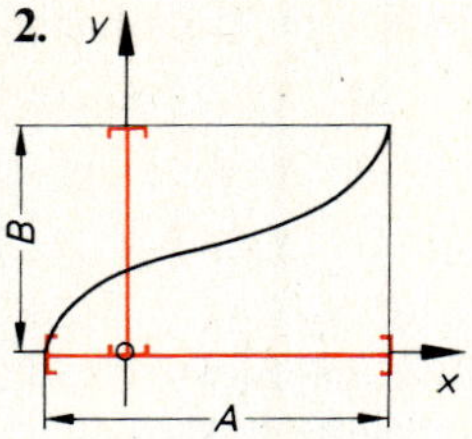

rechtseindeutig
linkseindeutig
rechtstotal
linkstotal

3.

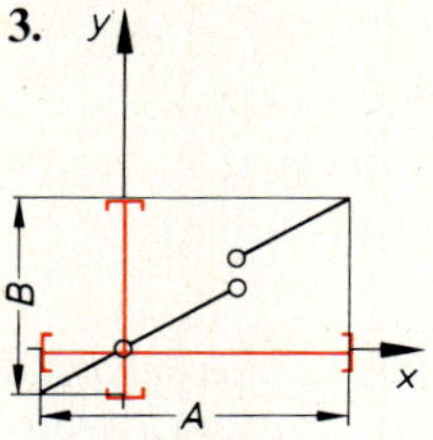

rechtseindeutig
linkseindeutig
linkstotal

4.

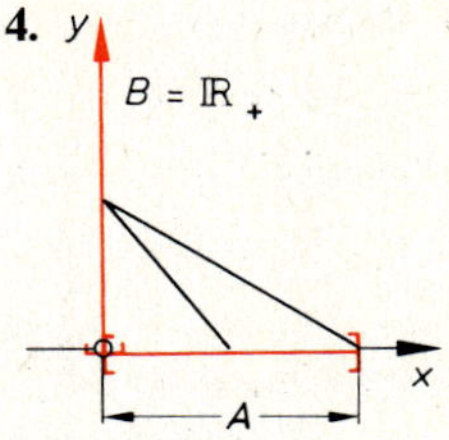

linkstotal

Übungen 5.1

Relationen

1. Gegeben seien folgende Mengen:

a) $A = \{x \in \mathbb{Z} \mid -1 \leq x \leq 2\}$, $B = \{y \in \mathbb{Z} \mid 0 < y < 3\}$

b) $A = \{x \in \mathbb{N} \mid 3 < x \leq 4\}$, $B = \{y \in \mathbb{Z} \mid -3 \leq y < 0\}$

Geben Sie von diesen Mengen die kartesischen Produkte $A \times B$ in aufzählender und in beschreibender Form an.
Veranschaulichen Sie das kartesische Produkt $A \times B$ im Pfeildiagramm, in einer Zuordnungstabelle und im Koordinatensystem.

2. Geben Sie folgende Relationen in beschreibender und in aufzählender Form an:

a) In $A \times A$: x ist die Hälfte von y; $A = \{1, 2, 3, 4, 5, 6, 7, 8\}$.

b) In $A \times \mathbb{Z}$: x ist vermehrt um 3 doppelt so groß wie y; $A = \{x \in \mathbb{Z} \mid -3 \leq x \leq 3\}$.

c) In $\mathbb{Z} \times A$: x ist verringert um 2 kleiner als y; $A = \{y \in \mathbb{Z} \mid -5 \leq y \leq 5\}$.

3. Gegeben seien die Mengen $M_1 = \{1, 2, 3, 4, 5, 6\}$ und $M_2 = \{y \in \mathbb{N} \mid 1 \leq y \leq 10\}$. Tragen Sie die Elemente der Paarmenge jeweils in ein Koordinatensystem ein, und geben Sie die Relation R in aufzählender Form an:

a) $R = \left\{(x, y) \in M_1 \times M_2 \,\middle|\, x = \frac{y}{2} + \frac{1}{2}\right\}$ **b)** $R = \left\{(x, y) \in M_1 \times M_2 \,\middle|\, x = \frac{y}{3} - 1\right\}$

c) $R = \{(x, y) \in M_1 \times M_2 \mid 2x + y = 10\}$ **d)** $R = \{(x, y) \in M_1 \times M_2 \mid x + y - 4 = 0\}$

4. Gegeben sei die Menge $A = \{1, 2, 3, 4, 5, 6, 7, 8\}$.

a) Bestimmen Sie das kartesische Produkt $A \times A$.

b) Bestimmen Sie die Menge der geordneten Paare für $R_1 = \{(x, y) \in A \times A \mid x < y\}$ und $R_2 = \{(x, y) \in A \times A \mid 3x = y\}$.

c) Bestimmen Sie für beide Relationen R_1 und R_2 den Definitions- und den Wertebereich.

5. Veranschaulichen Sie folgende Relationen jeweils im Koordinatensystem.

a) $R_1 = \{(x, y) \in \mathbb{Z} \times \mathbb{Z} \mid 4x + 2 - y \leq 0\}$ **b)** $R_2 = \{(x, y) \in \mathbb{Z} \times \mathbb{Q} \mid 4x + 2 - y \leq 0\}$

c) $R_3 = \{(x, y) \in \mathbb{Q} \times \mathbb{Q} \mid 4x + 2 - y \leq 0\}$ **d)** $R_4 = \{(x, y) \in \mathbb{Q} \times \mathbb{Q} \mid 2x^2 - 4 < y\}$

e) $R_5 = \{(x, y) \in \mathbb{Z} \times \mathbb{R} \mid x^3 - x^2 > y\}$ **f)** $R_6 = \{(x, y) \in \mathbb{R} \times \mathbb{R} \mid x^3 - x^2 > y\}$

6. Stellen Sie folgende Relationen mit $A = \{1, 2, 3, 4, 5\}$ im Pfeildiagramm dar. Geben Sie an, welche der vier Eigenschaften rechtseindeutig, linkseindeutig, rechtstotal, linkstotal vorhanden sind.

a) $R_1 = \{(x, y) \in A \times A \mid 3x < y\}$ **b)** $R_2 = \{(x, y) \in A \times A \mid 0 < 2x - 3y < 6\}$

c) $R_3 = \{(x, y) \in A \times A \mid y = 2{,}5\}$ **d)** $R_4 = \{(x, y) \in A \times A \mid 4x^2 = y^2\}$

e) $R_5 = \{(x, y) \in A \times A \mid y^2 + x^2 < 0\}$ **f)** $R_6 = \{(x, y) \in A \times A \mid 2 < x^2 + y\}$

7. Die Relation $R_1 = \{(x, y) \in \mathbb{R} \times \mathbb{R} \mid x + y \leq 4\}$ und $R_2 = \{(x, y) \in \mathbb{R} \times \mathbb{R} \mid y \geq x^2\}$ seien gegeben. Zeichnen Sie die Graphen für R_1 und R_2, und rastern Sie $R_1 \cap R_2$ und $R_1 \cup R_2$.

5.2 Funktionen als spezielle Relationen

Funktionen sind spezielle Relationen. Der Begriff der Funktion wird nicht nur in der reinen Mathematik gebraucht, sondern findet zahlreiche Anwendungen in Naturwissenschaft und Technik sowie in den Sozial- und Wirtschaftswissenschaften.

Definition einer Funktion

Wir betrachten die Relationsvorschrift, mit der den europäischen Großstädten aus der Menge A die Staaten aus der Menge B zugeordnet werden, in denen sie liegen. In diesem Beispiel kann von jedem Element der Menge A nur ein Zuordnungspfeil ausgehen.

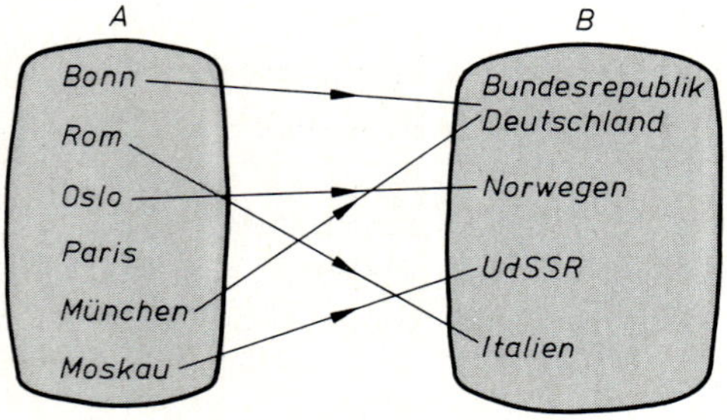

Kehren wir die Zuordnungsrichtung um und ordnen wir den Staaten die Großstädte zu, die in ihrem Staatsgebiet liegen, trifft die genannte Eigenschaft nicht zu: in einem Staatsgebiet liegen mehrere Großstädte, nämlich in der Bundesrepublik Deutschland.

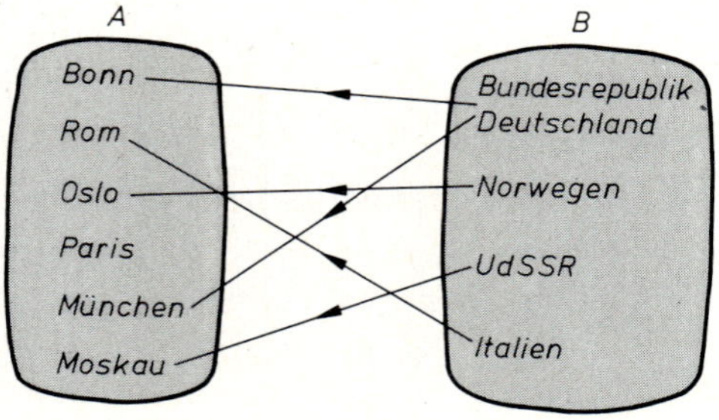

Definition:

Eine Relation zwischen zwei Mengen A und B heißt Funktion f von A nach B genau dann, wenn jedem Element aus A höchstens ein Element aus B zugeordnet wird.

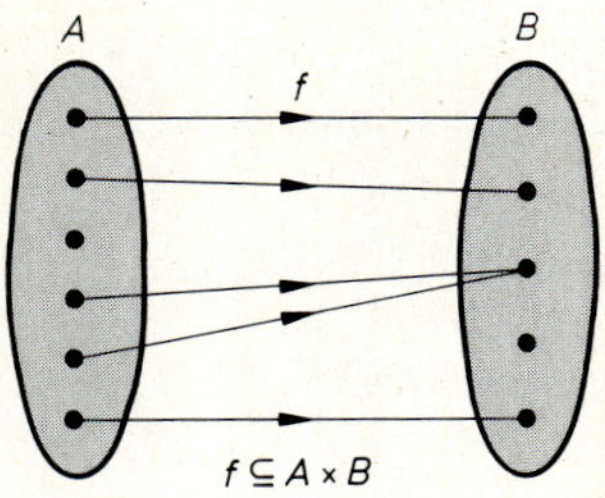

Vergleichen wir diese Definition mit den Definitionen über die Eigenschaften von Relationen (s. S. 109), so stellen wir fest, daß Funktionen rechtseindeutige Relationen sind. Wir geben deshalb noch eine gleichwertige Definition es Begriffes Funktion an.

Definition:

Eine Relation zwischen zwei Mengen A und B heißt Funktion oder Abbildungsrelation genau dann, wenn sie rechtseindeutig ist. Man bezeichnet Funktionen mit kleinen Buchstaben, wie f, g, h ....

Anmerkung:

Es ist heute üblich, die Begriffe „*Abbildungsrelation*" (oder kurz: „*Abbildung*") und „*Funktion*" gleichzusetzen. Die Bezeichnung „*Abbildung*" wird überwiegend in der Geometrie verwendet. In diesem Buch wollen wir den Begriff „Funktion" verwenden.
Für die Mengen A und B einer Funktion f von A nach B sind die Bezeichnungen Ausgangsmenge (A) und Zielmenge (B) gebräuchlich. Für die Teilmenge von A, deren Elementen ein Element aus B zugeordnet wird, verwendet man die Bezeichnung *Definitionsbereich* $D(f)$. Für diejenige Teilmenge von B, deren Elemente einem Element aus A zugeordnet sind, ist die Bezeichnung *Wertebereich* $W(f)$ üblich. Die Elemente der Mengen $D(f)$ und $W(f)$ haben besondere Namen:

Definition:

Die Elemente des Definitionsbereiches $D(f)$ einer Funktion f heißen Urbilder oder auch Argumente; die Elemente des Wertebereichs $W(f)$ heißen Bilder oder auch Funktionswerte.

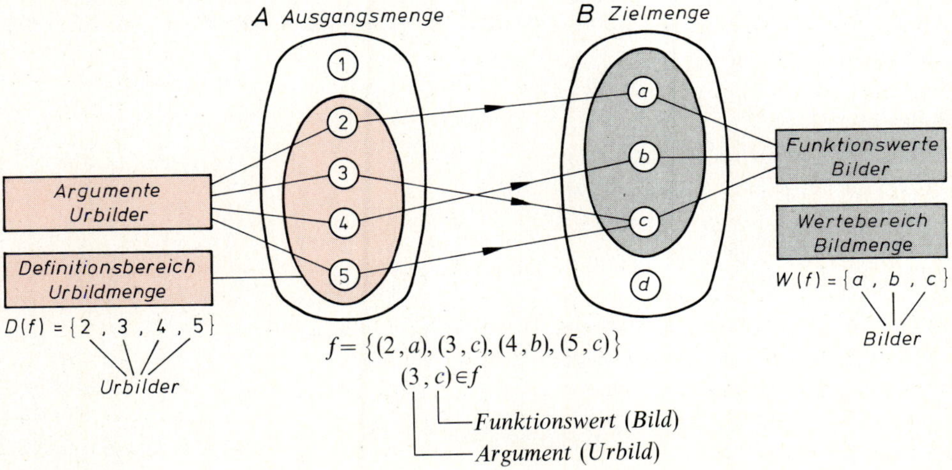

Beispiel:

Welche der in den folgenden Pfeildiagrammen dargestellten Relationen sind Funktionen?

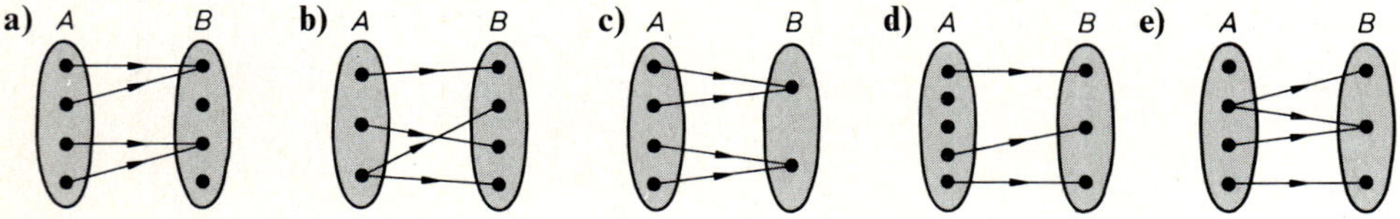

Lösung:

Die Pfeildiagramme der Aufgaben a), c) und d) sind Funktionen, da es sich um rechtseindeutige Relationen handelt.

Schreibweisen von Funktionen

Die *Schreibweisen* von Funktionen entsprechen in etwa den schon behandelten Schreibweisen von Relationen.
Die Schreibweise einer Funktion richtet sich nach der weiteren Verwendung der Funktion. Folgende Angaben sind dabei von Bedeutung:

1. *Angabe einer Zuordnungsvorschrift*
   Durch sie wird die Zuordnung beschrieben, nach der die geordneten Paare gebildet werden sollen. Das kann erfolgen durch eine Rechenvorschrift, z. B. $y = f(x)$, wenn man eine Funktion als Lösungsmenge einer Gleichung angibt; sie kann aber auch mit Hilfe des *Funktionsbildungsoperators* $\langle \mapsto \rangle$ erfolgen.

2. *Angabe einer Ausgangsmenge A und einer Zielmenge B*
   Da eine Funktion f eine spezielle Teilmenge von $A \times B$ ist, schreibt man $f\colon A \rightarrow B$ (*gelesen:* „f ist eine Funktion von A nach B").

3. *Angabe des Definitionsbereichs $D(f)$ und des Wertebereichs $W(f)$*
   Der Definitionsbereich $D(f)$ enthält alle $x \in A$, die mit Hilfe des Funktionsbildungsoperators einem $y \in B$ zugeordnet werden. Es gilt immer: $D(f) \subseteq A$ und $W(f) \subseteq B$. In vielen Fällen ist $D(f) = A$.

Beispiele:

1. Eine Funktion wird als Paarmenge (Lösungsmenge einer Gleichung) angegeben. Die Aussageform $y = f(x)$ heißt Funktionsgleichung; $f(x)$ ist der Funktionsterm.

Funktionsgleichung

$$f = \{(x, y) \in A \times B \mid y = f(x)\}$$

Ausgangsmenge (A) — Zielmenge (B) — Funktionsterm ($f(x)$)

2. Bei dieser Schreibweise ist auch der Definitionsbereich $D(f) = \mathbb{N}$ angegeben. Die Elemente des Wertebereichs $W(f)$ werden mit Hilfe von $y = f(x) = x^2$ berechnet.

$$f = \{(x, y) \in \mathbb{R} \times \mathbb{R} \mid y = x^2 \wedge x \in \mathbb{N}\}$$

Definitionsbereich ($x \in \mathbb{N}$)

$$D(f) = \mathbb{N} \Rightarrow D(f) \subseteq \mathbb{R}$$
$$W(f) = \{y \in \mathbb{R} \mid y = x^2 \wedge x \in \mathbb{N}\}$$

3. Die Funktion wird mit Hilfe des Funktionsbildungsoperators $\langle \longmapsto \rangle$ angegeben. Steht die Funktion allein, so können wir die spitze Klammer weglassen.

$$f\colon A \longrightarrow B;\ \langle x \longmapsto f(x) \rangle \quad \textit{oder}$$
$$f\colon A \longrightarrow B;\ x \longmapsto f(x)$$

Zuordnungsvorschrift ($x \longmapsto f(x)$)
Zielmenge (B)
Ausgangsmenge (A)

4. Bei dieser Schreibweise der Funktion ist auch $D(f) = \mathbb{N}$ angegeben. Der Wertebereich $W(f)$ wird mit Hilfe von $y = f(x) = x^2$ berechnet.

$$f\colon \mathbb{R} \longrightarrow \mathbb{R};\ \langle x \longmapsto x^2 \mid x \in \mathbb{N} \rangle$$

Definitionsbereich ($x \in \mathbb{N}$)

$$D(f) = \mathbb{N} \Rightarrow D(f) \subseteq \mathbb{R}$$
$$W(f) = \{y \in \mathbb{R} \mid y = x^2 \wedge x \in \mathbb{N}\}$$

5. Da es sich bei allen reellen Funktionen in der Regel um Funktionen von $\mathbb{R}$ in $\mathbb{R}$ handelt, unterbleiben in diesen Fällen die Angaben der Ausgangs- und Zielmengen. Man gibt auch nicht den Definitionsbereich $D(f)$ an, wenn $D(f) = \mathbb{R}$ ist.

$$f = \langle x \longmapsto f(x) \mid x \in \mathbb{R} \setminus \{1\} \rangle \quad \textit{Funktion}$$

Definitionsbereich ($x \in \mathbb{R} \setminus \{1\}$)
Funktionsterm ($f(x)$)
Funktionsname (f)

$$f = \langle x \longmapsto 2x^3 - 2x + 3 \rangle$$
$$A = \mathbb{R};\ B = \mathbb{R}$$
$$D(f) = \mathbb{R};\ W(f) = \{y \in \mathbb{R} \mid y = 2x^3 - 2x + 3 \wedge x \in \mathbb{R}\}$$

Beispiele:

Bestimmen Sie von folgenden Funktionen $D(f)$, $W(f)$ und – wenn nicht unmittelbar angegeben – A und B.

1. $f\colon \mathbb{R} \longrightarrow \mathbb{N};\ x \longmapsto 2$
2. $f\colon \mathbb{R} \longrightarrow \{1, 2, 3\};\ x \longmapsto 2x + 1$
3. $f\colon A \longrightarrow B;\ x \longmapsto (2 - x)^2$
   $A = \{1, 2, 3, 4, 5, 6\}$,
   $B = \{1, 2, 3, 4, 5, 6, 7, 8, 9\}$
4. $f\colon \mathbb{R} \setminus \{1\} \longrightarrow \mathbb{R};\ x \longmapsto \dfrac{1}{x - 1}$
5. $f\colon x \longmapsto 2^x;\ x \in \mathbb{R}$
6. $f\colon [0,4] \longrightarrow \mathbb{R}_-;\ x \longmapsto -\sqrt{x};\ x \in \mathbb{R}$
7. $f\colon A \longrightarrow B;\ x \longmapsto x^2;$
   $A = \{x \in \mathbb{R} \mid -2 \leq x \leq 2\}$
8. $f = \langle x \longmapsto x^2 - 4 \rangle$
9. $f = \langle x \longmapsto 2x^2 \mid x \in \mathbb{Q} \rangle$
10. $f = \left\langle x \longmapsto \begin{cases} 2x \mid x \in \mathbb{N} \\ x^2 \mid x \in \mathbb{R}_- \end{cases} \right\rangle$

Lösungen:

1. $D(f) = A = \mathbb{R};\ B = \mathbb{N};\ W(f) = \{2\}$
2. $D(f) = \{0, \frac{1}{2}, 1\};\ A = \mathbb{R};$
$W(f) = B = \{1, 2, 3\}$
3. $D(f) = \{1, 3, 4, 5\};\ W(f) = \{1, 4, 9\}$
4. $D(f) = A = \mathbb{R} \setminus \{1\};\ W(f) = B = \mathbb{R}$
5. $D(f) = A = \mathbb{R};\ W(f) = B = \mathbb{R}_+^*$
6. $D(f) = A = \{x \mid 0 \leq x \leq 4\}$
$W(f) = \{f(x) \mid -2 \leq f(x) \leq 0\};\ B = \mathbb{R}_-$
7. $D(f) = A;$
$W(f) = B = \{f(x) \in \mathbb{R} \mid 0 \leq f(x) \leq 4\}$
8. $D(f) = A = B = \mathbb{R};$
$W(f) = \{y \mid y = x^2 - 4 \wedge x \in \mathbb{R}\}$
9. $D(f) = \mathbb{Q};\ A = B = \mathbb{R};\ W(f) = \mathbb{Q}_+$
10. $D(f) = \mathbb{N} \cup \mathbb{R}_-;\ A = B = \mathbb{R}$
$W(f) = \{y \mid y = x^2 \wedge x \in \mathbb{N} \cup \mathbb{R}_+\} = \mathbb{R}_+$

Eigenschaften von Funktionen

Bei der Definition einer Funktion (Seite 113) sind wir bisher nur von den Elementen der Ausgangsmenge ausgegangen. Eine Funktion liegt dann vor, wenn die Zuordnung *rechtseindeutig* ist.

Definition:

Eine Funktion f zwischen zwei Mengen A und B heißt genau dann surjektiv oder Surjektion, wenn für sie gilt:

$$D(f) = A \wedge W(f) = B.$$

Von **allen** Elementen in A geht **genau ein** Zuordnungspfeil aus.
Bei **allen** Elementen in B endet **mindestens** ein Zuordnungspfeil.

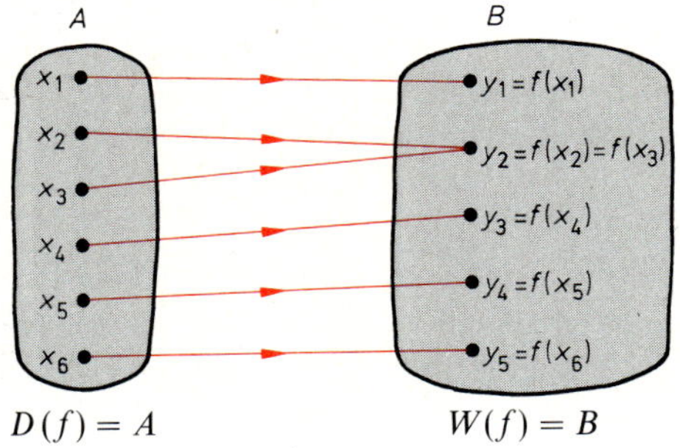

surjektiv

Definition:

Eine Funktion f zwischen zwei Mengen A und B heißt genau dann injektiv oder Injektion, wenn für sie gilt:

$D(f) = A \wedge$ verschiedene Urbilder haben verschiedene Bilder.

Von **allen** Elementen in A geht **genau ein** Zuordnungspfeil aus.
Bei jedem Element in B endet **höchstens** ein Zuordnungspfeil.

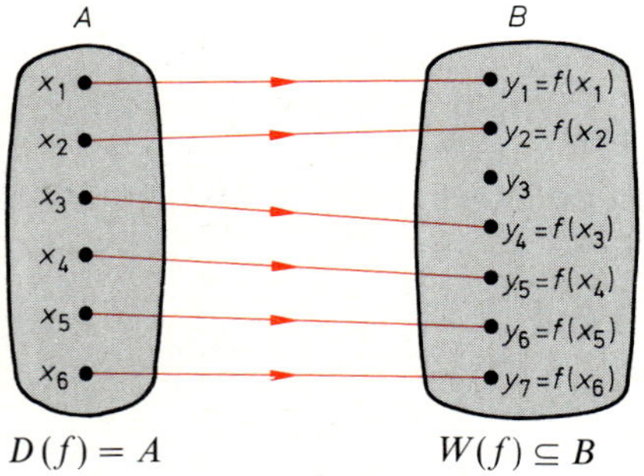

injektiv

Definition:

Eine Funktion f zwischen zwei Mengen A und B heißt genau dann bijektiv oder Bijektion, wenn sie surjektiv und injektiv ist.

Für Bijektionen gilt:

$$D(f) = A \wedge W(f) = B$$

Von **allen** Elementen in A geht **genau ein** Zuordnungspfeil aus.
Bei **allen** Elementen in B endet **genau ein** Zuordnungspfeil.

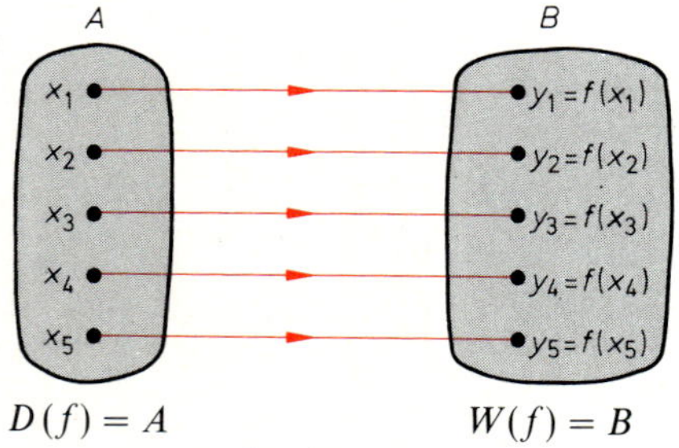

bijektiv

Beispiel:

Welche der Eigenschaften surjektiv, injektiv, bijektiv haben die folgenden Funktionen?

a)

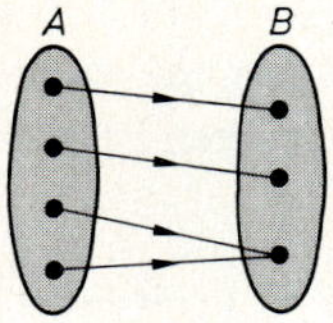

surjektiv

b)

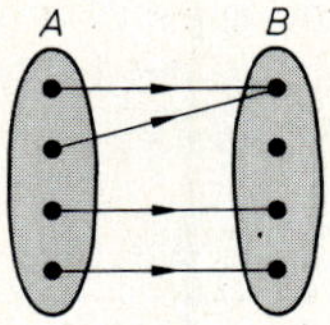

weder surjektiv noch injektiv

c)

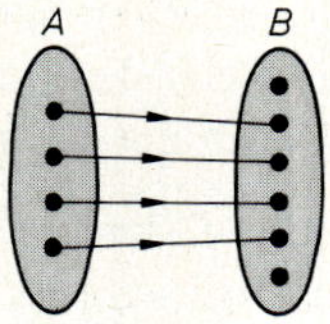

injektiv

d)

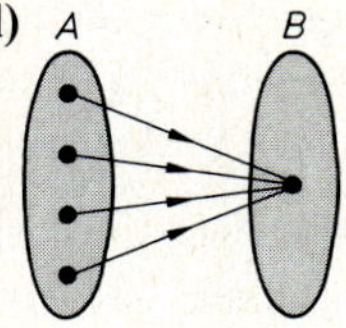

surjektiv

Beispiel:

Gegeben seien folgende Funktionen:

a) f_1: $[0, 2] \longrightarrow [0, 4]$, $x \longmapsto x^2$; **b)** f_2: $[-2, 2] \longrightarrow [0, 4]$, $x \longmapsto x^2$;

c) f_3: $[0, 2] \longrightarrow \mathbb{R}_+$, $x \longmapsto x^2$.

Welche dieser Funktionen ist bijektiv oder surjektiv oder injektiv?

Lösung:

a) Die Funktion f_1 ist *bijektiv*, da jedes $f_1(x) \in [0, 4]$ genau einmal Bild ist. f_1 ist surjektiv und injektiv.

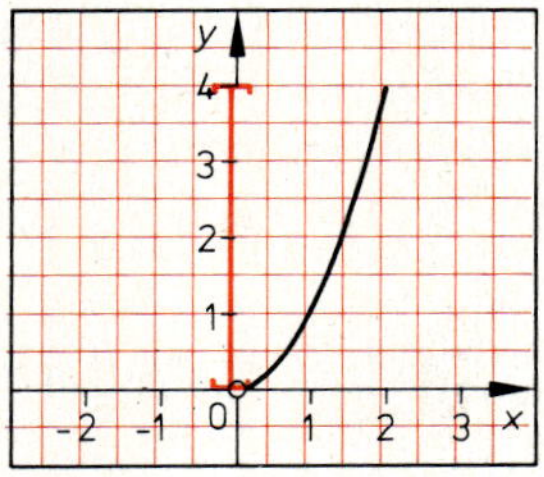

b) Die Funktion ist *surjektiv*, da jedes $f_2(x) \in [0, 4]$ mindestens einmal Bild ist; jedes $f_2(x)$ ist hier sogar zweimal Bild, außer $f_2(0)$.

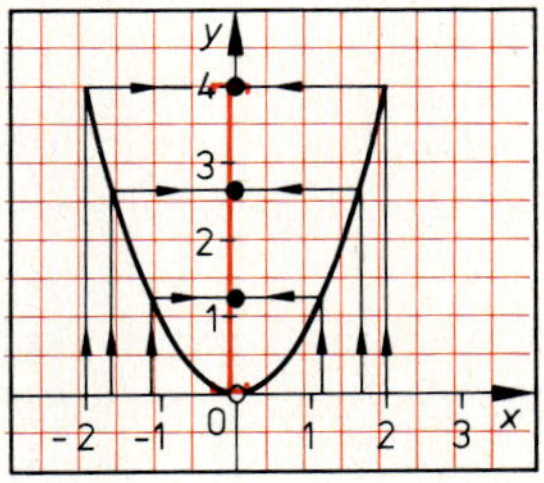

c) Die Funktion f_3 ist *injektiv*, da jedes $f_3(x) \in \mathbb{R}_+$ höchstens einmal Bild ist.

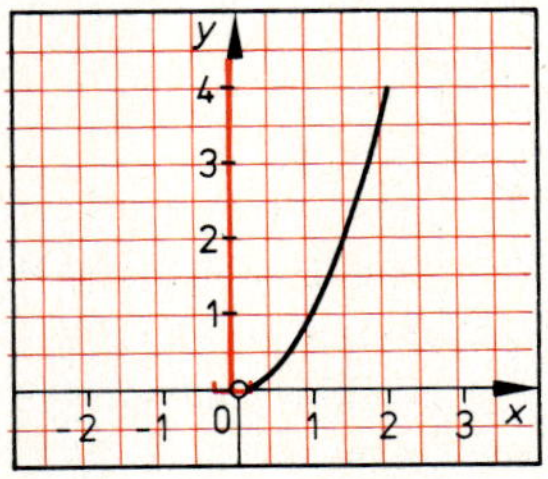

Umkehrfunktionen

Bei einer Funktion f wird die Zuordnung der Elemente einer Menge A zu den Elementen einer Menge B durch die Richtung der Zuordnungspfeile angegeben. Kehren wir nun die Richtung der Zuordnungspfeile unter Beibehaltung der beiden Mengen um, so ist nicht immer gewährleistet, daß auch durch die neue Zuordnung eine Funktion gegeben ist.

Bei einer *bijektiven* Funktion f entsteht durch die Umkehrung der Pfeilrichtung wieder eine Funktion, hier mit g bezeichnet.

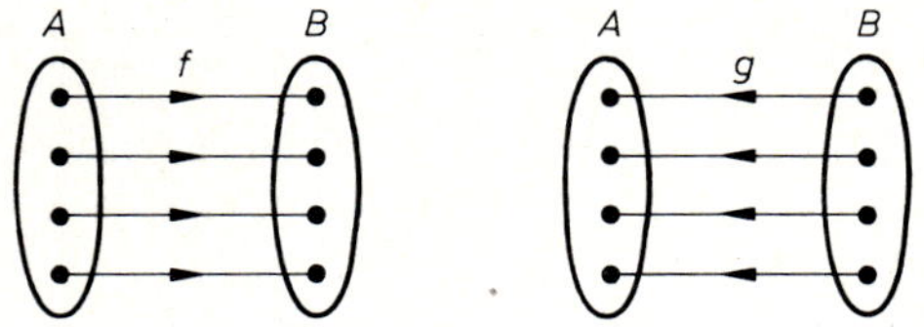

Ist eine Funktion f *surjektiv*, so führt die Umkehrung der Pfeilrichtung nicht immer zu einer Funktion.

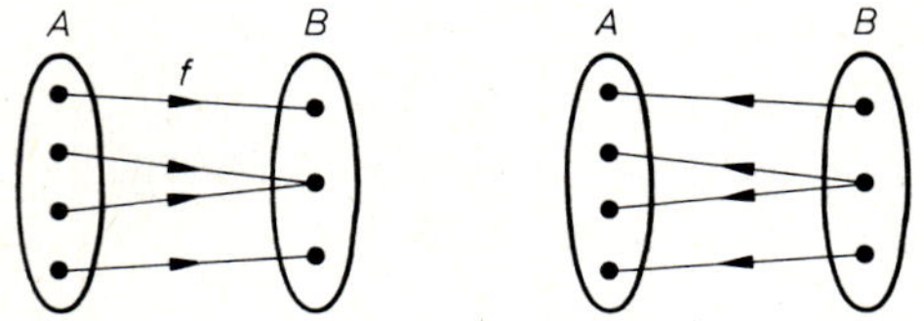

Eine *injektive* Funktion f läßt durch Umkehrung der Zuordnungsrichtung auch eine Funktion h entstehen, denn zu jedem Element aus $D(h) = W(f)$ existiert genau ein Element in

$$A = D(f) = W(h).$$

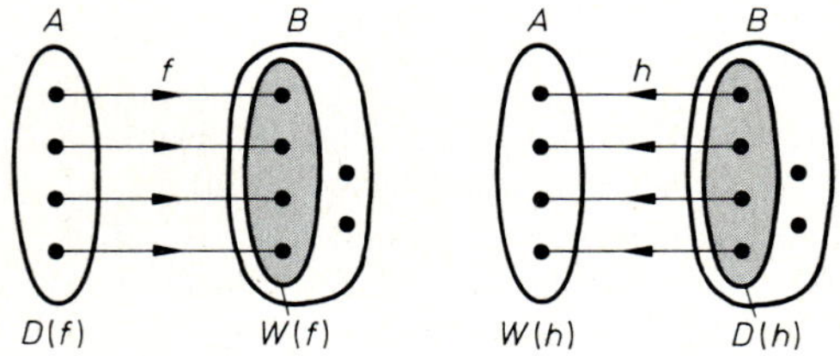

Diese Überlegungen führen zu folgendem Satz:

Satz:

Ist $f\colon A \to B;\ x \mapsto f(x)$ eine injektive Funktion, so ist f umkehrbar.

Natürlich ist auch eine bijektive Funktion umkehrbar, da sie ja auch injektiv ist.

Die durch die Umkehrung einer Funktion f entstandene Funktion g bezeichnen wir als Umkehrfunktion, und wir definieren:

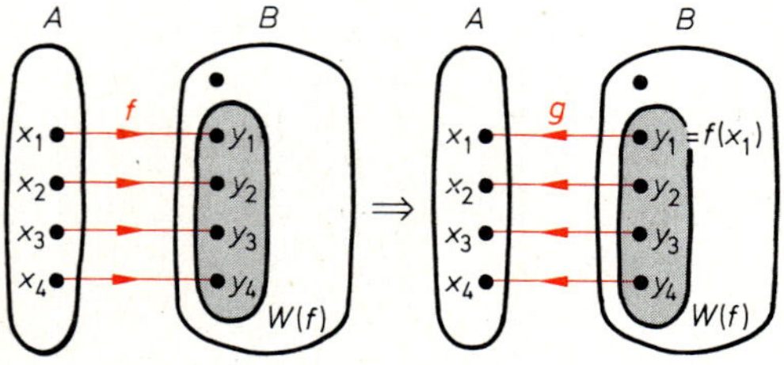

$f\colon A \to B;\ x \mapsto f(x) \;\Rightarrow\; g\colon W(f) \to A;\ f(x) \mapsto x$

Definition:

Ist $f\colon A \to B;\ x \mapsto f(x)$ eine injektive Funktion, dann heißt die Funktion $g\colon W(f) \to A;\ f(x) \mapsto x$ Umkehrfunktion von f. Für g schreibt man auch f^{-1} (gelesen: „f hoch minus 1“).

$f\colon A \to B;\ x \mapsto f(x)$ *injektive Funktion*
$\Rightarrow D(f) = A \wedge W(f) \subseteq B$
$g = f^{-1}\colon W(f) \to A;\ f(x) \mapsto x$ *Umkehrfunktion*
$\Rightarrow D(f^{-1}) = W(f) \wedge W(f^{-1}) = D(f)$

Zu der injektiven Funktion f erhalten wir die Umkehrfunktion f^{-1}, indem wir die Funktionsgleichung nach x auflösen und dabei den Wertebereich $W(f)$ zum Definitionsbereich $D(f^{-1})$ machen; der Definitionsbereich $D(f)$ wird zum Wertebereich $W(f^{-1})$.

$$f = \{(x, y) \in A \times B \mid y = f(x)\}$$
$$\Rightarrow f^{-1} = \{(y, x) \in W(f) \times A \mid x = f(y)\}$$
$$\text{mit } D(f^{-1}) = W(f) \wedge W(f^{-1}) = D(f)$$

Beispiel:

Gegeben sei die Funktion $f = \{(x, y) \in \mathbb{R} \times \mathbb{R} \mid y = 2x - 2\}$.

a) Bestimmen Sie $D(f)$ und $W(f)$.

b) Bilden Sie f^{-1} und bestimmen Sie $D(f^{-1})$ und $W(f^{-1})$.

c) Wie verhalten sich die Graphen von f und f^{-1} zueinander?

Lösung:

a) Die Funktion existiert für alle Werte $x \in \mathbb{R}$.

$$f = \{(x, y) \in \mathbb{R} \times \mathbb{R} \mid y = 2x - 2\}$$
$$D(f) = \mathbb{R}$$
$$W(f) = \mathbb{R}$$

b) Wir erhalten die Umkehrfunktion f^{-1}, indem wir die Komponenten der Paare miteinander vertauschen. Die Funktionsgleichung wird nach x umgeformt:

$$D(f^{-1}) = \mathbb{R}$$
$$W(f^{-1}) = \mathbb{R}$$
$$y = 2x - 2 \Leftrightarrow x = \tfrac{1}{2}y + 1$$
$$f^{-1} = \{(y, x) \in \mathbb{R} \times \mathbb{R} \mid x = \tfrac{1}{2}y + 1\}$$

c) Für das Zeichnen der Graphen von f und f^{-1} wird vereinbart, daß die erste Komponente die x-Komponente ist, sie wird auf der horizontalen x-Achse abgetragen, und daß die zweite Komponente die y-Komponente ist, die auf der vertikalen y-Achse abgetragen wird (Definition S. 38). Wir müssen also bei den Paaren (y, x) von f^{-1} die Komponenten *umbenennen*. Da die Paare mit Hilfe der Funktionsgleichung gebildet werden, müssen wir auch die Variablen y und x der Funktionsgleichung umbenennen.

$$f = \{(x, y) \in \mathbb{R} \times \mathbb{R} \mid y = 2x - 2\}$$

Vertauschen der Variablen	*Umformen der Gleichung*

$$f^{-1} = \{(y, x) \in \mathbb{R} \times \mathbb{R} \mid x = \tfrac{1}{2}y + 1\}$$

Umbenennen der Variablen

$$f^{-1} = \{(x, y) \in \mathbb{R} \times \mathbb{R} \mid y = \tfrac{1}{2}x + 1\}$$

Geometrisch bedeutet dieses Vorgehen, daß jeder Punkt P des Graphen der Funktion f durch Spiegelung an der Geraden mit der Gleichung $y = x$ zum neuen Punkt P' der Umkehrfunktion f^{-1} wird. Definitionsbereich und Wertebereich werden also miteinander vertauscht.

$$x = y'$$
$$y = x'$$

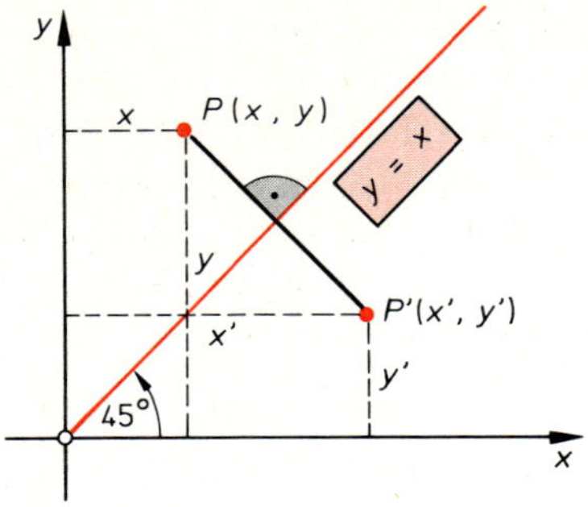

Wir erkennen, daß also alle Punkte von f^{-1} achsensymmetrisch zu den Punkten von f liegen. Der Graph von f^{-1} ist das Spiegelbild des Graphen von f. Spiegelachse ist die Winkelhalbierende (45°-Achse) mit der Gleichung $y = x$.

$$f\colon \mathbb{R} \to \mathbb{R};\ x \mapsto 2x - 2;$$
$$f^{-1}\colon \mathbb{R} \to \mathbb{R};\ x \mapsto \tfrac{1}{2}x + 1;$$

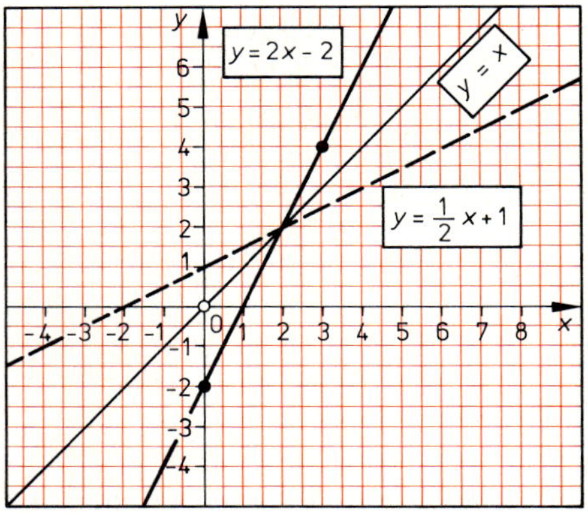

Beispiel:

Gegeben sei die Funktion $f\colon [-2, 2] \to R_+;\ x \mapsto x^2$.

a) Ist die Funktion f umkehrbar?

b) Entwickeln Sie aus der Funktion f zwei umkehrbare Funktionen f_1 und f_2.

c) Bestimmen Sie die Umkehrfunktionen f_1^{-1} und f_2^{-1}, und stellen Sie die Funktion und ihre Umkehrfunktionen graphisch dar.

Lösung:

a) Um die Umkehrbarkeit von f feststellen zu können, müssen wir prüfen, ob die Funktion f in $\mathbb{R}$ injektiv ist. Da dies nicht der Fall ist, ist f im Intervall $[-2, 2]$ nicht umkehrbar.

injektiv: $x_1 \neq x_2 \Rightarrow f(x_1) \neq f(x_2)$

Wertetabelle:

x	-3	-2	-1	0	1	2	3
$f(x) = x^2$	9	4	1	0	1	4	9

$-3 \neq 3$, *aber* $f(-3) = f(3) = 9$

$-2 \neq 2$, *aber* $f(-2) = f(2) = 4$

usw.

b) Wir teilen den Definitionsbereich so auf, daß jedes Element aus $\mathbb{R}_+$ höchstens einmal Bild ist, und erhalten zwei neue Definitionsbereiche, und zwar $D(f_1)$ und $D(f_2)$. Zu jedem dieser Definitionsbereiche existiert eine Funktion, die injektiv ist.

$D_1(f) = [0,2]; \quad D_2(f) = [-2,0]$

$f_1\colon [0,2] \to \mathbb{R}_+; \quad x \mapsto x^2$

$\Rightarrow D(f_1) = [0,2] \wedge W(f_1) = [0,4]$

$f_2\colon [-2,0] \to \mathbb{R}_+; \quad x \mapsto x^2$

$\Rightarrow D(f_2) = [-2,0] \wedge W(f_2) = [0,4]$

c) Durch Umformen der Funktionsgleichung nach x und Umbenennen der Variablen erhalten wir zu jeder der beiden Teilfunktionen f_1 und f_2 eine Umkehrfunktion, und zwar f_1^{-1} und f_2^{-2}. Dabei gilt:

$D(f_1^{-1}) = W(f_1) \wedge W(f_1^{-1}) = D(f_1)$
und
$D(f_2^{-1}) = W(f_2) \wedge W(f_2^{-1}) = D(f_2)$.

$y = x^2 \Rightarrow x = \sqrt{y}$

$y = \sqrt{x}$

$f_1^{-1}\colon [0,4] \to [0,2]; \quad x \mapsto \sqrt{x}$

$f_2^{-1}\colon [0,4] \to [-2,0]; \quad x \mapsto -\sqrt{x}$

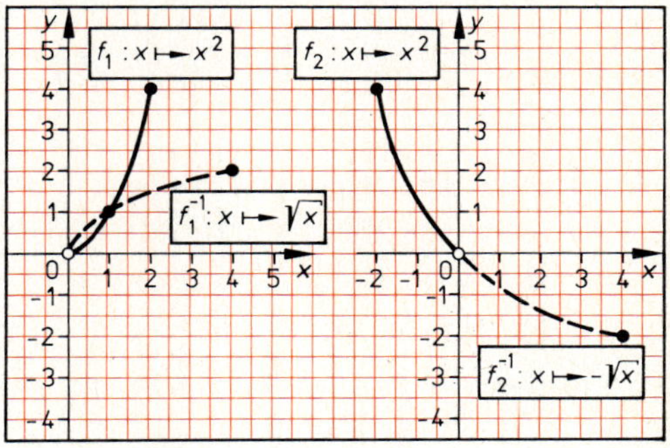

Übungen 5.2

Funktionen als spezielle Relationen

1. Gegeben seien die folgenden Paarmengen:

$A_1 = \{(a, A), (b, B), (c, C), (d, D)\}$
$A_2 = \{(a, B), (c, B), (b, B), (d, D), (e, D)\}$
$A_3 = \{(1,2), (2,3), (3,4), (4,5), (3,6), (2,7)\}$
$A_4 = \{(3,0), (4,-1), (5,-2), (6,-3), (7,-3)\}$
$A_5 = \{(-1,-5), (0,-4), (1,-3), (2,-2), (3,-1)\}$

a) Welche dieser Paarmengen sind Funktionen?

b) Bestimmen Sie die Ausgangsmengen und die Wertebereiche.

c) Stellen Sie die Funktionen als Pfeildiagramme dar.

d) Welche der Funktionen sind zugleich rechts- und linkseindeutig?

2. Bei welchen der gegebenen Relationen handelt es sich um Funktionen?

a) $R_1 = \{(x, y) \in \mathbb{R}_+ \times \mathbb{R}_+ \mid y^2 = x \wedge y \geq 0\}$

b) $R_2 = \{(x, y) \in \mathbb{R} \times \mathbb{R} \mid y^2 = x\}$

c) $R_3 = \{(x, y) \in \mathbb{R}_+ \times \mathbb{R} \mid y^2 = x\}$

d) $R_4 = \{(x, y) \in A \times B \mid x \in y\}$; $A = \{1, 2, 3, 4\}$; $B = \{\{1, 2\}, \{3, 4\}, \{1, 3\}\}$

e) $R_5 = \{(x, y) \in A \times B \mid x \in y\}$; $A = \{1, 2, 3, 4\}$; $B = \{\{1, 2\}, \{1, 3\}, \{4\}\}$

f) $R_6 = \{(x, y) \in \mathbb{R} \times \mathbb{R} \mid y^2 = x^2\}$

g) $R_7 = \left\{(x, y)\ \mathbb{R}^* \times \mathbb{R} \;\middle|\; y = \dfrac{5}{x} - 1\right\}$

3. Geben Sie für folgende Funktionen $D(f)$, $W(f)$, A und B an:

a) f_1: $\mathbb{Z} \to \mathbb{N}$; $x \mapsto x^2$

b) f_2: $x \mapsto \frac{1}{2}x$; $x \in \{1, 2, 3, 4, 5, 6\}$

c) f_3: $\mathbb{R} \to \mathbb{R}$; $x \mapsto 2x^2 - 2$

d) f_4: $[0, 4] \to \mathbb{R}$; $x \mapsto x^3$; $x \in \mathbb{R}$

e) f_5: $\{3, 4, 5, 6, 7, 8\} \to \mathbb{N}$; $x \mapsto 2x$

f) f_6: $x \mapsto 3^x$; $x \in [0, 3]$; $x \in \mathbb{R}$

g) f_7: $\mathbb{R} \setminus \{2\} \to \mathbb{R}$; $x \mapsto \dfrac{2}{x - 2}$

h) f_8: $\mathbb{R} \to \{f(x) \mid 0 \leq f(x) \leq 4\}$; $x \mapsto \sqrt{x}$

i) f_9: $x \mapsto \dfrac{x + 2}{x - 3}$; $x \in (-3; 5]$; $x \in \mathbb{R}$

k) f_{10}: $[-2, 2] \to [\frac{1}{4}, 1]$; $x \mapsto \dfrac{1}{x^2}$; $x \in \mathbb{R}$

4. Gegeben seien folgende Paarmengen in $A \times A$; $A = \{1, 2, 3, 4, 5, 6\}$. Welche der Paarmengen stellen eine Bijektion, welche eine Surjektion dar?

a) $\{(1, 2), (3, 4), (5, 6), (2, 3), (4, 6), (6, 6)\}$

b) $\{(3, 3), (4, 4), (5, 5), (6, 6), (2, 2), (1, 1)\}$

c) $\{(2, 4), (5, 6), (1, 3), (4, 1), (3, 1), (6, 4)\}$

5. Entscheiden Sie, ob folgende Funktionen surjektiv, injektiv oder bijektiv sind:

a) f_1: $\mathbb{Z} \to \mathbb{Z}$; $x \mapsto 2x$

b) f_2: $\mathbb{R} \to \mathbb{R}$; $x \mapsto x^3$

c) f_3: $\mathbb{R} \to \mathbb{R}^+$; $x \mapsto x^4$

d) f_4: $\mathbb{R} \to \mathbb{R}$; $x \mapsto x^2 - 2$

e) f_5: $\mathbb{R} \to B$; $x \mapsto x^2 - 2$ $\quad B = \{f(x) \mid -2 \leq f(x)\}$

f) f_6: $\mathbb{R}_+ \to \mathbb{R}_+$; $x \mapsto \sqrt{x}$

g) f_7: $A \to \{3\}$; $x \mapsto 3$; $A = [-4, 4]$; $x \in \mathbb{R}$

6. Welche der folgenden Funktionen sind umkehrbar? Bestimmen Sie für die umkehrbaren Funktionen die Gleichung der Umkehrfunktion sowie deren Definitions- und Wertebereich; $(x, y) \in \mathbb{R} \times \mathbb{R}$:

a) f_1: $\mathbb{R} \to \mathbb{R}$; $x \mapsto x$

b) f_2: $\mathbb{R} \to \mathbb{R}$; $x \mapsto 2x - 2$

c) f_3: $\mathbb{R} \to \mathbb{R}$; $x \mapsto -2x$

d) f_4: $[0, 10] \to \mathbb{R}$; $x \mapsto -\sqrt{4x}$

e) f_5: $[0, 5] \to [-5, 20]$; $x \mapsto x^2 - 5$

f) f_6: $[-4, 1] \to [-1, 24]$; $x \mapsto x^2 - 2x$

g) f_7: $[-2, 2] \to [0, 4]$; $x \mapsto -x^2 + 4$

h) f_8: $[0, 2] \to [0, 4]$; $x \mapsto -x^2 + 4$

7. Bestimmen Sie den größtmöglichen Definitions- und Wertebereich, für den eine Umkehrfunktion existiert, und bestimmen Sie die Gleichung der Umkehrfunktion; $x \in \mathbb{R}$.

a) f_1: $x \mapsto x$

b) f_2: $x \mapsto x^2 - 16$

c) f_3: $x \mapsto 2x^2 - x$

d) f_4: $x \mapsto 4x - 2$

e) f_5: $x \mapsto \dfrac{4}{x}$

f) f_6: $x \mapsto \dfrac{1}{x - 2}$

6. Reelle Funktionen und ihre graphische Darstellung

6.1 Rationale Funktionen

6.1.1 Lineare Funktionen

Definition:

Eine Funktion der Form

$$f\colon \mathbb{R} \to \mathbb{R};\ x \mapsto a_1 x + a_0;\ a_1, a_0 \in \mathbb{R}$$

heißt lineare Funktion

Eine lineare Funktion hat also die Funktionsgleichung $y = a_1 x + a_0$. Bei der Darstellung des Graphen einer linearen Funktion in einem kartesischen Koordinatensystem erhalten wir eine Gerade. Im Spezialfall $a_0 = 0$ geht diese Gerade durch den Koordinatenursprung.

$f(x) = a_1 x + a_0$	$a_0 = 0$	$\Rightarrow$	$f(x) = a_1 x$

$\mathbb{G}(f)$: Nullpunktsgerade

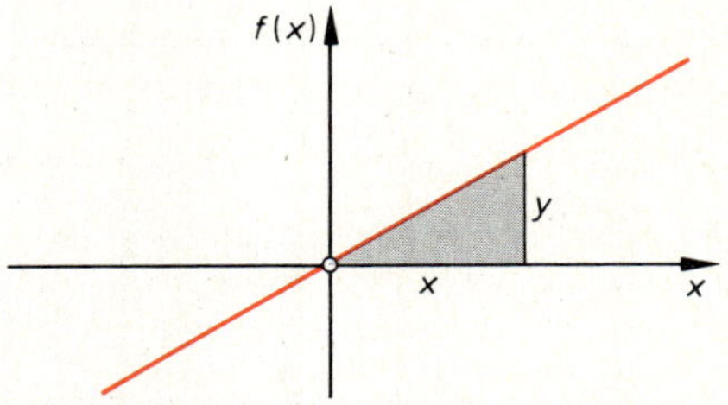

Wir wollen nun einige spezielle Werte zusammenstellen, die eine lineare Funktion bzw. ihren Graphen kennzeichnen.

1. *Schnittpunkt mit der y-Achse*

$f(x) = a_1 x + a_0$	$x = 0$	$\Rightarrow$	$f(0) = a_0$

2. *Schnittpunkt mit der x-Achse*

$f(x) = a_1 x + a_0$	$f(x) = 0$	$\Rightarrow$	$x = -\frac{a_0}{a_1}$

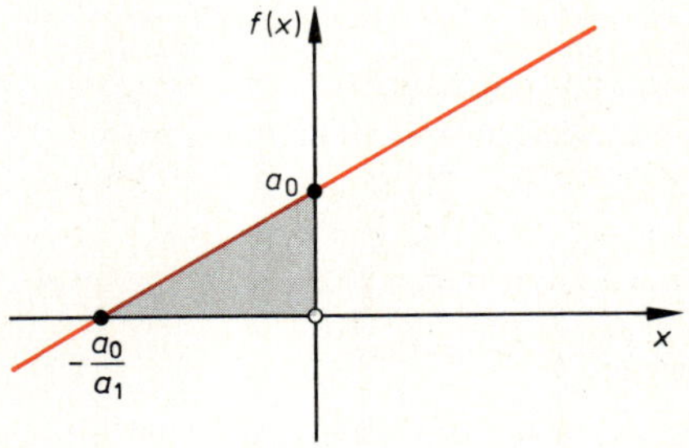

3. *Steigung*

Für die Koordinaten (x_1, y_1) und (x_2, y_2) zweier beliebiger Punkte des Graphen $\mathbb{G}(f)$ einer linearen Funktion gilt:

$$\frac{y_2 - y_1}{x_2 - x_1} = a_1 \quad \text{(Steigung)}$$

Wir werden dies im folgenden Beispiel nachweisen.

$a_1 = \frac{y_2 - y_1}{x_2 - x_1}$ heißt *Steigung*

Beispiel:

Vom Graph einer linearen Funktion sind zwei Punkte $P_1(x_1, y_1)$ und $P_2(x_2, y_2)$ bekannt.

a) Berechnen Sie die Steigung a_1.

b) Wie lautet die Funktionsgleichung?

Lösung:

a) Die Koordinaten beider Punkte müssen die Funktionsgleichung erfüllen.

$$y_2 = a_1 x_2 + a_0 \Leftrightarrow a_0 = y_2 - a_1 x_2$$
$$y_1 = a_1 x_1 + a_0 \Leftrightarrow a_0 = y_1 - a_1 x_1$$

Wir erhalten daraus:

$$y_2 - a_1 x_2 = y_1 - a_1 x_1$$
$$y_2 - y_1 = a_1 x_2 - a_1 x_1$$
$$a_1(x_2 - x_1) = y_2 - y_1$$

Die Steigung lautet:

$$a_1 = \frac{y_2 - y_1}{x_2 - x_1}$$

b) Von $y = a_1 x + a_0$ muß noch a_0 bestimmt werden. Wir bestimmen a_0 als Koordinate des Punktes $P_3(0, a_0)$ mit Hilfe des Punktes P_1.

$$a_1 = \frac{y_1 - a_0}{x_1 - 0} \Rightarrow \underline{\underline{a_0 = y_1 - a_1 x_1}}$$

mit $a_1 = \dfrac{y_2 - y_1}{x_2 - x_1}$.

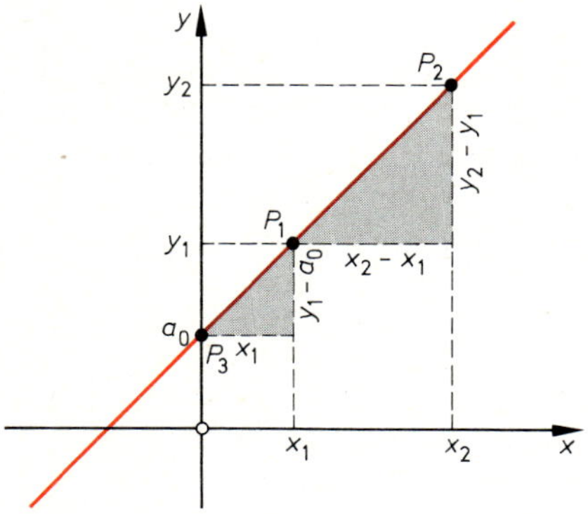

Bestimmung der Funktionsgleichung einer Geraden aus zwei Punkten $P_1(x_1, y_1)$ und $P_2(x_2, y_2)$: $y = a_1 x + a_0$,

$a_1 = \dfrac{y_2 - y_1}{x_2 - x_1}$	und	$a_0 = y_1 - a_1 x_1$

Beispiel:

Vom Graph einer linearen Funktion seien zwei Punkte bekannt: $P_1(-8, -3)$, $P_2(4, 6)$. Zeichnen Sie den Graphen der Funktion und bestimmen Sie:

a) die Steigung a_1,

b) den Schnittpunkt P_3 mit der y-Achse,

c) die Funktionsgleichung,

d) den Schnittpunkt P_4 mit der x-Achse.

Lösung: **a)** $a_1 = \dfrac{y_2 - y_1}{x_2 - x_1} = \dfrac{6 - (-3)}{4 - (-8)} = \underline{\underline{\dfrac{3}{4}}}$

b) Der Graph der Funktion schneidet die y-Achse im Punkt P_3. Dieser Punkt hat die Koordinaten $x_3 = 0$ und y_3. Die Gleichung für den Steigungsfaktor a_1 – auf die beiden Punkte P_2 und P_3 angewendet – lautet:

$$a_1 = \frac{y_2 - y_3}{x_2 - x_3}.$$

Setzen wir die bekannten Zahlenwerte ein, so erhalten wir:

$$\frac{3}{4} = \frac{6 - y_3}{4 - 0}; \quad y_3 = 6 - 3 = 3.$$

Es ist also $\underline{\underline{P_3(0, 3)}}$.

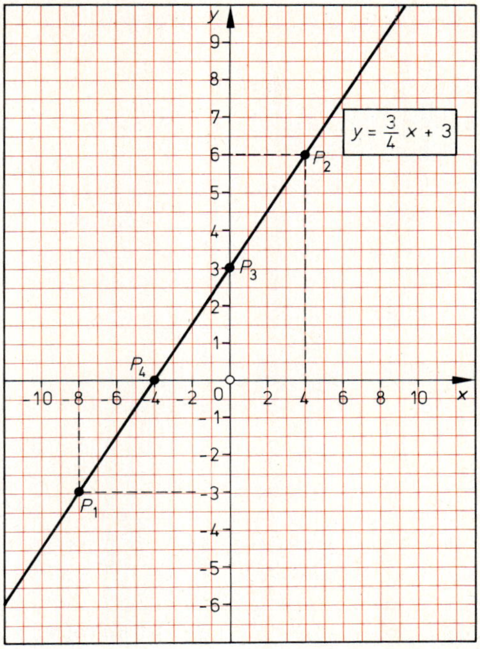

c) Die Variable a_0 der Funktionsgleichung $y = a_1 x + a_0$ gibt an, an welcher Stelle der Graph der Funktion die y-Achse schneidet.

$y = a_1 x + a_0$

$\underline{\underline{y = \frac{3}{4}x + 3}}$ Funktionsgleichung

d) An der Stelle, an der der Graph der Funktion die x-Achse schneidet, hat die Funktion den Funktionswert $y = 0$.

$$0 = \frac{3}{4}x + 3$$

$$x = -\frac{3 \cdot 4}{3} = -4$$

Der Schnittpunkt mit der x-Achse hat die Koordinaten: $\underline{\underline{P_4(-4, 0)}}$

Die Funktion $f\colon \mathbb{R} \to \mathbb{R};\ x \mapsto a_1 x + a_0$ ist *injektiv*, da für alle $x \in \mathbb{R}$ gilt:

$$x_1 \neq x_2 \Rightarrow f(x_1) \neq f(x_2).$$

Aus diesem Grunde ist die Funktion f umkehrbar.

Satz:

Zu jeder linearen Funktion f existiert eine Umkehrfunktion f^{-1}.

$f\colon \mathbb{R} \to \mathbb{R};\ x \mapsto a_1 x + a_0$ $\Rightarrow f^{-1}\colon \mathbb{R} \to \mathbb{R};\ x \mapsto \frac{f(x)}{a_1} - \frac{a_0}{a_1}$
$a_1 \neq 0$

Beispiel:

Gegeben sei die Funktion $f\colon x \longmapsto -\frac{1}{2}x + 1;\ x \in [-2, 6]$.

a) Bilden Sie die Umkehrfunktion f^{-1}, und bestimmen Sie $D(f^{-1})$ und $W(f^{-1})$.

b) Zeichnen Sie die Graphen von f und f^{-1}.

Lösung:

a) Bei Umbenennung der Variablen gilt:
$D(f^{-1}) = W(f)$ und $W(f^{-1}) = D(f)$.
Die Umkehrfunktion f^{-1} erhalten wir durch Umstellen der Gleichung von f nach x und durch Umbenennen der Variablen.

$D(f) = [-2, 6];\quad W(f) = [-2, 2]$

$D(f^{-1}) = [-2, 2];\quad W(f^{-1}) = [-2, 6]$

$f\colon y = -\frac{1}{2}x + 1 \Leftrightarrow x = -2y + 2 \Rightarrow f^{-1}\colon y = -2x + 2$

$f^{-1}\colon [-2, 2] \longrightarrow [-2, 6];\ x \longmapsto -2x + 2$

b) Die Graphen von f und f^{-1} spiegeln sich an der Geraden mit der Gleichung $y = x$.

Wertetabelle:

	x	-2	0	2	6
f	$y = -\frac{1}{2}x + 1$	2	1	0	-2
f^{-1}	$y = -2x + 2$	6	2	-2	-10

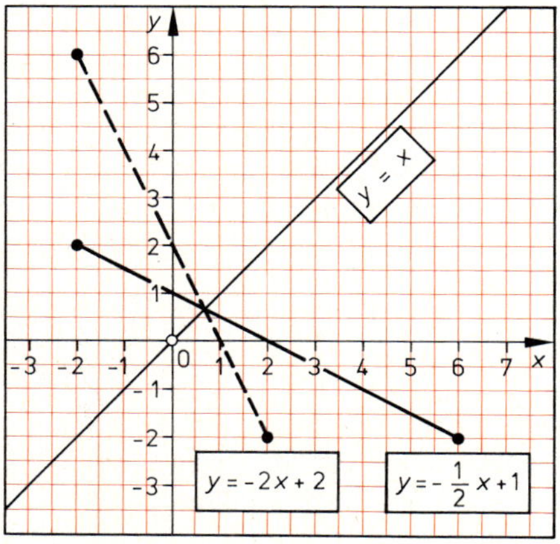

6.1.2 Quadratische Funktionen

Definition:

Eine Funktion der Form

$$f\colon \mathbb{R} \longrightarrow \mathbb{R};\ x \longmapsto a_2x^2 + a_1x + a_0;\ a_0, a_1, a_2 \in \mathbb{R},\ a_2 \neq 0$$

heißt rationale Funktion zweiten Grades oder quadratische Funktion. Der Graph dieser Funktion heißt Parabel zweiten Grades mit $D(f) = \mathbb{R}$.

Um die Funktionen graphisch darstellen zu können, benötigen wir Angaben über ihre Koeffizienten a_2, a_1, a_0.

Wir unterscheiden hierbei folgende Fälle:

1.

$f\colon x \longmapsto a_2 x^2 + a_1 x + a_0$	
$a_2 = 1,\ a_1 = 0,\ a_0 = 0$	
$f\colon x \longmapsto x^2$	$y = x^2$

Den Graphen dieser Funktion bezeichnet man als *Normalparabel.*

2.

$f\colon x \longmapsto a_2 x^2 + a_1 x + a_0$	
$a_2 \neq 1,\ a_1 = 0,\ a_0 = 0$	
$f\colon x \longmapsto a_2 x^2$	$y = a_2 x^2$

Wir unterscheiden hierbei vier Fälle:

a) $0 < a_2 < 1$ flache Parabeln
b) $a_2 > 1$ steile Parabeln
c) $-1 < a_2 < 0$ flache und an der x-Achse gespiegelte Parabeln.
d) $a_2 < -1$ steile und an der x-Achse gespiegelte Parabeln.

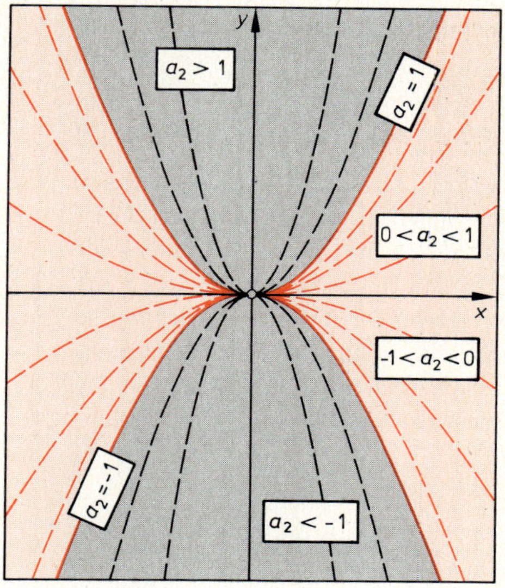

3.

$f\colon x \longmapsto a_2 x^2 + a_1 x + a_0$	
$a_2 = 1,\ a_1 = 0,\ a_0 \neq 0$	
$f\colon x \longmapsto x^2 + a_0$	$y = x^2 + a_0$

Wir unterscheiden hierbei zwei Fälle:

a) $a_0 > 0$ nach oben verschobene Normalparabeln
b) $a_0 < 0$ nach unten verschobene Normalparabeln

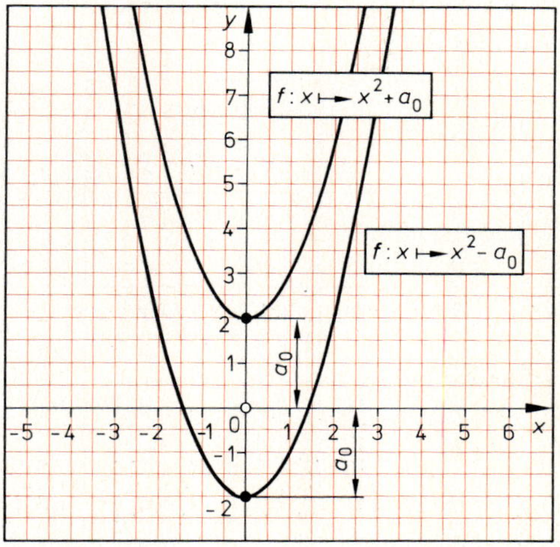

4.

$a_2, a_1 \in \mathbb{R}^*,\ a_0 \in \mathbb{R}$
$f\colon x \longmapsto a_2 x^2 + a_1 x + a_0$ $y = a_2 x^2 + a_1 x + a_0$

In diesem Fall kann der Graph der Funktion f gegenüber der Normalparabel steiler oder flacher verlaufen. Der Scheitelpunkt (höchster bzw. tiefster Punkt) liegt nicht mehr auf der y-Achse.

Um Aussagen über den Scheitelpunkt einer quadratischen Funktion machen zu können, formen wir die Funktionsgleichung mit Hilfe der *quadratischen Ergänzung* um. Ersetzen wir dabei $\frac{a_1}{2a_2}$ durch p und $\frac{4a_2a_0 - a_1^2}{4a_2}$ durch q, so erhalten wir die Funktionsgleichung einer quadratischen Funktion in Scheitelform. Dabei geben $-p$ und q die Koordinaten des Scheitelpunktes S an. Mit Hilfe der Funktionsgleichung in Scheitelform sind wir in der Lage, einen weiteren Fall zur Darstellung von Parabeln zu definieren.

$$y = a_2x^2 + a_1x + a_0$$

$$y = a_2\left(x^2 + \frac{a_1}{a_2}x + \frac{a_0}{a_2}\right)$$

$$y = a_2\left(x^2 + \frac{a_1}{a_2}x + \left(\frac{a_1}{2a_2}\right)^2 - \left(\frac{a_1}{2a_2}\right)^2 + \frac{a_0}{a_2}\right)$$

$$y = a_2\left[\left(x + \frac{a_1}{2a_2}\right)^2 + \frac{4a_2a_0 - a_1^2}{4a_2^2}\right]$$

$$y = a_2\left(x + \underbrace{\frac{a_1}{2a_2}}_{p}\right)^2 + \underbrace{\frac{4a_2a_0 - a_1^2}{4a_2}}_{q}$$

$$\boxed{y = a_2(x + p)^2 + q}$$ *Scheitelgleichung der Parabel*

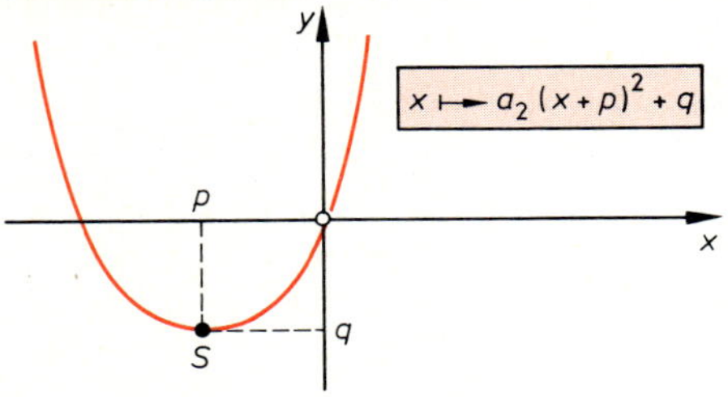

$$S\left(-p = -\frac{a_1}{2a_2},\ q = \frac{4a_2a_0 - a_1^2}{4a_2}\right)$$

Die Koordinaten p und q des Scheitelpunktes geben die Verschiebung des Graphen von $f\colon x \mapsto a_2(x + p)^2 + q$ gegenüber dem Graphen von $g\colon x \mapsto a_2x^2$ an. Für $a_2 > 0$ können wir neun Fälle unterscheiden:

	p	q	Scheitelpunkt S x_S	Scheitelpunkt S y_S
1.	0	0	0	0
2.	0	>0	0	q
3.	0	<0	0	$-q$
4.	>0	0	$-p$	0
5.	<0	0	p	0
6.	<0	>0	p	q
7.	>0	>0	$-p$	q
8.	>0	<0	$-p$	$-q$
9.	<0	<0	p	$-q$
			$p, q \in \mathbb{R}_+$	

Ist $a_2 < 0$, so öffnet sich die Parabel nach unten.

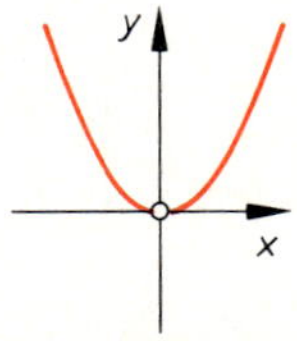

1. $S(0,0)$

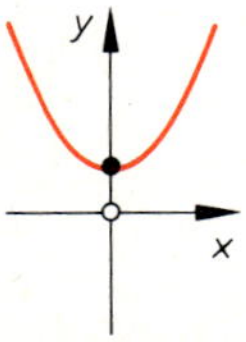

2. $S(0,q)$

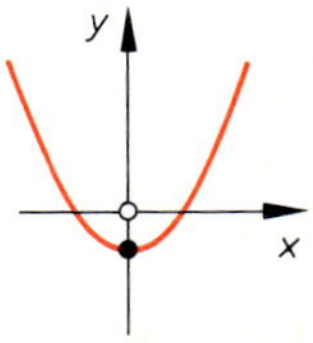

3. $S(0,-q)$

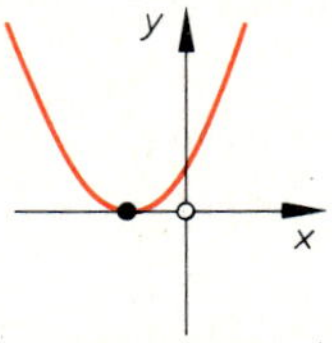

4. $S(-p,0)$

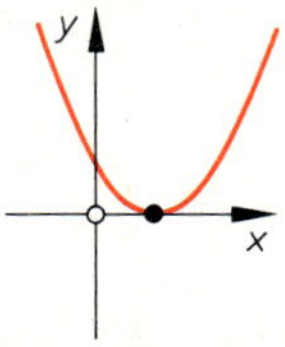

5. $S(p,0)$

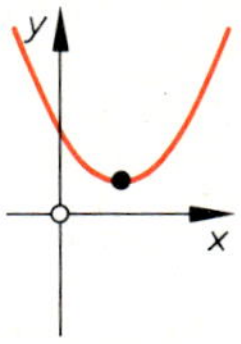

6. $S(p,q)$

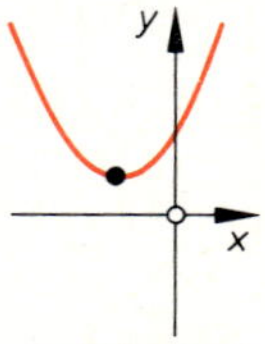

7. $S(-p,q)$

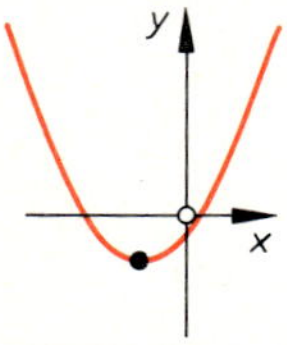

8. $S(-p,-q)$

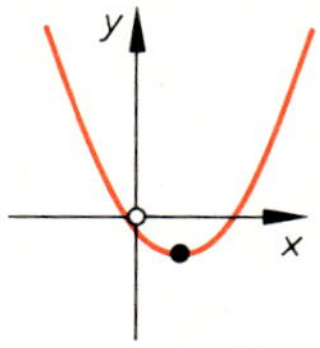

9. $S(p,-q)$

Beispiel:

Wandeln Sie die Funktionsgleichung $y = 3x^2 + 2x - 5$ in die Scheitelform um und zeichnen Sie ihren Graphen.

Lösung:

Aus der Funktionsgleichung können wir die Zahlenwerte für a_2, a_1 und a_0 entnehmen. Mit Hilfe der Scheitelgleichung der Parabel kann der Scheitelpunkt berechnet werden. Der Scheitel der Parabel hat die Koordinaten:

$$S(-\tfrac{1}{3}, -5\tfrac{1}{3}).$$

$$y = 3x^2 + 2x - 5$$

$$a_2 = 3;\ a_1 = 2;\ a_0 = -5$$

$$y = a_2\left(x + \frac{a_1}{2a_2}\right)^2 + \frac{4a_2a_0 - a_1^2}{4a_2}$$

$$y = 3\left(x + \frac{2}{2\cdot 3}\right)^2 + \frac{4\cdot 3\cdot(-5) - 2^2}{4\cdot 3}$$

$$y = 3\left(x + \frac{1}{3}\right)^2 - 5\frac{1}{3}$$ ▶ *Fall 8*

Für die Zeichnung des Graphen der Funktion ist es zweckmäßig, einige Punkte des Graphen mit Hilfe einer Wertetabelle zu bestimmen.

Wertetabelle

x	-2	$-1\frac{2}{3}$	$-\frac{1}{3}$	0	1	$1\frac{1}{3}$
y	3	0	$-5\frac{1}{3}$	-5	0	3

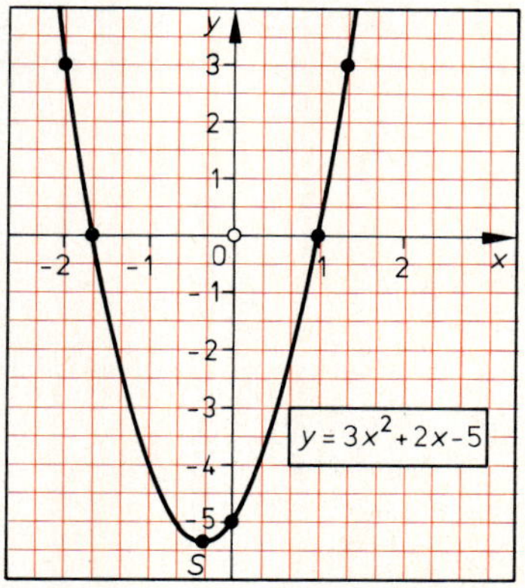

In den folgenden Beispielen untersuchen wir die Injektivität und Surjektivität quadratischer Funktionen.

Beispiele:

a) Die Funktion $f\colon [a,b] \to [q,c]$; $x \mapsto a_2x^2 + a_1x + a_0$ ist surjektiv. Der Scheitelpunkt S hat die Koordinaten p und q; er teilt den Graphen von f in die Graphen zweier Funktionen f_1 und f_2.

surjektiv

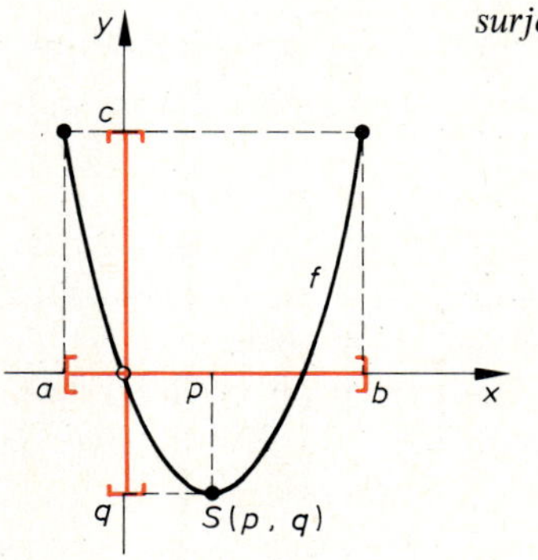

$f\colon [a,b] \to [q,c];\quad x \mapsto a_2x^2 + a_1x + a_0$

f_2 ist für $D(f_2)=[p,b]$ und $B=W(f_2)=[q,c]$,
f_1 ist für $D(f_1)=[a,p]$ und $B=W(f_1)=[q,c]$ bijektiv; die beiden Funktionen haben deshalb Umkehrfunktionen.

bijektiv

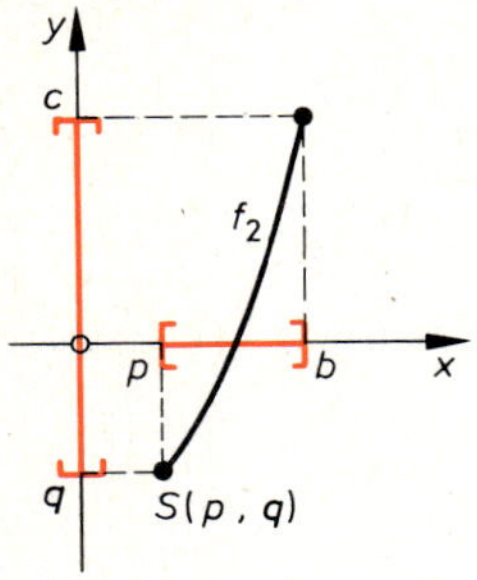

f_2: $[p,b] \rightarrow [q,c]$
$x \mapsto a_2x^2 + a_1x + a_0$

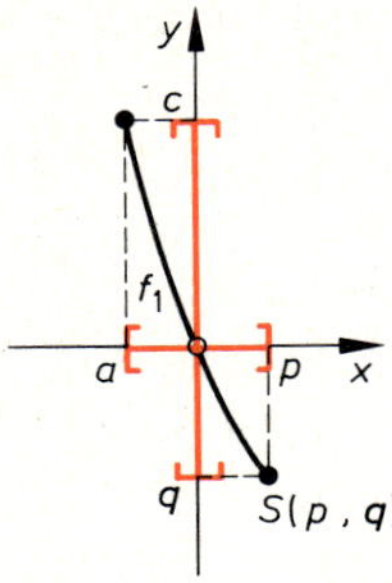

f_1: $[a,p] \rightarrow [q,c]$
$x \mapsto a_2x^2 + a_1x + a_0$

b) Wird als Zielmenge B jeweils $\mathbb{R}$ gewählt, so sind f_2 für $D(f_2) = [p, b]$ und f_1 für $D(f_1) = [a, p]$ injektiv; beide Funktionen haben dann ebenfalls Umkehrfunktionen.

injektiv

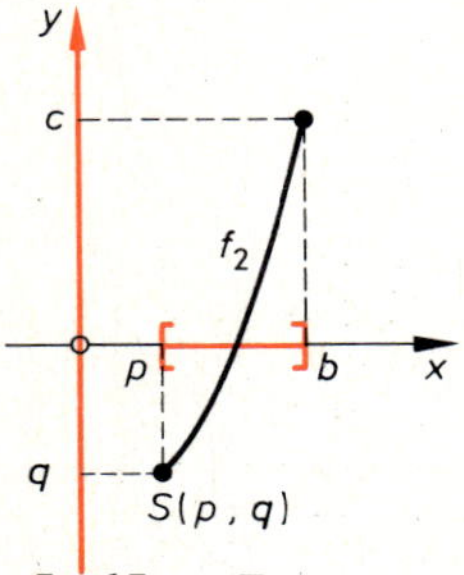

f_2: $[p,b] \rightarrow \mathbb{R}$
$x \mapsto a_2x^2 + a_1x + a_0$

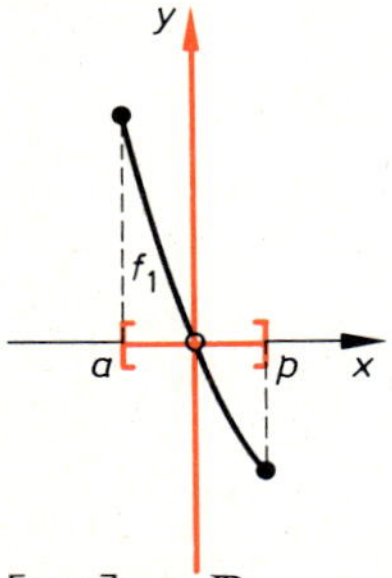

f_1: $[a,p] \rightarrow \mathbb{R}$
$x \mapsto a_2x^2 + a_1x + a_0$

Beispiel:

Gegeben sei die Funktion f: $\mathbb{R} \rightarrow \mathbb{R}$; $x \mapsto 2x^2 - 4x - 2{,}5$

a) Geben Sie den größtmöglichen Definitionsbereich $D(f)$ an, für den die Funktion f injektiv ist.

b) Wie lauten die Umkehrfunktionen?

c) Stellen Sie Funktion und Umkehrfunktionen graphisch dar.

Lösung:

a) Da f surjektiv ist, müssen wir zunächst den Scheitelpunkt S des Graphen von f bestimmen.
Die Funktion f ist in einem Definitionsbereich für $x \leq 1$ sowie in einem Definitionsbereich für $x \geq 1$ *injektiv.*

f: $x \mapsto 2x^2 - 4x - 2{,}5$; $x \in \mathbb{R}$ *ist surjektiv*

$S(p,q)$; $-p = -\dfrac{a_1}{2a_2}$; $\quad q = \dfrac{4a_2a_0 - a_1^2}{4a_2}$

$-p = \dfrac{-(-4)}{2 \cdot 2} = 1$; $q = \dfrac{4 \cdot 2 \cdot (-2{,}5) - (-4)^2}{4 \cdot 2} = -4{,}5$

$\Rightarrow S(1; -4{,}5)$

f_1: $(-\infty, 1] \rightarrow [-4{,}5; \infty)$; $x \mapsto 2x^2 - 4x - 2{,}5$

oder

f_2: $[1, \infty) \rightarrow [-4{,}5; \infty)$; $x \mapsto 2x^2 - 4x - 2{,}5$

Wir erhalten die beiden injektiven Teilfunktionen f_1 und f_2.

b) Durch Auflösen der Funktionsgleichung nach x und Umbenennen der Variablen erhalten wir die Funktionsgleichungen der Umkehrfunktionen f_1^{-1} und f_2^{-1}.

$$f\colon\ y = 2x^2 - 4x - 2{,}5 \quad \textit{Funktionsgleichung}$$

$$0 = x^2 - 2x - 1{,}25 - \frac{y}{2}$$

$$x_1 = 1 - \sqrt{2{,}25 + \frac{y}{2}} \ \vee\ x_2 = 1 + \sqrt{2{,}25 + \frac{y}{2}}$$

$$f_1^{-1}\colon\ y = 1 - \sqrt{2{,}25 + \frac{x}{2}};\ f_2^{-1}\colon y = 1 + \sqrt{2{,}25 + \frac{x}{2}}$$

Die Definitions- und Wertebereiche der Umkehrfunktionen f_1^{-1} und f_2^{-1} ergeben sich durch Vertauschen der Definitions- und Wertebereiche von f_1 und f_2.

$$D(f_1) = (-\infty, 1];\quad W(f_1) = [-4{,}5; \infty)$$
$$D(f_2) = [1, \infty);\quad W(f_2) = [-4{,}5; \infty)$$
$$D(f_1^{-1}) = [-4{,}5; \infty);\quad W(f_1^{-1}) = (-\infty, 1]$$
$$D(f_2^{-1}) = [-4{,}5; \infty);\quad W(f_2^{-1}) = [1, \infty)$$

$$f_1^{-1}\colon [-4{,}5; \infty) \to (-\infty, 1];\ x \mapsto 1 - \sqrt{2{,}25 + \frac{x}{2}}$$

$$f_2^{-1}\colon [-4{,}5; \infty) \to [1, \infty);\ x \mapsto 1 + \sqrt{2{,}25 + \frac{x}{2}}$$

Aus den Funktionsgleichungen von f_1 und f_2 sowie den Definitions- und Wertebereichen $D(f_1^{-1})$, $W(f_1^{-1})$, $D(f_2^{-1})$ und $W(f_2^{-1})$ erhalten wir die Umkehrfunktionen f_1^{-1} und f_2^{-1}.

c) Um die Graphen von Funktionen und Umkehrfunktion zeichnen zu können, benötigen wir neben den Scheitelpunkten S_1 und S_2 einige weitere Punkte, die wir mit Hilfe einer Wertetabelle bestimmen.

Wertetabelle

	x	−2	−1	0	1	3
f	$y = 2x^2 - 4x - 2{,}5$	13,5	3,5	−2,5	−4,5	3,5
f_1^{-1}	$y = 1 - \sqrt{2{,}25 + \frac{x}{2}}$	−0,11	−0,32	−0,5	−0,65	−0,93
f_2^{-1}	$y = 1 + \sqrt{2{,}25 + \frac{x}{2}}$	2,11	2,32	2,5	2,65	2,93

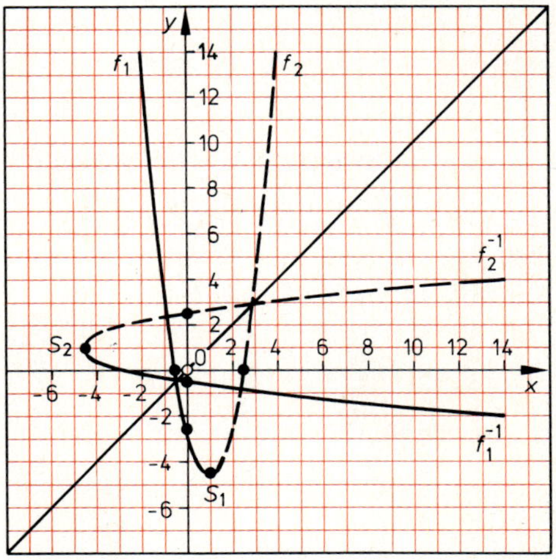

Schnittpunkte von Funktionsgraphen quadratischer Funktionen

Wir wollen folgende Schnittpunkte von Funktionsgraphen betrachten:

1. Schnittpunkt mit der y-Achse ($x = 0$).
2. Schnittpunkt mit der x-Achse ($y = 0$).
3. Schnittpunkt zweier Funktionsgraphen ($y_1 = y_2$).

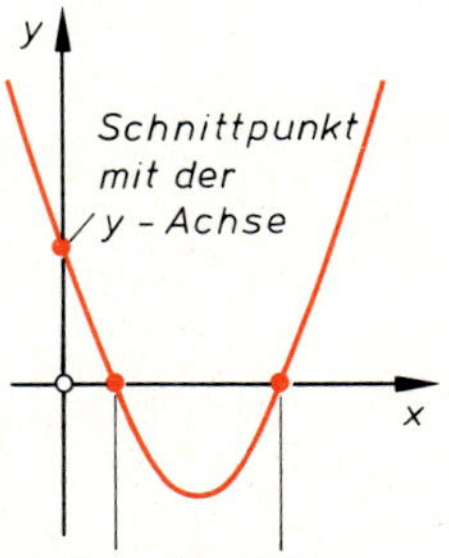

Schnittpunkte mit der x-Achse

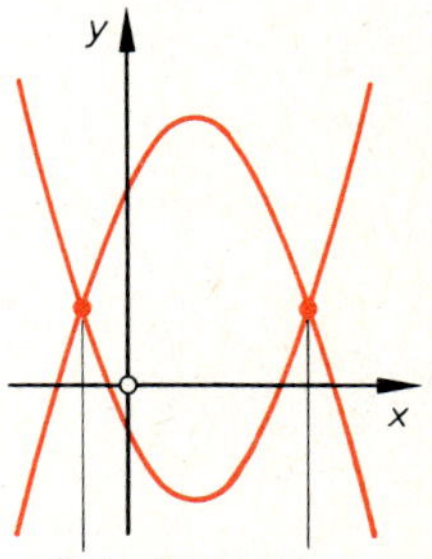

Schnittpunkte von Funktionsgraphen

Symmetrie bei Graphen ganzrationaler Funktionen

Der Graph einer Funktion f ist *achsensymmetrisch* zur y-Achse, wenn für jedes $x \in D(f)$ gilt:

$$f(x) = f(-x)$$

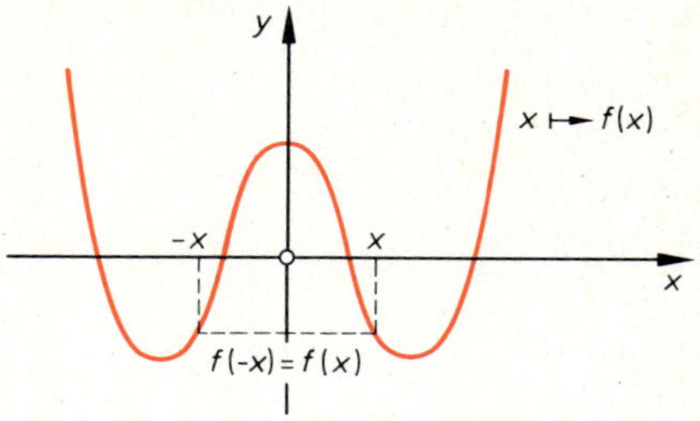

achsensymmetrischer Funktionsgraph:
$f(x) = f(-x)$

Der Graph einer Funktion f ist *punktsymmetrisch* zum Nullpunkt, wenn für jedes $x \in D(f)$ gilt:

$$f(-x) = -f(x) \text{ oder } f(x) = -f(-x).$$

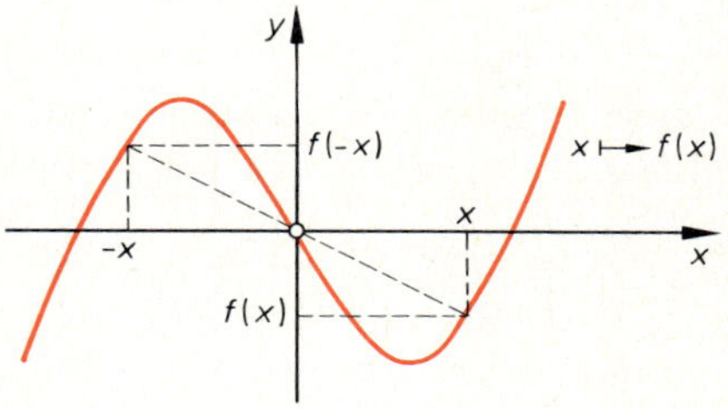

punktsymmetrischer Funktionsgraph:
$f(-x) = -f(x)$

Wenn im folgenden von „punktsymmetrisch" gesprochen wird, so ist dies stets mit Bezug auf den Koordinatenursprung gemeint.
Wir erkennen eine *punktsymmetrische Funktion* daran, daß die einzelnen Glieder der Funktion nur *ungerade* Zahlen als Exponenten haben.
Die einzelnen Glieder einer *achsensymmetrischen Funktion* haben demgegenüber nur gerade Zahlen als Exponenten.

$\left.\begin{array}{l} f\colon x \longmapsto x^5 - x^3 + 7x \\ f\colon x \longmapsto 2x^7 - x \end{array}\right\}$ *punktsymmetrische Funktionen*

$\left.\begin{array}{l} f\colon x \longmapsto 3x^6 - 4x^2 - 7 \\ f\colon x \longmapsto 2x^4 - x^2 - 13 \end{array}\right\}$ *achsensymmetrische Funktionen*

$f\colon x \longmapsto 3x^4 - 2x^3 - x + 5$ *unsymmetrische Funktion*

Nullstellen von ganzrationalen Funktionen

Für lineare und quadratische Funktionen haben wir die Stellen berechnet, an denen der Graph der betrachteten Funktion die x-Achse schneidet, d.h. wir haben die x-Werte bestimmt, für die $f(x) = 0$ gilt. Wir definieren ganz allgemein:

Definition:

Unter den Nullstellen einer ganzrationalen Funktion $x \longmapsto f(x)$ versteht man die x-Werte, für die gilt: $f(x) = 0$.
Der Graph der Funktion schneidet oder berührt an den Nullstellen die x-Achse.
Bei quadratischen Funktionen der Form $x \longmapsto a_2x^2 + a_1x + a_0$ besteht nach Satz S. 134 eine Beziehung zwischen Nullstellen und Linearfaktoren. Der Funktionsterm einer quadratischen Funktion kann höchstens in zwei Linearfaktoren zerlegt werden.

Beispiel:

Gesucht ist die achsensymmetrische Funktion f 4. Grades, die bei $x_1 = 2$ und $x_2 = -4$ die x-Achse sowie bei $y = -1$ die y-Achse schneidet.

Lösung:

Wir stellen zunächst die allgemeine Form einer Funktion 4. Grades auf.

$$f\colon x \longmapsto a_4x^4 + a_3x^3 + a_2x^2 + a_1x + a_0$$

Da die Funktion f achsensymmetrisch ist, entfallen alle Potenzen mit ungeraden Zahlen als Exponenten (siehe Seite 139).

$$f\colon x \longmapsto a_4x^4 + a_2x^2 + a_0$$

Wir setzen die Koordinaten der gegebenen Punkte in die Funktionsgleichung ein und erhalten so ein lineares Gleichungssystem, das aus drei Gleichungen mit den drei Variablen a_4, a_2 und a_0 besteht. Mit Hilfe der Additionsmethode erhalten wir die Lösung des Gleichungssystems.

$$\begin{array}{ll}
(1) & 0 = a_4 \cdot 2^4 + a_2 \cdot 2^2 + a_0; \quad P_1(2, 0) \\
(2) & 0 = a_4(-4)^4 + a_2(-4)^2 + a_0; \quad P_2(-4, 0) \\
(3) & -1 = a_4 \cdot 0 + a_2 \cdot 0 + a_0; \quad P_3(0, -1) \\
\hline
(3) & -1 = a_0 \\
(1) & 0 = 16a_4 + 4a_2 - 1 \quad | \cdot (-4) \quad + \\
\wedge\ (2) & 0 = 256a_4 + 16a_2 - 1 \\
\hline
 & 0 = 192a_4 + 3 \quad \Rightarrow \quad a_4 = -\frac{1}{64} \\
 & \wedge\ a_2 = \frac{5}{16}
\end{array}$$

Die Funktion f lautet dann:

$$\boxed{f\colon x \longmapsto -\tfrac{1}{64}x^4 + \tfrac{5}{16}x^2 - 1}$$

Beispiel:

Der Graph einer ganzrationalen Funktion 3. Grades gehe durch die Punkte $P_1(1, -21)$, $P_2(-2, 45)$, $P_3(-3, 47)$ und $P_4(3, 5)$. Bestimmen Sie die Funktionsgleichung, und zeichnen Sie den Graphen der Funktion.

Lösung:

Alle vier Punkte sind Elemente des Graphen. Die zugehörigen Zahlenpaare erfüllen die Funktionsgleichung. Wir erhalten ein Gleichungssystem von vier Gleichungen mit den Variablen a_3, a_2, a_1 und a_0. Durch Kombinieren geeigneter Gleichungen wandeln wir mit Hilfe der Additions- und Einsetzungsmethode die Gleichungen so lange um, bis am Ende nur noch eine Gleichung mit einer Variablen übrigbleibt. Dieses Verfahren setzen wir so lange fort, bis alle Variablen bestimmt sind.

$$\boxed{y = a_3x^3 + a_2x^2 + a_1x + a_0}$$

Funktionsgleichung 3. Grades

$P_1(1, -21) \Rightarrow$	1.		$-21 = a_3 + a_2 + a_1 + a_0$
$P_2(-2, 45) \Rightarrow$	2.	$\vee$	$45 = -8a_3 + 4a_2 - 2a_1 + a_0$
$P_3(-3, 47) \Rightarrow$	3.	$\vee$	$47 = -27a_3 + 9a_2 - 3a_1 + a_0$
$P_4(3, 5) \Rightarrow$	4.	$\vee$	$5 = 27a_3 + 9a_2 + 3a_1 + a_0$

b) Durch Auflösen der Funktionsgleichung nach x und Umbenennen der Variablen erhalten wir die Funktionsgleichungen der Umkehrfunktionen f_1^{-1} und f_2^{-1}.

$f\colon\ y=2x^2-4x-2{,}5$ *Funktionsgleichung*

$$0=x^2-2x-1{,}25-\frac{y}{2}$$

$$x_1=1-\sqrt{2{,}25+\frac{y}{2}}\ \vee\ x_2=1+\sqrt{2{,}25+\frac{y}{2}}$$

$$f_1^{-1}\colon\ y=1-\sqrt{2{,}25+\frac{x}{2}};\ f_2^{-1}\colon y=1+\sqrt{2{,}25+\frac{x}{2}}$$

Die Definitions- und Wertebereiche der Umkehrfunktionen f_1^{-1} und f_2^{-1} ergeben sich durch Vertauschen der Definitions- und Wertebereiche von f_1 und f_2.

$D(f_1)\ =(-\infty, 1]$; $W(f_1)=[-4{,}5;\infty)$
$D(f_2)\ =[1, \infty)$; $W(f_2)=[-4{,}5;\infty)$
$D(f_1^{-1})=[-4{,}5;\infty)$; $W(f_1^{-1})=(-\infty, 1]$
$D(f_2^{-1})=[-4{,}5;\infty)$; $W(f_2^{-1})=[1, \infty)$

$$f_1^{-1}\colon [-4{,}5;\infty)\to(-\infty, 1];\ x\mapsto 1-\sqrt{2{,}25+\frac{x}{2}}$$

$$f_2^{-1}\colon [-4{,}5;\infty)\to[1, \infty);\ x\mapsto 1+\sqrt{2{,}25+\frac{x}{2}}$$

Aus den Funktionsgleichungen von f_1 und f_2 sowie den Definitions- und Wertebereichen $D(f_1^{-1})$, $W(f_1^{-1})$, $D(f_2^{-1})$ und $W(f_2^{-1})$ erhalten wir die Umkehrfunktionen f_1^{-1} und f_2^{-1}.

c) Um die Graphen von Funktionen und Umkehrfunktion zeichnen zu können, benötigen wir neben den Scheitelpunkten S_1 und S_2 einige weitere Punkte, die wir mit Hilfe einer Wertetabelle bestimmen.

Wertetabelle

	x	-2	-1	0	1	3
f	$y=2x^2-4x-2{,}5$	13,5	3,5	$-2{,}5$	$-4{,}5$	3,5
f_1^{-1}	$y=1-\sqrt{2{,}25+\frac{x}{2}}$	$-0{,}11$	$-0{,}32$	$-0{,}5$	$-0{,}65$	$-0{,}93$
f_2^{-1}	$y=1+\sqrt{2{,}25+\frac{x}{2}}$	2,11	2,32	2,5	2,65	2,93

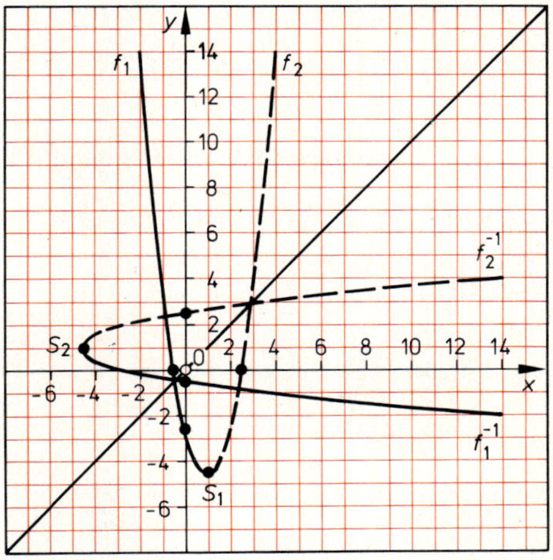

Schnittpunkte von Funktionsgraphen quadratischer Funktionen

Wir wollen folgende Schnittpunkte von Funktionsgraphen betrachten:

1. Schnittpunkt mit der y-Achse ($x=0$).
2. Schnittpunkt mit der x-Achse ($y=0$).
3. Schnittpunkt zweier Funktionsgraphen ($y_1=y_2$).

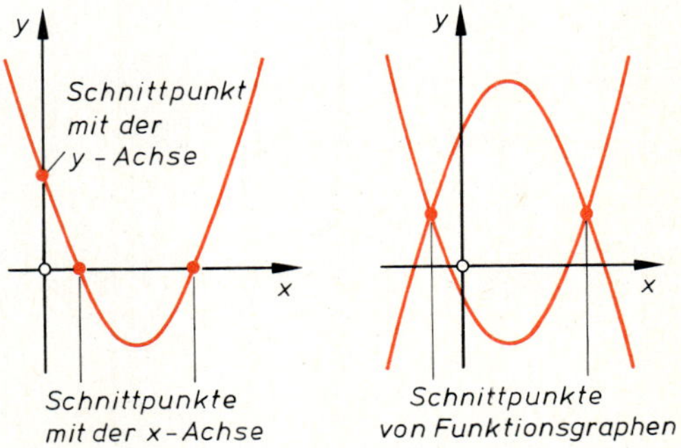

Berechnung der Schnittpunkte

1. *Schnittpunkt mit der y-Achse*

$y = a_2x^2 + a_1x + a_0 \wedge x = 0$	$\Rightarrow$	$y = a_0$

Den Schnittpunkt mit der y-Achse berechnen wir durch Einsetzen von $x = 0$ in die Funktionsgleichung. Er wird bestimmt durch das absolute Glied a_0.

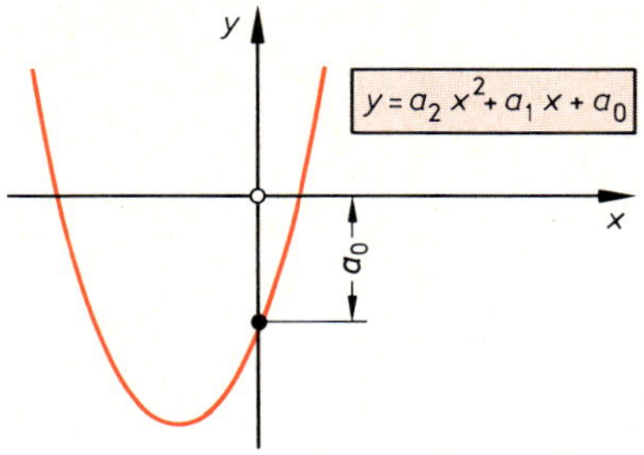

2. *Schnittpunkte mit der x-Achse*

$y = a_2x^2 + a_1x + a_0 \wedge y = 0$	$\Rightarrow$	$x = -\frac{a_1}{2a_2} + \sqrt{\left(\frac{a_1}{2a_2}\right)^2 - \frac{a_0}{a_2}} \vee x = -\frac{a_1}{2a_2} - \sqrt{\left(\frac{a_1}{2a_2}\right)^2 - \frac{a_0}{a_2}}$

Wir wollen diese Lösungsformel herleiten.

Berechnung der Schnittpunkte mit Hilfe der quadratischen Ergänzung

Wir setzen in der Funktionsgleichung für y den Wert Null ein und dividieren die Gleichung durch a_2. Wir erhalten die Normalform einer quadratischen Gleichung. Beim Radizieren müssen wir darauf achten, daß der Term $x + \frac{a_1}{2a_2}$ mit Betragsstrichen versehen wird, da gilt:

$$\sqrt{a^2} = |a|.$$

Die Vorzeichen der Terme $\frac{a_1}{2a_2}$ und $\frac{a_0}{a_2}$ sind bei der Lösungsformel immer umgekehrt zu denen von $\frac{a_1}{a_2}$ bzw. $\frac{a_0}{a_2}$ in der Normalform.

Der unter dem Wurzelzeichen stehende Radikand $\left(\frac{a_1}{2a_2}\right)^2 - \frac{a_0}{a_2}$ wird *Diskriminante D* genannt.

$$y = 0 = a_2x^2 + a_1x + a_0$$

$$\boxed{0 = x^2 + \frac{a_1}{a_2}x + \frac{a_0}{a_2}} \quad \textit{Normalform}$$

$$x^2 + \frac{a_1}{a_2}x + \left(\frac{a_1}{2a_2}\right)^2 = -\frac{a_0}{a_2} + \left(\frac{a_1}{2a_2}\right)^2$$

$$\left(x + \frac{a_1}{2a_2}\right)^2 = \left(\frac{a_1}{2a_2}\right)^2 - \frac{a_0}{a_2}$$

$$\left|x + \frac{a_1}{2a_2}\right| = \sqrt{\left(\frac{a_1}{2a_2}\right)^2 - \frac{a_0}{a_2}}$$

$$x + \frac{a_1}{2a_2} = \sqrt{\left(\frac{a_1}{2a_2}\right)^2 - \frac{a_0}{a_2}}$$

$$\vee -\left(x + \frac{a_1}{2a_2}\right) = \sqrt{\left(\frac{a_1}{2a_2}\right)^2 - \frac{a_0}{a_2}}$$

$$x = -\frac{a_1}{2a_2} + \sqrt{\left(\frac{a_1}{2a_2}\right)^2 - \frac{a_0}{a_2}}$$

$$\vee x = -\frac{a_1}{2a_2} - \sqrt{\left(\frac{a_1}{2a_2}\right)^2 - \frac{a_0}{a_2}}$$

$$\boxed{\left(\frac{a_1}{2a_2}\right)^2 - \frac{a_0}{a_2} = D} \quad \textit{Diskriminante}$$

Satz:

Die quadratische Funktion $f\colon x \longmapsto a_2x^2 + a_1x + a_0$ *mit* $a_2, a_1, a_0 \in \mathbb{R}$, $a_2 \neq 0$ *und* $D = \left(\frac{a_1}{2a_2}\right)^2 - \frac{a_0}{a_2}$ *hat folgende Schnittpunkte mit der x-Achse:*

1. $D > 0$: $x_1 = -\frac{a_1}{2a_2} + \sqrt{\left(\frac{a_1}{2a_2}\right)^2 - \frac{a_0}{a_2}}$ und $x_2 = -\frac{a_1}{2a_2} - \sqrt{\left(\frac{a_1}{2a_2}\right)^2 - \frac{a_0}{a_2}}$
2. $D = 0$: $x = -\frac{a_1}{2a_2}$
3. $D < 0$: *keine Schnittpunkte*

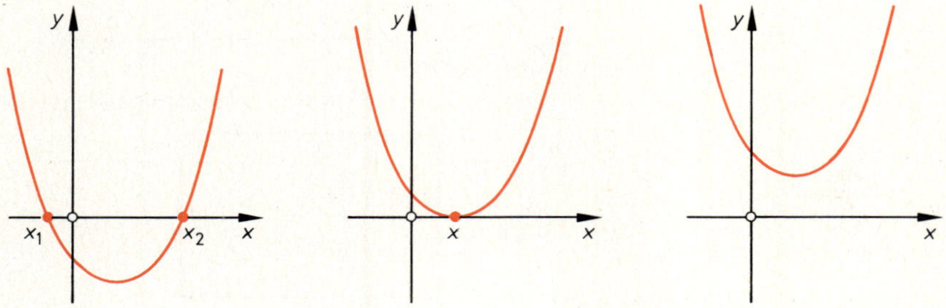

Beispiel:

Gegeben sei die Funktion $f\colon x \longmapsto 3x^2 + 2x - 5$ für $x \in [-2, 2]$. Bestimmen Sie:

a) den Scheitelpunkt S des Graphen der Funktion f,

b) den Schnittpunkt des Graphen mit der y-Achse ($x = 0$),

c) die Diskriminante D und den Schnittpunkt des Graphen mit der x-Achse ($y = 0$).

d) Zeichnen Sie den Graphen der Funktion f mit Hilfe der berechneten Zahlenwerte.

Lösung:

a) Berechnung der Scheitelpunktskoordinaten:

$$-p = -\frac{a_1}{2a_2}; \quad q = \frac{4a_2a_0 - a_1^2}{4a_2}$$

$$a_2 = 3; \; a_1 = 2; \; a_0 = -5$$

$$p = -\tfrac{1}{3}; \; q = -\tfrac{16}{3}$$

$$\underline{\underline{S\left(-\tfrac{1}{3}, -\tfrac{16}{3}\right)}}$$

b) Der Schnittpunkt mit der y-Achse wird durch a_0 angegeben.

$$y = 3x^2 + 2x - 5 \wedge x = 0$$

$$\Rightarrow \underline{\underline{y = -5}}$$

c) Diskriminante: $D = \left(\frac{a_1}{2a_2}\right)^2 - \frac{a_0}{a_2}$.

$$D = \left(\frac{2}{2 \cdot 3}\right)^2 - \left(\frac{-5}{3}\right) = \underline{\underline{\frac{16}{9}}};$$

$$\frac{16}{9} > 0 \Rightarrow \textit{zwei Nullstellen}$$

Normalform: $x^2 + \frac{a_1}{a_2}x + \frac{a_0}{a_2} = 0$

$$x^2 + \frac{2}{3}x - \frac{5}{3} = 0$$

Berechnung der Nullstellen mit Hilfe der Lösungsformel.

$$x = -\frac{1}{3} + \sqrt{\left(\frac{1}{3}\right)^2 + \frac{5}{3}} = \underline{\underline{1}}$$

$$\vee \; x = -\frac{1}{3} - \sqrt{\left(\frac{1}{3}\right)^2 + \frac{5}{3}} = \underline{\underline{-\frac{5}{3}}}$$

d) Den Graphen von f zeichnen wir mit Hilfe der errechneten Werte:

$S(-\frac{1}{3}, -\frac{16}{3})$; $P_1(0, -5)$; $P_2(1, 0)$; $P_3(-\frac{5}{3}, 0)$

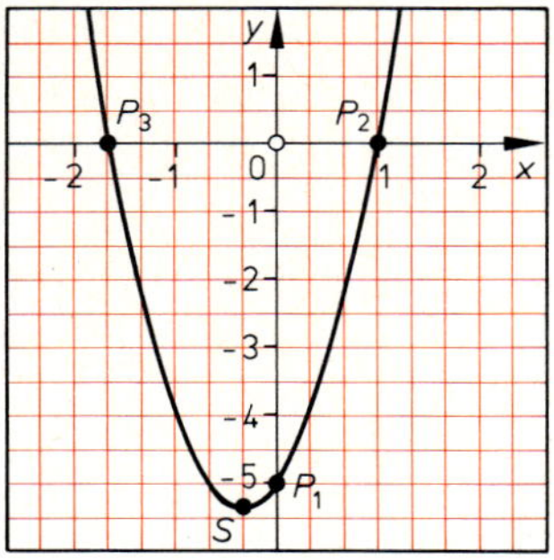

Linearfaktoren

Zwischen den Nullstellen x_1 und x_2 einer quadratischen Funktion besteht folgende Beziehung:

Satz:

Hat eine quadratische Funktion $f: x \longmapsto a_2x^2 + a_1x + a_0$ die Nullstellen x_1 und x_2 $(D \geq 0)$, so gilt:

$$x_1 + x_2 = -\frac{a_1}{a_2}$$

$$x_1 \cdot x_2 = \frac{a_0}{a_2}$$

*Satz von Viëta**

Beweis:

$x_1 + x_2$: Durch Zusammenfassen der Terme in den Klammern erhalten wir: $-\frac{a_1}{a_2}$.

$$x_1 + x_2 = \left[-\frac{a_1}{2a_2} + \sqrt{\left(\frac{a_1}{2a_2}\right)^2 - \frac{a_0}{a_2}}\right] + \left[-\frac{a_1}{2a_2} - \sqrt{\left(\frac{a_1}{2a_2}\right)^2 - \frac{a_0}{a_2}}\right]$$

$$= -\frac{a_1}{2a_2} - \frac{a_1}{2a_2} = \underline{\underline{-\frac{a_1}{a_2}}}$$

$x_1 \cdot x_2$: Das Produkt der Klammern läßt sich nach der dritten binomischen Formel $(a+b)(a-b) = a^2 - b^2$ als Differenz schreiben, die ausgerechnet $\frac{a_0}{a_2}$ ergibt.

$$x_1 \cdot x_2 = \left[-\frac{a_1}{2a_2} + \sqrt{\left(\frac{a_1}{2a_2}\right)^2 - \frac{a_0}{a_2}}\right] \cdot \left[-\frac{a_1}{2a_2} - \sqrt{\left(\frac{a_1}{2a_2}\right)^2 - \frac{a_0}{a_2}}\right]$$

$$= \left(-\frac{a_1}{2a_2}\right)^2 - \left[\sqrt{\left(\frac{a_1}{2a_2}\right)^2 - \frac{a_0}{a_2}}\right]^2$$

$$= \left(\frac{a_1}{2a_2}\right)^2 - \left(\frac{a_1}{2a_2}\right)^2 + \frac{a_0}{a_2} = \underline{\underline{\frac{a_0}{a_2}}}$$

Nach dem Satz von Viëta können wir die quadratische Funktion in Faktoren (Linearfaktoren) zerlegen.

$$x^2 + \frac{a_1}{a_2}x + \frac{a_0}{a_2} = x^2 - (x_1 + x_2)x + x_1x_2$$
$$= x^2 - xx_1 - xx_2 + x_1x_2$$
$$= x(x - x_1) - x_2(x - x_1)$$
$$= (x - x_1)(x - x_2) \quad \blacktriangleright \textit{ Linearfaktoren}$$

Satz:

Den Funktionsterm der quadratischen Funktion $f: x \longmapsto x^2 + \frac{a_1}{a_2}x + \frac{a_0}{a_2}$, mit $D \geq 0$ kann man mit Hilfe der Nullstellen x_1 und x_2 in Linearfaktoren zerlegen:

$$x^2 + \frac{a_1}{a_2}x + \frac{a_0}{a_2} = (x - x_1)(x - x_2)$$

Der Satz von Viëta erlaubt es

a) die Normalform der Funktionsgleichung einer quadratischen Funktion bei Kenntnis der Nullstellen aufzustellen,
b) die Lösung einer Nullstellenbestimmung zu prüfen,
c) quadratische Funktionen mit Hilfe der Nullstellen in Linearfaktoren zu zerlegen.

* Viëta; Französischer Mathematiker, 1540 … 1603.

Beispiel:

Wie lautet die quadratische Funktion, die die Nullstellen $x_1 = -3$ und $x_2 = 4$ hat?

Lösung:

1. $\frac{a_1}{a_2}$ wird durch Einsetzen in die Gleichung $x_1 + x_2 = -\frac{a_1}{a_2}$ bestimmt.
2. $\frac{a_0}{a_2}$ wird durch Einsetzen in die Gleichung $x_1 \cdot x_2 = \frac{a_0}{a_2}$ bestimmt.

$$x_1 = -3;\ x_2 = 4$$

$x_1 + x_2 = -\frac{a_1}{a_2}$	$x_1 \cdot x_2 = \frac{a_0}{a_2}$
$-3 + 4 = -\frac{a_1}{a_2}$	$-3 \cdot 4 = \frac{a_0}{a_2}$
$1 = -\frac{a_1}{a_2}$	$-12 = \frac{a_0}{a_2}$
$\frac{a_1}{a_2} = -1$	$\frac{a_0}{a_2} = -12$

3. Die Zahlenwerte für $\frac{a_1}{a_2}$ und $\frac{a_0}{a_2}$ werden in den Funktionsterm eingesetzt.

$$f\colon x \longmapsto x^2 + \frac{a_1}{a_2}x + \frac{a_0}{a_2}$$

$$f\colon x \longmapsto x^2 - x - 12$$

Berechnung von Schnittpunkten quadratischer Funktionen

Beispiel:

Gegeben seien die Funktionen: $f_1\colon x \longmapsto x^2 - 3x - 1{,}25$; $f_2\colon x \longmapsto 0{,}6x + 1{,}5$.

a) Zeichnen Sie die Graphen der Funktionen f_1 und f_2, und bestimmen Sie mit Hilfe der Zeichnung die Schnittpunkte.

b) Berechnen Sie die Koordinaten der Schnittpunkte.

Lösung:

a) Der Graph von f_1 ist eine Parabel. Um das Zeichnen zu erleichtern, wollen wir zunächst einige wichtige Punkte berechnen:

$S(1{,}5;\ -3{,}5)$	(siehe Seite 128).
$P_1(0;\ -1{,}25)$	Schnittpunkt mit der y-Achse ($x = 0$).
$P_2(-0{,}37;\ 0)$	Schnittpunkte mit
$P_3(3{,}37;\ 0)$	der x-Achse ($y = 0$)

Mit Hilfe einer Wertetabelle können noch weitere Punkte bestimmt werden.

Der Graph von f_2 ist eine Gerade. Für das Zeichnen einer Geraden genügen zwei Punkte.

$y = 0 \Rightarrow x = -2{,}5 \Rightarrow P_4(-2{,}5;\ 0)$

$x = 0 \Rightarrow y = 1{,}5 \Rightarrow P_5(0;\ 1{,}5)$.

Beide Graphen schneiden sich in zwei Punkten; aus der Zeichnung lesen wir ab:

$P_6(-0{,}6;\ 1{,}1)$ und $P_7(4{,}2;\ 4{,}0)$.

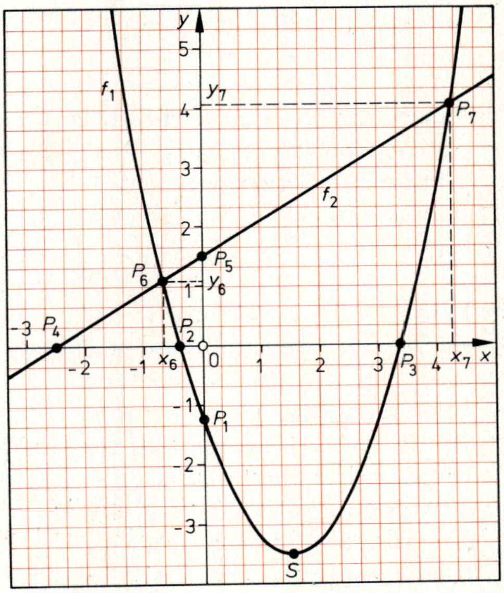

b) Beide Funktionsgleichungen sind Aussageformen mit zwei Variablen und bilden für die Schnittpunkte ein Gleichungssystem, das wir mit der auf S. 132 angegebenen Formel lösen können. Die sich ergebenden Zahlenpaare sind die gesuchten Koordinaten der Schnittpunkte.

$$y = x^2 - 3x - 1{,}25$$
$$\wedge \; y = 0{,}6x + 1{,}5$$

$$0{,}6x + 1{,}5 = x^2 - 3x - 1{,}25$$
$$0 = x^2 - 3{,}6x - 2{,}75$$
$$\Rightarrow \quad x_6 = -0{,}6; \quad y_6 = 1{,}1$$
$$\vee \; x_7 = 4{,}2; \quad y_7 = 4{,}0$$
$$\Rightarrow P_6(-0{,}6;\, 1{,}1); \quad P_7(4{,}2;\, 4{,}0)$$

Beispiel:

Gegeben seien die Funktionen: $f_1\colon x \mapsto \frac{1}{4}x^2 - \frac{1}{2}x - \frac{3}{4}$;
$f_2\colon x \mapsto x^2 - 4x + 1$.

a) Zeichnen Sie die Graphen der Funktionen f_1 und f_2, und bestimmen Sie mit Hilfe der Zeichnung die Schnittpunkte.

b) Berechnen Sie die Koordinaten der Schnittpunkte.

Lösung:

a) Die Graphen von f_1 und f_2 sind Parabeln.

Wichtige Punkte:

$S_1(\;1, -1)$	(siehe Seite 128)
$P_1(\;0, -\frac{3}{4})$	für $x = 0$
$P_2(-1, \;0)$	für $y = 0$
$P_3(\;3, \;0)$	für $y = 0$
$S_2(\;2, -3)$	(siehe Seite 128)
$P_4(\;0, \;1)$	für $x = 0$
$P_5(0{,}27;\, 0)$	für $y = 0$
$P_6(3{,}73;\, 0)$	für $y = 0$

Weitere Punkte werden mit Hilfe einer Wertetabelle bestimmt.
Schnittpunkte der Graphen sind:
$P_7(0{,}6;\, -0{,}9)$
$P_8(4{,}1;\, 1{,}4)$

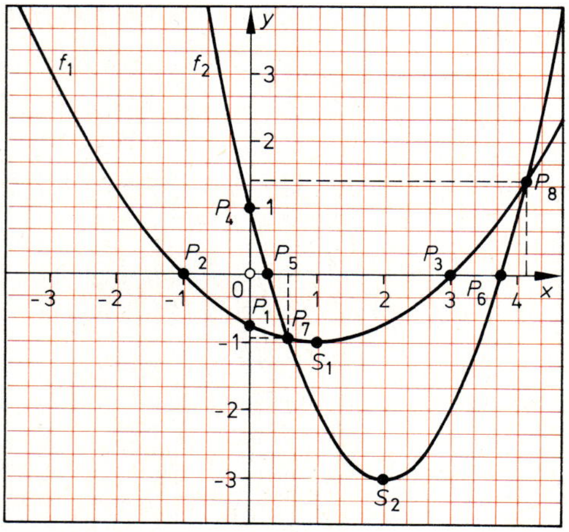

b) Beide Funktionsgleichungen sind quadratische Aussageformen und bilden für die Schnittpunkte ein Gleichungssystem, das wir mit Hilfe der auf Seite 132 angegebenen Lösungsformel berechnen können. Die sich ergebenden Zahlenpaare sind die gesuchten Koordinaten der Schnittpunkte.

$$y = \frac{1}{4}x^2 - \frac{1}{2}x - \frac{3}{4}$$
$$\wedge \; y = x^2 - 4x + 1$$

$$\frac{1}{4}x^2 - \frac{1}{2}x - \frac{3}{4} = x^2 - 4x + 1$$
$$\frac{3}{4}x^2 - 3\frac{1}{2}x + \frac{7}{4} = 0$$
$$\Rightarrow x_7 = 0{,}5695; \quad y_7 = -0{,}95$$
$$x_8 = 4{,}0972; \quad y_8 = 1{,}39$$
$$\Rightarrow P_7(0{,}57;\, -0{,}95); \quad P_8(4{,}1;\, 1{,}39)$$

6.1.3 Ganzrationale Funktionen höheren Grades

In einer Funktionsgleichung können höhere als zweite Potenzen auftreten.

Beispiele:

$f(x) = 3x^4 - 4x^3 + 2x^2 - x + 1$
$f(x) = 2x^5 - 4x^4 + 2x - 7$
$f(x) = 4x^3 - 4$

Man spricht hier von ganzrationalen Funktionen höheren Grades.

Definition:

Eine Funktion der Form

$$f\colon \mathbb{R} \longrightarrow \mathbb{R};\; x \longmapsto a_n x^n + a_{n-1} x^{n-1} + \ldots + a_1 x + a_0$$
$$a_n, a_{n-1}, \ldots, a_0 \in \mathbb{R};\; a_n \neq 0,\; n \in \mathbb{N}$$

heißt ganzrationale Funktion n-ten Grades. Ihr Graph heißt Parabel n-ten Grades.

Die reellen Zahlen a_i (i: 0, 1, 2, 3, …, n) heißen Koeffizienten; die natürliche Zahl n gibt den Grad der ganzrationalen Funktion f an.
Lineare Funktionen sind ganzrationale Funktionen (höchstens) ersten Grades. Quadratische Funktionen sind ganzrationale Funktionen zweiten Grades. Für $n = 3$ bzw. $n = 4$ heißen die Funktionen ganzrationale Funktionen dritten bzw. vierten Grades.

Durch Addition, Subtraktion und Multiplikation der einzelnen Glieder der Funktionsterme erhalten wir aus zwei ganzrationalen Funktionen eine weitere ganzrationale Funktion.

Koeffizienten

$$f\colon x \longmapsto a_n x^n + a_{n-1} x^{n-1} + \ldots + a_1 x + a_0$$

Grad der Funktion

$f\colon x \longmapsto a_0;$	$n = 0$
$f\colon x \longmapsto a_1 x + a_0;$	$n = 1$
$f\colon x \longmapsto a_2 x^2 + a_1 x + a_0;$	$n = 2$
$f\colon x \longmapsto a_3 x^3 + a_2 x^2 + a_1 x + a_0;$	$n = 3$
$f\colon x \longmapsto a_4 x^4 + a_3 x^3 + a_2 x^2 + a_1 x + a_0;$	$n = 4$

$$g\colon x \longmapsto 2x^3 + x^2 - 3 \qquad h\colon x \longmapsto -x^3 + x - 1$$

$f_1\colon x \longmapsto g + h \Rightarrow x \longmapsto 2x^3 + x^2 - 3 + (-x^3 + x - 1)$
$x \longmapsto x^3 + x^2 + x - 4$
$f_2\colon x \longmapsto g - h \Rightarrow x \longmapsto 2x^3 + x^2 - 3 - (-x^3 + x - 1)$
$x \longmapsto 3x^3 + x^2 - x - 2$
$f_3\colon x \longmapsto g \cdot h \Rightarrow x \longmapsto (2x^3 + x^2 - 3)(-x^3 + x - 1)$
$x \longmapsto -2x^6 - x^5 + 2x^4 + 2x^3 - x^2 - 3x + 3$

Ein Spezialfall der ganzrationalen Funktionen sind die Potenzfunktionen.

Potenzfunktionen der Form $x \longmapsto ax^n$

Definition:

Jede Funktion der Form $x \longmapsto ax^n$, mit $a \in \mathbb{R}^*$; $n \in \mathbb{N}$ heißt Potenzfunktion n-ten Grades.

Beispiele:

1.

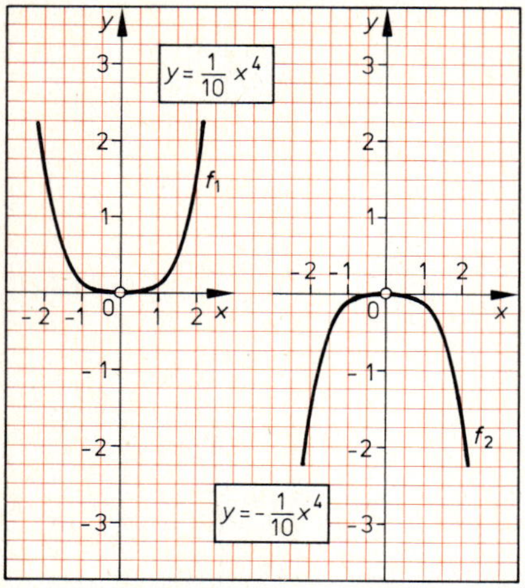

$f_1 : x \longmapsto \frac{1}{10}x^4$ $f_2 : x \longmapsto -\frac{1}{10}x^4$

2.

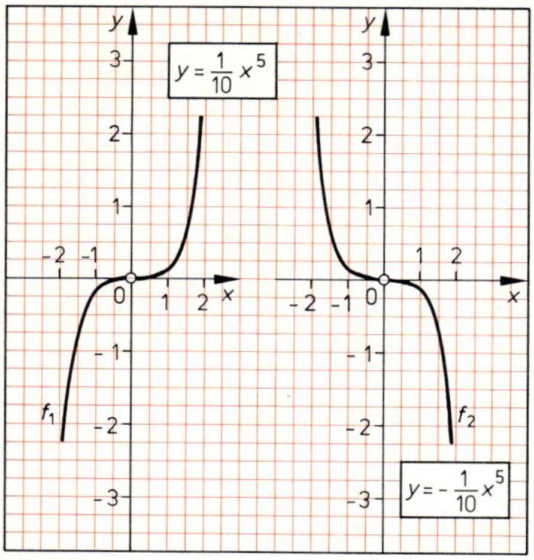

$f_1 : x \longmapsto \frac{1}{10}x^5$ $f_2 : x \longmapsto -\frac{1}{10}x^5$

Zusammenfassung:

Für $a > 0$ und n gerade ist der Graph nach oben geöffnet.

Für $a < 0$ und n gerade ist der Graph nach unten geöffnet.

Für $a > 0$ und n ungerade verläuft der Graph im I. und III. Quadranten.

Für $a < 0$ und n ungerade verläuft der Graph im II. und IV. Quadranten.

Für $|a| > 1$ tritt eine Streckung und für $|a| < 1$ eine Stauchung gegenüber dem Graphen mit $a = 1$ ein.

$a \in \mathbb{R}^*$, $n \in \mathbb{N}^*$

	$x \longmapsto ax^{2n}$	$x \longmapsto ax^{2n+1}$
$a > 0$	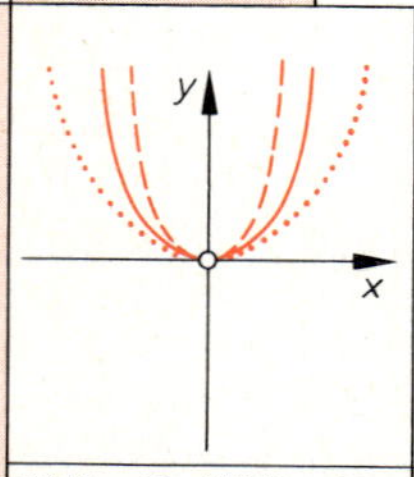 $D(f) = \mathbb{R}$; $W(f) = \mathbb{R}_+$	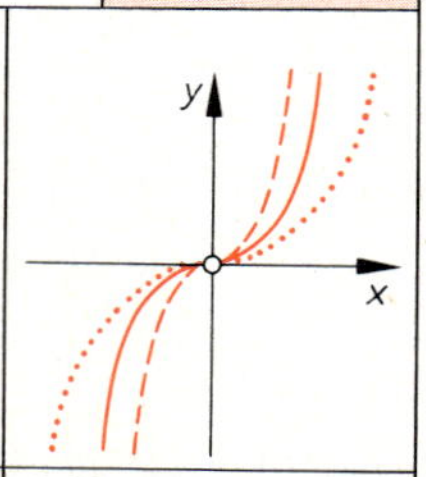 $D(f) = \mathbb{R}$; $W(f) = \mathbb{R}$
$a < 0$	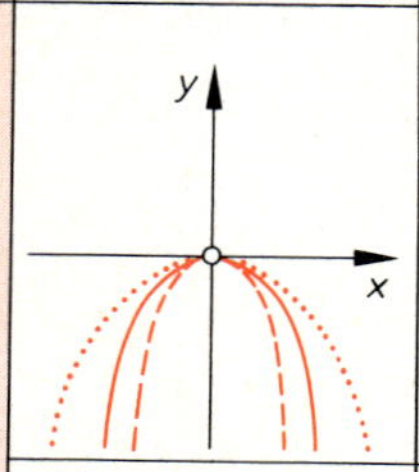 $D(f) = \mathbb{R}$; $W(f) = \mathbb{R}_-$	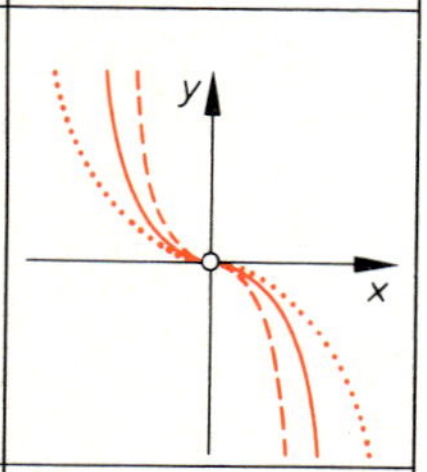 $D(f) = \mathbb{R}$; $W(f) = \mathbb{R}$

——— $|a| = 1$

– – – – $|a| > 1$

· · · · · · $|a| < 1$

Symmetrie bei Graphen ganzrationaler Funktionen

Der Graph einer Funktion f ist *achsensymmetrisch* zur y-Achse, wenn für jedes $x \in D(f)$ gilt:

$$f(x) = f(-x)$$

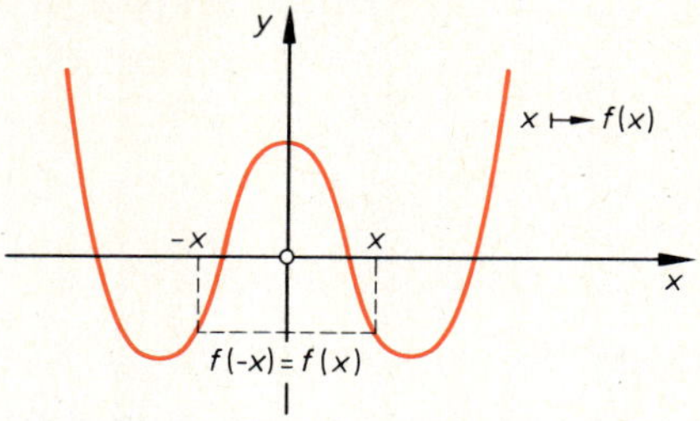

achsensymmetrischer Funktionsgraph:
$f(x) = f(-x)$

Der Graph einer Funktion f ist *punktsymmetrisch* zum Nullpunkt, wenn für jedes $x \in D(f)$ gilt:

$$f(-x) = -f(x) \text{ oder } f(x) = -f(-x).$$

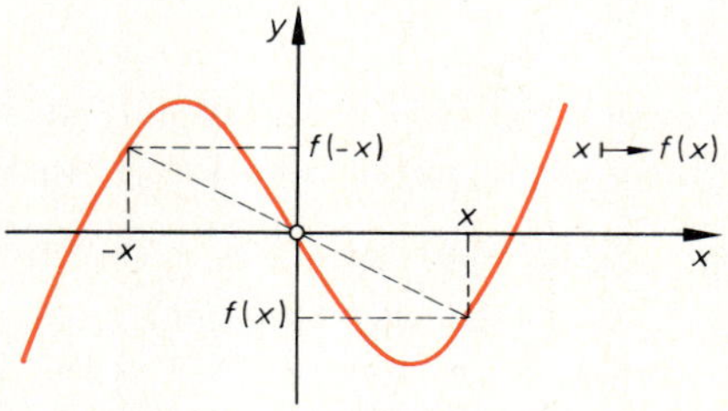

punktsymmetrischer Funktionsgraph:
$f(-x) = -f(x)$

Wenn im folgenden von „punktsymmetrisch" gesprochen wird, so ist dies stets mit Bezug auf den Koordinatenursprung gemeint.

Wir erkennen eine *punktsymmetrische Funktion* daran, daß die einzelnen Glieder der Funktion nur *ungerade* Zahlen als Exponenten haben.

Die einzelnen Glieder einer *achsensymmetrischen Funktion* haben demgegenüber nur gerade Zahlen als Exponenten.

$f\colon x \longmapsto x^5 - x^3 + 7x$ und $f\colon x \longmapsto 2x^7 - x$: *punktsymmetrische Funktionen*

$f\colon x \longmapsto 3x^6 - 4x^2 - 7$ und $f\colon x \longmapsto 2x^4 - x^2 - 13$: *achsensymmetrische Funktionen*

$f\colon x \longmapsto 3x^4 - 2x^3 - x + 5$: *unsymmetrische Funktion*

Nullstellen von ganzrationalen Funktionen

Für lineare und quadratische Funktionen haben wir die Stellen berechnet, an denen der Graph der betrachteten Funktion die x-Achse schneidet, d.h. wir haben die x-Werte bestimmt, für die $f(x) = 0$ gilt. Wir definieren ganz allgemein:

Definition:

Unter den Nullstellen einer ganzrationalen Funktion $x \longmapsto f(x)$ versteht man die x-Werte, für die gilt: $f(x) = 0$.

Der Graph der Funktion schneidet oder berührt an den Nullstellen die x-Achse.

Bei quadratischen Funktionen der Form $x \longmapsto a_2x^2 + a_1x + a_0$ besteht nach Satz S. 134 eine Beziehung zwischen Nullstellen und Linearfaktoren. Der Funktionsterm einer quadratischen Funktion kann höchstens in zwei Linearfaktoren zerlegt werden.

Beispiel:

$x \longmapsto x^2 - x - 6 \Leftrightarrow x \longmapsto (x-3)(x+2)$

$\underline{\underline{x_1 = 3;\ x_2 = -2}}$ sind *Nullstellen*

Bei einer Funktion 3. Grades kann der Funktionsterm in höchstens drei Linearfaktoren zerlegt werden.

Beispiel:

$f\colon x \longmapsto x^3 - 2x^2 - 5x + 6 \Leftrightarrow x \longmapsto (x-1)(x+2)(x-3)$

$\underline{\underline{x = 1}};\ \underline{\underline{x = -2}};\ \underline{\underline{x = 3}}$ sind *Nullstellen*

Satz:

Eine ganzrationale Funktion n-ten Grades hat höchstens n verschiedene Nullstellen ($n \in \mathbb{N}^*$).

Aus diesem Satz können wir erkennen, daß der Funktionsterm einer Funktion n-ten Grades höchstens in n Linearfaktoren zerlegt werden kann.

$$f\colon x \longmapsto a_n x^n + a_{n-1} x^{n-1} + \ldots + a_1 x + a_0 = a_n (x - x_1) \cdot (x - x_2) \cdot \ldots \cdot (x - x_n)$$

Wichtig ist hierbei das Wort „*höchstens*", denn es gibt ganzrationale Funktionen, die keine bzw. weniger als n Lösungen (Nullstellen) in $\mathbb{R}$ haben.

Beispiel:

Gegeben sei die Funktion $f\colon x \longmapsto (x-1)(x-2)(x-3)$.

a) Geben Sie die Nullstellen der Funktion f an.

b) Ermitteln Sie die Funktionsgleichung ohne Linearfaktoren.

c) Bilden Sie alle ganzzahligen Teiler von a_0. Welche Beziehung besteht zwischen den Nullstellen und den ganzzahligen Teilern von a_0?

Lösung:

a) Die Funktion hat drei Nullstellen.

$f\colon x \longmapsto (x-1)(x-2)(x-3)$

$\Rightarrow \underline{\underline{x_1 = 1}};\ \underline{\underline{x_2 = 2}};\ \underline{\underline{x_3 = 3}}$ *Nullstellen*

b) Die Linearfaktoren werden miteinander multipliziert.

$y = (x-1)(x-2)(x-3)$

$y = (x^2 - 3x + 2)(x-3) = x^3 - 6x^2 + 11x - 6$

$\underline{\underline{y = x^3 - 6x^2 + 11x - 6}}$

c) a_0 ist das absolute Glied des Funktionsterms.

$a_0 = -6$

Ganzzahlige Teiler von a_0:

1, **2**, **3**, 6, −1, −2, −3, −6

Alle drei Nullstellen sind Teiler des absoluten Gliedes.

\|/

Nullstellen

Aus dem letzten Beispiel können wir erkennen, daß mit Hilfe von a_0 ganzzahlige Nullstellen gefunden werden können.

Beispiel:

Bestimmen Sie von der Funktion $f\colon x \mapsto x^3 + 4x^2 - 19x + 14$ die Nullstellen, und geben Sie den Funktionsterm von f als Produkt von Linearfaktoren an.

Lösung:

$a_0 = 14$ hat acht ganzzahlige Teiler. Wir prüfen der Reihe nach, welche davon Nullstellen sind. Schon $x_1 = 1$ ist Nullstelle.

$$a_0\colon 1, 2, 7, 14, -1, -2, -7, -14$$

$$f(x) = x^3 + 4x^2 - 19x + 14$$

$$x_1 = 1 \Rightarrow f(1) = 1 + 4 - 19 + 14 = \underline{\underline{0}}$$

Der Funktionsterm $f(x)$ ist dann ohne Rest durch den Linearterm $(x - 1)$ dividierbar.

$$\begin{array}{l}
(x^3 + 4x^2 - 19x + 14) : (x-1) = x^2 + 5x - 14 \\
-\underline{(x^3 - x^2)} \\
\qquad 5x^2 - 19x \\
\quad -\underline{(5x^2 - 5x)} \\
\qquad\quad -14x + 14 \\
\qquad -\underline{(-14x + 14)} \\
\qquad\qquad 0 \quad 0
\end{array}$$

Aus dem entstehenden Term $g(x) = 0$ erhalten wir zwei weitere Nullstellen.

$$g(x) = x^2 + 5x - 14 = 0$$

$$\Rightarrow \underline{\underline{x_2 = 2}};\ \underline{\underline{x_3 = -7}}$$

Der Funktionsterm $f(x)$ kann nun als Produkt von Linearfaktoren angegeben werden.

$$\underline{\underline{f(x) = (x - 1)(x - 2)(x + 7)}}$$

Wir haben bei der Lösung eine Eigenschaft ganzrationaler Funktionen verwendet. Das Vorhandensein dieser Eigenschaft soll in einem Satz festgestellt werden:

Satz:

Hat die ganzrationale Funktion $f\colon x \mapsto a_n x^n + a_{n-1} x^{n-1} + \ldots + a_2 x^2 + a_1 x + a_0$ eine Nullstelle x_1 – gilt also $f(x_1) = 0$ –, so läßt sich f als Produkt eines Linearfaktors $(x - x_1)$ und einer ganzrationalen Funktion g vom Grade $n - 1$ schreiben: $f\colon x \mapsto a_n (x - x_1)\, g(x)$.

Aufstellen von Funktionsgleichungen

Bei linearen Funktionen $f\colon x \mapsto a_1 x + a_0$ werden die Koeffizienten a_1 und a_0 durch die Angabe von *zwei* Punkten (Zahlenpaaren) bestimmt.
Bei quadratischen Funktionen $f\colon x \mapsto a_2 x^2 + a_1 x + a_0$ werden die Koeffizienten a_2, a_1 und a_0 durch die Angabe von *drei* Punkten (Zahlenpaaren) bestimmt.
Bei ganzrationalen Funktionen dritten Grades $f\colon x \mapsto a_3 x^3 + a_2 x^2 + a_1 x + a_0$ werden die Koeffizienten a_3, a_2, a_1 und a_0 durch die Angabe von *vier* Punkten (Zahlenpaare) bestimmt.
Die Kenntnis von Symmetrieeigenschaften kann die Anzahl der zur Bestimmung der Funktionsgleichung notwendigen Punkte verringern.

Beispiel:

Gesucht ist die achsensymmetrische Funktion f 4. Grades, die bei $x_1 = 2$ und $x_2 = -4$ die x-Achse sowie bei $y = -1$ die y-Achse schneidet.

Lösung:

Wir stellen zunächst die allgemeine Form einer Funktion 4. Grades auf.

$$f\colon x \mapsto a_4x^4 + a_3x^3 + a_2x^2 + a_1x + a_0$$

Da die Funktion f achsensymmetrisch ist, entfallen alle Potenzen mit ungeraden Zahlen als Exponenten (siehe Seite 139).

$$f\colon x \mapsto a_4x^4 + a_2x^2 + a_0$$

Wir setzen die Koordinaten der gegebenen Punkte in die Funktionsgleichung ein und erhalten so ein lineares Gleichungssystem, das aus drei Gleichungen mit den drei Variablen a_4, a_2 und a_0 besteht. Mit Hilfe der Additionsmethode erhalten wir die Lösung des Gleichungssystems.

$$\begin{array}{ll} (1) & 0 = a_4 \cdot 2^4 + a_2 \cdot 2^2 + a_0;\ P_1(2,0) \\ (2) & 0 = a_4(-4)^4 + a_2(-4)^2 + a_0;\ P_2(-4,0) \\ (3) & -1 = a_4 \cdot 0 + a_2 \cdot 0 + a_0;\ P_3(0,-1) \end{array}$$

$$\begin{array}{lll} (3) & -1 = a_0 & \\ (1) & 0 = 16a_4 + 4a_2 - 1 & |\cdot(-4) \quad + \\ \wedge\ (2) & 0 = 256a_4 + 16a_2 - 1 & \\ \hline & 0 = 192a_4 + 3 & \Rightarrow a_4 = -\frac{1}{64} \\ & & \wedge\ a_2 = \frac{5}{16} \end{array}$$

Die Funktion f lautet dann:

$$\boxed{f\colon x \mapsto -\frac{1}{64}x^4 + \frac{5}{16}x^2 - 1}$$

Beispiel:

Der Graph einer ganzrationalen Funktion 3. Grades gehe durch die Punkte $P_1(1,-21)$, $P_2(-2,45)$, $P_3(-3,47)$ und $P_4(3,5)$. Bestimmen Sie die Funktionsgleichung, und zeichnen Sie den Graphen der Funktion.

Lösung:

Alle vier Punkte sind Elemente des Graphen. Die zugehörigen Zahlenpaare erfüllen die Funktionsgleichung. Wir erhalten ein Gleichungssystem von vier Gleichungen mit den Variablen a_3, a_2, a_1 und a_0. Durch Kombinieren geeigneter Gleichungen wandeln wir mit Hilfe der Additions- und Einsetzungsmethode die Gleichungen so lange um, bis am Ende nur noch eine Gleichung mit einer Variablen übrigbleibt. Dieses Verfahren setzen wir so lange fort, bis alle Variablen bestimmt sind.

$$\boxed{y = a_3x^3 + a_2x^2 + a_1x + a_0}$$

Funktionsgleichung 3. Grades

$P_1(1,-21) \Rightarrow$	1.	$-21 = a_3 + a_2 + a_1 + a_0$
$P_2(-2,45) \Rightarrow$	2.	$\vee\ 45 = -8a_3 + 4a_2 - 2a_1 + a_0$
$P_3(-3,47) \Rightarrow$	3.	$\vee\ 47 = -27a_3 + 9a_2 - 3a_1 + a_0$
$P_4(3,5) \Rightarrow$	4.	$\vee\ 5 = 27a_3 + 9a_2 + 3a_1 + a_0$

1.	$-21 = a_3 + a_2 + a_1 + a_0$	$\cdot(-1)$
2.	$\wedge\ 45 = -8a_3 + 4a_2 - 2a_1 + a_0$	
	$21 = -a_3 - a_2 - a_1 - a_0$	$+$
	$\wedge\ 45 = -8a_3 + 4a_2 - 2a_1 + a_0$	
5.	$66 = -9a_3 + 3a_2 - 3a_1$	

1.	$-21 = a_3 + a_2 + a_1 + a_0$	$\cdot(-1)$
3.	$\wedge\ 47 = -27a_3 + 9a_2 - 3a_1 + a_0$	
	$21 = -a_3 - a_2 - a_1 - a_0$	$+$
	$\wedge\ 47 = -27a_3 + 9a_2 - 3a_1 + a_0$	
6.	$68 = -28a_3 + 8a_2 - 4a_1$	

2.	$45 = -8a_3 + 4a_2 - 2a_1 + a_0$	
4.	$\wedge\ 5 = 27a_3 + 9a_2 + 3a_1 + a_0$	$\cdot(-1)$
	$45 = -8a_3 + 4a_2 - 2a_1 + a_0$	$+$
	$\wedge\ -5 = -27a_3 - 9a_2 - 3a_1 - a_0$	
7.	$40 = -35a_3 - 5a_2 - 5a_1$	

6.	$68 = -28a_3 + 8a_2 - 4a_1$	$\cdot 5$
7.	$\wedge\ 40 = -35a_3 - 5a_2 - 5a_1$	$\cdot(-4)$
	$\wedge\ 340 = -140a_3 + 40a_2 - 20a_1$	$+$
	$-160 = 140a_3 + 20a_2 + 20a_1$	
	$180 = 60a_2$	
8.	$a_2 = 3$	

5.	$66 = -9a_3 + 3a_2 - 3a_1$	$\cdot(-4)$
6.	$\wedge\ 68 = -28a_3 + 8a_2 - 4a_1$	$\cdot 3$
	$-264 = 36a_3 - 12a_2 + 12a_1$	$+$
	$\wedge\ 204 = -84a_3 + 24a_2 - 12a_1$	
9.	$-60 = -48a_3 + 12a_2$	

9.	$-60 = -48a_3 + 12a_2$
8.	$\wedge\ a_2 = 3$
	$-60 = -48a_3 + 36$
10.	$a_3 = 2$

5.	$66 = -9a_3 + 3a_2 - 3a_1$
8.	$\wedge\ a_2 = 3$
10.	$\wedge\ a_3 = 2$
	$66 = -18 + 9 - 3a_1$
11.	$a_1 = -25$

1.	$-21 = a_3 + a_2 + a_1 + a_0$
10.	$\wedge\ a_3 = 2$
8.	$\wedge\ a_2 = 3$
11.	$\wedge\ a_1 = -25$
	$-21 = 2 + 3 - 25 + a_0$
12.	$a_0 = -1$

$$y = 2x^3 + 3x^2 - 25x - 1$$ *Funktionsgleichung*

6.1.4 Gebrochen rationale Funktionen

Definition:

Eine Funktion f, die sich als Quotient zweier ganzrationaler Terme $p_n(x)$ und $q_m(x)$ darstellen läßt, heißt gebrochen rationale Funktion:

$$f\colon \mathbb{R} \to \mathbb{R};\ x \mapsto \frac{p_n(x)}{q_m(x)}$$

$$f\colon \mathbb{R} \to \mathbb{R};\ x \mapsto \frac{a_n x^n + a_{n-1} x^{n-1} + \ldots + a_1 x + a_0}{b_m x^m + b_{m-1} x^{m-1} + \ldots + b_1 x + b_0}$$

$$a_n, a_{n-1}, \ldots, a_0;\ b_m, b_{m-1}, \ldots, b_0 \in \mathbb{R};\quad m, n \in \mathbb{N}$$

Beispiele: Gebrochen rationale Funktionen sind:

$$x \mapsto \frac{1}{x};\quad x \mapsto \frac{2x}{x+1};\quad x \mapsto \frac{x^2+5}{x^2+4x};\quad x \mapsto \frac{3x^2+2x-4}{x^3-4x^2+5}\quad \text{usw.}$$

Bei gebrochen rationalen Funktionen darf der Definitionsbereich $D(f)$ niemals Zahlen enthalten, durch die $q_m(x) = 0$ wird. Für $q_m(x) = 0$ ist die Funktion dann nicht definiert. Es gilt daher:

$$D(f) = \mathbb{R} \setminus \{x \mid q_m(x) = 0\}.$$

Beispiele:

Es folgen Beispiele von Funktionen, die an bestimmten Stellen nicht definiert sind.

1. $p(x)=5 \quad \wedge q(x)=x-2$
2. $p(x)=x-3 \wedge q(x)=(x+1)(x-2)$
3. $p(x)=x^2+2x+3 \quad \wedge q(x)=(x^2-4)(x+3)$
4. $p(x)=(1-x^2)(x-1) \wedge q(x)=2x^3+2$

1. $f\colon x \longmapsto \frac{5}{x-2}$; $\quad D(f)=\mathbb{R}\setminus\{2\}$

2. $f\colon x \longmapsto \frac{x-3}{(x+1)(x-2)}$; $\quad D(f)=\mathbb{R}\setminus\{-1,2\}$

3. $f\colon x \longmapsto \frac{x^2+2x+3}{(x^2-4)(x+3)}$; $\quad D(f)=\mathbb{R}\setminus\{-3,-2,2\}$

4. $f\colon x \longmapsto \frac{(1-x^2)(x-1)}{2x^3+2}$; $\quad D(f)=\mathbb{R}\setminus\{-1\}$

Definition:

Jede Funktion f von der Form $f\colon \mathbb{R} \to \mathbb{R};\, x \longmapsto \frac{a}{x^n}$ *mit* $a \in \mathbb{R}^*$ *und* $n \in \mathbb{N}^*$ *heißt Hyperbelfunktion. Ihren Graphen nennt man Hyperbel. Die Stelle* $x = 0$*, an der der Nenner* x^n *gleich Null wird, heißt Unendlichkeitsstelle.*

$f\colon \mathbb{R} \to \mathbb{R};\, x \longmapsto \frac{p(x)}{q(x)}$	$p(x) = a$ $q(x) = x^n$ $n \in \mathbb{N}^*$	$\Rightarrow$	$f\colon \mathbb{R} \to \mathbb{R};\, x \longmapsto \frac{a}{x^n}$	oder	$y = \frac{a}{x^n}$

Beispiele:

1.

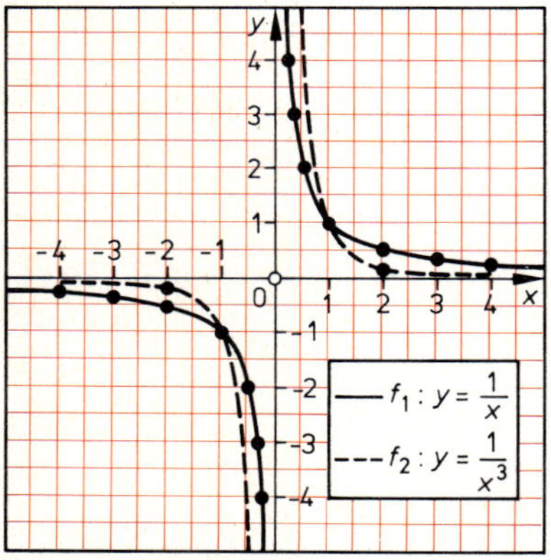

$f_1\colon \mathbb{R} \to \mathbb{R};\, x \longmapsto \frac{1}{x}$

$f_2\colon \mathbb{R} \to \mathbb{R};\, x \longmapsto \frac{1}{x^3}$

$D(f) = \mathbb{R}^*; \; W(f) = \mathbb{R}^*$

An der Stelle $x = 0$ besteht eine Unendlichkeitsstelle *mit* Vorzeichenwechsel.

2.

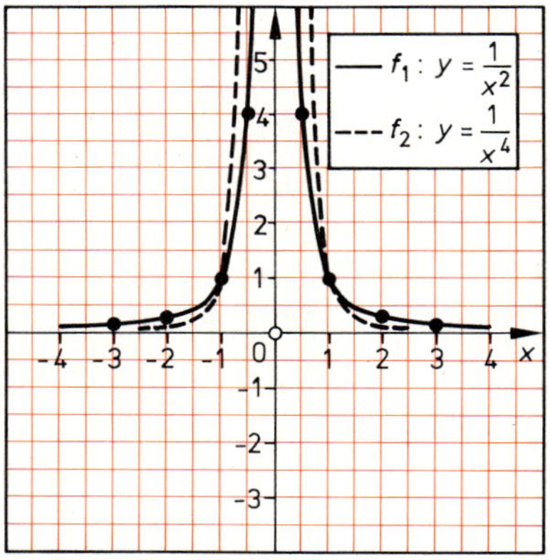

$f_1\colon \mathbb{R} \to \mathbb{R};\, x \longmapsto \frac{1}{x^2}$

$f_2\colon \mathbb{R} \to \mathbb{R};\, x \longmapsto \frac{1}{x^4}$

$D(f) = \mathbb{R}^*; \; W(f) = \mathbb{R}^*_+$

An der Stelle $x = 0$ besteht eine Unendlichkeitsstelle *ohne* Vorzeichenwechsel.

3.

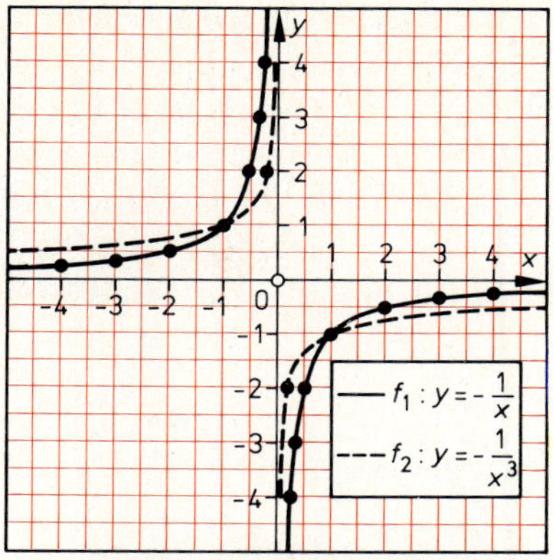

$$f_1\colon\ \mathbb{R} \longrightarrow \mathbb{R};\ x \longmapsto -\frac{1}{x}$$

$$f_2\colon\ \mathbb{R} \longrightarrow \mathbb{R};\ x \longmapsto -\frac{1}{x^3}$$

$D(f) = \mathbb{R}^*;\ W(f) = \mathbb{R}^*$

4.

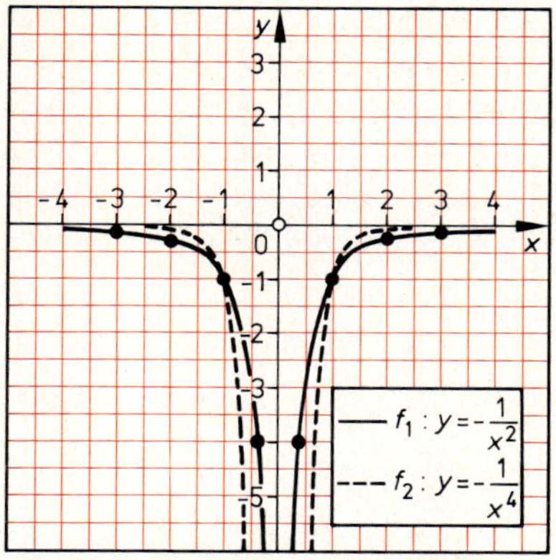

$$f_1\colon\ \mathbb{R} \longrightarrow \mathbb{R};\ x \longmapsto -\frac{1}{x^2}$$

$$f_2\colon\ \mathbb{R} \longrightarrow \mathbb{R};\ x \longmapsto -\frac{1}{x^4}$$

$D(f) = \mathbb{R}^*;\ W(f) = \mathbb{R}^*_-$

Zusammenfassung:

Die Form und Lage der Hyperbel hängen von den Zahlenwerten ab, die a und n haben.

	$x \longmapsto ax^{-(2n-1)}$ $a,\ x \in \mathbb{R}^*;\ n \in \mathbb{N}^*$	$x \longmapsto ax^{-2n}$
	Unendlichkeitsstelle mit Vorzeichenwechsel	Unendlichkeitsstelle ohne Vorzeichenwechsel
$a > 0$	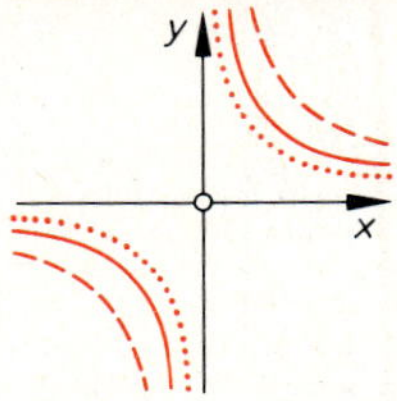 $D(f) = \mathbb{R}^*;\ W(f) = \mathbb{R}^*$	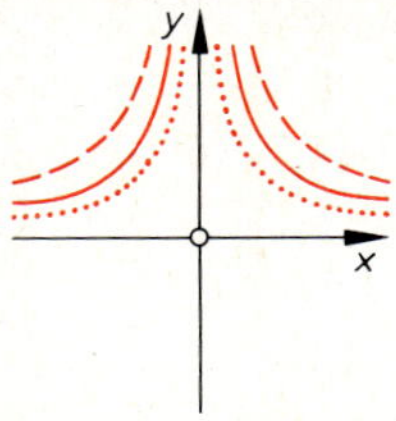 $D(f) = R^*;\ W(f) = \mathbb{R}^*_+$
$a < 0$	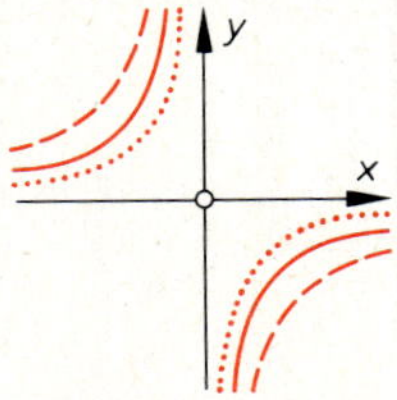 $D(f) = R^*;\ W(f) = \mathbb{R}^*$	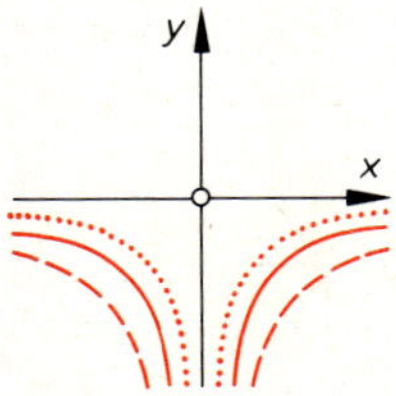 $D(f) = \mathbb{R}^*;\ W(f) = \mathbb{R}^*_-$
——— $\lvert a\rvert = 1$	- - - - - $\lvert a\rvert > 1$	.... $\lvert a\rvert < 1$

Die Zeichnungen zeigen, daß die x-Achse und die y-Achse in gewisser Weise „Begrenzungen" der Graphen darstellen. Eine durch eine Unendlichkeitsstelle verlaufende, senkrecht zur x-Achse stehende Gerade nennt man *Asymptote parallel zur y-Achse* (in unseren Beispielen ist dies die y-Achse selbst). Eine Gerade, der sich der Graph einer Funktion für sehr große und sehr kleine x-Werte nähert, heißt *Asymptote*. In unseren Beispielen ist dies die x-Achse. Wir werden den Begriff der Asymptoten in Kapitel 12 genauer fassen.

Nicht alle gebrochen rationalen Funktionen lassen sich so leicht charakterisieren wie die bisher behandelten Hyperbelfunktionen.

Die gebrochen rationale Funktion $f\colon x \longmapsto \frac{x+1}{x-1}$ ist an der Stelle $x = 1$ nicht definiert, denn an dieser Stelle wird der Nenner gleich Null. Analog zur Definition auf S. 144 nennen wir die Stelle $x = 1$ Unendlichkeitsstelle.

$$f\colon x \longmapsto \frac{x+1}{x-1};\ D(f) = \mathbb{R}\setminus\{1\}$$

Wertetabelle:

x	0	0,5	0,75	0,9	…	1,1	1,25	1,75
$f(x)=\frac{x+1}{x-1}$	−1	−3	−7	−19	…	21	9	3,66

Die Wertetabelle zeigt anschaulich, daß die Funktionswerte $f(x)$ für Argumente x, die dicht bei 1 liegen, sehr klein sind (für $x < 1$) bzw. sehr groß sind (für $x > 1$). Ein solches Verhalten einer Funktion werden wir in Kap. 12 ebenfalls näher untersuchen. Asymptote parallel zur y-Achse ist in diesem Fall die zur x-Achse senkrechte Gerade, die die x-Achse bei $x = 1$ schneidet.

Die Wertetabelle zeigt für sehr große bzw. für sehr kleine x-Werte, daß die Funktion f sich dem Funktionswert 1 nähert. Die Gerade mit der Gleichung $y = 1$ ist Asymptote der Funktion f.

Wertetabelle

x	−20	−10	−5	…	5	10	20
$f(x)=\frac{x+1}{x-1}$	0,91	0,82	0,66	…	1,5	1,22	1,1

An der Stelle $x = -1$ hat die Funktion f eine Nullstelle, denn für $x = -1$ wird der Zähler gleich Null und damit wird $f(x) = 0$.

$$x \longrightarrow \infty \quad \Rightarrow f(x) \longrightarrow 1$$
$$x \longrightarrow -\infty \quad \Rightarrow f(x) \longrightarrow 1$$
$$y = 0 = \frac{x+1}{x-1} \Leftrightarrow 0 = x + 1$$
$$\underline{\underline{x = -1}}$$

Bei $x = 0$ und $y = -1$ schneidet die Hyperbel die y-Achse. Der Graph der Funktion f besteht aus zwei Hyperbelästen, die durch die Asymptote parallel zur y-Achse getrennt sind.

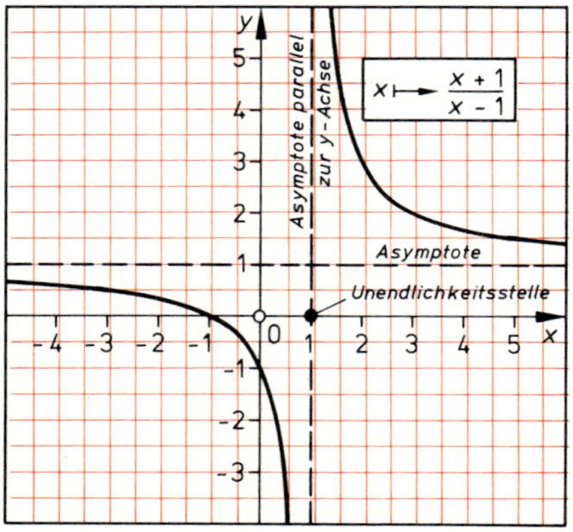

Beispiel:

Gegeben sei die Funktion $f\colon \mathbb{R} \to \mathbb{R};\ x \mapsto \frac{2x^2}{x^2+1}$.

a) Bestimmen Sie Unendlichkeitsstellen, Definitionsbereich und Nullstellen von f.

b) Zeichnen Sie den Graphen der Funktion f für $x \in [-3, 3]$.

c) Welche Vermutung über die Asymptote wird durch die Zeichnung nahegelegt?

Lösung:

a) Für $x \in \mathbb{R}$ ist die Gleichung $x^2 + 1 = 0$ nicht lösbar. Der Nenner der Funktionsgleichung von f wird nie gleich Null. f hat keine Unendlichkeitsstelle; für den Definitionsbereich gilt $D(f) = \mathbb{R}$. Wegen $2x^2 = 0 \Leftrightarrow x = 0$ ist eine einzige Nullstelle $x = 0$ vorhanden.

b) Wir fertigen eine Wertetabelle an und zeichnen den Graphen.

x	-10	…	-3	-2	-1	0	1	2	3
$f(x)$	1,98	…	1,8	1,6	1	0	1	1,6	1,8

c) Die Zeichnung gibt Anlaß zu der Vermutung, daß die Gerade mit der Gleichung $y = 2$ Asymptote ist.

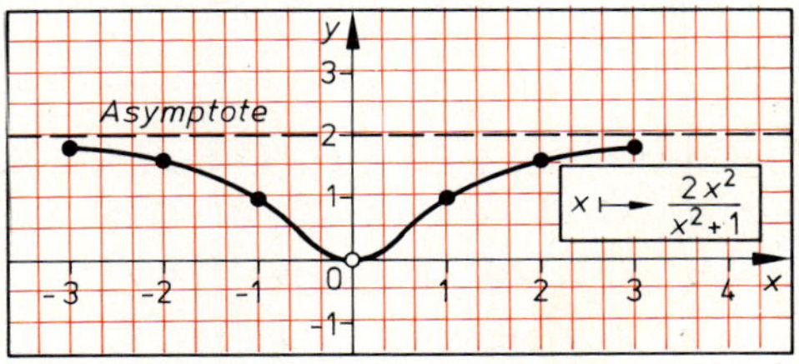

Beispiel:

Gegeben sei die Funktion $f\colon x \mapsto \frac{1}{x^2-4}$.

a) Bestimmen Sie Unendlichkeitsstellen, Nullstellen und Definitionsbereich von f.

b) Zeichnen Sie den Graphen der Funktion f für $x \in [-4, 4]$ und bestimmen Sie den Wertebereich von f.

c) Welche Vermutung über die Asymptote wird durch die Zeichnung nahegelegt?

Lösung:

a) An den Stellen $x_1 = 2$ und $x_2 = -2$ liegen Unendlichkeitsstellen (der Nenner ist gleich Null) vor.
Die Funktion f ist für die Nullstellen des Nenners nicht definiert.
Eine Nullstelle hat die Funktion f nicht, da der Zähler von f aus einer Konstanten besteht.

$f\colon x \mapsto \frac{1}{x^2-4};\ x^2 - 4 = 0 \Rightarrow x_1 = 2;\ x_2 = -2$

Unendlichkeitsstellen

$\Rightarrow D(f) = \mathbb{R} \setminus \{2, -2\}$

$\frac{1}{x^2-4} \neq 0$, *da* $1 \neq 0$; *keine Nullstelle*

b) *Wertetabelle:*

x	-4	-3	-1	$-0{,}5$	0	$0{,}5$	1	3	4	...
$f(x)$	$\frac{1}{12}$	$\frac{1}{5}$	$-\frac{1}{3}$	$-0{,}26$	$-0{,}25$	$-0{,}26$	$-\frac{1}{3}$	$\frac{1}{5}$	$\frac{1}{12}$	...

Der Wertebereich $W(f)$ wird mit Hilfe der Wertetabelle bestimmt.

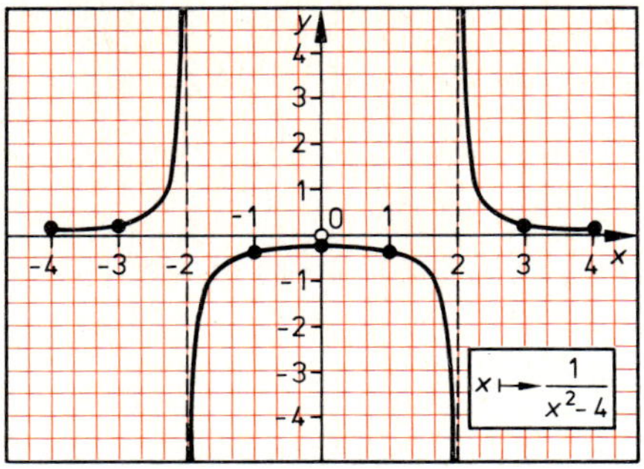

$W(f) = \mathbb{R} \setminus (-0{,}25; 0]$

c) Die Zeichnung legt die Vermutung nahe, daß die x-Achse Asymptote ist.

Übungen 6.1

Rationale Funktionen

1. Bestimmen Sie die Steigung der Funktion, die Gleichungen von Funktion und Umkehrfunktion 1. Grades, wenn jeweils zwei Punkte gegeben sind. Zeichnen Sie die Graphen; $x \in \mathbb{R}$:

a) $P_1(1, 3)$; $P_2(-4, -2)$ **b)** $P_1(-1, -1)$; $P_2(3, -5)$

c) $P_1(0, 4)$; $P_2(3, 10)$ **d)** $P_1(0{,}5; 0)$; $P_2(-2, 1\frac{1}{4})$

e) $P_1(4, 4)$; $P_2(-4, 4)$ **f)** $P_1(3, 6)$; $P_2(3, 0)$

2. Bestimmen Sie von folgenden Funktionen ($x \in \mathbb{R}$):

1. Schnittpunkt mit der y-Achse;
2. Diskriminante und Nullstellen;
3. Scheitelpunkt;
4. Zeichnen Sie den Graphen der Funktion mit Hilfe der in 1., 2. und 3. berechneten Werte.

a) $x \longmapsto x^2 - x - 6$ **b)** $x \longmapsto 2x^2 - 32x + 28$

c) $x \longmapsto 4x^2 - 12x - 7$ **d)** $x \longmapsto 2x^2 - 4x - 6$

e) $x \longmapsto -2x^2 + 6x + 1$ **f)** $x \longmapsto 2x^2 + 8x - 10$

3. Geben Sie für die in Aufgabe 2 angegebenen Funktionen den maximalen Definitionsbereich an, für den die Funktion injektiv (bijektiv) ist, und ermitteln Sie die Umkehrfunktionen.

4. Wie lauten die quadratischen Funktionen, die folgende Nullstellen besitzen?

a) $x_1 = -3, x_2 = 3$; **b)** $x_1 = -2, x_2 = -1$; **c)** $x_1 = 0, x_2 = 2{,}5$

5. Wie lauten die Funktionen zweiten Grades, die durch folgende Punkte gehen?

a) $P_1(-1, -6)$; $P_2(0, -4)$; $P_3(2, 12)$ **b)** $P_1(1, 2)$; $P_2(-2, 8)$; $P_3(3, 6)$

c) $P_1(-3, 1)$; $P_2(0, 1)$; $P(1, -7)$ **d)** $P_1(1, 6)$; $P_2(-4, 16)$; $P_3(3, 30)$

6. Welche der folgenden Funktionen sind achsen-, welche sind punktsymmetrisch; $x \in \mathbb{R}$?

a) $x \mapsto 4x^5 - 3x$ **b)** $x \mapsto 2x^6 - 4x^4 + 3$

c) $x \mapsto x^5 + 4x^4 - x$ **d)** $x \mapsto 3x^3 - x + 4$

e) $x \mapsto 7x^7 - 5x^3 - x$ **f)** $x \mapsto 3x^{10} - 7x^4 - 3x^2 + 5$

7. Bestimmen Sie alle Nullstellen folgender Funktionen, und geben Sie den Funktionsterm von f als Produkt von Linearfaktoren an; $x \in \mathbb{R}$.

a) $x \mapsto 3x^2 + 4x - 4$ **b)** $x \mapsto x^3 - 3x - 18$

c) $x \mapsto x^3 - 1{,}5x^2 - x$ **d)** $x \mapsto x^3 + 5x + 6$

e) $x \mapsto x^3 - 3x + 2$ **f)** $x \mapsto x^3 + 3x^2 - 9x - 2$

g) $x \mapsto x^3 - x^2 - 12x$ **h)** $x \mapsto x^3 - 4x^2 + 4x - 1$

i) $x \mapsto x^4 - 8x^2 + 16$ (setzen Sie $x^2 = z$) **k)** $x \mapsto x^4 - 10x^2 + 9$

8. Wo schneiden sich die Graphen folgender Funktionen; $x \in \mathbb{R}$?

a) $x \mapsto 2x^2 - 3x$ und $x \mapsto -x^2 + 6$ **b)** $x \mapsto 2x^2 - 2x + 2$ und $x \mapsto -2x^2 + 8x$

c) $x \mapsto x^2 + 2x + 4$ und $x \mapsto 3x^2 + x + 1$ **d)** $x \mapsto 3x^2 - 4x + 5$ und $x \mapsto x + 5$

e) $x \mapsto 2x^3 - x^2$ und $x \mapsto x^2$ **f)** $x \mapsto x^3 + 2x^2 - 8$ und $x \mapsto -x - 4$

9. Wie lauten die Funktionen, die folgende Bedingungen erfüllen?

a) Funktion zweiten Grades; Nullstellen bei $x_1 = -2$ und $x_2 = 4$;

b) Funktion dritten Grades; Nullstellen bei $x_1 = 0$, $x_2 = -1$, $x_3 = 7$;

c) Funktion dritten Grades, punktsymmetrisch; Nullstelle bei $x = \frac{1}{2}$, $a_3 = a_1 + 5$;

d) Funktion dritten Grades; Nullstellen bei $x_1 = -2{,}5$, $x_2 = 3$, bei $x = 0$ ist $y = 5$, $a_1 = 0$;

e) Funktion vierten Grades; Nullstellen bei $x_1 = 3$, $x_2 = 4$, $x_3 = -2$, $x_4 = -5$ $a_3 = 0$;

f) Funktion vierten Grades, achsensymmetrisch; Nullstellen bei $x_1 = -3$, $x_2 = 3$, $y = 0$ bei $x = 0$

10. Geben Sie den ungefähren Verlauf der Graphen von folgenden Funktionen an:

a) $x \mapsto \dfrac{1}{x^5}$ **b)** $x \mapsto \dfrac{1}{x^4}$ **c)** $x \mapsto -\dfrac{2}{x^6}$

d) $x \mapsto \dfrac{1}{x+2}$ **e)** $x \mapsto -\dfrac{2}{(x-1)^2}$ **f)** $x \mapsto \dfrac{1}{(x+1)^3}$

11. Gegeben seien folgende Funktionen; $x \in \mathbb{R}$:

a) $x \mapsto \dfrac{x^2 - 1}{x^2 + 1}$ **b)** $x \mapsto \dfrac{1}{1 - x}$ **c)** $x \mapsto \dfrac{2 - x^2}{x - 2}$

d) $x \mapsto \dfrac{x^2 - 1}{x^2 - 4x}$ **e)** $x \mapsto \dfrac{x^2 + 3x - 10}{x^2 + 7x + 10}$ **f)** $x \mapsto \dfrac{x^2 - 16}{x - 4}$

g) $x \mapsto \dfrac{x^2 + 4x}{2x + 8}$ **h)** $x \mapsto \dfrac{x^2 + 4x - 4}{x^2 - 4}$ **i)** $x \mapsto \dfrac{x^3 - 2x^2}{x}$

1. Bestimmen Sie alle Nullstellen und Unendlichkeitsstellen der Funktionen und formulieren Sie eine Vermutung über die Gleichung der Asymptote.
2. Bestimmen Sie jeweils Definitions- und Wertebereich.
3. Stellen Sie mit Hilfe der berechneten Werte den Verlauf der Graphen der Funktionen dar.

6.2 Irrationale und transzendente Funktionen

6.2.1 Wurzelfunktionen

Funktionen, in deren Funktionsgleichung die Variable x unter einem Wurzelzeichen steht, heißen *Wurzelfunktionen.* Wurzelfunktionen sind *irrationale* Funktionen.

Beispiele für Wurzelfunktionen:

$f\colon x \longmapsto \sqrt{x};\ x \in \mathbb{R}_+$

$f\colon x \longmapsto 2\sqrt[3]{x+1} - 2x^2 + 6;\ x \in \mathbb{R}$

Beispiele:

Gegeben seien die Funktionen $f_1\colon x \longmapsto \sqrt{x};\ x \in \mathbb{R}_+$ und $f_2\colon x \longmapsto \sqrt[4]{x};\ x \in \mathbb{R}_+$. Zeichnen Sie die Graphen der Funktionen f_1 und f_2 und ihrer Umkehrfunktionen.

Lösung:

Für die Funktionen f_1 und f_2 gilt:

$D(f_1) = W(f_1) = \mathbb{R}_+$

$D(f_2) = W(f_2) = \mathbb{R}_+$

Die Gleichungen der Umkehrfunktionen lauten:

$f_1\colon y = \sqrt{x};\quad f_2\colon y = \sqrt[4]{x}$

$x = \sqrt{y};\quad x = \sqrt[4]{y}$

$f_1^{-1}\colon y = x^2;\quad f_2^{-1}\colon y = x^4$

(Die Umkehrfunktionen existieren, da f_1 und f_2 injektiv sind.)

Die Umkehrfunktionen der Wurzelfunktionen mit geraden Zahlen als Exponenten sind die schon bekannten Potenzfunktionen.

$f_1\colon x \longmapsto \sqrt{x};\quad f_2\colon x \longmapsto \sqrt[4]{x}$

$f_1^{-1}\colon x \longmapsto x^2;\quad f_2^{-1}\colon x \longmapsto x^4$

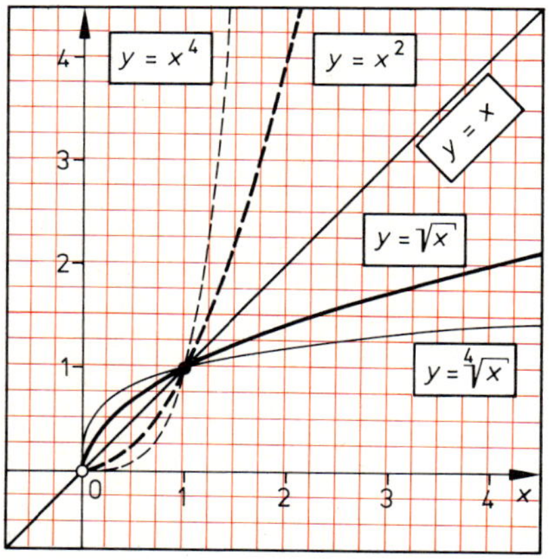

Zusammenfassung:

$f\colon x \longmapsto \sqrt[2n]{x}$	$x \in \mathbb{R}_+;\ n \in \mathbb{N}^*$	$\Rightarrow$	$f^{-1}\colon x \longmapsto x^{2n}$	$x \in \mathbb{R}_+$
$f\colon x \longmapsto -\sqrt[2n]{x}$	$x \in \mathbb{R}_+;\ n \in \mathbb{N}^*$	$\Rightarrow$	$f^{-1}\colon x \longmapsto x^{2n}$	$x \in \mathbb{R}_-$
Funktion			*Umkehrfunktion*	

Beispiel:

Gegeben seien die Funktionen $f_1\colon x \longmapsto \sqrt[3]{x}$; $x \in \mathbb{R}$ und $f_2\colon x \longmapsto \sqrt[5]{x}$; $x \in \mathbb{R}$. Zeichnen Sie die Graphen der Funktionen f_1 und f_2 und ihrer Umkehrfunktionen.

Lösung:

Für die Funktionen f_1 und f_2 gilt:
$D(f_1) = W(f_1) = \mathbb{R}$
$D(f_2) = W(f_2) = \mathbb{R}$
f_1 und f_2 sind injektiv.
Die Gleichungen der Umkehrfunktionen lauten:

$f_1\colon\ y = \sqrt[3]{x};\quad f_2\colon\ y = \sqrt[5]{x}$
$\quad x = \sqrt[3]{y};\quad\quad x = \sqrt[5]{y}$
$f_1^{-1}\colon\ y = x^3;\quad f_2^{-1}\colon\ y = x^5$

Die Umkehrfunktionen der Wurzelfunktionen mit ungeraden Zahlen als Exponenten sind die schon bekannten Potenzfunktionen.

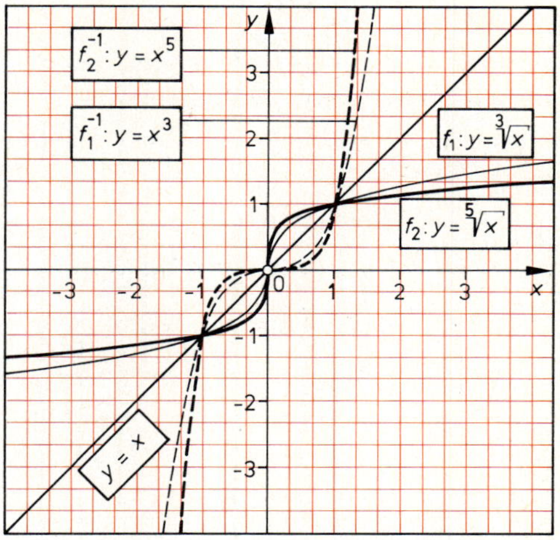

$f_1\colon x \longmapsto \sqrt[3]{x};\quad f_2\colon x \longmapsto \sqrt[5]{x}$
$f_1^{-1}\colon x \longmapsto x^3;\quad f_2^{-1}\colon x \longmapsto x^5$

Zusammenfassung:

$f\colon x \longmapsto \sqrt[2n+1]{x}$	$x \in \mathbb{R};\ n \in \mathbb{N}^*$	$\Rightarrow$	$f^{-1}\colon x \longmapsto x^{2n+1}$	$x \in \mathbb{R}$
Funktion			*Umkehrfunktion*	

Beispiel:

Gegeben seien die Funktionen $f_1\colon x \longmapsto \sqrt{x}$ und $f_2\colon x \longmapsto -\sqrt{x}$. Zeichnen Sie die Graphen der beiden Funktionen in ein Koordinatensystem.

Lösung:

Für die Funktionen f_1 und f_2 gilt:
$D(f_1) = W(f_1) = \mathbb{R}_+$
$D(f_2) = \mathbb{R};\ W(f_2) = \mathbb{R}_-$
Die Graphen von f_1 und f_2 ergeben zusammen einen Graphen, der einer liegenden Parabel entspricht. Dieser Graph ist das Bild einer *Relation R*:

$R = \{(x,y) \in \mathbb{R}_+ \times \mathbb{R} \mid y = \sqrt{x} \vee y = -\sqrt{x}\}.$

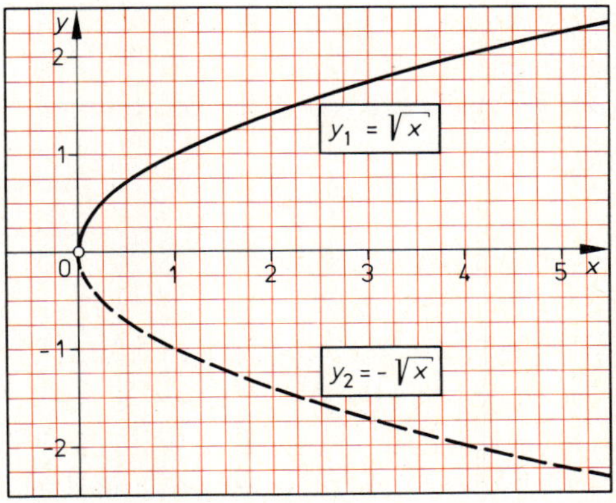

6.2.2 Exponential- und Logarithmusfunktionen

Exponentialfunktionen

Definition:

Eine Funktion f der Form $f\colon \mathbb{R} \longrightarrow \mathbb{R}_+^*;\, x \longmapsto a^x,\ a \in \mathbb{R}_+^* \setminus \{1\}$ *heißt Exponentialfunktion.*

Beispiel:

Zeichnen Sie die Graphen folgender Exponentialfunktionen in ein Koordinatensystem : $f\colon x \longmapsto a^x$, für $a = 1, 2, 10, \frac{1}{2}, \frac{2}{3}$.

Lösung:

Wertetabelle

x	-3	-2	-1	0	1	2	3
$y=2^x$	$\frac{1}{8}$	$\frac{1}{4}$	$\frac{1}{2}$	1	2	4	8
$y=10^x$	$\frac{1}{1000}$	$\frac{1}{100}$	$\frac{1}{10}$	1	10	100	1000
$y=1^x$	1	1	1	1	1	1	1

x	4	3	2	1	0	-1	-2	-3
$y=(\frac{2}{3})^x$	0,2	0,3	0,44	0,66	1	1,5	2,25	3,37
$y=(\frac{1}{2})^x$	$\frac{1}{16}$	$\frac{1}{8}$	$\frac{1}{4}$	$\frac{1}{2}$	1	2	4	8

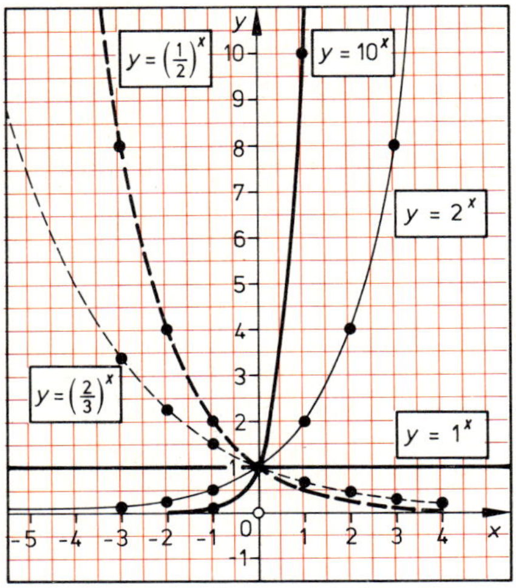

Die Graphen der Funktionen für $a = 2$ und $a = 10$ verlaufen oberhalb der x-Achse im II. und I. Quadranten von links nach rechts steigend und gehen alle durch den Punkt $P(0,1)$. Mit kleiner werdenden x-Werten ($x < 0$) nähern sich die Graphen der negativen x-Achse. Es ist: $D(f) = \mathbb{R}$ und $W(f) = \mathbb{R}_+^*$.

Die Graphen der Funktionen für $a = \frac{1}{2}$ und $a = \frac{2}{3}$ verlaufen oberhalb der x-Achse im I. und II. Quadranten von links nach rechts fallend und gehen alle durch den Punkt $P(0,1)$. Mit größer werdenden x-Werten ($x > 0$) nähern sich die Graphen der positiven x-Achse.

Für $a = 1$ erhalten wir die konstante Funktion $x \longmapsto 1$, deren Graph die Parallele zur x-Achse durch den Punkt $P(0,1)$ ist. Sie wird nicht zu den Exponentialfunktionen gerechnet.

Wir wollen an dieser Stelle auf eine Sprechweise hinweisen. Eine Funktion wird steigend [fallend] genannt, wenn für je zwei Argumente x_1 und x_2 gilt:

$$x_1 \leq x_2 \wedge f(x_2) \geq f(x_1) \quad \text{steigend}$$

$$x_1 \leq x_2 \wedge f(x_2) \leq f(x_1) \quad \text{fallend}$$

Wir fassen die Eigenschaften der Exponentialfunktionen in einem Satz zusammen:

Satz:

Die Graphen der Exponentialfunktionen $x \longmapsto a^x$ $x \in \mathbb{R};\ a \in \mathbb{R}_+^* \setminus \{1\}$ *sind für:*

$a > 1$ steigend, für $0 < a < 1$ fallend. Exponentialfunktionen sind bijektiv.
Die Graphen verlaufen oberhalb der x-Achse, die auch Asymptote ist, und gehen alle durch den Punkt $P(0,1)$. Es ist: $D(f) = \mathbb{R}$ und $W(f) = \mathbb{R}_+^*$.

Folgerung:

Sind Potenzen mit gleicher Basis gleich, so sind auch ihre Exponenten gleich.

Für alle $a \in \mathbb{R}_+^* \setminus \{1\}$; $m, n \in \mathbb{R}$ gilt:

$$a^m = a^n \Leftrightarrow m = n$$

c)

$f_4\colon x \mapsto 0{,}5^x$	$D(f_4) = \mathbb{R}$ $W(f_4) = \mathbb{R}_+^*$
$f_4^{-1}\colon x \mapsto \log_{0,5} x$	$D(f_4^{-1}) = \mathbb{R}_+^*$ $W(f_4^{-1}) = \mathbb{R}$

Wertetabelle

x	-2	-1	0	$0{,}5$	1	2	4	5
$y = 0{,}5^x$	4	2	1	$0{,}7$	$\frac{1}{2}$	$\frac{1}{4}$	$\frac{1}{16}$	$\frac{1}{32}$
$y = \log_{0,5} x$	.	.	.	1	0	-1	-2	$-2{,}3$

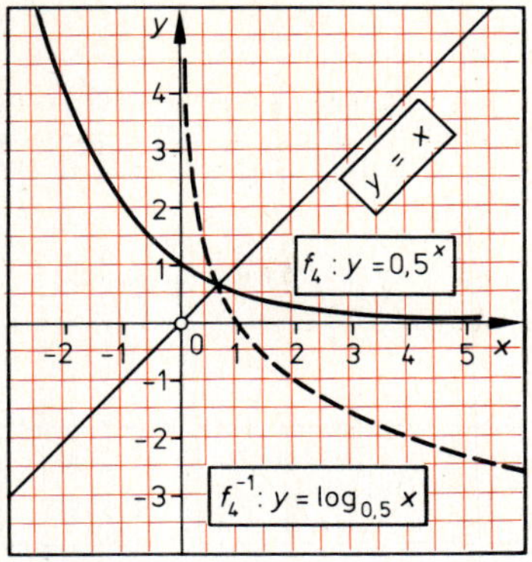

Satz:

Der Graph der Logarithmusfunktion $\boxed{x \mapsto \log_a x}$ $D(f) = \mathbb{R}_+^*$; $W(f) = \mathbb{R}$ *entsteht durch Spiegelung des Graphen von* $x \mapsto a^x$ *an dem Graphen von* $x \mapsto x$. *Die Graphen von* $x \mapsto \log_a x$ *gehen alle durch den Punkt* $P(1, 0)$.

$0 < a < 1$	$0 < x < 1 \Rightarrow \log_a x > 0$ $x = 1 \Rightarrow \log_a x = 0$ $x > 1 \Rightarrow \log_a x < 0$	*fallend*
$a > 1$	$0 < x < 1 \Rightarrow \log_a x < 0$ $x = 1 \Rightarrow \log_a x = 0$ $x > 1 \Rightarrow \log_a x > 0$	*steigend*

Es gibt also keine Logarithmen für $x \in \mathbb{R}_-^*$, d.h. für negative Argumente x ist keine Logarithmusfunktion definiert.

Die Umkehrfunktion einer Exponentialfunktion von der Form $x \mapsto a^{nx}$ erhalten wir, indem wir die beiden Seiten der Funktionsgleichung logarithmieren und die Variablen x und y umbenennen.

$$y = a^{nx}$$
$$\log_a y = nx \cdot \log_a a; \quad \log_a a = 1$$
$$\frac{1}{n} \cdot \log_a y = x \cdot 1$$
$$\frac{1}{n} \cdot \log_a x = y$$

$f\colon x \mapsto a^{nx}$	$D(f) = \mathbb{R}$ $W(f) = \mathbb{R}_+^*$	$f^{-1}\colon x \mapsto \frac{1}{n} \cdot \log_a x$	$D(f^{-1}) = \mathbb{R}_+^*$ $W(f^{-1}) = \mathbb{R}$

Beispiel:

Gegeben sei die Funktion $f\colon x \mapsto e^{2x}$. Zeichnen Sie die Graphen von f und f^{-1}.

Signumfunktion

Bei der *Signumfunktion* (Vorzeichenfunktion) wird jedem Element des Definitionsbereiches entweder die Zahl 1, die Zahl -1 oder die Zahl 0 zugeordnet.

$4 \rightarrow 1;$	$-2 \rightarrow -1$
$3 \rightarrow 1;$	$-1{,}5 \rightarrow -1$
$7{,}5 \rightarrow 1;$	$-\sqrt{2} \rightarrow -1$
$0 \rightarrow 0;$	*usw.*

Definition:

Unter dem Signum von x versteht man entweder die Zahl 1, die Zahl -1 oder die Zahl 0, je nach dem Vorzeichen von x.

$$\operatorname{sgn} x = \begin{cases} 1 & \textit{für } x > 0 \\ 0 & \textit{für } x = 0 \\ -1 & \textit{für } x < 0 \end{cases}$$

sgn x *wird gelesen: „Signum von x".*

Definition:

Die Funktion $f\colon x \longmapsto \operatorname{sgn} x;\ D(f) = \mathbb{R};\ W(f) = \{-1, 0, 1\}$ *heißt Signumfunktion.*

Beispiel:

Zu zeichnen ist der Graph der Funktion $f\colon x \longmapsto \operatorname{sgn} x$, für $x \in [-3, 3]$.

Lösung:

$D(f) = [-3, 3];\ W(f) = \{-1, 0, 1\}$.

Der Graph besteht aus zwei zur x-Achse parallelen Strecken und dem Punkt $O(0,0)$.

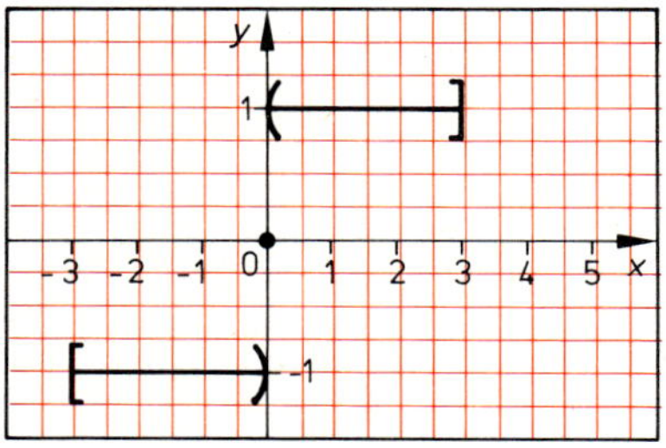

Beispiel:

Zeichnen Sie den Graphen der Funktion $f\colon x \longmapsto \operatorname{sgn}(\sin x)$, für $x \in \left[-\frac{\pi}{2}, 2\pi\right]$.

Lösung:

$D(f) = \left[-\frac{\pi}{2}, 2\pi\right]$;

$W(f) = \{-1, 0, 1\}$.

Positive Werte von $\sin x$ werden auf 1, negative Werte von $\sin x$ werden auf -1 abgebildet, $\sin x = 0$ wird auf 0 abgebildet.

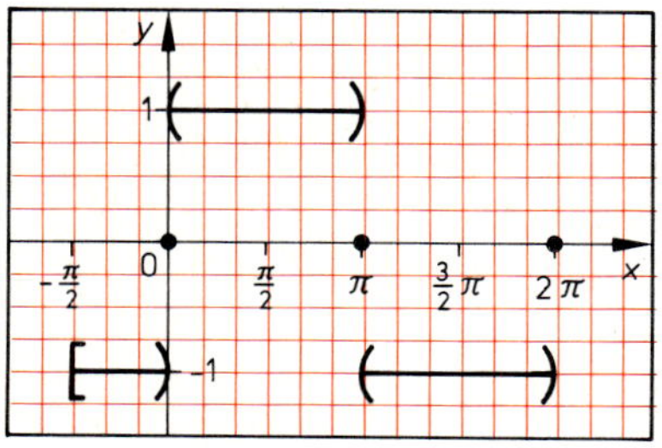

c) Die zugehörige Paarmenge hat in aufzählender Form sechs Elemente (geordnete Paare). Jedes Paar der Paarmenge $\langle a_n \rangle$ ist Element der Menge $\mathbb{N}_6^* \times \mathbb{R}$.

$\langle a_n \rangle = \{(1, 2), (2, 1), (3, \frac{2}{3}), (4, \frac{1}{2}), (5, \frac{2}{5}), (6, \frac{1}{3})\}$

$(n, a_n) \in \mathbb{N}_6^* \times \mathbb{R}$

$\langle a_n \rangle \subseteq \mathbb{N}_6^* \times \mathbb{R}$

d) Die Zuordnung zwischen den Elementen der Menge $D = \mathbb{N}_6^*$ und den Elementen der Menge $W = \mathbb{R}$ ist in diesem Fall bijektiv.

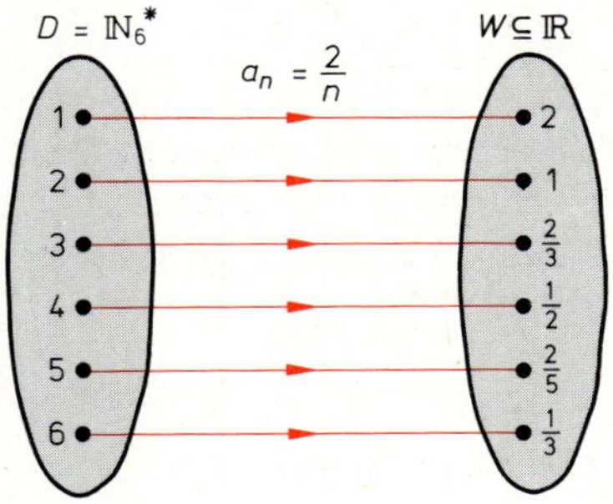

e) Da Zahlenfolgen spezielle Funktionen sind, können sie auch im kartesischen Koordinatensystem dargestellt werden. Der Graph der Zahlenfolge $\langle a_n \rangle$ besteht aus sechs Punkten.

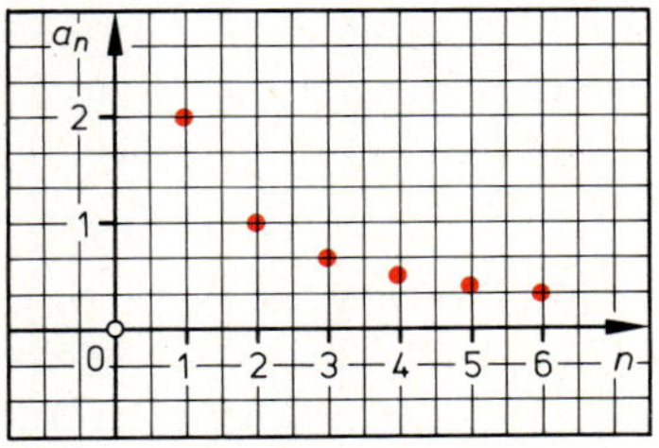

$$\langle a_n \rangle = \left\{ n, a_n \mid a_n = \frac{2}{n}, n \in \mathbb{N}_6^* \right\}$$

Schreibweise einer Zahlenfolge mit Hilfe einer rekursiven Bildungsvorschrift

Bisher haben wir Zahlenfolgen entweder aufzählend oder durch die Bildungsvorschrift $n \mapsto a_n$ angegeben. Es gibt aber auch die Möglichkeit, das Anfangsglied a_1 einer Zahlenfolge zu nennen und anzugeben, wie man das Glied a_{n+1} aus dem Glied a_n erhält. Wir können mit diesen beiden Angaben alle Glieder der Zahlenfolge bestimmen.

Beispiel:

Gegeben sei die endliche Zahlenfolge $\langle a_n \rangle$: 1, 4, 9, 16, 25, 36.

a) Geben Sie eine einfache Bildungsvorschrift $n \mapsto a_n$ an.

b) Bestimmen Sie eine Formel, mit der die einzelnen Glieder aus dem jeweils vorhergehenden Glied bestimmt werden können.

Lösung:

a) Die Glieder der Folge sind Quadratzahlen.

$\langle a_n \rangle$: $1^2, 2^2, 3^2, 4^2, 5^2, 6^2$.

Bildungsgesetz:

$n \mapsto n^2, \; n \in \mathbb{N}_6^*$

Veranschaulichen wir uns die Zuordnungen der fünf Folgenglieder in einem Diagramm, so erkennen wir, daß das Quadrat eines Elements des Definitionsbereichs D addiert zu Eins gleich dem entsprechenden Element der Zahlenfolge (im Wertebereich W) ist.

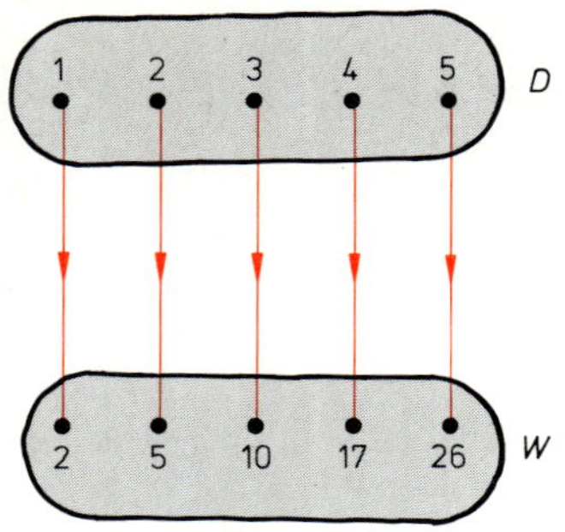

Die gesuchte Bildungsvorschrift ist also:

$$n \longmapsto a_n = n^2 + 1$$

Anmerkung:

Ist eine unendliche Zahlenfolge durch eine rekursive Bildungsvorschrift gegeben, können wir die Richtigkeit einer Bildungsvorschrift der Form $n \longmapsto a_n$ nicht für jedes einzelne Glied der Zahlenfolge nachrechnen, wie dies im letzten Beispiel möglich war. Wir müssen uns dann von der Gültigkeit der Bildungsvorschrift durch einen mathematischen Beweis überzeugen (vgl. Abschnitt 7.5).

Übungen 7.1

Grundbegriffe von Zahlenfolgen

1. Gegeben seien die Zahlenfolgen von Nr. 1 bis 13.

a) Bestimmen Sie D und W der Zahlenfolgen.

b) Geben Sie die Zahlenfolgen als Paarmengen in beschreibender Form an.

c) Bestimmen Sie die Glieder der Zahlenfolgen für $D = \mathbb{N}_5^*$.

d) Geben Sie die Zahlenfolgen als Paarmengen in aufzählender Form durch Angabe der Elemente für $D = \mathbb{N}_5^*$ an.

e) Zeichnen Sie für die Paarmengen von d) jeweils ein Mengendiagramm.

f) Zeichnen Sie die Graphen der Zahlenfolgen für $D = \mathbb{N}_5^*$.

1. $a_n = 3n - 2$
2. $a_n = 2n^2$
3. $a_n = \dfrac{3}{2n}$
4. $a_n = \dfrac{1}{n-1}$
5. $n \longmapsto \dfrac{n+1}{n-1}$
6. $n \longmapsto \dfrac{n^2+1}{3n-6}$
7. $n \longmapsto 2(n+2) + 3$
8. $n \longmapsto (-1)^n$
9. $n \longmapsto \left(-\dfrac{1}{n}\right)^n$
10. $n \longmapsto \dfrac{2-n^2}{n-3}$
11. $n \longmapsto 3 \cdot 2^{n-1}$
12. $n \longmapsto \dfrac{(-1)^n \cdot n}{2n-4}$
13. $n \longmapsto (-1)^n \dfrac{3-n}{n^2}$

Lösung:

a) Die Zahlenfolge $\langle a_n \rangle$ ist eine arithmetische Zahlenfolge. Die Differenz d beträgt $d = 2$.

$$d = a_{n+1} - a_n = 3-1 = 5-3 = 7-5 = 9-7 = \underline{\underline{2}}$$
$$a_1 = 1 \quad a_n = 1 + (n-1) \cdot 2, \; n \in \mathbb{N}_5^*$$
$$\Rightarrow a_n = 2n - 1$$
$$\Rightarrow n \longmapsto 2n - 1$$

b) $\langle a_n \rangle$ ist eine arithmetische Zahlenfolge, da die Differenz d existiert.

$$\langle a_n \rangle: \; 5, \; 4, \; 3, \; 2, \; 1, \; 0, \; -1$$
$$d = a_{n+1} - a_n = 4-5 = 3-4 = 2-3 = 1-2$$
$$= 0-1 = -1-0 = [6-(n+1)] - (6-n)$$
$$= -\underline{\underline{1}}$$

c) Diese Zahlenfolge ist keine arithmetische Zahlenfolge, denn die Differenzen zweier aufeinanderfolgender Glieder sind ungleich.

$$\langle a_n \rangle: \; 1, \; \tfrac{1}{2}, \; \tfrac{1}{3}, \; \tfrac{1}{4}, \; \tfrac{1}{5}$$
$$1 - \tfrac{1}{2} \neq \tfrac{1}{2} - \tfrac{1}{3} \neq \tfrac{1}{3} - \tfrac{1}{4} \neq \tfrac{1}{4} - \tfrac{1}{5}$$
$$a_n = \frac{1}{n} \quad \textit{nicht arithmetisch.}$$

d) Die Zahlenfolge $\langle a_n \rangle$ ist eine arithmetische Zahlenfolge mit der konstanten Differenz $d = 0$.

$$\langle a_n \rangle: \; 2, \; 2, \; 2, \; 2$$
$$d = a_{n+1} - a_n = 2 - 2$$
$$= \underline{\underline{0}}$$

e) Wir ermitteln die ersten fünf Glieder der Zahlenfolge und erkennen, daß die Differenz zweier aufeinanderfolgender Glieder ungleich ist.

$$a_n = a_1 + 2n - 1; \; a_1 = 1$$
$$a_2 = 1 + 2 \cdot 1 - 1 = 2$$
$$a_3 = 2 + 2 \cdot 2 - 1 = 5$$
$$a_4 = 5 + 2 \cdot 3 - 1 = 10$$
$$a_5 = 10 + 2 \cdot 4 - 1 = 17$$

$$5 - 2 = 3$$
$$10 - 5 = 5$$
$$17 - 10 = 7$$

$$3 \neq 5 \neq 7$$

Definition:

Addiert man die Glieder einer endlichen arithmetischen Zahlenfolge, so heißt die entstehende Reihe s_n arithmetische Reihe.

$$\langle a_n \rangle: \; a_1, a_1 + d, a_1 + 2d, a_1 + 3d, \ldots, a_1 + (n-1) \cdot d$$

$$s_n = a_1 + (a_1 + d) + (a_1 + 2d) + \ldots + a_1 + (n-1) \cdot d$$
$$s_n = \sum_{k=1}^{n} a_1 + (k-1) \cdot d$$

arithmetische Reihe

Satz:

Die n-te Teilsumme der arithmetischen Reihe ist:

$$s_n = \frac{n}{2}(a_1 + a_n) = \frac{n}{2}[2a_1 + (n-1) \cdot d]$$

$$n \in \mathbb{N}^*, \; d \in \mathbb{R}$$

Beweis:

Man schreibt unter die arithmetische Reihe die gleiche Reihe in *umgekehrter* Reihenfolge der Summanden. Die Addition der beiden Gleichungen führt auf die *Summenformel* s_n.

$$+\left| \begin{array}{l} s_n = a_1 \quad + (a_1 + d) + (a_1 + 2d) + \ldots + a_1 + (n-2)d + a_n \\ s_n = a_n \quad + (a_n - d) + (a_n - 2d) + \ldots + a_n - (n-2)d + a_1 \end{array} \right.$$
$$2s_n = (a_1 + a_n) + (a_1 + a_n) + (a_1 + a_n) + \ldots + (a_1 + a_n) + (a_1 + a_n)$$
$$2s_n = n(a_1 + a_n)$$
$$\underline{\underline{s_n = \frac{n}{2}(a_1 + a_n)}}$$

$$a_n = a_1 + (n-1)d; \quad \underline{\underline{s_n = \frac{n}{2}[2a_1 + (n-1)d]}}$$

Lösung:

a) Das Anfangsglied a_1 ist:

$U = \pi d = 3{,}14 \cdot 20\text{ cm} = 62{,}8\text{ cm}$.

$a_t = 62{,}8\text{ cm}$

Der Dickenunterschied beträgt 0,4 mm. Jede Lage ist also um

$3{,}14 \cdot 0{,}4\text{ mm} = 1{,}256\text{ mm}\,(d)$

länger.

$d = 0{,}1256\text{ cm}$

$s_n = 62800\text{ cm}$

$$s_n = \frac{n}{2}[2a_1 + (n-1)\cdot d]$$

Setzt man die bekannten Zahlenwerte in die Formel für die Summe s_n der arithmetischen Reihe ein, so erhält man eine quadratische Gleichung.

$$62800 = \frac{n}{2}[2\cdot 62{,}8 + (n-1)\cdot 0{,}1256]$$

$$62800 = \frac{\not{2}\cdot 62{,}8\cdot n}{\not{2}} + \frac{0{,}1256}{2}n(n-1)$$

$$62800 = 62{,}8\,n + \frac{0{,}1256}{2}n^2 - \frac{0{,}1256}{2}n$$

$$n^2 + 999\,n - 1000000 = 0$$

$$\underline{\underline{n \approx 618}}$$

Es ergeben sich rund 618 Lagen.

b) Bei jeder Lage wird der Durchmesser um 0,4 mm länger, insgesamt also um 24,72 cm. Die Rolle hat am Schluß einen Durchmesser von 44,72 cm.

$$618\cdot 0{,}4\text{ mm} = 247{,}2\text{ mm} = 24{,}72\text{ cm}$$

$$20\text{ cm} + 24{,}72\text{ cm} = \underline{\underline{44{,}72\text{ cm}}}$$

Übungen 7.3

Arithmetische Folgen und Reihen

1. Fügen Sie zu nachstehenden arithmetischen Zahlenfolgen noch die nächsten fünf Glieder hinzu.

a) 2, 4, 6, … **b)** 0, −2, −4, … **c)** 36, 33, 30, … **d)** 2, 5, 8, …

2. Bestimmen Sie die fehlenden Zahlen folgender arithmetischer Reihen:

	a)	b)	c)	d)	e)	f)
a_1	5	4	10			−205
d	3	3			5	5
n		30	20	43	57	
a_n			−85	302	448	
s_n	440			6665		4250

Beispiel:

Zeichnen Sie die Graphen der Exponentialfunktion $f\colon x \mapsto 1{,}2^{nx}$, für $n = 1, 2, 3$.

Lösung:

Wertetabelle

x	-3	-2	-1	0	1	3	4	5
$y = 1{,}2^{x}$	0,6	0,7	0,8	1	1,2	1,7	2,1	2,5
$y = 1{,}2^{2x}$	0,3	0,5	0,7	1	1,4	3,0	4,3	6,2
$y = 1{,}2^{3x}$	0,2	0,3	0,6	1	1,7	5,2	8,9	15,4

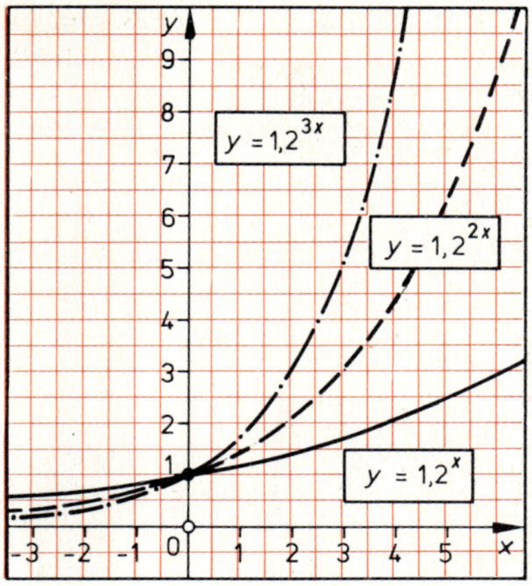

Wir sehen an diesen Beispielen, daß die Zahl n im Exponenten des Funktionsterms einen Einfluß darauf hat, wie steil der Graph verläuft. Im folgenden Beispiel untersuchen wir die Rolle des Vorzeichens im Exponenten.

Beispiel:

Zeichnen Sie den Graphen der Exponentialfunktion $f\colon x \mapsto \left(\frac{3}{2}\right)^{-x}$ und $f\colon x \mapsto \left(\frac{3}{2}\right)^{x}$.

Lösung:

$$y = \left(\frac{3}{2}\right)^{-x} = \frac{3^{-x}}{2^{-x}} = \frac{2^x}{3^x} = \left(\frac{2}{3}\right)^{x}$$

$$y = \left(\frac{3}{2}\right)^{-x} \Leftrightarrow y = \left(\frac{2}{3}\right)^{x}$$

$$\textit{allgemein:}\quad y = a^{-x} \Leftrightarrow y = \left(\frac{1}{a}\right)^{x}$$

Die Graphen der beiden Exponentialfunktionen sind in bezug auf die y-Achse symmetrisch.

Wertetabelle

x	-4	-3	-2	-1	0	1	2	3	4
$y = \left(\frac{3}{2}\right)^{-x}$	5,06	3,37	2,25	1,5	1	0,66	0,44	0,3	0,2
$y = \left(\frac{3}{2}\right)^{x}$	0,2	0,3	0,44	0,66	1	1,5	2,25	3,37	5,05

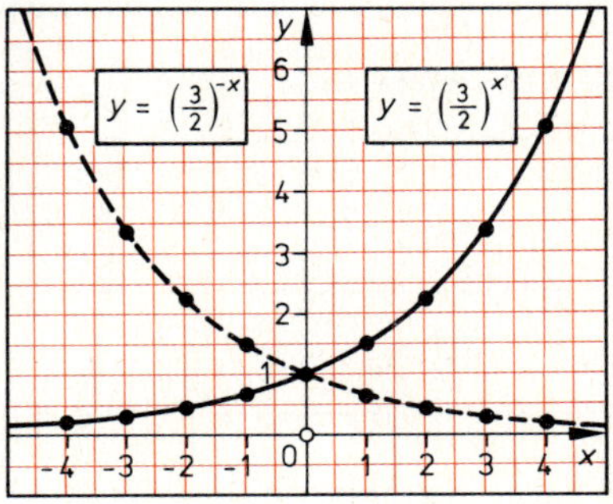

Satz:

Die Graphen der Exponentialfunktionen

$x \mapsto a^{x}$ *und* $x \mapsto a^{-x}$ $\quad x \in \mathbb{R}$, $a \in \mathbb{R}_+^* \setminus \{1\}$

verlaufen zueinander symmetrisch zur y-Achse.

Logarithmusfunktionen

Die in Kapitel 6.2.2 besprochenen Exponentialfunktionen waren *bijektiv;* sie besitzen daher Umkehrfunktion (siehe Kapitel 3.2.1).

$$f\colon x \mapsto a^{x};\quad D(f) = \mathbb{R} \wedge W(f) = \mathbb{R}_+^*$$

$$y = a^{x}$$

$$x = a^{y} \Leftrightarrow \log_a x = y \cdot \log_a a;\ \log_a a = 1$$

$$y = \log_a x$$

$$f^{-1}\colon x \mapsto \log_a x;\ D(f^{-1}) = \mathbb{R}_+^* \wedge W(f^{-1}) = \mathbb{R}$$

Definition:

Die Umkehrfunktion der Exponentialfunktion heißt Logarithmusfunktion

$f\colon x \longmapsto a^x$	$D(f) = \mathbb{R}$ $W(f) = \mathbb{R}_+^*$	$f^{-1}\colon x \longmapsto \log_a x$	$D(f^{-1}) = \mathbb{R}_+^*$ $W(f^{-1}) = \mathbb{R}$
Exponentialfunktion		*Logarithmusfunktion*	

Beispiel:

Zeichnen Sie jeweils die Graphen von Funktion und Umkehrfunktion:

a) $f_1\colon x \longmapsto 2^x$; **b)** $f_2\colon x \longmapsto 10^x$; $f_3\colon x \longmapsto e^x$; **c)** $f_4\colon x \longmapsto 0{,}5^x$

Lösung:

a)

$f_1\colon x \longmapsto 2^x$	$D(f_1) = \mathbb{R}$ $W(f_1) = \mathbb{R}_+^*$
$f_1^{-1}\colon x \longmapsto \log_2 x$	$D(f_1^{-1}) = \mathbb{R}_+^*$ $W(f_1^{-1}) = \mathbb{R}$

Wertetabelle

x	-1	0	0,25	0,5	1	2	3	4	5	8
$y=2^x$	$\frac{1}{2}$	1	1,15	1,41	2	4	8	16	32	256
$y=\log_2 x$	.	.	$-2{,}32$	-1	0	1	1,6	2	2,32	3

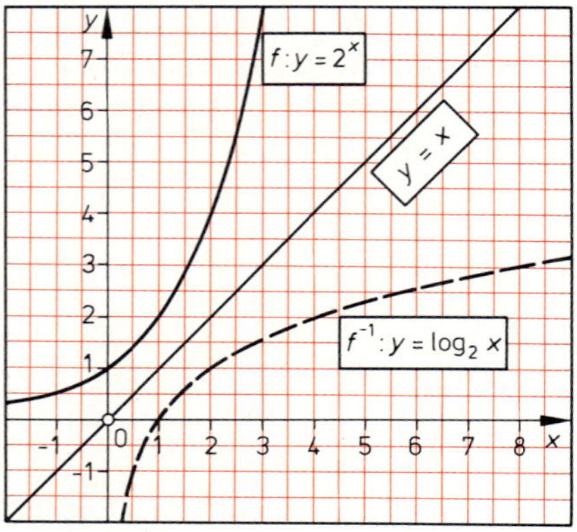

b)

$f_2\colon x \longmapsto 10^x$	$D(f_2) = \mathbb{R}$ $W(f_2) = \mathbb{R}_+^*$
$f_2^{-1}\colon x \longmapsto \log_{10} x$	$D(f_2^{-1}) = \mathbb{R}_+^*$ $W(f_2^{-1}) = \mathbb{R}$

$f_3\colon x \longmapsto e^x$	$D(f_3) = \mathbb{R}$ $W(f_3) = \mathbb{R}_+^*$
$f_3^{-1}\colon x \longmapsto \log_e x$	$D(f_3^{-1}) = \mathbb{R}_+^*$ $W(f_3^{-1}) = \mathbb{R}$

Wertetabelle

x	-1	0	0,25	0,5	1	2	4	8
$y=10^x$	0,1	1	1,78	3,16	10	10^2	10^4	.
$y=\log_{10} x$	.	.	$-0{,}6$	$-0{,}3$	0	0,3	0,6	0,9
$y=e^x$	0,4	1	1,3	1,6	2,7	7,4	55	.
$y=\log_e x$	.	.	$-1{,}4$	$-0{,}7$	0	0,7	1,4	2,1

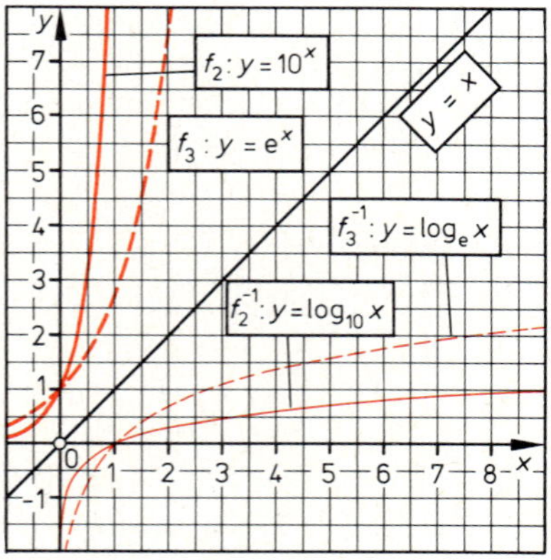

c)

$f_4\colon x \longmapsto 0{,}5^x$	$D(f_4) = \mathbb{R}$ $W(f_4) = \mathbb{R}_+^*$
$f_4^{-1}\colon x \longmapsto \log_{0,5} x$	$D(f_4^{-1}) = \mathbb{R}_+^*$ $W(f_4^{-1}) = \mathbb{R}$

Wertetabelle

x	-2	-1	0	$0{,}5$	1	2	4	5
$y = 0{,}5^x$	4	2	1	0,7	$\frac{1}{2}$	$\frac{1}{4}$	$\frac{1}{16}$	$\frac{1}{32}$
$y = \log_{0,5} x$	.	.	.	1	0	-1	-2	$-2{,}3$

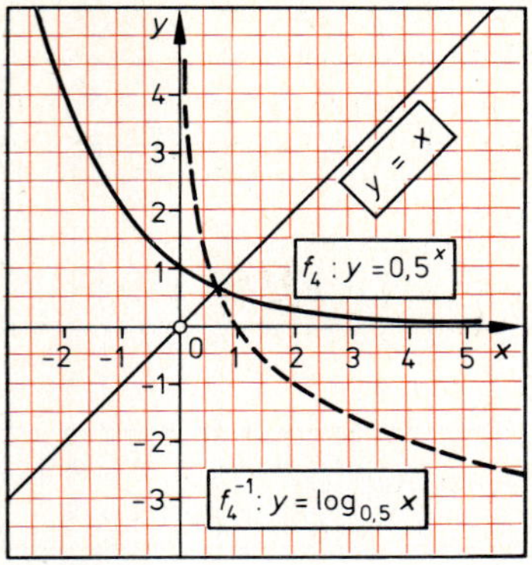

Satz:

Der Graph der Logarithmusfunktion $\boxed{x \longmapsto \log_a x}$ $D(f) = \mathbb{R}_+^*$; $W(f) = \mathbb{R}$ *entsteht durch Spiegelung des Graphen von* $x \longmapsto a^x$ *an dem Graphen von* $x \longmapsto x$. *Die Graphen von* $x \longmapsto \log_a x$ *gehen alle durch den Punkt* $P(1,0)$.

$0 < a < 1$	$0 < x < 1 \Rightarrow \log_a x > 0$ $x = 1 \Rightarrow \log_a x = 0$ $x > 1 \Rightarrow \log_a x < 0$	*fallend*
$a > 1$	$0 < x < 1 \Rightarrow \log_a x < 0$ $x = 1 \Rightarrow \log_a x = 0$ $x > 1 \Rightarrow \log_a x > 0$	*steigend*

Es gibt also keine Logarithmen für $x \in \mathbb{R}_-^*$, d.h. für negative Argumente x ist keine Logarithmusfunktion definiert.

Die Umkehrfunktion einer Exponentialfunktion von der Form $x \longmapsto a^{nx}$ erhalten wir, indem wir die beiden Seiten der Funktionsgleichung logarithmieren und die Variablen x und y umbenennen.

$$y = a^{nx}$$
$$\log_a y = nx \cdot \log_a a; \; \log_a a = 1$$
$$\frac{1}{n} \cdot \log_a y = x \cdot 1$$
$$\frac{1}{n} \cdot \log_a x = y$$

$f\colon x \longmapsto a^{nx}$	$D(f) = \mathbb{R}$ $W(f) = \mathbb{R}_+^*$	$f^{-1}\colon x \longmapsto \frac{1}{n} \cdot \log_a x$	$D(f^{-1}) = \mathbb{R}_+^*$ $W(f^{-1}) = \mathbb{R}$

Beispiel:

Gegeben sei die Funktion $f\colon x \longmapsto e^{2x}$. Zeichnen Sie die Graphen von f und f^{-1}.

Lösung:

$f\colon x \longmapsto e^{2x}$	$D(f) = \mathbb{R}$ $W(f) = \mathbb{R}^*_+$

$f\colon\ y = e^{2x}$

$x = e^{2y} \Leftrightarrow \ln x = 2y \cdot \ln e;\ \ln e = 1$

$\ln x = 2y$

$f^{-1}\colon\quad y = \frac{1}{2} \cdot \ln x$

$f^{-1}\colon x \longmapsto \frac{1}{2} \cdot \ln x$	$D(f^{-1}) = \mathbb{R}^*_+$ $W(f^{-1}) = \mathbb{R}$

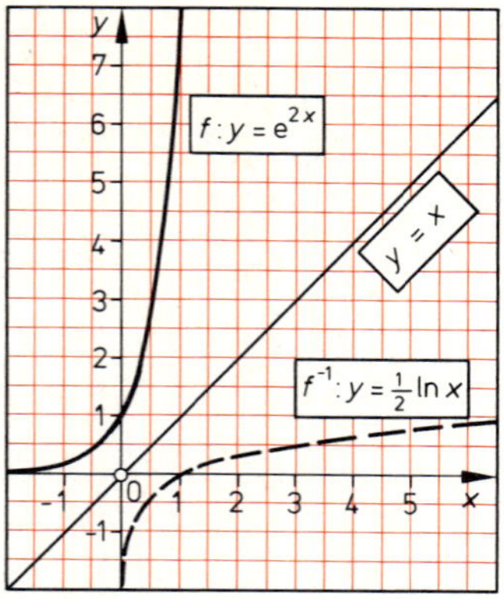

Wertetabelle:

x	−1,5	−1	0	0,5	1	2	5	6
$y = e^{2x}$	0,05	0,14	1	2,72	7,4	.	.	.
$y = \frac{1}{2} \cdot \ln x$	.	.	.	−0,3	0	0,4	0.8	0.9

Beispiel:

Ein Kapital von $K_0 = 5000$ DM soll zu einem Zinssatz von $p = 7\ \%$ verzinst werden. Die Zinsen werden jährlich zum Grundkapital addiert und mitverzinst. Wie groß ist das Kapital nach x Jahren?

Lösung:

x	$f(x) = K_x$
0	5000
1	$5000 + 5000 \cdot \frac{7}{100} = 5000(1 + \frac{7}{100})$
2	$5000(1 + \frac{7}{100}) + (5000 + 5000 \cdot \frac{7}{100} \cdot \frac{7}{100})$
	$= 5000(1 + \frac{7}{100})^2$
3	$= 5000(1 + \frac{7}{100})^3$
⋮	⋮ ⋮ ⋮

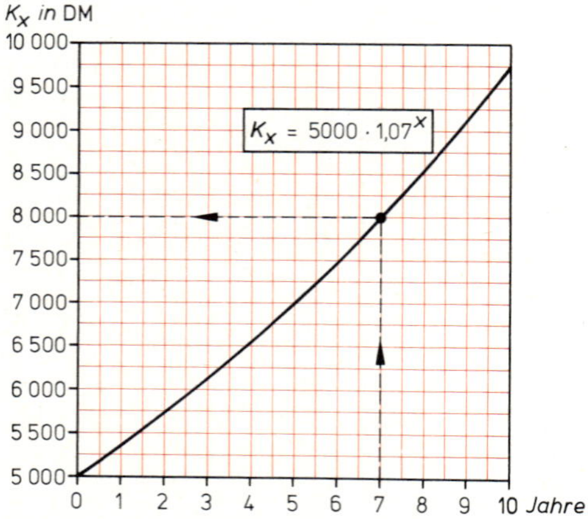

Die Höhe des Kapitals beträgt nach x Jahren $K_x = 5000(1 + \frac{7}{100})^x$; $x \in \mathbb{N}^*$. Das Kapital beträgt zum Beispiel nach sieben Jahren: $K_x = 5000\,\text{DM} \cdot 1{,}07^7 = \underline{\underline{8028{,}90\,\text{DM}}}$.

6.2.3 Trigonometrische Funktionen

Winkelmaße

Bisher haben wir zum Messen eines Winkels das *Gradmaß* benutzt. Eine volle Schenkeldrehung entspricht dabei 360°. Wir wollen jetzt ein anderes Winkelmaß kennenlernen.

Im Kreis gilt die Proportion:

$$\frac{\text{Kreisumfang}}{\text{Kreisbogen}} = \frac{\text{Vollwinkel}}{\text{Mittelpunktswinkel}}$$

$$\frac{2\pi r}{b} = \frac{360°}{\alpha}$$

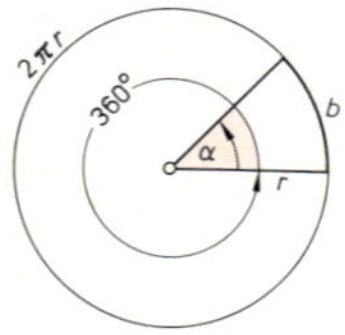

Das Verhältnis $\frac{b}{r} = \frac{\pi}{180°} \cdot \alpha$ ist *nur* vom Mittelpunktswinkel α abhängig. Es gilt:

$$\frac{b_1}{r_1} = \frac{b_2}{r_2} = \frac{b_3}{r_3} = \dots = \frac{\pi}{180°} \cdot \alpha$$

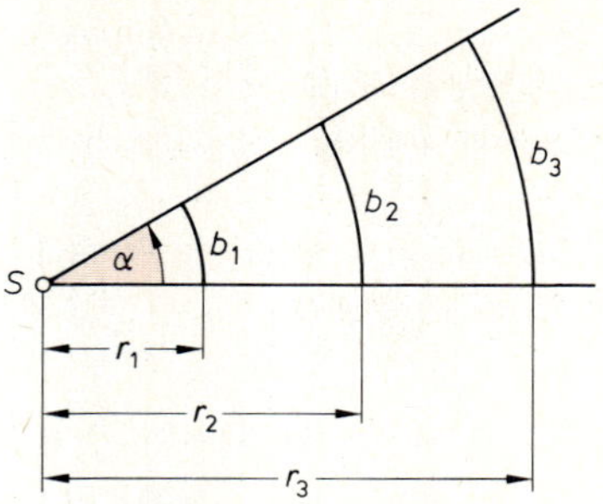

Der Quotient $\frac{b}{r}$ eignet sich also zur Winkelmessung und heißt *Bogenmaß*.

$$\frac{b}{r} = \frac{\pi}{180°} \cdot \alpha$$

Bogenmaß
α in Grad

$$b = \frac{\pi r \alpha}{180°} \qquad \alpha = \frac{180°}{\pi} \cdot \frac{b}{r}$$

Die Einheit ist hierbei der Radiant (rad); 1 rad ist der Winkel, für den das Verhältnis $\frac{b}{r} = 1$ ist; das ist der Fall bei $\alpha = 57° 17' 45''$. Im Einheitskreis ($r = 1$ m) ist das Bogenmaß eines Winkels gleich dem Zahlenwert des zugehörigen Bogens. Jedoch ist zu beachten, daß das Bogenmaß eine Verhältniszahl und darum unbenannt ist. Das Bogenmaß ist eine *positive* Zahl, wenn die Drehung entgegengesetzt zur Drehrichtung des Uhrzeigers erfolgt; bei der Drehung im Uhrzeigersinn ist das Bogenmaß eine *negative* Zahl.

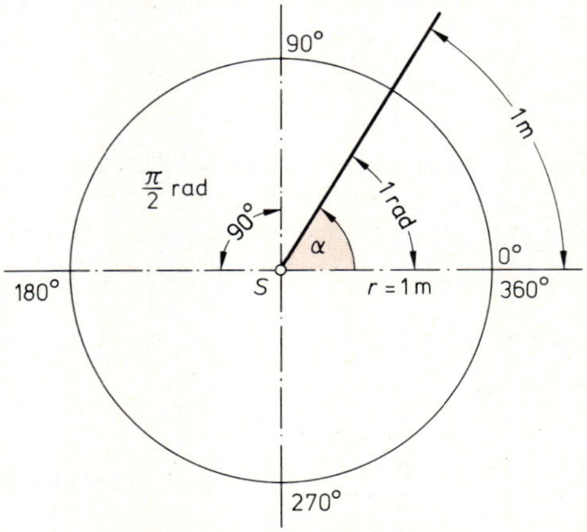

$$\Rightarrow \quad 1° = \frac{2\pi}{360} \text{ rad} = \frac{\pi}{180} \text{ rad}$$

$$\Rightarrow \quad 1° = 0{,}017453 \text{ rad}$$

Beispiel:

Berechnen Sie das Bogenmaß für die Winkel $\alpha = 360°$, 180°, 90° und 30°.

Lösung:

$\alpha = 360°$ ► $360° = 2\pi \text{ rad} = 6{,}28319 \text{ rad}$

$\alpha = 180°$ ► $180° = \pi \text{ rad} = 3{,}14159 \text{ rad}$

$\alpha = 90°$ ► $90° = \frac{\pi}{2} \text{ rad} = 1{,}5708 \text{ rad}$

$\alpha = 30°$ ► $30° = \frac{2\pi}{360} \cdot 30 \text{ rad}$

$30° = \frac{\pi}{6} \text{ rad} = 0{,}5236 \text{ rad}$

Im folgenden werden zur Bezeichnung von Winkeln, die im *Gradmaß* angegeben werden, kleine griechische Buchstaben ($\alpha, \beta, \gamma, \ldots$) verwendet; für Winkel, die im *Bogenmaß* angegeben werden, benutzen wir kleine lateinische Buchstaben (x, y, z).

Beispiel: Gegeben seien folgende Winkel im Bogenmaß:

$$x_1 = \frac{\pi}{4}\,\text{rad}; \quad x_2 = \frac{\pi}{18}\,\text{rad}; \quad x_3 = 3\,\text{rad}; \quad x_4 = 1{,}325\,\text{rad}.$$

Berechnen Sie die diesen Winkeln zugehörigen Gradmaße.

Lösung: $0{,}017453\,\text{rad} = 1°$

$$x_1 = \frac{\pi}{4}\,\text{rad} \quad \blacktriangleright \quad \frac{\pi}{4}\,\text{rad} = \left(\frac{\pi}{4 \cdot 0{,}017453}\right)^{\circ} = 45°$$

$$x_2 = \frac{\pi}{18}\,\text{rad} \quad \blacktriangleright \quad \frac{\pi}{18}\,\text{rad} = \left(\frac{\pi}{18 \cdot 0{,}017453}\right)^{\circ} = 10°$$

$$x_3 = 3\,\text{rad} \quad \blacktriangleright \quad 3\,\text{rad} = \left(\frac{3}{0{,}017453}\right)^{\circ} = 171{,}89° = 171°\,53'\,24''$$

$$x_4 = 1{,}325\,\text{rad} \quad \blacktriangleright \quad 1{,}325\,\text{rad} = \left(\frac{1{,}325}{0{,}017453}\right)^{\circ} = 75{,}92° = 75°\,55'\,12''$$

Die wichtigsten Zuordnungen zwischen Gradmaß und Bogenmaß sind in der folgenden Tabelle zusammengestellt.

Gradmaß	360°	270°	180°	90°	60°	45°	30°	22,5°	20°	15°	10°	57° 17′ 45″
Bogenmaß in rad	2π	$\frac{3}{2}\pi$	π	$\frac{\pi}{2}$	$\frac{\pi}{3}$	$\frac{\pi}{4}$	$\frac{\pi}{6}$	$\frac{\pi}{8}$	$\frac{\pi}{9}$	$\frac{\pi}{12}$	$\frac{\pi}{18}$	1

Herleitung der trigonometrischen Funktionen

Die Seitenverhältnisse in einem rechtwinkligen Dreieck haben bestimmte Namen:

Sinus (sin) $\blacktriangleright$ $\sin\alpha = \dfrac{\text{Gegenkathete}}{\text{Hypotenuse}}$

Kosinus (cos) $\blacktriangleright$ $\cos\alpha = \dfrac{\text{Ankathete}}{\text{Hypotenuse}}$

Tangens (tan) $\blacktriangleright$ $\tan\alpha = \dfrac{\text{Gegenkathete}}{\text{Ankathete}}$

Kotangens (cot) $\blacktriangleright$ $\cot\alpha = \dfrac{\text{Ankathete}}{\text{Gegenkathete}}$

Diese Seitenverhältnisse können auch am Einheitskreis dargestellt werden. Dabei ist das Verhältnis der Seiten nur von der Größe des Winkels α abhängig.

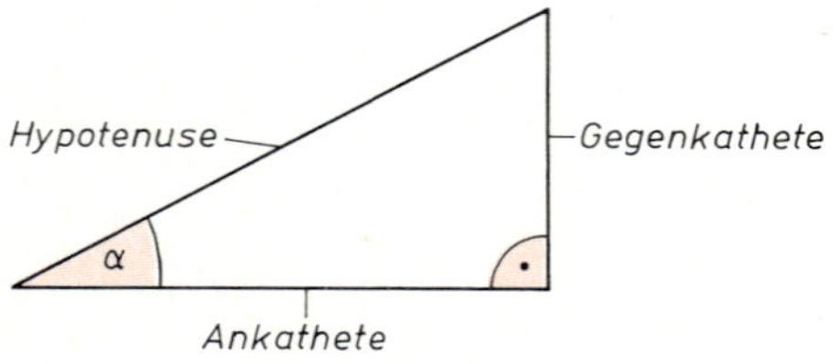

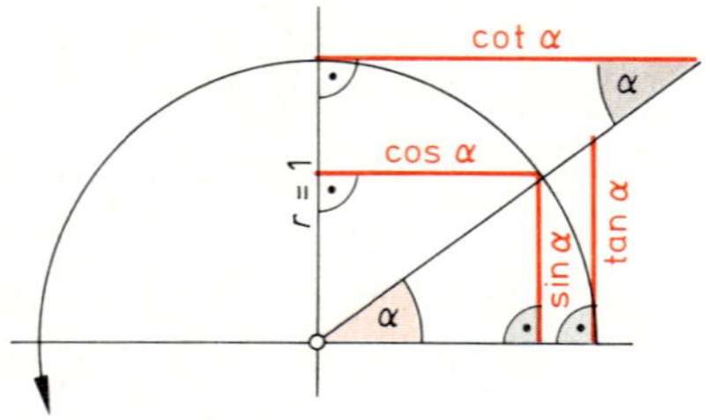

In schiefwinkligen Dreiecken kommen oft Winkel vor, die größer sind als 90°. Sollen auf solche Winkel die obengenannten Seitenverhältnisse angewendet werden, so müssen sie auf Verhältnisse spitzer Winkel zurückgeführt werden, die dann in den trigonometrischen Tafeln aufgesucht oder mit elektronischen Rechnern berechnet werden können. Für die nachfolgenden Untersuchungen werden $\sin\alpha$, $\cos\alpha$, $\tan\alpha$ und $\cot\alpha$ über den Bereich (0° bis 90°) hinaus ausgedehnt und wie folgt festgesetzt:

Definition:

$$\sin\alpha = \frac{y}{r}; \quad \cos\alpha = \frac{x}{r};$$

$$\tan\alpha = \frac{y}{x}; \quad \cot\alpha = \frac{x}{y}.$$

Hierbei sind die Vorzeichen von x und y zu berücksichtigen.

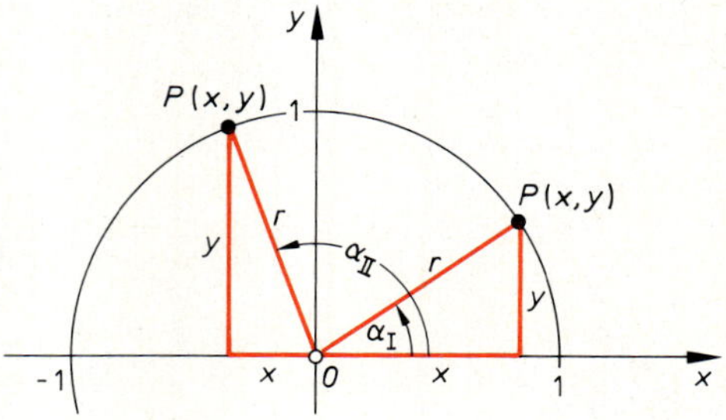

Werden in einen Einheitskreis rechtwinklige Dreiecke eingezeichnet, so sind die Zahlenwerte der Längen entsprechender Seiten gleich den Zahlenwerten der Seitenverhältnisse von $\sin\alpha$, $\cos\alpha$, $\tan\alpha$ und $\cot\alpha$.

Beispiel: $\sin\alpha_I = \sin 45° = \frac{\frac{1}{2}\sqrt{2}}{1} = \underline{\underline{\frac{1}{2}\sqrt{2}}}$

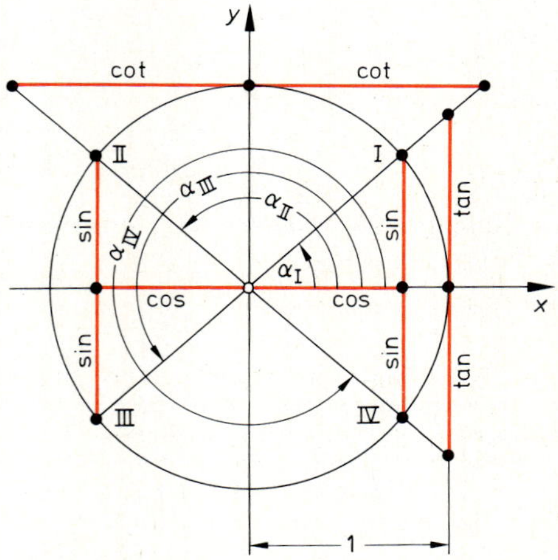

Zusammenfassung:

Quadrant	II	III	IV
$\alpha_{II} \ldots \alpha_{IV}$	$90° \leq \alpha_{II} \leq 180°$	$180° \leq \alpha_{III} \leq 270°$	$270° \leq \alpha_{IV} \leq 360°$
$\sin\alpha_{II} \ldots \sin\alpha_{IV}$	$\sin(180° - \alpha_{II})$	$-\sin(\alpha_{III} - 180°)$	$-\sin(360° - \alpha_{IV})$
$\cos\alpha_{II} \ldots \cos\alpha_{IV}$	$-\cos(180° - \alpha_{II})$	$-\cos(\alpha_{III} - 180°)$	$\cos(360° - \alpha_{IV})$
$\tan\alpha_{II} \ldots \tan\alpha_{IV}$	$-\tan(180° - \alpha_{II})$	$\tan(\alpha_{III} - 180°)$	$-\tan(360° - \alpha_{IV})$
$\cot\alpha_{II} \ldots \cot\alpha_{IV}$	$-\cot(180° - \alpha_{II})$	$\cot(\alpha_{III} - 180°)$	$-\cot(360° - \alpha_{IV})$

Sinusfunktion

Definition:

Die Funktion $f\colon x \mapsto \sin x;\ D(f) = \mathbb{R};\ W(f) = [-1, 1]$ *heißt Sinusfunktion.*

Mit Hilfe des Einheitskreises kann der Graph der *Sinusfunktion* dargestellt werden. Zu jedem Zahlenpaar (Winkel und Sinuswert) am Einheitskreis gehört genau ein Bildpunkt im Koordinatensystem. Die Menge aller Bildpunkte ergibt den Graphen der Funktion. Die größte Abweichung von der Nullage heißt *Amplitude.* Nach einer Periode wiederholen sich die Funktionswerte.

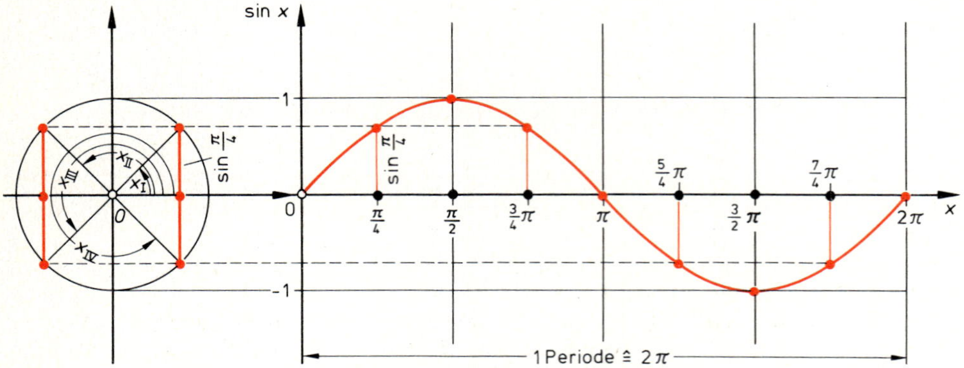

Graph der Funktion $x \mapsto \sin x$

Der Graph der *Sinusfunktion* zeigt einen periodisch wiederkehrenden Verlauf.

Wertetabelle

x	$-\pi$	$-\frac{\pi}{2}$	0	$\frac{\pi}{2}$	π	$\frac{3}{2}\pi$	2π
$\sin x$	0	−1	0	1	0	−1	0

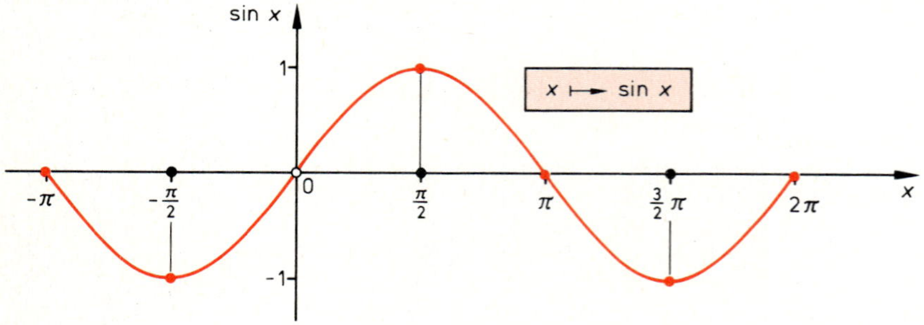

Kosinusfunktion

Definition:

Die Funktion $f\colon x \mapsto \cos x;\ D(f) = \mathbb{R};\ W(f) = [-1, 1]$ *heißt Kosinusfunktion.*

Zu jedem Zahlenpaar am Einheitskreis gehört ein Bildpunkt im Koordinatensystem. Die Menge aller Bildpunkte ergibt den Graphen der *Kosinusfunktion.* Bezogen auf die Sinusfunktion verläuft der Graph der Kosinusfunktion um $\frac{\pi}{2}$ verschoben.

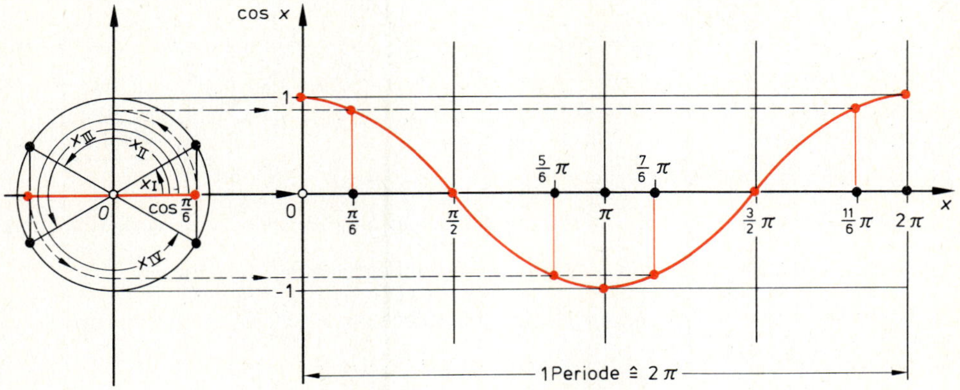

Graph der Funktion $x \mapsto \cos x$

Der Graph der *Kosinusfunktion* zeigt einen periodisch wiederkehrenden Verlauf.

Wertetabelle

x	$-\pi$	$-\frac{\pi}{2}$	0	$\frac{\pi}{2}$	π	$\frac{3}{2}\pi$	2π
$\cos x$	-1	0	1	0	-1	0	1

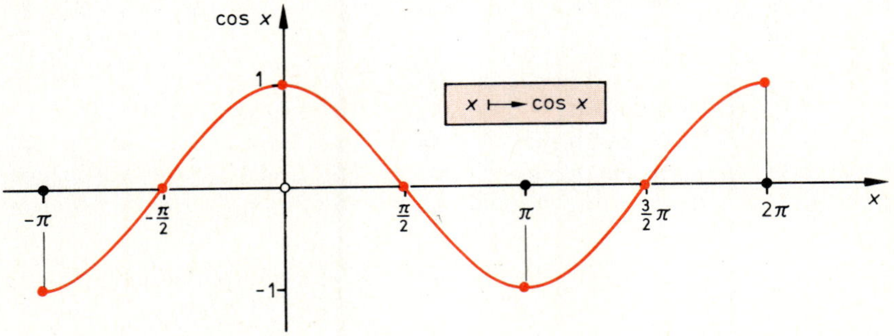

Periodizität der Sinus- und Kosinusfunktion

Betrachten wir noch einmal den Einheitskreis, so erkennen wir, daß nach jeder vollständigen Umdrehung, die einem Winkel von 2π entspricht, die Funktionswerte periodisch wiederkehren. Dies gilt sowohl für die Sinus- als auch für die Kosinusfunktion.

Satz:

Die Sinus- und Kosinusfunktion besitzen die Periode 2π.

$\sin x = \sin(x + n \cdot 2\pi);\ n \in \mathbb{Z}$
$\cos x = \cos(x + n \cdot 2\pi);\ n \in \mathbb{Z}$

Da die Funktionswerte der Sinus- und Kosinusfunktion periodisch wiederkehren, gehören zu jedem Sinus- bzw. Kosinuswert unendlich viele Winkelgrößen [Elemente aus $D(f)$].

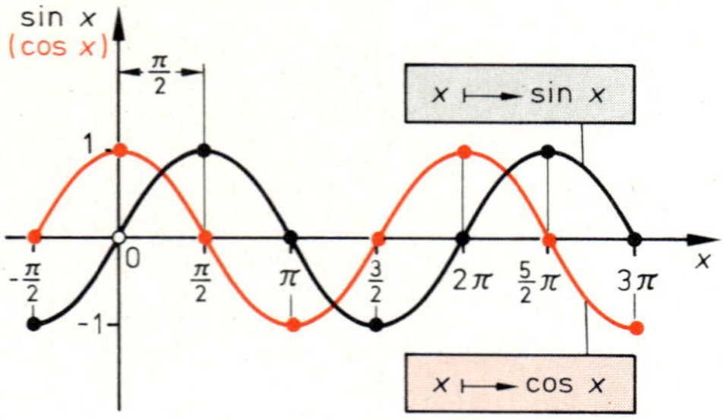

Die Graphen der Sinus- und Kosinusfunktion haben also die Periode 2π; es decken sich ihre Graphen dann, wenn wir sie um $\frac{\pi}{2}$ bzw. um $-\frac{\pi}{2}$ auf der x-Achse verschieben.

Zwischen der Sinus- und der Kosinusfunktion bestehen somit folgende Beziehungen:

1. $\sin x = \cos\left(x - \frac{\pi}{2}\right)$
2. $\cos x = \sin\left(x + \frac{\pi}{2}\right)$

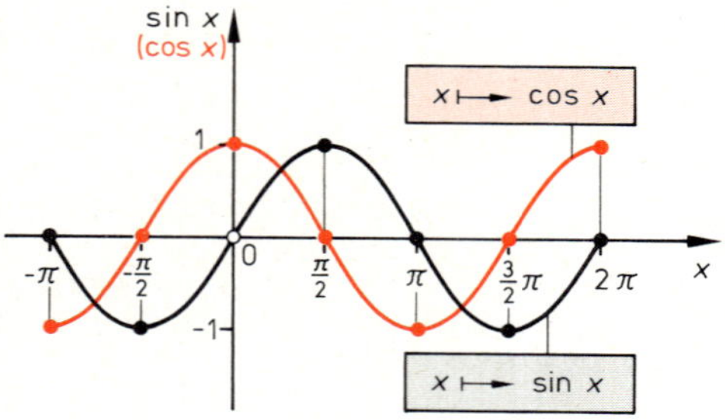

Beispiel:

Bestimmen Sie einige der möglichen Winkel aus: **a)** $\sin\alpha = 0{,}5$, **b)** $\cos x = 0{,}866$.

Lösung:

a) Wir berechnen $\sin\alpha = 0{,}5$ nach $\sin\alpha = \sin(\alpha + n \cdot 360°)$ und beginnen der besseren Übersicht wegen mit $n = 0$.

Für $n = \ldots, -3, -2, -1, 0, 1, 2, 3, \ldots$ gilt:

$0{,}5 = \sin(\alpha + n \cdot 360°)$

$n=0$: $0{,}5 = \sin\alpha \Rightarrow \alpha_1 = 30°$

$n=1$: $0{,}5 = \sin(\alpha_1 + 360°) \Rightarrow \alpha_2 = 390°$

$n=2$: $0{,}5 = \sin(\alpha_1 + 720°) \Rightarrow \alpha_3 = 750°$

$\vdots$

$n=-1$: $0{,}5 = \sin(\alpha_1 - 360°) \Rightarrow \alpha_4 = -330°$

b) Wir berechnen $\cos x = 0{,}866$ nach $\cos x = \cos(x + n \cdot 2\pi)$ und beginnen mit $n = 0$.

Für $n \in \mathbb{Z}$ gilt:

$0{,}866 = \cos(x + n \cdot 2\pi)$

$n=0$: $0{,}866 = \cos x \Rightarrow x_1 = \frac{1}{6}\pi$

$n=1$: $0{,}866 = \cos(x_1 + 2\pi) \Rightarrow x_2 = \frac{13}{6}\pi$

$n=2$: $0{,}866 = \cos(x_1 + 4\pi) \Rightarrow x_3 = \frac{25}{6}\pi$

$\vdots$

$n=-1$: $0{,}866 = \cos(x_1 - 2\pi) \Rightarrow x_4 = -\frac{11}{6}\pi$

Tangensfunktion

Definition:

Die Funktion $f\colon x \mapsto \tan x;\ D(f) = \mathbb{R} \setminus \left\{ \pm\frac{\pi}{2};\ \pm\frac{3}{2}\pi;\ \pm\frac{5}{2}\pi; \dots \right\};\ W(f) = \mathbb{R}$

heißt Tangensfunktion.

Zu jedem Zahlenpaar am Einheitskreis gehört genau ein Bildpunkt im Koordinatensystem. Die Menge aller Bildpunkte ergibt den Graphen der *Tangensfunktion.*

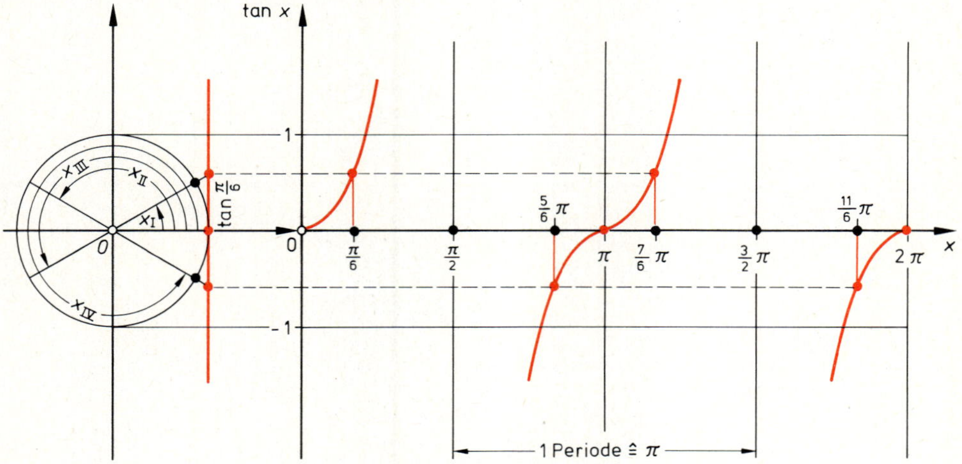

Graph der Funktion $x \mapsto \tan x$

Der Graph der *Tangensfunktion* zeigt einen periodisch wiederkehrenden Verlauf.

Wertetabelle

x	$-\pi$	$-\frac{\pi}{2}$	0	$\frac{\pi}{2}$	π	$\frac{3}{2}\pi$	2π
$\tan x$	0	nicht definiert	0	nicht definiert	0	nicht definiert	0

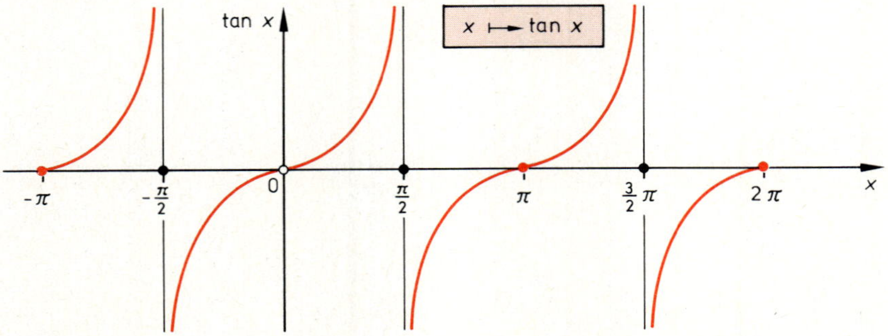

Kotangensfunktion

Definition:

Die Funktion $f\colon x \mapsto \cot x;\ D(f) = \mathbb{R}\setminus\{0; \pm\pi; \pm 2\pi; \ldots\};\ W(f) = \mathbb{R}$

heißt Kotangensfunktion.

Zu jedem Zahlenpaar am Einheitskreis gehört genau ein Bildpunkt im Koordinatensystem. Die Menge aller Bildpunkte ergibt den Graphen der *Kotangensfunktion.*

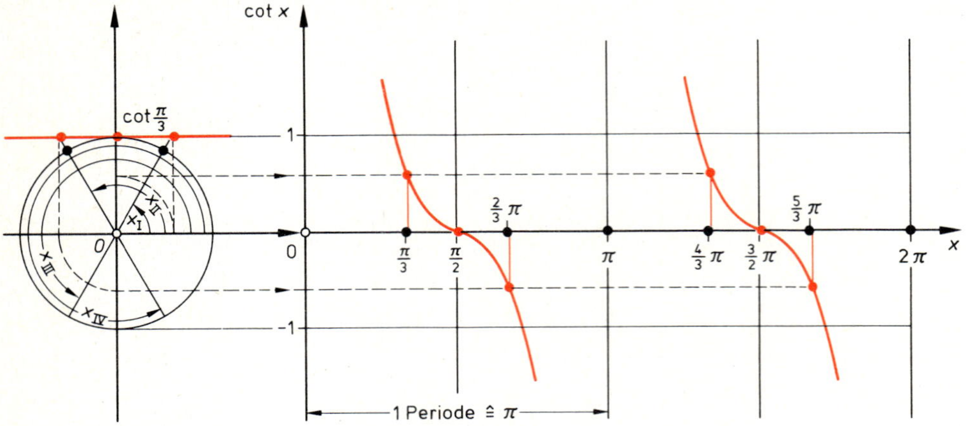

Graph der Funktion $x \mapsto \cot x$

Der Graph der *Kotangensfunktion* zeigt einen periodisch wiederkehrenden Verlauf.

Wertetabelle

x	$-\pi$	$-\frac{\pi}{2}$	0	$\frac{\pi}{2}$	π	$\frac{3}{2}\pi$	2π
$\cot x$	nicht definiert	0	nicht definiert	0	nicht definiert	0	nicht definiert

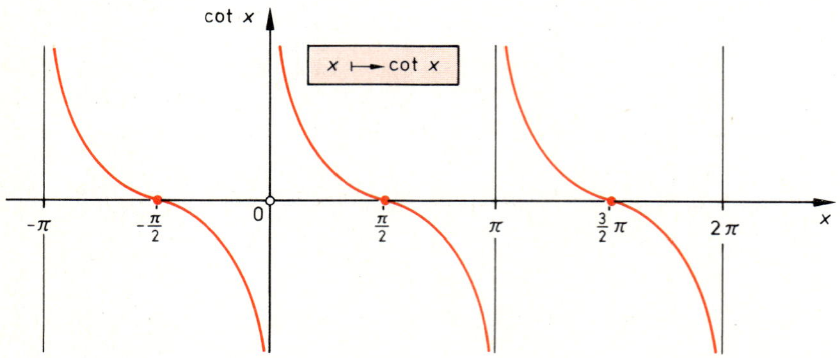

Periodizität der Tangens- und Kotangensfunktion

Wie die Sinus- und Kosinusfunktion, bei denen eine Periodenlänge 2π entspricht, so sind auch die Tangens- und Kotangensfunktion periodisch, und zwar entspricht bei ihnen eine Periodenlänge π. Folgende Zusammenhänge sind erkennbar:

$$\tan x = \tan(x + n \cdot \pi);\ n \in \mathbb{Z}$$
$$\cot x = \cot(x + n \cdot \pi);\ n \in \mathbb{Z}$$

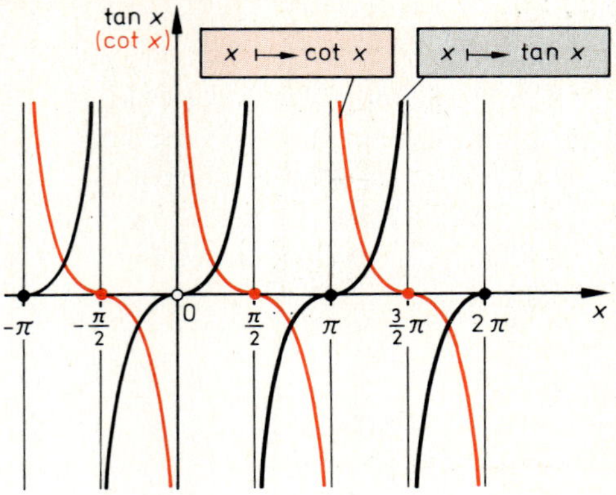

Beispiel:

Welche Winkelgrößen gehören: **a)** zum Tangenswert $\sqrt{3}$; **b)** zum Kotangenswert $\frac{1}{3}\sqrt{3}$?

Lösung:

a) Wir berechnen $\tan x = \sqrt{3}$ nach $\tan x = \tan(x + n \cdot \pi)$ und beginnen der besseren Übersicht wegen mit $n = 0$.

Für $n = \dots, -3, -2, -1, 0, 1, 2, 3, \dots$ *gilt:*

$\sqrt{3} = \tan(x + n \cdot \pi)$

$n=0$: $\sqrt{3} = \tan x \Rightarrow x_1 = \frac{1}{3}\pi$

$n=1$: $\sqrt{3} = \tan(x_1 + \pi) \Rightarrow x_2 = \frac{4}{3}\pi$

$n=2$: $\sqrt{3} = \tan(x_1 + 2\pi) \Rightarrow x_3 = \frac{7}{3}\pi$

$\vdots$

$n=-1$: $\sqrt{3} = \tan(x_1 - \pi) \Rightarrow x_4 = -\frac{2}{3}\pi$

b) Wir berechnen $\cot x = \frac{1}{3} \cdot \sqrt{3}$ nach $\cot x = \cot(x + n \cdot \pi)$ und beginnen mit $n = 0$.

Für $n \in \mathbb{Z}$ *gilt:* $\frac{1}{3} \cdot \sqrt{3} = \cot(x + n \cdot \pi)$

$n=0$: $\frac{1}{3} \cdot \sqrt{3} = \cot x \Rightarrow x_1 = \frac{1}{3}\pi$

$n=1$: $\frac{1}{3} \cdot \sqrt{3} = \cot(x_1 + \pi) \Rightarrow x_2 = \frac{4}{3}\pi$

$n=2$: $\frac{1}{3} \cdot \sqrt{3} = \cot(x_1 + 2 \cdot \pi) \Rightarrow x_3 = \frac{7}{3}\pi$

$\vdots$

$n=-1$: $\frac{1}{3} \cdot \sqrt{3} = \cot(x_1 - \pi) \Rightarrow x_4 = -\frac{2}{3}\pi$

Besondere trigonometrische Funktionen

Die Grundfunktionen der Sinus- und Kosinusfunktion sind in Mathematik, Physik und Technik allein nicht ausreichend. Aus diesem Grunde müssen Modifikationen, d.h. Abänderungen, wie zum Beispiel $x \longmapsto \sin(2x)$, $x \longmapsto 2\sin(x + \pi)$ usw. bei den einzelnen Grundfunktionen vorgenommen werden.

Die folgenden Beispiele zeigen die wichtigsten „Veränderungsmöglichkeiten" der Sinus- und Kosinusfunktion.

Beispiele:

Für die folgenden gegebenen trigonometrischen Funktionen sind deren Graphen zu zeichnen.

1. $x \mapsto 2\sin x$, für $x \in [0, 2\pi]$.

Lösung:

Die Amplitude (größte Abweichung von der x-Achse) ist beim Graphen der Funktion $x \mapsto 2\sin x$ doppelt so groß wie beim Graphen von $x \mapsto \sin x$ (Amplitudenveränderung).

Wertetabelle

x	0	$\frac{\pi}{2}$	π	$\frac{3}{2}\pi$	2π
$2\sin x$	0	2	0	-2	0

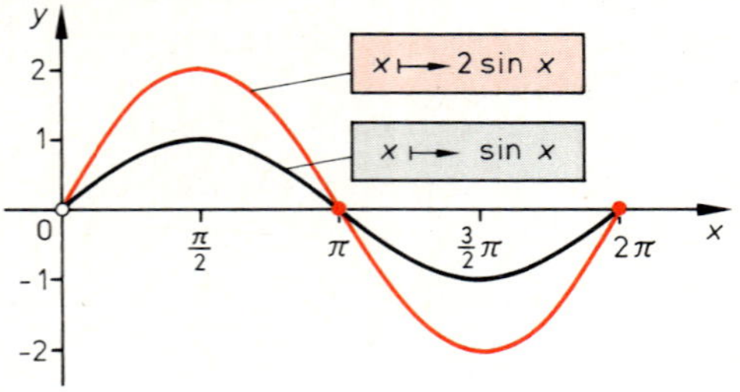

2. $x \mapsto \sin(2x)$, für $x \in [0, 2\pi]$.

Lösung:

Die Argumente für $\sin x$ werden verdoppelt, so daß für $2x$ alle Werte zwischen 0 und 4π in Frage kommen. Die Funktion $x \mapsto \sin(2x)$ hat die Periode π. Das bedeutet, daß die Periodenlänge von $x \mapsto \sin(2x)$ nur die Hälfte der Länge der Grundperiode $x \mapsto \sin x$ beträgt (Frequenzveränderung).

Wertetabelle

x	0	$\frac{\pi}{4}$	$\frac{\pi}{2}$	$\frac{3}{4}\pi$	π	$\frac{5}{4}\pi$	$\frac{3}{2}\pi$	2π
$2x$	0	$\frac{\pi}{2}$	π	$\frac{3}{2}\pi$	2π	$\frac{5}{2}\pi$	3π	4π
$\sin(2x)$	0	1	0	-1	0	1	0	0

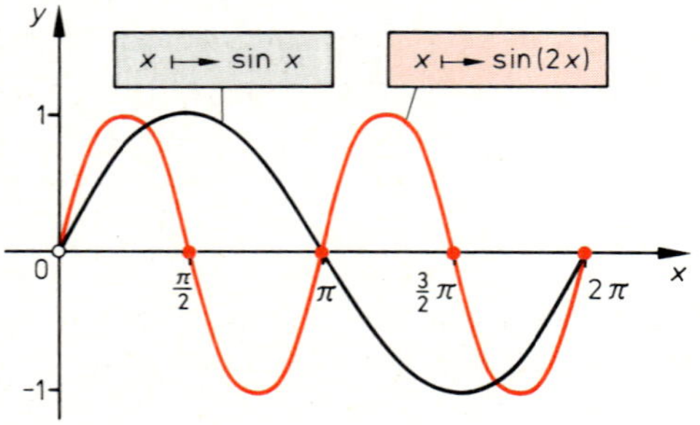

3. $x \mapsto \cos\left(x + \frac{\pi}{4}\right)$, für $x \in [0, 2\pi]$.

Lösung:

Durch Vergleich mit dem Graphen der Kosinusfunktion erkennen wir, daß der Graph der Funktion

$x \mapsto \cos\left(x + \frac{\pi}{4}\right)$ an der Stelle x den gleichen Wert hat wie der Graph der Funktion $x \mapsto \cos x$ an der Stelle $x + \frac{\pi}{4}$. Der Graph von $\cos\left(x + \frac{\pi}{4}\right)$ ist um $\frac{\pi}{4}$ gegenüber dem Graphen von $\cos x$ auf der x-Achse nach links verschoben (Phasenveränderung).

Wertetabelle

x	$-\frac{\pi}{4}$	0	$\frac{\pi}{4}$	$\frac{\pi}{2}$	π	$\frac{3}{2}\pi$	$\frac{7}{4}\pi$	2π
$x + \frac{\pi}{4}$	0	$\frac{\pi}{4}$	$\frac{\pi}{2}$	$\frac{3}{4}\pi$	$\frac{5}{4}\pi$	$\frac{7}{4}\pi$	2π	$\frac{9}{4}\pi$
$\cos\left(x + \frac{\pi}{4}\right)$	1	$\frac{1}{2}\cdot\sqrt{2}$	0	$-\frac{1}{2}\cdot\sqrt{2}$	$-\frac{1}{2}\cdot\sqrt{2}$	$\frac{1}{2}\cdot\sqrt{2}$	1	$\frac{1}{2}\cdot\sqrt{2}$

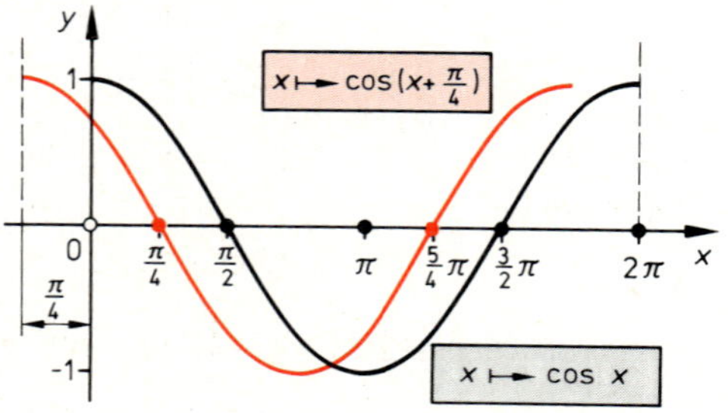

4. $x \longmapsto \sin^2 x$, für $x \in [0, 2\pi]$.

Lösung:

Durch Quadrieren der Funktionswerte der Funktion $x \longmapsto \sin x$ erhalten wir die Funktionswerte von $x \longmapsto \sin^2 x$.

Wertetabelle

x	0	$\frac{\pi}{4}$	$\frac{\pi}{2}$	$\frac{3}{4}\pi$	π	$\frac{5}{4}\pi$	$\frac{3}{2}\pi$	$\frac{7}{4}\pi$	2π
$\sin x$	0	$\frac{\sqrt{2}}{2}$	1	$\frac{\sqrt{2}}{2}$	0	$\frac{-\sqrt{2}}{2}$	-1	$\frac{-\sqrt{2}}{2}$	0
$\sin^2 x$	0	$\frac{1}{2}$	1	$\frac{1}{2}$	0	$\frac{1}{2}$	1	$\frac{1}{2}$	0

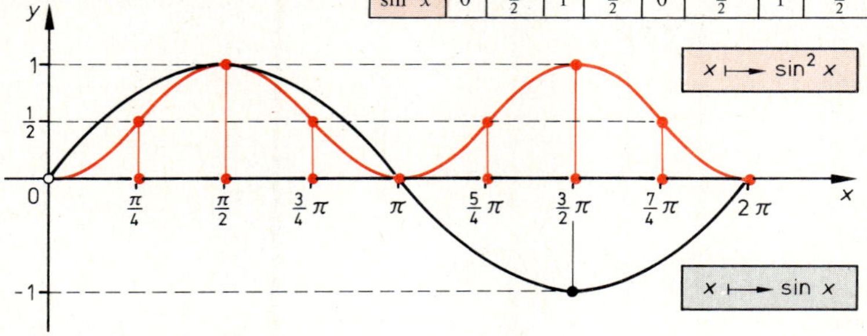

Beziehungen zwischen den Funktionswerten der Winkelfunktionen

Die vier Funktionswerte der Winkelfunktionen können auch wie nebenstehend am Einheitskreis dargestellt werden. Daraus ergeben sich leicht folgende Grundformeln:

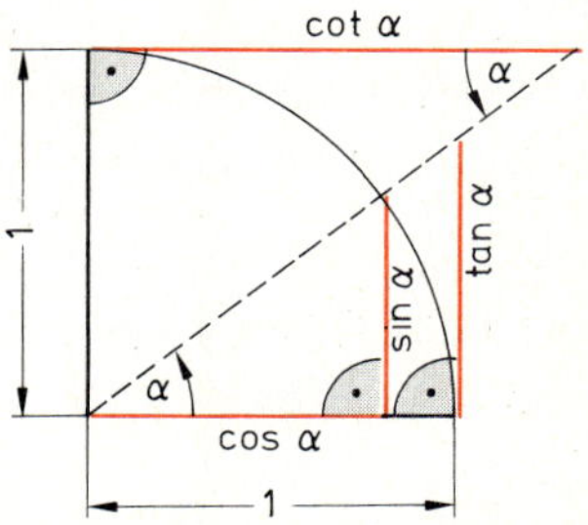

$\sin^2 \alpha + \cos^2 \alpha = 1$ $\qquad \tan \alpha \cdot \cot \alpha = \frac{\text{Ggk.}}{\text{Ank.}} \cdot \frac{\text{Ank.}}{\text{Ggk.}} = 1$

$\tan \alpha = \frac{\sin \alpha}{\cos \alpha}$ $\qquad \Rightarrow \tan \alpha = \frac{1}{\cot \alpha}$

$\cot \alpha = \frac{\cos \alpha}{\sin \alpha}$ $\qquad \vee \cot \alpha = \frac{1}{\tan \alpha}$

Beziehungen zwischen den Funktionswerten der Winkelfunktionen

Gegeben: / Gesucht:	$\sin \alpha$	$\cos \alpha$	$\tan \alpha$	$\cot \alpha$
$\sin \alpha =$	–	$\sqrt{1 - \cos^2 \alpha}$	$\frac{\tan \alpha}{\sqrt{1 + \tan^2 \alpha}}$	$\frac{1}{\sqrt{1 + \cot^2 \alpha}}$
$\cos \alpha =$	$\sqrt{1 - \sin^2 \alpha}$	–	$\frac{1}{\sqrt{1 + \tan^2 \alpha}}$	$\frac{\cot \alpha}{\sqrt{1 + \cot^2 \alpha}}$
$\tan \alpha =$	$\frac{\sin \alpha}{\sqrt{1 - \sin^2 \alpha}}$	$\frac{\sqrt{1 - \cos^2 \alpha}}{\cos \alpha}$	–	$\frac{1}{\cot \alpha}$
$\cot \alpha =$	$\frac{\sqrt{1 - \sin^2 \alpha}}{\sin \alpha}$	$\frac{\cos \alpha}{\sqrt{1 - \cos^2 \alpha}}$	$\frac{1}{\tan \alpha}$	–
	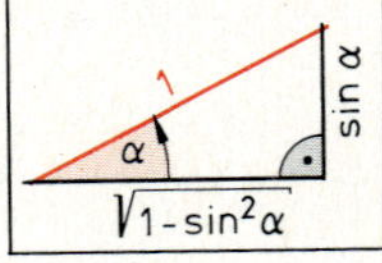	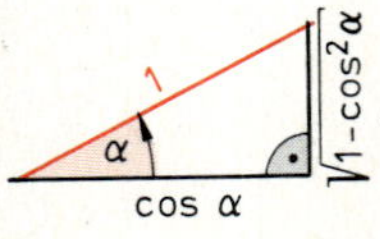	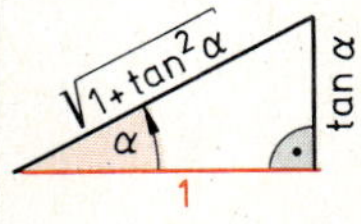	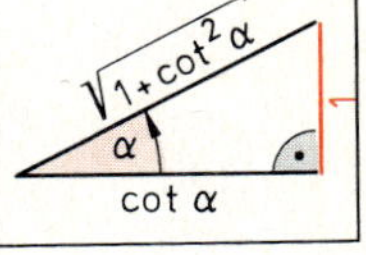

6.2.4 Nichtelementare Funktionen

Bei der *Betragsfunktion* wird jedes Element des Definitionsbereiches auf seinen Zahlenwert (Betrag) abgebildet (Definition siehe Seite 95).

$4 \to 4;\quad \sqrt{2} \to \sqrt{2}$
$-\sqrt{3} \to \sqrt{3};\quad -0{,}4 \to 0{,}4$
$1{,}5 \to 1{,}5;\quad -6 \to 6$

Definition:

Die Funktion $f\colon x \mapsto |x|;\ D(f) = \mathbb{R};\ W(f) = \mathbb{R}_+$ *heißt Betragsfunktion.*

Der Graph der Betragsfunktion ist wegen $|x| = |-x|$ achsensymmetrisch bezüglich der y-Achse.

Beispiel:

Zeichnen Sie den Graphen der Betragsfunktion $f\colon x \mapsto |x|$, für $x \in [-3, 3]$.

Lösung:

$D(f) = [-3, 3];\ W(f) = [0, 3]$.

Es gilt: $f(x) = f(-x)$

Der Graph der Betragsfunktion kann in zwei Teilgraphen zerlegt werden.

1. $f_1\colon x \mapsto x$, für $x \geq 0$
2. $f_2\colon x \mapsto -x$, für $x < 0$

oder anders geschrieben:

$$f\colon x \mapsto \begin{cases} x & \text{für } x \geq 0 \\ -x & \text{für } x < 0 \end{cases}$$

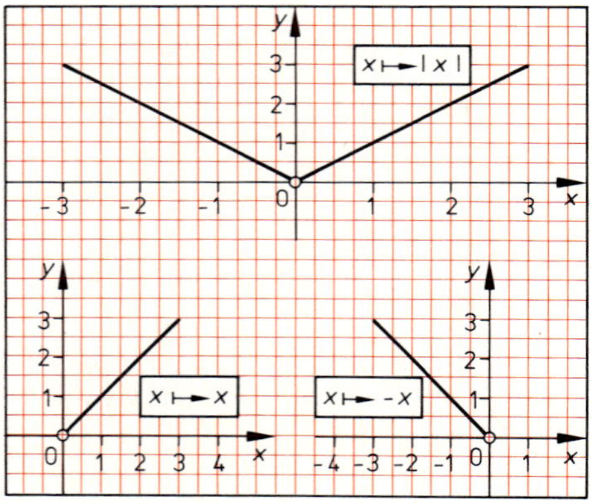

Beispiel:

Es ist der Graph der Betragsfunktion $f\colon x \mapsto |x-2| - |x|$, für $x \in [-4, 4]$ zu zeichnen.

Lösung:

$D(f) = [-4, 4];\ W(f) = [-2, 2]$.

Der Graph kann in drei Teilgraphen zerlegt werden:

1. $f_1\colon x \mapsto x - 2 - x \Rightarrow x \mapsto -2;\quad x \geq 2$
2. $f_2\colon x \mapsto 2 - x - x \Rightarrow x \mapsto 2 - 2x;\ 2 > x > 0$
3. $f_3\colon x \mapsto x + 2 - x \Rightarrow x \mapsto 2;\quad x \leq 0$

$$f\colon x \mapsto \begin{cases} -2; & x \geq 2 \\ 2 - 2x; & 2 > x > 0 \\ 2; & x \leq 0 \end{cases}$$

Wertetabelle

x	-4	-2	0	1	2	4
$\lvert x-2\rvert - \lvert x\rvert$	2	2	2	0	-2	-2

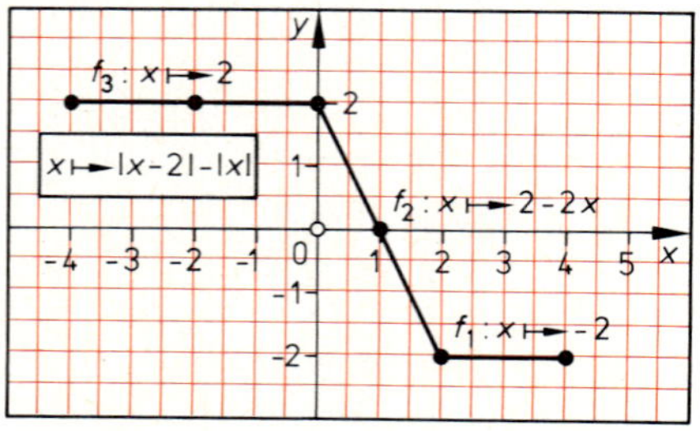

Treppenfunktion

Bei der *Treppenfunktion* wird jedes Element des Definitionsbereiches auf seine nächstkleinere ganze Zahl abgebildet.

$2 \to 2$; $\quad 2{,}05 \to 2$
$-3{,}1 \to -4$; $\quad -3{,}04 \to -4$
$-0{,}5 \to -1$; $\quad 0{,}9 \to 0$

Definition:

Unter $[x]$ versteht man die größte ganze Zahl k, die kleiner als x oder gleich x ist. $[x]$ wird gelesen: „Gaußklammer x“.

$$[x] = k; \quad \text{für } k \leq x < k+1; \quad k \in \mathbb{Z}$$

Definition:

Die Funktion $f\colon x \mapsto [x];\ D(f) = \mathbb{R};\ W(f) = \mathbb{Z}$ *heißt Treppenfunktion.*

Beispiel:

Zeichnen Sie den Graphen der Treppenfunktion $x \mapsto [x]$, für $x \in [-2, 4]$.

Lösung:

$D(f) = [-2, 4]$;
$W(f) = \{-2, -1, 0, 1, 2, 3, 4\}$.

Der Graph der Funktion hat die Form einer Treppe und besteht aus sechs Stufen, die zur x-Achse parallel sind, und aus dem Punkt $P(4, 4)$.

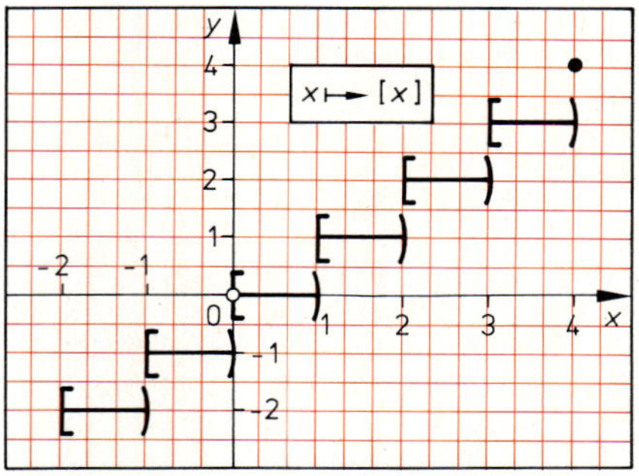

Beispiel:

Es ist der Graph der Treppenfunktion $x \mapsto [\frac{1}{2}x - 1] - 1$ zu zeichnen für $x \in [-2, 4]$.

Lösung:

$D(f) = [-2, 4]$;
$W(f) = \{-3, -2, -1, 0\}$.

Bei der Berechnung der einzelnen Funktionswerte wird zunächst der Gaußklammerterm und dann der gesamte Term berechnet.

Der Graph der Funktion besteht aus Parallelen zur x-Achse, die je zwei LE (Längeneinheiten) umfassen und dem Punkt $P(4, 0)$.

Wertetabelle

x	-2	$-1{,}6$	-1	$-0{,}6$	0	$0{,}6$	1	$1{,}6$	2	3	4
$[\frac{1}{2}x-1]$	-2	-2	-2	-2	-1	-1	-1	-1	0	0	1
$[\frac{1}{2}x-1]-1$	-3	-3	-3	-3	-2	-2	-2	-2	-1	-1	0

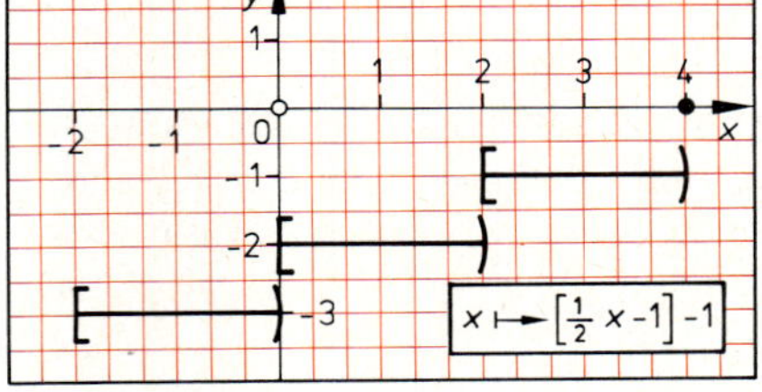

Signumfunktion

Bei der *Signumfunktion* (Vorzeichenfunktion) wird jedem Element des Definitionsbereiches entweder die Zahl 1, die Zahl -1 oder die Zahl 0 zugeordnet.

$4 \to 1$;	$-2 \to -1$
$3 \to 1$;	$-1{,}5 \to -1$
$7{,}5 \to 1$;	$-\sqrt{2} \to -1$
$0 \to 0$;	*usw.*

Definition:

Unter dem Signum von x versteht man entweder die Zahl 1, die Zahl -1 oder die Zahl 0, je nach dem Vorzeichen von x.

$$\operatorname{sgn} x = \begin{cases} 1 & \text{für } x > 0 \\ 0 & \text{für } x = 0 \\ -1 & \text{für } x < 0 \end{cases}$$

sgn *x wird gelesen: „Signum von x“.*

Definition:

Die Funktion $f\colon x \mapsto \operatorname{sgn} x;\ D(f) = \mathbb{R};\ W(f) = \{-1, 0, 1\}$ *heißt Signumfunktion.*

Beispiel:

Zu zeichnen ist der Graph der Funktion $f\colon x \mapsto \operatorname{sgn} x$, für $x \in [-3, 3]$.

Lösung:

$D(f) = [-3, 3]$; $W(f) = \{-1, 0, 1\}$.

Der Graph besteht aus zwei zur x-Achse parallelen Strecken und dem Punkt $O(0, 0)$.

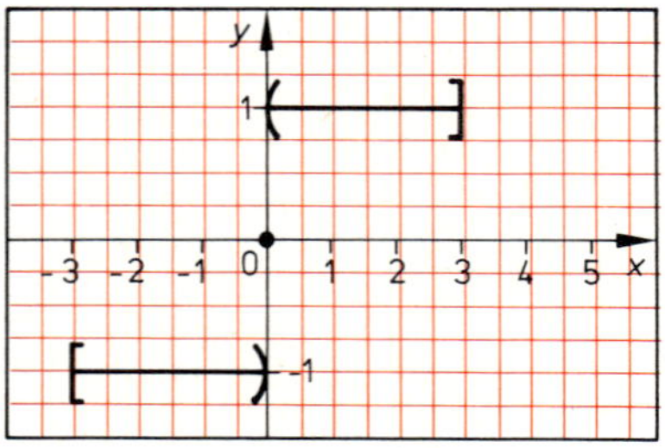

Beispiel:

Zeichnen Sie den Graphen der Funktion $f\colon x \mapsto \operatorname{sgn}(\sin x)$, für $x \in \left[-\frac{\pi}{2}, 2\pi\right]$.

Lösung:

$D(f) = \left[-\frac{\pi}{2}, 2\pi\right]$;

$W(f) = \{-1, 0, 1\}$.

Positive Werte von $\sin x$ werden auf 1, negative Werte von $\sin x$ werden auf -1 abgebildet, $\sin x = 0$ wird auf 0 abgebildet.

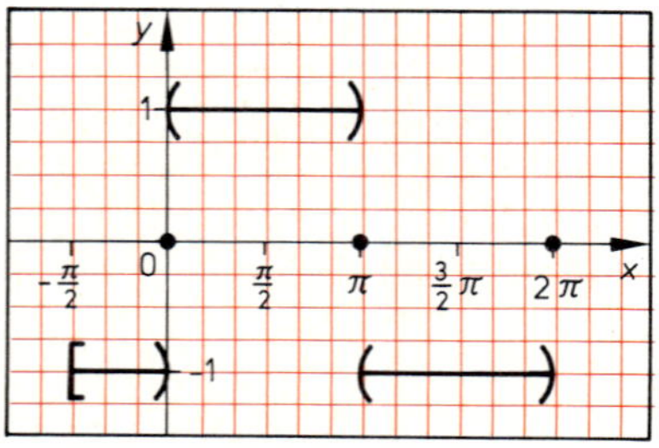

Heavysidefunktion

Bei der *Heavysidefunktion* (so benannt nach dem englischen Mathematiker und Physiker Heavyside; 1850 ... 1925), wird jedem Element des Definitionsbereichs entweder die Zahl 1, für $x > 0$, oder die Zahl 0, für $x \leq 0$, zugeordnet.

$0{,}1 \to 1; \quad 0 \to 0$
$0{,}5 \to 1; \quad -0{,}5 \to 0$
$1{,}0 \to 1; \quad -1{,}5 \to 0$
$3{,}7 \to 1; \quad -4{,}75 \to 0$
usw.

Definition:

Unter dem Term $H(x)$ versteht man entweder die Zahl 1, für $x > 0$, oder die Zahl 0, für $x \leq 0$.

$$H(x) = \begin{cases} 1 & \text{für } x > 0 \\ 0 & \text{für } x \leq 0 \end{cases}$$

Definition:

Die Funktion $f: x \mapsto H(x);\ D(f) = \mathbb{R};\ W(f) = \{0, 1\}$ *heißt Heavysidefunktion.*

Beispiel:

Zeichnen Sie den Graphen der Funktion $x \mapsto H(x)$, für $x \in [-4, 4]$.

Lösung:

$D(f) = [-4, 4];\ W(f) = \{0, 1\}$.

Der Graph der Heavysidefunktion besteht aus zwei Bildelementen.

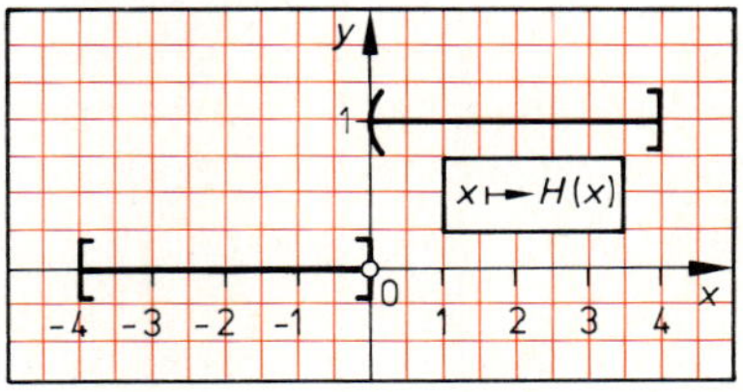

Das folgende Diagramm gibt eine Übersicht über die bisher in diesem Buch behandelten reellen Funktionen.

← reelle Funktionen →

(Spalten 2–3:) ← transzendente Funktionen →

Beispiele	Beispiele	Beispiele
Ganzrationale Funktionen Gebrochenrationale Funktionen Irrationale Funktionen (Wurzelfunktionen)	Exponentialfunktionen Logarithmusfunktionen Trigonometrische Funktionen	Betragsfunktion Treppenfunktionen Signumfunktion Heavysidefunktion
← algebraische Funktionen →	← elementar transz. Funktionen →	← nicht-elementare Funktionen →

(Spalten 1–2:) ← elementare Funktionen →

Empirische Funktionen

Stammen die Werte einer Funktion aus der Erfahrung oder Beobachtung oder werden sie durch Messen gewonnen, so sprechen wir von einer *empirischen Funktion.*

Beispiel:

Bei der Fieberkurve eines Kranken sind Körpertemperatur und Zeit einander zugeordnet. Die Fieberkurve entsteht, wenn wir die Paare (Punkte) miteinander verbinden. Die einander zugeordneten Werte werden auf zwei senkrecht zueinander stehenden Achsen abgetragen. Die Maßstäbe auf den Achsen können beliebig sein. Eine solche Darstellung heißt auch Diagramm.

Fieberkurve

Beispiel:

Das nebenstehende Diagramm veranschaulicht den Kohlenverbrauch eines Haushaltes. Monat und Verbrauch von Kohlen in Kilogramm sind einander zugeordnet.

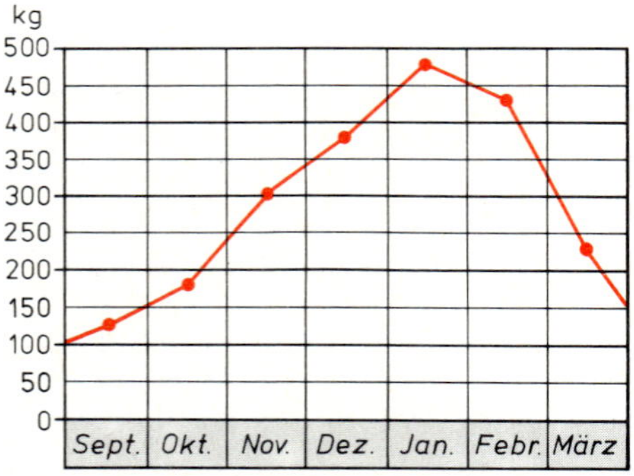

Kohlenverbrauch eines Haushaltes

Deutung empirischer Funktionen

In den modernen Wissenschaften und in der Technik sind die Darstellung empirischer Funktionen mit Hilfe von Diagrammen und ihre Deutung sehr wichtig. Man kann solche Diagramme mit einem Blick übersehen und erhält Aufschluß über die Art der Veränderung der Größen. Zwei Beispiele mögen den Sachverhalt klären.

1. Das nebenstehende Diagramm gibt uns Auskunft über die Abhängigkeit von Zinngehalt und Schmelzpunkt bei der Blei-Zinn-Legierung.

Deutung:
Reines Blei hat einen Schmelzpunkt von 603 K. Mit zunehmendem Zinngehalt sinkt der Schmelzpunkt und erreicht bei ungefähr 70% den tiefsten Punkt mit 453 K. Steigt der Zinngehalt über 70%, so erhöht sich der Schmelzpunkt. Reines Zinn hat einen Schmelzpunkt von 505 K.

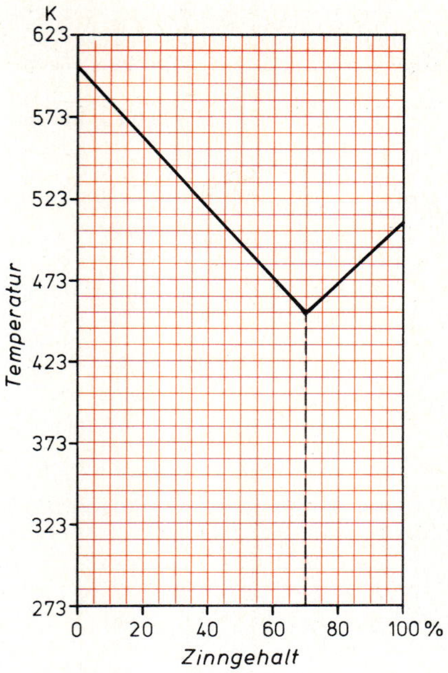

Schmelzpunkt der Blei-Zinn-Legierung

2. Man kann in ein Diagramm auch mehrere Graphen einzeichnen, z.B. die Graphen für Leistung und Brennstoffverbrauch eines 600-cm³-Motors.

Deutung:
Bei ≈ 2900 Umdrehungen (63 km/h) hat der Motor eine Leistung von 16 kW und verbraucht ≈ 5 l Brennstoff auf 100 km. Bei zunehmender Geschwindigkeit steigen Leistung und Brennstoffverbrauch. Die größte Leistung erreicht der Motor bei 4800 Umdrehungen, das entspricht 100 km/h. Der Brennstoffverbrauch liegt dann bei 9,5 l.

Leistungs- und Brennstoffverbrauchs-Diagramm eines 600-cm³-Motors

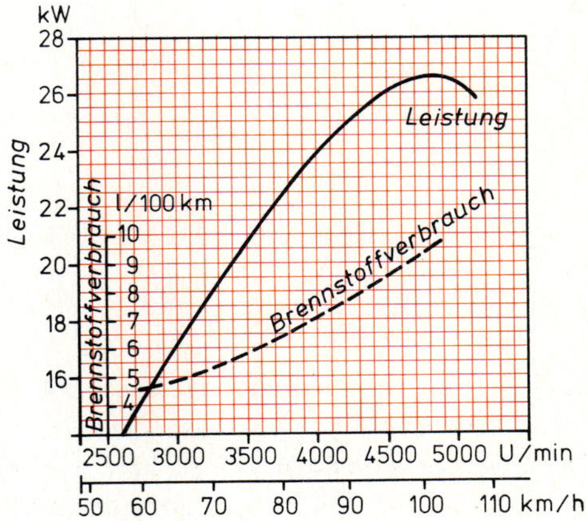

Übungen 6.2

Irrationale und transzendente Funktionen
Wurzelfunktionen

1. Gegeben seien die folgenden Funktionen. Berechnen und zeichnen Sie:

1. $D(f)$ und $W(f)$,
2. $\mathbb{G}(f)$,
3. f^{-1}, $D(f^{-1})$ und $W(f^{-1})$,
4. $\mathbb{G}(f^{-1})$.

a) $f\colon x \longmapsto \sqrt{2x}$; $x \in \mathbb{R}_+$ **b)** $f\colon x \longmapsto \sqrt{0{,}5x}$; $x \in \mathbb{R}_+$

c) $f\colon x \longmapsto \sqrt[3]{\frac{1}{3}x}$; $x \in \mathbb{R}$ **d)** $f\colon x \longmapsto \sqrt[3]{\frac{1}{10}x^2}$; $x \in \mathbb{R}$

e) $f\colon x \longmapsto x^{\frac{3}{5}}$; $x \in \mathbb{R}$ **f)** $f\colon x \longmapsto x^{-\frac{1}{3}}$; $x \in \mathbb{R}_+^*$

g) $f\colon x \longmapsto x^{-\frac{2}{3}}$; $x \in \mathbb{R}_+^*$ **h)** $f\colon x \longmapsto (5x)^{-\frac{3}{5}}$; $x \in \mathbb{R}_+^*$

2. Zeichnen Sie die Graphen der folgenden Funktionen, und geben Sie $D(f)$, $W(f)$ sowie vorhandene Nullstellen an:

a) $f\colon x \longmapsto \sqrt{x+2}$; $x \in \mathbb{R}$ **b)** $f\colon x \longmapsto \sqrt{3-2x}$; $x \in \mathbb{R}$

c) $f\colon x \longmapsto -\sqrt{x^2-1}$; $x \in \mathbb{R}$ **d)** $f\colon x \longmapsto -\sqrt{x^2+1}$; $x \in \mathbb{R}$

Exponential- und Logarithmusfunktionen

3. Bestimmen Sie den Definitions- und Wertebereich der folgenden Funktionen, und zeichnen Sie ihre Graphen in einem frei gewählten Intervall:

a) $x \longmapsto 4^x$ **b)** $x \longmapsto 5^x$ **c)** $x \longmapsto 1{,}5^x$ **d)** $x \longmapsto 0{,}5^x$

e) $x \longmapsto (\frac{4}{5})^x$ **f)** $x \longmapsto (\frac{4}{5})^{-x}$ **g)** $x \longmapsto 0{,}5^{-x}$ **h)** $x \longmapsto 2\mathrm{e}^{-x}$

i) $x \longmapsto -\mathrm{e}^{-2x}$ **k)** $x \longmapsto 2(1-\mathrm{e}^{-x})$

4. Ermitteln Sie die Umkehrfunktionen folgender Funktionen, und stellen Sie Funktionen und Umkehrfunktionen graphisch dar:

a) $f_1\colon x \longmapsto 3^x$; $x \in [-2, 2]$ **b)** $f_2\colon x \longmapsto 3^{-x}$; $x \in [-2, 3]$

c) $f_3\colon x \longmapsto (\frac{1}{4})^{2x}$; $x \in [-2, 2]$ **d)** $f_4\colon x \longmapsto (\frac{1}{2})^{\frac{1}{2}x}$; $x \in [-2, 4]$

e) $f_5\colon x \longmapsto \log_4 x$; $x \in [0{,}5; 4]$ **f)** $f_6\colon x \longmapsto \log_{0{,}25} x$; $x \in [1, 3]$

g) $f_7\colon x \longmapsto \ln x$; $x \in [\frac{1}{2}, 3]$ **h)** $f_8\colon x \longmapsto \lg x$; $x \in [1, 3]$

i) $f_9\colon x \longmapsto \log_6 x$; $x \in [\frac{1}{4}, 4]$

(Bei den Aufgaben e), f), i) Modul berücksichtigen; siehe die Seiten 79ff.)

5. Zeichnen Sie den Graphen der Funktion $f\colon x \longmapsto \ln(x+1)$.

6. In wieviel Jahren verdreifacht sich ein Kapital bei einem Zinssatz von 8,5%?

7. Ein Kapital von 6000 DM wird mit 8% verzinst. Auf welchen Betrag wächst es in sechs Jahren an? Bei welchem Zinssatz verdoppelt es sich in zehn Jahren?

Trigonometrische Funktionen

8. Wandeln Sie um:

a) Winkelmaße in Bogenmaße:
$6°$; $19°$; $40°$; $60°$; $95°$; $170°$; $250°$ $430°$ $650°$

b) Bogenmaße in Winkelmaße:
0,05 rad; 0,16 rad; 0,3 rad; 1,05 rad; 1,2 rad; 1,6 rad; 2,2 rad; 4,2 rad; 7,2 rad; 11,5 rad

9. Berechnen Sie die Bogenlänge von:

a) $\alpha = 45° 20'$; $r = 25{,}4$ cm

b) $\alpha = 115° 15'$; $r = 20{,}5$ m

c) $\alpha = 195° 15' 10''$; $r = 170$ m

d) $\alpha = 17° 20'$; $r = 6370$ km

10. Berechnen Sie die Größe des Winkels für:

a) Bogenlänge: 7,5 m; $r = 25$ m **b)** Bogenlänge: 25 cm; $r = 76$ cm

11. Berechnen Sie das Bogenmaß des Winkels für:

a) Bogenlänge: 17,2 m; $r = 12{,}57$ m **b)** Bogenlänge: 28,4 cm; $r = 354{,}6$ cm

12. Bestimmen Sie die Funktionswerte für:

a) $\sin 34°$;	**b)** $\cos 172°$;	**c)** $\tan 40°$;	**d)** $\cot 210°$;
e) $\sin 2{,}5$ rad;	**f)** $\cos 0{,}6$ rad;	**g)** $\tan 5{,}7$ rad;	**h)** $\cot 4{,}2$ rad;
i) $\sin 2{,}5$ rad;	**k)** $\cos 6{,}28$ rad;	**l)** $\tan 4{,}2$ rad;	**m)** $\cot 0{,}75$ rad;
n) $\sin 145°$;	**o)** $\cos 260°$;	**p)** $\tan 340°$;	**q)** $\cot 400°$;
r) $\tan 2{,}9$ rad;	**s)** $\cot 4{,}5$ rad;		

13. Bestimmen Sie im Intervall $x \in [0, 2\pi]$ alle Funktionswerte für:

a) $\sin x = 0{,}5000$;	**b)** $\cos x = 0{,}7660$;	**c)** $\tan x = 3{,}7321$;
d) $\cot x = 0{,}8391$;	**e)** $\sin x = -0{,}2588$;	**f)** $\cos x = -0{,}5000$;
g) $\tan x = -1{,}4281$;	**h)** $\cot x = -2{,}7475$;	**i)** $\sin x = 0{,}5736$;
k) $\tan x = 2{,}7475$;	**l)** $\cot x = -5{,}6713$;	**m)** $\cos x = -0{,}7071$

14. Zeichnen Sie die Graphen folgender Funktionen, für $x \in [0, 2\pi]$:

a) $x \mapsto \cos\left(x + \frac{\pi}{2}\right)$ **b)** $x \mapsto \cos(2x)$ **c)** $x \mapsto 0{,}5 \sin(x - \pi)$

d) $x \mapsto \cos^2 x$ **e)** $x \mapsto \tan\left(x + \frac{\pi}{2}\right)$

15. Zeigen Sie, daß bei Einsetzung von $x \in [0, 2\pi]$ folgende Aussageformen zu wahren Aussagen werden:

a) $\sin^2 x + \cos^2 x = \tan x \cdot \cot x; \quad x \neq 0, \frac{\pi}{2}, \pi, \frac{3}{2}\pi, 2\pi$

b) $\frac{\sin^2 x}{\cos^2 x} = (1 - \cos^2 x)(1 + \tan^2 x); \; x \neq \frac{\pi}{2}, \frac{3}{2}\pi$

c) $\left(\frac{1}{\tan x}\right)^2 = \frac{1 - \sin^2 x}{\sin^2 x}; \quad x \neq \frac{\pi}{2}, \pi, \frac{3}{2}\pi, 2\pi$

d) $1 - \sin^2 x = \frac{1}{1 + \tan^2 x}$

Nichtelementare Funktionen

16. Zeichnen Sie die Graphen folgender Betragsfunktionen; $x \in [-5, 5]$:

a) $f_1\colon x \longmapsto |\frac{1}{2}x|$

b) $f_2\colon x \longmapsto |x^2 - 4|$

c) $f_3\colon x \longmapsto \sqrt{|x^2 - 4|}$

d) $f_4\colon x \longmapsto x + |x|$

e) $f_5\colon x \longmapsto 2x + |x^2 - 4|$

f) $f_6\colon x \longmapsto |\sin x|; \; x \in \left[-\frac{\pi}{2}, 2\pi\right]$

17. Die Graphen folgender Treppenfunktionen sind zu zeichnen; $x \in [-4, 4]$:

a) $f_1\colon x \longmapsto [\frac{1}{2}x]$

b) $f_2\colon x \longmapsto [x] + 2$

c) $f_3\colon x \longmapsto 3[x]$

d) $f_4\colon x \longmapsto [\sin x]; \; x \in \left[-\frac{\pi}{2}, 2\pi\right]$

e) $f_5\colon x \longmapsto [x] \cdot x$

18. Zeichnen Sie die Graphen folgender Funktionen:

a) $f_1\colon x \longmapsto \operatorname{sgn} 2x; \qquad x \in [-4, 4]$

b) $f_2\colon x \longmapsto 2 \operatorname{sgn} x; \quad x \in [-4, 4]$

c) $f_3\colon x \longmapsto \operatorname{sgn}(\cos x); \; x \in \left[-\frac{\pi}{2}, 2\pi\right]$

d) $f_4\colon x \longmapsto x \cdot \operatorname{sgn} x; \; x \in [-3, 3]$

19. Wie lauten die Funktionsgleichungen folgender Funktionen, deren Graphen durch folgende Punkte gehen (Lösung durch Probieren):

a) $f_1\colon \{(-4, 1), \ldots, (0, 2), \ldots, (4, 3)\}$; Grundfunktion: $x \longmapsto \operatorname{sgn} x$

b) $f_2\colon \{(-4, -16), \ldots, (-1, -4), \ldots, (0, 0), \ldots, (4, 16)\}$; Grundfunktion: $x \longmapsto [x]$

c) $f_3\colon \{(-4, 6), \ldots, (0, 2), \ldots, (4, 6)\}$; Grundfunktion: $x \longmapsto |x|$

d) $f_4\colon \{(-4, 16), \ldots, (-1{,}5; 3), \ldots, (0, 0), \ldots, (2{,}5; 5), \ldots, (4, 16)\}$;
Grundfunktion: $x \longmapsto [x]$

20. Zeichnen Sie die Graphen folgender Funktionen:

a) $x \mapsto \frac{1}{2} \cdot H(x);\ x \in [-4, 4]$ **b)** $x \mapsto x \cdot H(x);\ x \in [-4, 4]$

c) $x \mapsto H(\sin x);\ x \in \left[-\frac{\pi}{2}, 2\pi\right]$

Empirische Funktionen

21. Tragen Sie die Zahlenwerte in ein Koordinatensystem ein, und verbinden Sie die Punkte:

a) In Moskau betragen die mittleren monatlichen Lufttemperaturen:

Monat	Jan.	Febr.	März	April	Mai	Juni	Juli	Aug.	Sept.	Okt.	Nov.	Dez.
Temp. in °C	−12	−8	−5	3	12	15	19	15	10	4	−4	−8

b) Der Höhenmesser eines Flugzeuges zeigte bei einem halbstündigen Probeflug folgende Höhenwerte an:

Uhrzeit	11.00	11.05	11.10	11.15	11.20	11.25	11.30
Höhe in m	0	950	1500	1600	3100	2700	0

c) In Marseille beträgt die monatliche Niederschlagsmenge im Durchschnitt:

Niederschlag in mm	45	37	42	46	44	28	18	35	52	90	76	53
Monat	Jan.	Febr.	März	April	Mai	Juni	Juli	Aug.	Sept.	Okt.	Nov.	Dez.

22. Deuten Sie folgende Diagramme:

a) Kennlinien eines Achtzylinder-Viertakt-Bezinmotors, Hubraum $3500\,\text{cm}^3$.

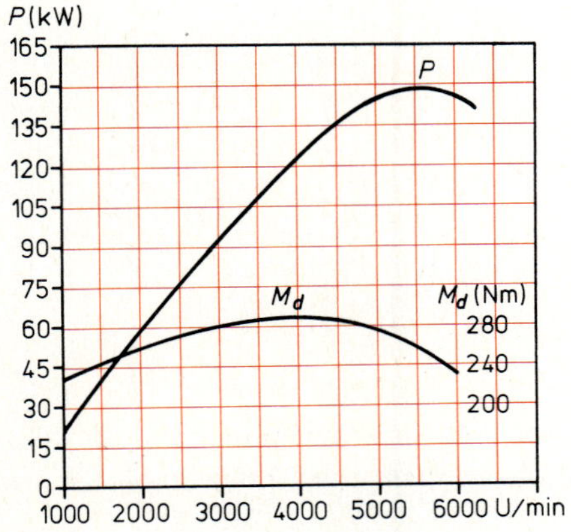

b) Einfluß der Lichtbedingungen auf den arbeitenden Menschen.

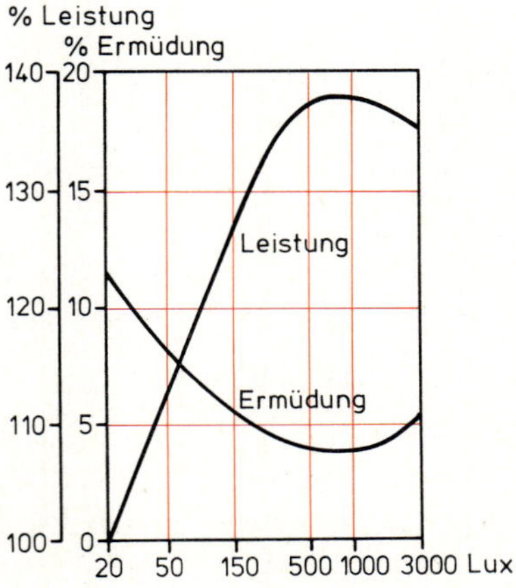

7. Folgen und Reihen

7.1 Grundbegriffe von Zahlenfolgen

Wir wollen in diesem Kapitel Funktionen betrachten, deren Definitionsbereich eine Teilmenge der natürlichen Zahlen ist. Solche Funktionen werden Folgen genannt.

Definition:

Eine Funktion f mit $D(f) \subseteq \mathbb{N}^*$ heißt Folge. Folgen mit einem Wertebereich $W(f) \subseteq \mathbb{R}$ heißen Zahlenfolgen.

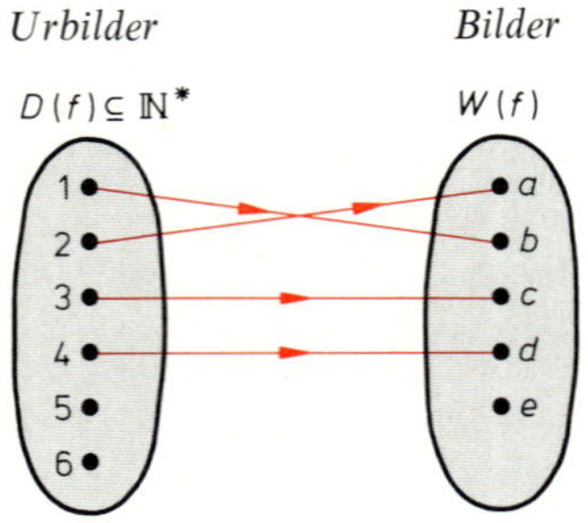

Man unterscheidet endliche und unendliche Zahlenfolgen.

Definition:

Eine Zahlenfolge heißt endlich, wenn ihr Definitionsbereich eine endliche Teilmenge der Menge $\mathbb{N}^*$ ist.

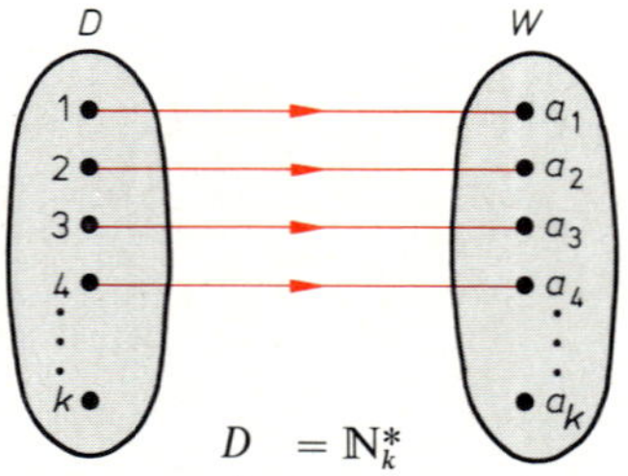

$D = \mathbb{N}_k^*$

$\mathbb{N}_k^* = \{1, 2, 3, 4, \ldots, k\}$

$a_1, a_2, \ldots, a_k \in \mathbb{R}$

Eine Zahlenfolge heißt unendlich, wenn ihr Definitionsbereich eine unendliche Teilmenge der Menge $\mathbb{N}^*$ ist.

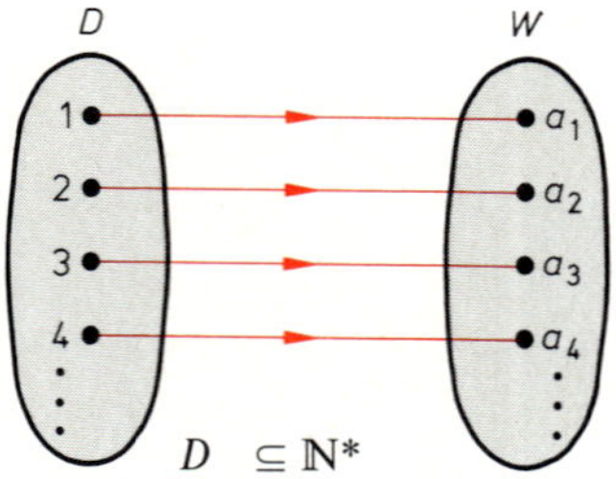

$D \subseteq \mathbb{N}^*$

$a_1, a_2, \ldots \in \mathbb{R}$

Anmerkung:

Anstelle der Menge $\mathbb{N}^* = \{1, 2, 3 \ldots\}$ kann in den Definitionen auch die Menge $\mathbb{N} = \{0, 1, 2, \ldots\}$ gesetzt werden; der Definitionsbereich einer Folge kann dann die Zahl Null enthalten.

Schreibweise von Zahlenfolgen

Endliche Zahlenfolgen können als Menge von geordneten Paaren geschrieben werden.

Beispiel:

Geben Sie die nebenstehend dargestellte Zahlenfolge als Paarmenge an.

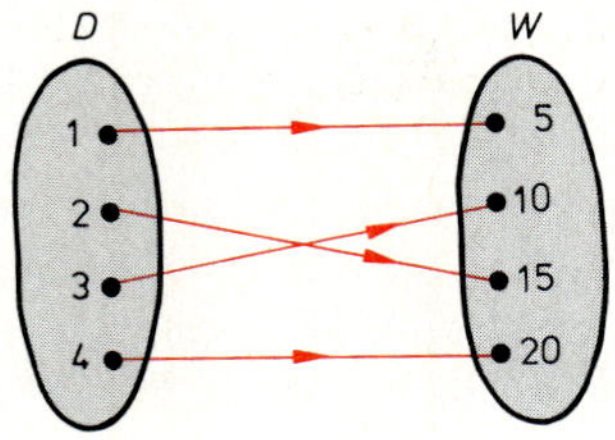

Lösung:

Die gesuchte Menge von geordneten Paaren ist die Menge $\{(1,5), (2,15), (3,10), (4,20)\}$.

Durch die Zahlenfolge werden die Elemente des Wertebereiches in eine bestimmte Reihenfolge gebracht. Man gibt deshalb anstelle der Menge von Paaren oft vereinfacht die Elemente des Wertebereiches in der entsprechenden Reihenfolge an.
Dabei ist noch zu beachten, daß Elemente mehrfach auftreten können. Die Folge darf also nicht mit ihrem Wertebereich verwechselt werden.

endliche Zahlenfolge f: $\{(1,5),(2,15),(3,10),(4,20)\}$

vereinfachte Schreibweise: 5, 15, 10, 20

endliche Zahlenfolge f: $\{(1,-1),(2,1),(3,-1),(4,1)\}$

vereinfachte Schreibweise: $-1, 1, -1, 1$

Wertebereich: $W(f) = \{-1, 1\}$

Die Elemente des Wertebereiches einer Folge werden *Glieder* genannt. Das erste Glied heißt *Anfangsglied*; bei endlichen Folgen wird das letzte Glied auch *Endglied* genannt.

Beispiel:

Bestimmen Sie von den Folgen jeweils das Anfangs- und das Endglied sowie das vierte Glied.

a) 1, 2, 3, 4, 5, 6, 7, 8, 9

b) $\frac{1}{2}, \frac{1}{3}, \frac{1}{4}, \frac{1}{2}, \frac{1}{5}, \frac{1}{6}$

Lösung:

a) Es liegt eine endliche Zahlenfolge mit 9 Gliedern vor. Das Anfangsglied ist 1, das vierte Glied ist 4, das Endglied ist 9.

b) Anfangsglied und viertes Glied ist jeweils $\frac{1}{2}$, Endglied ist $\frac{1}{6}$.

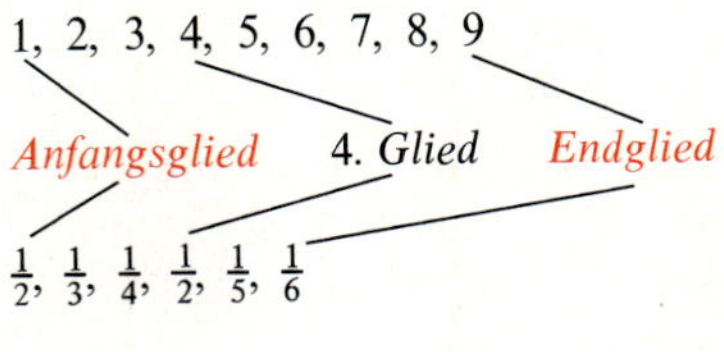

Da Zahlenfolgen spezielle Funktionen sind, können sie durch die Angabe einer Zuordnungsvorschrift beschrieben werden. Statt Zuordnungsvorschrift sagt man auch *Bildungsvorschrift*. Die Bildungsvorschrift und damit die Gleichung einer Zahlenfolge können in vielen praktischen Fällen in Form einer Rechenvorschrift angegeben werden. Es ist dann möglich, für jedes Argument n das zugehörige Bild a_n zu berechnen.

Zahlenfolge f

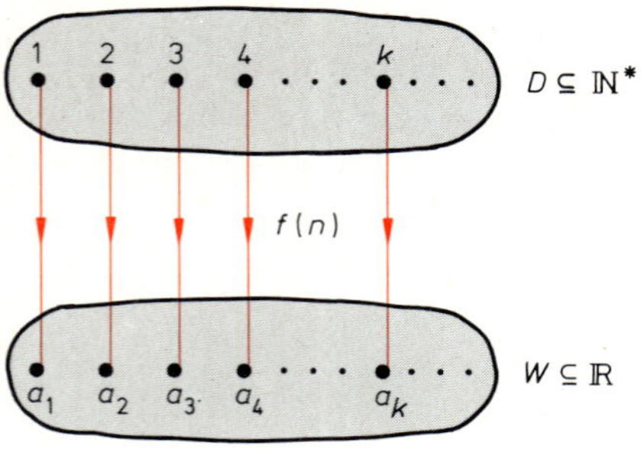

Als mathematisches Zeichen (Symbol) für die Zahlenfolge wird (zur Unterscheidung von „normalen" Funktionen) $\langle a_n \rangle$ geschrieben.
Soll eine unendliche Folge als Aufzählung ihrer Glieder geschrieben werden, werden die ersten Glieder notiert, und die Fortsetzung wird durch Punkte angedeutet. Wie auch bei der aufzählenden Mengenschreibweise muß dann aber klar sein, wie fortgesetzt werden soll.

$n \mapsto a_n$	$a_n = f(n)$
Bildungsvorschrift	*Gleichung*
der Zahlenfolge	

Schreibweisen:
$\langle a_n \rangle = \{n, a_n \mid a_n = f(n), n \in \mathbb{N}^*\}$,
$\langle a_n \rangle = \{(1, a_1), (2, a_2), (3, a_3), \ldots\}$,
oder vereinfacht:
$\langle a_n \rangle$: $a_1, a_2, a_3, \ldots$

Beispiele:

Gegeben seien folgende Bildungsvorschriften von Zahlenfolgen:

a) $n \mapsto 6 - n^2;\ n \in \mathbb{N}_6^*$
b) $n \mapsto 2n^2 - 3n;\ n \in \mathbb{N}_4^*$
c) $n \mapsto (-1)^n \cdot n^2;\ n \in \mathbb{N}_5^*$
d) $n \mapsto \frac{n}{n+1};\ n \in \mathbb{N}_4^*$

Bestimmen Sie die Glieder der einzelnen Zahlenfolgen.

Lösung:

a) Durch Einsetzen der natürlichen Zahlen von 1 bis 6 in den Term $6-n^2$ erhalten wir die sechs Glieder der endlichen Zahlenfolge.

$n \mapsto 6-n^2;\ \mathbb{N}_6^* = \{1, 2, 3, 4, 5, 6\}$

$a_1 = 5,\ a_2 = 2,\ a_3 = -3,\ a_4 = -10,\ a_5 = -19,\ a_6 = -30$

$\langle a_n \rangle$: $5, 2, -3, -10, -19, -30$

b) Durch Einsetzen der natürlichen Zahlen von 1 bis 4 in den Term $2n^2 - 3n$ erhalten wir die vier Glieder der Zahlenfolge.

$n \mapsto 2n^2 - 3n;\ n \in \mathbb{N}_4^* = \{1, 2, 3, 4\}$
$a_1 = -1, a_2 = 2, a_3 = 9, a_4 = 20$
$\langle a_n \rangle$: $-1, 2, 9, 20$

c) Berechnung der fünf Folgenglieder durch Einsetzen der natürlichen Zahlen 1 bis 5 in den Term $(-1)^n \cdot n^2$.

$n \mapsto (-1)^n \cdot n^2$; $\mathbb{N}_5^* = \{1, 2, 3, 4, 5\}$
$a_1 = -1, a_2 = 4, a_3 = -9, a_4 = 16, a_5 = -25$
$\langle a_n \rangle$: $-1, 4, -9, 16, -25$

d) Die natürlichen Zahlen von 1 bis 4 werden der Reihe nach eingesetzt.

$n \mapsto \frac{n}{n+1}$; $n \in \mathbb{N}_4^* = \{1, 2, 3, 4\}$
$a_1 = \frac{1}{2}, a_2 = \frac{2}{3}, a_3 = \frac{3}{4}, a_4 = \frac{4}{5},$
$\langle a_n \rangle$: $\frac{1}{2}, \frac{2}{3}, \frac{3}{4}, \frac{4}{5}$

Bei endlichen Zahlenfolgen genügt es, die Glieder der Zahlenfolge anzugeben.

$\langle a_n \rangle$: $a_1, a_2, a_3, \ldots, a_k$

Von besonderer Bedeutung jedoch ist, daß jede endliche Folge unendlich viele Bildungsvorschriften besitzt.

Zahlenfolge:
$\langle a_n \rangle$: 1, 2;

Mögliche Bildungsvorschriften:

1. $a_n = n \Rightarrow \langle a_2 \rangle$: 1, 2

2. $a_n = n^2 - 2n + 2 \Rightarrow \langle a_2 \rangle$: 1, 2

3. $a_n = n^3 - 3{,}5n^2 + 4{,}5n - 1$
$\Rightarrow \langle a_2 \rangle$: 1, 2

Die Angabe einer unendlichen Zahlenfolge durch eine endliche Zahl von Gliedern ist deshalb *nicht eindeutig*.

$\langle a_n \rangle$: $1, \frac{1}{4}, \frac{1}{9}, \ldots$ *nicht eindeutig*

Die Angabe des allgemeinen Gliedes bzw. der Bildungsvorschrift ist unbedingt notwendig, denn die endlich vielen Glieder können auf unendlich viele Weisen zu einer unendlichen Zahlenfolge ergänzt werden. Wir sollten uns dessen stets bewußt sein, wenn wir der Kürze halber das allgemeine Glied nicht mitschreiben wollen.

$\langle a_n \rangle$: $1, \frac{1}{4}, \frac{1}{9}, \ldots, \frac{1}{n^2}, \ldots$ *eindeutig*

$\langle a_n \rangle$: $1, \frac{3}{2}, 2, \ldots, \frac{n+1}{2}, \ldots$ *eindeutig*

Beispiele:

Gegeben seien die Zahlenfolgen:

a) $\langle a_n \rangle$: $1, \frac{1}{2}, \frac{1}{3}, \frac{1}{4}, \frac{1}{5}$

b) $\langle a_n \rangle$: $1, 0, 1, \ldots$; $n \in \mathbb{N}$

c) $\langle a_n \rangle$: $-1, 2, -3, 4$

Bestimmen Sie Bildungsvorschriften für die einzelnen Zahlenfolgen.

Lösung:

a) Wir finden durch Probieren leicht eine Bildungsvorschrift.

$$\begin{array}{lccccc} \mathbb{N}_5^* = \{1, & 2, & 3, & 4, & 5\} \\ \langle a_n \rangle : \quad 1, & \frac{1}{2}, & \frac{1}{3}, & \frac{1}{4}, & \frac{1}{5} \end{array} \blacktriangleright \; n \longmapsto \frac{1}{n}$$

b) Auch hier finden wir eine Bildungsvorschrift durch Probieren.

$$\begin{array}{lccc} \mathbb{N} = \{0, & 1, & 2, \ldots\} \\ \langle a_n \rangle : \quad 1, & 0, & 1, \ldots \end{array} \blacktriangleright \; n \longmapsto (n-1)^2$$

c) Die nebenstehende Bildungsvorschrift finden wir ebenfalls durch Probieren. Für alle geraden Zahlen aus dem Definitionsbereich D ergeben sich positive gerade Zahlen aus dem Wertebereich W, und für alle ungeraden Zahlen aus dem Definitionsbereich D ergeben sich negative ungerade Zahlen aus dem Wertebereich W. Dieser Vorzeichenwechsel wird durch den Term $(-1)^n$ erreicht.

$$\begin{array}{lcccc} \mathbb{N}_4^* = \{1, & 2, & 3, & 4\} \\ \langle a_n \rangle : \quad -1, & 2, & -3, & 4 \end{array} \blacktriangleright \; n \longmapsto (-1)^n \cdot n$$

Beispiele:

Gegeben sei eine Zahlenfolge mit $n \longmapsto a_n$, $a_n = \dfrac{2}{n}$; $n \in \mathbb{N}^*$.

a) Geben Sie die Zahlenfolge als Paarmenge in beschreibender Form an.

b) Bestimmen Sie die Glieder der Zahlenfolge für den Definitionsbereich $D = \mathbb{N}_6^* = \{1, 2, 3, 4, 5, 6\}$.

c) Geben Sie die Zahlenfolge als Paarmenge in aufzählender Form für den Definitionsbereich $D = \mathbb{N}_6^*$ an.

d) Zeichnen Sie für die Paarmenge von Beispiel c) ein Mengendiagramm.

e) Zeichnen Sie den Graphen der Paarmenge für $D = \mathbb{N}_6^*$ in einem kartesischen Koordinatensystem.

Lösung:

a) Wegen $D = \mathbb{N}^*$ liegt eine unendliche Zahlenfolge vor, die am besten beschreibend dargestellt wird.

$$n \longmapsto a_n, \; a_n = \frac{2}{n}; \; n \in \mathbb{N}^*$$

$$\langle a_n \rangle = \{n, a_n \,|\, a_n = \frac{2}{n}, n \in \mathbb{N}^*\}$$

b) Für $D = \mathbb{N}_6^*$ besteht die Zahlenfolge aus sechs Gliedern, die nach der Bildungsvorschrift $n \longmapsto \dfrac{2}{n}$ berechnet werden können.

$$a_n = \frac{2}{n}, \; n \in \{1, 2, 3, 4, 5, 6\}$$

$$a_1 = \tfrac{2}{1} = 2; \; a_2 = 1; \; a_3 = \tfrac{2}{3};$$
$$a_4 = \tfrac{1}{2}; \quad a_5 = \tfrac{2}{5}; \; a_6 = \tfrac{1}{3}$$

c) Die zugehörige Paarmenge hat in aufzählender Form sechs Elemente (geordnete Paare). Jedes Paar der Paarmenge $\langle a_n \rangle$ ist Element der Menge $\mathbb{N}_6^* \times \mathbb{R}$.

$\langle a_n \rangle = \{(1,2),(2,1),(3,\frac{2}{3}),(4,\frac{1}{2}),(5,\frac{2}{5}),(6,\frac{1}{3})\}$
$(n, a_n) \in \mathbb{N}_6^* \times \mathbb{R}$
$\langle a_n \rangle \subseteq \mathbb{N}_6^* \times \mathbb{R}$

d) Die Zuordnung zwischen den Elementen der Menge $D = \mathbb{N}_6^*$ und den Elementen der Menge $W = \mathbb{R}$ ist in diesem Fall bijektiv.

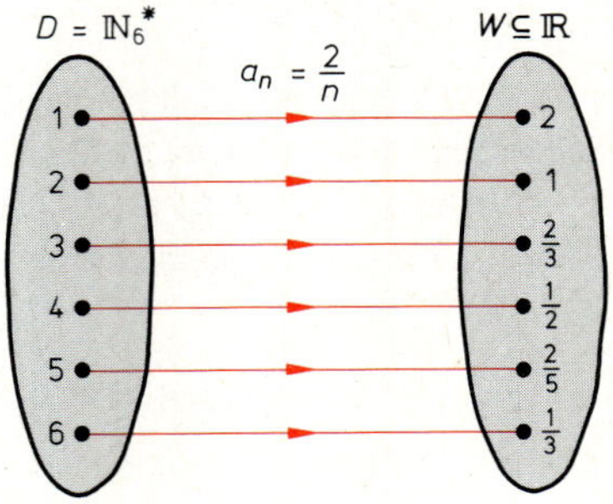

e) Da Zahlenfolgen spezielle Funktionen sind, können sie auch im kartesischen Koordinatensystem dargestellt werden. Der Graph der Zahlenfolge $\langle a_n \rangle$ besteht aus sechs Punkten.

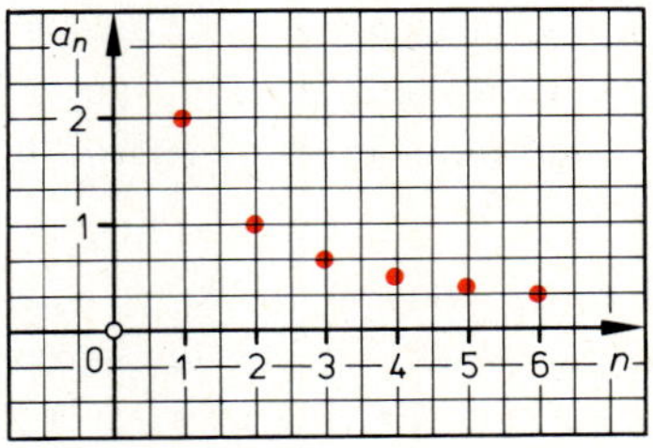

$$\langle a_n \rangle = \left\{ n, a_n \,|\, a_n = \frac{2}{n}, n \in \mathbb{N}_6^* \right\}$$

Schreibweise einer Zahlenfolge mit Hilfe einer rekursiven Bildungsvorschrift

Bisher haben wir Zahlenfolgen entweder aufzählend oder durch die Bildungsvorschrift $n \mapsto a_n$ angegeben. Es gibt aber auch die Möglichkeit, das Anfangsglied a_1 einer Zahlenfolge zu nennen und anzugeben, wie man das Glied a_{n+1} aus dem Glied a_n erhält. Wir können mit diesen beiden Angaben alle Glieder der Zahlenfolge bestimmen.

Beispiel:

Gegeben sei die endliche Zahlenfolge $\langle a_n \rangle$: 1, 4, 9, 16, 25, 36.

a) Geben Sie eine einfache Bildungsvorschrift $n \mapsto a_n$ an.

b) Bestimmen Sie eine Formel, mit der die einzelnen Glieder aus dem jeweils vorhergehenden Glied bestimmt werden können.

Lösung:

a) Die Glieder der Folge sind Quadratzahlen.

$\langle a_n \rangle$: $1^2, 2^2, 3^2, 4^2, 5^2, 6^2$.

Bildungsgesetz:

$n \mapsto n^2,\ n \in \mathbb{N}_6^*$

b) 1. Glied der Zahlenfolge: $a_1 = 1$

Das 2. Glied a_2 soll aus dem ersten Glied a_1 berechnet werden. Es entsteht durch Addition der Zahl 3. Durch Probieren finden wir heraus, daß wir $2n + 1$ zu a_1 addieren müssen, um a_2 zu erhalten.

$a_2 = 4$
$a_2 = 1 + 3$
$a_2 = a_1 + 3$

2. Glied der Zahlenfolge: $a_2 = a_1 + 2n + 1,\ n = 1$

Entsprechend erhalten wir alle weiteren Glieder der Zahlenfolge.

3. Glied der Zahlenfolge: $a_3 = a_2 + 2n + 1,\ n = 2$

usw.

Es gilt also:

$$a_{n+1} = a_n + 2n + 1,\ n \in \mathbb{N}_5^*$$

Eine Formel, die angibt, wie man aus dem Glied a_n einer Folge das nächste Glied a_{n+1} erhält, heißt *Rekursionsformel*. Beispielsweise kann a_{n+1} aus a_n durch Addieren eines Termes b_n entstehen.

$a_{n+1} = a_n + b_n$	a_1
Rekursionsformel	*Anfangsglied*
rekursive Bildungsvorschrift	

Eine *rekursive Bildungsvorschrift* einer Zahlenfolge besteht aus einer Rekursionsformel und der Angabe eines Anfangsgliedes.

$\langle a_n \rangle:\ a_1, a_2, a_3, \ldots$

a_1
$a_2 = a_1 + b_1$
$a_3 = a_2 + b_2$
$a_4 = a_3 + b_3$
$\vdots$

Anmerkung:

Ist eine unendliche Zahlenfolge durch Angabe einer Bildungsvorschrift $n \longmapsto a_n,\ n \in \mathbb{N}^*$ gegeben, kann man die Gültigkeit einer Rekursionsformel für diese Zahlenfolge nicht mehr wie im obigen Beispiel durch Berechnung aller Glieder nachweisen. Die Gültigkeit der Rekursionsformel muß dann in einem mathematischen Beweis gezeigt werden (vgl. Abschnitt 7.5).

Aus den nebenstehenden Beispielen können wir erkennen, wie der additive Term b_n aus einer gegebenen Rekursionsformel bestimmt werden kann.

Beispiele:

1. $a_{n+1} = a_n + 2n^2 - 1 \Rightarrow b_n = 2n^2 - 1$

2. $a_{n+1} = 2a_n - 2n^2 \Rightarrow b_n = a_n - 2n^2$

3. $a_{n+1} = a_n + \frac{1}{2^n} \Rightarrow b_n = \frac{1}{2^n}$

Beispiel: Gegeben seien die folgenden rekursiven Bildungsvorschriften:

a) $a_{n+1} = a_n + \frac{1}{2^n};\ a_1 = 1;\ n \in \mathbb{N}^*$ **b)** $a_{n+1} = 2a_n - 2n;\ a_3 = 20;\ n \in \mathbb{N}^*$

Bestimmen Sie die nächsten vier Glieder der beiden Zahlenfolgen.

Lösung:

a) Durch Einsetzen von $a_1 = 1$ und $n = 1$ erhalten wir das zweite Glied der Zahlenfolge. Alle weiteren Folgenglieder lassen sich wie rechts angegeben berechnen.

$$a_2 = a_1 + \frac{1}{2^n} = 1 + \frac{1}{2^1} = \underline{\underline{1{,}5}}$$

$$a_3 = a_2 + \frac{1}{2^n} = 1{,}5 + \frac{1}{2^2} = \underline{\underline{1{,}75}}$$

$$a_4 = a_3 + \frac{1}{2^n} = 1{,}75 + \frac{1}{2^3} = \underline{\underline{1{,}875}}$$

$$a_5 = a_4 + \frac{1}{2^n} = 1{,}875 + \frac{1}{2^4} = \underline{\underline{1{,}9375}}$$

Die gesuchte Zahlenfolge lautet: $\langle a_n \rangle$: 1; 1,5; 1,75; 1,875; 1,9375

b) Durch Einsetzen von $a_3 = 20$ und $n = 3$ erhalten wir das vierte Glied der Folge. Die weiteren Folgenglieder berechnen wir dann wie nebenstehend dargestellt.

$$a_4 = 2a_3 - 2n = 2 \cdot 20 - 2 \cdot 3 = \underline{\underline{34}}$$

$$a_5 = 2a_4 - 2n = 2 \cdot 34 - 2 \cdot 4 = \underline{\underline{60}}$$

$$a_6 = 2a_5 - 2n = 2 \cdot 60 - 2 \cdot 5 = \underline{\underline{110}}$$

$$a_7 = 2a_6 - 2n = 2 \cdot 110 - 2 \cdot 6 = \underline{\underline{208}}$$

Die gesuchten Glieder sind also: 34; 60; 110; 208

Aus Beispiel b) wird deutlich, daß eine rekursive Bildungsvorschrift nicht unbedingt die Angabe des Anfangsgliedes a_1 enthalten muß. Es genügt, die Rekursionsformel und ein beliebiges Glied a_k anzugeben. Allerdings können dann nur die Glieder ab dem k-ten Glied aus der gegebenen Rekursionsformel berechnet werden. Um die Glieder $a_{k-1}, a_{k-2}, \ldots, a_1$ „rückwärts" berechnen zu können, muß die Rekursionsformel nach a_n aufgelöst werden. a_n wird dann aus der Kenntnis von a_{n+1} berechnet ($n = k - 1, \ldots, 1$).
Ist eine Zahlenfolge durch eine rekursive Bildungsvorschrift gegeben, kann daraus eine Bildungsvorschrift der Form $n \mapsto a_n$ bestimmt werden.

Beispiel:

Wie lautet eine nicht-rekursive Bildungsvorschrift für die Zahlenfolge, die nach der rekursiven Bildungsvorschrift $a_{n+1} = a_n + 2n + 1$; $a_1 = 2$; $n = 1, 2, 3, 4$ berechnet wird?

Lösung:

Wir bestimmen die fünf Glieder der Zahlenfolge mit Hilfe der rekursiven Bildungsvorschrift.

$$a_1 = 2;\ a_{n+1} = a_n + 2n + 1$$

$$a_2 = a_1 + 2n + 1 = 2 + 2 \cdot 1 + 1 = \underline{\underline{5}}$$

$$a_3 = a_2 + 2n + 1 = 5 + 2 \cdot 2 + 1 = \underline{\underline{10}}$$

$$a_4 = a_3 + 2n + 1 = 10 + 2 \cdot 3 + 1 = \underline{\underline{17}}$$

$$a_5 = a_4 + 2n + 1 = 17 + 2 \cdot 4 + 1 = \underline{\underline{26}}$$

Die gesuchte Zahlenfolge lautet: $\langle a_n \rangle$: 2, 5, 10, 17, 26.

Veranschaulichen wir uns die Zuordnungen der fünf Folgenglieder in einem Diagramm, so erkennen wir, daß das Quadrat eines Elements des Definitionsbereichs D addiert zu Eins gleich dem entsprechenden Element der Zahlenfolge (im Wertebereich W) ist.

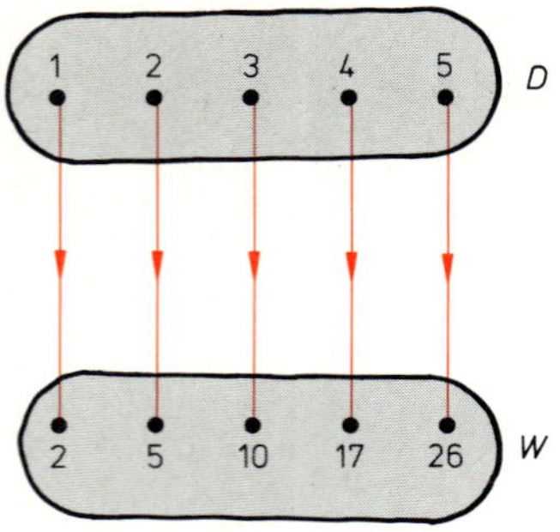

Die gesuchte Bildungsvorschrift ist also:

$$n \mapsto a_n = n^2 + 1$$

Anmerkung:

Ist eine unendliche Zahlenfolge durch eine rekursive Bildungsvorschrift gegeben, können wir die Richtigkeit einer Bildungsvorschrift der Form $n \mapsto a_n$ nicht für jedes einzelne Glied der Zahlenfolge nachrechnen, wie dies im letzten Beispiel möglich war. Wir müssen uns dann von der Gültigkeit der Bildungsvorschrift durch einen mathematischen Beweis überzeugen (vgl. Abschnitt 7.5).

Übungen 7.1

Grundbegriffe von Zahlenfolgen

1. Gegeben seien die Zahlenfolgen von Nr. 1 bis 13.

a) Bestimmen Sie D und W der Zahlenfolgen.

b) Geben Sie die Zahlenfolgen als Paarmengen in beschreibender Form an.

c) Bestimmen Sie die Glieder der Zahlenfolgen für $D = \mathbb{N}_5^*$.

d) Geben Sie die Zahlenfolgen als Paarmengen in aufzählender Form durch Angabe der Elemente für $D = \mathbb{N}_5^*$ an.

e) Zeichnen Sie für die Paarmengen von d) jeweils ein Mengendiagramm.

f) Zeichnen Sie die Graphen der Zahlenfolgen für $D = \mathbb{N}_5^*$.

1. $a_n = 3n - 2$
2. $a_n = 2n^2$
3. $a_n = \dfrac{3}{2n}$
4. $a_n = \dfrac{1}{n-1}$
5. $n \mapsto \dfrac{n+1}{n-1}$
6. $n \mapsto \dfrac{n^2+1}{3n-6}$
7. $n \mapsto 2(n+2) + 3$
8. $n \mapsto (-1)^n$
9. $n \mapsto \left(-\dfrac{1}{n}\right)^n$
10. $n \mapsto \dfrac{2-n^2}{n-3}$
11. $n \mapsto 3 \cdot 2^{n-1}$
12. $n \mapsto \dfrac{(-1)^n \cdot n}{2n-4}$
13. $n \mapsto (-1)^n \dfrac{3-n}{n^2}$

2. Ermitteln Sie die ersten fünf Folgenglieder, und geben Sie für die Aufgaben a) bis d) die nicht-rekursive Bildungsvorschrift an.

a) $a_1 = 2;\ a_{n+1} = a_n + \frac{1}{2}$ **b)** $a_1 = \frac{3}{2};\ a_{n+1} = 2 \cdot a_n$

c) $a_1 = 1;\ a_{n+1} = 2a_n - 3$ **d)** $a_1 = 0;\ a_{n+1} = a_n + 2n$

e) $a_1 = 1;\ a_2 = 2;\ a_{n+2} = a_n^2 + a_n$ **f)** $a_4 = 7;\ a_{n+1} = a_n^2 - 5a_n$

3. Versuchen Sie, für die gegebenen Zahlenfolgen eine Bildungsvorschrift zu ermitteln, und berechnen Sie die nächsten drei Folgenglieder.

a) 3, 5, 7, 9, … **b)** $\frac{1}{2}, 2, \frac{9}{2}, 8, \ldots$ **c)** 0, 3, 6, 9, …

d) $1, \frac{1}{4}, \frac{1}{9}, \frac{1}{16}, \ldots$ **e)** $\frac{1}{8}, \frac{4}{27}, \frac{9}{64}, \frac{16}{125}, \ldots$ **f)** $\frac{1}{2}, \frac{3}{5}, \frac{1}{2}, \frac{7}{17}, \ldots$

g) $-2, 4, -6, 8, \ldots$ **h)** $-\frac{1}{3}, \frac{1}{2}, -\frac{3}{5}, \frac{2}{3}, \ldots$ **i)** $3, \frac{3}{2}, \frac{3}{4}, \frac{3}{8}, \ldots$

k) $5, 2, -1, -4, \ldots$

4. Versuchen Sie für die gegebenen Zahlenfolgen eine rekursive und eine nicht-rekursive Bildungsvorschrift anzugeben.
Beweisen Sie die Richtigkeit.

a) $1, \frac{4}{3}, \frac{3}{2}, \frac{8}{5}, \ldots$ **b)** $1, 1, \frac{3}{4}, \frac{4}{8}, \ldots$

c) 2, 6, 14, 30, … **d)** $4, 2, 1, \frac{1}{2}, \ldots$

7.2 Aufbau von Zahlenreihen

Beispiel:

Auf einem Bankkonto steht zu Beginn eines Monats ein Betrag von 1650,– DM. Nacheinander werden die fünf nebenstehenden Buchungen getätigt.

a) Schreiben Sie die sechs Beträge als Zahlenfolge positiver bzw. negativer Glieder.

b) Ermitteln Sie den Kontostand am Monatsende durch Addition der sechs Glieder der Zahlenfolge.

1.4.	*Kontostand*	1650,–	+
4.4.	*Abbuchung*	700,–	–
12.4.	*Scheck*	450,–	–
19.4.	*Überweisung*	24,75	–
24.4.	*Einzahlung*	132,50	+
27.4.	*Dauerauftrag*	54,50	–

Lösung:

a) Die Zahlenfolge lautet:

$\langle a_n \rangle: 1650; -700; -450; -24{,}75; 132{,}50; -54{,}50$

b) Für den Kontostand verwenden wir das Symbol s_6:

$s_6 = 1650 - 700 - 450 - 24{,}75 + 132{,}50 - 54{,}50$
$s_6 = 553{,}25$

Für die Summe der Glieder einer endlichen Zahlenfolge führen wir die Bezeichnung *endliche Reihe* ein.

Definition:

Werden die Glieder $a_1, a_2, a_3, \ldots, a_n$ einer endlichen Zahlenfolge $\langle a_n \rangle$ addiert, so heißt diese Summe eine endliche Reihe s_n. s_i heißt auch Summe der i ersten Glieder ($i = 1, 2, 3, \ldots, n$) oder Teilsumme.

$\langle a_n \rangle$: $a_1, a_2, a_3, \ldots, a_n$	*Zahlenfolge*
$s_n = a_1 + a_2 + a_3 + \ldots + a_n$	*Zahlenreihe*

Für die abgekürzte Schreibweise solcher Summen hat der Schweizer Mathematiker Euler das Zeichen Σ eingeführt (Σ ist der griechische Großbuchstabe „Sigma").

$$s_n = \sum_{k=1}^{n} a_k$$ *Zahlenreihe*

gelesen: „Summe aller a_k für $k = 1$ bis $k = n$".

Betrachten wir die einzelnen Kontostände im obigen Beispiel nach den jeweiligen Buchungen, so erhalten wir sechs *Teilsummen* (*Partialsummen*) von $\langle a_n \rangle$, und zwar $s_1, \ldots, s_6$. Die Summe s_6 ist die 6. Teilsumme der Zahlenfolge $\langle a_n \rangle$: $a_1, \ldots, a_6$. Sie gibt in unserem Beispiel den Kontostand am Ende des Monats an.

$$s_1 = a_1 = 1650$$
$$s_2 = a_1 + a_2 = 1650 - 700 = 950$$
$$s_3 = a_1 + a_2 + a_3 = 1650 - 700 - 450 = 500$$
$$s_4 = a_1 + a_2 + a_3 + a_4 = 1650 - 700 - 450 - 24{,}75 = 475{,}25$$
$$s_5 = a_1 + a_2 + a_3 + a_4 + a_5 = 1650 - 700 - 450 - 24{,}75 + 132{,}50 = 607{,}75$$
$$s_6 = a_1 + a_2 + a_3 + a_4 + a_5 + a_6 = 1650 - 700 - 450 - 24{,}75 + 132{,}50 - 54{,}50 = 553{,}25$$

Allgemein:

Zu einer gegebenen Zahlenfolge $\langle a_n \rangle$ können wir Teilsummen bilden, indem wir mit $s_1 = a_1$ beginnen und von Schritt zu Schritt das nächste Glied der Zahlenfolge hinzuaddieren.

$\langle a_n \rangle$: $a_1, a_2, a_3, \ldots, a_n$ — *Zahlenfolge*

$s_1 = a_1 = \sum_{k=1}^{1} a_k$ — *1. Teilsumme*

$s_2 = a_1 + a_2 = \sum_{k=1}^{2} a_k$ — *2. Teilsumme*

$s_3 = a_1 + a_2 + a_3 = \sum_{k=1}^{3} a_k$ — *3. Teilsumme*

$s_n = a_1 + a_2 + a_3 + \ldots + a_n = \sum_{k=1}^{n} a_k$ — *n-te Teilsumme*

Wir können auch die Zahlenfolge $\langle s_n \rangle$ der Teilsummen bilden. Jedes Glied dieser Folge ist eine Zahlenreihe.

$\langle s_n \rangle$: $s_1, s_2, s_3, \ldots, s_n$ — *Zahlenfolge der Teilsummen*

Beispiel:

Bestimmen Sie die Teilsummen:

a) $s_6 = \sum_{k=1}^{6} \frac{1}{k}$; **b)** $s_7 = \sum_{0}^{6} 10 - 4k$; **c)** $s_7 = \sum_{1}^{7} \frac{(-1)^k}{k+2}$

Lösung:

a) In der Zuordnungsvorschrift $\frac{1}{k}$, die hinter dem Summenzeichen $\sum$ steht, setzen wir für k alle natürlichen Zahlen von 1 bis 6 ein und berechnen die Summe der Folgenglieder, die uns die sechste Teilsumme s_6 angibt. Hierbei ist k der „Laufindex", in den alle natürlichen Zahlen von 1 bis 6 eingesetzt werden.

$$s_6 = \sum_{k=1}^{6} \frac{1}{k} = \underset{a_1}{\frac{1}{1}} + \underset{a_2}{\frac{1}{2}} + \underset{a_3}{\frac{1}{3}} + \underset{a_4}{\frac{1}{4}} + \underset{a_5}{\frac{1}{5}} + \underset{a_6}{\frac{1}{6}} = \frac{147}{60} = \frac{49}{20} = \underline{\underline{2\frac{9}{20}}}$$

b) Der Laufindex k beginnt in diesem Fall bei der Zahl Null. Die Teilsumme s_7 ergibt eine Reihe mit sieben Summanden.

$$s_7 = \sum_{k=0}^{6} 10 - 4k = \underset{a_0}{10} + \underset{a_1}{6} + \underset{a_2}{2} \underset{a_3}{-2} \underset{a_4}{-6} \underset{a_5}{-10} \underset{a_6}{-14} = \underline{\underline{-14}}$$

c) Die Teilsumme s_7 ergibt eine Reihe mit sieben Gliedern.

$$s_7 = \sum_{k=1}^{7} \frac{(-1)^k}{k+2} = \underset{a_1}{-\frac{1}{3}} + \underset{a_2}{\frac{1}{4}} \underset{a_3}{-\frac{1}{5}} + \underset{a_4}{\frac{1}{6}} \underset{a_5}{-\frac{1}{7}} + \underset{a_6}{\frac{1}{8}} \underset{a_7}{-\frac{1}{9}} = \underline{\underline{-\frac{619}{2520}}}$$

Übungen 7.2

Aufbau von Zahlenreihen

1. Berechnen Sie die einzelnen Glieder der Zahlenfolgen, und bestimmen Sie die Summe der n ersten Glieder.

a) $a_n = 3n + 1;\ n = 1 \dots 5$ **b)** $\sum_{k=1}^{10} (n+1)^2$ **c)** $a_n = \frac{n-1}{n^2+1};\ n = 1 \dots 6$

d) $a_n = n^2 + 2;\ n = 0 \dots 6$ **e)** $\sum_{n=1}^{4} (2)^n$ **f)** $\sum_{n=1}^{4} (-2)^n$

g) $a_n = \frac{n+4}{n^2+1};\ n = 1 \dots 5$ **h)** $a_n = (-1)^n \cdot (n+1)^2;\ n = 1 \dots 5$

i) $\sum_{n=1}^{5} \frac{(-1)^{n+1}}{n+2}$ **k)** $\sum_{n=1}^{4} 2n^2 - 2n + 4$

2. Bestimmen Sie die vierte und achte Teilsumme der gegebenen Zahlenfolgen. Suchen Sie Bildungsvorschriften für die einzelnen Zahlenfolgen!

a) $\langle a_n \rangle = \langle 1, 4, 7, 10, \dots \rangle$ **b)** $\langle a_n \rangle = \langle 7, 5, 3, 1, \dots \rangle$

c) $\langle a_n \rangle = \langle 2, 6, 12, 20, \dots \rangle$ **d)** $\langle a_n \rangle = \langle 10, 5, \frac{10}{3}, \frac{5}{2}, \dots \rangle$

7.3 Arithmetische Folgen und Reihen

Unterscheiden sich bei einer Zahlenfolge, die mit einem beliebigen Anfangsglied a_1 beginnt, alle Glieder um dieselbe Zahl d von ihrem unmittelbaren Vorgänger, so liegt eine besondere Zahlenfolge vor.

Ausgehend vom Anfangsglied a_1 gelangen wir zu jedem Glied a_{n+1} der Zahlenfolge durch Addition der Zahl d zu seinem Vorgänger a_n. Dies ist eine rekursive Bildungsvorschrift.

$$\begin{aligned} &a_1 \\ &a_2 = a_1 + d \\ &a_3 = a_2 + d \quad = a_1 + 2d \\ &a_4 = a_3 + d \quad = a_1 + 3d \\ &\vdots \\ &a_n = a_{n-1} + d = a_1 + (n-1) \cdot d \end{aligned}$$

Rekursionsformel

Definition:

Eine Zahlenfolge $\langle a_n \rangle$, bei der die Differenzen d aufeinanderfolgender Glieder gleich groß (konstant) sind, heißt arithmetische Zahlenfolge.

$$\boxed{a_{n+1} - a_n = d} \qquad n \in \mathbb{N}^*, \; d \in \mathbb{R}$$

Eine arithmetische Zahlenfolge ist also eindeutig festgelegt, wenn der Anfangswert a_1 und die Differenz d angegeben sind. Die rekursive Bildungsvorschrift kann leicht umgeformt werden.

Satz:

$\langle a_n \rangle$ sei eine arithmetische Zahlenfolge, d.h.: $\langle a_n \rangle$: $a_1, a_1 + d, a_1 + 2d, a_1 + 3d, \ldots,$

$$\Rightarrow \boxed{a_n = a_1 + (n-1) \cdot d} \qquad n \in \mathbb{N}^*, \; d \in \mathbb{R}$$

Abgesehen vom Anfangsglied (und vom Endglied endlicher) arithmetischer Zahlenfolgen ist jedes „Zwischenglied" arithmetisches Mittel der beiden benachbarten Glieder. Deshalb spricht man von „arithmetischen" Zahlenfolgen.

$$\begin{aligned} a_{n-1} &= a_1 + (n-2) \cdot d && \textit{Vorgängerglied} \\ a_{n+1} &= a_1 + n \cdot d && \textit{Nachfolgerglied} \\ a_n &= \frac{a_{n-1} + a_{n+1}}{2} && \textit{Mittelglied} \\ &= \frac{a_1 + (n-2) \cdot d + a_1 + n \cdot d}{2} \\ &= \frac{\not{2} a_1 + \not{2} n \cdot d - \not{2} d}{\not{2}} \\ a_n &= a_1 + (n-1) \cdot d \end{aligned}$$

Beispiel:

Gegeben seien die nachstehenden Zahlenfolgen:

a) $\langle a_n \rangle$: 1, 3, 5, 7, 9

b) $\langle a_n \rangle = \{n, 6 - n \mid n \in \mathbb{N}_7^*\}$

c) $\langle a_n \rangle$: $1, \frac{1}{2}, \frac{1}{3}, \frac{1}{4}, \frac{1}{5}$

d) $\langle a_n \rangle$: 2, 2, 2, 2

e) $a_{n+1} = a_n + 2n - 1; \; a_1 = 1$

Welche der Zahlenfolgen sind arithmetische Zahlenfolgen?
Geben Sie für $\langle a_n \rangle$: 1, 3, 5, 7, 9 eine Bildungsvorschrift an!

Lösung:

a) Die Zahlenfolge $\langle a_n \rangle$ ist eine arithmetische Zahlenfolge. Die Differenz d beträgt $d = 2$.

$$d = a_{n+1} - a_n = 3 - 1 = 5 - 3 = 7 - 5 = 9 - 7 = \underline{\underline{2}}$$

$$a_1 = 1 \quad a_n = 1 + (n-1) \cdot 2, \; n \in \mathbb{N}_5^*$$

$$\Rightarrow a_n = 2n - 1$$

$$\Rightarrow n \longmapsto 2n - 1$$

b) $\langle a_n \rangle$ ist eine arithmetische Zahlenfolge, da die Differenz d existiert.

$$\langle a_n \rangle: \; 5, 4, 3, 2, 1, 0, -1$$

$$d = a_{n+1} - a_n = 4 - 5 = 3 - 4 = 2 - 3 = 1 - 2 = 0 - 1 = -1 - 0 = [6 - (n+1)] - (6 - n) = \underline{\underline{-1}}$$

c) Diese Zahlenfolge ist keine arithmetische Zahlenfolge, denn die Differenzen zweier aufeinanderfolgender Glieder sind ungleich.

$$\langle a_n \rangle: \; 1, \tfrac{1}{2}, \tfrac{1}{3}, \tfrac{1}{4}, \tfrac{1}{5}$$

$$1 - \tfrac{1}{2} \neq \tfrac{1}{2} - \tfrac{1}{3} \neq \tfrac{1}{3} - \tfrac{1}{4} \neq \tfrac{1}{4} - \tfrac{1}{5}$$

$$a_n = \frac{1}{n} \quad \textit{nicht arithmetisch.}$$

d) Die Zahlenfolge $\langle a_n \rangle$ ist eine arithmetische Zahlenfolge mit der konstanten Differenz $d = 0$.

$$\langle a_n \rangle: \; 2, 2, 2, 2$$

$$d = a_{n+1} - a_n = 2 - 2 = \underline{\underline{0}}$$

e) Wir ermitteln die ersten fünf Glieder der Zahlenfolge und erkennen, daß die Differenz zweier aufeinanderfolgender Glieder ungleich ist.

$$a_n = a_1 + 2n - 1; \; a_1 = 1$$

$$a_2 = 1 + 2 \cdot 1 - 1 = 2$$

$$5 - 2 = 3$$

$$a_3 = 2 + 2 \cdot 2 - 1 = 5$$

$$10 - 5 = 5$$

$$a_4 = 5 + 2 \cdot 3 - 1 = 10$$

$$17 - 10 = 7$$

$$a_5 = 10 + 2 \cdot 4 - 1 = 17$$

$$3 \neq 5 \neq 7$$

Definition:

Addiert man die Glieder einer endlichen arithmetischen Zahlenfolge, so heißt die entstehende Reihe s_n arithmetische Reihe.

$$\langle a_n \rangle: \; a_1, a_1 + d, a_1 + 2d, a_1 + 3d, \ldots, a_1 + (n-1) \cdot d$$

$$s_n = a_1 + (a_1 + d) + (a_1 + 2d) + \ldots + a_1 + (n-1) \cdot d$$

$$s_n = \sum_{k=1}^{n} a_1 + (k-1) \cdot d$$

arithmetische Reihe

Satz:

Die n-te Teilsumme der arithmetischen Reihe ist:

$$s_n = \frac{n}{2}(a_1 + a_n) = \frac{n}{2}[2a_1 + (n-1) \cdot d]$$

$n \in \mathbb{N}^*, \; d \in \mathbb{R}$

Beweis:

Man schreibt unter die arithmetische Reihe die gleiche Reihe in *umgekehrter* Reihenfolge der Summanden. Die Addition der beiden Gleichungen führt auf die *Summenformel* s_n.

$$+\begin{array}{|l} s_n = a_1 \quad + (a_1 + d) \; + (a_1 + 2d) + \ldots + a_1 + (n-2)d + a_n \\ s_n = a_n \quad + (a_n - d) \; + (a_n - 2d) + \ldots + a_n - (n-2)d + a_1 \end{array}$$

$$2s_n = (a_1 + a_n) + (a_1 + a_n) + (a_1 + a_n) + \ldots + (a_1 + a_n) + (a_1 + a_n)$$

$$2s_n = n(a_1 + a_n)$$

$$\underline{\underline{s_n = \frac{n}{2}(a_1 + a_n)}}$$

$$a_n = a_1 + (n-1)d; \quad \underline{\underline{s_n = \frac{n}{2}[2a_1 + (n-1)d]}}$$

Beispiel:

Berechnen Sie die Summe s_n aller geraden Zahlen von 0 bis 38.

Lösung:

Von 0 bis 38 liegen insgesamt 20 gerade Zahlen. Die Differenz zwischen zwei benachbarten geraden Zahlen ist $d = 2$.

$$n = 20,\ d = 2,\ a_1 = 0$$

$$s_n = \frac{n}{2}[2a_1 + (n-1)\cdot d]$$

$$s_n = \tfrac{20}{2}[2\cdot 0 + (20-1)\cdot 2]$$

$$\underline{\underline{s_n = 380}}$$

Beispiele:

Gegeben sei die arithmetische Zahlenfolge $\langle a_n \rangle$: 2, 5, 8, 11, ...

a) Vom wievielten Glied an sind die Glieder der arithmetischen Zahlenfolge größer als 10^3?

b) Vom wievielten Folgenglied an ist die Summe s_n größer als 10^5?

Lösung:

a) Aufstellen einer Ungleichung. Einsetzen der bekannten Größen und Auflösen der Ungleichung nach n.

Vom 334. Glied an sind die Glieder der arithmetischen Zahlenfolge größer als 10^3.

$$a_1 = 2,\ d = 3$$

$$10^3 < a_1 + (n-1)\cdot d$$

$$10^3 < 2 + (n-1)\cdot 3$$

$$1000 < 3n - 1$$

$$\tfrac{1001}{3} < n$$

$$n > 333{,}3$$

$$\Rightarrow \underline{\underline{n = 334}}$$

b) Aufstellen einer Ungleichung. Dabei wird a_n durch $a_1 + (n-1)\cdot d$ ersetzt.

$$10^5 < \frac{n\cdot(a_1 + a_n)}{2}$$

$$10^5 < \frac{n\cdot[a_1 + a_1 + (n-1)\cdot d]}{2}$$

$$10^5 < \frac{n\cdot(2 + 2 + (n-1)\cdot 3)}{2}$$

Auflösen der quadratischen Ungleichung nach n.

$$200000 < 3n^2 + n$$

Wir lösen:

$$0 = n^2 + \frac{n}{3} - \frac{200000}{3}$$

$$n = -\tfrac{1}{6} + \sqrt{\tfrac{1}{36} + \tfrac{200000}{3}} \quad \text{oder}$$

$$n = -\tfrac{1}{6} - \sqrt{\tfrac{1}{36} + \tfrac{200000}{3}}$$

Vom 259. Glied an ist die Summe der Glieder der arithmetischen Reihe größer als 10^5.

$$n = 258{,}03 \vee n = -258{,}36$$

Der zweite Fall scheidet aus, als Lösung bleibt $n > 258{,}03$.

Beispiel:

Es sollen 628 m Papier von der Stärke $t = 0{,}2$ mm auf eine Rolle gewickelt werden, die einen Durchmesser von $d = 20$ cm hat.

a) Wieviel Lagen Papier ergeben sich?

b) Welchen Durchmesser hat die Rolle nach dem Aufwickeln des Papiers?

Lösung:

a) Das Anfangsglied a_1 ist:

$U = \pi d = 3{,}14 \cdot 20\ \text{cm} = 62{,}8\ \text{cm}.$

$a_t = 62{,}8\ \text{cm}$

Der Dickenunterschied beträgt 0,4 mm. Jede Lage ist also um

$3{,}14 \cdot 0{,}4\ \text{mm} = 1{,}256\ \text{mm}\ (d)$

länger.

$d = 0{,}1256\ \text{cm}$

$s_n = 62\,800\ \text{cm}$

$s_n = \frac{n}{2}[2a_1 + (n-1) \cdot d]$

Setzt man die bekannten Zahlenwerte in die Formel für die Summe s_n der arithmetischen Reihe ein, so erhält man eine quadratische Gleichung.

$$62\,800 = \frac{n}{2}[2 \cdot 62{,}8 + (n-1) \cdot 0{,}1256]$$

$$62\,800 = \frac{\not{2} \cdot 62{,}8 \cdot n}{\not{2}} + \frac{0{,}1256}{2} n(n-1)$$

$$62\,800 = 62{,}8\,n + \frac{0{,}1256}{2} n^2 - \frac{0{,}1256}{2} n$$

$$n^2 + 999\,n - 1\,000\,000 = 0$$

Es ergeben sich rund 618 Lagen.

$$\underline{\underline{n \approx 618}}$$

b) Bei jeder Lage wird der Durchmesser um 0,4 mm länger, insgesamt also um 24,72 cm. Die Rolle hat am Schluß einen Durchmesser von 44,72 cm.

$$618 \cdot 0{,}4\ \text{mm} = 247{,}2\ \text{mm} = 24{,}72\ \text{cm}$$

$$20\ \text{cm} + 24{,}72\ \text{cm} = \underline{\underline{44{,}72\ \text{cm}}}$$

Übungen — 7.3

Arithmetische Folgen und Reihen

1. Fügen Sie zu nachstehenden arithmetischen Zahlenfolgen noch die nächsten fünf Glieder hinzu.

a) 2, 4, 6, … **b)** 0, −2, −4, … **c)** 36, 33, 30, … **d)** 2, 5, 8, …

2. Bestimmen Sie die fehlenden Zahlen folgender arithmetischer Reihen:

	a)	b)	c)	d)	e)	f)
a_1	5	4	10			−205
d	3	3			5	5
n		30	20	43	57	
a_n			−85	302	448	
s_n	440			6665		4250

3. Welche der gegebenen Zahlenfolgen sind arithmetische Zahlenfolgen? ($D = \mathbb{N}^*$)

a) $n \mapsto 4n - 3$ **b)** $n \mapsto 2n^2 - 27$, **c)** $n \mapsto (\sqrt{n})^n$

d) $n \mapsto \frac{1}{n^2}$ **e)** $n \mapsto \frac{3n}{4n+1}$

4. Wieviel durch 4 (7) dividierbare Zahlen liegen zwischen 1 und 200?

5. Eine aus natürlichen Zahlen gebildetete arithmetische Zahlenfolge mit sieben Gliedern hat die Teilsumme $s_7 = 91$. Wie lauten die einzelnen Teilsummen $s_1 \dots s_6$ und wie lauten die Glieder der arithmetischen Zahlenfolge, wenn die Summe des ersten und zweiten Gliedes gleich 6 ist?

6. Eine aus acht Gliedern bestehende arithmetische Zahlenfolge hat die Summe $s_n = 165$. Die Summe der ersten fünf Glieder einer Zahlenfolge ist gleich 75. Berechnen Sie alle Glieder der Folge und die Teilsumme s_4.

7. Fünf Zahlen, deren Summe gleich 125 ist, bilden eine arithmetische Zahlenfolge. Die Summe der Quadrate der Glieder dieser Zahlenfolge ist gleich 4125. Bestimmen Sie die Glieder der Zahlenfolge.

8. Gegeben sei die arithmetische Zahlenfolge $\langle a_n \rangle$: 5, 11, 17, ...

a) Vom wievielten Glied an sind die Glieder der arithmetischen Zahlenfolge größer als 10^4?

b) Vom wievielten Glied an ist die n-te Teilsumme größer als 10^2?

9. Gegeben sei die arithmetische Zahlenfolge $\langle a_n \rangle$: 4, 1, -2, ...

a) Vom wievielten Glied an ist die Zahlenfolge kleiner als $(-10)^3$?

b) Vom wievielten Glied an ist die n-te Teilsumme kleiner als (-10)?

10. Berechnen Sie das Endglied a_n einer arithmetischen Reihe, wenn gegeben sind:

a) a_1, d, n **b)** a_1, n, s_n **c)** a_1, d, s_n **d)** d, n, s_n

11. Wieviel aufeinanderfolgende ungerade natürliche Zahlen einer arithmetischen Reihe sind zu addieren, wenn das Anfangsglied $a_1 = 1$ ist und die Summe $s_n = 1600$ sein soll?

12. Wieviel aufeinanderfolgende gerade natürliche Zahlen einer arithmetischen Reihe sind zu addieren, wenn das Anfangsglied $a_1 = 2$ ist und die Summe $s_n = 1640$ sein soll?

13. Wie groß ist die Summe aller durch 7 dividierbaren Zahlen von 14 bis 518?

14. Wie groß ist die Summe sämtlicher natürlicher Zahlen zwischen 8 und 498, die durch 7 dividiert den Rest 1 ergeben?

15. Die Summe des 3. und 11. Gliedes einer arithmetischen Reihe ist gleich 34, die des 7. und 12. Gliedes ist gleich 44. Wie groß ist die Summe der ersten 25 Glieder dieser arithmetischen Reihe?

16. Ein Körper hat eine Geschwindigkeit von 600 km/h. Jede Sekunde nimmt die Geschwindigkeit um 9,8 m/s ab. Nach wieviel Sekunden ist der Körper in Ruhe?

17. Ein Kupferdraht (2 mm Durchmesser) wird auf eine zylindrische Trommel von 40 cm Länge und 3 cm Durchmesser gewickelt. Wieviel Lagen ergeben sich, wenn der Draht 180 m lang ist?

18. In einer Glasbläserei werden Flaschen gestapelt. Die unterste Reihe umfaßt 25 Flaschen. In der darüberliegenden Reihe liegt über je zwei Flaschen der untersten Reihe je eine Flasche. Wieviel Flaschen liegen in zehn übereinandergestapelten Reihen?

19. Durch Erdbohrungen hat man festgestellt, daß unter der Erdoberfläche in etwa 30 m Tiefe eine durchschnittliche mittlere Jahrestemperatur von 283 K (K $\triangleq$ Kelvin) herrscht. Von hier an nimmt die Temperatur um 1 K auf je 33 m Tiefe zu. Wie hoch wird die Temperatur am Grunde eines 3231 m tiefen Bohrloches etwa sein?

20. Ein Techniker erhält ein jährliches Bruttogehalt von 37200 DM. Nach Ablauf eines jeden Jahres erhält er eine Zulage von 40 DM je Monat. Wie hoch ist sein monatliches Bruttogehalt im 25. Jahr, und wieviel Geld hat er in den 25 Jahren ingesamt verdient?

21. Eine aufsteigende Rakete erreicht in 2000 m Höhe ihre Höchstbeschleunigung von 40 m/s^2. Diese Beschleunigung hält sie 160 Sekunden lang bei; dann ist der gesamte Brennstoff verbraucht. Wie hoch ist ihre Endgeschwindigkeit, wenn die Geschwindigkeit in 2000 m Höhe 280 m/s betrug?

22. Ein Auto fährt im Leerlauf einen Berg abwärts. Sein Weg in der ersten Sekunde beträgt 3 m und in jeder folgenden Sekunde 1,2 m mehr als in der vorhergehenden. Welche Geschwindigkeit (km/h) hat der Wagen nach 21 Sekunden erreicht?

23. Bei einem Wettbewerb sollen 6000 DM unter zwölf Teilnehmer so aufgeteilt werden, daß jeder folgende Teilnehmer 30 DM mehr erhält als der vorhergehende. Wieviel Geld erhält der erste und wieviel erhält der letzte Teilnehmer?

7.4 Geometrische Folgen und Reihen

7.4.1 Endliche geometrische Folgen und Reihen

Unterscheiden sich bei den arithmetischen Zahlenfolgen je zwei aufeinanderfolgende Glieder stets durch die konstante Differenz d, so ist bei den in diesem Kapitel behandelten Zahlenfolgen der Quotient je zweier aufeinanderfolgender Glieder stets gleich.

Ausgehend vom Anfangsglied a_1 gelangen wir zu jedem Glied a_{n+1} der Zahlenfolge durch Multiplikation seines Vorgängergliedes a_n mit der Zahl q. Dies ist eine rekursive Bildungsvorschrift. Die Verknüpfung der Glieder a_{n+1} und a_n ist nicht durch einen additiven Term, sondern durch Multiplikation mit q gegeben.

$$a_1$$
$$a_2 = a_1 \cdot q$$
$$a_3 = a_2 \cdot q = a_1 \cdot q^2$$
$$a_4 = a_3 \cdot q = a_1 \cdot q^3$$
$$\vdots$$
$$\boxed{a_n = a_{n-1} \cdot q = a_1 \cdot q^{n-1}}$$

Rekursionsformel

Definition:

Eine Zahlenfolge $\langle a_n \rangle$, bei der der Quotient q je zweier aufeinanderfolgender Glieder gleich groß (konstant) ist, heißt geometrische Zahlenfolge.

$$\boxed{\frac{a_{n+1}}{a_n} = q} \qquad n \in \mathbb{N}^* \quad q \in \mathbb{R}^*$$

Satz:

$\langle a_n \rangle$ sei eine geometrische Zahlenfolge, d.h.:

$$\langle a_n \rangle\colon\ a_1, a_1 q, a_1 q^2, a_1 q^3, \ldots,$$

$$\Rightarrow \boxed{a_n = a_1 q^{n-1}} \qquad n \in \mathbb{N}^* \quad q \in \mathbb{R}^*$$

Mit Ausnahme des Anfangsgliedes ist jedes Glied einer geometrischen Zahlenfolge das *geometrische Mittel* der beiden benachbarten Glieder. Diese Eigenschaft gilt aber nur für positive Glieder der geometrischen Zahlenfolge.

$a_{n-1} = a_1 \cdot q^{n-2}$ *Vorgängerglied*

$a_{n+1} = a_1 \cdot q^n$ *Nachfolgerglied*

$a_n = \sqrt{a_{n-1} \cdot a_{n+1}}$ *Mittelglied*

$a_n = \sqrt{a_1 \cdot q^{n-2} \cdot a_1 \cdot q^n}$

$a_n = \sqrt{a_1^2 \cdot q^{2(n-1)}}$

$\underline{\underline{a_n = a_1 \cdot q^{n-1}}}$

Beispiele:

Gegeben seien die angegebenen Zahlenfolgen:

a) $\langle a_n \rangle$: 2, 4, 8, 16, 32, 64

b) $a_n = \frac{2}{3} \cdot 2^n,\ n \in \mathbb{N}^*$

c) $a_n = 2 \cdot (\frac{1}{4})^n,\ n \in \mathbb{N}^*$

d) $\langle a_n \rangle$: $-3{,}5;\ -1{,}5;\ 0;\ 2;\ 3{,}5$

e) $a_n = (-2)^n \cdot 5,\ n \in \mathbb{N}^*$

f) $a_{n+1} = a_n \cdot 2^n;\ a_1 = 1,\ n \in \mathbb{N}^*$

Welche der Zahlenfolgen sind geometrische Zahlenfolgen?

Geben Sie für die Zahlenfolge von a) eine Bildungsvorschrift an.

Lösung:

a) Die Zahlenfolge $\langle a_n \rangle$ ist eine geometrische Zahlenfolge. Der Quotient je zweier aufeinanderfolgender Glieder ist $q = 2$.

$\langle a_n \rangle$: 2, 4, 8, 16, 32, 64

$$q = \frac{a_{n+1}}{a_n} = \frac{4}{2} = \frac{8}{4} = \frac{16}{8} = \frac{32}{16} = \frac{64}{32} = \underline{\underline{2}}$$

$a_1 = 2 \wedge q = 2$

$\Rightarrow a_n = a_1 \cdot q^{n-1} = 2^1 \cdot 2^{n-1} = 2^n$

$\Rightarrow \underline{\underline{n \longmapsto 2^n}},\ n \in \mathbb{N}_6^*$

b) $\langle a_n \rangle$ ist eine steigende geometrische Zahlenfolge; $q = 2$.

$$q = \frac{a_{n+1}}{a_n} = \frac{\frac{2}{3} 2^{n+1}}{\frac{2}{3} 2^n} = 2$$

$\langle a_n \rangle$: $\frac{4}{3}, \frac{8}{3}, \frac{16}{3}, \ldots$

c) $\langle a_n \rangle$ ist eine fallende geometrische Zahlenfolge; $q = \frac{1}{4}$.

$$q = \frac{a_{n+1}}{a_n} = \frac{2 \cdot (\frac{1}{4})^{n+1}}{2 \cdot (\frac{1}{4})^n} = \frac{1}{4}$$

$\langle a_n \rangle$: $\frac{1}{2}, \frac{1}{8}, \frac{1}{32}, \ldots$

d) Diese Zahlenfolge ist keine geometrische Zahlenfolge, da die Quotienten je zweier aufeinanderfolgender Glieder voneinander verschieden sind.

$\langle a_n \rangle$: $-3{,}5;\ -2{,}5;\ 1;\ 2;\ 3{,}5$

$$\frac{-2{,}5}{-3{,}5} \neq \frac{1}{-1{,}5} \neq \frac{2}{1} \neq \frac{3{,}5}{2}$$

e) $\langle a_n \rangle$ ist eine geometrische Zahlenfolge mit $q = -2$. Je zwei aufeinanderfolgende Glieder haben verschiedene Vorzeichen. Eine solche geometrische Zahlenfolge heißt *alternierende Zahlenfolge*.

$a_n = (-2)^n \cdot 5$

$\langle a_n \rangle$: $-10, 20, -40, 80, -160, \ldots$

$$q = \frac{a_{n+1}}{a_n} = \frac{20}{-10} = \frac{-40}{20} = \frac{80}{-40} = \frac{-160}{80} = \underline{\underline{-2}}$$

$$q = \frac{(-2)^{n+1} \cdot \not{5}}{(-2)^n \cdot \not{5}} = (-2)^{n+1-n} = (-2)^1 = \underline{\underline{-2}}$$

f) Die rekursive Bildungsvorschrift zeigt, daß keine geometrische Zahlenfolge vorliegt, da der Quotient je zweier aufeinanderfolgender Glieder nicht konstant ist, sondern von n abhängt.

$a_{n+1} = a_n \cdot 2^n,\ a_1 = 1$

$a_1 = 1$

$a_2 = 1 \cdot 2^1 = 2$ $\quad q = \frac{2}{1} = \underline{\underline{2}}$

$a_3 = 2 \cdot 2^2 = 8$ $\quad q = \frac{8}{2} = \underline{\underline{4}}$

Es hängt von den Werten a_1 und q ab, ob eine geometrische Zahlenfolge *steigt* oder *fällt*. Es kann auch der Fall eintreten, daß bei den Gliedern einer geometrischen Zahlenfolge die Vorzeichen wechseln (alternierende Zahlenfolge, siehe Beispiele). Das ist der Fall für $q \in \mathbb{R}^*_-$.

Beispiele:

a_1	q	a_1	q	$\langle a_n \rangle$	Verhalten
$a_1 > 0$	$q > 1$	3	2	$3,\ 6,\ 12,\ 24, \ldots$	steigt
	$q = 1$	5	1	$5,\ 5,\ 5,\ 5, \ldots$	konstant
	$0 < q < 1$	2	$\frac{1}{3}$	$2,\ \frac{2}{3},\ \frac{2}{9},\ \frac{2}{27}, \ldots$	fällt
	$-1 < q < 0$	7	$-\frac{1}{2}$	$7,\ -\frac{7}{2},\ \frac{7}{4},\ -\frac{7}{8}, \ldots$	alternierend
	$q = -1$	9	-1	$9,\ -9,\ 9,\ -9, \ldots$	alternierend
	$q < -1$	4	-3	$4,\ -12,\ 36,\ -108, \ldots$	alternierend
$a_1 < 0$	$q > 1$	-2	3	$-2,\ -6,\ -18,\ -54, \ldots$	fällt
	$q = 1$	-5	1	$-5,\ -5,\ -5,\ -5, \ldots$	konstant
	$0 < q < 1$	-3	$\frac{1}{3}$	$-3,\ -1,\ -\frac{1}{3},\ -\frac{1}{9}, \ldots$	steigt
	$-1 < q < 0$	-12	$-\frac{1}{2}$	$-12,\ 6,\ -3,\ \frac{3}{2}, \ldots$	alternierend
	$q = -1$	$-\frac{1}{3}$	-1	$-\frac{1}{3},\ \frac{1}{3},\ -\frac{1}{3},\ \frac{1}{3}, \ldots$	alternierend
	$q < -1$	-9	-2	$-9,\ 18,\ -36,\ 72, \ldots$	alternierend

Definition:

Addiert man die Glieder einer endlichen geometrischen Zahlenfolge, so heißt die entstehende Reihe s_n geometrische Reihe.

$\langle a_n \rangle$: $a_1, a_1 q, a_1 q^2, a_1 q^3, \ldots, a_1 q^{n-1}$

$$s_n = a_1 + a_1 q + a_1 q^2 + \ldots + a_1 q^{n-1}$$

$$s_n = \sum_{k=1}^{n} a_1 q^{k-1} = a_1 \cdot \sum_{k=1}^{n} q^{k-1}$$

geometrische Reihe

Satz:

Die n-te Teilsumme der geometrischen Reihe für $q \neq 1$ ist:

$$s_n = a_1 \cdot \frac{q^n - 1}{q - 1} = a_1 \cdot \frac{1 - q^n}{1 - q} \qquad q \neq 1$$
$$(q > 1) \qquad (q < 1) \qquad n \in \mathbb{N}^*$$

Beweis:

Man bestimmt s_n der n ersten Glieder einer geometrischen Reihe. Unter diese Reihe schreibt man die mit $q \in \mathbb{R}^*$ multiplizierte Reihe. Die Subtraktion beider Aussageformen führt auf die *Summenformel* s_n.

$$- \left| \begin{aligned} s_n &= a_1 + a_1 \cdot q + a_1 \cdot q^2 + a_1 \cdot q^3 + \ldots +_1 \cdot q^{n-1} \\ q \cdot s_n &= \qquad a_1 \cdot q + a_1 \cdot q^2 + a_1 \cdot q^3 + \ldots + a_1 \cdot q^{n-1} + a_1 \cdot q^n \end{aligned} \right.$$

$$s_n - q \cdot s_n = a_1 - a_1 \cdot q^n$$
$$s_n \cdot (1 - q) = a_1 \cdot (1 - q^n)$$
$$\underline{\underline{s_n = a_1 \cdot \frac{1 - q^n}{1 - q}}}$$

Beispiel:

Ermitteln Sie die Summe aller Potenzen 2^n von 2^1 bis 2^{10}.

Lösung:

Wir legen die gegebenen Werte fest und berechnen die Summe aller Potenzen mit Hilfe der Summenformel s_n.

$$a_1 = 2; \; q = 2; \; n = 10$$
$$s_n = 2 \cdot \frac{(2^{10} - 1)}{2 - 1} = 2 \cdot \frac{(1024 - 1)}{1} = \underline{\underline{2046}}$$

Beispiel:

Die Summe einer gewissen Anzahl von Zweierpotenzen ist $s_n = 32767$. Wieviel Folgenglieder besitzt die entsprechende geometrische Reihe, wenn 2^0 das erste Glied ist?

Lösung:

Wir legen zunächst die gegebenen Werte fest und stellen die Summenformel s_n nach n um, wobei wir den Zehnerlogarithmus zu Hilfe nehmen.

$$a_1 = 2^0 = 1; \; q = 2; \; s_n = 32767$$
$$s_n = a_1 \cdot \frac{(q^n - 1)}{q - 1} \Rightarrow \frac{s_n \cdot (q - 1)}{a_1} + 1 = q^n$$
$$\Rightarrow n = \frac{\lg \left[\frac{s_n}{a_1} \cdot (q - 1) + 1 \right]}{\lg q}$$
$$\Rightarrow n = \frac{\lg \left[\frac{32767}{1} \cdot (2 - 1) + 1 \right]}{\lg 2}$$
$$\underline{\underline{n = 15}}$$

Beispiel:

Von einer geometrischen Reihe sind a_1, a_n und s_n bekannt. Berechnen Sie q (Lösung allgemein!).

Lösung:

Umformung der expliziten Bildungsvorschrift nach $a_1 \cdot q$.

Einsetzen in die Summenformel und Auflösen nach q.

$$a_n = a_1 \cdot q^{n-1} \Rightarrow a_n \cdot q = a_1 \cdot q^n$$
$$s_n = \frac{a_1 \cdot (q^n - 1)}{q - 1} \Rightarrow s_n = \frac{a_n \cdot q - a_1}{q - 1}$$
$$\Rightarrow \underline{\underline{q = \frac{s_n - a_1}{s_n - a_n}}}$$

Beispiel:

Von einer geometrischen Reihe ist das erste Glied $a_1 = 2$. Die Summe s_3 beträgt 14. Wie groß ist q (Lösung allgemein)?

Lösung:

Wir dividieren die Summenformel durch a_1 und erhalten zwei Bruchterme, wo nur q unbekannt ist. Durch Division (Polynomdivision) können wir diesen Bruchterm vereinfachen, so daß wir eine Gleichung erhalten, aus der wir Lösungen für q errechnen können.

$$s_n = a_1 \cdot \frac{q^n - 1}{q - 1} \Rightarrow \frac{s_n}{a_1} = \frac{q^n - 1}{q - 1}$$

$$q^n - 1 : q - 1 = q^{n-1} + q^{n-2} + \ldots + q + 1$$

$$q^{n-1} + q^{n-2} + \ldots + q + 1 - \frac{s_n}{a_1} = 0$$

Unter Berücksichtigung der gegebenen Werte erhalten wir durch Umformen eine quadratische Gleichung.

$$14 = 2 \cdot \frac{q^3 - 1}{q - 1} \Rightarrow 7 = \frac{q^3 - 1}{q - 1}$$

$$7 = q^2 + q + 1 \Rightarrow q^2 + q - 6 = 0$$

$$q = -\tfrac{1}{2} \pm \sqrt{\tfrac{1}{4} + 6}$$

$$q = 2 \vee q = -3$$

Es ergeben sich zwei geometrische Zahlenfolgen.

$$\langle a_n \rangle = \langle 2, 4, 8 \rangle$$

$$\langle a_n \rangle = \langle 2, -6, 18 \rangle$$

Dieser Aufgabentyp ist im allgemeinen für uns nur lösbar für $n \leq 3$.

Beispiel:

Ein Unternehmen will in fünf Jahren seinen Umsatz von $U_0 = 1{,}6$ Millionen DM auf $U_5 = 2{,}3$ Millionen DM steigern. Wie hoch ist der Umsatz in DM in jedem Jahr, wenn die prozentuale Jahressteigerung gleich sein soll?

Lösung:

Die prozentuale Jahressteigerung des Umsatzes um $p\,\%$ bedeutet einen Zuwachs pro Jahr von ΔU. Durch Ersetzen von ΔU und Ausklammern der jährlichen Umsatzrate U_1 erhalten wir eine Abhängigkeit des Jahresumsatzes von dem Prozentsatz p und der Jahreszahl.

$$U_1 = U_0 + \Delta U;\ \Delta U = \frac{U_i \cdot p}{100} \qquad p \text{ konstant}$$

$$U_1 = U_0 + \frac{U_0 \cdot p}{100} \Rightarrow U_1 = U_0 \left(1 + \frac{p}{100}\right)$$

$$U_2 = U_1 + \frac{U_1 \cdot p}{100} \Rightarrow U_2 = U_0 \left(1 + \frac{p}{100}\right)^2$$

$$U_3 = U_2 + \frac{U_2 \cdot p}{100} \Rightarrow U_3 = U_0 \left(1 + \frac{p}{100}\right)^3$$

$$U_4 = U_3 + \frac{U_3 \cdot p}{100} \Rightarrow U_4 = U_0 \left(1 + \frac{p}{100}\right)^4$$

$$U_5 = U_4 + \frac{U_4 \cdot p}{100} \Rightarrow U_5 = U_0 \left(1 + \frac{p}{100}\right)^5$$

Ersetzen wir den Klammerausdruck $1+\frac{p}{100}$ durch q, so erhalten wir die Umsätze zum Jahresende.

$$q=1+\frac{p}{100}$$

$$U_1=U_0\cdot q,\ U_2=U_0\cdot q^2,\ U_3=U_0\cdot q^3,$$
$$U_4=U_0\cdot q^4,\ U_5=U_0\cdot q^5$$

Da nur q unbekannt ist, die Anzahl der Zwischenglieder sowie Anfangs- und Endglied bekannt sind, kann q und damit p bestimmt werden.

Die Umsätze am Jahresende lassen sich dann leicht errechnen.

$$U_5=U_0\cdot q^5$$
$$q=\sqrt[5]{\frac{U_5}{U_0}}=\sqrt[5]{\frac{2\,300\,000}{1\,600\,000}}$$
$$q=1{,}07528$$
$$p=(q-1)\cdot 100\Rightarrow(1{,}07528-1)\cdot 100=7{,}528\,\%$$
$$U_1=1\,600\,000\cdot 1{,}07528=\underline{\underline{1\,720\,448}}$$
$$U_2=1\,600\,000\cdot 1{,}07528^2=\underline{\underline{1\,849\,963}}$$
$$U_5=1\,600\,000\cdot 1{,}07528^5=\underline{\underline{2\,300\,000}}$$

Beispiel:

Ein Litergefäß mit Wasser enthält 100 g aufgelösten Zucker. Es wird nun $\frac{1}{2}$ l Wasser abgegossen und ebensoviel reines Wasser wieder hinzugegossen. Dieses Verfahren wird siebenmal angewendet. Wieviel Gramm aufgelösten Zuckers befinden sich dann noch in dem Gefäß?

Lösung:

Die nach jeder Füllung noch verbleibenden Zuckermengen bilden eine geometrische Zahlenfolge. Das letzte Glied a_8 gibt den Zuckergehalt nach der siebten Füllung an.

Die Zuckermenge beträgt noch 0,78 g.

Geg.: $a_1=100,\ q=\frac{1}{2},\ n=8$

Ges.: a_n

$$a_n=a_1\cdot q^{n-1}$$
$$a_8=100\cdot(\tfrac{1}{2})^7$$
$$a_8=\tfrac{100}{128}$$
$$a_8=\underline{\underline{0{,}78}}$$

7.4.2 Unendliche geometrische Folgen und Reihen

Bisher haben wir nur geometrische Reihen zu endlichen geometrischen Zahlenfolgen betrachtet bzw. nur Teilsummen s_n endlich vieler Glieder a_i $(i=1,2,\dots n)$ einer geometrischen Zahlenfolge gebildet. Wir wollen nun unendliche geometrische Zahlenfolgen untersuchen.

Beispiele:

a) Gegeben sei die unendliche geometrische Zahlenfolge mit $n\longmapsto 2^n$. Für diese Zahlenfolge ist $a_1=2$ und $q=2$, also $q>1$. Die Glieder der Zahlenfolge werden mit wachsendem Argument n offensichtlich immer größer bzw. sogar beliebig groß.

$a_n=2^n;\ n\in\mathbb{N}^*$

geometrische Zahlenfolge mit $q>1$

$\langle a_n\rangle$: 2, 4, 8, 16, 32, …

b) Gegeben sei die unendliche geometrische Zahlenfolge mit $n \longmapsto (\frac{1}{2})^n$. Für diese Zahlenfolge ist $a_1 = \frac{1}{2}$ und $q = \frac{1}{2}$, also $0 < q < 1$. Die Glieder der Zahlenfolge nähern sich mit wachsendem Argument n offensichtlich beliebig dicht der Zahl 0, bleiben aber positiv.

$a_n = (\frac{1}{2})^n$; $n \in \mathbb{N}^*$

geometrische Zahlenfolge mit $0 < q < 1$

$\langle a_n \rangle$: $\frac{1}{2}, \frac{1}{4}, \frac{1}{8}, \frac{1}{16}, \frac{1}{32}, \ldots$

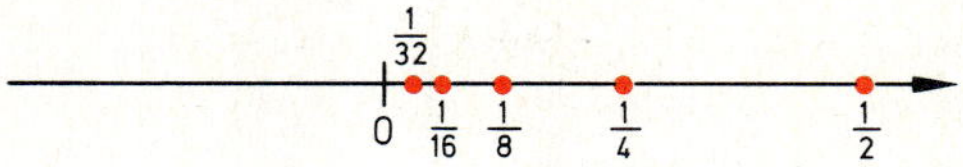

Es ist leicht einzusehen, daß beide Beobachtungen allgemein zutreffen. Die Glieder einer geometrischen Zahlenfolge mit $a_1 > 0$ und $q > 1$ werden mit wachsendem Argument n beliebig groß. Die Differenz zwischen den Gliedern einer geometrischen Zahlenfolge mit $a_1 > 0$ und $0 < q < 1$ und der Zahl Null „schrumpft" mit wachsendem Argument n, d.h. sie „strebt" gegen die Zahl 0. Zahlenfolgen, bei denen diese positive Differenz beliebig „klein" wird, werden *Nullfolgen* genannt. Wir werden in Kapitel 8 Begriffe kennenlernen, mit denen wir den Begriff Nullfolge genauer definieren können.

Beispiel:

Gegeben sei die unendliche geometrische Zahlenfolge mit $n \longmapsto (-\frac{1}{2})^n$. Für diese Zahlenfolge ist $a_1 < 0$ und $-1 < q < 0$. Der Betrag der Glieder dieser alternierenden Zahlenfolge wird mit wachsendem Argument n beliebig „klein". Genauer können wir auch sagen, daß der Betrag der Differenz zwischen den Gliedern und der Zahl Null immer mehr abnimmt. In einem solchen Fall spricht man ebenfalls von einer *Nullfolge.*

$a_n = (-\frac{1}{2})^n$; $n \in \mathbb{N}^*$

alternierende geometrische Zahlenfolge mit $-1 < q < 0$

$\langle a_n \rangle$: $-\frac{1}{2}, \frac{1}{4}, -\frac{1}{8}, \frac{1}{16}, -\frac{1}{32}, \ldots$

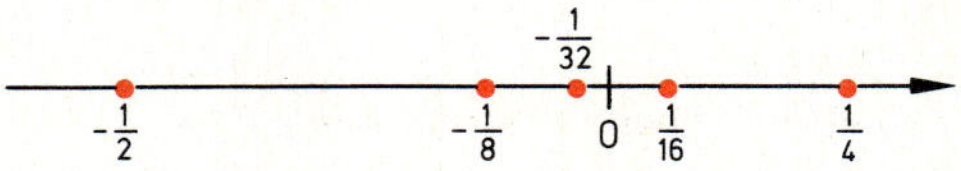

Unendliche geometrische Zahlenfolgen mit $|q| < 1$ sind Nullfolgen.

Wir wollen uns nun anschaulich mit einer Frage beschäftigen, die wir ebenfalls erst mit den Begriffen in Kapitel 8 exakt beantworten können. Es soll aber an dieser Stelle ein Ergebnis vorweggenommen werden, das einige sinnvolle Anwendungen gestattet, die in den Zusammenhang dieses Abschnittes eingebracht werden sollen.

Beispiel:

Gegeben sei die unendliche geometrische Zahlenfolge mit $a_1 = 2$ und $q = \frac{1}{10}$. Berechnen Sie die n-te Teilsumme für $n = 1, 2, 5, 1000$.

Lösung:

Wir verwenden die Summenformel und setzen die Werte für a_1 und n ein. Wir erkennen, daß der Term q^n für wachsende Zahlen n immer weniger ins Gewicht fällt.

$$s_n = a_1 \cdot \frac{1-q^n}{1-q}$$

$$n = 1;\ s_1 = 2 \cdot \frac{1-\frac{1}{10}}{1-\frac{1}{10}} = 2$$

$$n = 2;\ s_2 = 2 \cdot \frac{1-(\frac{1}{10})^2}{1-\frac{1}{10}} = 2{,}2$$

$$n = 5;\ s_5 = 2 \cdot \frac{1-(\frac{1}{10})^5}{1-\frac{1}{10}} = 2{,}2222$$

$$n = 1000;\ s_{1\,000} = 2 \cdot \frac{1-(\frac{1}{10})^{1\,000}}{1-\frac{1}{10}}$$

Wir können für jede Zahl n den Term für die Teilsumme s_n wie nebenstehend umformen:
Die subtrahierten Terme bilden eine Nullfolge für wachsende Zahlen n.

$$s_n = 2 \cdot \left[\frac{1}{1-\frac{1}{10}} - \underbrace{\frac{(\frac{1}{10})^n}{1-\frac{1}{10}}}_{\textit{Nullfolge}}\right]$$

Wir können einen Term s_∞ angeben. Dieser Term ist größer als jede Teilsumme s_n, und die Differenz zwischen den Gliedern der Teilsummenfolge $\langle s_n \rangle$ und s_∞ verringert sich für wachsende Zahlen n beliebig.

$$s_\infty = 2 \cdot \frac{1}{1-\frac{1}{10}} = \frac{20}{9}$$

$$s_\infty > \cdots > s_n > \cdots s_3 > s_2 > s_1$$

$s_\infty - s_n$ *wird beliebig kleine positive Zahl*

Die Zahl s_∞ wird Summe der unendlichen geometrischen Zahlenfolge genannt; wir übertragen den Begriff der endlichen Reihe und sprechen hier von einer *unendlichen geometrischen Reihe*.

Für jede unendliche geometrische Reihe mit $|q| < 1$ gilt allgemein die nebenstehende Formel.

Ist $n \longmapsto a_n$ *eine unendliche geometrische Zahlenfolge mit* $|q| < 1$ *so gilt:*

$$s_\infty = \sum_{k=1}^{\infty} a_1 q^{k-1} = \frac{a_1}{1-q}$$

unendliche geometrische Reihe

Beispiel:

Bestimmen Sie die Summe der unendlichen geometrischen Zahlenfolgen:

a) $\langle a_n \rangle$: $4, \frac{5}{2}, \frac{25}{16}, \ldots$; **b)** $\langle a_n \rangle$: $\frac{1}{4^2}, -\frac{1}{4^4}, +\frac{1}{4^6}, -\frac{1}{4^8}, \ldots$

Lösung:

a) Berechnen von q, feststellen daß $q < 1$. Anwenden der Summenformel.

$$q = \frac{5}{2} : 4 = \underline{\underline{\frac{5}{8}}};\ \frac{5}{8} < 1$$

$$s_\infty = \frac{a_1}{1-q} = \frac{4}{1-\frac{5}{8}} = \underline{\underline{10{,}\overline{66}}}$$

b) Berechnen von q, feststellen daß $|q| < 1$. Anwenden der Summenformel.

$$q = \frac{-\frac{1}{4^4}}{\frac{1}{4^2}} = -\frac{4^2}{4^4} = \underline{\underline{-\frac{1}{16}}}; \quad \left|-\frac{1}{16}\right| < 1$$

$$s_\infty = \frac{a_1}{1-q} = \frac{1}{4^2[1-(-\frac{1}{16})]} = \underline{\underline{\frac{1}{17}}}$$

Beispiel:

Gegeben sei die geometrische Zahlenfolge $a_n = (\frac{1}{4})^n$; $n \in \mathbb{N}^*$.

a) Von welchem n ab ist a_n kleiner als 10^{-3}?

b) Von welchem n ab ist die n-te Partialsumme größer als 0,32?

Lösung:

a) Aufstellen der Ungleichung.
Einsetzen der gegebenen Zahlenwerte in die Ungleichung und Auflösen nach n.
Vom fünften Glied an sind alle Glieder der geometrischen Zahlenfolge kleiner als 10^{-3}.

$$10^{-3} > a_1 \cdot q^{n-1}$$
$$\Rightarrow 10^{-3} > \tfrac{1}{4}(\tfrac{1}{4})^{n-1}$$
$$4 \cdot 0{,}001 > (\tfrac{1}{4})^{n-1}$$
$$\lg 0{,}004 > (n-1) \cdot \lg 0{,}25 \Rightarrow n = \frac{\lg 0{,}004}{\lg 0{,}25} + 1$$
$$n = 4{,}98289$$
$$\underline{\underline{n \approx 5}}$$

b) Aufstellen der Ungleichung für $|q| < 1$.
Auflösen der Ungleichung nach n mit Hilfe der Zehnerlogarithmen.
Vom dritten Glied an ist die Summe der Glieder der geometrischen Reihe größer als 0,32.

$$0{,}32 < \frac{a_1(1-q^n)}{1-q}$$
$$0{,}32 < \frac{1(1-\frac{1}{4}^n)}{4(1-\frac{1}{4})}$$
$$0{,}96 < 1-(\tfrac{1}{4})^n \Rightarrow n = \frac{\lg 0{,}04}{\lg 0{,}25} = 2{,}32; \quad \underline{\underline{n \approx 3}}$$

Beispiel:

Verwandeln Sie die vorperiodische Dezimalzahl $0{,}35\overline{27}$ in eine Bruchzahl.

Lösung:

Die vorperiodische Dezimalzahl kann als Summe der Zahl $\frac{35}{100}$ und der unendlichen geometrischen Reihe $\sum_{n=2}^{\infty} \frac{27}{10^{2n}}$ dargestellt werden. Wegen $|q| < 1$, hat diese Reihe die Summe $\frac{27}{9900}$.

$$0{,}35\overline{27} = 0{,}352727\ldots$$
$$0{,}35\overline{27} = \frac{35}{10^2} + \underbrace{\frac{27}{10^4} + \frac{27}{10^6} + \cdots + \frac{27}{10^{2n}} + \cdots}_{\textit{unendliche geometrische Reihe}}$$
$$0{,}35\overline{27} = \frac{35}{10^2} + \sum_{n=2}^{\infty} \frac{27}{10^{2n}}$$
$$\Rightarrow q = \frac{1}{10^2}; \quad a_1 = \frac{27}{10^4}$$
$$s_\infty = \frac{a_1}{1-q} = \frac{\frac{27}{10^4}}{1-\frac{1}{10^2}} = \frac{27}{9900}$$

Wir können also $0{,}35\overline{27}$ als Bruchzahl $\frac{97}{275}$ darstellen.

$$\Rightarrow 0{,}35\overline{27} = \frac{35}{10^2} + \frac{27}{9900} = \underline{\underline{0{,}35\overline{27} = \frac{97}{275}}}$$

Beispiel:

In ein Quadrat mit der Seite $a = 10$ cm wird ein zweites Quadrat eingezeichnet, indem die Mittelpunkte der Seiten miteinander verbunden werden. In das so entstandene Quadrat wird in gleicher Weise wieder ein Quadrat eingezeichnet. Führen Sie dieses Verfahren immer weiter durch. Wie groß ist die Summe der Flächeninhalte aller Quadrate?

Lösung:

Das erste Glied dieser Reihe ist der Flächeninhalt des ersten Quadrats, also a^2. Um das zweite Quadrat berechnen zu können, müssen wir zunächst mit Hilfe des Satzes des Pythagoras die Seite x berechnen. Für das zweite Quadrat erhalten wir den Flächeninhalt $\frac{a^2}{2}$, für das dritte Quadrat den Flächeninhalt $\frac{a^2}{2^2}$ usw.

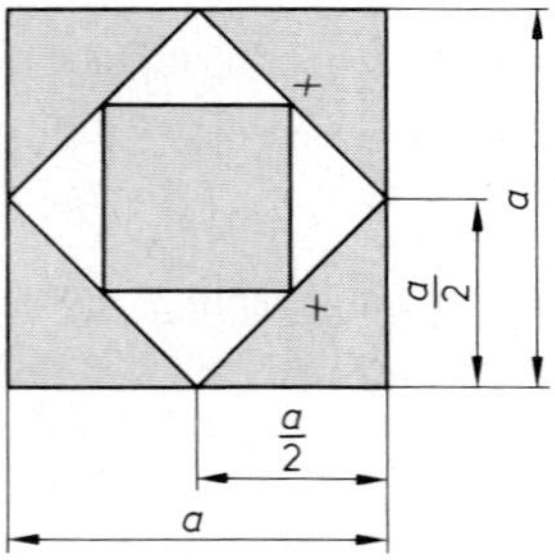

$$x^2 = \left(\frac{a}{2}\right)^2 + \left(\frac{a}{2}\right)^2$$

$$x^2 = \frac{2a^2}{4} = \frac{a^2}{2}$$

$$x = \frac{a}{\sqrt{2}}$$

Die Flächeninhalte aller Quadrate bilden eine unendliche geometrische Zahlenfolge mit $q = \frac{1}{2}$.

$$\langle a_n \rangle:\ a^2, \frac{a^2}{2}, \frac{a^2}{2^2}, \ldots, \frac{a^2}{2^{n-1}}, \ldots$$

$$s_\infty = a^2 + \frac{a^2}{2} + \frac{a^2}{2^2} + \cdots + \frac{a^2}{2^{n-1}} + \cdots$$

$$= \sum_{n=1}^{\infty} \frac{a^2}{2^{n-1}}$$

▶ $a_1 = 100;\ q = \frac{1}{2}$

$$s_\infty = \frac{a_1}{1-q}$$

$$s_\infty = \frac{100}{0{,}5}$$

$$\underline{\underline{s_\infty = 200}}$$

Die Summe der Flächeninhalte aller Quadrate beträgt 200 cm^2.

7.4.3 Zinseszins und Rentenrechnung

Zinseszinsrechnung

Werden die Zinsen eines Kapitals regelmäßig nach einer bestimmten Zeit zum Kapital addiert und dann mitverzinst, so sagt man, das Kapital steht auf *Zinseszinsen.*

Ein Kapital K_0 wächst nach n Jahren bei $p\,\%$ Zinseszinsen auf das Kapital K_n an.

$$K_n = K_0 \cdot q^n$$

$$q = 1 + \frac{p}{100}$$

Zinsfaktor

Beweis:

Im 1. Jahr wächst K_0 an auf: $K_1 = K_0 + \frac{K_0 \cdot p}{100} = K_0 \cdot \overbrace{\left(1 + \frac{p}{100}\right)}^{q} = K_0 \cdot q$

Im 2. Jahr wächst K_0 an auf: $K_2 = K_1 + \frac{K_1 \cdot p}{100} = K_1 \cdot \left(1 + \frac{p}{100}\right) = K_1 \cdot q = K_0 \cdot q^2$

Im 3. Jahr wächst K_0 an auf: $K_3 = K_2 + \frac{K_2 \cdot p}{100} = K_2 \cdot \left(1 + \frac{p}{100}\right) = K_2 \cdot q = K_0 \cdot q^3$

Im n. Jahr wächst K_0 an auf: $K_n = K_0 \cdot q^n$

Beispiel:

Ein Vater legt seiner Tochter bei ihrer Geburt ein Sparbuch mit 150 DM an, mit der Bestimmung, daß sie über das Kapital nach 21 Jahren verfügen kann. Zu welcher Summe ist das Kapital dann bei 3 % Zinsen angewachsen?

Lösung:

Wir kennen das Anfangskapital K_0 (150 DM), die Anzahl n der Jahre (21) und den Prozentsatz p (3 %).
Das Kapital wuchs ungefähr auf 280 DM an.

$$K_n = K_0 \cdot q^n$$
$$K_{21} = 150 \cdot (1 + \tfrac{3}{100})^{21}$$
$$K_{21} = 150 \cdot 1{,}03^{21}$$
$$\underline{\underline{K_{21} \approx 280}}$$

Beispiel:

Ein Kapital von 4000 DM ist mit 3,5 % Zinseszinsen auf 5642,40 DM angewachsen. Wie lange stand das Kapital?

Lösung:

Da der Exponent n unbekannt ist, kann die Gleichung nur durch Logarithmieren gelöst werden.

$$K_n = K_0 \cdot q^n$$
$$5642{,}4 = 4000 \cdot 1{,}035^n$$
$$n \cdot \lg 1{,}035 = \lg 5642{,}4 - \lg 4000$$
$$n = \frac{3{,}7515 - 3{,}6021}{0{,}0149}$$
$$\underline{\underline{n = 10}}$$

Das Kapital stand zehn Jahre.

Auch der Prozentsatz p kann unbekannt sein. Zunächst wird dann q berechnet und daraus p.

$$\left(q = 1 + \frac{p}{100}\right)$$

Rentenrechnung

Eine Rente ist eine regelmäßig wiederkehrende Zahlung von gleichbleibender Höhe. Ist eine Rente vorschüssig, so zahlt man sie am Anfang des Zeitabschnittes (z.B. am Anfang des Jahres); eine nachschüssige Rente wird am Ende des Zeitabschnittes (z.B. am Ende des Jahres) gezahlt.

Eine Rente R wächst nach n Jahren bei $p\,\%$ Zinseszinsen auf das Kapital K_n an;

$$\left(q = 1 + \frac{p}{100}\right).$$

$$K_n = R \cdot \frac{q^n - 1}{q - 1}$$ *nachschüssig*

$$K_n = R \cdot q \cdot \frac{q^n - 1}{q - 1}$$ *vorschüssig*

Beweis für die nachschüssige Rente:

Am Ende des 1. Jahres beträgt die Rente: $K_1 = R$

Am Ende des 2. Jahres wächst die Rente an auf: $K_2 = R + \frac{R \cdot p}{100} + R = R \cdot \underbrace{\left(1 + \frac{p}{100}\right)}_{q} + R = R \cdot q + R$

Am Ende des 3. Jahres wächst die Rente an auf: $K_3 = R \cdot q^2 + R \cdot q + R$

Am Ende des n. Jahres wächst die Rente an auf: $K_n = R \cdot q^{n-1} + R \cdot q^{n-2} + \ldots + R \cdot q + R$

Es entsteht eine geometrische Reihe, die wir mit Hilfe der Summenformel (vgl. Satz 198) addieren können.

$$K_n = R \cdot \frac{q^n - 1}{q - 1}$$

Ist ein Kapital K_0 schon vorhanden und werden jährlich R DM hinzugezahlt oder fortgenommen, so wird das Kapital K_0 nach der Zinseszinsformel berechnet, und die nach der Rentenformel berechnete Rente R wird addiert oder subtrahiert.

$$K_n = K_0 \cdot q^n \pm R \cdot \frac{q^n - 1}{q - 1}$$ *nachschüssig*

$$K_n = K_0 \cdot q^n \pm R \cdot q \cdot \frac{q^n - 1}{q - 1}$$ *vorschüssig*

Beispiel:

Ein Angestellter will sich in fünf Jahren für 5000 DM ein Auto kaufen. Am Anfang des ersten Jahres zahlt er 1200 DM bei einer Bank ein, die $3\frac{1}{2}\,\%$ Zinsen gibt. Wie hoch sind die Raten, die er am Ende des 1. bis zum Ende des 5. Jahres einzahlen muß, wenn er am Ende des 5. Jahres über 5000 DM verfügen will?

Lösung:

Zum Anfangskapital $K_0 = 1200$ DM wird eine jährliche Rate R dazugezahlt (nachschüssig).

$$K_n = K_0 \cdot q^n + R \cdot \frac{q^n - 1}{q - 1}$$

a) Die bekannten Größen einsetzen.

$$5000 = 1200 \cdot 1{,}035^5 + R \cdot \frac{1{,}035^5 - 1}{1{,}035 - 1}$$

b) Gleichung durch Ausrechnen der Potenzen und des Bruchterms vereinfachen.

$$5000 = 1425{,}22 + R \cdot 5{,}363$$

c) Die Variable R isolieren und berechnen.

Die jährliche Rate beträgt ungefähr 666,50 DM.

$$R = \frac{5000 - 1425{,}22}{5{,}363}$$

$$\underline{\underline{R \approx 666{,}50}}$$

Übungen 7.4

Geometrische Folgen und Reihen

1. Ergänzen Sie folgende geometrischen Zahlenfolgen jeweils um weitere fünf Glieder.

a) $\frac{4}{3}, \frac{16}{9}, \frac{64}{27}, \ldots;$ **b)** $\frac{2}{5}, \frac{4}{25}, \frac{8}{125}, \ldots;$ **c)** $\frac{1}{6}, -\frac{1}{36}, \frac{1}{216}, \ldots;$ **d)** $3, \sqrt{3}, 1, \ldots$

2. Wie viele Glieder haben die nachstehenden endlichen geometrischen Zahlenfolgen?

a) $1, 5, 25, \ldots, 15625;$ **b)** $2, 4, 8, \ldots, 1024;$ **c)** $96; 64; 42{,}67; 28{,}44; \ldots, 2{,}5$

3. Wie lauten die ersten sechs Glieder nachstehender geometrischer Zahlenfolgen, wenn folgende Glieder bekannt sind?

a) $a_3 = 18; \quad a_5 = 162$ **b)** $a_4 = -10; \; a_{10} = -0{,}15625$

c) $a_5 = 0{,}10368; \; a_8 = 0{,}0224$ **d)** $a_3 = -16; \; a_7 = -2401$

4. Welche der gegebenen Zahlenfolgen sind geometrische Zahlenfolgen?

a) $n \mapsto \frac{1}{n^2};$ **b)** $n \mapsto 3n^2 + 4n;$ **c)** $n \mapsto (\frac{1}{2})^{n+1};$ **d)** $n \mapsto (\sqrt{n})^n$

5. Zeigen Sie, daß folgender Satz gilt:
„Wenn $a, b, c, \ldots$ eine geometrische Zahlenfolge ist, dann ist auch $a^2, b^2, c^2, \ldots$ eine geometrische Zahlenfolge."

6. Bestimmen Sie die fehlenden Zahlen folgender geometrischer Reihen:

	a)	b)	c)	d)	e)
a_1		13		25	230
q	2		3	-4	-3
n	10	9	10		12
a_n	1536	3328			
s_n			49205	81925	

7. Formen Sie $a_n = a_1 \cdot q^{n-1}$ nach a_1, q und n um.

8. Erweitern Sie folgende geometrische Reihen um jeweils drei Glieder:

a) $1 - 3 + \cdots;$ **b)** $\frac{25}{27} + \frac{5}{9} + \cdots;$ **c)** $\frac{1}{a} + \frac{1}{b} + \cdots;$ **d)** $a^2b - a^3 + \cdots$

9. In einer geometrischen Zahlenfolge ist die Summe der 2. und 3. Glieder gleich 15,625. Das Produkt des 2. und 4. Gliedes ist gleich 244,140625. Wie lauten die Glieder der Zahlenfolge? Berechnen Sie die Summe s_n der ersten acht Glieder.

10. Eine Nachricht wird von einer Person an zwei Personen weitergegeben. Diese Nachricht wird in der nächsten Stunde von jeder der beiden Personen an je zwei weitere Personen weitergegeben. Auf diese Weise wird die Nachricht immer weitergegeben. Wieviel Personen wissen nach zwölf Stunden von der Nachricht?

11. Aufgrund von Messungen wissen wir, daß der Luftdruck auf je 100 m Höhe um ca. 1,2 % sinkt. Wie hoch ist der Luftdruck auf einem 2000 m hohen Berg? Wie hoch liegt ein Ort, in dem ein Luftdruck von 0,9466 bar gemessen wird? (normaler Luftdruck = 1,01 bar).

12. Ein Insekt legt in einem Jahr ca. 120 Eier. Von diesen Insekten entwickeln sich in einem Jahr bis zu drei Generationen. Wieviel Insekten sind das in einem Jahr, wenn man dabei berücksichtigt, daß stets 60 % der Eier zugrunde gehen und 50 % davon weibliche Insekten sind?

13. Ein Fadenpendel schwingt zu Beginn um 10 cm aus. Welchen Weg (Amplitudenweg) legt die Masse des Pendels zurück, wenn nach halber Schwingung die Amplitude um 5 % kürzer wird?

14. Ein Unternehmen will seine Produktion in sieben Jahren um 85 % steigern. Bei einer Anfangsproduktion von 4500 Stück pro Jahr und gleichbleibender jährlicher Steigerung ist der Steigerungsfaktor q zu berechnen. Wie groß ist die Gesamtproduktion in sieben Jahren?

15. Verwandeln Sie die folgenden periodischen Dezimalzahlen mit Hilfe von unendlichen geometrischen Reihen in Brüche:

a) $0,\overline{1}$ **b)** $0,\overline{54}$ **c)** $0,\overline{612}$ **d)** $3,\overline{141}$

16. Von welcher Zahl x an ist die gegebene Zahlenfolge eine Nullfolge:

$$1, \frac{x}{1-x}, \left(\frac{x}{1-x}\right)^2, \left(\frac{x}{1-x}\right)^3, \ldots$$

17. Von welchem n an gilt:

a) $\dfrac{1}{1{,}001^n} < 0{,}01$ **b)** $1{,}02^n > 15$ **c)** $|(-\sqrt{2})^n| > 10^2$

18. Vom wievielten n an sind die Glieder der Zahlenfolgen:

a) $1, \frac{1}{5}, \frac{1}{25}, \ldots$ kleiner als 10^{-4} **b)** $1, 1{,}5, 2{,}25, \ldots$ größer als 10^5

c) $1, \dfrac{1}{\sqrt{2}}, \frac{1}{2}, \ldots$ kleiner als 10^{-4} **d)** $15, 5, \frac{5}{3}, \ldots$ kleiner als 10^{-2}

Von welchem Glied n an ist die n-te Teilsumme größer als

a) 1,2 **b)** 10^6 **c)** 3,1 **d)** 22?

19. Für welche x (Intervall angeben) sind die Summen s_∞ folgender unendlicher geometrischer Reihen erklärt?

a) $s_\infty = \dfrac{1}{1 - \dfrac{x}{3}}$ **b)** $s_\infty = \dfrac{3}{1 - 4x}$ **c)** $s_\infty = \dfrac{17}{1 + 7x}$ **d)** $s_\infty = \dfrac{3}{\frac{1}{2} + x}$

e) $s_\infty = \dfrac{100}{3 - 2x}$

20. Ein Jäger schießt auf einen Hasen, der 100 m von ihm entfernt davonläuft. Die Kugel verfolgt nun den Hasen mit zwanzigmal so hoher Geschwindigkeit. Kommt die Kugel an der Stelle an, wo sich der Hase zu Anfang befand, so ist dieser $\frac{1}{20}$ des Weges weiter; durchläuft die Kugel diese kleine Strecke, so wird der Hase um $\frac{1}{400}$ des Weges weiter sein usw. Nach wieviel Metern trifft die Kugel den Hasen?

21. Berechnen Sie die Länge des gesamten spiraligen Streckenzuges: $\sum\limits_{n=1}^{\infty} a_n$.
Gegeben ist die Strecke x.

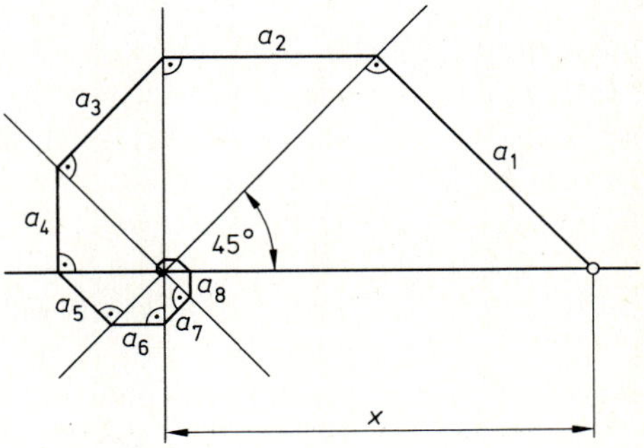

22. Ein Vater legt seiner Tochter bei ihrer Geburt ein Sparbuch an und zahlt am Anfang eines jeden Jahres **a)** 120,– DM, **b)** 240,– DM, **c)** 360,– DM ein. Auf welche Summe sind die Einlagen nach 21 Jahren angewachsen, wenn die Bank $2\frac{1}{2}$ % Zinsen gibt?

23. Zu einem Kapital von **a)** 3500,– DM, **b)** 1200,– DM, **c)** 5000,– DM werden jährlich am Ende des Jahres 150,– DM 25 Jahre lang hinzugefügt. Auf welche Höhe sind die Kapitalien angewachsen, wenn die Bank $2\frac{1}{2}$ % Zinsen gibt?

24. Ein Mann leiht einem anderen 3600,– DM auf 10 Jahre, ohne Zinsen zu fordern, läßt sich jedoch dafür einen Schuldschein auf 6502,– DM ausstellen. Wieviel Prozent Zinsen hat der Mann genommen, wenn man Zinseszinsen rechnet?

25. Ein Kapital von 15670,– DM steht zu $3\frac{1}{2}$ % auf Zinseszinsen und ist so auf 19262,40 DM angewachsen. Wie lange wurde das Kapital verzinst?

26. Ein Ingenieur will ein Haus bauen, dessen Kosten auf 200000,– DM veranschlagt sind. Er verfügt schon über ein Kapital von 95700,– DM. Wie lange müßte dieses Kapital auf Zinseszinsen stehen, um die veranschlagte Bausumme zu erreichen, wenn die Bausparkasse $4\frac{1}{2}$ % Zinsen gibt?

7.5 Mathematische Beweisverfahren

7.5.1 Einführung

Das Ziel jeder Wissenschaft ist das Aufstellen von wahren Aussagen, Regeln und Gesetzen. Wie gelangt man zu solchen Aussagen? In der klassischen Physik gehen fast alle Gesetze auf Experimente und Beobachtungen zurück. Dabei werden aus einer Vielzahl von Einzelergebnissen allgemeingültige Aussagen gewonnen. Dieses methodische Vorgehen bezeichnet man als induktive Methode.

Beispiele:

Die Schwingungsdauer T eines mathematischen Pendels wird nach der Formel $T = 2\pi\sqrt{\frac{l}{g}}$ berechnet. Der Weg s zur Zeit t beträgt beim freien Fall im luftleeren Raum $s = \frac{1}{2}gt^2$.

Viele Gesetze in Naturwissenschaft und Technik wurden durch Experimente gefunden. Sie erheben keinen Anspruch auf allgemeine Gültigkeit und sind nur solange gültig, wie sie mit den Experimenten im Einklang stehen, denn sie basieren nur auf einer endlichen Anzahl von Experimenten. Viele physikalische Aussagen wurden in der Vergangenheit durch neue Beobachtungen abgeändert, oder ihre angenommene Allgemeingültigkeit wurde eingeschränkt. Man spricht in solchen Fällen auch von einer unvollständigen Induktion. Von einer begrenzten Zahl von Aussagen (Experimenten) gelangt man durch induktives Schließen nicht immer zu allgemeingültigen wahren Aussagen bzw. Gesetzen. Auch in der Mathematik gibt es solche Beispiele.

Nach Leonhard Euler sind beispielsweise die Glieder der Folge $a_n = n^2 - n + 41$ für $n = 1, 2, 3, \ldots, 40$ die Primzahlen $41, 43, 47, 53, \ldots, 1601$. Die Vermutung, daß die Folge für alle natürlichen Zahlen eine Primzahl ergibt, ist aber falsch, weil man schon für $n = 41$, die Zahl $41^2 - 41 + 41 = 41^2$ erhält, die aber keine Primzahl ist. Die Aussage von Euler gilt also nur für eine begrenzte Anzahl von natürlichen Zahlen, sie ist nicht allgemeingültig. Auch in einem solchen Fall spricht man von einer unvollständigen Induktion. Es gibt noch eine andere Möglichkeit, zu wahren Aussagen zu kommen.

Beispiel:

Es soll die Wurfweite beim horizontalen Wurf ermittelt werden. Beim horizontalen Wurf resultiert die Geschwindigkeit v eines Körpers aus der:
gleichförmigen Geschwindigkeit v_0 in horizontaler Richtung und der
ungleichförmigen Fallgeschwindigkeit v_y in vertikaler Richtung.
Die Gesetze für diese Geschwindigkeiten sind durch induktive Verfahren gefunden worden:

Gleichung I zur Berechnung der Strecke s in x-Richtung:	$s = v_0 \cdot t$ (experimentell gefunden),
Gleichung II zur Berechnung der Höhe h in y-Richtung:	$h = \frac{v_y}{2 \cdot g} = \frac{1}{2} g\, t^2$ (experimentell gefunden),
Auflösen von Gleichung II nach der Zeit t:	$t = \sqrt{\frac{2h}{g}}$
Einsetzen in Gleichung I:	$s = v_0\sqrt{\frac{2h}{g}}$ (rechnerisch abgeleitet).

Dieses Verfahren, durch logischen Schluß aus wahren Gesetzmäßigkeiten neue wahre Gesetzmäßigkeiten zu entwickeln, nennt man *Deduktion* oder deduktives Verfahren.
Allgemein gilt: *„Ist eine Aussage wahr, so gelangt man durch deduktives Schließen stets wieder zu einer wahren Aussage."*

Das Bestreben in der Mathematik ist es, allgemeingültige Aussagen zu formulieren. Mathematische Aussagen müssen mit Hilfe einer Beweiskette aus offensichtlich gültigen Grundsätzen (Axiomen) abgeleitet werden. Am Anfang der Mathematik stehen also Grundbegriffe und Axiome, die beweislos vorausgesetzt werden.
Auf diese Weise entsteht ein mathematisches „Gebäude". Beim logischen Schließen offenbart sich die Technik oder die Form des mathematischen Denkens, das seine Wurzeln letztlich in der Umwelt hat. Die ständige Auseinandersetzung mit der Umwelt und das zielgerechte Handeln hat diese Form geprägt und das Bewußtsein davon erzeugt.

Da die Aussagen der Mathematik aus Axiomen hergeleitet werden, spricht man auch vom axiomatisch-deduktiven Aufbau der Mathematik. Diesen Aufbau erhält man mit Hilfe zweier verschiedener deduktiver Beweisverfahren. Beiden ist gemeinsam, daß eine Aussage p vorausgesetzt wird – Voraussetzung – und eine Aussage q behauptet wird – Behauptung –. Man kann also jeden mathematischen Satz in der Form $p \Rightarrow q$ formulieren.

7.5.2 Direkter Beweis

Für den *direkten Beweis* ist kennzeichnend, daß mit Hilfe logischer Schlüsse die Behauptung direkt (*unmittelbar*) aus der Voraussetzung hergeleitet wird.

Beispiel:

Voraussetzung: $a, b, x \in \mathbb{R}$
$a \cdot b = b \cdot a \wedge a(b + c) = a \cdot b + a \cdot c$

Behauptung: $x \cdot a + x \cdot b = (a + b) \cdot x$

Beweis: $x \cdot a + x \cdot b = x(a+b)$ *wegen* $a(b+c) = a \cdot b + a \cdot c$
$= (a + b)\, x$ *wegen* $a \cdot b = b \cdot a$.

Auf die Form $p \Rightarrow q$ gebracht, lautet dieser Satz:

$$a, b, x \in \mathbb{R} \wedge a \cdot b = b \cdot a \wedge a(b + c) = a \cdot b + a \cdot c \Rightarrow x \cdot a + x \cdot b = (a + b)\, x$$

Auch in der Geometrie wird der direkte Beweis sehr oft verwendet, wenn Sätze deduktiv aus den Axiomen der Geometrie hergeleitet werden.

Beispiel:

Der Lehrsatz:
„Die Parallele zu einer Dreiecksseite durch die Mitte der zweiten Seite halbiert die dritte Seite und ist halb so lang wie die parallele Seite"
besteht aus einer *Voraussetzung* und der zu beweisenden *Behauptung*.

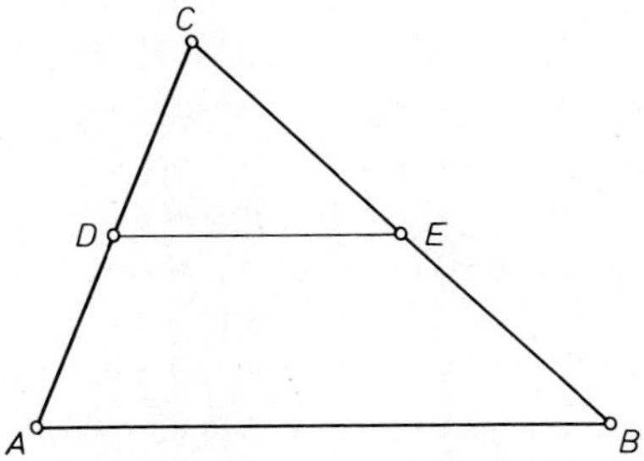

Voraussetzung: $\overline{AD} = \overline{DC} \wedge \overline{DE} \parallel \overline{AB}$

Behauptung: $\overline{CE} = \overline{EB} \wedge \overline{DE} = \frac{1}{2}\overline{AB}$

Beweis:

Zeichnet man $\overline{EF} \| \overline{AC}$, so erhält man das Parallelogramm $AFED$, und es folgt:

$\overline{EF} = \overline{AD} = \overline{DC}$

$\left.\begin{array}{l}\sphericalangle 1 = \sphericalangle 2 \\ \sphericalangle 3 = \sphericalangle 4\end{array}\right\}$ Stufenwinkel

Deshalb:

$\triangle FBE \cong \triangle DEC$ (wws)

$\Rightarrow \overline{CE} = \overline{EB}, \overline{DE} = \overline{FB}, \overline{DE} = \overline{AF}.$

Also ist

$$\overline{DE} = \tfrac{1}{2}\overline{AB}.$$

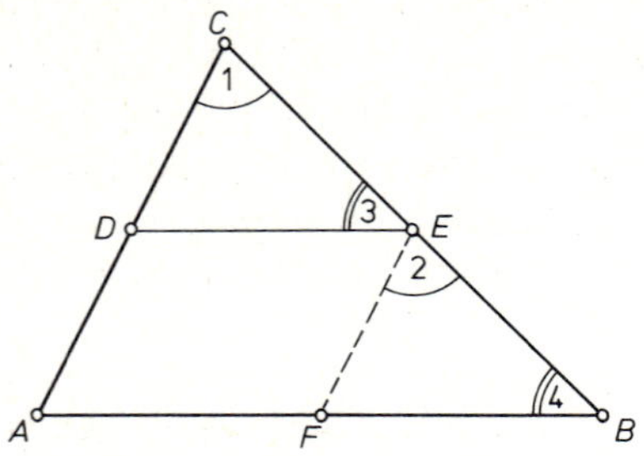

7.5.3 Indirekter Beweis

Beim indirekten Beweis widerlegt man die Negation der Behauptung. Man nimmt an, die Behauptung sei falsch. Läßt sich aus dieser Annahme ein Widerspruch (eine falsche Aussage) ableiten, kann diese Annahme nicht richtig gewesen sein. Denn eine dritte Möglichkeit gibt es nicht. Die ursprüngliche Behauptung muß also richtig sein. Die Beweisführung kann in vier Schritten erfolgen:

1. *Behauptung:* In der Behauptung steht die Aussage, die bewiesen werden soll.

2. *Negation:* Die Behauptung wird negiert (verneint).

3. *Widerspruch:* Es muß nun durch logisches Überlegen gezeigt werden, daß die Negation falsch ist.

4. *Schlußfolgerung:* Wenn die Negation falsch ist, so muß die Behauptung wahr sein. Damit ist die Behauptung auf indirekte Weise bewiesen.

Beispiel:

In Kapitel 2.4.1 ist mit einem indirekten Beweis gezeigt worden, daß $\sqrt{2}$ keine rationale Zahl ist.

7.5.4 Beweisverfahren der vollständigen Induktion

Das Beweisverfahren der „vollständigen Induktion" ist trotz des Namens ein deduktives Beweisverfahren und im Grunde genommen ein Sonderfall des „direkten Beweises".

Als Beispiel soll die Gültigkeit einer Aussage über natürliche Zahlen mit Hilfe der vollständigen Induktion bewiesen werden. Es soll die Summe aufeinanderfolgender ungerader natürlicher Zahlen untersucht werden.
Wir bezeichnen die Teilsummen der ersten ungeraden natürlichen Zahlen mit $s_1, s_2, \ldots, s_6, \ldots, s_n, \ldots$.

$$\begin{aligned} s_1 &= 1 = 1^2 \\ s_2 &= 1 + 3 = 4 = 2^2 \\ s_3 &= 1 + 3 + 5 = 9 = 3^2 \\ s_4 &= 1 + 3 + 5 + 7 = 16 = 4^2 \\ &\vdots \\ s_n &= 1 + 3 + 5 + \ldots + (2n-1) = n^2 \end{aligned}$$

Diese Beispiele lassen vermuten, daß jede Zahl s_n eine Quadratzahl ist.

Auch wenn man die Gültigkeit dieser Gleichung für sehr viele Zahlen n, also zum Beispiel bis $n = 1000000$, durch Ausrechnen bestätigen würde, so wäre dadurch keineswegs bewiesen, daß sie tatsächlich für alle natürlichen Zahlen, deren es ja unendlich viele gibt, gilt. Um die Allgemeingültigkeit der Aussage zu beweisen, kann man nun folgendermaßen vorgehen:

1. Man zeigt, daß die Aussage für $n = 1$ gilt.
2. Man zeigt: Wenn die Aussage für die beliebige natürliche Zahl k gilt – Induktionsannahme –, dann gilt sie auch für die nächstgrößere Zahl, also für $k + 1$.

Daraus folgt die Gültigkeit der Aussage für *alle* natürlichen Zahlen.
Für $n = 1$ hat man sie ja bewiesen. Für $n = 2$ gilt sie aufgrund des 2. Schrittes, denn dort wurde ja gezeigt: „Gilt die Aussage für eine natürliche Zahl k, so gilt sie auch für die nächstgrößere Zahl $k + 1$; da sie für $n = 1$ richtig ist, gilt sie also auch für $n = 2$. Da die Aussage nun für $n = 2$ richtig ist, gilt sie wiederum aufgrund des 2. Schrittes für $n = 3$. Aus der Gültigkeit für $n = 3$ ergibt sich die Gültigkeit für $n = 4$ usw.“. So erhält man schließlich die Gültigkeit der Aussage für alle natürlichen Zahlen.

Der 1. Schritt wird als „Induktionsanfang“, der 2. Schritt als „Schluß von n auf $n + 1$“ bezeichnet. Es ist zu beachten, daß im 2. Schritt nicht behauptet wird, daß die zu beweisende Aussage für die Zahl $n = k$ richtig ist, sondern daß lediglich gezeigt wird, daß, wenn die Aussage für k gilt, sie dann auch für $k + 1$ richtig ist.

Im obigen Beispiel besteht der Induktionsanfang in der Bestätigung der Aussage für $n = 1$. Es kommt jedoch oft vor, daß eine Aussage schon von $n = 0$ an gilt oder erst von einer größeren Zahl an gültig ist. In solchen Fällen wird der Induktionsanfang für $n = 0$ oder für eine Zahl k, die größer ist als 1, durchgeführt. Natürlich gilt dann der bewiesene Satz von derjenigen Zahl an, mit der der Induktionsanfang durchgeführt wurde.

Aufgabe:
Beweisen Sie die Gültigkeit der Gleichung

$$s_n = 1 + 3 + 5 + \ldots + (2n - 1) = n^2$$

für alle natürlichen Zahlen $n \in \mathbb{N}^*$ mit Hilfe des Beweisverfahrens der vollständigen Induktion.

Lösung:

1. *Induktionsanfang:*	$s_1 = 1 = 1^2$ für $n = 1$
2. *Induktionsschritt:* Wir schließen von k auf $k+1$.	
Voraussetzung: Die Gleichung sei wahr für die natürliche Zahl $n = k$.	$s_k = 1 + 3 + \ldots + (2k - 1) = k^2$
Behauptung: Wenn $s_k = k^2$ wahr ist, so ist auch $s_{k+1} = (k + 1)^2$ wahr.	$s_{k+1} = 1 + 3 + \ldots + (2k - 1) + (2k + 1) = (k + 1)^2$

Beweis:

Nach Voraussetzung ist $s_k = k^2$. Durch Addition der folgenden ungeraden Zahl $(2k + 1)$ erhalten wir die Summe s_{k+1}. Das Ergebnis des Beweises stimmt mit der Behauptung überein, der Induktionsschritt ist damit ausgeführt.

$$s_k = k^2$$
$$s_{k+1} = s_k + (2k + 1)$$
$$s_{k+1} = k^2 + 2k + 1$$
$$s_{k+1} = (k + 1)^2$$

Merke:

Schritte für das Beweisverfahren der vollständigen Induktion:

1. *Induktionsanfang:* Man zeigt, daß eine Aussage für $n = 1$ wahr ist.

2. *Induktionsschritte:*

Voraussetzung:

Eine Aussage sei für die natürliche Zahl k wahr.

Behauptung:

Ist die Aussage für die Zahl k wahr, so ist sie auch für $k + 1$ wahr.

Beweis:

Unter Benutzung der Voraussetzung wird die Behauptung (meist durch algebraische Umformung) bewiesen.

Wie man aus dem Beweisverfahren erkennt, liegt der Vorteil darin, daß die Induktionsvoraussetzung, also die Aussage für $n = k$ selbst nicht direkt rechnerisch bewiesen werden muß. Vielmehr genügt es zu zeigen, daß, wenn die Aussage für $n = k$ wahr ist, sie auch für $k + 1$ wahr ist. Nur dieser Nachweis ist rechnerisch zu erbringen.

Beispiel: Beweisen Sie mit Hilfe der vollständigen Induktion die Gleichung

$$s_n = 1 + 2 + 3 + \ldots + n = \frac{n(n+1)}{2} \quad \text{für alle natürlichen Zahlen } n \in \mathbb{N}^*.$$

Lösung:

1. *Induktionsanfang:*

$$s_1 = \frac{1(1+1)}{2} = 1$$

2. *Induktionsschritte:*

Voraussetzung:

$$s_k = 1 + 2 + \ldots + k = \frac{k(k+1)}{2}$$

Behauptung:

$$s_{k+1} = 1 + 2 + \ldots + (k+1) = \frac{(k+1)(k+2)}{2}$$

Beweis:

Entsprechend dem Ablauf des Beweisverfahrens wird die Aussage für s_{k+1} gebildet.

Das Ergebnis stimmt mit der Behauptung überein; also: wenn die Aussage für k und $k + 1$ usw. gilt, so gilt auch für alle natürlichen Zahlen n.

$$s_{k+1} = s_k + (k+1) = \frac{k(k+1)}{2} + (k+1) = \frac{k(k+1) + 2(k+1)}{2} = \frac{(k+2)(k+1)}{2}$$

Ist der zu beweisende Satz falsch, mißlingt beim Beweisversuch durch vollständige Induktion die Durchführung eines der beiden Beweisschritte. Umgekehrt können wir aus dem Mißlingen des Beweisversuches noch nicht sofort darauf schließen, daß der Satz falsch sei. Ein Mißlingen kann beispielsweise vorliegen, weil wir in schwierigeren Fällen nicht die richtige Idee für die notwendigen Umformungen haben. Es gibt in der Mathematik viele ungelöste Probleme dadurch, daß man noch keinen Beweis für die betreffenden Sätze hat finden können.

Beispiel:

Versuchen Sie durch vollständige Induktion den folgenden Satz zu beweisen:

„$a_n = n^2 - n + 41$ liefert für alle Zahlen $n \in \mathbb{N}^*$ eine Primzahl.“

Lösung:

1. *Induktionsanfang:*
Der Induktionsanfang gelingt.

$a_1 = 1^2 - 1 + 41 = 41$
41 *ist Primzahl.*

2. *Induktionsschritt:*

Voraussetzung: $a_k = k^2 - k + 41$ *ist Primzahl für* $k \in \mathbb{N}^*$.

Behauptung: $a_{k+1} = (k+1)^2 - (k+1) + 41$ *ist Primzahl.*

Beweisversuch:
Da uns bekannt ist, daß der Satz falsch ist, darf der Beweis nicht gelingen.

$$\begin{aligned} a_{k+1} &= k^2 + 2k + 1 - k - 1 + 41 \\ &= k^2 - k + 41 + 2k \\ &= a_k + 2k \end{aligned}$$

Wir müßten nun zeigen, daß die Summe $a_k + 2k$ ($k \in \mathbb{N}^*$) eine Primzahl ist, wenn a_k Primzahl ist. Das kann sofort durch Gegenbeispiele widerlegt werden.

$a_k + 2k$ braucht nicht Primzahl sein:
$a_{40} = 1601$ (Primzahl),
$2k = 80$, aber
$a_{40} + 80 = 1681 = 41^2$ ist
keine Primzahl.

Es wird auch nicht gelingen, den Induktionsschritt in anderer Weise zu vollziehen.

Beispiel:

Beweisen Sie folgende Gesetze:

a) $a^m \cdot a^n = a^{m+n}$,

b) $5^n - 1$ ist für alle $n \in \mathbb{N}^*$ durch 4 teilbar,

c) $2^n > n^2$ für natürliche Zahlen n. Stellen Sie fest, ab welcher natürlichen Zahl n die Ungleichung gilt.

Lösung:

a) $a^m \cdot a^n = a^{m+n}$

1. *Induktionsanfang:*
Das Gesetz gilt für $n = 1$.

$a^m \cdot a^1 = a^{m+1}$

2. *Induktionsschritt:*
Voraussetzung:
Angenommen, das Gesetz gilt für ein beliebiges $k \in \mathbb{N}^*$.

$a^m \cdot a^k = a^{m+k}$

Behauptung:

Wenn das Gesetz für $k \in \mathbb{N}^*$ gilt, dann gilt es auch für $k + 1$.

$a^m \cdot a^{k+1} = a^{m+k+1}$

Beweis:

Nach der Definition über Potenzen ist $a^1 = a$.

$a^m \cdot a^{k+1} = a^m \cdot a^k \cdot a$

$a^m \cdot a^{k+1} = a^{m+k} \cdot a$

$a^m \cdot a^{k+1} = a^{m+k+1}$

b) $5^n - 1$ ist für alle $n \in \mathbb{N}^*$ durch 4 teilbar.

1. *Induktionsanfang:*

Die Aussage ist wahr für $n = 1$.

$(5^1 - 1): 4 = 1;\ 1 \in \mathbb{N}$

2. *Induktionsschritte:*

Voraussetzung:

Angenommen, die Aussage gilt für ein beliebiges $k \in \mathbb{N}^*$.

$5^k - 1$ *ist durch* 4 *teilbar oder* $(5^k - 1): 4 = m;\ m \in \mathbb{N}^*$

$5^k = 4m + 1$

Behauptung:

Wenn die Aussage für $k \in \mathbb{N}^*$ wahr ist, dann gilt sie auch für $k + 1$.

$5^{k+1} - 1$ *ist durch* 4 *teilbar*

Beweis:

Einsetzen von $4m + 1$ für 5^k. Durch Vereinfachen des Ausdruckes erhalten wir eine natürliche Zahl; das bedeutet, daß Teilbarkeit durch 4 für $k+1$ vorliegt, wenn sie für k vorliegt (es gilt: wenn $m \in \mathbb{N}^*$, dann ist auch $5m + 1 \in \mathbb{N}^*$).

$$\begin{aligned} &(5^{k+1} - 1) &: 4 \\ = &(5^k \cdot 5^1 - 1) &: 4 \\ = &[(4m + 1)\,5 - 1] &: 4 \\ = &\underbrace{(20m + 4) \quad : 4}_{5m + 1 \in \mathbb{N}^*} \end{aligned}$$

c) $2^n > n^2$

1. *Induktionsanfang:*

Die Ungleichung wird falsch für $n = 2, 3, 4$. Für $n = 5$ erhalten wir eine wahre Aussage und wählen deshalb $n = 5$ als Induktionsanfang.

Nicht wahr: $2^2 > 2^2,\ 2^3 > 3^2,\ 2^4 > 4^2$

wahr: $2^5 = 32 > 25 = 5^2$

2. *Induktionsschritt:*

Voraussetzung:

Wir nehmen an, die Ungleichung sei wahr für die Zahl k ($k \geq 5$).

$2^k > k^2$

Behauptung:

Die Ungleichung ist wahr für die Zahl $k + 1$.

$2^{k+1} > (k + 1)^2$

Beweis:

Wir multiplizieren die Voraussetzung mit 2. Der Term k^2 ist aber für $k > 2$ größer als $2k + 1$.

$2 \cdot 2^k > 2 \cdot k^2 \Rightarrow 2^{k+1} > k^2 + k^2$

$k^2 > 2k + 1;\ k > 2$

Ersetzen wir k^2 durch $2k + 1$ so bleibt die Ungleichung erhalten und der Satz ist bewiesen.	$2^{k+1} > \underbrace{k^2 + 2k + 1}$ $2^{k+1} > \quad (k+1)^2$

Übungen 7.5

Mathematische Beweisverfahren

1. Beweisen Sie durch vollständige Induktion die Allgemeingültigkeit der folgenden Gleichungen in $\mathbb{N}^*$:

a) $1 + 4 + 7 + 10 + \ldots + 3n - 2 = 0{,}5n(3n - 1)$

b) $1 \cdot 2 + 2 \cdot 3 + 3 \cdot 4 + \ldots + n(n+1) = \dfrac{n(n+1)(n+2)}{3}$

c) $\dfrac{1}{1 \cdot 2} + \dfrac{1}{2 \cdot 3} + \dfrac{1}{3 \cdot 4} + \ldots + \dfrac{1}{n(n+1)} = \dfrac{n}{n+1}$

d) $5 + 9 + 13 + \ldots + 4n + 1 = 2n^2 + 3n$

e) $(-1) + (-7) + \ldots + (-6n + 5) = 2n - 3n^2$

f) $(3 - 5) + (2 \cdot 3 - 5) + \ldots + (3n - 5) = \dfrac{3n^2 - 7n}{2}$

g) $2^1 + 2^2 + 2^3 + \ldots + 2^n = 2^{n+1} - 2$

h) $1^2 - 2^2 + 3^2 - 4^2 + \ldots + (-1)^{n-1} \cdot n^2 = (-1)^{n-1} \cdot \dfrac{n(n+1)}{2}$

i) $1^2 + 2^2 + 3^2 + \ldots + n^2 = \dfrac{n(n+1)(2n+1)}{6}$

2. Beweisen Sie durch vollständige Induktion die Gültigkeit folgender Teilbarkeitsregeln in $\mathbb{N}^*$:

a) $3^n - 1$ ist durch 2 teilbar
b) $9^n - 1$ ist durch 8 teilbar
c) $n^3 - n$ ist durch 6 teilbar
d) $n^3 + (n+1)^3 + (n+2)^3$ ist durch 9 teilbar.

3. Ermitteln Sie von welchem n ab folgende Ungleichungen gelten, und beweisen Sie die Aussage durch vollständige Induktion:

a) $2^n > 2n$
b) $2^n > 2n + 1$
c) $2^n > n^3$
d) $2^n > (n+1)^2$
e) $n^2 > 2n + 1$

4. Beweisen Sie folgende aus der Arithmetik bekannte Regeln durch vollständige Induktion:

a) $(a^m)^n = a^{mn}$
b) $a^n \cdot b^n = ab^n$
c) $\dfrac{a^n}{b^n} = \left(\dfrac{a}{b}\right)^n$
d) $\dfrac{a^m}{a^n} = a^{m-n}$

5. Beweisen Sie die Summenformel der arithmetischen und der geometrischen Reihe:

a) $a_1 + (a_1 + d) + (a_1 + 2d) + \ldots + [a_1 + (n-1)d] = \dfrac{n}{2} \cdot [2a_1 + (n-1)d]$

b) $a_1 + a_1 q + a_1 q^2 + \ldots + a_1 q^{n-1} = a_1 \cdot \dfrac{q^n - 1}{q - 1}; \quad q \neq 1$

6. Beweisen Sie die Richtigkeit folgender Ungleichungen:

a) $\frac{1}{n+1} + \frac{1}{n+2} + \ldots + \frac{1}{2n} > \frac{13}{24}$;

mit Hilfe eines Induktionsschlusses: $n > 1$

b) $\frac{1}{\sqrt{1}} + \frac{1}{\sqrt{2}} + \ldots + \frac{1}{\sqrt{n}} > \sqrt{n}$;

mit Hilfe eines Induktionsschlusses: $n > 1$

7. Beweisen Sie Gültigkeit der Bernoullischen Ungleichung mit Hilfe eines Induktionsschlusses:
$(1 + x)^n \geq 1 + x \cdot n; \quad n \in \mathbb{N}^* \wedge n > 1; \quad x \in \mathbb{R} \setminus (-\infty, -1]$

7.6 Binomischer Lehrsatz

Einen Term von der Form $a + b$ oder von der Form $a - b = a + (-b)$ nennt man *Binom*. Mit Hilfe der uns schon bekannten *binomischen Formeln* können wir ganzzahlige Potenzen des Binoms in eine algebraische Summe umformen.

Binom

$a + b \qquad a, b \in \mathbb{R}$

Für alle a, b ∈ ℝ gilt:

$$(a + b)^2 = a^2 + 2ab + b^2$$
$$(a - b)^2 = a^2 - 2ab + b^2$$
$$(a \pm b)^3 = a^3 \pm 3a^2b + 3ab^2 \pm b^3$$

Entwickeln wir die algebraische Summe für den Term $(a + b)^n$; $n \in \mathbb{N}$ und schreiben wir die Koeffizienten der einzelnen Glieder der Reihe nach untereinander, so erhalten wir das sogenannte *„Pascalsche Dreieck"*.

$(a+b)^0$	$= 1$	1
$(a+b)^1$	$= 1 \cdot a + 1 \cdot b$	1 1
$(a+b)^2$	$= a^2 + 2ab + b^2$	1 2 1
$(a+b)^3$	$= a^3 + 3a^2b + 3ab^2 + b^3$	1 3 3 1
$(a+b)^4$	$= a^4 + 4a^3b + 6a^2b^2 + 4ab^3 + b^4$	1 4 6 4 1
$(a+b)^5$	$=$	1 5 10 10 5 1
$(a+b)^6$	$=$	1 6 15 20 15 6 1
$(a+b)^7$	$=$	1 7 21 35 35 21 7 1
$(a+b)^8$	$=$	1 8 28 56 70 56 28 8 1
$(a+b)^9$	$=$	1 9 36 84 126 126 84 36 9 1
$(a+b)^{10}$	$=$	1 10 45 120 210 252 210 120 45 10 1
$(a+b)^{11}$	$=$	1 11 55 165 330 462 462 330 165 55 11 1
⋮		

Aus dieser Aufstellung lassen sich folgende Gesetzmäßigkeiten ablesen:

1. Die Koeffizienten der einzelnen Summanden von $(a+b)^n$ bilden eine Zeile des Pascalschen Dreiecks. Am Anfang und am Ende einer jeden Zeile steht die Zahl 1.

$$(a+b)^3 = a^3 + 3\,a^2 b + 3\,a b^2 + b^3$$

1	3	3	1

2. Die nächste Reihe entsteht, indem wir benachbarte Koeffizienten des Terms der darüberliegenden Reihe addieren.

$$1 \quad 3 \quad 3 \quad 1 \quad \rightarrow n = 3$$
$$1 \quad 4 \quad 6 \quad 4 \quad 1 \rightarrow n = 4$$

3. Die Reihen sind nach fallenden Potenzen des ersten Gliedes a und nach steigenden Potenzen des zweiten Gliedes b geordnet.

$$a^3 + 3\,a^2 b + 3\,a b^2 + b^3$$

1.	$a^3 \ldots$	$a^2 \ldots$	a	
2.		$b \ldots$	$b^2 \ldots$	b^3
	$a^3 \ldots$	$a^2 b \ldots$	$a b^2 \ldots$	b^3

4. Bei jedem Summanden ist die Summe der Exponenten der Variablen gleich dem Exponenten von $(a+b)$.

$$(a+b)^3 = a^3 + 3\,a^2 b^1 + 3\,a^1 b^2 + b^3$$

(3 3 3 3 3)

5. Ist das Binom eine Differenz, so wechseln die Vorzeichen ab. Das erste Glied hat immer positives Vorzeichen.

$$(a-b)^3 = a^3 - 3\,a^2 b + 3\,a b^2 - b^3$$

\+ − + −

Beispiel:

Berechnen Sie den Term $(a-b)^5$.

Lösung:

1. Wir berechnen zunächst die Koeffizienten der entsprechenden Zeile des Pascalschen Dreiecks.

$$(a-b)^5 =$$

2. Wir schreiben die fallenden Potenzen der Variablen a und die steigenden Potenzen der Variablen b so untereinander, daß die Summe der Exponenten beider Variablen immer gleich 5 ist.

3. Wir multiplizieren die Glieder jeder Spalte miteinander.

1	5	10	10	5	1
a^5	a^4	a^3	a^2	a	
	b	b^2	b^3	b^4	b^5
a^5	$5\,a^4 b$	$10\,a^3 b^2$	$10\,a^2 b^2$	$5\,a b^4$	b^5

4. Wir verbinden die einzelnen Terme mit wechselnden Vorzeichen.

$$\underline{\underline{a^5 - 5\,a^4 b + 10\,a^3 b^2 - 10\,a^2 b^3 + 5\,a b^4 - b^5}}$$

Das *Pascalsche Dreieck* erlaubt es, ohne langwieriges Ausmultiplizieren die Koeffizienten der Glieder der algebraischen Summe für ein beliebiges n anzugeben. Die Ermittlung der n-ten Potenz eines Binoms $a + b$ setzt aber voraus, daß wir die Koeffizienten der *vorangehenden* Zeilen kennen.
Wir wollen nun versuchen, eine Formel aufzustellen, mit deren Hilfe wir jeden Koeffizienten der algebraischen Summe unmittelbar berechnen können. Das Pascalsche Dreieck wird von den Koeffizienten der Glieder der algebraischen Summe, auch *Binomialkoeffizienten* genannt, gebildet. Jeder dieser Koeffizienten ist durch zwei Angaben gekennzeichnet: die Zeilennummer n und die Nummer der schrägen Spalte k.

n \ k	0	1	2	3	4	5	6	7	8	9	10	11
0	1											
1	1	1										
2	1	2	1									
3	1	3	3	1								
4	1	4	6	4	1							
5	1	5	10	10	5	1						
6	1	6	15	20	15	6	1					
7	1	7	21	35	35	21	7	1				
8	1	8	28	56	70	56	28	8	1			
9	1	9	36	84	126	126	84	36	9	1		
10	1	10	45	120	210	252	210	120	45	10	1	
11	1	11	55	165	330	462	462	330	165	55	11	1

Wir geben im folgenden eine Rechenvorschrift an, nach der aus den natürlichen Zahlen n und k eine weitere natürliche Zahl, bezeichnet durch das Symbol $\binom{n}{k}$, berechnet wird. Wir werden behaupten, daß die so berechneten Zahlen $\binom{n}{k}$ gerade die Binomialkoeffizienten sind. Den Beweis dieser Behauptung werden wir durch vollständige Induktion führen.

Definition:

Das Zeichen „n!“, gelesen „n Fakultät“, ist ein Symbol für das Produkt $1 \cdot 2 \cdot 3 \cdot 4 \ldots n$. Für $n = 0$ ist $0! = 1$.

$$n! = 1 \cdot 2 \cdot 3 \cdot 4 \cdots n \qquad n \in \mathbb{N}^*$$

$$0! = 1$$

Beispiele:

1. $1! = \underline{\underline{1}}$

2. $4! = 1 \cdot 2 \cdot 3 \cdot 4 = \underline{\underline{24}}$

3. $6! = 1 \cdot 2 \cdot 3 \cdot 4 \cdot 5 \cdot 6 = \underline{\underline{720}}$

Definition:

$$\binom{n}{k} = \frac{n!}{k!(n-k)!} \qquad n, k \in \mathbb{N} \quad k \leq n$$

Beispiele:

$$\binom{5}{0} = \frac{5!}{0!\,5!} = \frac{1}{0!} = \frac{1}{1} = \mathbf{1}$$

$$\binom{5}{1} = \frac{5!}{1!\,4!} \quad \frac{1 \cdot 2 \cdot 3 \cdot 4 \cdot 5}{1 \cdot 1 \cdot 2 \cdot 3 \cdot 4} = \mathbf{5}$$

$$\binom{5}{2} = \frac{5!}{2!\,3!} = \frac{1 \cdot 2 \cdot 3 \cdot 4 \cdot 5}{1 \cdot 2 \cdot 1 \cdot 2 \cdot 3} = \mathbf{10}$$

$$\binom{5}{3} = \frac{5!}{3!\,2!} = \frac{1 \cdot 2 \cdot 3 \cdot 4 \cdot 5}{1 \cdot 2 \cdot 3 \cdot 1 \cdot 2} = \mathbf{10}$$

$$\binom{5}{4} = \frac{5!}{4!\,1!} = \frac{1 \cdot 2 \cdot 3 \cdot 4 \cdot 5}{1 \cdot 2 \cdot 3 \cdot 4 \cdot 1} = \mathbf{5}$$

$$\binom{5}{5} = \frac{5!}{5!\,0!} = \frac{1 \cdot 2 \cdot 3 \cdot 4 \cdot 5}{1 \cdot 2 \cdot 3 \cdot 4 \cdot 5 \cdot 1} = \mathbf{1}$$

$$\binom{7}{4} = \frac{7!}{4!(7-4)!} = \frac{7!}{4!\,3!} = \mathbf{35}$$

Folgerung:

$$\binom{n}{0} = \binom{n+1}{0} = \binom{n}{n} = \binom{0}{0} = 1$$

Satz:

Für alle $n, k \in \mathbb{N}^*$ gilt:

$$\binom{n}{n-k} = \binom{n}{k}$$

Beweis:

Durch Anwendung der Definition und anschließender Umformung des Bruchterms erkennen wir, daß der Satz richtig ist.

$$\binom{n}{n-k} = \frac{n!}{(n-k)!\,[n-(n-k)]!}$$

$$= \frac{n!}{(n-k)!\,[n-n+k]!}$$

$$= \frac{n!}{(n-k)!\,k!}$$

$$= \frac{n!}{k!(n-k)!} = \binom{n}{k}$$

Satz:

Für alle $n, k \in \mathbb{N}^*$ gilt:

$$\binom{n}{k} + \binom{n}{k+1} = \binom{n+1}{k+1}$$

Beweis:

Nach Definition gilt:

$$\binom{n}{k} + \binom{n}{k+1} = \frac{n!}{k!(n-k)!} + \frac{n!}{(k+1)!\,[n-(k+1)]!}$$

$$= \frac{n!}{k!(n-k)!} + \frac{n!}{(k+1)!\,(n-k-1)!}$$

Bruchterme erweitern:

$$= \frac{n!\,(k+1)}{k!\,(k+1)(n-k)!} + \frac{n!\,(n-k)}{(k+1)!\,(n-k-1)!\,(n-k)}$$

$k!(k+1) = (k+1)!$

$[(n-k)-1]!\,(n-k) = (n-k)!$

$$= \frac{n!\,(k+1)}{(k+1)!\,(n-k)!} + \frac{n!\,(n-k)}{(k+1)!\,(n-k)!}$$

$$= \frac{n!\,[(k+1)+(n-k)]}{(k+1)!\,(n-k)!}$$

$$= \frac{n!\,(n+1)}{(k+1)!\,(n-k)!}$$

Nach Definition gilt:

$$= \frac{(n+1)!}{(k+1)!\,[(n+1)-(k+1)]!} = \binom{n+1}{k+1}$$

Nach diesen vorbereitenden Überlegungen können wir nun die Behauptung formulieren, daß die Zahl $\binom{n}{k}$ der Binomialkoeffizient in der n-ten Zeile und k-ten Spalte des Pascalschen Dreiecks ist. Wir formulieren dies als Satz über die Umformung von $(a+b)^n$ in eine algebraische Summe (Binomischer Lehrsatz):

Satz:

Für alle Zahlen $a, b \in \mathbb{R}$; $n \in \mathbb{N}^*$ gilt:

$$(a+b)^n = \binom{n}{0} a^n + \binom{n}{1} a^{n-1} b + \binom{n}{2} a^{n-2} b^2 + \cdots + \binom{n}{n-1} a b^{n-1} + \binom{n}{n} b^n$$

Mit Hilfe des Summenzeichens „$\sum$" wird der Summenterm rechts abgekürzt:

$$(a+b)^n = \sum_{k=0}^{n} \binom{n}{k} a^{n-k} b^k$$

Binomischer Lehrsatz

Mit Hilfe der vollständigen Induktion soll dieser binomische Lehrsatz nun bewiesen werden.

Beweis:

1. *Induktionsanfang:*
Der binomische Lehrsatz gilt für $n = 1$.

$$(a+b)^1 = \binom{1}{0} a^1 + \binom{1}{1} b^1 = 1 \cdot a + 1 \cdot b$$

$$\Rightarrow a+b = a+b \quad \text{wahre Aussage}$$

2. *Induktionsschritt:*

a) *Voraussetzung:*
Wir nehmen an, der binomische Lehrsatz gilt für ein beliebiges $k \in \mathbb{N}^*$.

$$(a+b)^k = \binom{k}{0} a^k + \binom{k}{1} a^{k-1} b + \ldots + \binom{k}{k-1} a b^{k-1} + \binom{k}{k} b^k$$

b) *Behauptung:*
Wenn der binomische Lehrsatz für $k \in \mathbb{N}^*$ gilt, dann gilt er auch für $k+1$.

$$(a+b)^{k+1} = \binom{k+1}{0} a^{k+1} + \binom{k+1}{1} a^k b + \ldots + \binom{k+1}{k} a b^k + \binom{k+1}{k+1} b^{k+1}$$

c) *Beweis:*
Beim Ausmultiplizieren der rechten Seite der Gleichung ordnen wir die Terme so an, daß die durch Multiplikation mit a entstandenen Terme vorangehen und gleiche $a^t b^s$ untereinanderstehen, die wir anschließend addieren. Dabei gilt: $\binom{k}{0} = \binom{k+1}{0}$ und $\binom{k}{k} = \binom{k+1}{k+1}$

$$(a+b)^{k+1} = (a+b)(a+b)^k$$

$$= (a+b)\left[\binom{k}{0} a^k + \binom{k}{1} a^{k-1} b + \ldots + \binom{k}{k-1} a b^{k-1} + \binom{k}{k} b^k\right]$$

$$= \binom{k}{0} a^{k+1} + \binom{k}{1} a^k b + \ldots + \binom{k}{k-1} a^2 b^{k-1} + \binom{k}{k} a b^k$$

$$+ \binom{k}{0} a^k b + \ldots + \binom{k}{k-2} a^2 b^{k-1} + \binom{k}{k-1} a b^k + \binom{k}{k} b^{k+1}$$

$$= \binom{k+1}{0} a^{k+1} + \binom{k+1}{1} a^k b + \ldots$$

$$+ \binom{k+1}{k-1} a^2 b^{k-1} + \binom{k+1}{k} a b^k + \binom{k+1}{k+1} b^{k+1}$$

$$= \sum_{i=0}^{k+1} \binom{k+1}{i} a^{k+1-i} b^i$$

Der Beweis gilt auch für $(a-b)^n = [a+(-b)]^n$. Dabei müssen wir beachten, daß die Vorzeichen der Terme wechseln.

Damit ist nun auch gezeigt, daß das Pascalsche Dreieck in der folgenden Weise geschrieben werden kann:

$$\binom{0}{0}=1$$

$$\binom{1}{0}=1 \quad \binom{1}{1}=1$$

$$\binom{2}{0}=1 \quad \binom{2}{1}=2 \quad \binom{2}{2}=1$$

$$\binom{3}{0}=1 \quad \binom{3}{1}=3 \quad \binom{3}{2}=3 \quad \binom{3}{3}=1$$

$$\binom{4}{0}=1 \quad \binom{4}{1}=4 \quad \binom{4}{2}=6 \quad \binom{4}{3}=4 \quad \binom{4}{4}=1$$

$$\binom{5}{0}=1 \quad \binom{5}{1}=5 \quad \binom{5}{2}=10 \quad \binom{5}{3}=10 \quad \binom{5}{4}=5 \quad \binom{5}{5}=1$$

. . . .

Beispiel:

Berechnen Sie mit Hilfe des binomischen Lehrsatzes $(a+b)^8$.

Lösung:

$$(a+b)^8=\binom{8}{0}a^8+\binom{8}{1}a^7b+\binom{8}{2}a^6b^2+\binom{8}{3}a^5b^3+\binom{8}{4}a^4b^4+\binom{8}{5}a^3b^5+\binom{8}{6}a^2b^6+\binom{8}{7}ab^7+\binom{8}{8}b^8$$
$$=\underline{\underline{a^8+8a^7b+28a^6b^2+56a^5b^3+70a^4b^4+56a^3b^5+28a^2b^6+8ab^7+b^8}}$$

Beispiel:

Berechnen Sie mit Hilfe des binomischen Lehrsatzes $2{,}98^8$ auf vier Dezimalstellen genau.

Lösung:

Die Berechnung erfolgt aufgrund der Gleichung $2{,}98^8=(3-0{,}02)^8=\sum_{k=0}^{8}\binom{n}{k}3^{8-k}\cdot 0{,}02^k$.

Die einzelnen Glieder der algebraischen Summe werden auf sechs Dezimalstellen genau berechnet, um das Ergebnis auch dann auf vier Dezimalstellen genau runden zu können, wenn sich in der fünften Dezimalstelle eine 5 ergeben sollte.

$$(3-0{,}02)^8=\binom{8}{0}3^8-\binom{8}{1}3^7\cdot 0{,}02+\binom{8}{2}3^6\cdot 0{,}02^2-\binom{8}{3}3^5\cdot 0{,}02^3+\binom{8}{4}3^4\cdot 0{,}02^4-$$
$$-\binom{8}{5}3^3\cdot 0{,}02^5+\binom{8}{6}3^2\cdot 0{,}02^6-\binom{8}{7}3\cdot 0{,}02^7+\binom{8}{8}0{,}02^8$$
$$=6561-8\cdot 2187\cdot 0{,}02+28\cdot 729\cdot 0{,}0004-56\cdot 243\cdot 0{,}000008+70\cdot 81\cdot 0{,}00000016$$
$$-56\cdot 27\cdot 0{,}0000000032 \quad \textit{weitere Glieder verändern nicht die 6. Stelle}$$
$$=6561-349{,}92+8{,}1648-0{,}108864+0{,}000907-0{,}000005$$
$$=6219{,}136838$$
$$=\underline{\underline{6219{,}1368}}$$

Beispiel:

Wie groß ist der prozentuale Fehler für $n=4$ bei der Annäherung $(1+0{,}2)^n \approx 1+n\cdot 0{,}2$?

Lösung:

$$(1+0{,}2)^4 = \binom{4}{0}\cdot 1 + \binom{4}{1}\cdot 1\cdot 0{,}2 + \binom{4}{2}\cdot 1\cdot 0{,}2^2 + \binom{4}{3}\cdot 0{,}2^3 + \binom{4}{4}\cdot 0{,}2^4 = \underline{\underline{2{,}0736}}$$

$$1+n\cdot 0{,}2 \Rightarrow 1+4\cdot 0{,}2 = 1{,}8$$

$$100\,\% - \frac{1{,}8\cdot 100}{2{,}0736} = \underline{\underline{13{,}2\,\%}}$$

Übungen 7.6

Binomischer Lehrsatz

1. Berechnen Sie folgende Terme:

a) $\binom{4}{1}$ **b)** $\binom{6}{0}$ **c)** $\binom{6}{4}$ **d)** $\binom{7}{3}$

e) $\binom{7}{4}$ **f)** $\binom{10}{6}$ **g)** $\binom{4}{2}+\binom{4}{3}$ **h)** $\binom{12}{10}+\binom{12}{11}$

i) $\binom{8}{7}+\binom{8}{6}$ **k)** $\binom{7}{4}-\binom{7}{3}$ **l)** $\binom{21}{7}-\binom{20}{6}$ **m)** $\binom{n+1}{n-1}$

n) $\binom{k+2}{k-2}$ **o)** $\binom{n}{n-1}$ **p)** $\binom{13}{9}+\binom{13}{10}-\binom{13}{11}$ **q)** $\binom{15}{6}+\binom{16}{6}+\binom{15}{8}$

2. Entwickeln Sie nach dem binomischen Lehrsatz:

a) $(a+\sqrt{2})^4$ **b)** $(2x-0{,}3y)^4$ **c)** $\left(u^2-\frac{v}{4}\right)^6$

d) $(1+7a)^n-(1-7a)^n$ **e)** $(2x-1)^n+(2x+1)^n$ **f)** $(x-2)^n+(x+2)^n$

g) $\left(1+\frac{1}{n}\right)^5$ **h)** $\left(n-\frac{1}{n}\right)^5$ *i)* $(\sqrt{3}x-\sqrt{3}y)^3+(\sqrt{3}x+\sqrt{3}x)^3$

3. Berechnen Sie folgende Aufgaben mit Hilfe des binomischen Lehrsatzes auf drei Dezimalstellen genau:

a) $2{,}2^4$ **b)** $4{,}03^3$ **c)** $1{,}65^4$

d) $1{,}98^6$ **e)** $\left(\frac{21}{20}\right)^5$ **f)** $\left(\frac{101}{100}\right)^6$

4. Beweisen Sie: $\binom{n}{0}+\binom{n}{1}+\cdots+\binom{n}{n}=2^n$ (binomischer Lehrsatz, vollständige Induktion)

5. Berechnen Sie den prozentualen Fehler:

a) $(1+dt)^3\approx 1+3dt, d=4\cdot 10^{-4}, t=40$ **b)** $\left(1+\frac{1}{n}\right)^{10}\approx 2{,}7182$

c) $\left(1+\frac{1}{n}\right)^n\approx\frac{n}{2}, n=5$ **d)** $\left(1+\frac{1}{n+1}\right)^n\approx\left(1+\frac{1}{n+1}\right)^n, n=10$

8. Grenzwerte und Stetigkeit

8.1 Monotonie, Schranken und Grenzen von Zahlenfolgen

Betrachten wir die beiden endlichen Zahlenfolgen $\langle a_n \rangle$ und $\langle b_n \rangle$, so können wir feststellen, daß bei der Zahlenfolge $\langle a_n \rangle$ die Folgenglieder mit wachsendem n ständig größer werden, während sie bei der Zahlenfolge $\langle b_n \rangle$ ständig kleiner werden. Man nennt solche Zahlenfolgen „*monoton*".

$a_n = 2n - 1;\quad n \in \mathbb{N}_5^* \Rightarrow \langle a_5 \rangle:\ 1, 3, 5, 7, 9$

$b_n = 12 - 3n;\quad n \in \mathbb{N}_5^* \Rightarrow \langle b_5 \rangle:\ 9, 6, 3, 0, -3$

$a_1 \leq a_2 \leq a_3 \leq a_4 \leq a_5$

$b_1 \geq b_2 \geq b_3 \geq b_4 \geq b_5$

Definition:

Eine Zahlenfolge $\langle a_n \rangle$ heißt genau dann monoton steigend, wenn für alle $n \in \mathbb{N}^*$ gilt: a_{n+1} ist größer oder gleich a_n.

Eine Zahlenfolge $\langle a_n \rangle$ heißt genau dann monoton fallend, wenn für alle $n \in \mathbb{N}^*$ gilt: a_{n+1} ist kleiner oder gleich a_n.

Eine Monotonie im „strengeren" Sinne liegt dann vor, wenn das Gleichheitszeichen nicht zugelassen wird.

Die Zahlenfolgen heißen dann „*streng monoton*".

$a_{n+1} \geq a_n$	*monoton steigend*
$a_{n+1} \leq a_n$	*monoton fallend*
$a_{n+1} > a_n$	*streng monoton steigend*
$a_{n+1} < a_n$	*streng monoton fallend*

Nach Definition ist die *konstante* Zahlenfolge $n \mapsto 3$ sowohl monoton steigend als auch monoton fallend.

$n \mapsto 3$

$\langle a_n \rangle:\ 3 \geq 3 \geq 3 \geq 3 \ldots$ *monoton steigend*

$\langle a_n \rangle:\ 3 \leq 3 \leq 3 \leq 3 \ldots$ *monoton fallend*

Zur Untersuchung von Zahlenfolgen auf Monotonie betrachten wir jeweils die Differenz $a_{n+1} - a_n$ der allgemeinen Glieder.

$a_{n+1} - a_n > 0$	*streng monoton steigend*
$a_{n+1} - a_n < 0$	*streng monoton fallend*

Dabei soll immer – wenn nichts anderes gesagt ist – die strenge Monotonie berücksichtigt werden.

Beispiel:

Gegeben seien die unendlichen Zahlenfolgen mit den Bildungsvorschriften:

a) $a_n = \dfrac{n}{n+1}$; **b)** $a_n = \dfrac{1}{n} - 2$; **c)** $a_n = c$; **d)** $a_n = 8n - n^2$

Untersuchen Sie die Zahlenfolgen auf Monotonie, und zeichnen Sie die Graphen für $n \in \mathbb{N}_8^*$.

Lösung:

a) Da die Differenzen zweier aufeinanderfolgender Glieder der Zahlenfolge stets positiv sind, ist die Zahlenfolge streng monoton steigend, denn der Bruchterm ist für alle $n \in \mathbb{N}^*$ positiv.

$$a_n = \frac{n}{n+1}$$

$$a_{n+1} - a_n = \frac{n+1}{n+2} - \frac{n}{n+1} = \frac{(n+1)^2 - n(n+2)}{(n+2)(n+1)} = \underline{\underline{\frac{1}{n^2+3n+2}}} > 0, \quad n \in \mathbb{N}^*$$

$\langle a_8 \rangle$: $\frac{1}{2}, \frac{2}{3}, \frac{3}{4}, \frac{4}{5}, \frac{5}{6}, \frac{6}{7}, \frac{7}{8}, \frac{8}{9}$

Auch anhand des Graphen erkennen wir, daß die Folge streng monoton steigt.

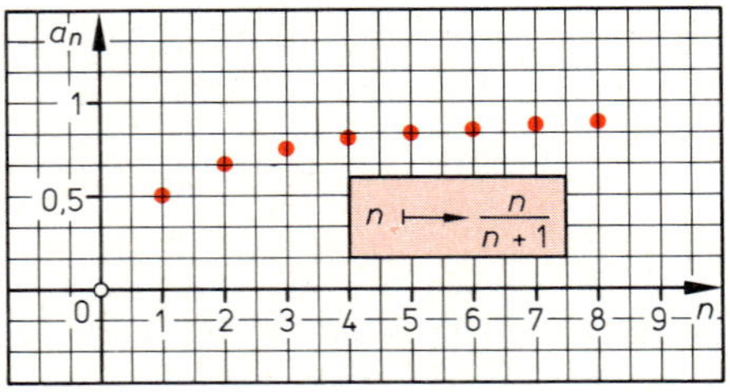

b) Die Differenzen zweier aufeinanderfolgender Glieder der Zahlenfolge sind stets negativ, das heißt, die Zahlenfolge ist streng monoton fallend, denn der Bruchterm ist für alle $n \in \mathbb{N}^*$ negativ.

$$a_n = \frac{1}{n} - 2$$

$$a_{n+1} - a_n = \frac{1}{n+1} - 2 - \left(\frac{1}{n} - 2\right) = \frac{n-(n+1)}{n(n+1)} = \underline{\underline{\frac{-1}{n^2+n}}} < 0, \quad n \in \mathbb{N}^*$$

$\langle a_8 \rangle$: $-1, -\frac{3}{2}, -\frac{5}{3}, -\frac{7}{4}, -\frac{9}{5}, -\frac{11}{6}, -\frac{13}{7}, -\frac{15}{8}$

Auch im Graphen wird deutlich, daß die Zahlenfolge streng monoton fällt.

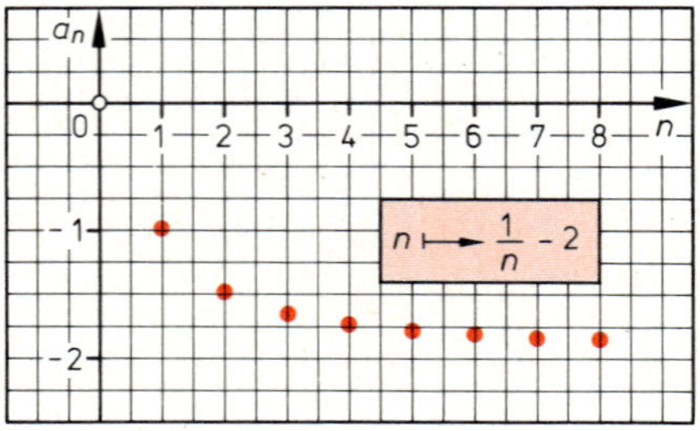

c) Die Zahlenfolge ist eine konstante Folge. Als Differenz benachbarter Glieder ergibt sich stets die Zahl Null.

$$a_n = c$$

$$a_{n+1} - a_n = c - c = 0$$

$\langle a_8 \rangle$: c, c, c, c, c, c, c, c

Der Graph dieser konstanten Zahlenfolge besteht aus Punkten, die im Abstand c von der n-Achse liegen (gezeichnet wurde für $c > 0$).

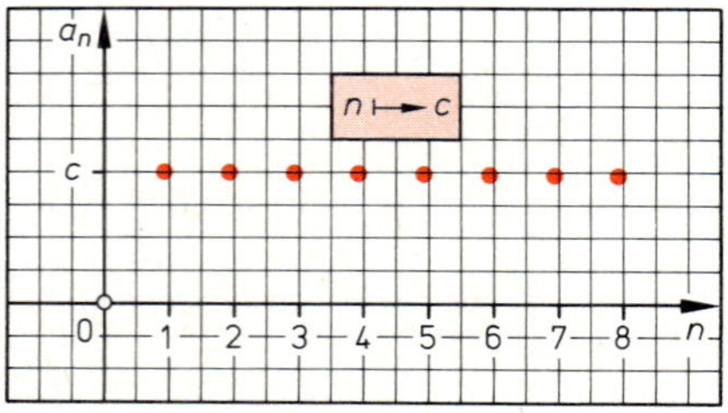

d) Da sowohl Differenzen benachbarter Glieder der Zahlenfolge auftreten, die positiv sind, als auch solche, die negativ sind, besitzt die Zahlenfolge kein einheitliches Monotonieverhalten.

$a_n = 8n - n^2$

$a_{n+1} - a_n = 8(n+1) - (n+1)^2 - (8n - n^2)$

$= \underline{\underline{7 - 2n}}$

für $n = 3$: $7 - 2 \cdot 3 = \quad 1 > 0$

für $n = 5$: $7 - 2 \cdot 5 = -3 < 0$

Wertetabelle

n	1	2	3	4	5	6	7	8
a_n	7	12	15	16	15	12	7	0

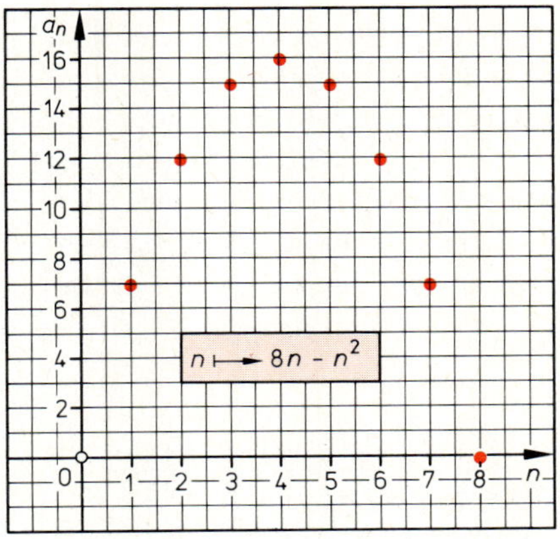

Aus der Zeichnung oder aus der Wertetabelle erkennen wir, daß die Werte der Folge mit wachsendem n zunächst zunehmen bis zum Glied $a_4 = 16$ und dann abnehmen.

Wir können sagen:
Im Abschnitt von $n = 1$ bis $n = 4$ ist die Zahlenfolge monoton steigend, und von $n = 4$ an ist sie monoton fallend. Eine solche Zahlenfolge nennt man *abschnittsweise* monoton.

für $n \leq 4$ *ist* $\langle a_n \rangle$ *monoton steigend*

für $n \geq 4$ *ist* $\langle a_n \rangle$ *monoton fallend*

Multipliziert man beispielsweise eine Zahlenfolge $\langle a_n \rangle$ mit ausschließlich positiven Gliedern mit dem Term $(-1)^n$, so ändert sich das Vorzeichen von Glied zu Glied. Solche Zahlenfolgen sind nicht monoton; wir nennen sie alternierend.

$a_n > 0,\ n \in \mathbb{N}^*$

$\langle (-1)^n a_n \rangle$: $-a_1, a_2, -a_3, a_4, \ldots$

$\langle (-1)^{n+1} a_n \rangle$: $a_1, -a_2, a_3, -a_4, \ldots$

alternierende Zahlenfolgen

Definition:

Eine Zahlenfolge heißt alternierend genau dann, wenn die Produkte zweier aufeinanderfolgender Glieder stets kleiner als Null sind.

$a_n \cdot a_{n+1} < 0$	*alternierend*

Beispiel:

Zeigen Sie, daß die Zahlenfolge mit der Bildungsvorschrift $a_n = (2n+1)(-1)^n$ alternierend ist, und zeichnen Sie den Graphen für $n \in \mathbb{N}_5^*$.

Lösung:

Wir berechnen zunächst einige Glieder und stellen fest, daß das Vorzeichen wechselt.

$a_n = (2n+1)(-1)^n$
$\langle a_n \rangle$: $-3, 5, -7, 9, -11, \ldots$

Um dies allgemein zu zeigen, multiplizieren wir zwei beliebige benachbarte Glieder. Wir können das Produkt in einen Term aus einem negativen und drei positiven Faktoren umformen; das Produkt ist also negativ, und deshalb müssen je zwei benachbarte Glieder verschiedene Vorzeichen haben.

$$\begin{aligned} & a_n \cdot a_{n+1} \\ &= (2n+1)(-1)^n \cdot [2(n+1)+1](-1)^{n+1} \\ &= (2n+1)(-1)^n \cdot (2n+3)(-1)^{n+1} \\ &= (2n+1)(2n+3)(-1)^n(-1)^n(-1) \\ &= \underbrace{(-1)}_{<0}\underbrace{[(-1)^n]^2}_{>0}\underbrace{(2n+1)}_{>0}\underbrace{(2n+3)}_{>0} \end{aligned}$$

Wertetabelle

n	1	2	3	4	5
a_n	-3	5	-7	9	-11

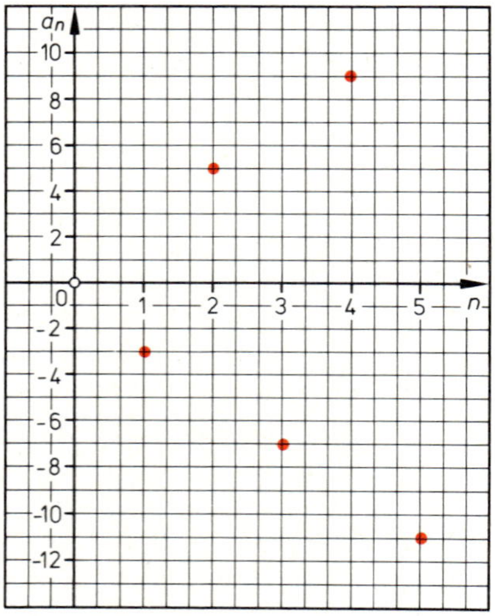

Auch am Graphen der Zahlenfolge können wir erkennen, daß die Zahlenfolge alterniert.

Unbeschränkte und beschränkte Zahlenfolgen

Vergleichen wir die Glieder der angegebenen Zahlenfolgen für wachsendes n miteinander und achten wir darauf, zwischen welchen Zahlen alle Glieder der Folge liegen, so können wir folgendes erkennen:

Zu $\langle a_n \rangle$ gibt es Zahlen, die kleiner als jedes Glied der Folge sind, aber keine Zahl, die stets größer ist.

$a_n = 2n^2$, $\langle a_n \rangle$: 2, 8, 18, 32, …

Zu $\langle b_n \rangle$ gibt es Zahlen, die größer als jedes Glied der Folge sind, aber keine Zahl, die die stets kleiner ist.

$b_n = n - n^2$, $\langle b_n \rangle$: $0, -2, -6, -12, \ldots$

Zu $\langle c_n \rangle$ gibt es sowohl Zahlen, die größer als jedes Glied der Folge sind als auch solche, die kleiner als jedes Glied sind.

$c_n = 3 - \frac{1}{n}$, $\langle c_n \rangle$: 2; 2,5; 2,66; 2,75; ... ≤ 3

Zu $\langle d_n \rangle$ gibt es weder Zahlen, die größer als jedes Glied der Folge sind noch solche, die kleiner als jedes Glied der Folge sind.

$d_n = (-2)^n$, $\langle d_n \rangle$: $-2, 4, -8, 16, \ldots$

Alle Glieder der Zahlfolge $\langle a_n \rangle$ sind größer oder gleich der Zahl 2. Wir sagen, daß die Zahl 2 eine *untere Schranke* der Folge $\langle a_n \rangle$ ist. Es gibt aber keine Zahl, die größer als jedes Glied der Folge ist. Zu jeder noch so großen Zahl läßt sich mindestens ein Glied der Folge finden, das größer ist. Größer als die Zahl 1000000 ist beispielsweise das Glied $a_{800} = 1280000$.

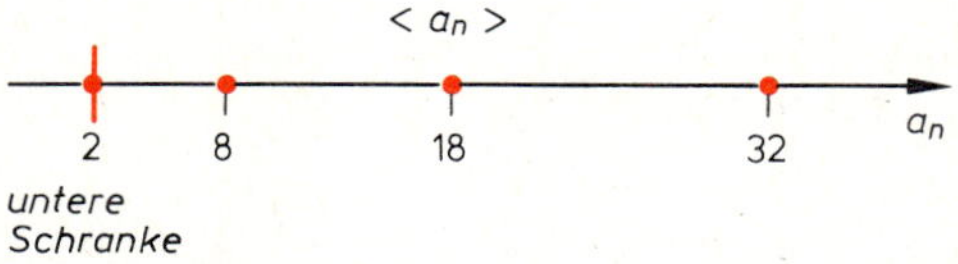

Wir sagen: Die Folge $\langle a_n \rangle$ ist *nach oben unbeschränkt*.

Alle Glieder der Zahlenfolge $\langle b_n \rangle$ sind negativ. Die Zahl Null ist *obere Schranke* der Folge $\langle b_n \rangle$. Zu jeder noch so kleinen Zahl finden wir jedoch ein Glied der Folge, das kleiner ist. Die Folge $\langle b_n \rangle$ ist *nach unten unbeschränkt*.

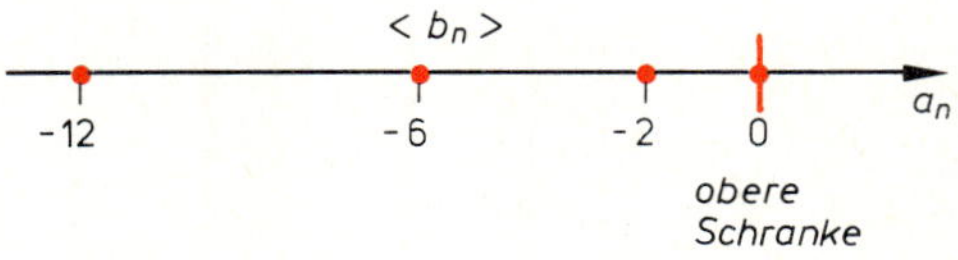

Alle Glieder der Folge $\langle c_n \rangle$ sind größer oder gleich 2 und kleiner als 3. Die Folge $\langle c_n \rangle$ hat die untere Schranke 2 und die obere Schranke 3.

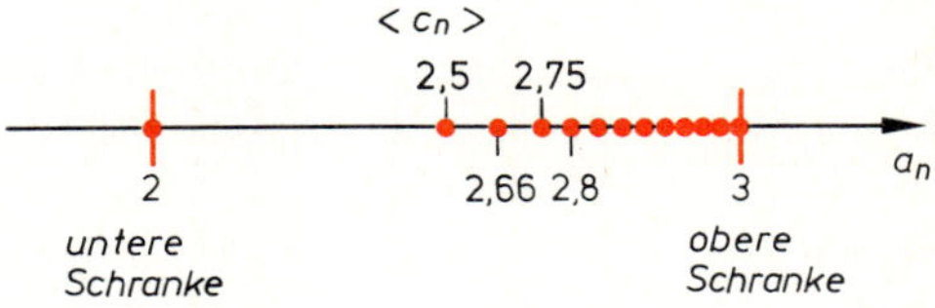

Die Glieder der Folge $\langle d_n \rangle$ lassen sich nicht „eingrenzen", die Folge ist nach oben und unten unbeschränkt.

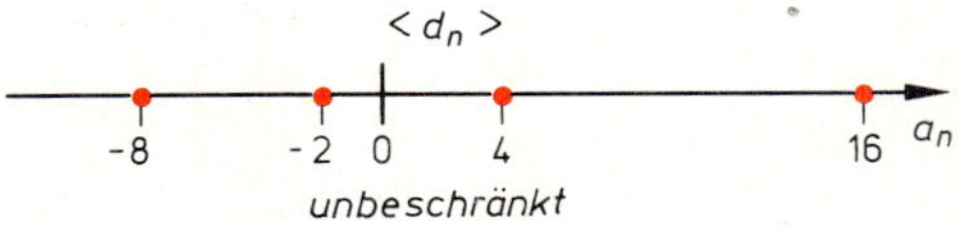

Definition:

1. *Eine Zahlenfolge $\langle a_n \rangle$ heißt nach unten beschränkt, wenn es (mindestens) eine Zahl S_u gibt, die kleiner oder gleich jedem Glied der Folge ist. Eine solche Zahl heißt* untere Schranke.

$$S_u \leq a_n \qquad S_u \in \mathbb{R} \quad n \in \mathbb{N}^*$$

untere Schranke einer Zahlenfolge

2. *Eine Zahlenfolge $\langle a_n \rangle$ heißt nach oben beschränkt, wenn es (mindestens) eine Zahl S_o gibt, die größer oder gleich jedem Glied der Folge ist. Eine solche Zahl heißt obere Schranke.*

$$\boxed{S_o \geq a_n} \quad \begin{matrix} S_o \in \mathbb{R} \\ n \in \mathbb{N}^* \end{matrix}$$

obere Schranke einer Zahlenfolge

3. *Eine Zahlenfolge $\langle a_n \rangle$, die eine untere und eine obere Schranke hat, heißt beschränkt.*

$$\boxed{S_u \leq a_n \leq S_o}$$

beschränkte Zahlenfolge

Beispiel:

Gegeben sei die Zahlenfolge mit der Bildungsvorschrift $a_n = \left(\frac{n-6}{n+1} + \frac{1}{n^2+n}\right)^2$. Gesucht ist eine untere Schranke.

Lösung:

Als Quadrate rationaler Zahlen sind alle Folgenglieder positiv oder gleich der Zahl Null. Die Zahl Null ist eine untere Schranke. Aber auch jede negative Zahl ist nach Definition untere Schranke.

$0 \leq a_n$ für alle $n \in \mathbb{N}^*$

0 *ist untere Schranke*

$a \leq a_n$ für $a < 0$ und alle $n \in \mathbb{N}^*$

jede negative Zahl a ist untere Schranke

Jede beschränkte Zahlenfolge hat unendlich viele untere und obere Schranken. Von besonderer Bedeutung sind die *größte untere Schranke* G_u und die *kleinste obere Schranke* G_o.

Menge aller unteren Schranken ► $\{S_u \mid S_u \leq a_n\}$

Menge aller oberen Schranken ► $\{S_o \mid S_o \geq a_n\}$

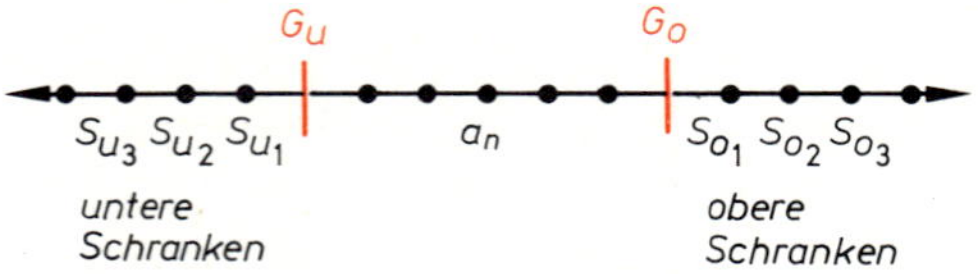

Anmerkung:

Die größte untere Schranke G_u heißt auch *untere Grenze oder Infimum*, die kleinste obere Schranke G_o heißt auch *obere Grenze* oder Supremum einer Zahlenfolge.

Beispiel:

Gegeben sei die Zahlenfolge $\langle a_n \rangle$ mit der Bildungsvorschrift $a_n = \frac{n+1}{n}$.

a) Ist die Zahlenfolge $\langle a_n \rangle$ monoton?

b) Zeigen Sie, daß die Zahlenfolge beschränkt ist!

c) Bestimmen Sie die kleinste obere und die größte untere Schranke!

Lösung:

a) Die Zahlenfolge $\langle a_n \rangle$ ist streng monoton fallend.

$$a_{n+1} - a_n = \frac{(n+1)+1}{n+1} - \frac{n+1}{n} = \frac{n(n+2)-(n+1)^2}{n(n+1)} = \frac{-1}{n^2+n} < 0$$

b) Die Zahl 1 ist eine untere Schranke, denn es gilt $\frac{1}{n} > 0$ und damit $1 + \frac{1}{n} > 1$. Da $a_1 = 2$ und die Zahlenfolge monoton fällt, ist die Zahl 2 eine obere Schranke. Damit ist $\langle a_n \rangle$ beschränkt.

$$a_n = \frac{n+1}{n} = 1 + \frac{1}{n}$$

$$\frac{1}{n} > 0 \qquad \Rightarrow 1 + \frac{1}{n} > 1$$

$$a_n > 1$$

$$2 = a_1 > a_2 > a_3 > \cdots$$

$$2 \geq a_n$$

c) Die Zahl 1 ist größte untere Schranke. Denn zu jeder Zahl $a > 1$ gibt es Folgenglieder, die kleiner als a sind. Zum Beispiel ist 1,00012 keine untere Schranke, da $a_{10\,000}$ kleiner ist.

$$a_{10\,000} = 1 + \tfrac{1}{10000} = 1{,}00010$$

$$a_{10\,000} < 1{,}00012$$

Da die Zahl 2 bereits Glied der Folge $\langle a_n \rangle$ ist, kann es keine kleinere obere Schranke geben.

Übungen 8.1

Monotonie, Schranken und Grenzen von Zahlenfolgen

1. Welche der Zahlenfolgen sind monoton steigend bzw. streng monoton steigend, welche Zahlenfolgen sind monoton fallend bzw. streng monoton fallend, welche sind alternierend?

a) $a_n = \frac{n+1}{2}$ **b)** $a_n = \frac{2n+2}{n}$

c) $a_n = \frac{n^2 - n}{n+2}$ **d)** $n \mapsto (-1)^n \frac{3}{n}$

e) $n \mapsto 2n - n^2$ **f)** $n \mapsto n^2 (-1)^n \cdot \frac{2}{(-1)^{(n+1)}}$

2. Ab welcher Zahl n ändert sich die Monotonie der Zahlenfolgen?

a) $a_n = 4n - n^2$ **b)** $a_n = (n-4)^2$ **c)** $a_n = n^3 - 2n^2 - 10$

d) $a_n = 4 - (n-5)^2$ **e)** $a_n = n^4 - 8n^2 + 1$ **f)** $n \mapsto 2n^3 - 4n^2 + n - 5$

3. Untersuchen Sie die Zahlenfolgen von Aufgabe 1 auf Grenzen.

4. Bestimmen Sie Monotonie und Grenzen. Bestimmen Sie außerdem die Zahl n, für die die größte untere Schranke nur $\frac{1}{10}$ von Glied a_n entfernt ist.

a) $a_n = \frac{2n}{2n+3}$ **b)** $a_n = \frac{5}{5n-1}$ **c)** $n \mapsto \frac{4n-5}{4n}$

d) $a_n = \frac{10}{n+6}$ **e)** $a_n = \frac{2n}{n^2+1}$ **f)** $n \mapsto \frac{\sqrt{n}}{n}$

8.2 Grenzwerte und Grenzwertsätze von Zahlenfolgen

Beispiele:

1. Untersucht man die Zahlenfolge

$n \mapsto \frac{n-1}{n}$, $\langle a_n \rangle$: $0, \frac{1}{2}, \frac{2}{3}, \frac{3}{4}, \frac{4}{5}, \frac{5}{6}, \ldots,$

so kann man erkennen, daß sie monoton steigt und daß die Zahl 1 eine obere Schranke ist. Der Abstand der Folgenglieder zur Zahl 1 wird mit wachsendem n immer geringer. Wir können sogar sagen, daß die Zahl 1 kleinste obere Schranke G_o der Folge ist. Zu jeder Zahl kleiner als 1 gibt es ein Folgenglied, das größer als diese Zahl ist, auch wenn sie noch so dicht bei 1 liegt. Wir sagen anschaulich: die Glieder der Folge nähern sich mit wachsender Zahl n immer mehr der Zahl 1.

$a_n = \frac{n-1}{n} = 1 - \frac{1}{n}$ ▶

n	1	2	3	4	5	6	…
a_n	0	$\frac{1}{2}$	$\frac{2}{3}$	$\frac{3}{4}$	$\frac{4}{5}$	$\frac{5}{6}$	…

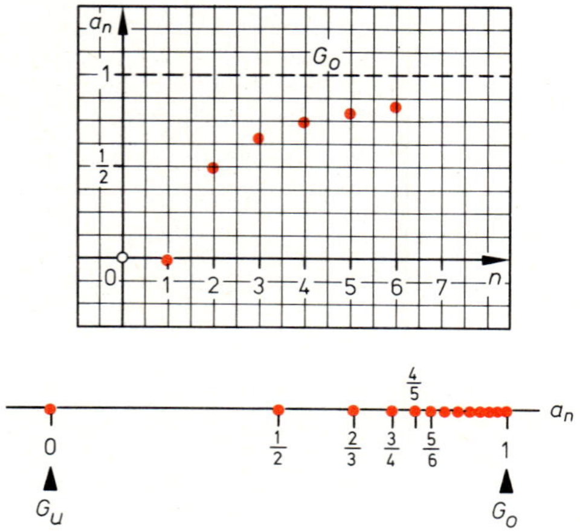

Die Zahl 0 ist offensichtlich größte untere Schranke G_u.

Wir können weiter beobachten, daß der Abstand aufeinanderfolgender Glieder mit wachsendem n abnimmt und kleiner werden kann als jede beliebig vorgegebene positive Zahl.

Hinweis:
Der Abstand c zweier Zahlen a und b ist der Absolutbetrag ihrer Differenz: $c = |a - b|$

2. Bei der Zahlenfolge

$n \mapsto \frac{1}{n+1}$, $\langle a_n \rangle$: $\frac{1}{2}, \frac{1}{3}, \frac{1}{4}, \frac{1}{5}, \frac{1}{6}, \ldots$

die monoton fällt, nähern sich die Glieder mit wachsendem n der Zahl 0. $G_u = 0$ ist größte untere Schranke, $G_o = \frac{1}{2}$ ist kleinste obere Schranke (beschränkte Nullfolge). Auch bei dieser Folge werden die Abstände benachbarter Folgenglieder beliebig klein für wachsendes n.

$a_n = \frac{1}{n+1}$ ▶

n	1	2	3	4	5	…
a_n	$\frac{1}{2}$	$\frac{1}{3}$	$\frac{1}{4}$	$\frac{1}{5}$	$\frac{1}{6}$	…

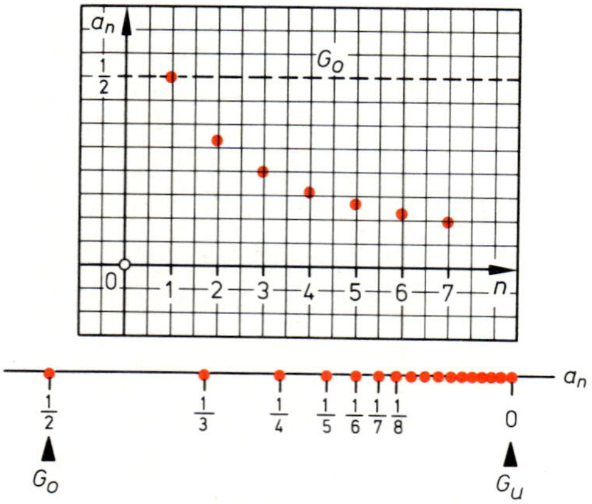

3. Die Zahlenfolge

$n \mapsto \dfrac{(-1)^n}{2n}$, $\langle a_n \rangle$: $-\frac{1}{2}, \frac{1}{4}, -\frac{1}{6}, \frac{1}{8}, -\frac{1}{10}, \ldots$

ist alternierend. Die kleinste obere Schranke ist $G_o = \frac{1}{4}$, die größte untere Schranke ist $G_u = -\frac{1}{2}$. Die Glieder der Folge nähern sich mit wachsendem n beliebig dicht der Zahl 0, und zwar sowohl von unten als auch von oben. Die Zahl 0 ist aber *keine* Schranke. Die Abstände zweier aufeinanderfolgender Glieder werden für wachsendes n beliebig klein.

$$a_n = \frac{(-1)^n}{2n}$$

▶

n	1	2	3	4	5	6	7	…
$\frac{(-1)^n}{2n}$	$-\frac{1}{2}$	$\frac{1}{4}$	$-\frac{1}{6}$	$\frac{1}{8}$	$-\frac{1}{10}$	$\frac{1}{12}$	$-\frac{1}{14}$	…

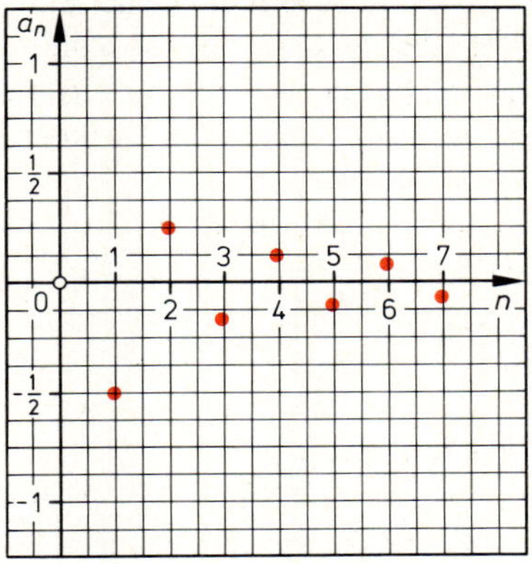

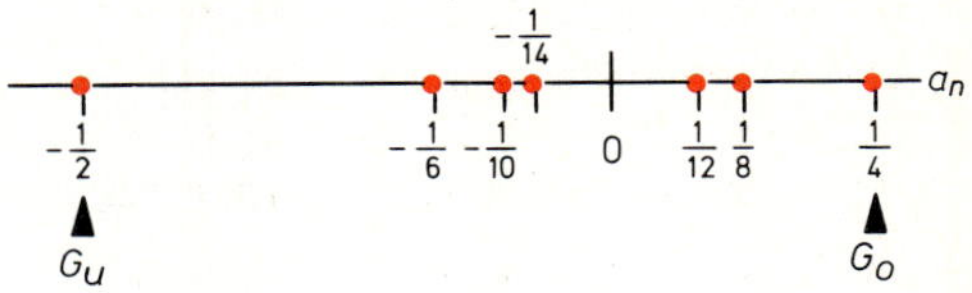

4. Die Zahlenfolge

$n \mapsto (-1)^n \dfrac{n+1}{n}$,

$\langle a_n \rangle$: $-2, 1\frac{1}{2}, -1\frac{1}{3}, 1\frac{1}{4}, -1\frac{1}{5}, 1\frac{1}{6}, \ldots$

ist ebenfalls alternierend. Die kleinste obere Schranke ist $G_o = 1\frac{1}{2}$, die größte untere Schranke ist $G_u = -2$. Die Glieder der Folge nähern sich mit wachsendem n der Zahl 1 (n gerade) und der Zahl -1 (n ungerade). Die Abstände aufeinanderfolgender Glieder sind nicht beliebig klein, sondern stets größer als 2.

$$a_n = (-1)^n \frac{n+1}{n}$$

▶

n	1	2	3	4	5	6	…
a_n	-2	$1\frac{1}{2}$	$-1\frac{1}{3}$	$1\frac{1}{4}$	$-1\frac{1}{5}$	$1\frac{1}{6}$	…

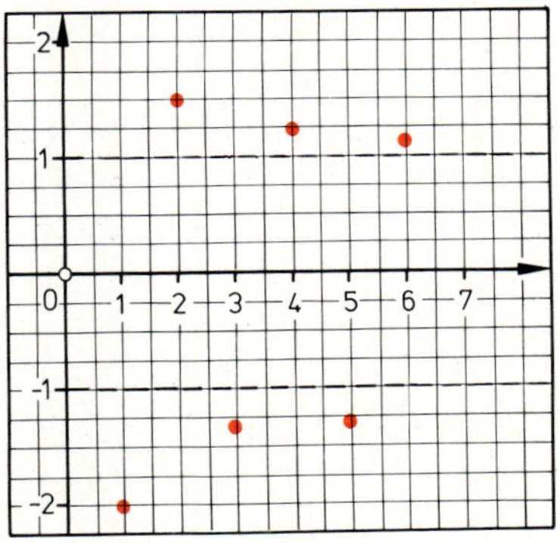

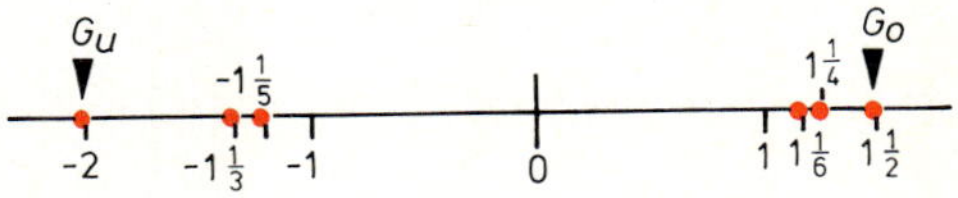

5. Die Zahlenfolge

$n \mapsto \dfrac{n^2-1}{n}$, $\langle a_n \rangle$: $0, 1\frac{1}{2}, 2\frac{2}{3}, 3\frac{3}{4}, 4\frac{4}{5}, \ldots$

steigt monoton. Sie hat keine obere Schranke, denn zu jeder beliebigen Zahl lassen sich Folgenglieder finden, die größer sind. Die Abstände aufeinanderfolgender Glieder nehmen für wachsendes n ab, bleiben aber immer größer als 1.

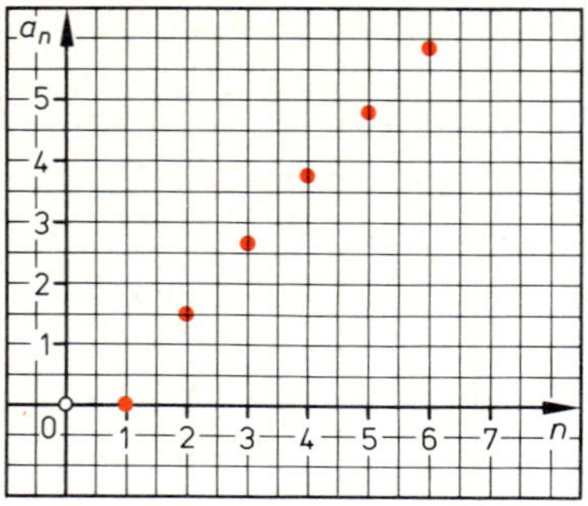

$a_n = \dfrac{n^2-1}{n}$ ▶

n	1	2	3	4	5	…
a_n	0	$1\frac{1}{2}$	$2\frac{2}{3}$	$3\frac{3}{4}$	$4\frac{4}{5}$	…

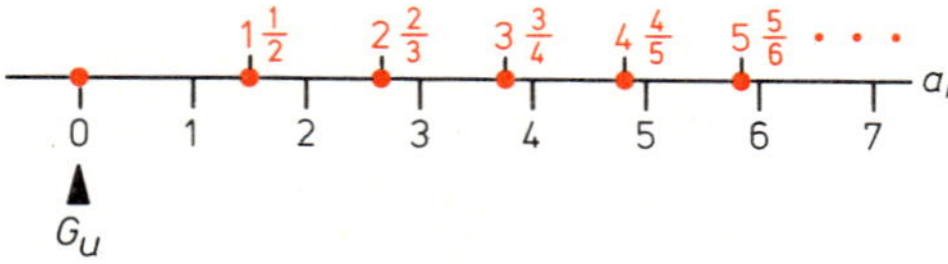

Erkenntnis:

Anhand der Zeichnungen und Wertetabellen haben wir in den Beispielen einige Aussagen über das Verhalten von Zahlenfolgen gewonnen. Die Zahlenfolgen der Beispiele 1, 2 und 3 sind beschränkt. In allen drei Fällen gibt es eine Zahl g, der die Glieder der Folge für wachsendes n „beliebig nahe" kommen. In der „Nähe" von g befinden sich unendlich viele Glieder der Folge. Für die Zahlenfolge aus Beispiel 4 können zwei, für diejenige aus Beispiel 5 kann keine Zahl angegeben werden, in deren „Nähe" sich unendlich viele Folgenglieder befinden.

Um solche und ähnliche Sachverhalte genau und unmißverständlich beschreiben zu können, definieren wir den Begriff der „*ε-Umgebung einer Zahl g*". ε ist im folgenden eine positive reelle Zahl (die man sich oft als „beliebig klein" vorstellt).

Definition:

Ist $\varepsilon > 0$, so versteht man unter der ε-Umgebung einer Zahl $g \in \mathbb{R}$, die Menge $U_\varepsilon(g)$ aller Zahlen $a_n \in \mathbb{R}$, die in dem offenen Intervall $(g - \varepsilon, g + \varepsilon)$ liegen. Statt ε-Umgebung sagt man kurz „Umgebung".

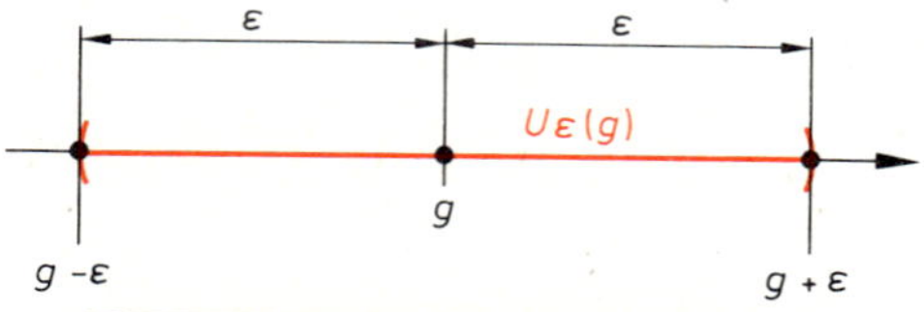

$$U_\varepsilon(g) = \{a_n \mid a_n \in (g - \varepsilon, g + \varepsilon)\}$$
$$= \{a_n \mid g - \varepsilon < a_n < g + \varepsilon\}$$

ε-Umgebung einer Zahl g

Die nebenstehende Zeichnung macht deutlich, daß man die Umgebung einer Zahl g auch anders, mit Hilfe der Betragsungleichung $|a_n - g| < \varepsilon$ definieren kann. Es ist $|a_n - g| = |g - a_n|$.

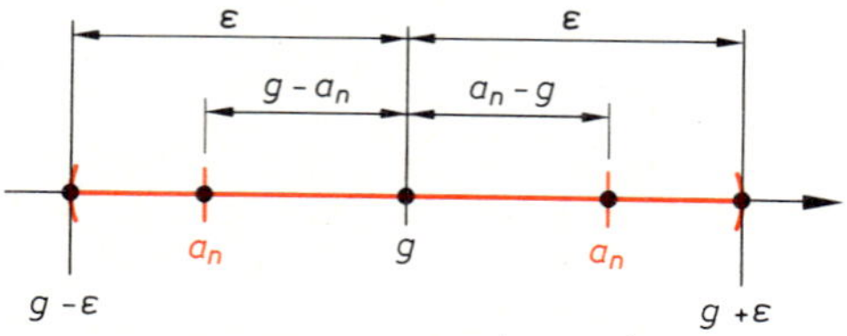

$$g - \varepsilon < a_n < g + \varepsilon \Rightarrow |a_n - g| < \varepsilon$$

Definition:

Ist $\varepsilon > 0$, so versteht man unter der ε-Umgebung einer Zahl $g \in \mathbb{R}$ die Menge $U_\varepsilon(g)$ aller Zahlen $a_n \in \mathbb{R}$, für die gilt: $|a_n - g| < \varepsilon$.

$$U_\varepsilon(g) = \{a_n \,|\, |a_n - g| < \varepsilon\}$$

ε-Umgebung einer Zahl g

Beispiele:

Gegeben ist eine Zahl $g = 5$.

a) Geben Sie die Umgebung von g für $\varepsilon = 2$ an $(U_2(5))$.

b) Welche Zahlen gehören zur Umgebung links von g für $\varepsilon = 0{,}5$?

c) Welche Zahlen gehören zur Umgebung rechts von g für $\varepsilon = 0{,}3$?

d) Zeichnen Sie die Graphen für **a)** … **c)**.

e) Stellen Sie fest, ob die Zahl $a_n = 1{,}6$ in der Umgebung $U_{3,5}(5)$ liegt.

Lösung:

a) Die gesuchte Umgebung von $g = 5$ ist durch $\varepsilon = 2$ bestimmt. Das offene Intervall umfaßt alle Zahlen zwischen 3 und 7.

$$U_\varepsilon(g) = (g - \varepsilon, g + \varepsilon)$$
$$U_2(5) = (5 - 2; 5 + 2) = \underline{\underline{(3,7)}}$$

b) In dieser „linken Umgebung" von $g = 5$ liegen alle Zahlen zwischen 4,5 und 5.

$$U_\varepsilon^l(g) = (g - \varepsilon, g) = (5 - 0{,}5; 5) = \underline{\underline{(4{,}5; 5)}}$$

c) In dieser „rechten Umgebung" von $g = 5$ liegen alle Zahlen zwischen 5 und 5,3.

$$U_\varepsilon^r(g) = (g, g + \varepsilon) = (5; 5 + 0{,}3) = \underline{\underline{(5; 5{,}3)}}$$

d) Der Graph zu a) veranschaulicht eine Punktmenge, für die gilt: $a_n \in (3,7)$.

Der Graph zu b) veranschaulicht eine Punktmenge, für die gilt: $a_n \in (4{,}5; 5)$.

Der Graph zu c) veranschaulicht eine Punktmenge, für die gilt: $a_n \in (5; 5{,}3)$.

a)
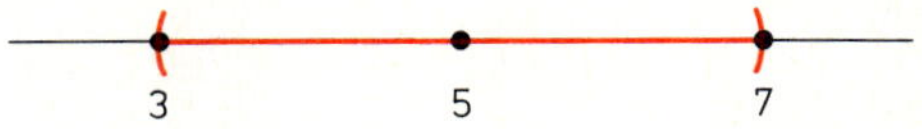

b)

c)

e) Die Zahl $a_n = 1{,}6$ liegt in der Umgebung $U_{3,5}(5) = (1{,}5; 8{,}5)$.
Auch mit der Betragsungleichung $|a_n - g| < \varepsilon$ kann gezeigt werden, daß 1,6 in der Umgebung $U_{3,5}(5)$ liegt.

$U_{3,5}(5) = (5 - 3{,}5; 5 + 3{,}5) = (1{,}5; 8{,}5)$

$1{,}6 \in (1{,}5; 8{,}5) \Rightarrow 1{,}6 \in U_{3,5}(5)$

oder

$1{,}6 \in U_{3,5}(5)$

$\Leftrightarrow |1{,}6 - 5| < 3{,}5$

$\Leftrightarrow \underline{\underline{3{,}4 < 3{,}5}}$ *wahre Aussage*

Beispiele:

Gegeben seien die Zahlenfolgen und Zahlen

a) $n \mapsto \dfrac{n+1}{n}$, $g = 1$ **b)** $n \mapsto \dfrac{(-1)^n}{n+5}$, $g = 0$.

Vom wievielten Glied an fallen alle Folgenglieder von $\langle a_n \rangle$ bzw. $\langle b_n \rangle$ in die ε-Umgebung $U_\varepsilon(g)$ mit $\varepsilon = \frac{1}{750}$?

Lösung:

a) Gesucht ist eine Zahl n_ε, so daß für alle Zahlen n mit $n > n_\varepsilon$ gilt:
Wir formulieren die Bedingung als Ungleichung und lösen mit Hilfe von Äquivalenzumformungen nach n auf. Wenn $n > 750$ gilt, so ist $|a_n - 1| < \varepsilon$, liegt a_n in $U_\varepsilon(1)$. Die gesuchte Zahl n_ε ist also gleich 750. Da die Folge monoton fällt und $a_n > 1$ für alle $n \in \mathbb{N}^*$ gilt, liegen alle Folgenglieder rechts von 1.

$$a_n \in U_\varepsilon(1) \quad \text{für } n > n_\varepsilon$$

$$|a_n - 1| < \varepsilon$$

$$\Leftrightarrow \left| \frac{n+1}{n} - 1 \right| < \frac{1}{750}$$

$$\Leftrightarrow \left| \frac{n+1-n}{n} \right| < \frac{1}{750}$$

$$\Leftrightarrow \left| \frac{1}{n} \right| < \frac{1}{750}$$

$$\Leftrightarrow n > 750$$

$$n_\varepsilon = 750$$

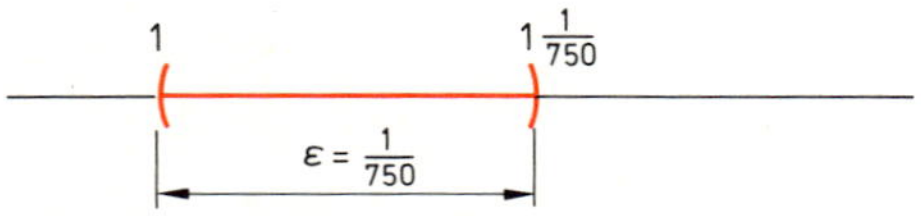

Für $n > n_\varepsilon = 750$ liegen alle Glieder a_n in diesem Intervall.

b) Wir gehen analog vor. Wir müssen lediglich $g = 0$ verwenden. Für n größer als $n_\varepsilon = 745$ liegen die Folgenglieder b_n in der vorgegebenen ε-Umgebung $U_\varepsilon(0)$. Da die Folge alterniert, liegen die Glieder auf beiden Seiten von 0.

$$b_n \in U_\varepsilon(0) \quad \text{für } n > n_\varepsilon$$

$$|b_n - 0| < \varepsilon$$

$$\Leftrightarrow \left| \frac{(-1)^n}{n+5} \right| < \frac{1}{750}$$

$$\Leftrightarrow \frac{1}{n+5} < \frac{1}{750}$$

$$\Leftrightarrow n + 5 > 750$$

$$\Leftrightarrow n > 745$$

$$n_\varepsilon = 745$$

Für $n > n_\varepsilon = 745$ liegen alle Glieder b_n in diesem Intervall.

Beispiel:

Gegeben sei die Zahlenfolge $n \mapsto \frac{n}{n+3}$. Wie viele Glieder der Zahlenfolge $\langle a_n \rangle$ liegen außerhalb bzw. innerhalb einer Umgebung $U_\varepsilon(g)$ für:

a) $\varepsilon = 0{,}1$, **b)** $\varepsilon = 0{,}01$?

Lösung:

a) Mit wachsendem n werden die Glieder der Folge immer größer und nähern sich der Zahl 1, bleiben aber immer kleiner als 1.

$$\langle a_n \rangle: \frac{1}{4}, \frac{2}{5}, \frac{1}{2}, \frac{4}{7}, \ldots, \frac{n}{n+3}, \ldots$$

$\underline{\underline{G_u = \frac{1}{4}}}$; *$\frac{1}{4}$ ist Glied der Folge.*

$\underline{\underline{G_o = 1}}$; *1 ist kein Glied der Folge.*

Da eine größte untere Schranke G_u und eine kleinste obere Schranke G_o existieren, ist die Zahlenfolge beschränkt. Wir wählen $g = G_o = 1$ und untersuchen $U_\varepsilon(1)$.

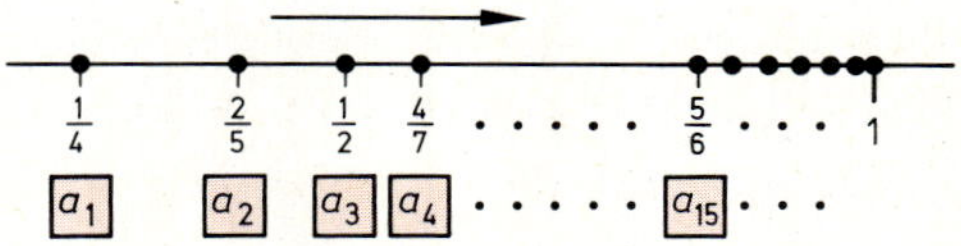

Wir bestimmen das Glied a_n im Abstand 0,1 von g.

$$a_n < g - \varepsilon; \quad \varepsilon = 0{,}1$$
$$a_n < 1 - 0{,}1$$
$$\underline{\underline{a_n < 0{,}9}}$$

Mit Hilfe des Folgenterms $\frac{n}{n+3}$ kann man nun die Gliednummer n bestimmen, für die die Glieder den Wert 0,9 unterschreiten.

$$a_{n_\varepsilon} = \frac{n_\varepsilon}{n_\varepsilon + 3} = 0{,}9$$
$$n_\varepsilon = 0{,}9\,(n_\varepsilon + 3)$$
$$\Rightarrow \quad \underline{\underline{n_\varepsilon = 27}}$$

Es liegen 27 Folgenglieder außerhalb der Umgebung links von g = 1. Alle übrigen unendlich vielen Glieder der Zahlenfolge liegen innerhalb der ε-Umgebung von g (und zwar in der linken Hälfte).

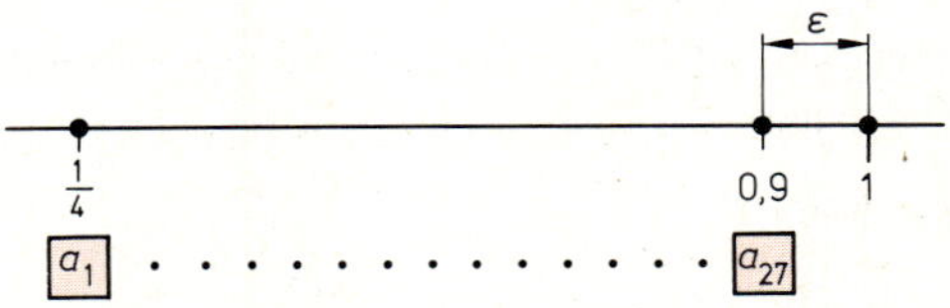

b) Für $\varepsilon = 0{,}01$ muß mit $a_n < 0{,}99$ gerechnet werden. In diesem Fall liegen 297 Folgenglieder außerhalb der ε-Umgebung links von g = 1. Auch hierbei liegen innerhalb der Umgebung noch unendlich viele Glieder.

$$a_n < g - \varepsilon; \quad \varepsilon = 0{,}01$$
$$a_n < 1 - 0{,}01$$
$$\underline{\underline{a_n < 0{,}99}}$$

$$\frac{n_\varepsilon}{n_\varepsilon + 3} = 0{,}99$$
$$\Rightarrow \quad \underline{\underline{n_\varepsilon = 297}}$$

Wir wenden uns nun wieder den Zahlenfolgen aus den Beispielen 1, 2 und 3 zu. Wir haben gesehen, daß es für diese und für die im letzten Beispiel betrachteten Zahlenfolgen jeweils eine Zahl g gibt, in deren „Nähe“ unendlich viele Folgenglieder liegen. Wir können nun sagen: Es liegen nur *endlich* viele Glieder *außerhalb* jeder beliebig gewählten Umgebung $U_\varepsilon(g)$ und *unendlich* viele Glieder *innerhalb* von $U_\varepsilon(g)$. Eine solche Zahl g wird Grenzwert der Zahlenfolge genannt. Die Zahl g ist also Grenzwert einer Zahlenfolge, wenn in jeder Umgebung $U_\varepsilon(g)$ alle Folgenglieder bis auf endlich viele Ausnahmen liegen. Man sagt: in $U_\varepsilon(g)$ liegen „fast alle“ Folgenglieder.

Definition:

Die Zahl $g \in \mathbb{R}$ heißt Grenzwert der unendlichen Zahlenfolge $\langle a_n \rangle$ genau dann, wenn es für jede positive Zahl ε eine Zahl n_ε gibt, so daß alle Folgenglieder mit $n > n_\varepsilon$ in der Umgebung $U_\varepsilon(g)$ liegen.

Für jede Zahl $\varepsilon > 0$ gilt: $a_n \in U_\varepsilon(g)$ *für* $n > n_\varepsilon$
Grenzwert g der Zahlenfolge $\langle a_n \rangle$
Für jede Zahl $\varepsilon > 0$ gilt: $\lvert a_n - g \rvert < \varepsilon$ *für* $n > n_\varepsilon$

In Form einer Ungleichung geschrieben bedeutet das: g heißt Grenzwert von $\langle a_n \rangle$, wenn es zu jeder positiven Zahl ε eine Zahl n_ε gibt mit:

$$|a_n - g| < \varepsilon \text{ für } n > n_\varepsilon.$$

Definition:

1. *Hat eine unendliche Zahlenfolge einen Grenzwert, so heißt sie konvergent.*

2. *Eine unendliche Zahlenfolge, die nicht konvergent ist, heißt divergent.*

Für eine konvergente Zahlenfolge mit dem Grenzwert g schreibt man:

$$\lim_{n \to \infty} a_n = g$$

gelesen: Limes (lat. Grenze) von a_n für n gegen Unendlich ist gleich g.

Wie in Abschnitt 7.4.2 angekündigt, können wir nun den Begriff der Nullfolge exakt definieren.

Definition:

Eine Zahlenfolge mit dem Grenzwert $g = 0$ heißt Nullfolge.

$\lim\limits_{n \to \infty} a_n = 0$
Nullfolge

Sei $\langle a_n \rangle$ eine konvergente Zahlenfolge, $\lim\limits_{n \to \infty} a_n = g$. Außerhalb jeder beliebigen Umgebung $U_\varepsilon(g)$ liegen höchstens endlich viele Folgenglieder. Dann kann keine Zahl g' $(g \neq g')$ auch Grenzwert sein. Denn wir finden stets zwei disjunkte Umgebungen $U_\varepsilon(g)$ und $U_\varepsilon(g')$, und in $U_\varepsilon(g')$ können dann nur endlich viele Folgenglieder liegen. Wir können also schließen:

Satz:

Eine konvergente Zahlenfolge besitzt genau einen Grenzwert.

Beispiel: Gegeben sei die Zahlenfolge $n \mapsto \dfrac{2n}{n+1}$.

a) Stellen Sie fest, ob die Zahlenfolge beschränkt ist.

b) Besitzt die Zahlenfolge einen Grenzwert?

Lösung:

a) Eine Zahlenfolge ist beschränkt, wenn sie eine obere und eine untere Schranke hat. 1 ist offensichtlich untere Schranke.

$$n \mapsto \frac{2n}{n+1}$$

$$\langle a_n \rangle\colon\ 1, 1\tfrac{1}{3}, 1\tfrac{1}{2}, 1\tfrac{3}{5}, \ldots$$

Durch Umformung sieht man, daß a_n stets kleiner als 2 ist. 2 ist also obere Schranke. $\langle a_n \rangle$ ist folglich beschränkt.

$$a_n = \frac{2n}{n+1} = \frac{2n+2-2}{n+1}$$

$$= \frac{2n+2}{n+1} - \frac{2}{n+1}$$

$$= 2 - \frac{2}{n+1} < 2$$

b) Wir vermuten, daß $g = 2$ der Grenzwert ist und versuchen, dies zu beweisen. Dazu sei eine beliebige Zahl $\varepsilon > 0$ vorgegeben. Zu zeigen ist, daß es eine Zahl $n_\varepsilon \in \mathbb{N}^*$ gibt, so daß $|a_n - g| < \varepsilon$ für $n > n_\varepsilon$ gilt. Um dies zu zeigen, wird die Ungleichung durch Äquivalenzumformungen nach n aufgelöst.

vorgegeben: $\varepsilon > 0$

Zu zeigen: $|a_n - g| < \varepsilon$ *für* $n > n_\varepsilon$

$$\left|\frac{2n}{n+1} - 2\right| < \varepsilon$$

$$\Leftrightarrow \left|\frac{2n - 2(n+1)}{n+1}\right| < \varepsilon$$

$$\Leftrightarrow \left|\frac{-2}{n+1}\right| < \varepsilon$$

$$\Leftrightarrow \frac{2}{n+1} < \varepsilon$$

$$\Leftrightarrow \frac{2}{\varepsilon} - 1 < n$$

Wir erhalten $n_\varepsilon = \dfrac{2}{\varepsilon} - 1$ und können also zu jeder Zahl $\varepsilon > 0$ ein n_ε so bestimmen, daß gilt:

$$\left|\frac{2n}{n+1} - 2\right| < \varepsilon \quad \textit{für } n > n_\varepsilon$$

Mithin ist die Zahl 2 Grenzwert der Folge $\langle a_n \rangle$.

$$\lim_{n\to\infty} \frac{2n}{n+1} = 2$$

Beispiel: Gegeben sei die Zahlenfolge $n \mapsto \dfrac{(-1)^n}{\sqrt{n}}$.

a) Berechnen Sie die ersten zehn Glieder der Folge und zeichnen Sie den Graphen für diese ersten zehn Glieder.

b) Untersuchen Sie die Zahlenfolge auf Grenzen und bestimmen Sie den Grenzwert für $n \mapsto \infty$.

Lösung:

a) Wir berechnen die ersten zehn Glieder und tragen sie in einer Wertetabelle ein.

Wertetabelle

n	1	2	3	4	5	6	7	8	9	10
a_n	-1	$\frac{1}{\sqrt{2}}$	$-\frac{1}{\sqrt{3}}$	$\frac{1}{\sqrt{4}}$	$-\frac{1}{\sqrt{5}}$	$\frac{1}{\sqrt{6}}$	$-\frac{1}{\sqrt{7}}$	$\frac{1}{\sqrt{8}}$	$-\frac{1}{\sqrt{9}}$	$\frac{1}{\sqrt{10}}$

$\langle a_n \rangle: -1, \frac{1}{\sqrt{2}}, -\frac{1}{\sqrt{3}}, \frac{1}{\sqrt{4}}, -\frac{1}{\sqrt{5}}, \frac{1}{\sqrt{6}}, -\frac{1}{\sqrt{7}}, \frac{1}{\sqrt{8}}, -\frac{1}{\sqrt{9}}, \frac{1}{\sqrt{10}}, \ldots$

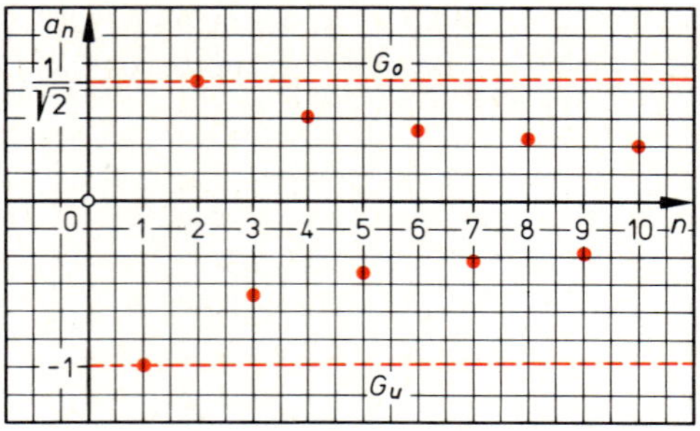

b) Die Zahlenfolge $\langle a_n \rangle$ ist alternierend. Offensichtlich ist -1 eine untere Schranke und sogar untere Grenze. Da kein Glied der Folge größer als $\frac{1}{\sqrt{2}}$ ist und $\frac{1}{\sqrt{2}}$ zur Folge gehört, ist $\frac{1}{\sqrt{2}}$ obere Grenze. Wir vermuten anhand der Zeichnung, daß die Zahl Null Grenzwert g der Zahlenfolge $\langle a_n \rangle$ ist. Zum Beweis müssen wir zeigen, daß zu jeder reellen Zahl $\varepsilon > 0$ eine natürliche Zahl n_ε existiert, so daß $|a_n - g| < \varepsilon$ für $n > n_\varepsilon$ gilt. Wir formen die Ungleichung äquivalent um und bestimmen so n_ε.

$$G_u = -1 \leq a_n \leq \frac{1}{\sqrt{2}} = G_o$$

vorgegeben: $\varepsilon > 0$
zu bestimmen: n_ε
zu zeigen: $|a_n - g| < \varepsilon$ für $n > n_\varepsilon$

$$\left|\frac{(-1)^n}{\sqrt{n}} - 0\right| < \varepsilon$$

$$\Leftrightarrow \quad \frac{1}{\sqrt{n}} < \varepsilon$$

$$\Leftrightarrow \quad n > \frac{1}{\varepsilon^2}$$

also: $n_\varepsilon = \frac{1}{\varepsilon^2}$

Wenn $n > n_\varepsilon = \frac{1}{\varepsilon^2}$ ist, dann gilt also

$$\left|\frac{(-1)^n}{\sqrt{n}} - 0\right| < \varepsilon.$$

Ergebnis: $\lim\limits_{n \to \infty} \frac{(-1)^n}{\sqrt{n}} = 0$

Zahlenbeispiel zur Veranschaulichung:

Vorgegeben sei $\varepsilon = 0{,}01$

$$n_\varepsilon = \frac{1}{(0{,}01)^2} = 10000$$

$$|a_{10001} - 0| = \left|\frac{(-1)^{10001}}{\sqrt{10001}}\right| = 0{,}0099995 < 0{,}01$$

Aus den bisher betrachteten Beispielen wird deutlich: Nur wenn eine Folge beschränkt ist, kann sie einen Grenzwert haben. Umgekehrt muß eine beschränkte Folge aber nicht konvergent sein. Es gilt der Satz:

Satz:

Jede konvergente Zahlenfolge ist beschränkt.

Beweis:

Sei g der Grenzwert der Zahlenfolge und $U_\varepsilon(g)$ eine Umgebung von g. Dann gibt es zwei einander ausschließende Möglichkeiten:

1. Auf beiden Seiten außerhalb von $U_\varepsilon(g)$ liegen Folgenglieder. Da es nur endlich viele sein können, bilden das kleinste und das größte davon eine untere bzw. obere Schranke.
2. Nur auf einer Seite liegen Folgenglieder außerhalb von $U_\varepsilon(g)$. Auf dieser Seite ist dann das kleinste bzw. größte Glied eine Schranke. Auf der anderen Seite ist jede Zahl außerhalb von $U_\varepsilon(g)$ eine Schranke.

Eine weitere Eigenschaft konvergenter Zahlenfolgen, aus deren Fehlen man leicht auf die Divergenz von Zahlenfolgen schließen kann, sei ohne Beweis angegeben:

Satz:

Ist $\langle a_n \rangle$ konvergente Zahlenfolge mit dem Grenzwert g, so gibt es zu jeder reellen Zahl $\varepsilon > 0$ eine Zahl n_ε mit: $|a_n - a_{n+1}| < \varepsilon$ für $n > n_\varepsilon$.

Beispiel: Gegeben sei die Zahlenfolge $n \mapsto \dfrac{(-1)^n n}{n+2}$.

a) Bestimmen Sie die ersten zehn Glieder der Folge und zeichnen Sie dafür den Graphen.

b) Untersuchen Sie die Zahlenfolge auf Grenzen und Grenzwerte.

Lösung:

a) Wir berechnen die ersten zehn Glieder und tragen sie in eine Wertetabelle ein. Wir stellen dabei fest, daß die Zahlenfolge alternierend ist.

n	1	2	3	4	5	6	7	8	9	10
$\langle a_n \rangle$	$-\frac{1}{3}$	$\frac{1}{2}$	$-\frac{3}{5}$	$\frac{2}{3}$	$-\frac{5}{7}$	$\frac{3}{4}$	$-\frac{7}{9}$	$\frac{4}{5}$	$-\frac{9}{11}$	$\frac{5}{6}$

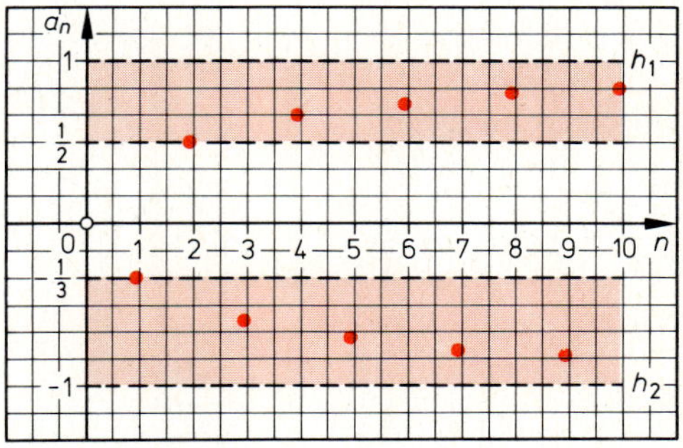

$\langle a_n \rangle$: $-\frac{1}{3}, \frac{1}{2}, -\frac{3}{5}, \frac{2}{3}, -\frac{5}{7}, \frac{3}{4}, -\frac{7}{9}, \frac{4}{5}, -\frac{9}{11}, \frac{5}{6}, \ldots$

b) Die obere Grenze ist $h_1 = 1$, die untere Grenze ist $h_2 = -1$. Der Abstand zweier aufeinanderfolgender Glieder wird nicht beliebig klein, sondern vergrößert sich mit wachsendem n.

Wir können die Glieder mit gerader Zahl n betrachten. Sie bilden eine „Teilfolge" $\langle a_{n1} \rangle$. $\langle a_{n1} \rangle$ konvergiert gegen die Zahl 1. Entsprechend bilden die Glieder mit ungerader Zahl n eine „Teilfolge" $\langle a_{n2} \rangle$, die gegen die Zahl -1 konvergiert. Es liegen also sowohl in der Umgebung $U_\varepsilon(1)$ als auch in der Umgebung $U_\varepsilon(-1)$ jeweils unendlich viele Glieder der Folge $\langle a_n \rangle$. $\langle a_n \rangle$ ist demnach divergent.

n gerade ▶ *Teilfolge*

$\langle a_{n1} \rangle: \frac{1}{2}, \frac{2}{3}, \frac{3}{4}, \frac{4}{5}, \frac{5}{6}, \ldots$

$\lim\limits_{n\to\infty} \langle a_{n1} \rangle = 1$

n ungerade ▶ *Teilfolge*

$\langle a_{n2} \rangle: -\frac{1}{3}, -\frac{3}{5}, -\frac{5}{7}, -\frac{7}{9}, -\frac{9}{11}, \ldots$

$\lim\limits_{n\to\infty} \langle a_{n2} \rangle = -1$

$\langle a_n \rangle$ *ist divergent*

Die Zahlen 1 und -1 erhalten eine besondere Bezeichnung.

Definition:

Eine Zahl h heißt Häufungswert einer Zahlenfolge $\langle a_n \rangle$, wenn in jeder ε-Umgebung $U_\varepsilon(h)$ unendlich viele Glieder der Folge liegen.

Folgerung:

Eine konvergente Zahlenfolge $\langle a_n \rangle$ hat genau einen Häufungswert, ihren Grenzwert g.

Beispiele:

1. Jede konstante Zahlenfolge ist konvergent.

   $\langle a_n \rangle$: $c, c, c, c, \ldots$; $c \in \mathbb{R}$ *ist konvergent*

2. Die Folge der natürlichen Zahlen besitzt keinen Häufungswert. Denn in allen Umgebungen mit $\varepsilon < 1$ liegt höchstens ein Folgenglied.

   $\langle b_n \rangle$: 1, 2, 3, 4, 5, … *ist divergent;*
   es gibt auch keinen Häufungswert

3. Die Zahlenfolge $n \longmapsto 2n^{(-1)^n}$ hat den Häufungswert $h = 0$. Sie ist aber nicht beschränkt und deshalb auch nicht konvergent.

   $\langle c_n \rangle$: $2, 4, \frac{2}{3}, 8, \frac{2}{5}, 12, \frac{2}{7}, \ldots$
   $\lim\limits_{n \to \infty} \langle c_{n1} \rangle = 0$ *(konvergente Teilfolge für n ungerade)*
   die unendlich vielen Glieder der Teilfolge c_{n2} (n gerade) liegen nicht in beliebig kleinen Umgebungen $U_\varepsilon(0)$.

Satz (von Bolzano-Weierstraß):

Jede beschränkte unendliche Zahlenfolge besitzt mindestens einen Häufungswert

Beweis:

a und b seien untere und obere Schranken einer Folge. Alle Glieder der Folge liegen also im Intervall $I_1 = [a, b]$. Durch Halbierung von I_1 entstehen zwei Teilintervalle $I_2 = \left[a, \frac{a+b}{2}\right]$ und $I_2' = \left[\frac{a+b}{2}, b\right]$. Mindestens eines der Teilintervalle, z.B. I_2 hat dann unendlich viele Glieder. I_2 wird wiederum halbiert und das gewählte Teilintervall I_3 hat wiederum unendlich viele Glieder der Folge. Dieser Prozeß wird unendlich oft durchgeführt. Die jeweils ausgewählten Intervalle bilden eine Intervallschachtelung, denn die nachfolgenden Intervalle sind in den vorhergehenden enthalten und die Intervallängen streben gegen Null (sie bilden eine Nullfolge). Die innere Zahl, die durch diese Intervallschachtelung bestimmt wird, ist ein Häufungswert h der Zahlenfolge $\langle a_n \rangle$, denn in jeder ε-Umgebung von h liegen unendlich viele Glieder der Zahlenfolge.

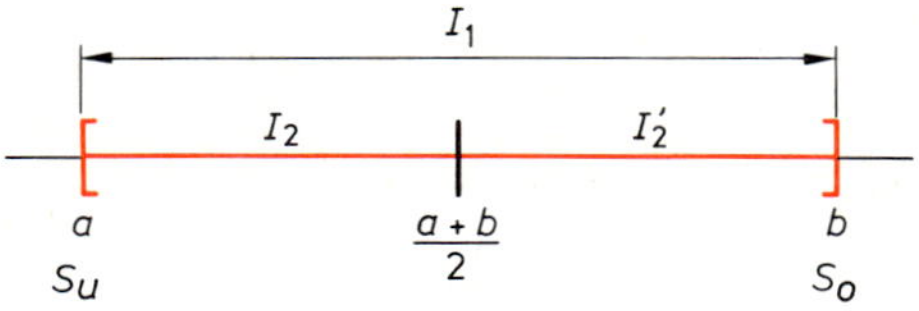

$$I_1 = [a, b]$$

$$I_2 = \left[a, \frac{a+b}{2}\right]; \quad I_2' = \left[\frac{a+b}{2}, b\right]$$

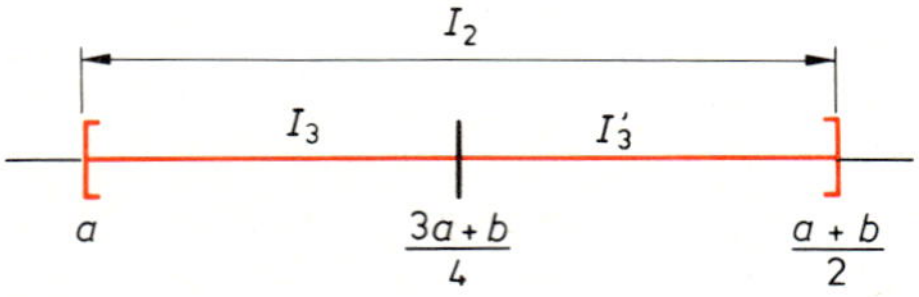

$$I_3 = \left[a, \frac{3a+b}{4}\right]$$

$$I_1 \supset I_2 \supset I_3 \supset I_4 \supset I_5 \supset \cdots$$

Mit Hilfe des Satzes von Bolzano-Weierstraß läßt sich ein wichtiger Satz über konvergente Folgen beweisen.

Satz:

Eine beschränkte und monotone unendliche Zahlenfolge ist konvergent.

Beweis:

Wir führen den Beweis für monoton steigende Zahlenfolgen. Für monoton fallende Zahlenfolgen verläuft er analog. Sei also $\langle a_n \rangle$ eine beschränkte und monoton steigende Zahlenfolge. Nach dem Satz von Bolzano-Weierstraß hat sie einen Häufungswert h. h muß obere Grenze sein. Wäre nämlich beispielsweise $a_k > h$, so wären alle folgenden Glieder $a_{k+1}, a_{k+2}, \ldots$ wegen der Monotonie ebenfalls größer als h. Wir könnten dann eine Umgebung $U_\varepsilon(h)$ mit nur endlich vielen Gliedern finden, ein Widerspruch zur Definition des Häufungswertes.

Wir betrachten nun eine beliebige Umgebung $U_\varepsilon(h)$. Da h Häufungswert ist, finden wir darin unendlich viele Folgenglieder und wählen beispielsweise das Glied a_m aus. Es gilt $a_m < h$, und alle folgenden Glieder liegen wegen der Monotonie zwischen a_m und h, also innerhalb $U_\varepsilon(h)$. Damit ist aber gezeigt:

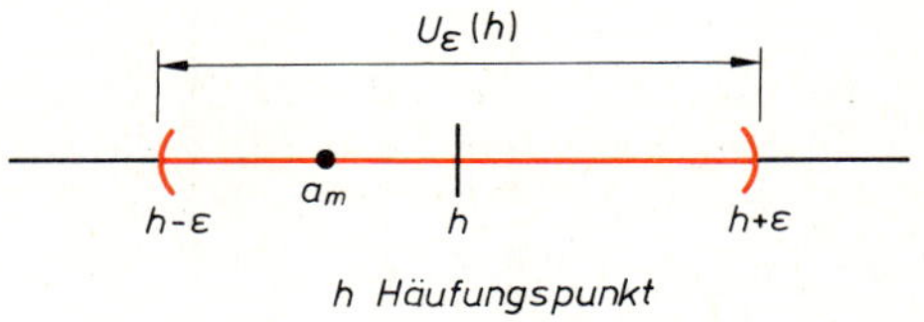

Zum gegebenen $\varepsilon > 0$ bzw. zu $U_\varepsilon(h)$ gibt es eine Zahl $n_\varepsilon = m$, ab der alle Folgenglieder in $U_\varepsilon(h)$ liegen. Mithin ist h Grenzwert.

Beispiel:

Untersuchen Sie die Folge $n \mapsto \dfrac{n-1}{2n+1}$ mit Hilfe des vorangegangenen Satzes auf Konvergenz.

Lösung:

Wir untersuchen zunächst das Monotonieverhalten und bilden die Differenz aufeinanderfolgender Glieder. Die Folge steigt monoton.

$$\frac{(n+1)-1}{2(n+1)+1} - \frac{n-1}{2n+1}$$
$$= \frac{n}{2n+3} - \frac{n-1}{2n+1}$$
$$= \frac{3}{(2n+3)(2n+1)} > 0$$

Offensichtlich ist die Zahl Null eine untere Schranke. Wegen $n-1 < 2n+1$ für alle n ist die Zahl Eins eine obere Schranke.

$$0 \leq \frac{n-1}{2n+1} \leq 1$$

Aus Monotonie und Beschränktheit folgt Konvergenz.

Der Grenzwert kann mit Hilfe des obigen Satzes nicht bestimmt werden, sondern es gelingt lediglich, Konvergenz nachzuweisen. Im folgenden Abschnitt wenden wir uns Sätzen zu, die zur Grenzwertbestimmung angewendet werden können.

Grenzwertsätze von Zahlenfolgen

Im folgenden Abschnitt wollen wir verschiedene konvergente Zahlenfolgen bzw. deren Grenzwerte miteinander verknüpfen.

Gegeben sind zwei Beispielfolgen $\langle a_n \rangle$ und $\langle b_n \rangle$.

$$a_n = 2 - \frac{1}{n}; \quad \langle a_n \rangle: 1, 1\tfrac{1}{2}, 1\tfrac{2}{3}, 1\tfrac{3}{4}, 1\tfrac{4}{5}, 1\tfrac{5}{6}, \ldots$$

$$b_n = \frac{n}{n+1}; \quad \langle b_n \rangle: \tfrac{1}{2}, \tfrac{2}{3}, \tfrac{3}{4}, \tfrac{4}{5}, \tfrac{5}{6}, \tfrac{6}{7}, \ldots$$

Man überlegt sich leicht, daß beide Zahlenfolgen konvergent sind.

$$\lim_{n\to\infty} 2 - \frac{1}{n} = 2$$

$$\lim_{n\to\infty} \frac{n}{n+1} = \lim_{n\to\infty} \left(1 - \frac{1}{n+1}\right) = \underline{\underline{1}}$$

Wir addieren die Glieder mit gleichem Index und erhalten eine neue Zahlenfolge $\langle a_n + b_n \rangle$. Wir können die Vermutung aussprechen, daß sie gegen die Zahl 3 konvergiert.

$$\begin{array}{llllllll}
\langle a_n \rangle: & 1, & 1\tfrac{1}{2}, & 1\tfrac{2}{3}, & 1\tfrac{3}{4}, & 1\tfrac{4}{5}, & 1\tfrac{5}{6}, & \ldots \\
\langle b_n \rangle: & \tfrac{1}{2}, & \tfrac{2}{3}, & \tfrac{3}{4}, & \tfrac{4}{5}, & \tfrac{5}{6}, & \tfrac{6}{7}, & \ldots \\
\hline
\langle a_n + b_n \rangle: & 1\tfrac{1}{2}, & 2\tfrac{1}{6}, & 2\tfrac{5}{12}, & 2\tfrac{11}{20}, & 2\tfrac{19}{30}, & 2\tfrac{29}{42}, & \ldots
\end{array}$$

Für das allgemeine Glied $a_n + b_n$ ergibt sich:

$$\begin{aligned} a_n + b_n &= 2 - \frac{1}{n} + 1 - \frac{1}{n+1} \\ &= 3 - \frac{1}{n} - \frac{1}{n+1} \end{aligned}$$

Wir erkennen, daß die neue Zahlenfolge tatsächlich gegen die Zahl 3 konvergiert.

$$\lim_{n\to\infty} \left(3 - \frac{1}{n} - \frac{1}{n+1}\right) = \underline{\underline{3}}$$

Dies ist aber genau die Summe der beiden Grenzwerte von $\langle a_n \rangle$ und $\langle b_n \rangle$. Die Summe der Grenzwerte ist gleich dem Grenzwert der Folge, die durch Addition der Glieder mit gleichem Index entsteht.

$$\begin{aligned} &\lim_{n\to\infty} \left(2 - \frac{1}{n}\right) + \lim_{n\to\infty} \left(\frac{n}{n+1}\right) \\ &= \lim_{n\to\infty} \left[\left(2 - \frac{1}{n}\right) + \left(\frac{n}{n+1}\right)\right] \end{aligned}$$

Der im Beispiel dargestellte Sachverhalt läßt sich verallgemeinern.

Satz:

Der Grenzwert der Summe zweier konvergenter Zahlenfolgen $\langle a_n \rangle$ und $\langle b_n \rangle$ ist gleich der Summe der Einzelgrenzwerte von $\langle a_n \rangle$ und $\langle b_n \rangle$.

$$\begin{aligned} &\lim_{n\to\infty} a_n = a \wedge \lim_{n\to\infty} b_n = b \\ \Rightarrow \textbf{1.}\ &\lim_{n\to\infty} (a_n + b_n) = \lim_{n\to\infty} a_n + \lim_{n\to\infty} b_n \\ &\qquad\qquad\qquad = \quad a \quad + \quad b \end{aligned}$$

Beweis:

Wir nehmen an, daß eine beliebige Zahl $\varepsilon > 0$ vorgegeben ist. Wir müssen dann eine Zahl n_ε bestimmen, so daß gilt:

$$|(a_n+b_n)-(a+b)|<\varepsilon \quad \text{für } n>n_\varepsilon.$$

Der Betragsterm läßt sich mit Hilfe der Dreiecksungleichung abschätzen; für reelle Zahlen gilt: $|x-y| \le |x| + |y|$.

$$|(a_n+b_n)-(a+b)|$$
$$= |(a_n-a)+(b_n-b)| \le |a_n-a|+|b_n-b|$$

Wir finden wegen der Konvergenz von $\langle a_n \rangle$ und $\langle b_n \rangle$ eine Zahl n_ε so, daß gilt:

$$\left.\begin{array}{l} |a_n-a|<\frac{\varepsilon}{2} \\ |b_n-b|<\frac{\varepsilon}{2} \end{array}\right\} \text{für } n>n_\varepsilon$$

Daraus folgt dann sofort die Ungleichung, deren Richtigkeit zu zeigen ist.

$$|a_n-a|+|b_n-b|<\frac{\varepsilon}{2}+\frac{\varepsilon}{2}=\varepsilon$$

Praktisch ergibt sich n_ε als die größere der beiden Zahlen $n_{1\varepsilon}$ und $n_{2\varepsilon}$, die man aufgrund der Konvergenz von $\langle a_n \rangle$ bzw. $\langle b_n \rangle$ bestimmen kann.

$$|a_n-a|<\frac{\varepsilon}{2} \quad \text{für } n>n_{1\varepsilon}$$

$$|b_n-b|<\frac{\varepsilon}{2} \quad \text{für } n>n_{2\varepsilon}$$

Wie für die Summe gibt es auch für die anderen Rechenoperationen Grenzwertsätze. Auf die Beweise wollen wir verzichten, sie erfolgen ähnlich wie bei der Summe.

Satz:

Wenn die beiden Zahlenfolgen $\langle a_n \rangle$ bzw. $\langle b_n \rangle$ für $n \to \infty$ gegen a bzw. b konvergieren, dann konvergieren auch ihre Differenzen, Produkte und Quotienten, und zwar gegen die Differenz bzw. das Produkt bzw. den Quotienten von a und b; beim Quotienten müssen alle Folgenglieder und der Grenzwert der Nennerfolge ungleich Null sein.

$$\lim_{n\to\infty} a_n = a \wedge \lim_{n\to\infty} b_n = b$$

$$\Rightarrow \textbf{2.} \quad \lim_{n\to\infty}(a_n-b_n) = \lim_{n\to\infty} a_n - \lim_{n\to\infty} b_n = a-b$$

$$\Rightarrow \textbf{3.} \quad \lim_{n\to\infty}(a_n \cdot b_n) = \lim_{n\to\infty} a_n \cdot \lim_{n\to\infty} b_n = a \cdot b$$

$$\Rightarrow \textbf{4.} \quad \lim_{n\to\infty} \frac{a_n}{b_n} = \frac{\lim\limits_{n\to\infty} a_n}{\lim\limits_{n\to\infty} b_n} = \frac{a}{b}; \; b_n, b \neq 0$$

Ferner gilt:

$$\textbf{5.} \quad \lim_{n\to\infty} c = c$$

Beispiele:

Bestimmen Sie mit Hilfe der Grenzwertsätze die Grenzwerte folgender Zahlenfolgen:

a) $n \mapsto \frac{2}{n^2}$

b) $n \mapsto 3 - \frac{3}{n^2}$

c) $n \mapsto \frac{2n+1}{7+n^2}$

d) $n \mapsto 1 + n + n^2 + n^3$

e) $n \mapsto \frac{-n^2+4n+4}{5n^2-7n+1}$

f) $n \mapsto \frac{7n^3+2n^2+3n-1}{4n^2+20n+5}$

g) $n \mapsto \frac{\sqrt{n}-n}{\sqrt{2n^3}}$

Lösung:

a) Der Grenzwert von $n \longmapsto \frac{2}{n^2}$ wird bestimmt, indem wir die einzelnen Grenzwerte der zerlegten Zahlenfolge $n \longmapsto 2 \cdot \frac{1}{n^2}$ bestimmen und diese multiplizieren (3. Grenzwertsatz).

$$\lim_{n\to\infty} \frac{2}{n^2} = \lim_{n\to\infty} \left(2 \cdot \frac{1}{n^2}\right) = \lim_{n\to\infty} 2 \cdot \lim_{n\to\infty} \frac{1}{n^2} = 2 \cdot 0 = \underline{\underline{0}}$$

b) Die Zahlenfolge $n \longmapsto 3 - \frac{3}{n^2}$ wird mit Hilfe des 2. Grenzwertsatzes in eine konstante *Teilfolge* und eine Nullfolge zerlegt.

$$\lim_{n\to\infty} \left(3 - \frac{3}{n^2}\right) = \lim_{n\to\infty} 3 - \lim_{n\to\infty} \frac{3}{n^2} = 3 - 0 = \underline{\underline{3}}$$

c) Bei Zahlenfolgen, deren Bildungsgesetz ein Bruchterm ist, können wir den Grenzwert dadurch berechnen, daß wir Zähler und Nenner durch die höchste im Bruchterm vorkommende Potenz von n dividieren. Dabei gehen alle im Zähler und Nenner vorkommenden Terme der Form $\frac{c}{n^k}$ für $n \longrightarrow \infty$ gegen Null.

$$\lim_{n\to\infty} \frac{2n+1}{7+n^2} = \lim_{n\to\infty} \frac{\frac{2n}{n^2} + \frac{1}{n^2}}{\frac{7}{n^2} + \frac{n^2}{n^2}} = \lim_{n\to\infty} \frac{\frac{2}{n} + \frac{1}{n^2}}{\frac{7}{n^2} + 1}$$

$$\lim_{n\to\infty} \frac{2}{n} = \lim_{n\to\infty} \frac{1}{n^2} = \lim_{n\to\infty} \frac{7}{n^2} = 0$$

$$\lim_{n\to\infty} \frac{\frac{2}{n} + \frac{1}{n^2}}{\frac{7}{n} + 1} = \frac{0+0}{0+1} = \underline{\underline{0}}$$

d) Die Summanden liefern divergente Zahlenfolgen, so daß die Voraussetzungen der Grenzwertsätze nicht erfüllt sind. Man überlegt sich jedoch leicht, daß die zu betrachtende Summe divergieren muß.

$\lim_{n\to\infty} (1 + n + n^2 + n^3)$

$a_n = 1$ *Konvergenz*
$b_n = n$ *Divergenz*
$c_n = n^2$ *Divergenz*
$d_n = n^3$ *Divergenz*
$\lim_{n\to\infty} (a_n + b_n + c_n + d_n)$ *existiert nicht*

e) Durch Division einer jeden einzelnen Teilfolge durch die höchste vorkommende Potenz von n erhalten wir den Grenzwert von $\langle a_n \rangle$.

Es gilt: $\lim\limits_{n\to\infty} \frac{4}{n} = 0$; $\lim\limits_{n\to\infty} \frac{4}{n^2} = 0$

$\lim\limits_{n\to\infty} \left(-\frac{7}{n}\right) = 0$; $\lim\limits_{n\to\infty} \frac{1}{n^2} = 0$

$$\lim_{n\to\infty} \frac{-n^2+4n+4}{5n^2-7n+1} = \lim_{n\to\infty} \frac{\frac{-n^2}{n^2}+\frac{4n}{n^2}+\frac{4}{n^2}}{\frac{5n^2}{n^2}-\frac{7n}{n^2}+\frac{1}{n^2}}$$

$$= \lim_{n\to\infty} \frac{-1+\frac{4}{n}+\frac{4}{n^2}}{5-\frac{7}{n}+\frac{1}{n^2}}$$

$$= \frac{-1+0+0}{5-0+0} = \underline{\underline{-\frac{1}{5}}}$$

f) Wir wenden das gleiche Verfahren wie in Beispiel c) und e) an. Dabei erkennen wir, daß ein Grenzwert im Zähler ungleich Null ist, alle anderen Grenzwerte sind Null.

Der Grenzwertsatz 1 kann zwar noch angewendet werden, aber Grenzwertsatz 4 gilt nicht für den Quotienten $\frac{7}{0}$. Man überlegt jedoch leicht, daß hier Divergenz vorliegt.

$$\lim_{n\to\infty} \frac{7n^3+2n^2+3n-1}{4n^2+20n+5} = \lim_{n\to\infty} \frac{\frac{7n^3}{n^3}+\frac{2n^2}{n^3}+\frac{3n}{n^3}-\frac{1}{n^3}}{\frac{4n^2}{n^3}+\frac{20n}{n^3}+\frac{5}{n^3}}$$

$$= \lim_{n\to\infty} \frac{7+\frac{2}{n}+\frac{3}{n^2}-\frac{1}{n^3}}{\frac{4}{n}+\frac{20}{n^2}+\frac{5}{n^3}}$$

$$= \frac{7+0+0+0}{0+0+0} = \frac{7}{0}$$

keine Konvergenz, sondern Divergenz

g) Auch bei dieser Zahlenfolge wenden wir das gleiche Verfahren wie unter c), e) und f) an. Durch Umformen erhalten wir zwei Nullfolgen.

$$\lim_{n\to\infty} \frac{\sqrt{n}-n}{\sqrt{2n^3}} = \lim_{n\to\infty} \frac{\frac{n^{\frac{1}{2}}}{n^{\frac{3}{2}}}-\frac{n}{n^{\frac{3}{2}}}}{\sqrt{2}\cdot\frac{n^{\frac{3}{2}}}{n^{\frac{3}{2}}}}$$

$$= \lim_{n\to\infty} \frac{\frac{1}{n}-\frac{1}{\sqrt{n}}}{\sqrt{2}}$$

$$= \lim_{n\to\infty} \left(\frac{1}{\sqrt{2}\cdot n}-\frac{1}{\sqrt{2}\cdot\sqrt{n}}\right)$$

$$= \lim_{n\to\infty} \frac{1}{\sqrt{2}\cdot n} - \lim_{n\to\infty} \frac{1}{\sqrt{2}\cdot\sqrt{n}} = 0$$

$$\Rightarrow \lim_{n\to\infty} \frac{\sqrt{n}-n}{\sqrt{2n^3}} = \underline{\underline{0}}$$

Anmerkung:

Ein sehr wichtiger Grenzwert ist der Grenzwert e = 2,71828 ... (eine transzendent irrationale Zahl). Der Beweis ist sehr umfangreich und soll hier nicht gebracht werden.

$$\boxed{\lim_{n\to\infty} \left(1+\frac{1}{n}\right)^n = \mathrm{e}} \qquad n \in \mathbb{N}^*$$

Übungen	8.2

Grenzwerte und Grenzwertsätze von Zahlenfolgen

1. Gegeben ist die Zahl $g = -1$

a) Geben Sie die Umgebung von g für $\varepsilon = 0{,}25$ an $(U_{0,25}(-1))$.

b) Welche Zahlen gehören zur Umgebung links von g für $\varepsilon = 0{,}75$?

c) Welche Zahlen gehören zur Umgebung rechts von g für $\varepsilon = 0{,}9$?

d) Stellen Sie fest, ob die Zahl $a_n = -2{,}75$ in der Umgebung $U_3(-1)$ liegt.

2. Geben Sie die offenen Intervalle folgender Umgebungen an:

a) $U_{0,1}(3)$ **b)** $U_{2,5}(\sqrt{10})$ **c)** $U_{0,05}(-3{,}14)$ **d)** $U_{17}(-155)$

Veranschaulichen Sie sich die Umgebung rechts bzw. links von g mit Hilfe von Graphen.

3. Ab welcher Zahl n_ε fallen alle Glieder folgender Zahlenfolgen in die ε-Umgebung von g für $\varepsilon = \frac{1}{10}$:

a) $n \mapsto \dfrac{n+1}{2n}$ **b)** $n \mapsto \dfrac{3n-2}{3n}$ **c)** $n \mapsto \dfrac{2-2n}{n+1}$

d) $n \mapsto \dfrac{n}{n-1}$; $n \neq 1$ **e)** $n \mapsto \dfrac{n^2-1}{n^2+1}$

4. Gegeben ist die Zahlenfolge $n \mapsto \dfrac{4n}{n^2-1}$.

a) Ist die Zahlenfolge beschränkt?

b) Wieviel Glieder der Zahlenfolge liegen außerhalb bzw. innerhalb der Umgebung $U_\varepsilon(g)$ für $\varepsilon = 0{,}1$ bzw. $\varepsilon = 0{,}02$?

5. Zeigen Sie unter Berücksichtigung der Definition des Grenzwertes, daß folgende Zahlenfolgen konvergent sind:

a) $n \mapsto \dfrac{n^2}{n^2+n}$ **b)** $n \mapsto \dfrac{2n}{4-n}$; $n \neq 4$ **c)** $n \mapsto \dfrac{10^2+n}{n^2}$

d) $n \mapsto \dfrac{\sqrt{n}-1}{\sqrt{n}+1}$ **e)** $n \mapsto \dfrac{3^n}{5^n}$

6. Geben Sie Zahlenfolgen mit folgenden Grenzwerten an:

a) $g = 1$ **b)** $g = 0$ **c)** $g = -2$ **d)** $g = 0{,}75$

7. Sind nachstehende Zahlenfolgen konvergent oder divergent? Geben Sie alle Häufungspunkte an und zeichnen Sie die Graphen in ein Koordinatensystem.

a) $n \mapsto (-1)^n \cdot \dfrac{1}{n^2}$ **b)** $n \mapsto \dfrac{n^2}{n+100^2}$

c) $n \mapsto \dfrac{2n^2}{3n + n^2}$ **d)** $n \mapsto (-1)^n \cdot \dfrac{2n+1}{n}$

e) $n \mapsto (-1)^n \cdot 3 + (-1)^{n+1} \cdot 3$ **f)** $n \mapsto (-2)^n \cdot \dfrac{1}{n^2}$

8. Zeigen Sie: Wenn die Zahlenfolge $\langle a_n \rangle$ gegen a konvergiert ($\lim\limits_{n \to \infty} a_n = a$), so konvergiert $|a_n - a|$ gegen Null.

9. Gegeben seien Zahlenfolgen $\langle a_n \rangle$ und $\langle b_n \rangle$ mit $a_n = \dfrac{3n}{n+1}$ und $b_n = \dfrac{2-2n}{n-1}$ ($\langle b_n \rangle$ ist nur für $n \neq 1$ definiert).
Bestimmen Sie die Grenzwerte von:

a) $\langle a_n + b_n \rangle$ **b)** $\langle a_n - b_n \rangle$ **c)** $\langle a_n \cdot b_n \rangle$ **d)** $\left\langle \dfrac{a_n}{b_n} \right\rangle$

10. Gegeben seien die Zahlenfolgen $\langle a_n \rangle$, $\langle b_n \rangle$, $\langle c_n \rangle$ und $\langle d_n \rangle$ mit

$a_n = \dfrac{2n-1}{n-1}$; $b_n = \dfrac{n}{3n-3}$; $c_n = \dfrac{2n}{n^2}$; $d_n = 4n - 10$.

Bestimmen Sie den Definitionsbereich! Welche der folgenden Folgen sind konvergent?

a) $\langle a_n + b_n \rangle$ **b)** $\langle b_n - c_n \rangle$ **c)** $\langle d_n \cdot b_n \rangle$ **d)** $\left\langle \dfrac{a_n}{c_n} \right\rangle$

e) $\left\langle \dfrac{b_n}{d_n} \right\rangle$ **f)** $\langle d_n \cdot c_n \rangle$

11. Berechnen Sie für $n \to \infty$ die Grenzwerte folgender Zahlenfolgen mit Hilfe der Grenzwertsätze:

a) $n \mapsto \dfrac{3n^2 - 4n + 4}{2n - 60}$ **b)** $n \mapsto \dfrac{70 + n}{n^2 - 5}$ **c)** $n \mapsto \dfrac{\sqrt{n} + n}{\sqrt{n} - n}$

d) $n \mapsto \dfrac{a + n^2}{a^2 - n^2}$ **e)** $n \mapsto \dfrac{4n^3 - 3n^2 - 5}{3n^4 - 160}$ **f)** $n \mapsto \dfrac{5n^2 - 3n + 4}{2n^2 + 4n}$

12. Zeigen Sie: Aus $\lim\limits_{n \to \infty} a_n = a$ folgt $\lim\limits_{n \to \infty} a_n^2 = a^2$.

13. Eine Folge $\langle a_n \rangle$ sei nach folgender Vorschrift gebildet: $a_1 = 117$ und $a_n = \sqrt{5 + a_{n-1}}$.

a) Berechnen Sie die ersten 5 Glieder der Folge!

b) Weisen Sie die Konvergenz nach, indem Sie zeigen, daß
– 2,5 eine untere Schranke ist (vollständige Induktion)
– die Folge monoton fällt (damit ist das erste Glied eine obere Schranke).
Daraus folgt dann Konvergenz.

8.3 Monotonie, Schranken und Grenzen von Funktionen

Monotonie

Betrachtet man den Graphen einer beliebigen Funktion, so kann er in einzelnen Intervallen ansteigen, fallen oder parallel zur x-Achse oder y-Achse verlaufen.

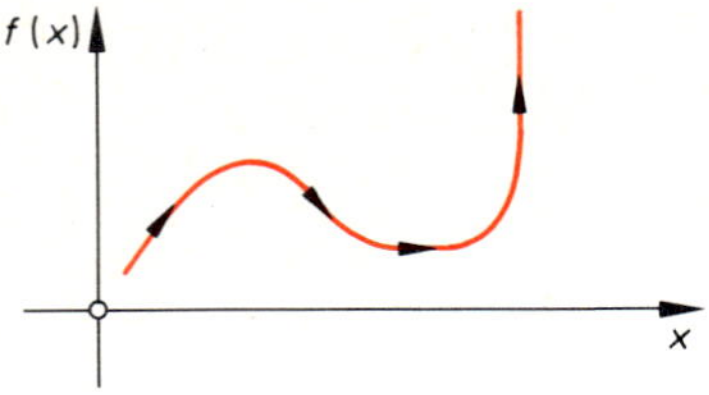

Definition:

a) *Ist in einem Definitionsintervall A einer Funktion für $x_2 > x_1$ stets $f(x_2) > f(x_1)$; $x_1, x_2 \in A$; so heißt die Funktion in diesem Intervall streng monoton steigend.*

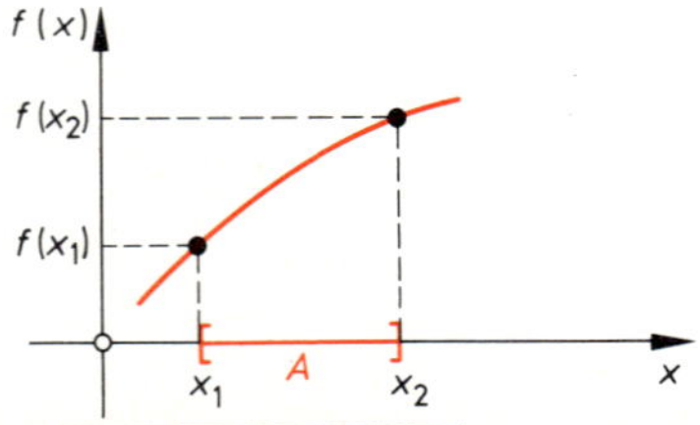

$$x_2 > x_1 \Rightarrow f(x_2) > f(x_1)$$ *streng monoton steigend*

b) *Ist in einem Definitionsintervall A einer Funktion für $x_2 > x_1$ stets $f(x_2) < f(x_1)$; $x_1, x_2 \in A$; so heißt die Funktion in diesem Intervall streng monoton fallend.*

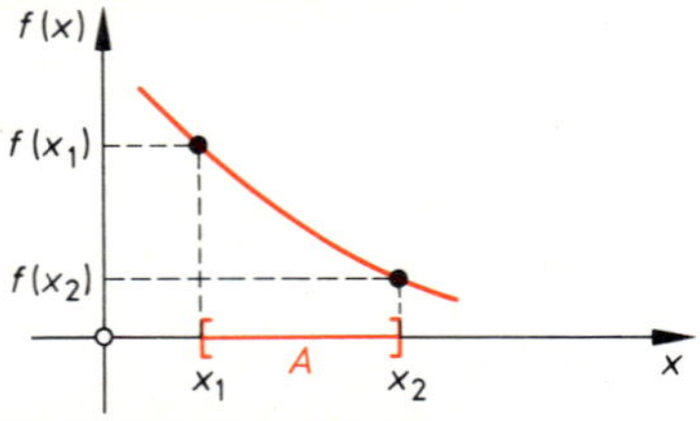

$$x_2 > x_1 \Rightarrow f(x_2) < f(x_1)$$ *streng monoton fallend*

Wird das Gleichheitszeichen zugelassen, so spricht man allgemein von Monotonie.

$$x_2 \geq x_1 \Rightarrow f(x_2) \geq f(x_1)$$ *monoton steigend*

$$x_2 \geq x_1 \Rightarrow f(x_2) \leq f(x_1)$$ *monoton fallend*

Beispiele:

a) Die Potenzfunktion $x \mapsto x^{2n}$; $x \in \mathbb{R}$; $n \in \mathbb{N}^*$, hat zwei Monotonieintervalle:

1. $-\infty < x \leq 0$

aus $x_2 > x_1 \Rightarrow f(x_2) < f(x_1)$
streng monoton fallend

2. $0 \leq x < +\infty$

aus $x_4 > x_3 \Rightarrow f(x_4) > f(x_3)$
streng monoton steigend

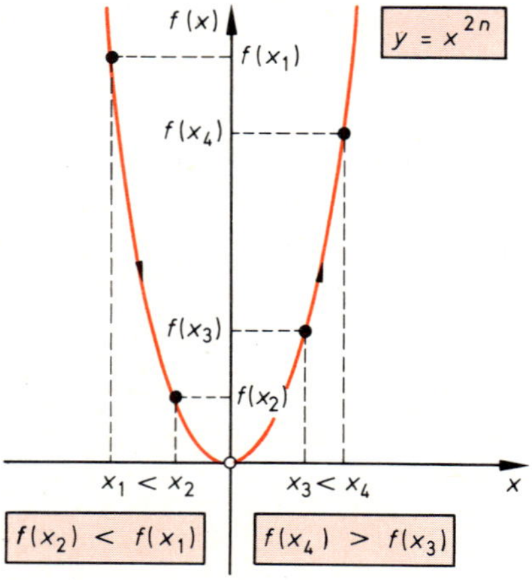

Diese Funktion ist abschnittsweise monoton.

b) Die Potenzfunktion $x \mapsto x^{2n+1}$; $x \in \mathbb{R}$; $n \in \mathbb{N}^*$ hat nur ein Monotonieintervall: alle reelle Zahlen.

$$-\infty < x < +\infty$$

aus $x_4 > x_1 \Rightarrow f(x_4) > f(x_1)$.

Die Funktion ist im ganzen Monotonieintervall streng monoton steigend.

Betrachtet man die zugehörigen Definitions- und Wertebereiche einer Funktion, so ist aus den Beispielen zu erkennen, daß eine Umkehrfunktion nur dann existiert, wenn die Funktion streng monoton ist.

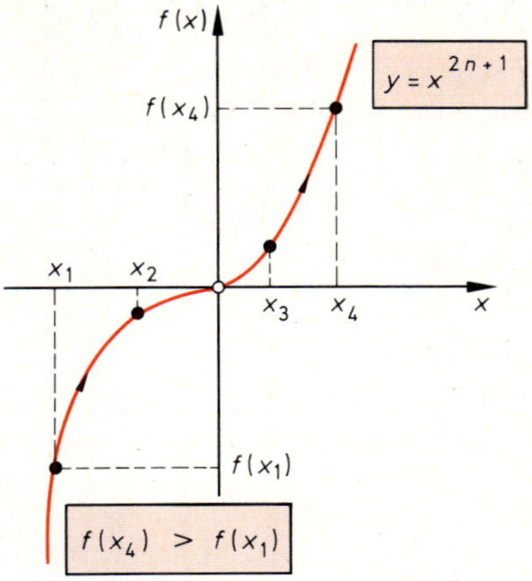

Satz:

Es gibt zu jeder streng monotonen Funktion eine Umkehrfunktion. Jede streng monotone Funktion ist bijektiv.

Schranken und Grenzen

Funktionen, deren Funktionswerte $f(x)$ in einem Intervall (x_1, x_2) eine Zahl S_o (obere Schranke) nicht überschreiten und eine Zahl S_u (untere Schranke) nicht unterschreiten, werden *„beschränkt"* genannt.

Definition:

1. *Eine Funktion f ist nach oben beschränkt, wenn es eine Zahl S_o gibt, so daß für alle x S_o größer oder gleich $f(x)$ ist. S_o heißt obere Schranke von f.*
2. *Eine Funktion f ist nach unten beschränkt, wenn es eine Zahl S_u gibt, so daß für alle x S_u kleiner oder gleich $f(x)$ ist. S_u heißt untere Schranke von f.*
3. *Eine Funktion f, die eine untere und eine obere Schranke hat, heißt beschränkt.*

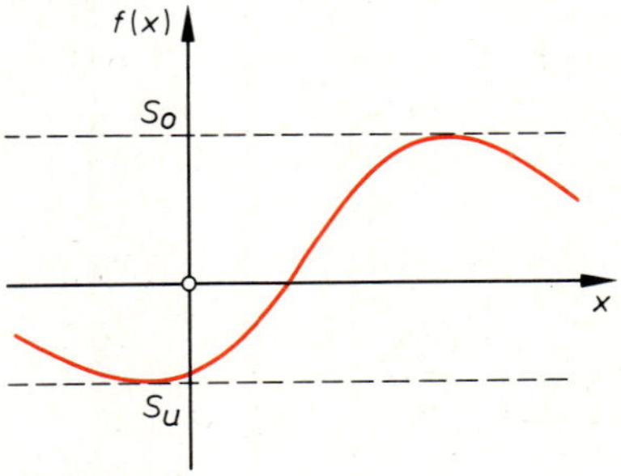

$S_o \geq f(x)$ $\quad x \in D(f)$

obere Schranke einer Funktion

$S_u \leq f(x)$ $\quad x \in D(f)$

untere Schranke einer Funktion

$S_u \leq f(x) \leq S_o$ $\quad x \in D(f)$

beschränkte Funktion

Diese Definitionen lassen zu, daß eine beschränkte Funktion unendlich viele untere und obere Schranken hat.

Definition:

1. *Die kleinste obere Schranke einer Funktion f heißt obere Grenze G_o (Supremum).*

$G_o \leq S_o$ *obere Grenze einer Funktion*

2. *Die größte untere Schranke einer Funktion f heißt untere Grenze G_u (Infimum).*

$G_u \geq S_u$ *untere Grenze einer Funktion*

Beispiele: Gegeben seien die Funktionen: **a)** $f\colon x \mapsto 2^x$ und **b)** $f\colon x \mapsto \dfrac{2x}{1+x^2}$

In welchem Intervall sind die Funktionen monoton?

Berechnen Sie, falls vorhanden, jeweils die untere Grenze S_u und die obere Grenze S_o.

Lösung:

a) Die Funktion f ist in jedem Intervall streng monoton steigend, denn die Funktionswerte werden mit größer werdendem Exponenten auch größer.

$x_2 > x_1 \Rightarrow 2^{x_2} > 2^{x_1};\ x \in \mathbb{R}$

f ist für alle $x \in \mathbb{R}$ streng monoton steigend

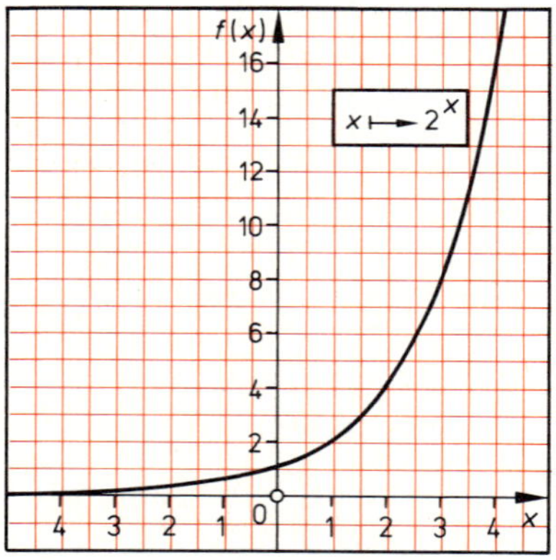

Da f mit zunehmendem x unbegrenzt wächst, hat f keine obere Schranke. Eine untere Schranke ist die Zahl Null. Sie ist sogar untere Grenze G_u. Denn zwischen jeder noch so kleinen Zahl $z > 0$ und 0 liegen stets noch Funktionswerte, so daß keine Zahl $z > 0$ untere Grenze sein kann.

nach oben unbeschränkt untere Grenze $G_u = 0$

b) Die Funktion f ist abschnittsweise monoton. Im Intervall I_1 ist f streng monoton steigend. In den Intervallen I_2 und I_3 ist f streng monoton fallend.

$x_2 > x_1 \Rightarrow f(x_2) > f(x_1)\colon\ I_1 = [-1, 1]$

$x_2 > x_1 \Rightarrow f(x_2) < f(x_1)\colon\ I_2 = (-\infty, -1]$

$I_3 = [1; \infty)$

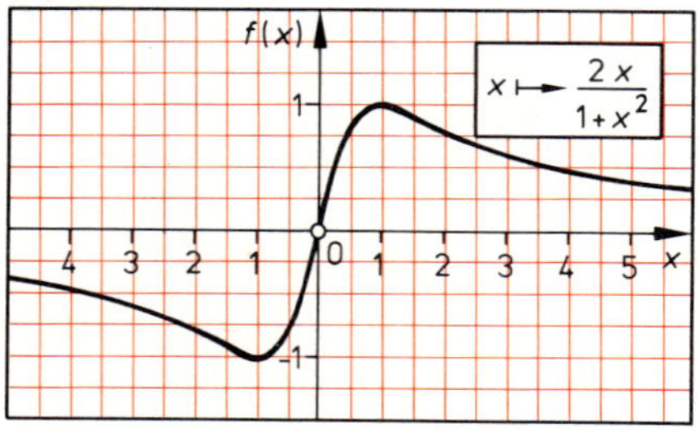

Obere Grenze G_o ist die Zahl 1, denn $f(x) = 1$ ist der größte Funktionswert.

Untere Grenze G_u ist die Zahl -1, denn $f(x) = -1$ ist der kleinste Funktionswert. Die Funktion f ist beschränkt.

$f(x) \leq G_o = 1$

$f(x) \geq G_u = -1$

$-1 \leq f(x) \leq 1$

Übungen	8.3

Monotonie, Schranken und Grenzen von Funktionen

1. Welche der Funktionen sind nach unten beschränkt, welche der Funktionen sind nach oben beschränkt?

a) $x \mapsto 2x^2 - 2$ **b)** $x \mapsto \frac{1}{x^2} + 2;\ x \neq 0$ **c)** $x \mapsto 3^x$

d) $x \mapsto \frac{1}{x^2 + 1}$ **e)** $x \mapsto x^3 - x$ **f)** $x \mapsto |x^2 - 4|$

2. Untersuchen Sie die Funktionen aus Übung 1 auf Monotonie. Unterscheiden Sie allgemeine Monotonie und strenge Monotonie.

3. Folgende Funktionen sind abschnittsweise monoton. Zeichnen Sie die Graphen und geben Sie die einzelnen Monotonieintervalle an.

a) $x \mapsto |x|$ **b)** $x \mapsto 4 - 4x^2$ **c)** $x \mapsto x^3 - \frac{x^2}{2}$

d) $x \mapsto \frac{1}{x^2 + 1}$ **e)** $x \mapsto \frac{2x}{x^2 + 2}$ **f)** $x \mapsto |x + 4| - 2x$

4. Bestimmen Sie für die in Übung 1 und Übung 3 angegebenen Funktionen die untere und obere Grenze.

8.4 Grenzwerte bei Funktionen

8.4.1 Grenzwert einer Funktion für $x \to \pm\infty$

Beispiel:

Gegeben ist die Funktion $f\colon x \mapsto \frac{x + 2}{x},\ x \in \mathbb{R}^*$

a) Zeichnen Sie den Graphen der Funktion mit Hilfe einer Wertetabelle.

b) Welchem Wert nähert sich die Funktion für sehr große Werte von x? Welchem für sehr kleines x?

Lösung:

a)

x	…	−100	−50	−6	−4	−2	−1	1	2	4	6	8	100	…
$f(x)$	…	0,98	0,96	$0,\overline{6}$	0,5	0	−1	3	2	1,5	$1,\overline{3}$	1,25	1,02	…

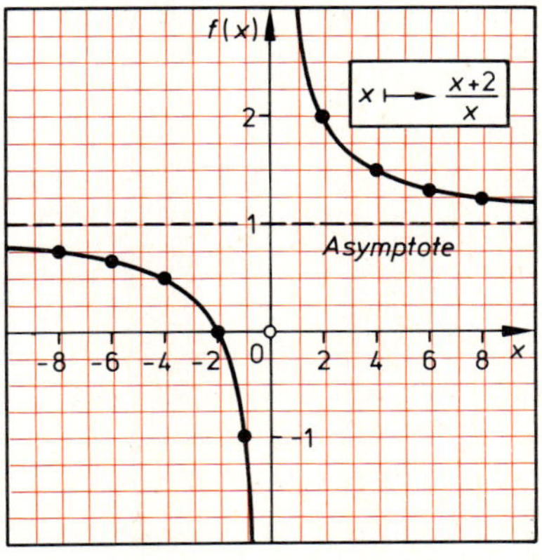

b) Anhand der Tabelle vermuten wir, daß für genügend große Werte x der Funktionswert beliebig nahe bei 1 liegt. Wie bei Zahlenfolgen bezeichnen wir die Zahl 1 als „Grenzwert". Wir sagen auch: Die Funktion f konvergiert für $x \to \infty$ gegen den Grenzwert 1. Für sehr kleine (negative) Zahlen x kommt $f(x)$ ebenfalls der Zahl 1 sehr nahe. Die Funktion f konvergiert für $x \to -\infty$ auch gegen den Grenzwert 1.

$$x \mapsto \frac{x+2}{x} \text{ bzw. } x \mapsto 1 + \frac{2}{x}$$

$f(x)$ liegt für große Zahlen x nahe bei 1

$$\lim_{x \to \infty} f(x) = \lim_{x \to \infty} 1 + \frac{2}{x} = \underline{\underline{1}}$$

$f(x)$ liegt für kleine Zahlen x nahe bei 1

$$\lim_{x \to -\infty} f(x) = \lim_{x \to -\infty} 1 + \frac{2}{x} = \underline{\underline{1}}$$

In der graphischen Darstellung ist zu erkennen, daß der Graph von f für große Zahlen x und für kleine Zahlen x „beliebig nahe" an die Gerade mit der Gleichung $g(x) = 1$ kommt. In solchen Fällen nennt man die Gerade g auch Asymptote von f, bzw. die Zahl g Grenzwert.

Definition:

a) *Eine Zahl g heißt Grenzwert der Funktion $f: x \mapsto f(x)$, wenn es zu jeder reellen Zahl $\varepsilon > 0$ eine Zahl x_ε gibt, so daß für $x > x_\varepsilon$ die Ungleichung $|f(x) - g| < \varepsilon$ erfüllt ist.*

Geschrieben: $\lim\limits_{x \to \infty} f(x) = g$

Gelesen: *Limes $f(x)$ für x gegen ∞ ist gleich g.*

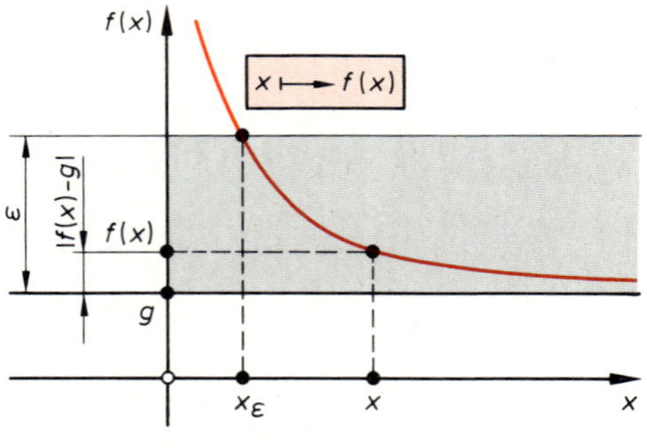

$|f(x) - g| < \varepsilon \quad$ *für* $x > x_\varepsilon$

b) *Analog heißt eine Zahl g auch Grenzwert der Funktion $f: x \mapsto f(x)$, wenn es zu jeder reellen Zahl $\varepsilon > 0$ eine Zahl x_ε gibt, so daß für $x < x_\varepsilon$ die Ungleichung $|f(x) - g| < \varepsilon$ erfüllt ist.*

Geschrieben: $\lim\limits_{x \to -\infty} f(x) = g$

Gelesen: *Limes $f(x)$ für x gegen $-\infty$ ist gleich g.*

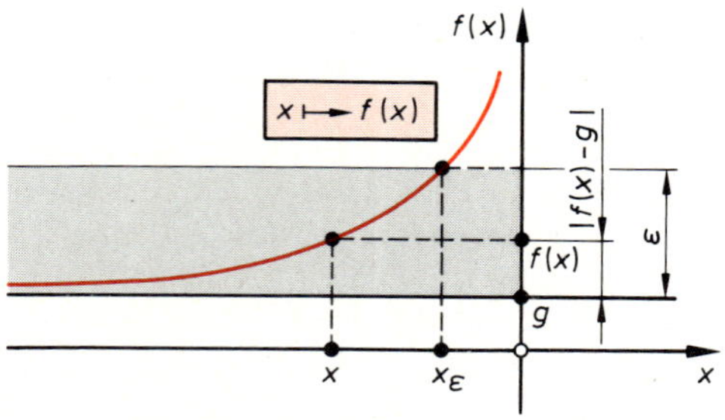

$|f(x) - g| < \varepsilon \quad$ *für* $x < x_\varepsilon$

Beispiel:

Gegeben sei die Funktion $x \longmapsto f(x)$ mit $f(x) = \frac{2x^2}{x^2+1}$.

a) Bestimmen Sie $\lim\limits_{x\to\infty} f(x)$ bzw. $\lim\limits_{x\to-\infty} f(x)$.

b) Bestimmen Sie den Grenzwert g der Funktion durch vorhergehendes Umformen des Funktionsterms.

c) Von welchem $x_\varepsilon > 0$ an liegen alle Funktionswerte im Intervall $(g - \varepsilon, g)$ für $\varepsilon = 0{,}03$?

d) Zeichnen Sie den Graphen der Funktion.

Lösung:

a) $\lim\limits_{x\to\infty} f(x)$ läßt sich nicht direkt bestimmen. Wir stellen deshalb zunächst eine Wertetabelle auf.

$$\lim_{x\to\infty} \frac{2x^2}{x^2+1} \blacktriangleright \frac{\infty}{\infty} \quad \textit{nicht direkt bestimmbar}$$

x	0	1	2	3	4	10	100	…
$f(x)$	0	1	1,6	1,8	1,88	1,98	1,9998	…

Die Wertetabelle läßt vermuten, daß $g = 2$ Grenzwert ist. Nach Definition muß nun zu jeder Zahl $\varepsilon > 0$ eine Zahl x_ε gefunden werden, so daß gilt:

$$|f(x) - g| < \varepsilon \quad \text{für } x > x_\varepsilon.$$

$$\lim_{x\to\infty} \frac{2x^2}{x^2+1} = 2 \quad \textit{vermutet}$$

Wir formen die Ungleichung äquivalent um und bestimmen so x_ε. Wir erhalten zunächst die Ungleichung $x^2 > \frac{2}{\varepsilon} - 1$. Sie ist für $\varepsilon > 2$ stets erfüllt, so daß in diesem Fall x_ε beliebig wählbar ist. Für $\varepsilon \leq 2$ erhalten wir $x_\varepsilon = \sqrt{\frac{2}{\varepsilon} - 1}$.

$$\left|\frac{2x^2}{x^2+1} - 2\right| < \varepsilon$$

$$\Leftrightarrow \left|\frac{2x^2 - 2x^2 - 2}{x^2+1}\right| < \varepsilon$$

$$\Leftrightarrow \left|-\frac{2}{x^2+1}\right| < \varepsilon$$

$$\Leftrightarrow \frac{2}{\varepsilon} - 1 < x^2$$

Wir haben also gezeigt:

$$\varepsilon > 0 \wedge x > x_\varepsilon = \sqrt{\frac{2}{\varepsilon} - 1}$$

$$\Rightarrow \left|\frac{2x^2}{x^2+1} - 2\right| < \varepsilon$$

Zur Veranschaulichung berechnen wir ein Zahlenbeispiel. Aus $\varepsilon = 0{,}01$ folgt $x_\varepsilon = 14{,}106$.

$$\varepsilon = 0{,}01 \wedge x > 14{,}106 \Rightarrow \left|\frac{2x^2}{x^2+1} - 2\right| < 0{,}01$$

$$x = 15 \Rightarrow 0{,}0088 < 0{,}01$$

$$x = 30 \Rightarrow 0{,}0022 < 0{,}01$$

$$x = 100 \Rightarrow 0{,}00019 < 0{,}01$$

Wir erkennen also, daß $g = 2$ Grenzwert für $x \longrightarrow \infty$ ist.

$$\lim_{x\to\infty} f(x) = 2$$

Es gilt: $\frac{2x^2}{x^2+1} = \frac{2(-x)^2}{(-x)^2+1}$.

Die Funktion f ist achsensymmetrisch, und die obigen Überlegungen gelten auch für $x \longrightarrow -\infty$.

$$\lim_{x\to-\infty} f(x) = 2$$

b) Die Grenzwertsätze, die für Folgen gelten, sind in analoger Weise für Funktionen allgemein gültig. Wir wollen dies hier noch nicht näher ausformulieren, sondern lediglich an diesem einen Beispiel anschaulich überprüfen. Nach Kürzen durch x^2 und Anwenden entsprechender Sätze erhalten wir in der Tat als Grenzwerte $g = 2$.

$$\lim_{x \to \infty} \frac{2x^2}{x^2+1} = \lim_{x \to \infty} \frac{2}{1 + \frac{1}{x^2}}$$

$$= \frac{\lim\limits_{x \to \infty} 2}{\lim\limits_{x \to \infty} 1 + \lim\limits_{x \to \infty} \frac{1}{x^2}}$$

$$= \frac{2}{1+0} = \underline{\underline{2}}$$

Analog: $\lim\limits_{x \to -\infty} \frac{2x^2}{x^2+1} = \underline{\underline{2}}$

c) Aus der Gleichung $x_\varepsilon = \sqrt{\frac{2}{\varepsilon} - 1}$, die wir in a) bestimmt haben, lassen sich die Zahlen $x_{0,03}$ und $-x_{0,03}$ bestimmen, ab denen $|f(x) - 2| < 0{,}03$ gilt.
Da die Zahl 2 obere Schranke von f ist, gilt für $x > x_{0,03}$ und $x < -x_{0,03}$ sogar $2 - f(x) < 0{,}03$ bzw. $f(x) \in (1{,}97; 2)$.

$$x_{0,03} = \sqrt{\frac{2}{0{,}03} - 1}$$

$$x_{0,03} = 8{,}103$$

$$-x_{0,03} = -8{,}103$$

$f(x) \in (1{,}97; 2)$ *für* $x > 8{,}103$
und $x < -8{,}103$

d) Wir zeichnen den Graphen mit Hilfe der Wertetabelle aus **a)** und unter Ausnutzung der Achsensymmetrie.

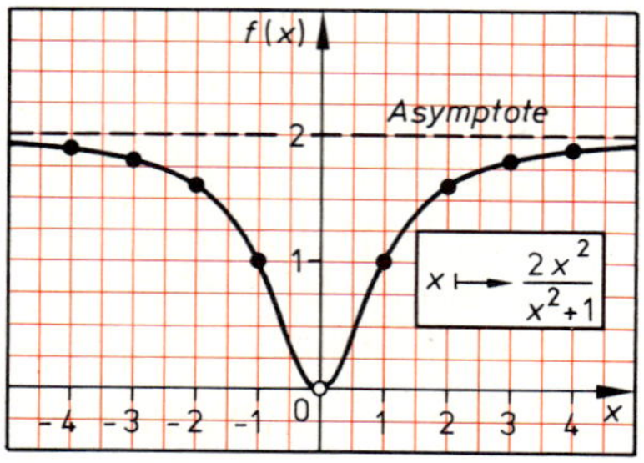

Beispiel:

Gegeben ist die Funktion $f: x \longmapsto \frac{x^2+3}{2x}$, $x \in \mathbb{R}^*$.

a) Zeichnen Sie den Graphen der Funktion.

b) Bestimmen Sie $\lim\limits_{x \to \infty} f(x)$ bzw. $\lim\limits_{x \to -\infty} f(x)$.

Lösung: **a)**

x	$\pm 0{,}5$	± 1	$\pm\sqrt{3}$	± 2	± 3	± 4	± 20	± 100	...
$f(x)$	$\pm 3{,}25$	± 2	$\pm\sqrt{3}$	$\pm 1{,}75$	± 2	$\pm 2{,}375$	± 10	± 50	...

Aus der Tabelle kann man erkennen, daß von einer bestimmten Stelle an $f(x)$ unbegrenzt wächst, wenn x sehr groß wird ($x \to \infty$) bzw. $f(x)$ sehr klein wird, wenn x sehr klein wird ($x \to -\infty$). An der Stelle Null hat die Funktion eine Unendlichkeitsstelle.

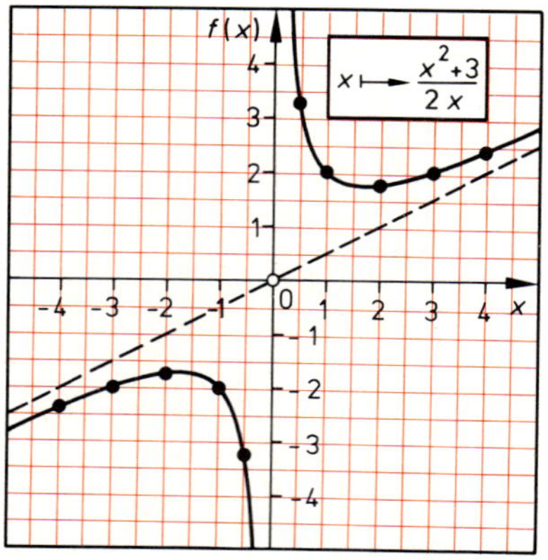

b) Für $x \to \infty$ werden die Funktionswerte größer als jede beliebig vorgegebene Zahl. Für $x \to -\infty$ werden die Funktionswerte kleiner als jede noch so kleine vorgegebene Zahl. Man sagt:
Die Funktion hat die „uneigentlichen" Grenzwerte ∞ und $-\infty$.

$$\lim_{x\to\infty} \frac{x^2+3}{2x} = \infty$$
$$\lim_{x\to-\infty} \frac{x^2+3}{2x} = -\infty$$
uneigentliche Grenzwerte

Definition:

Eine Funktion hat den uneigentlichen Grenzwert ∞, geschrieben: $\lim\limits_{x\to\infty} f(x) = \infty$, wenn für jede Zahl $M \in \mathbb{R}_+$ eine Zahl $K \in \mathbb{R}_+$ existiert, so daß gilt:

$$x > K \Rightarrow f(x) > M,$$

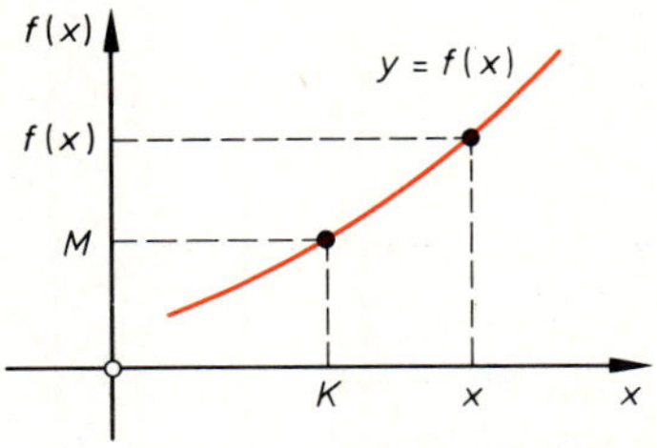

$x > K \Rightarrow f(x) > M$ $\quad$ $\lim\limits_{x\to\infty} f(x) = \infty$

Definition:

Eine Funktion hat den uneigentlichen Grenzwert $-\infty$, geschrieben: $\lim\limits_{x\to\infty} f(x) = -\infty$, wenn für jede Zahl $M \in \mathbb{R}_-$ eine Zahl $K \in \mathbb{R}_+$ existiert, so daß gilt:

$$x > K \Rightarrow f(x) < M.$$

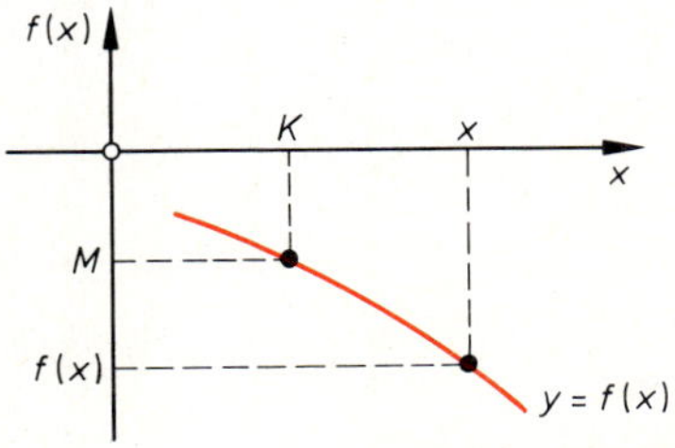

$x > K \Rightarrow f(x) < M$ $\quad$ $\lim\limits_{x\to\infty} f(x) = -\infty$

Definition:

Eine Funktion hat den uneigentlichen Grenzwert ∞, geschrieben: $\lim\limits_{x\to-\infty} f(x) = \infty$, wenn für jede Zahl $M \in \mathbb{R}_+$ eine Zahl $K \in \mathbb{R}_-$ existiert, so daß gilt:

$$x < K \Rightarrow f(x) > M.$$

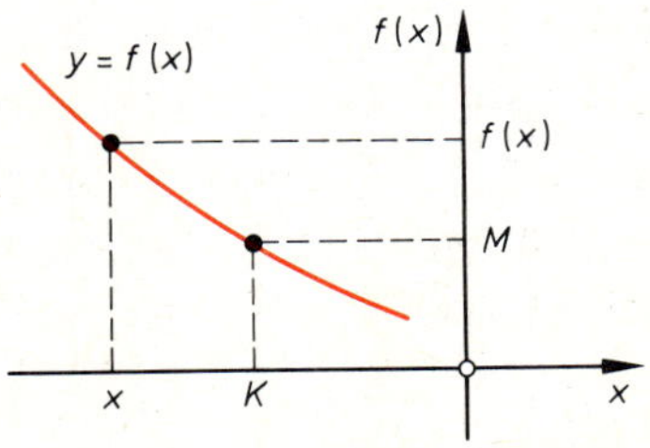

$x < K \Rightarrow f(x) > M$ $\quad$ $\lim\limits_{x\to-\infty} f(x) = \infty$

Definition:

Eine Funktion hat den uneigentlichen Grenzwert $-\infty$, *geschrieben:* $\lim_{x \to -\infty} f(x) = -\infty$, *wenn für jede Zahl* $M \in \mathbb{R}_-$ *eine Zahl* $K \in \mathbb{R}_-$ *existiert, so daß gilt:*

$$x < K \Rightarrow f(x) < M.$$

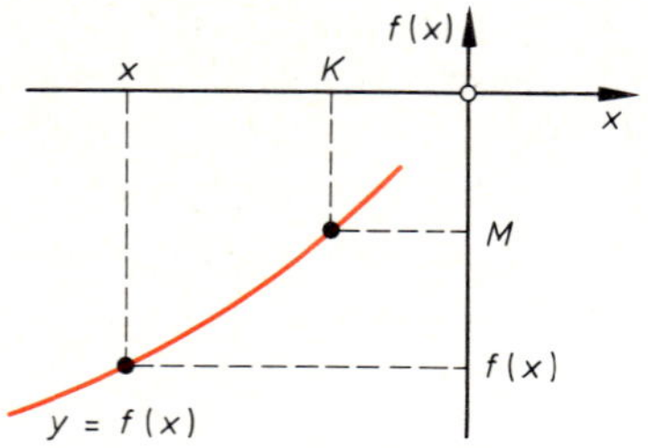

$x < K \Rightarrow f(x) < M$ $\lim_{x \to -\infty} f(x) = -\infty$

Beispiel:

Gegeben sei die Funktion $f\colon x \mapsto \dfrac{3x^3 + 2x}{x^2}$; $x \in \mathbb{R}^*$. Bestimmen Sie $\lim_{x \to \infty} f(x)$ und $\lim_{x \to -\infty} f(x)$!

Lösung:

Da $x \neq 0$, können wir den Term der Funktionsgleichung mit Kürzen durch x^2 vereinfachen. Es ist nun leicht, zu jeder beliebig großen Zahl M eine Zahl K zu finden, so daß $f(x) > M$ für $x > K$ gilt. Da wir das Verhalten von f für große x-Werte untersuchen, kann $M > 1$ vorausgesetzt werden.

$$f(x) = \frac{3x^3 + 2x}{x^2} = 3x + \frac{2}{x}$$

gefordert: $3x + \dfrac{2}{x} > M, \quad M > 1$

erfüllt beispielsweise für $x > \frac{1}{2}M$,

also reicht $K = M$.

Es gilt also:

$$\lim_{x \to \infty} \frac{3x^3 + 2x}{x^2} = \underline{\underline{\infty}}$$

Analog läßt sich zeigen:

$$\lim_{x \to -\infty} \frac{3x^2 + 2x}{x^2} = \underline{\underline{-\infty}}$$

8.4.2 Grenzwert einer Funktion für $x \to x_0$

Neben dem Verhalten einer Funktion für $x \to \pm\infty$ möchten wir auch wissen, was die Stellen bedeuten, an denen die Funktionen nicht eindeutig definiert sind. Dieses Problem sei an Beispielen verdeutlicht.

Beispiel:

Gegeben sei die Funktion:

$$f\colon x \mapsto \frac{x^2 - 1}{x - 1}$$

Wegen $D(f) = \mathbb{R} \setminus \{1\}$, ist die Funktion an der Stelle $x_0 = 1$ nicht definiert.

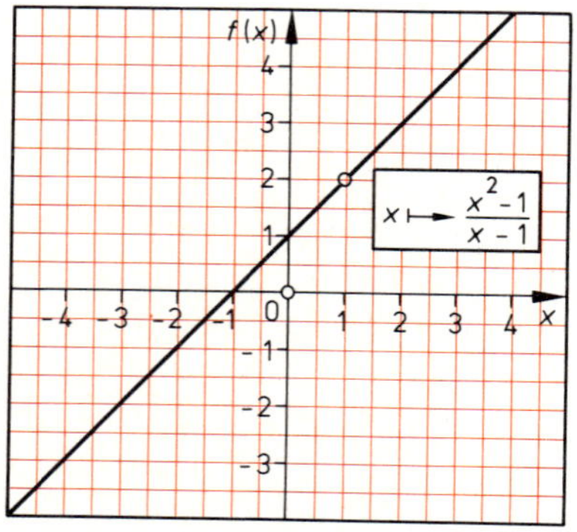

Um zu untersuchen, wie sich die Funktion bei Annäherung an die Stelle $x_0 = 1$ verhält, betrachten wir eine Zahlenfolge $\langle x_n \rangle$ die von rechts und eine Zahlenfolge $\langle \bar{x}_n \rangle$ die von links gegen eins strebt. Die Glieder der Folgen liegen im Definitionsbereich von f.

$$x_n = 1 + \frac{1}{n}; \quad \langle x_n \rangle\colon\ 2, 1\tfrac{1}{2}, 1\tfrac{1}{3}, 1\tfrac{1}{4}, 1\tfrac{1}{5}, \ldots$$

$$x_n \neq 1,\ x_n \in D(f), \quad \lim_{n\to\infty} 1 + \frac{1}{n} = 1$$

$$\bar{x}_n = 1 - \frac{1}{n}; \quad \langle \bar{x}_n \rangle\colon\ 0, \tfrac{1}{2}, \tfrac{2}{3}, \tfrac{3}{4}, \tfrac{4}{5}, \ldots$$

$$\bar{x}_n \neq 1,\ \bar{x}_n \in D(f), \quad \lim_{n\to\infty} 1 - \frac{1}{n} = 1$$

Setzen wir in $f(x) = \dfrac{x^2 - 1}{x - 1}$ für alle x die Folgeglieder von $\langle x_n \rangle$ ein, so erhalten wir eine Folge $\langle f(x_n) \rangle$ von Funktionswerten, die in $W(f)$ liegen.

$$y = f(x) \quad \textit{für} \ x = x_n$$
$$\Rightarrow \langle f(x_n) \rangle \subset W(f) \quad \textit{oder} \quad (x_n, f(x_n)) \in f$$

$$f(x_n) = \frac{x_n^2 - 1}{x_n - 1} = \frac{\left(1 + \frac{1}{n}\right)^2 - 1}{1 + \frac{1}{n} - 1} = 2 + \frac{1}{n}$$

Für die Folgeglieder $\bar{x}_n$ der anderen Folge $\langle \bar{x}_n \rangle$, gilt analog das Gleiche.

$$y = f(x) \quad \textit{für} \ x = \bar{x}_n$$
$$\Rightarrow \langle f(\bar{x}_n) \rangle \subset W(f) \quad \textit{oder} \quad (\bar{x}_n, f(\bar{x}_n)) \in f$$

$$f(\bar{x}_n) = \frac{\bar{x}_n^2 - 1}{\bar{x}_n - 1} = \frac{\left(1 - \frac{1}{n}\right)^2 - 1}{1 - \frac{1}{n} - 1} = 2 - \frac{1}{n}$$

Wir sind jetzt in der Lage, das Verhalten der Funktion f in der Umgebung von $x_0 = 1$ auf das Verhalten der beiden Zahlenfolgen $\langle f(x_n) \rangle$ und $\langle f(\bar{x}_n) \rangle$ zurückzuführen.

Wir bilden für diese beiden Zahlenfolgen die Grenzwerte; beide Grenzwerte stimmen überein. Wir wollen die so ermittelten Grenzwerte von rechts bzw. von links als rechts- bzw. als linksseitigen Grenzwert der Funktion f an der Stelle x_0 bezeichnen und wie nebenstehend schreiben.

$x \to 1 \wedge x > 1$: *x geht von rechts gegen* 1
$x \to 1 \wedge x < 1$: *x geht von links gegen* 1

$$\lim_{n\to\infty} \left(2 + \frac{1}{n}\right) = 2$$

$$\lim_{n\to\infty} \left(2 - \frac{1}{n}\right) = 2$$

$$\lim_{\substack{x\to 1\\ \wedge x > 1}} \frac{x^2 - 1}{x - 1} = 2 \qquad \textit{rechtsseitiger Grenzwert}$$

$$\lim_{\substack{x\to 1\\ \wedge x < 1}} \frac{x^2 - 1}{x - 1} = 2 \qquad \textit{linksseitiger Grenzwert}$$

Anmerkung:

Es soll darauf hingewiesen werden, daß die Wahl von $\langle x_n \rangle$ und $\langle \bar{x}_n \rangle$ willkürlich erfolgt ist. Ohne es zu beweisen, soll gesagt werden, daß sich jedoch bei jeder Wahl zweier Zahlenfolgen mit Grenzwert 1 bei der betrachteten Funktion übereinstimmende rechts- und linksseitige Grenzwerte mit dem Wert 2 ergeben. Das ist nicht bei jeder Funktion der Fall, sondern hier liegt eine besondere Eigenschaft vor.

Definition:

Die Funktion f hat an der Stelle x_0 den linksseitigen (rechtsseitigen) Grenzwert g, wenn f in einer beliebig kleinen Umgebung $U_\varepsilon(x_0)$ oder $U_\varepsilon(x_0)\setminus\{x_0\}$ definiert ist und wenn für jede Folge $\langle x_n\rangle$ mit $x_n < x_0$ $(x_n > x_0)$ sowie $\lim\limits_{n\to\infty} x_n = x_0$ die Folge der zugehörigen Funktionswerte $\langle f(x_n)\rangle$ gegen g konvergiert.

Beispiel:

Gegeben sei die Funktion $f\colon x \longmapsto \begin{cases} x & \text{für } x < 0 \\ x+1 & \text{für } x \geq 0 \end{cases}$

Zeichnen Sie den Graphen und bestimmen Sie den links- und rechtsseitigen Grenzwert für $x \longrightarrow 0$.

Lösung:

Der Graph von f besteht aus zwei Halbgeraden. Bei Annäherung von links an die Stelle $x_0 = 0$ mündet der Graph in den Punkt $(0,0)$, der aber nicht dazugehört. Bei Annäherung von rechts wird der Punkt $(0,1)$ erreicht, der zum Graphen gehört. Der Graph „springt". Zur Grenzwertbestimmung wählen wir zwei Zahlenfolgen; $\langle x_n\rangle$ konvergiere von rechts, $\langle \bar{x}_n\rangle$ konvergiere von links gegen die Zahl 0.

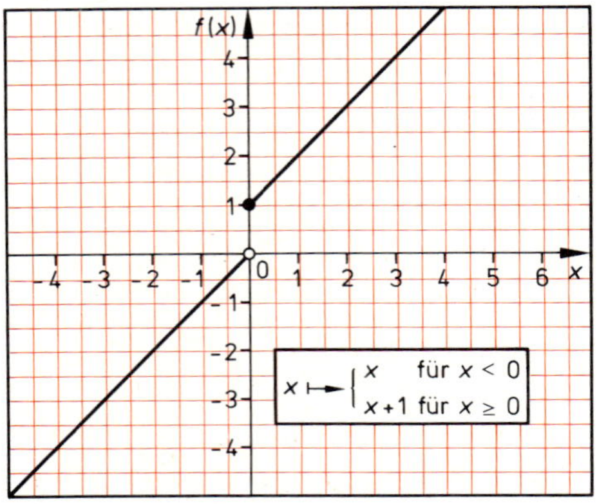

$x_n > 0,\ \lim\limits_{x\to\infty} x_n = 0$

$\bar{x}_n < 0,\ \lim\limits_{x\to\infty} \bar{x}_n = 0$

Wir bilden die Folgen $\langle f(x_n)\rangle$ und $\langle f(\bar{x}_n)\rangle$, für die wir die Grenzwertsätze zur Grenzwertbestimmung anwenden können.

$\langle f(x_n)\rangle = \langle x_n + 1\rangle$, für $x_n > 0$

$\langle f(\bar{x}_n)\rangle = \langle \bar{x}_n\rangle$, für $\bar{x}_n < 0$

$$\lim_{n\to\infty} f(x_n) = \lim_{n\to\infty} (x_n + 1) = \lim_{n\to\infty} x_n + \lim_{x\to\infty} 1 = 0 + 1 = \underline{\underline{1}}$$

$$\lim_{n\to\infty} f(\bar{x}_n) = \lim_{n\to\infty} \bar{x}_n = \underline{\underline{0}}$$

Da wir nirgends von der speziellen Gestalt der Folgen $\langle x_n\rangle$ und $\langle \bar{x}_n\rangle$ Gebrauch gemacht haben, gelten unsere Überlegungen für alle derartigen Nullfolgen. Also gilt:

rechtsseitiger Grenzwert: $\lim\limits_{\substack{x\to 0\\ \wedge x>0}} f(x) = \lim\limits_{\substack{x\to 0\\ \wedge x>0}} (x+1) = 1$

linksseitiger Grenzwert: $\lim\limits_{\substack{x\to 0\\ \wedge x<0}} f(x) = \lim\limits_{\substack{x\to 0\\ \wedge x<0}} x = \underline{\underline{0}}$

Definition:

Existieren der linksseitige und der rechtsseitige Grenzwert einer Funktion für x gegen x_0 und sind diese verschieden, so heißt x_0 Sprungstelle der Funktion.

Definition:

Eine Funktion f hat an der Stelle x_0 den Grenzwert g, wenn der links- und der rechtsseitige Grenzwert übereinstimmen und gleich g sind.

$$\lim_{x \to x_0} f(x) = g \Leftrightarrow \lim_{\substack{x \to x_0 \\ \wedge x < 0}} f(x) = g \wedge \lim_{\substack{x \to x_0 \\ \wedge x > 0}} f(x) = g$$

Hat die Funktion f an der Stelle x_0 den Grenzwert g, so bedeutet das anschaulich, daß der Graph von f sowohl von links als auch von rechts in den Punkt (x_0, g) einmündet, ganz unabhängig davon, ob f an der Stelle x_0 definiert ist oder nicht.

Beispiel:

Gegeben sei die Funktion $f\colon x \longmapsto 2^{\frac{1}{x-1}}$; $x \in \mathbb{R} \setminus \{1\}$.

a) Untersuchen Sie, ob die Funktion an der Stelle $x_0 = 1$ einen Grenzwert hat.

b) Zeichnen Sie den Graphen der Funktion.

Lösung:

a) Die Funktion ist in jeder Umgebung $U_\varepsilon(1) \setminus \{1\}$ definiert. Wir wählen wieder beliebige Folgen $\langle x_n \rangle$ und $\langle \bar{x}_n \rangle$, die von rechts bzw. von links gegen 1 konvergieren. Dazu bilden wir die Folgen $\langle f(x_n) \rangle$ bzw. $\langle f(\bar{x}_n) \rangle$.

$$\lim_{n \to \infty} x_n = 1 \wedge x_n > 1$$

$$\lim_{n \to \infty} \bar{x}_n = 1 \wedge \bar{x}_n < 1$$

$$\langle f(x_n) \rangle = \langle 2^{\frac{1}{x_n - 1}} \rangle$$

$$\langle f(\bar{x}_n) \rangle = \langle 2^{\frac{1}{\bar{x}_n - 1}} \rangle$$

Bestimmung des rechtsseitigen Grenzwertes:

Für $n \longrightarrow \infty$ geht x_n gegen 1. Wegen $x_n > 1$ überlegt man sich leicht, daß der Exponent positiv bleibt und über alle Schranken wächst. Dann wächst auch die Potenz über alle Schranken. Dies gilt unabhängig von der speziellen Gestalt der Folge $\langle x_n \rangle$.

$$\lim_{n \to \infty} \frac{1}{x_n - 1} = \frac{1}{\lim\limits_{n \to \infty} (x_n - 1)} \quad \textit{existiert nicht}$$

$$\Rightarrow \lim_{\substack{x \to 1 \\ \wedge x > 1}} 2^{\frac{1}{x_n - 1}} \quad \textit{ist ein rechtsseitiger uneigentlicher Grenzwert}$$

Bestimmung des linksseitigen Grenzwerts:

Wegen $\bar{x}_n < 1$ ist der Exponent negativ, und wir formen so um, daß die Potenz im Nenner steht. Der Exponent geht für $n \longrightarrow \infty$ gegen $-\infty$, sein Betrag strebt dann gegen $+\infty$. Die Potenz im Nenner wächst also wieder über alle Schranken, so daß die Folge in diesem Fall gegen die Zahl Null konvergiert. Da dies unabhängig von der speziellen Gestalt der Folge $\langle \bar{x}_n \rangle$ gilt, ist alles gezeigt.

$$\lim_{n \to \infty} 2^{\frac{1}{\bar{x}_n - 1}} \quad \text{mit } x_n < 0$$

$$\Leftrightarrow \lim_{n \to \infty} \frac{1}{2^{\left|\frac{1}{\bar{x}_n - 1}\right|}}$$

$$\lim_{n \to \infty} \left| \frac{1}{\bar{x}_n - 1} \right| = +\infty$$

$$\Rightarrow \lim_{n \to \infty} \frac{1}{2^{\left|\frac{1}{\bar{x}_n - 1}\right|}} = 0$$

$$\Rightarrow \lim_{\substack{x \to 1 \\ \wedge x < 1}} 2^{\frac{1}{x-1}} = \underline{\underline{0}} \quad \textit{linksseitiger Grenzwert}$$

b) Das nebenstehende Bild zeigt den Graphen und veranschaulicht das Verhalten der Funktion in der Umgebung der Stelle $x_0 = 1$.

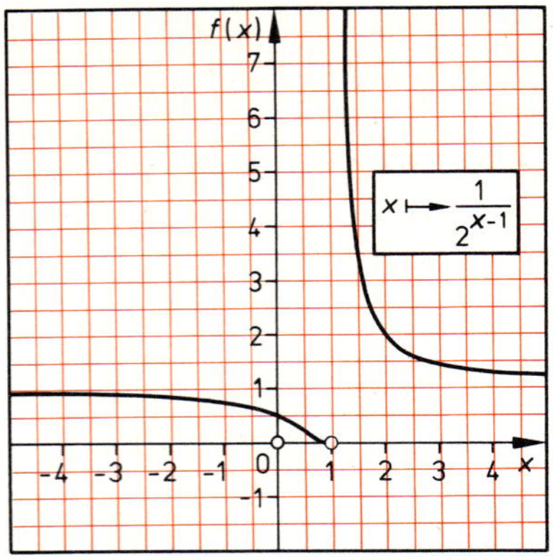

8.4.3 Grenzwertsätze von Funktionen

Wie schon an einem Beispiel veranschaulicht, gelten für Grenzwerte von Funktionen für $x \to \infty$ Grenzwertsätze in Analogie zu den Grenzwertsätzen für Folgen. Da der Grenzwertbegriff für Funktionen an einer endlichen Stelle x_0 auf den Grenzwertbegriff für Zahlenfolgen zurückgeführt wurde, sind auch für diese Grenzwerte entsprechende Sätze über die Grenzwerte von Summen, Differenzen, Produkte und Quotienten gültig. Sie werden im folgenden Satz ausformuliert, und wir werden sie auch für die Fälle $x \to \infty$ und $x \to -\infty$ anwenden.

Satz (Grenzwertsätze):

Ist für zwei Funktionen f und g $\lim\limits_{x \to x_0} f(x) = g_1$ und $\lim\limits_{x \to x_0} g(x) = g_2$, so existieren an der Stelle x_0 auch die Grenzwerte von $f+g$, $f-g$, $f \cdot g$ und $f:g$. Für den Quotienten muß $g(x) \neq 0$ und $g_2 \neq 0$ vorausgesetzt werden. Genauer gilt:

1. $$\lim_{x \to x_0} [f(x) + g(x)] = \lim_{x \to x_0} f(x) + \lim_{x \to x_0} g(x) = g_1 + g_2$$

2. $$\lim_{x \to x_0} [f(x) - g(x)] = \lim_{x \to x_0} f(x) - \lim_{x \to x_0} g(x) = g_1 - g_2$$

3. $$\lim_{x \to x_0} [f(x) \cdot g(x)] = \lim_{x \to x_0} f(x) \cdot \lim_{x \to x_0} g(x) = g_1 \cdot g_2$$

4. $$\lim_{x \to x_0} \frac{f(x)}{g(x)} = \frac{\lim\limits_{x \to x_0} f(x)}{\lim\limits_{x \to x_0} g(x)} = \frac{g_1}{g_2}; \quad g(x) \neq 0, \quad g_2 \neq 0$$

Ferner gilt: **5.** $$\lim_{x \to x_0} c = c; \; c \in \mathbb{R}$$

Folgerung: $$f(x) \leq g(x) \Rightarrow \lim_{x \to x_0} f(x) \leq \lim_{x \to x_0} g(x) \quad \text{d.h. } g_1 \leq g_2$$

Beispiele:

1. Sätze **1.**, **2.** und **5.** anwenden. Wir müssen hier wie in allen Beispielen stets überlegen, ob die Grenzwerte der „Teilfunktionen" auch existieren und die Sätze angewandt werden können.

$$\lim_{x \to \infty} \left(3 - \frac{1}{x} + \frac{1}{x^2}\right) = \lim_{x \to \infty} 3 - \lim_{x \to \infty} \frac{1}{x} + \lim_{x \to \infty} \frac{1}{x^2} = 3 - 0 + 0 = \underline{\underline{3}}$$

2. Der Grenzwert wird mit Hilfe der Sätze **1.**, **2.**, **3.** und **5.** bestimmt.

$$\lim_{x \to 2} (x^2 + 3x)(2x - 1) = \lim_{x \to 2} (x^2 + 3x) \cdot \lim_{x \to 2} (2x - 1)$$
$$(\lim_{x \to 2} x^2 + \lim_{x \to 2} 3x) \cdot (\lim_{x \to 2} 2x - \lim_{x \to 2} 1)$$
$$= (4 + 6) \cdot (4 - 1) = 10 \cdot 3 = \underline{\underline{30}}$$

3. Es werden hierbei die Sätze **4.** und **1.** benutzt.

$$\lim_{x \to -\infty} \frac{x^2 + 3x + 1}{3x^2 + x + 10} = \lim_{x \to -\infty} \frac{x^2\left(1 + \frac{3}{x} + \frac{1}{x^2}\right)}{x^2\left(3 + \frac{1}{x} + \frac{10}{x^2}\right)} = \frac{\lim\limits_{x \to -\infty} \left(1 + \frac{3}{x} + \frac{1}{x^2}\right)}{\lim\limits_{x \to -\infty} \left(3 + \frac{1}{x} + \frac{10}{x^2}\right)} = \underline{\underline{\frac{1}{3}}}$$

4. Satz **4.** und Satz **1.** anwenden.

$$\lim_{\substack{x \to 0 \\ \wedge x > 0}} \frac{x^2 + 1}{x} = \lim_{\substack{x \to 0 \\ \wedge x > 0}} \left(x + \frac{1}{x}\right) = \lim_{\substack{x \to 0 \\ \wedge x > 0}} x + \lim_{\substack{x \to 0 \\ \wedge x > 0}} \frac{1}{x} = 0 + \infty$$

5. Bestimmen Sie $\lim\limits_{x \to 0} \frac{\sin x}{x}$.

Lösung:

Da die Grenzwertsätze hier nicht zum Ziel führen, gehen wir anders vor.

Am Einheitskreis kann man auf Grund nebenstehender Zeichnung sagen, die Fläche des Kreisausschnittes OBD ist größer als die Fläche des Dreiecks OAD und kleiner als die Fläche des Dreiecks OBC.

Für den Ausschnitt gilt die Formel:

$A = \frac{b \cdot r}{2}$; für $b = x$; $r = 1$; $\Rightarrow$ $A = \frac{1}{2}x$

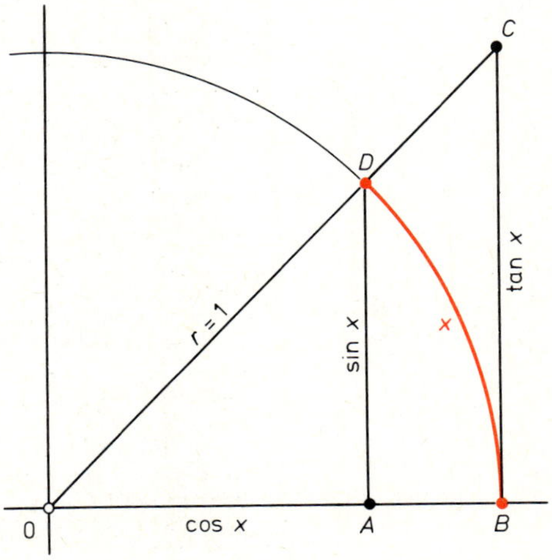

Zur Vereinfachung kürzt man durch $\frac{1}{2} \cdot \sin x$. Durch Vertauschen von Zähler und Nenner erhält man die Ausgangsform $\frac{\sin x}{x}$. Läßt man nun $x \rightarrow 0$ gehen, so nähert sich $\cos x$ und damit auch $\frac{1}{\cos x}$ dem Wert 1. Folglich muß auch $\frac{\sin x}{x}$ den Wert 1 erreichen.

$$\Delta OAD < \text{Ausschnitt } OBD < \Delta OBC$$

$$\frac{1}{2}\sin x \cdot \cos x < \frac{1}{2}x < \frac{1}{2}\tan x$$

$$\cos x < \frac{x}{\sin x} < \frac{1}{\cos x}$$

$$\frac{1}{\cos x} > \frac{\sin x}{x} > \cos x$$

$$\lim_{x \to 0} \frac{\sin x}{x} = 1$$

Beispiel:

Gegeben sei die Funktion $f\colon x \mapsto \frac{x^2 - 4}{2x^2 - 5x + 2}$.

a) Bestimmen Sie die Stellen, an denen die Funktion nicht definiert ist.

b) Welche Grenzwerte hat die Funktion an diesen Stellen?

c) Bestimmen Sie den Grenzwert $\lim\limits_{x \to \pm\infty} f(x)$.

Lösung:

a) Durch Zerlegen der Funktion in Linearfaktoren kann man erkennen, daß an den Stellen $x_1 = \frac{1}{2}$ und $x_2 = 2$ die Funktion nicht definiert ist, da dort der Nenner Null wird.

$$x \mapsto \frac{x^2 - 4}{2x^2 - 5x + 2}$$

$$x \mapsto \frac{(x-2)(x+2)}{(2x-1)(x-2)}$$

$$\Rightarrow D(f) = \mathbb{R} \setminus \{\tfrac{1}{2}, 2\}$$

b) An den Stellen $x_1 = \frac{1}{2}$ und $x_2 = 2$ sind die Grenzwerte:

$$g_1 = \lim_{x \to \frac{1}{2}} f(x) \textit{ existiert nicht}$$

$$g_2 = \lim_{x \to 2} f(x) = \frac{4}{3}$$

$$\lim_{x \to \frac{1}{2}} \frac{\cancel{(x-2)}(x+2)}{(2x-1)\cancel{(x-2)}} = \lim_{x \to \frac{1}{2}} \frac{x+2}{2x-1}$$

existiert nicht

$$\lim_{x \to 2} \frac{x+2}{2x-1} = \frac{\lim\limits_{x \to 2} x + \lim\limits_{x \to 2} 2}{\lim\limits_{x \to 2} 2x - \lim\limits_{x \to 2} 1} = \frac{2+2}{2 \cdot 2 - 1} = \underline{\underline{\frac{4}{3}}}$$

c) Vor dem Bestimmen des Grenzwertes sind zunächst Zähler und Nenner durch die höchste vorkommende Potenz von x zu dividieren.

$$\lim_{x \to \pm\infty} \frac{x+2}{2x-1} = \lim_{x \to \pm\infty} \frac{1 + \frac{2}{x}}{2 - \frac{1}{x}} = \underline{\underline{\frac{1}{2}}}$$

Grenzwerte bei Funktionen

1. Geben Sie folgende Grenzwerte an.

a) $\lim\limits_{x\to\infty} \frac{25}{x}$ **b)** $\lim\limits_{x\to\infty} \frac{3x+5}{x^2}$ **c)** $\lim\limits_{x\to\infty} \left|\frac{-2}{5x}\right|$

d) $\lim\limits_{x\to\infty} \left(\frac{20}{x} - 5\right)$ **e)** $\lim\limits_{x\to\infty} 3x - x^2$ **f)** $\lim\limits_{x\to\infty} \frac{3}{|x-4|}$

g) $\lim\limits_{x\to\infty} \frac{3-x}{3+x}$ **h)** $\lim\limits_{x\to\infty} \frac{2x-4}{x^2-4x}$ **i)** $\lim\limits_{x\to-\infty} \frac{3x^3-4x^2+5}{2x^3-3x^2+2x}$

k) $\lim\limits_{x\to\infty} \frac{x+\sqrt{x}}{2x-4}$ **l)** $\lim\limits_{x\to\infty} \frac{x^2}{2^x}$ **m)** $\lim\limits_{x\to-\infty} e^{-x}$

n) $\lim\limits_{x\to-\infty} \frac{3x+2}{\sqrt{x^2+2}}$

2. Geben Sie für die Funktion a) bis d) den Grenzwert g an und berechnen Sie x_ε aus $|f(x_\varepsilon) - g| = \varepsilon$, wenn $\varepsilon = \frac{1}{100}$ $(\varepsilon = \frac{1}{500})$ ist.

a) $f\colon x \longmapsto \frac{4}{x}$ **b)** $f\colon x \longmapsto \frac{3x+3}{2x}$ **c)** $f\colon x \longmapsto \frac{1}{x^2+2}$ **d)** $f\colon x \longmapsto \frac{2\sqrt{x}}{x+2}$

3. Welche der folgenden Funktionen sind für $x \longmapsto \infty$ konvergent?
(Nachweis durch eine Abschätzung von $|f(x) - g|$.)

a) $f\colon x \longmapsto \frac{1}{x^2+1}$; $\varepsilon = \frac{1}{10}$ **b)** $f\colon x \longmapsto x^3 - x^4$; $\varepsilon = \frac{1}{10}$

c) $f\colon x \longmapsto 2^{-x}$; $\varepsilon = \frac{1}{50}$ **d)** $f\colon x \longmapsto \frac{3x^2-4}{x^2+1}$; $\varepsilon = \frac{1}{50}$

e) $f\colon x \longmapsto \frac{x-4}{|4-x^2|}$; $|x| \neq 2$; $\varepsilon = \frac{1}{10}$ **f)** $f\colon x \longmapsto \frac{1-x^2}{1-x}$; $x \neq 1$; $\varepsilon = \frac{1}{20}$

Geben Sie das zum angegebenen ε gehörige x_ε an!

4. Folgende Funktionen sind an den Stellen x_0 nicht definiert. Zeigen Sie, daß die Funktion für $x \longrightarrow x_0$ einen Grenzwert haben.

a) $f\colon x \longmapsto \frac{x-1}{x^2-1}$; $x_0 = 1$ **b)** $f\colon x \longmapsto \frac{x-2}{x^2-4}$; $x_0 = 2$

c) $f\colon x \longmapsto \frac{2x^2-6x}{x^2+x-12}$; $x_0 = 3$

5. Existieren folgende Grenzwerte? Wenn ja, berechnen Sie sie!

a) $\lim\limits_{x \to -1} \frac{1+x}{x^2-1}$ **b)** $\lim\limits_{x \to 0} 2^{-\frac{1}{x}}$ **c)** $\lim\limits_{x \to 1} \begin{cases} 3x-4; & x \leq 1 \\ 3x-3; & x > 1 \end{cases}$

d) $\lim\limits_{x \to 0} 2^{-\frac{1}{x^2}}$ **e)** $\lim\limits_{x \to 0} \frac{2|x|}{x}$ **f)** $\lim\limits_{x \to 1} x + [x]$

6. Gegeben sind die Funktionen $f\colon x \longmapsto \frac{x-1}{1-x^2}$ und $g\colon x \longmapsto \frac{3x^2+2}{2x}$. Bestimmen Sie folgende Verknüpfungen ihrer Grenzwerte g_1 bzw. g_2 an der Stelle $x_0 = 1$:

a) $g_1 + g_2$ **b)** $g_2 - g_1$ **c)** $g_1 \cdot g_2$ **d)** $\frac{g_1}{g_2}$

7. Berechnen Sie die Grenzwerte mit Hilfe der Grenzwertsätze. Geben Sie die Grenzwertsätze an.

a) $\lim\limits_{x \to 1} ((x-2) \cdot (x+2))$ **b)** $\lim\limits_{x \to \infty} \frac{x^2-3x+7}{x^3+20}$ **c)** $\lim\limits_{x \to 2} \left(3x + \frac{x^2}{x-1}\right)$

d) $\lim\limits_{x \to 2} \left(\frac{x^2-4x}{2x^2-6} + \frac{1}{x^2+1}\right)$ **e)** $\lim\limits_{x \to \infty} \frac{1+|x|}{x-1}$ **f)** $\lim\limits_{x \to -\infty} \frac{|x|}{x^2+1}$

8. Gegeben sei die Funktion $f\colon x \longmapsto \frac{x^2+x-2}{x^2-x}$

a) Bestimmen Sie die Stellen, an denen f nicht definiert ist.

b) Welche Grenzwerte hat die Funktion an den Stellen, an denen sie nicht definiert ist?

9. Berechnen Sie: **a)** $\lim\limits_{x \to 0} \left(\frac{2 \cdot \sin x}{3x} + \frac{5x}{\sin x}\right)$ **b)** $\lim\limits_{x \to 0} \frac{\sin x}{\tan x}$ **c)** $\lim\limits_{x \to 0} \frac{\sin 2x}{\sin 3x}$

10. Zeigen Sie: $f(x) \leq g(x) \Rightarrow \lim\limits_{x \to x_0} f(x) \leq \lim\limits_{x \to x_0} g(x)$ d.h. $g_1 \leq g_2$

8.5 Stetigkeit von Funktionen

8.5.1 Begriff der Stetigkeit

Will man den Graphen einer Funktion darstellen, so trägt man die errechneten Wertepaare als Punkte in ein Koordinatensystem ein und verbindet sie zu einem Kurvenzug. Dabei nimmt man stillschweigend an, daß auch alle anderen Punkte des Kurvenzuges ohne Unterbrechung zum Graphen der Funktion gehören. Funktionen, deren Graphen in einem bestimmten Intervall durch einen lückenlosen Kurvenzug dargestellt werden, bezeichnen wir als stetig. Doch diese anschauliche Beschreibung des Begriffes „*stetig*“ bedarf einer mathematischen Präzisierung.

Dies wird an zwei Beispielen erarbeitet. Unsere Aufgabe soll es sein,

1. festzustellen, ob die Funktion einen Grenzwert für $x \longrightarrow x_0$ besitzt.
2. den ermittelten Grenzwert und den Funktionswert an der Stelle x_0 zu vergleichen.

Beispiel:

Der Graph der Funktion

$$f\colon x \longmapsto 3x^2 + 2x - 5$$

kann lückenlos gezeichnet werden. Man kann diese Funktion also für alle $x \in \mathbb{R}$ als „*stetig*" bezeichnen. An jeder Stelle $x_0 \in D(f)$ existiert der Grenzwert für $x \longrightarrow x_0$, und dieser Grenzwert ist auch Funktionswert.

Z.B.:

$$\lim_{x \to 1} (3x^2 + 2x - 5) = 0 = f(1)$$

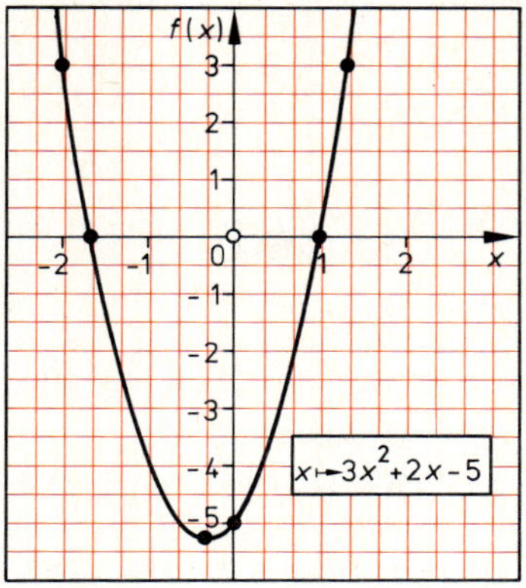

Beispiel:

Die Funktion $f\colon x \longmapsto \begin{cases} x & \text{für } x < 0 \\ x + 1 & \text{für } x \geq 0 \end{cases}$

ist für alle $x \in \mathbb{R}$ definiert. Man kann den Graphen aber nicht in einem Kurvenzuge zeichnen, da an der Stelle $x_0 = 0$ der links- und rechtsseitige Grenzwert verschieden sind. Die Funktion hat an dieser Stelle einen *Sprung* und ist deshalb nicht stetig.

$\lim\limits_{\substack{x \to 0 \\ \wedge x < 0}} f(x) = 0$ *linksseitiger Grenzwert*

$\lim\limits_{\substack{x \to 0 \\ \wedge x \geq 0}} f(x) = 1$ *rechtsseitiger Grenzwert und Funktionswert*

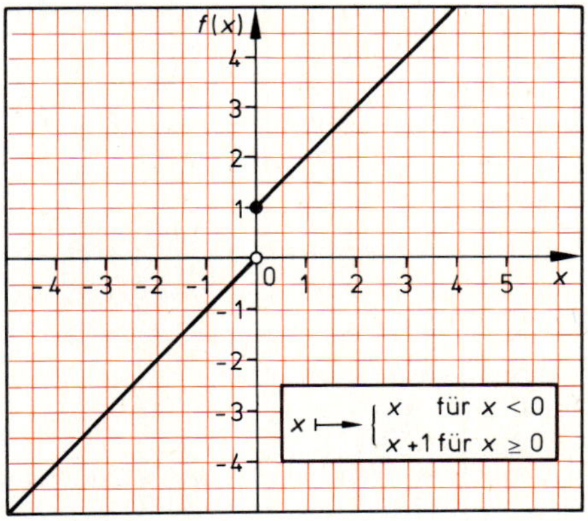

Definition:

Eine Funktion heißt an der Stelle $x_0 \in D(f)$ stetig, wenn dort der linksseitige und der rechtsseitige Grenzwert der Funktion für x gegen x_0 gleich dem Funktionswert $f(x_0)$ an der Stelle x_0 sind.

$\lim\limits_{\substack{x \to x_0 \\ \wedge x < x_0}} f(x) = f(x_0)$	*linksseitiger Grenzwert*	$\lim\limits_{\substack{x \to x_0 \\ \wedge x > x_0}} f(x) = f(x_0)$	*rechtsseitiger Grenzwert*

Eine Funktion heißt stetig, wenn sie an jeder Stelle $x_0 \in D(f)$ stetig ist. Ist für eine Funktion $f(x)$ an der Stelle $x_0 \in D(f)$ die Stetigkeitsdefinition nicht erfüllt, so heißt $x = x_0$ eine Unstetigkeitsstelle der Funktion.

Im folgenden werden wir Beispiele behandeln, bei denen der Begriff der Stetigkeit genauer untersucht wird.

Beispiel:

Die Funktion $f: x \mapsto \frac{1}{x-3}$ mit $D(f) = \mathbb{R} \setminus \{3\}$ ist an der Stelle $x = 3$ nicht definiert (Definitionslücke) und ist aus diesem Grund über ganz $\mathbb{R}$ nicht stetig. Für alle anderen $x \in D(f)$ ist f nach Definition hingegen stetig. Die nicht zu definierende Stelle ist eine Unendlichkeitsstelle mit Vorzeichenwechsel.

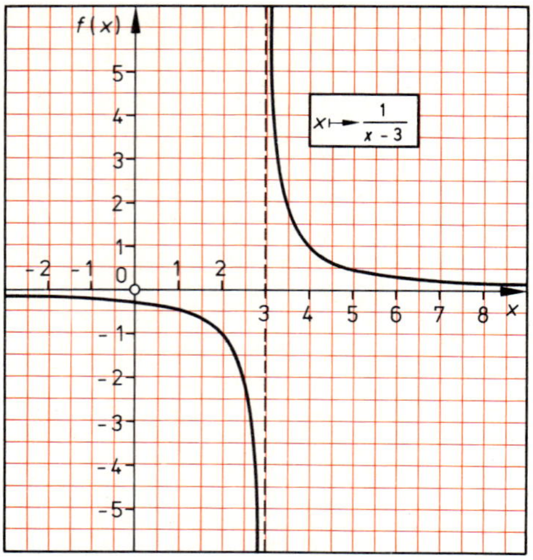

Definition:

Eine Funktion f hat an der Stelle x_0 eine Definitionslücke, wenn die Funktion in jeder beliebigen Umgebung von x_0, nicht aber in x_0 selbst, definiert ist.

$$U(x_0) \subset D(f)$$
$$x_0 \notin D(f)$$

Definitionslücke

Manchmal ist es möglich, eine vorhandene Definitionslücke auszufüllen. Wir diskutieren dies an Beispielen.

Beispiele:

a) Die Funktion $f: x \mapsto \frac{x^2-1}{x+1}$ mit $D(f) = \mathbb{R} \setminus \{-1\}$ hat an der Stelle $x_0 = -1$ eine Definitionslücke. Der Grenzwert an der Stelle $x_0 = -1$ ist:

$$\lim_{\substack{x \to -1 \\ x < -1}} \frac{x^2-1}{x+1} = \lim_{\substack{x \to -1 \\ x > -1}} \frac{x^2-1}{x+1} = \underline{\underline{-2}}$$

Die Funktion ist für alle $x \in D(f)$ stetig.

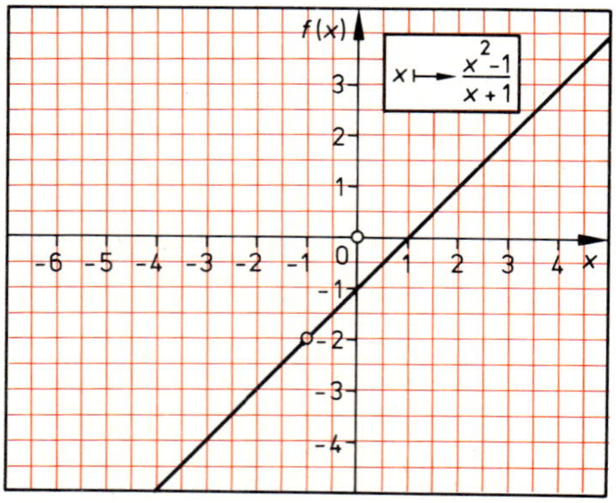

b) Die Definitionslücke kann mit Hilfe des Grenzwertes (-2) geschlossen werden. Die neue Funktion lautet dann:

$$g\colon x \longmapsto \begin{cases} \dfrac{x^2-1}{x+1}; & x \in \mathbb{R}\setminus\{-1\} \\ -2; & x = -1 \end{cases}$$

$D(g) = \mathbb{R}$ und $D(f) \subset D(g)$.

Die Funktion g ist eine „stetige Fortsetzung“ von f. An Stelle von

$$g\colon x \longmapsto \begin{cases} \dfrac{x^2-1}{x+1}; & x \in \mathbb{R}\setminus\{-1\} \\ -2 & ; x = -1 \end{cases}$$

kann man einfacher schreiben:

$g\colon x \longmapsto x - 1;\ x \in \mathbb{R}.$

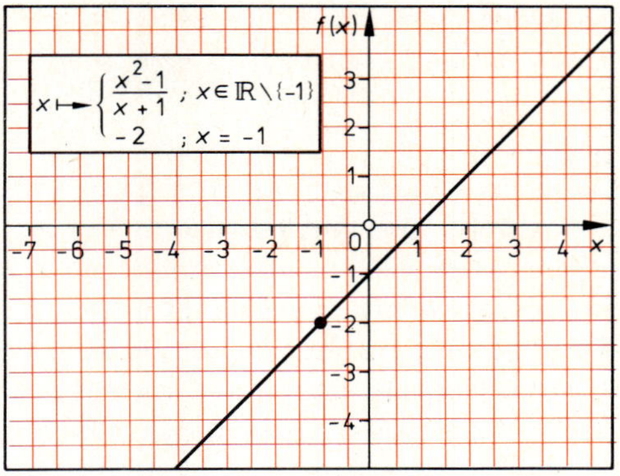

c) Wählt man für die Definitionslücke nicht den Grenzwert, sondern einen anderen beliebigen Funktionswert z.B. drei, so lautet die neue Funktion:

$$h\colon x \longmapsto \begin{cases} \dfrac{x^2-1}{x+1}; & x \in \mathbb{R}\setminus\{-1\} \\ 3 & ; x = -1 \end{cases}$$

$\Rightarrow D(h) = \mathbb{R}$

Es gilt auch hier $D(f) \subset D(h)$, aber h ist keine stetige Fortsetzung von f. Die Funktion h ist *nicht* stetig.

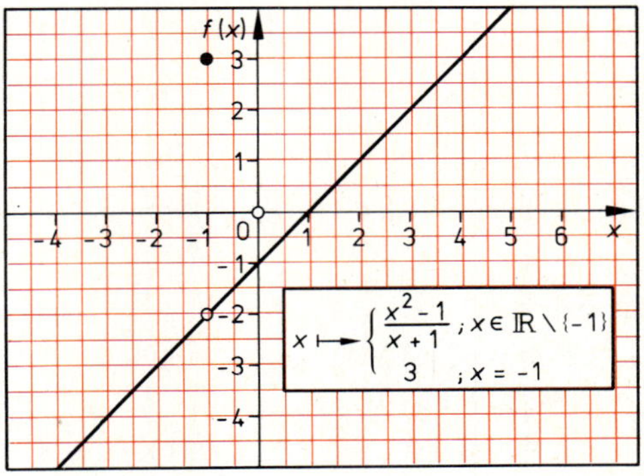

Definition:

Eine Funktion f mit der Definitionslücke x_0 heißt stetig fortsetzbar, *wenn der Grenzwert $\lim\limits_{x \to x_0} f(x)$ existiert.*

Definitionslücken, die stetig fortsetzbar sind, heißen kurz Lücken *der Funktion.*

Stetigkeit im Intervall

Bisher wurde die Stetigkeit an einer Stelle $x_0 \in D(f)$ sowie im ganzen Definitionsbereich $D(f)$ betrachtet. Wir wollen nun Stetigkeit in Intervallen untersuchen.

Definition:

Eine Funktion f heißt stetig in einem offenen Intervall $(a, b) \subset D(f)$, wenn f für alle $x \in (a, b)$ stetig ist.

Bei offenen Intervallen ist es möglich, für jeden Punkt zu prüfen, ob ein links- und ein rechtsseitiger Grenzwert existiert. Bei einem abgeschlossenen Intervall $[a, b]$ ist dies in den Randpunkten nicht möglich. An der Stelle a kann nur der rechts-, an der Stelle b nur der linksseitige Grenzwert untersucht werden. Um die Definition von Stetigkeit auf abgeschlossene Intervalle erweitern zu können, muß vereinbart werden, daß in den Randpunkten die Untersuchung mit einseitigen Grenzwerten genügt. Diese eingeschränkte Stetigkeit heißt je nach betrachtetem Grenzwert links- oder rechtsseitige Stetigkeit; man spricht auch kurz von links- bzw. rechtsstetig.

Definition:

Eine Funktion f heißt stetig in einem abgeschlossenen Intervall $[a, b] \subset D(f)$, wenn sie an der Stelle a rechtsseitig stetig, an der Stelle b linksseitig stetig und in (a, b) stetig ist.

Beispiel:

Gegeben sei die Funktion $f\colon x \mapsto \begin{cases} \frac{2}{3}x + 2; & x \leq 2 \\ \frac{2}{3}x + 1; & x > 2 \end{cases}$.

a) Untersuchen Sie, ob f in den Intervallen $[0, 2]$ und $[2, 4]$ stetig ist.

b) Zeichnen Sie den Graphen der Funktion.

Lösung:

a) Im Intervall $[0, 2]$ ist die Funktion f für alle $x \in (0, 2)$ stetig.

f ist stetig in $(0, 2)$

Im Randpunkt $x = 0$ ist f rechtsstetig, im Randpunkt $x = 2$ ist f linksstetig. Also liegt Stetigkeit im Intervall $[0, 2]$ vor.

$$\lim_{\substack{x \to 0 \\ \wedge x > 0}} \left(\tfrac{2}{3}x + 2\right) = \underline{\underline{2}} = f(0)$$

$$\lim_{\substack{x \to 2 \\ \wedge x < 2}} \left(\tfrac{2}{3}x + 2\right) = \underline{\underline{\tfrac{10}{3}}} = f(2)$$

Im Intervall $[2, 4]$ ist die Funktion f für alle $x \in (2, 4)$ stetig.

f ist stetig in $(2, 4)$

Im Randpunkt $x = 4$ liegt linksseitige Stetigkeit vor.

$$\lim_{\substack{x \to 4 \\ \wedge x < 4}} \left(\tfrac{2}{3}x + 1\right) = \underline{\underline{\tfrac{11}{3}}} = f(4)$$

Im Randpunkt $x = 2$ ist f auf rechtsseitige Stetigkeit zu untersuchen. Rechtsseitiger Grenzwert und Funktionswert stimmen dort jedoch nicht überein.

$$\left.\begin{aligned} \lim_{\substack{x \to 2 \\ \wedge x > 2}} \left(\tfrac{2}{3}x + 1\right) &= \underline{\underline{\tfrac{7}{3}}} \\ f(2) &= \underline{\underline{\tfrac{10}{3}}} \end{aligned}\right\} \textit{keine Übereinstimmung}$$

Da die Definition nicht erfüllt ist, sagen wir: f ist in $[2, 4]$ *nicht* stetig.

b) Der Graph der Funktion

$$x \mapsto \begin{cases} \frac{2}{3}x + 2; & x \leq 2 \\ \frac{2}{3}x + 1; & x > 2 \end{cases}$$

hat an der Stelle $x_0 = 2$ einen endlichen Sprung (Unstetigkeitsstelle).

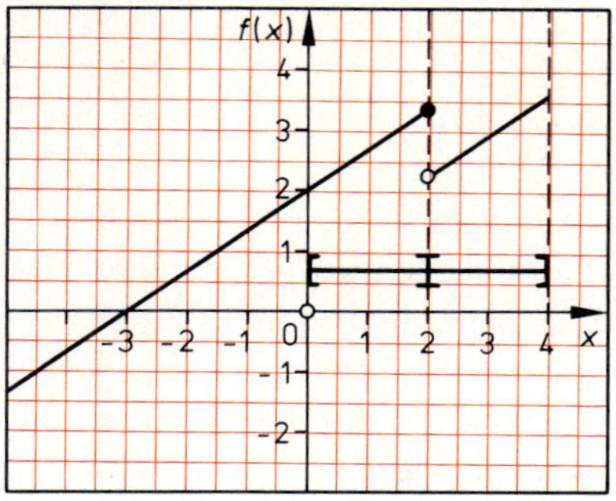

Beispiel:

Gegeben sei die Funktion f: $x \mapsto \begin{cases} \frac{1}{3}x^2 + 1; & x \in \mathbb{R}_+ \setminus \{0, 2\} \\ 0; & x = 0 \\ \dfrac{1}{x}; & x \in [-4, 0) \end{cases}$

a) Zeichnen Sie den Graphen der Funktion.

b) Untersuchen Sie die Funktion an den Stellen 0 und 2 sowie im Intervall $[-4, 0)$ auf Stetigkeit und bilden Sie $\lim\limits_{x \to \infty} f(x)$.

Lösung:

a) Der Graph der Funktion besteht aus zwei Kurven und einem Punkt.

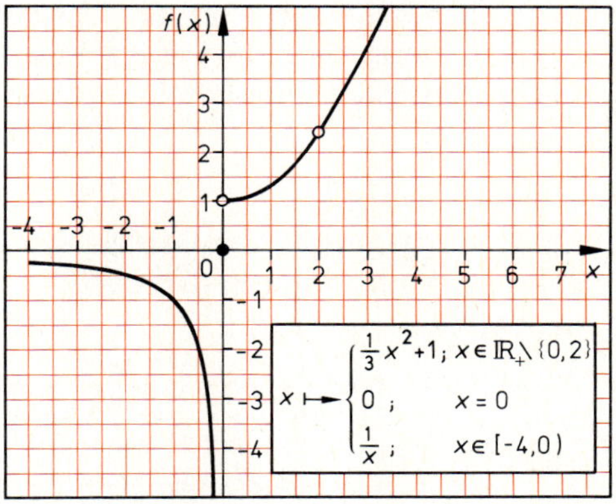

b) 1. $x = 0$

Der Funktionswert an dieser Stelle ist 0.

Der linksseitige Grenzwert ist der uneigentliche Grenzwert $-\infty$.

Der rechtsseitige Grenzwert ist 1.

Da links- und rechtsseitiger Grenzwert verschieden sowie Grenzwerte und Funktionswerte ungleich sind, ist $f(x)$ an der Stelle 0 nicht stetig.

$f(0) = 0$

$\lim\limits_{\substack{x \to 0 \\ x < 0}} f(x) = \lim\limits_{\substack{x \to 0 \\ x < 0}} \frac{1}{x}$ *existiert nicht*

$\lim\limits_{\substack{x \to 0 \\ x > 0}} f(x) = \lim\limits_{\substack{x \to 0 \\ x > 0}} (\frac{1}{3}x^2 + 1) = 1$

$0 \neq 1 \neq -\infty$

2. $x = 2$

Die Funktion ist an dieser Stelle nicht definiert.
Der Grenzwert der Funktion an dieser Stelle ist $\frac{7}{3}$. Die Funktion f ist an der Stelle $x = 2$ stetig fortsetzbar.
Die neue Funktion heißt dann g.

$x \mapsto \frac{1}{3}x^2 + 1 \wedge x \in \mathbb{R}_+ \setminus \{0,2\}$

$$\lim_{x\to 2} f(x) = \lim_{\substack{x\to 2\\ x>0}} \tfrac{1}{3}x^2 + 1 = \lim_{\substack{x\to 2\\ x<0}} \tfrac{1}{3}x^2 + 1 = \underline{\underline{\tfrac{7}{3}}}$$

$$g\colon x \mapsto \begin{cases} \frac{1}{3}x^2 + 1; & x \in \mathbb{R}_+ \setminus \{0,2\} \\ \frac{7}{3}; & x = 2 \\ 0; & x = 0 \\ \frac{1}{x}; & x \in [-4, 0) \end{cases}$$

3. $x \in [-4, 0)$

f ist an der Stelle $x = -4$ rechtsseitig stetig mit dem Grenzwert $-\frac{1}{4}$.
f ist im Intervall $[-4,0)$ stetig.

$$\lim_{\substack{x\to -4\\ x>-4}} f(x) = \lim_{\substack{x\to -4\\ x>-4}} \frac{1}{x} = \underline{\underline{-\tfrac{1}{4}}}$$

4. $x \to \infty$

Für $x \to \infty$ hat die Funktion keinen Grenzwert, sie ist divergent.

$\lim\limits_{x\to\infty} (\frac{1}{3}x^2 + 1)$ *existiert nicht*

8.5.2 Sätze über stetige Funktionen

Durch Verknüpfung zweier stetiger Funktionen f und g können wir neue Funktionen erhalten. Es entsteht nun die Frage, ob die neuen Funktionen auch stetig sind. Zunächst untersuchen wir aber, in welcher Weise eine konstante Funktion eine stetige Funktion verändert.

Beispiel:

$f\colon x \mapsto \frac{3}{4}x;\ g\colon x \mapsto 3$

Wie man aus der graphischen Darstellung erkennen kann, entsteht die neue Funktion

$$f(x) + g(x) = \tfrac{3}{4}x + 3,$$

indem man zu den Funktionswerten von $f(x)$ die Funktionswerte von $g(x)$ addiert. Graphisch bedeutet dieser Vorgang eine Parallelverschiebung des Graphen von f um 3. Die neue Funktion ist stetig. Entsprechendes gilt für

$f\colon x \mapsto \frac{3}{4}x;\ g\colon x \mapsto \frac{1}{2}$

$$\Rightarrow f(x) \cdot g(x) = \tfrac{3}{4}x \cdot \tfrac{1}{2} = \tfrac{3}{8}x$$

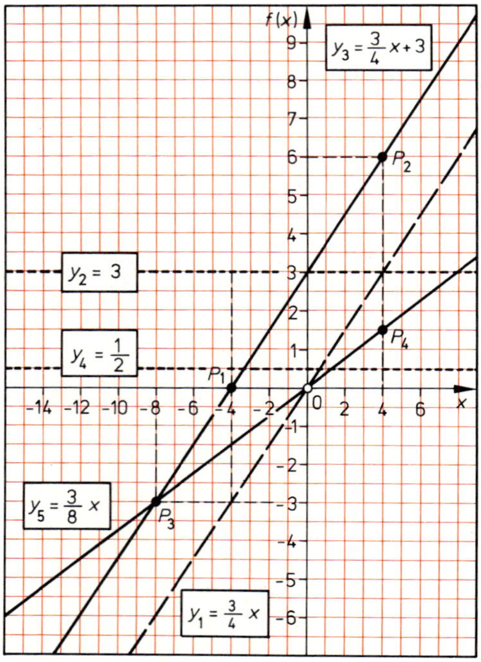

Wie man erkennen kann, sind auch die durch + und · verknüpften Funktionen stetig.
Allgemein gilt, auch wenn g keine konstante Funktion ist:

Satz:

Sind die Funktionen f und g im Intervall $[a,b]$ stetig, so gilt dies auch für ihre Summe, ihre Differenz, ihr Produkt und ihren Quotient. Beim Quotienten darf der Nenner natürlich niemals 0 werden.

Für alle $x_0 \in [a,b]$ sei
$\lim\limits_{x \to x_0} f(x) = f(x_0) \wedge \lim\limits_{x \to x_0} g(x) = g(x_0)$.
Dann gilt:

$$\lim_{x \to x_0} [f(x) + g(x)] = f(x_0) + g(x_0)$$
$$\lim_{x \to x_0} [f(x) - g(x)] = f(x_0) - g(x_0)$$
$$\lim_{x \to x_0} [f(x) \cdot g(x)] = f(x_0) \cdot g(x_0)$$
$$\lim_{x \to x_0} \frac{f(x)}{g(x)} = \frac{f(x_0)}{g(x_0)}, \quad g(x) \neq 0$$

für alle $x \in [a,b]$

Beweis:

Wir führen den Beweis lediglich für die Summe $f + g$ aus.
Wir wissen, daß die Funktionen f und g an jeder Stelle $x_0 \in [a,b]$ stetig sind. Wir wenden den ersten Grenzwertsatz an und benutzen die Stetigkeit. Dies führt direkt zum Ziel.

$$\lim_{x \to x_0} f(x) = f(x_0) \wedge \lim_{x \to x_0} g(x) = g(x_0)$$
$$\lim_{x \to x_0} [f(x) + g(x)] = \lim_{x \to x_0} f(x) + \lim_{x \to x_0} g(x) = f(x_0) + g(x_0)$$

Völlig entsprechend können wir die Beweise für Differenz, Produkt und Quotient führen.

Es folgen weitere wichtige Sätze über stetige Funktionen.

Nullstellensatz:

Ist die Funktion f im Intervall $[a,b]$ stetig und haben $f(a)$ und $f(b)$ verschiedene Vorzeichen, so gibt es zwischen a und b eine Stelle x_0, so daß $f(x_0) = 0$ ist (Nullstelle).

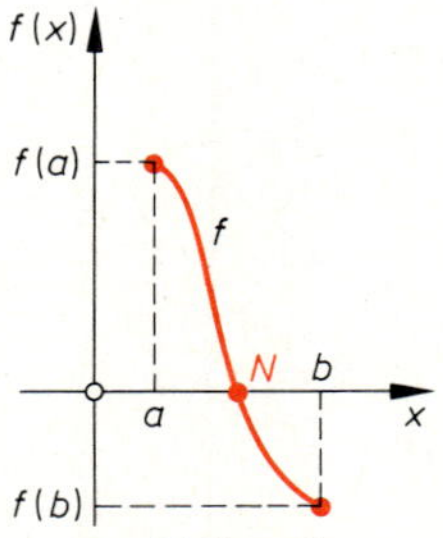

N: *Nullstelle*

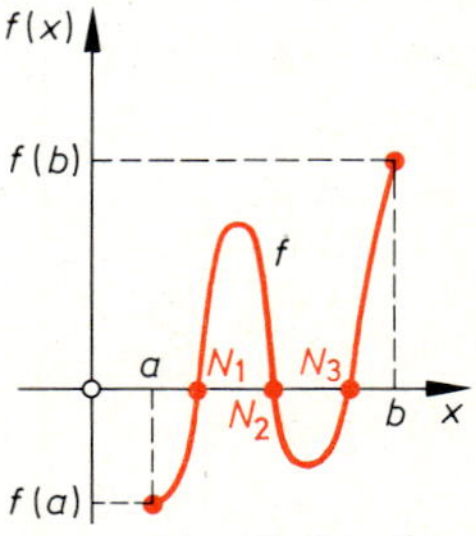

N_1, N_2, N_3: *Nullstellen*

Beweis:

Es sei $I_1 = [a,b]$. Halbiert x_1 das Intervall I_1, so sei I_2 das Intervall, das Randwerte mit verschiedenen Vorzeichen hat. Setzt man dieses Verfahren fort, so kommt man entweder zu einer Nullstelle, oder man erhält eine Intervallschachtelung $I_1 \supset I_2 \supset I_3 \supset \cdots$. In jedem der immer kleiner werdenden Intervalle liegen positive und negative Funktionswerte. Diese Intervallschachtelung bestimmt eine Zahl N in $[a,b]$. Wegen der Stetigkeit von f ist dies nur möglich, wenn $f(N) = 0$ ist.

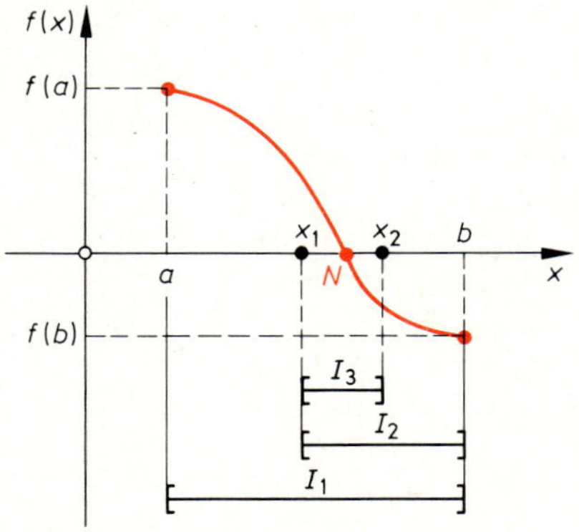

$I_1 \supset I_2 \supset I_3 \supset \cdots$

Anmerkung:

Obiger Satz gilt nur für abgeschlossene Intervalle $[a,b]$.

Der Nullstellensatz kann zur näherungsweisen Berechnung von Nullstellen herangezogen werden. Dies sei an einem Beispiel gezeigt.

Beispiel:

Gegeben sei die Funktion $f\colon x \longmapsto x^3 - 3x + 1$. Zeigen Sie:

a) Die Funktion hat genau drei Nullstellen.

b) Bestimmen Sie ein Intervall, in dem eine Nullstelle liegt und das eine Intervallänge von nicht mehr als 0,15 hat.

Lösung:

a) Setzen wir für x einige ganze Zahlen ein, so erkennen wir an den verschiedenartigen Vorzeichen der Funktionswerte, daß f in den durch x_1, x_2, x_3, x_4 begrenzten Intervallen Nullstellen hat (f kann nur drei Nullstellen haben).

$$x_1 = -2 \Rightarrow f(-2) = \underline{\underline{-1}}$$
$$x_2 = -1 \Rightarrow f(-1) = \underline{\underline{4}}$$
$$x_3 = 0 \Rightarrow f(0) = \underline{\underline{1}}$$
$$x_4 = 1 \Rightarrow f(1) = \underline{\underline{-1}}$$
$$x_5 = 2 \Rightarrow f(2) = \underline{\underline{3}}$$

Nullstellen in: 1. $[-2, -1]$; 2. $[0, 1]$ 3. $[1, 2]$

b) f hat im Intervall $[1; 2]$ eine Nullstelle, denn die Vorzeichen von $f(1)$ und $f(2)$ sind verschieden. Zum Mittelpunkt x_3 des Intervalls I_1 gehört ein negativer Funktionswert. Die Nullstelle liegt also im Intervall $I_2 = [1{,}5; 2]$, die Intervallänge beträgt 0,5. Wir halbieren nochmals und arbeiten mit dem Intervall $I_3 = [1{,}5; 1{,}75]$ weiter. Bei einem weiteren Halbieren erhalten wir $I_4 = [1{,}5; 1{,}625]$ und damit ein Intervall gesuchter Länge. Die Nullstelle liegt zwischen 1,5 und 1,625 und kann durch weiteres Halbieren beliebig genau bestimmt werden.

$I_1 = [1; 2]$
$f(1) = -1$; $f(2) = 3$
$f(x_3) = f(1{,}5) = -0{,}125 < 0$
also: $I_2 = [1{,}5; 2]$

Intervallänge $|2 - 1{,}5| = 0{,}5$
$f(x_4) = f(1{,}75) = 1{,}109 > 0$
also: $I_3 = [1{,}5; 1{,}75]$

Intervallänge $|1{,}75 - 1{,}5| = 0{,}25$
$f(x_5) = f(1{,}625) = 0{,}416 > 0$
also: $I_4 = [1{,}5; 1{,}625]$

Intervallänge $|1{,}625 - 1{,}5| = 0{,}125 < 0{,}15$
Nullstelle: $1{,}5 < N < 1{,}625$

Eine Verallgemeinerung des Nullstellensatzes ist der Zwischenwertsatz.

Zwischenwertsatz:

Eine im Intervall $[a, b]$ stetige Funktion f, mit $f(a) \neq f(b)$, hat zu jeder Zahl $f(a) < c < f(b)$ mindestens eine Stelle $x_0 \in [a, b]$ mit $f(x_0) = c$.

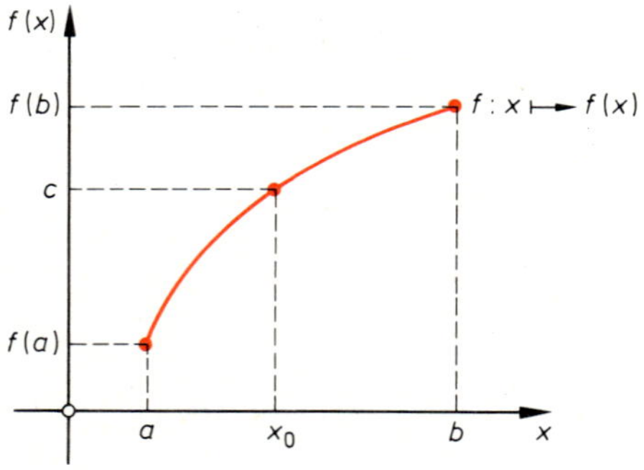

Beweis: siehe Übung

Ein weiterer Satz gibt Auskunft über das Maximum und Minimum einer in einem Intervall stetigen Funktion.

Extremwertsatz:

Eine in einem Intervall $[a, b]$ stetige Funktion, mit $f(a) \neq f(b)$, hat dort immer einen größten [Maximum (Ma)] und einen kleinsten [Minimum (Mi)] Funktionswert.

Beweis: siehe Übungen.

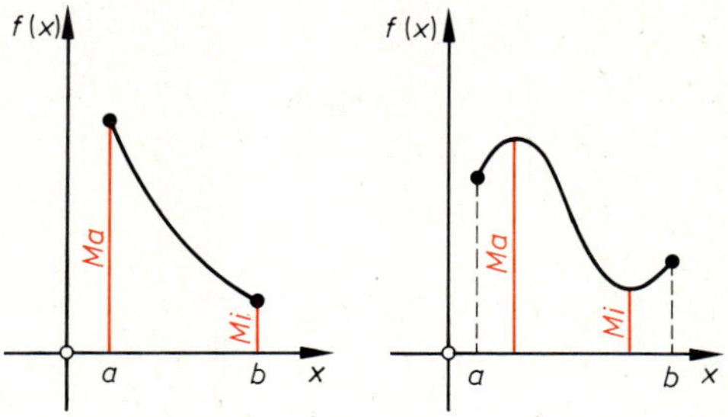

8.5.3 Stetigkeit wichtiger Funktionen

Wir haben bisher nur einzelne Funktionen auf Stetigkeit überprüft. Es soll nun die Frage untersucht werden, welche der bisher bekannten elementaren Funktionen stetig sind.

1. Ganzrationale Funktionen

Ganzrationale Funktion:

$$f: x \longmapsto a_n x^n + a_{n-1} x^{n-1} + \cdots + a_2 x^2 + a_1 x + a_0$$

$$a_k \in \mathbb{R};\; n \in \mathbb{N};\; x \in D(f);\; a_n \neq 0$$

Satz:

Jede ganzrationale Funktion f ist für alle $x \in \mathbb{R}$ stetig.

Beweis:

Wir können uns eine ganzrationale Funktion als Summen und Produkte aus den einfachen Funktionen $f_1(x) = c\,(c \in \mathbb{R})$ und $f_2(x) = x$ entstanden denken. Wenn wir die Stetigkeit für diese beiden speziellen ganzrationalen Funktionen gezeigt haben, folgt die Stetigkeit für alle ganzrationalen Funktionen nach dem Satz über Summe und Produkt stetiger Funktionen.

1. Stetigkeit von $f_1(x) = c$, $c \in \mathbb{R}$. Es gilt $D(f_1) = \mathbb{R}$. An jeder Stelle $x_0 \in \mathbb{R}$ existiert der Grenzwert und stimmt mit dem Funktionswert überein. f_1 ist also für alle $x_0 \in \mathbb{R}$ stetig.
2. Stetigkeit von $f_2(x) = x$; $D(f_2) = \mathbb{R}$. Hier gilt das gleiche.

$f_1: x \longmapsto c,\; c \in \mathbb{R};\quad D(f_1) = \mathbb{R}$

$\lim\limits_{x \to x_0} f_1(x) = c = f(x_0)$

$f_2: x \longmapsto x;\quad D(f_2) = \mathbb{R}$

$\lim\limits_{x \to x_0} f_2(x) = \lim\limits_{x \to x_0} x = x_0 = f(x_0)$

Beispiel:

Gegeben sei die Funktion
$f: x \longmapsto 2x^5 - 3x^2 + 7x - 6.$
Bestimmen Sie $\lim\limits_{x \to 2} f(x)$!

Lösung:

Da f als ganzrationale Funktion stetig ist, können wir einfach $x_0 = 2$ in den Term einsetzen:

$$\lim_{x \to 2} (2x^5 - 3x^2 + 7x - 6) = 64 - 12 + 14 - 6 = \underline{\underline{60}}$$

2. Gebrochen rationale Funktionen

Gebrochen rationale Funktion:

$$f: x \longmapsto \frac{p_n(x)}{q_m(x)} = \frac{f_1(x)}{f_2(x)}$$

p_n, q_m ganzrationale Funktionen

$q_m(x) \neq 0; \quad x \in D(f)$

Satz:

Jede gebrochene rationale Funktion ist für alle Elemente ihres Definitionsbereiches $D(f)$ stetig.

Beweis:

Eine gebrochene rationale Funktion f entsteht durch Division zweier ganzrationaler Funktionen f_1 und f_2. Da die ganzrationalen Funktionen f_1 und f_2 stetig für alle $x \in \mathbb{R}$ sind und der Quotient stetiger Funktionen stetig ist, ist die Funktion f stetig für alle Elemente ihres Definitionsbereiches $D \subset \mathbb{R}$.

Beispiele:

1. $f(x) = \frac{2x}{3x^2 - 5}$

Bestimmen Sie $\lim\limits_{x \to 2} \frac{2x}{3x^2 - 4}$

2. $f(x) = \frac{2x^2 - 36}{x^3 - 7x}$

Bestimmen Sie $\lim\limits_{x \to -3} \frac{2x^2 - 36}{x^3 - 7x}$

Lösungen:

1. $\lim\limits_{x \to 2} \frac{2x}{3x^2 - 4} = \frac{4}{12 - 4} = \frac{1}{2}$

$$f(2) = \frac{1}{2}$$

2. $\lim\limits_{x \to -3} \frac{2x^2 - 36}{x^3 - 7x} = \frac{18 - 36}{-27 + 21} = 3$

$$f(-3) = 3$$

3. Wurzelfunktion $x \longmapsto \sqrt{x}$

Die Wurzelfunktion $x \longmapsto \sqrt{x}$ ist nur für nicht negative reelle Zahlen definiert. Ohne Beweis geben wir folgenden Satz an:

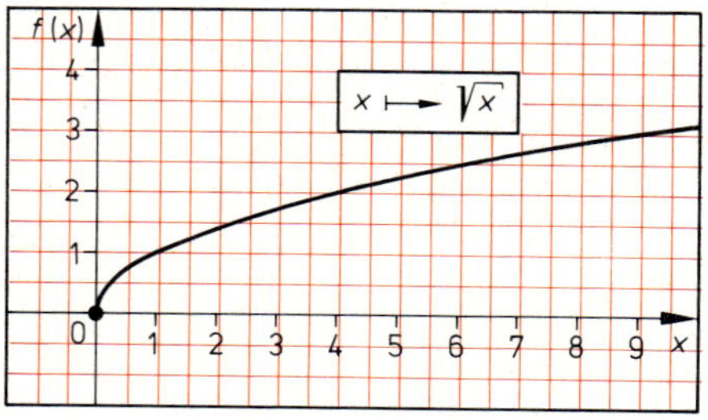

Satz:

Die Funktion $x \longmapsto \sqrt{x}$; $D = \mathbb{R}_+$ ist stetig für alle $x \in D$.

4. Trigonometrische Funktionen, Exponential- und Logarithmusfunktionen

Für die trigonometrischen Funktionen, die in Abschnitt 6.2.3 definiert worden sind, gilt der folgende Satz, der hier ebenfalls nicht bewiesen werden kann.

trigonometrische Funktionen	
$x \mapsto \sin x$;	$D = \mathbb{R}$
$x \mapsto \cos x$;	$D = \mathbb{R}$
$x \mapsto \tan x$;	$D = \mathbb{R} \setminus \{x \mid x = \frac{1}{2}\pi(2n-1), n \in \mathbb{Z}\}$
$x \mapsto \cot x$;	$D = \mathbb{R} \setminus \{x \mid x = \pi n, n \in \mathbb{Z}\}$

Satz:

Die trigonometrischen Funktionen sin, cos, tan und cot sind in ihren Definitionsbereichen stetig.

Ohne Beweis sei auch noch angemerkt, daß die Exponentialfunktionen $\langle x \mapsto a^x;\ a \in \mathbb{R}^* \rangle$ und ihre Umkehrungen, die Logarithmusfunktionen $\langle x \mapsto \log_a x \rangle$ in ihren jeweiligen Definitionsbereichen stetig sind.

Auch Funktionen, die durch Verknüpfung rationaler Funktionen mit trigonometrischen Funktionen bzw. Exponential- oder Logarithmusfunktionen entstehen, sind stetig.

Beispiele:

1. Die Funktion f_1 ist stetig über $D(f_1) = \mathbb{R}$.

1. $f_1 \colon x \mapsto \sin x - 5\cos x$
   $D(f_1) = \mathbb{R}$

2. Die Funktion f_2 ist nur für $x \in D(f_2)$ definiert. Dort ist sie stetig.

2. $f_2 \colon x \mapsto \dfrac{\cos x + 3\tan x}{x}$
   $D(f_2) = \mathbb{R} \setminus \{x \mid x = 0 \vee x = \frac{\pi}{2}(2n-1);\ n \in \mathbb{Z}\}$

3. Die Funktion f_3 hat für $x_0 = 0$ eine Definitionslücke, kann aber (wie in einem früheren Beispiel gezeigt) wegen $\lim\limits_{x \to 0} \dfrac{\sin x}{x} = 1$ stetig forgesetzt werden. Die neue Funktion f_4 ist stetig im Bereich $D(f_4)$.

3. $f_3 \colon x \mapsto \dfrac{\sin x}{x};\quad D(f_3) = \mathbb{R}^*$

$$f_4 \colon x \mapsto \begin{cases} \dfrac{\sin x}{x} & \text{für } x \in \mathbb{R}^* \\ 1 & \text{für } x = 0 \end{cases}$$

$D(f_4) = \mathbb{R}$

Übungen 8.5

Stetigkeit von Funktionen

1. Für welche $x \in D(f)$ sind die Funktionen stetig?
Zeichnen Sie die Graphen!

a) $f \colon x \mapsto x^2 - 3x$

b) $f \colon x \mapsto |4x - 2|$

c) $f \colon x \mapsto \begin{cases} x + 1; & x \leq 1 \\ 2x; & x > 1 \end{cases}$

d) $f \colon x \mapsto \begin{cases} \dfrac{1}{x}; & x \in \mathbb{R} \setminus \{0\} \\ 0; & x = 0 \end{cases}$

e) $f \colon x \mapsto \begin{cases} -x^2 + 1; & x \leq 1 \\ x - 1; & x > 1 \end{cases}$

f) $f \colon x \mapsto \begin{cases} x^2; & x \leq 0 \\ \sqrt{x}; & x > 0 \end{cases}$

2. Die folgenden Funktionen sind an der Stelle x_0 auf Stetigkeit zu untersuchen.

a) $f\colon x \mapsto |x^2 - 4|;\; x_0 = 2$

b) $f\colon x \mapsto \begin{cases} x - 1;\; x \geq 1 \\ 1 - x;\; x < 1 \end{cases};\; x_0 = 1$

c) $f\colon x \mapsto \begin{cases} x^2 - 1;\; x < 2 \\ 4 - x;\; x \geq 2 \end{cases};\; x_0 = 2$

d) $f\colon x \mapsto \dfrac{|x - 1|}{x};\; x \in \mathbb{R}\setminus\{0\};\; x_0 = 1$

e) $f\colon x \mapsto \begin{cases} |x - 1|;\; x < 1 \\ 3;\; 1 \leq x \leq 4 \\ \dfrac{x^2}{8} + 1;\; x > 4 \end{cases}$

f) $f\colon x \mapsto |x^2 - 3x|;\; x_0 = 3$

g) $f\colon x \mapsto \dfrac{x \cdot \operatorname{sign} x}{1 + x^2};\; x_0 = 0$

Anmerkung: $\operatorname{sign} x = \begin{cases} 1 & x > 0 \\ 0 & x = 0 \\ -1 & x < 0 \end{cases}$

3. Bestimmen Sie die Definitionslücken der folgenden Funktionen. Stellen Sie fest, bei welchen es sich um Lücken handelt.

a) $f\colon x \mapsto \dfrac{2x^2 - 2}{x - 1}$

b) $f\colon x \mapsto \dfrac{x^2 + x}{x^2 - 1}$

c) $f\colon x \mapsto \dfrac{x + 3}{(x - 2)^2}$

d) $f\colon x \mapsto \dfrac{x^2 - 5x + 6}{x^2 - 4}$

e) $f\colon x \mapsto \dfrac{2x^2 - 4x}{x^3 - 8}$

f) $x \mapsto \dfrac{x^2 + x - 2}{x^2 - 4x + 3}$

g) $f\colon x \mapsto \dfrac{x^2 - 2x - 24}{x^2 + 2x - 8}$

h) $f\colon x \mapsto 2^{-\frac{1}{2x^2}}$

i) $f\colon x \mapsto \dfrac{x^2 - 5x}{x^3 - 25x}$

k) $f\colon x \mapsto \dfrac{1}{\tan x}$

l) $f\colon x \mapsto \dfrac{\sin x}{\cot x}$

m) $f\colon x \mapsto \dfrac{x}{\cos x}$

4. Ermitteln Sie die stetigen Fortsetzungen bei den Funktionen aus Aufgabe **3.** an den Stellen, an denen Lücken auftreten.

5. Welche Funktionen sind an der Stelle x_0 linksseitig stetig, rechtsseitig stetig bzw. stetig?

a) $f\colon x \mapsto \begin{cases} x + 1;\; x \leq 0 \\ x + 2;\; x > 0 \end{cases};\; x_0 = 0$

b) $f\colon x \mapsto \dfrac{x - 1}{|x - 1|};\; x_0 = 1$

c) $f\colon x \mapsto \dfrac{x}{|x|};\; x_0 = 0$

d) $f\colon x \mapsto \begin{cases} x + 1;\; x < -1 \\ x^3 + 1;\; x \geq -1 \end{cases};\; x_0 = -1$

e) $f\colon x \mapsto \dfrac{x}{1 + |x|};\; x_0 = 0$

6. An welchen Stellen x_0 sind folgende Funktionen rechtsseitig bzw. linksseitig stetig? Geben Sie möglichst große abgeschlossene Intervalle an, in denen die Funktionen stetig sind.

a) $f\colon x \mapsto \begin{cases} x + 1;\; x \leq 0 \\ x + 1{,}5;\; x > 0 \end{cases}$

b) $f\colon x \mapsto \dfrac{x}{|x|}$

c) $f\colon x \mapsto \begin{cases} x+1; & x < -1 \\ x^3; & x \geq -1 \end{cases}$ d) $f\colon x \mapsto \begin{cases} 2x - x^2; & x < 2 \\ 3 - x; & x \geq 2 \end{cases}$

e) $f\colon x \mapsto \dfrac{x-1}{|x-1|}$ f) $f\colon x \mapsto x + [x]$

7. Zeigen Sie die Stetigkeit der folgenden Funktionen an der Stelle x_0.

a) $f\colon x \mapsto 1 - x;\ x_0 = 3$ b) $f\colon x \mapsto |x| \cdot x,\ x_0 = 0;\ x_0 = 1$

c) $f\colon x \mapsto x - \operatorname{sign}(x-1);\ x_0 = 0;\ x_0 = 1$ d) $f\colon x \mapsto |x-2| - \dfrac{1}{x};\ x_0 = 3,\ x_0 = -\tfrac{1}{2}$

8. Liegt an der Stelle x_0 links- bzw. rechtsseitige Stetigkeit vor?

a) $f\colon x \mapsto |x|;\quad x_0 \in \mathbb{Z}$ b) $f\colon x \mapsto \operatorname{sign} x^2;\ x_0 = 0$

c) $f\colon x \mapsto [x];\ x_0 \in \mathbb{Z}$ d) $f\colon x \mapsto \begin{cases} 2^{\frac{1}{x}}; & x \in \mathbb{R}\setminus\{0\} \\ 0; & x = 0 \end{cases};\ x_0 = 0$

9. Beweisen Sie die Lösbarkeit folgender Gleichungen, ohne die Lösungen auszurechnen (Nullstellensatz).

a) $x^3 - 2x + 2 = 0$ b) $x^2 - 4\sqrt{x} - 1 = 0$ c) $x^4 - 2x^3 + 1 = 0$

10. Bestimmen Sie mit Hilfe des Nullstellensatzes ein Intervall mit der Intervalllänge von 0,2, in dem eine Nullstelle liegt.

a) $f\colon x \mapsto x^3 + 4x - 5$ b) $f\colon x \mapsto x^3 - x^2 - 6x$ c) $f\colon x \mapsto x^3 + x^2 - 10x + 8$

d) $f\colon x \mapsto x^3 - 2x^2 - 15$ e) $f\colon x \mapsto \sin\dfrac{\pi}{2}x - \dfrac{1}{x}$ f) $f\colon x \mapsto x^2 - 2x + \cos\dfrac{\pi}{2}x$

11. Beweisen Sie mit Hilfe des Nullstellensatzes den Zwischenwertsatz.

12. Beweisen Sie den Extremwertsatz.

13. Begründen Sie mit Hilfe der Sätze aus Abschnitt 8.5.3, daß folgende Funktionen in ihrem Definitionsbereich $D(f)$ stetig sind (geben Sie $D(f)$ mit an).

a) $f\colon x \mapsto \sqrt{x} - x$ b) $f\colon x \mapsto \dfrac{x^2}{2x^2 - 2x}$ c) $f\colon x \mapsto x \cdot \sqrt{1-x}$

d) $f\colon x \mapsto \dfrac{\cos x}{\tan x}$ e) $f\colon x \mapsto \dfrac{2}{\sin x}$ f) $f\colon x \mapsto 10 \cdot \cot x$

g) $f\colon x \mapsto \sqrt{x} + \dfrac{1}{\tan x}$ h) $f\colon x \mapsto \dfrac{\sin x - \tan x}{x^2}$ i) $f\colon x \mapsto \dfrac{1}{e^x}$

9. Einführung in die Differentialrechnung

9.1 Problemstellung

In Naturwissenschaft, Technik und Ökonomie können viele Probleme durch Kurven (Graphen von Funktionen) veranschaulicht werden. Wichtig dabei ist zu wissen, wie sich Funktionswerte $f(x)$ ändern, wenn die x-Werte *zu-* oder *ab*nehmen. Diese Graphen erlauben es, Angaben über den naturwissenschaftlichen oder technischen Vorgang in einem gewählten Intervall zu machen. Für den Physiker, Ingenieur oder Wirtschaftswissenschaftler ist die Änderung eines Vorganges (Verlauf des Graphen) von besonderer Wichtigkeit. Er möchte nicht nur wissen, an welcher Stelle sich z. B. eine abgeschossene Rakete zu einer bestimmten Zeit befindet, sondern auch ob sie noch steigt oder schon fällt, wie groß ihre Geschwindigkeit in jedem Moment ist und ob ihre Beschleunigung zu- oder abnimmt.
Mit Hilfe der Differentialrechnung lassen sich solche funktionalen Änderungen zahlenmäßig erfassen.

Die Differentialrechnung wurde von Leibniz (1646 ... 1716) und Newton (1642 ... 1727) fast gleichzeitig entwickelt. Die heutigen Ergebnisse der Naturwissenschaft und Technik wären ohne die Differentialrechnung nicht möglich gewesen. Viele Forschungsmethoden in den Wirtschafts- und Sozialwissenschaften beruhen auf ihrer Anwendung. Die Differentialrechnung ist ein Teil der Infinitesimalrechnung (infinitum = unendlich) oder Analysis (analysis = Zerlegung).

Ein Beispiel soll die grundlegende Problemstellung der Differentialrechnung verdeutlichen.

Beispiel:

Ein Landwirt soll mit 100 m Draht ein rechteckiges Stück Land so umzäunen, daß der Flächeninhalt A möglichst groß wird. Zeichnen Sie für die Abhängigkeit des Flächeninhalts A von der Seitenlänge a ein Schaubild.

Lösung:

Der Flächeninhalt A hängt von den beiden Seitenlängen a und b des Rechtecks ab. Da der Umfang bekannt ist, erhalten wir eine Gleichung, mit der sich A aus a berechnen läßt. Durch diese Gleichung ist eine Funktion mit der unabhängigen Variablen a bestimmt. Aus dem Graphen dieser Funktion erkennen wir, daß der Flächeninhalt für $a = 25$ am größten ist. Für diesen Wert ist die Fläche ein Quadrat.

Ergebnis: $a = 25\,\text{m}$ $b = 25\,\text{m}$ $A = 625\,\text{m}^2$

Dieser Weg, den Maximalpunkt des Graphen zu berechnen, ist sehr umständlich und ungenau. Im folgenden werden wir Verfahren entwickeln, mit denen der Maximalpunkt sofort bestimmt werden kann.

$$\begin{aligned} A &= a \cdot b \\ U &= 2a + 2b \\ \Rightarrow b &= 50 - a \\ A &= 50a - a^2 \end{aligned}$$

Funktion:

$A\colon a \mapsto 50a - a^2;\ a \in [0, 50]$

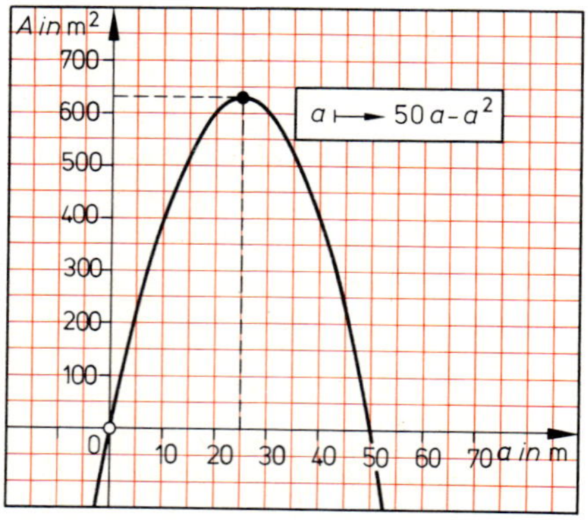

Hinweis: Um eine gute Übersichtlichkeit zu wahren und um das mathematisch Bedeutsame in den Vordergrund zu stellen, wird wie in diesem Beispiel im folgenden immer nur mit den Zahlenwerten von physikalischen Größen gerechnet. Lediglich im Endergebnis wird die Einheit mit angegeben. Selbstverständlich muß darauf geachtet werden, daß eine Größe innerhalb einer Rechnung durchgängig in der gleichen Einheit angegeben ist.

9.2 Differenzenquotientenfunktion und Ableitung

Im Intervall $[0, 25)$ nehmen die Funktionswerte der Flächeninhaltsfunktion in obigem Beispiel für steigende Werte a zu. An der Stelle $a = 25$ ist der Funktionswert A am größten, im Intervall $(25, 50]$ nehmen die Funktionswerte wieder ab. Dieser Änderung der Funktionswerte entspricht die „Steilheit" des Graphen. Für Geraden haben wir als Maß der „Steilheit" die *Steigung der linearen Funktion* definiert. Wir werden nun für Funktionen mit beliebig gekrümmten Graphen eine *Steigung* definieren.

Bei linearen Funktionen wird die Steigung durch das Verhältnis der Seitenlängen $f(x) - f(x_0)$ und $x - x_0$ des Steigungsdreiecks ausgedrückt. Sind zwei Punkte $P(x, f(x)) = P(10, 5)$ und $P(x_0, f(x_0)) = P_0(4, 2)$ gegeben, so gilt:

$$a(x, x_0) = \frac{f(x) - f(x_0)}{x - x_0} = \tan \alpha$$

$$a(10, 4) = \frac{5 - 2}{10 - 4} = \frac{1}{2}$$

$$\Rightarrow \quad \alpha = 26{,}6°$$

Die Berechnung kann mit beliebigen Punkten erfolgen und führt immer zum gleichen Wert.

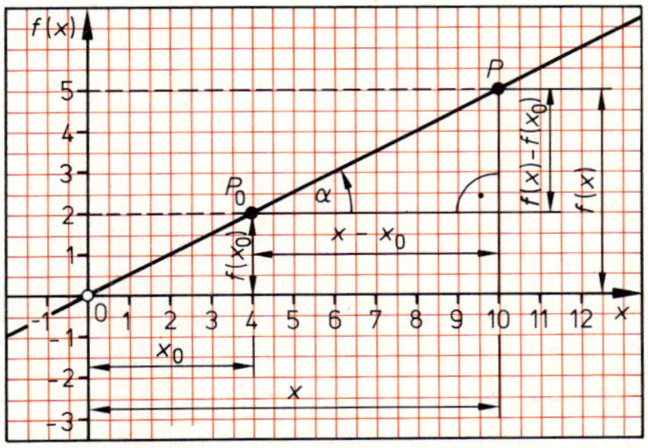

$$a(x, x_0) = \frac{f(x) - f(x_0)}{x - x_0} = \tan \alpha$$

Geradensteigung

Die Übertragung dieser Definition auf eine Funktion mit beliebig gekrümmtem Graphen ist nicht ohne weiteres möglich. Wir können für zwei beliebige Punkte $P_0(x_0, f(x_0))$ und $P(x, f(x))$ die Sehnensteigung (Intervallsteigung) $a(x, x_0)$ angeben. Sie ändert sich jedoch in der Regel von Intervall zu Intervall.

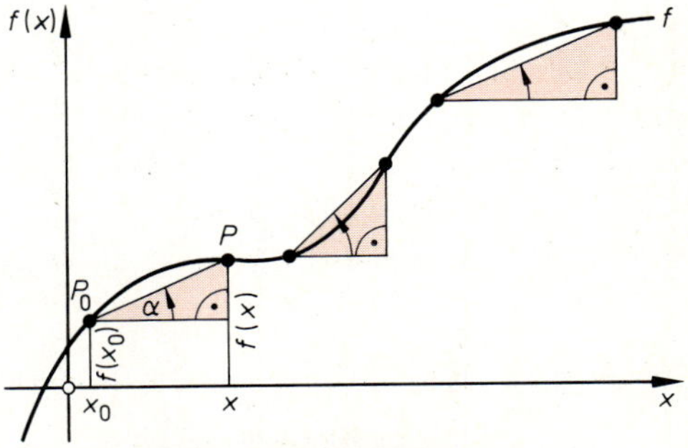

$$a(x, x_0) = \frac{f(x) - f(x_0)}{x - x_0} \qquad x \neq x_0$$

Sehnensteigung   Intervallsteigung

Beispiel:

Berechnen Sie für die Funktion $f\colon x \longmapsto \frac{1}{5}x^2$ die Sehnensteigungen $a(1,2)$, $a(2,4)$, $a(4,6)$.

Lösung:

$$a(x_1, x_2) = \frac{f(x_2) - f(x_1)}{x_2 - x_1}; \quad x \longmapsto \tfrac{1}{5}x^2$$

$$a(1,2) = \frac{0{,}8 - 0{,}2}{2 - 1} = \underline{\underline{0{,}6}} \Rightarrow \underline{\underline{\alpha_1 = 31^\circ}}$$

$$a(2,4) = \frac{f(x_3) - f(x_2)}{x_3 - x_2}$$

$$= \frac{3{,}2 - 1{,}8}{4 - 2} = \underline{\underline{1{,}4}} \Rightarrow \underline{\underline{\alpha_2 = 54{,}5^\circ}}$$

$$a(4,6) = \frac{f(x_4) - f(x_3)}{x_4 - x_3}$$

$$= \frac{7{,}2 - 3{,}2}{6 - 4} = \underline{\underline{2}} \quad \Rightarrow \underline{\underline{\alpha_3 = 63{,}4^\circ}}$$

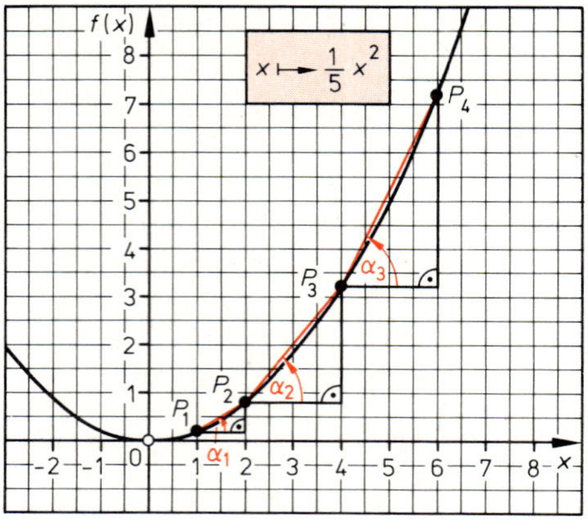

Die Sehnen geben nur ungenau den Verlauf des Graphen wieder. Man müßte die Graphenpunkte schon sehr dicht wählen, um eine einigermaßen brauchbare Aussage über den Verlauf der Kurve in den betreffenden Intervallen machen zu können.

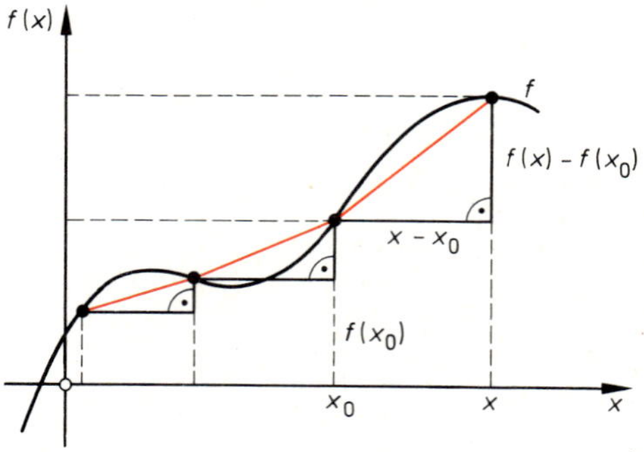

Wir bezeichnen die Sehnensteigung $a(x, x_0)$ als Differenzenquotient der Funktion f an der Stelle x_0. Dafür schreiben wir: $a(x, x_0) = a_{x_0}(x)$.

Definition:

Unter dem Differenzenquotienten $a_{x_0}(x)$ einer Funktion f an einer Stelle $x_0 \in D(f)$ versteht man den Quotienten aus Differenz der Funktionswerte und Differenz der Argumente.

$$a_{x_0}(x) = \frac{f(x) - f(x_0)}{x - x_0}; \quad x, x_0 \in D(f), \; x \neq x_0$$

Differenzenquotient einer Funktion

Beispiel:

Gegeben seien die Funktion $f\colon x \longmapsto 2x^2$ und der Punkt $x_0 = 1$.
Wir stellen die Aufgabe, die Sehnensteigungen aller Sekanten, die durch den Punkt $P_0(1,2)$ gehen, zu bestimmen.
Der Differenzenquotient

$$a_{x_0}(x) = \frac{f(x) - f(x_0)}{x - x_0};\ x \neq x_0,$$

also

$$a_1(x) = \frac{2x^2 - 2}{x - 1};\ x \neq 1$$

liefert für $x = 1$ keine Lösung, da er für $x = 1$ nicht definiert ist. Dies ist auch von der Anschauung einsichtig, denn soll eine Gerade Sekante sein, so benötigt sie zwei Schnittpunkte mit dem Graphen $(x \neq x_0)$.

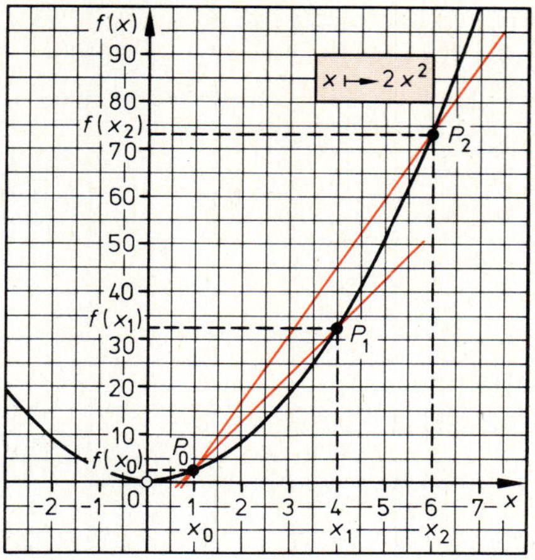

Wir können den Differenzenquotienten vereinfachen:

$$\frac{2x^2 - 2}{x - 1} = 2(x + 1);\ x \neq 1.$$

Für jede Stelle $x\ (x \neq 1)$ können wir die Steigung der Sekanten durch die Punkte $P(1,2)$ und $P(x, f(x))$ des Graphen der Funktion $f\colon x \longmapsto 2x^2$ berechnen. Der Term $2(x+1)$ liefert durch Einsetzen von Zahlen $x \in \mathbb{R} \setminus \{1\}$ Funktionswerte. Wir haben eine Funktion $x \longmapsto 2(x+1)$, $D = \mathbb{R} \setminus \{1\}$ bestimmt. Sie heißt *Differenzenquotientenfunktion* an der Stelle $x_0 = 1$.

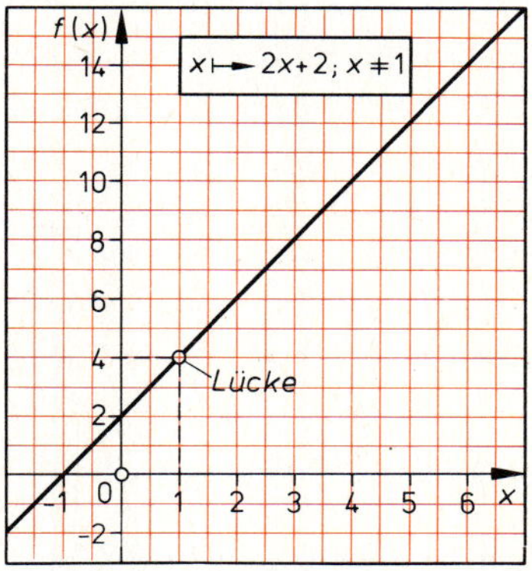

$$\begin{array}{ll} x \longmapsto \dfrac{2x^2 - 2}{x - 1}; & x \neq 1 \\ x \longmapsto 2(x+1); & x \neq 1 \\ x \longmapsto a_1(x); & x \neq 1 \end{array}$$

Differenzenquotientenfunktion für $x_0 = 1$

Die Differenzenquotientenfunktion der Funktion $f\colon x \longmapsto 2x^2$ an einer beliebigen Stelle x_0 kann ebenfalls durch Ausklammern und Kürzen in vereinfachter Form angegeben werden.

$$x \longmapsto \frac{2x^2 - 2x_0^2}{x - x_0};\ x \in D(f) \setminus \{x_0\}$$

$$x \longmapsto \frac{2(x - x_0)(x + x_0)}{x - x_0}$$

$$x \longmapsto 2(x + x_0)$$

$$x \longmapsto a_{x_0}(x)$$

$$\Rightarrow\ a_{x_0}(x) = 2(x + x_0);\ D(a_{x_0}) = D(f) \setminus \{x_0\}$$

Definition:

Unter der Differenzenquotientenfunktion a_{x_0} der Funktion $f: x \mapsto f(x);\ x \in D(f)$ an der Stelle $x_0 \in D(f)$ verstehen wir die Funktion

$$a_{x_0}: x \mapsto \frac{f(x)-f(x_0)}{x-x_0};\ x \in D(f)\setminus\{x_0\}.$$

$$f: \quad x \mapsto f(x);\ x \in D(f)$$

$$a_{x_0}: x \mapsto \frac{f(x)-f(x_0)}{x-x_0};\ x \in D(f)\setminus\{x_0\}$$

$$a_{x_0}(x) = \frac{f(x)-f(x_0)}{x-x_0}$$

Differenzenquotientenfunktion

Beispiel:

Gegeben sind die Funktionen:

a) $f: x \mapsto \frac{1}{4}x^2$ und **b)** $f: x \mapsto \frac{1}{x};\ x \neq 0$

Bestimmen Sie die Differenzenquotientenfunktion a_{x_0} an der Stelle $x_0 = 2$ in einfachster Form.

Lösung:

a) Für $f(x) = \frac{1}{4}x^2$.
Wir setzen in die allgemeine Form der Differenzenquotientenfunktion die Funktionswerte $f(x) = \frac{1}{4}x^2$ und $f(x_0) = \frac{1}{4}\cdot 2^2$ für $x_0 = 2$ ein. Durch Ausklammern und Kürzen erhalten wir eine einfache Form der Differenzenquotientenfunktion für $x_0 = 2$.

$$a_{x_0}: x \mapsto \frac{f(x)-f(x_0)}{x-x_0};\ f(x) = \frac{1}{4}x^2$$

$$\Rightarrow a_2(x) = \frac{\frac{1}{4}x^2 - \frac{1}{4}2^2}{x-2}$$

$$= \frac{\frac{1}{4}(x^2-4)}{x-2} = \frac{\frac{1}{4}(x-2)(x+2)}{x-2}$$

$$= \frac{1}{4}(x+2)$$

$$a_2: x \mapsto \frac{1}{4}(x+2), \quad x \in \mathbb{R}\setminus\{2\}$$

b) Für $f(x) = \frac{1}{x}$.

Um den Differenzenquotienten zu vereinfachen, müssen wir die Brüche im Zähler gleichnamig machen.

$$a_2(x) = \frac{\frac{1}{x} - \frac{1}{2}}{x-2}$$

$$= \frac{\frac{2-x}{2x}}{x-2} = \frac{2-x}{2x(x-2)}$$

$$= -\frac{1}{2x}$$

$$a_2: x \mapsto -\frac{1}{2x}, \quad x \in \mathbb{R}\setminus\{0, 2\}$$

Beispiel:

Gegeben sind die Funktionen:

a) $f: x \mapsto x^3 + 2$ und **b)** $f: x \mapsto \sqrt{x},\ x > 0$

Bestimmen Sie die Differenzenquotientenfunktionen a_{x_0} in einfachster Form für ein beliebiges $x_0 \in \mathbb{R}$ $(x_0 \neq x)$.

Lösung:

a) Für $f(x) = x^3 + 2$.
Wir vereinfachen den Term der Differenzenquotientenfunktion durch Division von Zähler und Nenner. Der Graph von $x \mapsto a_{x_0}(x)$ ist eine Parabel mit der Definitionslücke x_0.

$$a_{x_0}\colon x \mapsto \frac{f(x) - f(x_0)}{x - x_0}; \quad f(x) = x^3 + 2$$

$$a_{x_0}(x) = \frac{x^3 + 2 - (x_0^3 + 2)}{x - x_0}$$

$$= \frac{x^3 - x_0^3}{x - x_0} = x^2 + x x_0 + x_0^2$$

$$\underline{\underline{a_{x_0}\colon x \mapsto x^2 + x x_0 + x_0^2,}} \quad x \in \mathbb{R} \setminus \{x_0\}$$

b) Für $f(x) = \sqrt{x}$.
Wir formen den Nenner des Terms mit Hilfe des dritten binomischen Lehrsatzes um und kürzen.

$$a_{x_0}(x) = \frac{\sqrt{x} - \sqrt{x_0}}{x - x_0}$$

$$= \frac{\sqrt{x} - \sqrt{x_0}}{(\sqrt{x} - \sqrt{x_0})(\sqrt{x} + \sqrt{x_0})}$$

$$= \frac{1}{\sqrt{x} + \sqrt{x_0}}$$

$$\underline{\underline{a_{x_0}\colon x \mapsto \frac{1}{\sqrt{x} + \sqrt{x_0}},}} \quad x \in \mathbb{R}_+^* \setminus \{x_0\}$$

Die Differenzenquotientenfunktion a_{x_0} einer Funktion f hat an der Stelle $x = x_0$ eine Definitionslücke (Nenner wird Null). Wir prüfen deshalb, ob a_{x_0} an der Stelle $x = x_0$ stetig fortsetzbar ist, das heißt, ob der Grenzwert $\lim\limits_{x \to x_0} a_{x_0}(x)$ existiert. Ist dies der Fall, so bezeichnet man diesen Grenzwert von a_{x_0} für $x \to x_0$ an der Stelle x_0 als die „*Ableitung*" von f an der Stelle x_0 und schreibt dafür „$f'(x_0)$". Man sagt auch, die Funktion f ist „*differenzierbar oder ableitbar an der Stelle* x_0".

Definition:

Existiert der eigentliche Grenzwert der Differenzenquotientenfunktion a_{x_0} für $x \to x_0$, so heißt die zugehörige Funktion differenzierbar an der Stelle x_0.
Man bezeichnet den Grenzwert mit „$f'(x_0)$" und nennt ihn die Ableitung der Funktion f an der Stelle x_0.
$f'(x_0)$ gelesen: f Strich von x_0.

$$f\colon x \mapsto f(x)$$
$$\lim_{x \to x_0} a_{x_0}(x) = \lim_{x \to x_0} \frac{f(x) - f(x_0)}{x - x_0} = f'(x_0)$$

Ableitung von f an der Stelle x_0

Anmerkung:

Das Wort „*differenzierbar*" erinnert also an die Tatsache, daß $f'(x_0)$ der Grenzwert des Differenzenquotienten ist, das heißt, daß die Differenzenquotientenfunktion a_{x_0} an der Stelle x_0 stetig fortsetzbar ist. Das Berechnen der Ableitung $f'(x_0)$ nennt man auch „*Differenzieren*" und das Gebiet der Mathematik, das sich damit beschäftigt, „*Differentialrechnung*".

Beispiel: Gegeben sind die Funktionen:

a) $f: x \longmapsto \frac{1}{2x^2}$; $D(f) = \mathbb{R}^*$; $x_0 = 1{,}5$ **b)** $f: x \longmapsto x^3 - x^2 + 2x$; $D(f) = \mathbb{R}$; $x_0 = -2$.

Berechnen Sie die Ableitung $f'(x_0)$ an der Stelle x_0.

Lösung:

a) Wir berechnen zunächst den Funktionsterm der Differenzenquotientenfunktion an der Stelle $x_0 = 1{,}5$. Die Differenzenquotientenfunktion $a_{1,5}(x)$ ist an der Stelle $x_0 = 1{,}5$ stetig fortsetzbar, und der Grenzwert kann deshalb leicht aus der vereinfachten Form des Funktionsterms bestimmt werden.

$$a_{x_0}: x \longmapsto \frac{f(x) - f(x_0)}{x - x_0};\ x \neq x_0$$

$$a_{1,5}(x) = \frac{\frac{1}{2x^2} - \frac{1}{2 \cdot 1{,}5^2}}{x - 1{,}5};\ x \neq 1{,}5$$

$$= \frac{4{,}5 - 2x^2}{9x^2(x - 1{,}5)};\ x \in \mathbb{R} \setminus \{0; 1{,}5\}$$

$$a_{1,5}(x) = \frac{(-2x - 3)\cancel{(x - 1{,}5)}}{9x^2\cancel{(x - 1{,}5)}};\ x \in \mathbb{R} \setminus \{0; 1{,}5\}$$

$$= -\frac{2x + 3}{9x^2}$$

$$\lim_{x \to 1,5} a_{1,5}(x) = \lim_{x \to 1,5} \left(-\frac{2x + 3}{9x^2}\right) = -0{,}296$$

$$\underline{\underline{f'(1{,}5) = -0{,}296}}$$

b) Wir gehen analog vor. Die Differenzenquotientenfunktion $a_{-2}(x)$ ist stetig fortsetzbar; wir erhalten die Ableitung $f'(-2) = 18$.

$$a_{-2}(x) = \frac{x^3 - x^2 + 2x + 16}{x + 2};\ x \neq -2$$

$$a_{-2}(x) = x^2 - 3x + 8;\ x \neq -2$$

$$\lim_{x \to -2} a_{-2}(x) = \lim_{x \to -2} x^2 - 3x + 8 = 18$$

$$\underline{\underline{f'(-2) = 18}}$$

Beispiel: Gegeben sind die Funktionen: **a)** $f: x \longmapsto \sqrt{x}$; $x > 0$ **b)** $f: x \longmapsto 2x^2 - x$

Berechnen Sie die Ableitung $f'(x_0)$ für ein beliebiges x_0.

Lösung:

a) Wir bestimmen zunächst den Funktionsterm der Differenzenquotientenfunktion für ein beliebiges x_0, indem wir für $f(x) = \sqrt{x}$ und für $f(x_0) = \sqrt{x_0}$ einsetzen. Zur Vereinfachung des Differenzenquotienten wird die Beziehung

$$(\sqrt{x} - \sqrt{x_0})(\sqrt{x} + \sqrt{x_0}) = x - x_0$$

verwendet. Der Grenzwert existiert und führt zu der Ableitung

$$f'(x_0) = \frac{1}{2\sqrt{x_0}}.$$

$$a_{x_0}: x \longmapsto \frac{f(x) - f(x_0)}{x - x_0}$$

$$a_{x_0}(x) = \frac{\sqrt{x} - \sqrt{x_0}}{x - x_0} = \frac{\cancel{\sqrt{x} - \sqrt{x_0}}}{\cancel{(\sqrt{x} - \sqrt{x_0})}(\sqrt{x} + \sqrt{x_0})}$$

$$= \frac{1}{\sqrt{x} + \sqrt{x_0}}$$

$$\lim_{x \to x_0} \frac{1}{\sqrt{x} + \sqrt{x_0}} = \frac{1}{2\sqrt{x_0}}$$

$$\underline{\underline{f'(x_0) = \frac{1}{2\sqrt{x_0}}}}$$

b) Nach dem Einsetzen des Funktionsterms $2x^2 - x$ in den Differenzenquotienten kann dieser gekürzt werden.
Der Grenzwert existiert und führt zu der Ableitung

$$f'(x_0) = 4x_0 - 1.$$

$$a_{x_0}(x) = \frac{(2x^2 - x) - (2x_0^2 - x_0)}{x - x_0}$$
$$= \frac{(2x + 2x_0 - 1)\cancel{(x - x_0)}}{\cancel{x - x_0}}$$
$$= 2x + 2x_0 - 1$$
$$\lim_{x \to x_0} (2x + 2x_0 - 1) = 2x_0 + 2x_0 - 1$$
$$\underline{\underline{f'(x_0) = 4x_0 - 1}}$$

Geometrische Bedeutung der Ableitung

Wir haben mit Hilfe der Differenzenquotientenfunktion a_{x_0} die Steigung von Sehnen bestimmt, die den Graphen der betrachteten Funktion in zwei Punkten $P(x, f(x))$ und $P_0(x_0, f(x_0))$ schneiden. Beim Grenzübergang „wandert" der Punkt $P(x, f(x))$ auf den Punkt $P_0(x_0, f(x_0))$ zu, es entsteht eine „Folge" von Sehnen. Der Grenzwert für $x \longrightarrow x_0$ der Differenzenquotientenfunktion gibt die Steigung einer Geraden an, die mit dem Graphen nur den Punkt $P_0(x_0, f(x_0))$ gemeinsam hat. Diese Steigung wollen wir als *„Steigung des Graphen"* im Punkt $P_0(x_0, f(x_0))$ bezeichnen. Wir definieren:

Definition:

Für eine an der Stelle x_0 differenzierbare Funktion f heißt die Zahl $a = f'(x_0)$ die Steigung des Funktionsgraphen von f im Punkt $P_0(x_0, f(x_0))$.

$$a = f'(x_0) = \lim_{x \to x_0} \frac{f(x) - f(x_0)}{x - x_0}$$

Steigung des Graphen von f im Punkte P_0

Wir wenden diese Definition auf die lineare Funktion $x \longmapsto mx + b$ an. Wir erhalten $a = m$, d.h. für lineare Funktionen stimmt der „neue" Steigungsbegriff mit dem bisher definierten überein. Er ist also eine Erweiterung.

$$\lim_{x \to x_0} \frac{mx + b - (mx_0 + b)}{x - x_0}$$
$$= \lim_{x \to x_0} \frac{m(x - x_0)}{x - x_0}$$
$$= \lim_{x \to x_0} m = \underline{\underline{m}}$$

Der Begriff der Tangente ist uns bereits bekannt. Dieser Begriff ist bisher nur für den Kreis streng definiert, und zwar als Gerade, die genau einen Punkt mit dem Kreis gemeinsam hat. Für Funktionsgraphen ist diese Definition unzulässig. Mit Hilfe des Ableitungsbegriffes sind wir in der Lage, die Tangente an einen Funktionsgraphen im Punkt $P_0(x_0, f(x_0))$ zu definieren.

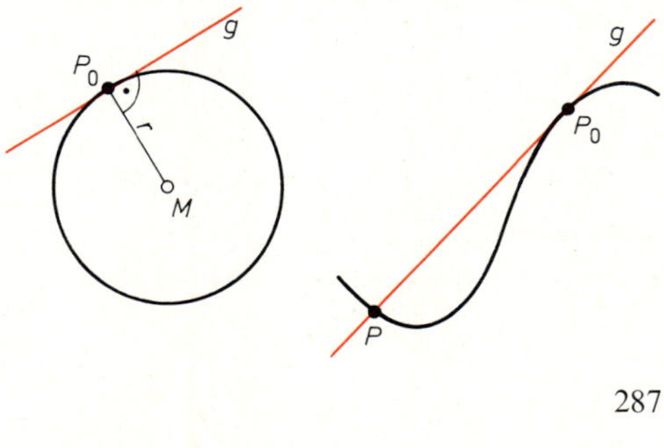

Definition:

Eine Gerade g heißt Tangente an den Punkt $P_0(x_0, f(x_0))$ des Graphen der Funktion f, wenn folgende Bedingungen erfüllt sind:

1. *f ist an der Stelle x_0 differenzierbar,*
2. *P_0 liegt auf der Geraden g,*
3. *g hat die Steigung $a = f'(x_0)$.*

Der Winkel α mit $\tan\alpha = a = f'(x_0)$ heißt Steigungswinkel.

$$\tan\alpha = a = f'(x_0) = \lim_{x \to x_0} \frac{f(x) - f(x_0)}{x - x_0}$$

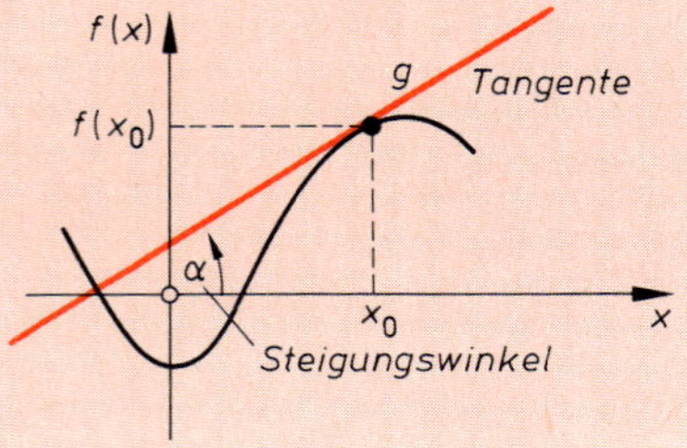

Beispiel:

Gegeben sei die Funktion $f: x \longmapsto x^2 + 2x$.

a) Bestimmen Sie die Ableitung $f'(x_0)$ für ein beliebiges x_0.

b) Berechnen Sie die Ableitung $f'(x_0)$ für $x_0 = 1$.

c) Berechnen Sie den Steigungswinkel α der Tangente für $x_0 = 1$.

d) Geben Sie die Gleichung der Tangente in der Stelle x_0 an.

Lösung:

a) Nach dem Einsetzen des Funktionsterms $x^2 + 2x$ in den Differenzenquotienten kann dieser gekürzt werden.

$$f: x \longmapsto x^2 + 2x$$

$$a_{x_0}(x) = \frac{f(x) - f(x_0)}{x - x_0}; \quad x \neq x_0$$

$$= \frac{x^2 + 2x - (x_0^2 + 2x_0)}{x - x_0}$$

$$= \frac{\cancel{(x - x_0)}(x + x_0) + 2\cancel{(x - x_0)}}{\cancel{x - x_0}} = x + x_0 + 2$$

Der Grenzwert existiert und führt zu der Ableitung $f'(x_0) = 2x_0 + 2$.

$$a_{x_0}(x) = x + x_0 + 2$$

$$\lim_{x \to x_0} (x + x_0 + 2) = 2x_0 + 2 = f'(x_0)$$

$$\underline{\underline{f'(x_0) = 2x_0 + 2}}$$

b) Für $x_0 = 1$ erhält man die Ableitung $f'(x_0) = 4$.

$$x_0 = 1 \Rightarrow f'(1) = 2 \cdot 1 + 2 = \underline{\underline{4}}$$

c) Die Tangente an den Punkt $P_0(x_0, f(x_0)) = (1, 3)$ bildet mit der x-Achse einen Winkel $\alpha = 75{,}96°$.

$$a = f'(1) = 4 = \tan\alpha$$

$$\Rightarrow \underline{\underline{\alpha = 75{,}96°}}$$

d) Die Tangente ist eine Gerade, d.h. die Gleichung hat die Form:

$$y = mx + b$$

m ist die Steigung. Also:

$$y = 4x + b$$

Der Punkt $P_0(x_0, f(x_0)) = P_0(1, 3)$ liegt auf der Geraden:

$$3 = 4 \cdot 1 + b$$

$$\Rightarrow b = -1$$

Die Tangentengleichung lautet somit:

$$\underline{\underline{y = 4x - 1}}$$

Übungen	9.2

Differenzenquotientenfunktion und Ableitung

1. Berechnen Sie die Steigung der Sekante, die durch die Punkte $P_1(x_1, f(x_1))$ und $P_2(x_2, f(x_2))$ geht.

a) $f: x \mapsto x^2$; $x_1 = 0$; $x_2 = 3$ **b)** $f: x \mapsto x^2 - 1$; $x_1 = 1{,}5$; $x_2 = -0{,}5$

c) $f: x \mapsto 3 - x^2$; $x_1 = -1$; $x_2 = 1$ **d)** $f: x \mapsto \frac{x^2}{4}$; $x_1 = 3$; $x_2 = 3{,}5$

e) $f: x \mapsto x^3$; $x_1 = -1$; $x_2 = 0$ **f)** $f: x \mapsto \frac{1}{x}$; $x_1 = -2$; $x_2 = -1$

g) $f: x \mapsto \sqrt{x}$; $x_1 = 2$; $x_2 = 3$

2. Bestimmen Sie die Differenzenquotientenfunktion an der Stelle x_0.

a) $f: x \mapsto 3x^2$; $x_0 = 0$ **b)** $f: x \mapsto \frac{1}{2}x + 1$; $x_0 = 1$ **c)** $f: x \mapsto x^2 - x$; $x_0 = 0$

d) $f: x \mapsto 1 + \frac{1}{x}$; $x_0 = -1$ **e)** $f: x \mapsto \frac{1}{x^2}$; $x_0 = 2$ **f)** $f: x \mapsto x^3$; $x_0 = 0$

g) $f: x \mapsto 2x^2 - x + 1$; $x_0 = 2$ **h)** $f: x \mapsto \frac{1}{2}\sqrt{x}$; $x_0 = 1$

3. Bestimmen Sie die Differenzenquotientenfunktion in einfachster Form und berechnen Sie die Ableitung $f'(x_0)$. Wählen Sie $x_0 \in \mathbb{R}$ beliebig, wenn nicht anders angegeben.

a) $f: x \mapsto 3x^2 + 2$; $x_0 = 0$ **b)** $f: x \mapsto x^3 - x$; $x_0 = 1$ **c)** $f: x \mapsto \frac{1}{2x^2}$; $x_0 = 2$

d) $f: x \mapsto 2\sqrt{x}$; **e)** $f: x \mapsto 6 - x^2$; **f)** $f: x \mapsto 2x^2 - x + 4$;

g) $f: x \mapsto \frac{4}{x} + 2$; **h)** $f: x \mapsto 3x^3 - x^2 - 6$; $x_0 = 0$ **i)** $f: x \mapsto x + \frac{2}{x}$;

4. Berechnen Sie für die folgenden Funktionen die Ableitung $f'(x_0)$, den Steigungswinkel α der Tangenten im Punkt $P(x_0, f(x_0))$ und die Tangentengleichung.

a) $f: x \mapsto 2x^2 - 2$; $x_0 = -1$ **b)** $f: x \mapsto \sqrt{x} - 2$; $x_0 = 3$

c) $f: x \mapsto \frac{10}{x}$; $x \neq 0$; $x_0 = -1$ **d)** $f: x \mapsto x^3 + x^2 - 10$; $x_0 = 5$

e) $f: x \mapsto x^3 - x + 7$; $x_0 = -2$ **f)** $f: x \mapsto 2\sqrt{x} + 1$; $x > 0$; $x_0 = 2$

9.3 Stetigkeit und Differenzierbarkeit

Bisher wurden nur solche Funktionen behandelt, die an einer Stelle $x_0 \in D(f)$ stetig und differenzierbar waren. Daß dies nicht immer der Fall sein muß, zeigen die folgenden zwei Beispiele.

Beispiel:

Der Graph der Funktion $f: x \mapsto |x|$ zeigt, wie wir schon an anderer Stelle nachgerechnet haben, daß die Funktion f für alle $x \in \mathbb{R}$ stetig ist. Wie steht es aber mit der Differenzierbarkeit an der Stelle $x_0 = 0$? Im Punkt $P(0,0)$ stoßen zwei Halbgeraden zusammen, die verschiedene Steigungen haben. Wir bilden die einseitigen Grenzwerte des Differenzenquotienten.

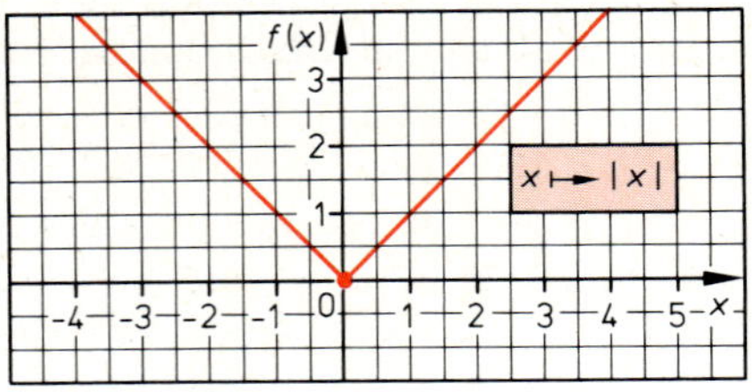

$$f: x \mapsto |x| \Rightarrow f: x \mapsto \begin{cases} -x & \text{für } x < 0 \\ 0 & \text{für } x = 0 \\ x & \text{für } x > 0 \end{cases}$$

Für $x \to 0 \wedge x < 0$ erhalten wir die *linksseitige Ableitung*

$$\underset{x<0}{f'(0)} = -1.$$

$$\underset{x<0}{f'(0)} = \lim_{\substack{x \to 0 \\ \wedge x<0}} \frac{-x - x_0}{x - x_0} = \lim_{\substack{x \to 0 \\ \wedge x<0}} \frac{-x-0}{x-0} = \underline{\underline{-1}}$$

$\underset{x<0}{f'(0)} = \underline{\underline{-1}}$ *linksseitige Ableitung*

Für $x \to 0 \wedge x > 0$ erhalten wir die *rechtsseitige Ableitung*

$$\underset{x>0}{f'(0)} = 1.$$

$$\underset{x>0}{f'(0)} = \lim_{\substack{x \to 0 \\ \wedge x>0}} \frac{x - x_0}{x - x_0} = \lim_{\substack{x \to 0 \\ \wedge x>0}} \frac{x-0}{x-0} = \underline{\underline{1}}$$

$\underset{x>0}{f(0)} = \underline{\underline{1}}$ *rechtsseitige Ableitung*

Der Grenzwert des Differenzenquotienten für x gegen 0 existiert nicht, da der links- und rechtsseitige Grenzwert verschieden sind. Die Funktion ist also an der Stelle $x_0 = 0$ nicht differenzierbar.

Beispiel:

Wir betrachten die Funktion

$$f: x \mapsto \sqrt{x};\ D(f) = \mathbb{R}_+.$$

Sie ist stetig für alle $x \in D(f)$, also auch an der Stelle $x_0 = 0$. Da diese Stelle $x_0 = 0$ Randpunkt des Definitionsbereiches ist, ist es nur sinnvoll, nach der rechtsseitigen Ableitung zu fragen. Die Differenzenquotientenfunktion hat jedoch keinen endlichen Grenzwert. Das steht mit der Anschauung in Übereinstimmung: An der Stelle x_0 existiert keine Tangente im Sinne der Definition, sondern die „Tangente" steht senkrecht zur x-Achse. f ist an der Stelle x_0 nicht differenzierbar.

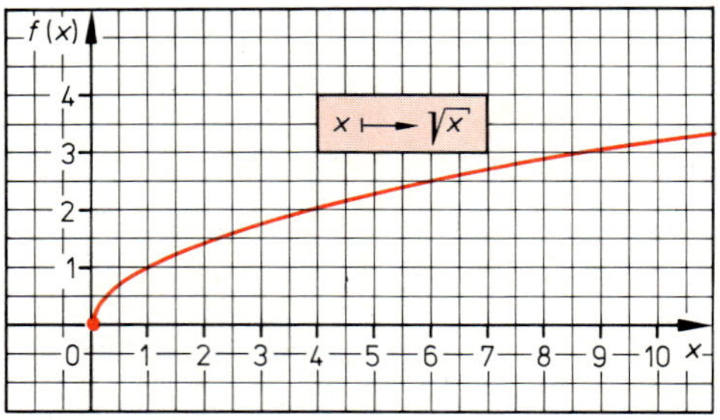

$$\lim_{\substack{x \to 0 \\ \wedge x>0}} \frac{\sqrt{x} - \sqrt{0}}{x - 0} = \lim_{\substack{x \to 0 \\ \wedge x>0}} \frac{\sqrt{x}}{x}$$

$$= \lim_{\substack{x \to 0 \\ \wedge x>0}} \frac{1}{\sqrt{x}} = \infty$$

uneigentlicher Grenzwert der Differenzenquotientenfunktion

Die beiden Beispiele zeigen, daß eine über ihrem Definitionsbereich $D(f)$ stetige Funktion f nicht unbedingt an allen Stellen $x_0 \in D(f)$ differenzierbar sein muß. Es existiert keine Ableitung der Funktion f an der Stelle x_0, wenn

1. die rechts- oder die linksseitige Ableitung in x_0 nicht existiert oder
2. beide einseitigen Ableitungen zwar existieren, aber verschieden sind.

Da Funktionen oft nicht nur in einem Punkt, sondern in einem Intervall betrachtet werden, wollen wir die Differenzierbarkeit einer Funktion in einem Intervall untersuchen.

Definition:
Eine Funktion heißt genau dann in einem Intervall I ableitbar oder differenzierbar, wenn sie für jedes $x_0 \in I$ ableitbar ist.

Anmerkung:
Ist I abgeschlossen, genügt an den Intervallgrenzen einseitige Differenzierbarkeit.

Beispiel:
Wir können mit dem Begriff der Differenzierbarkeit im Intervall die Sachverhalte aus den beiden obigen Beispielen auch so ausdrücken:

1. Die Funktion $f\colon x \longmapsto |x|$ ist ableitbar in jedem Intervall $[a, b]$ mit $a, b > 0$ oder $a, b < 0$. Sie ist nicht ableitbar in Intervallen (a, b) mit $a < 0 < b$.

2. Die Funktion $f\colon x \longmapsto \sqrt{x}$ ist nicht ableitbar im Intervall $[0, b]$; sie ist ableitbar im Intervall $(0, b]$.

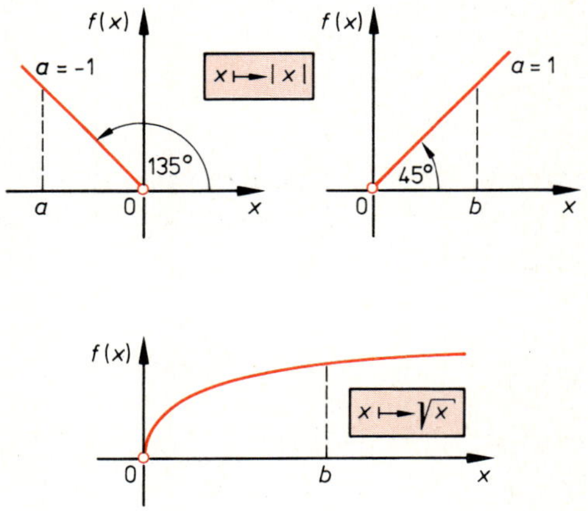

Ist eine Funktion in ihrem ganzen Definitionsbereich $D(f)$ differenzierbar, so können wir eine neue Funktion auf $D(f)$ definieren.

Definition:
Sei f eine auf ihrem Definitionsbereich $D(f)$ differenzierbare Funktion. Dann heißt die Funktion $f'\colon x \longmapsto f'(x);\ x \in D(f)$ Ableitungsfunktion f' von f.

Die Ableitungsfunktion f' von f, kurz „Ableitung von f“, ordnet also jeder Stelle $x_0 \in D(f)$ die Ableitung $f'(x_0)$ zu. Sie gibt für jede Stelle $x_0 \in D(f)$ die Steigung der Tangente an den Graphen der Funktion f an. In der Begrifflichkeit muß sorgsam zwischen der „Ableitung“ an einer Stelle und der „Ableitung“ als Funktion unterschieden werden.

Zusammenfassung:

Von einer Funktion f gelangten wir zur Ableitungsfunktion f' durch folgende Schritte:

1. Berechnung der Differenzenquotientenfunktion.

$$a_{x_0}: x \longmapsto \frac{f(x) - f(x_0)}{x - x_0}$$

2. Berechnung des Grenzwertes für $x \to x_0$.

$$\lim_{x \to x_0} \frac{f(x) - f(x_0)}{x - x_0} = f'(x_0) = a$$

3. Übergang von der Ableitung an einer Stelle zur Ableitungsfunktion, verdeutlicht durch das Ersetzen von x_0 durch x in $f'(x_0)$.

$$f'(x_0) = f'(x) \quad \textit{für} \quad x_0 = x$$

$$f': x \longmapsto f'(x)$$

Beispiel:

Gegeben sei die Funktion $f: x \longmapsto x^3 + 2x - 2$.

a) Ermitteln Sie die Differenzenquotientenfunktion $a_{x_0}: x \longmapsto a_{x_0}(x)$.

b) Berechnen Sie den Grenzwert der Differenzenquotientenfunktion für $x \to x_0$.

c) Bestimmen Sie die Ableitungsfunktion $f': x \longmapsto f'(x)$.

Lösung:

a) Die Differenzenquotientenfunktion in einfachster Form erhalten wir durch Umformen des Zählers und Kürzen.

$$a_{x_0}(x) = \frac{x^3 + 2x - 2 - (x_0^3 + 2x_0 - 2)}{x - x_0}$$

$$= \frac{(x^2 + xx_0 + x_0^2 + 2) \cdot (x - x_0)}{x - x_0}$$

$$\underline{a_{x_0}(x) = x^2 + xx_0 + x_0^2 + 2}$$

b) Der Grenzwert der Differenzenquotientenfunktion für $x \to x_0$ ist die Ableitung an der Stelle x_0.

$$f'(x_0) = \lim_{x \to x_0} (x^2 + xx_0 + x_0^2 + 2)$$

$$= x_0^2 + x_0 x_0 + x_0^2 + 2$$

$$\underline{f'(x_0) = 3x_0^2 + 2}$$

c) Durch Ersetzen von x_0 durch x kennzeichnen wir die Ableitungsfunktion f'.

$$f'(x) = 3x^2 + 2$$

$$\underline{\underline{f': x \longmapsto 3x^2 + 2}}$$

Für die Beziehung zwischen Ableitung und Stetigkeit einer Funktion gilt folgender Satz:

Satz:

Wenn die Funktion $f: x \longmapsto f(x)$ an der Stelle x_0 ableitbar ist, dann ist f an dieser Stelle x_0 auch stetig.

$$x, x_0 \in D(f) \text{ und } x \neq x_0$$

$$\lim_{x \to x_0} \frac{f(x) - f(x_0)}{x - x_0} = f'(x_0)$$

$$\Rightarrow \lim_{x \to x_0} f(x) = f(x_0)$$

Beweis:

Nach Voraussetzung ist die Funktion f an der Stelle x_0 differenzierbar.

$$\lim_{x \to x_0} \frac{f(x) - f(x_0)}{x - x_0} = f'(x_0)$$

Stets gilt die Beziehung:

$$f(x) - f(x_0) = \frac{f(x) - f(x_0)}{x - x_0} \cdot (x - x_0)$$

Durch den Grenzwertprozeß für $x \to x_0$ beweisen wir unter Anwendung des zweiten und dritten Grenzwertsatzes und der Voraussetzung die Stetigkeit.

$$\lim_{x \to x_0} (f(x) - f(x_0)) = \lim_{x \to x_0} \left[\frac{f(x) - f(x_0)}{x - x_0} \cdot (x - x_0)\right]$$

$$\lim_{x \to x_0} f(x) - \lim_{x \to x_0} f(x_0) = \underbrace{\lim_{x \to x_0} \frac{f(x) - f(x_0)}{x - x_0}}_{f'(x_0)} \cdot \underbrace{\lim_{x \to x_0} (x - x_0)}_{0}$$

$$\lim_{x \to x_0} f(x) - f(x_0) = 0$$

$$\Rightarrow \lim_{x \to x_0} f(x) = f(x_0)$$

Entsprechend gilt der Satz:

Satz:

Wenn die Funktion $f\colon x \mapsto f(x)$ im Intervall (a, b) ableitbar ist, dann ist f in diesem Intervall stetig.

Die Umkehrung dieses Satzes gilt nicht, wie schon an Beispielen gezeigt wurde. Man sagt auch: die Stetigkeit ist eine notwendige, aber nicht hinreichende Bedingung für die Differenzierbarkeit. Umgekehrt ist die Differenzierbarkeit eine hinreichende, aber nicht notwendige Bedingung für die Stetigkeit.

Beispiel:

Gegeben sei die Funktion: $f\colon x \mapsto |0{,}5x^2 - 2|$ für $x \in (-4, 4)$

a) Für welche Zahlen x_1 und x_2 wird der Funktionswert Null? Zeichnen Sie den Graphen von f.

b) Zerlegen Sie $D(f)$ so in Intervalle, daß x_1 und x_2 Intervallgrenzen sind.

c) Bilden Sie die Ableitungsfunktion f' von f.

Lösung:

a) $f(x)$ ist genau dann gleich Null, wenn $0{,}5x^2 - 2$ gleich Null ist. Wir erhalten die Nullstellen $x_1 = -2$ und $x_2 = 2$. Alle Funktionswerte sind größer oder gleich Null; die Funktion ist achsensymmetrisch. Sie ist stetig für alle $x \in (-4, 4)$.

x	0	±1	±2	±3	±4
y	2	1,5	0	2,5	6

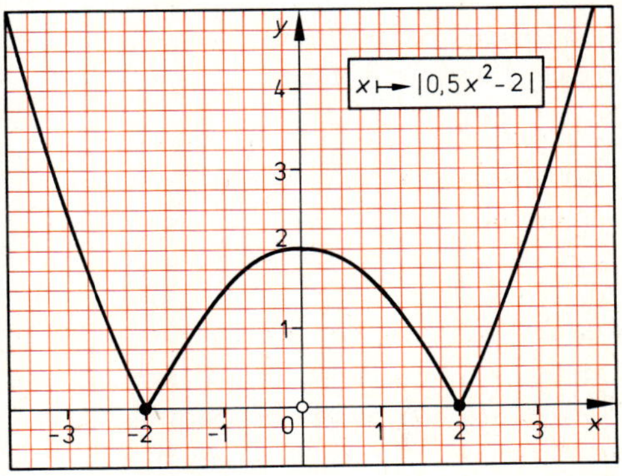

b) $D(f)$ kann in drei Intervalle zerlegt werden:

$D(f) = (-4, -2) \cup [-2, 2] \cup (2, 4)$

$f\colon x \mapsto |0{,}5x^2 - 2|$

$$\Rightarrow f\colon x \mapsto \begin{cases} 0{,}5x^2 - 2 & \text{für } x \in (-4, -2) \\ 2 - 0{,}5x^2 & \text{für } x \in [-2, 2] \\ 0{,}5x^2 - 2 & \text{für } x \in (2, 4) \end{cases}$$

c) Um f' zu erhalten, müssen wir intervallweise differenzieren.

$$\underset{x\in(-4,-2)}{f'(x_0)} = \lim_{x\to x_0}\frac{(0{,}5\,x^2-2)-(0{,}5\,x_0^2-2)}{x-x_0}$$

$$= \lim_{x\to x_0}\frac{0{,}5(x^2-x_0^2)}{x-x_0} = \lim_{x\to x_0} 0{,}5(x+x_0)$$

In den Intervallen $(-4,\ -2)$ und $(2, 4)$ ist die Ableitung $\underset{x<-2}{f'(x)} = \underset{x>2}{f'(x)} = x$.

$$\underset{x\in(-4,-2)}{f'(x_0)} = x_0 \Rightarrow \underset{x\in(-4,-2)}{f'(x)} = \underline{\underline{x}}$$

$$\underset{x\in(2,4)}{f'(x_0)} = x_0 \Rightarrow \underset{x\in(2,4)}{f'(x)} = \underline{\underline{x}}$$

Die Ableitung im Intervall $(-2,2)$ ist $f'(x) = -x$.

$$\underset{x\in(-2,2)}{f'(x_0)} = \lim_{x\to x_0}\frac{(2-0{,}5\,x^2)-(2-0{,}5\,x_0^2)}{x-x_0}$$

$$= \lim_{x\to x_0} -0{,}5(x_0+x)$$

$$\underset{x\in(-2,2)}{f'(x_0)} = -x_0 \Rightarrow \underset{x\in(-2,2)}{f'(x)} = \underline{\underline{-x}}$$

Nach Definition existiert an den Stellen $x_1 = -2$ und $x_2 = 2$ keine Ableitung. Rechts- und linksseitige Ableitungen sind verschieden.

$$\Rightarrow\ f'\colon x \mapsto \begin{cases} x & \text{für } x\in(-4,-2) \\ -x & \text{für } x\in(-2,2) \\ x & \text{für } x\in(2,4) \end{cases}$$

Übungen — 9.3

Stetigkeit und Differenzierbarkeit

1. Zeichnen Sie die Graphen von f und prüfen Sie durch Anschauung, ob an der Stelle x_0 eine Ableitung existiert.

a) $f\colon x \mapsto \sqrt{x-1};\ x_0 = 1$

b) $f\colon x \mapsto \begin{cases} x\ ; & x \leq 0 \\ 2x; & x > 0 \end{cases};\ x_0 = 0$

c) $f\colon x \mapsto |x-1|;\ \ x_0 = 1$

d) $f\colon x \mapsto |x+2| + 3;\ \ x_0 = -2$

2. Bilden Sie bei folgenden Funktionen an der Stelle x_0 die rechts- und linksseitige Ableitung und entscheiden Sie, ob f an der Stelle x_0 differenzierbar ist.

a) $f\colon x \mapsto \begin{cases} |2x|; & x < 0 \\ 2x\ ; & x \geq 0 \end{cases};\ x_0 = 0$

b) $f\colon x \mapsto |x - x^2|;\ x_0 = 1$

c) $f\colon x \mapsto \begin{cases} -x; & x < 0 \\ x^2; & x \geq 0 \end{cases};\ x_0 = 0$

d) $f\colon x \mapsto \begin{cases} x^2; & x \leq 1 \\ x^3 - 0{,}5x^2 + 0{,}5; & x > 1 \end{cases};\ x_0 = 1$

3. Stellen Sie fest, welche der Funktionen im Punkt x_0 stetig und ableitbar sind.

a) $f: x \mapsto \begin{cases} x & ; x \geq 0 \\ 1-x; & x<0 \end{cases}$; $\quad x_0=0$

b) $f: x \mapsto |x-1|+x; \; x_0=1$

c) $f: x \mapsto |x^2-5x|; \quad x_0=5$

d) $f: x \mapsto \begin{cases} x^2+4; & x \geq 0 \\ 4-x^2; & x<0 \end{cases}; \; x_0=0$

e) $f: x \mapsto \begin{cases} \sqrt{x-1} & ; x>1 \\ -\sqrt{-x+1}; & x \leq 1 \end{cases}; \; x_0=1$

f) $f: x \mapsto |8-2x^2|+|x|; \; x_1=0; \; x_2=2; \; x_3=-2$

4. Zeigen Sie, daß $f: x \mapsto \begin{cases} x^2-3x; & x \leq 3 \\ |x-3| & ; x>3 \end{cases}$ im Intervall $x \in (0,6)$ stetig, aber nicht differenzierbar ist.

5. Gegeben sei die Funktion $f: x \mapsto \sqrt{x}+x$.

a) Zeichnen Sie den Graphen für $x \in [0,4]$.

b) An welchen Stellen x_0 ist f einseitig ableitbar?

c) In welchem Punkt hat f die Steigung $m=1{,}5$?

9.4 Ableitungsregeln

Mit Hilfe der Ableitungsregeln – auch Differentiationsregeln genannt – sind wir in der Lage, Ableitungen von Funktionen nach einem Schema aus schon bekannten Ableitungen einfacher Funktionen zu bestimmen.

1. Ableitung der Potenzfunktion $f: x \mapsto x^n$ (Potenzregel)

Die Ableitungsfunktion der Funktion $f: x \mapsto x^3$ können wir mit den in Kap. 9.3 erworbenen Kenntnissen ermitteln. Differenziert man weitere Potenzfunktionen, gelangt man zur Vermutung, daß bei der Bildung der Ableitung der Funktionsterm mit dem Exponenten von x multipliziert und der Exponent selbst um eins verringert wurde.

$f: x \mapsto x^3; \; x \in \mathbb{R}$

$a_{x_0}(x) = \dfrac{x^3-x_0^3}{x-x_0} = x^2+xx_0+x_0^2$

$\lim\limits_{x \to x_0} (x^2+xx_0+x^2) = 3x_0^2$

$f'(x) = 3x^2; \; x \in \mathbb{R}$

$f: x \mapsto x^3 \Rightarrow f': x \mapsto 3x^2$

$f: x \mapsto x^4 \Rightarrow f': x \mapsto 4x^3$

$\vdots$

$f: x \mapsto x^n \Rightarrow f': x \mapsto n \cdot x^{n-1}; \quad n \in \mathbb{N}$

Satz:

Die Potenzfunktion $f: x \mapsto x^n$; $x \in \mathbb{R}$ ist für jedes $n \in \mathbb{Z}^*$ ableitbar nach der Regel:

$$f: x \mapsto x^n \Rightarrow f': x \mapsto n \cdot x^{n-1}$$
$$f(x) = x^n \Rightarrow f'(x) = n \cdot x^{n-1} \qquad n \in \mathbb{Z}^*$$

Potenzregel

Beweis:

$n \in \mathbb{N}^*$

Durch Division von Zähler und Nenner der Differenzenquotientenfunktion von $x \mapsto x^n$ erhalten wir einen vereinfachten Term, der aus n Summanden besteht.

$f\colon x \mapsto x^n;\ n \in \mathbb{N}^*$

$$a_{x_0}(x) = \frac{f(x) - f(x_0)}{x - x_0} = \frac{x^n - x_0^n}{x - x_0}$$

$$(x^n - x_0^n):(x - x_0) = x^{n-1} + x^{n-2} \cdot x_0 + x^{n-3} \cdot x_0^2 + \cdots + x^{n-n} \cdot x_0^{n-1}$$

$$\begin{array}{l}
\underline{x^n - x^{n-1}x_0} \\
\quad x^{n-1}x_0 - x_0^n \\
\quad \underline{x^{n-1}x_0 - x_0^2 \cdot x^{n-2}} \\
\qquad x^{n-2}x_0^2 - x_0^n \\
\qquad \underline{x^{n-2}x_0^2 - x^{n-3}x_0^3} \\
\qquad \vdots \qquad \vdots \\
\qquad x^{n-(n+1)}x_0^{n-1} - x_0^n \\
\qquad \underline{x^{n-(n+1)}x_0^{n-1} - x^{n-n}x_0^n} \\
\qquad\quad 0 \qquad 0
\end{array}$$

Die Grenzwertbildung für $x \to x_0$ liefert die Ableitung der Funktion $f\colon x \mapsto x^n$ an der Stelle x_0.

$$f'(x_0) = \lim_{x \to x_0} (x^{n-1} + x^{n-2}x_0 + x^{n-3}x_0^2 + \cdots + x^{n-n}x_0^{n-1})$$

$$f'(x_0) = \underbrace{x_0^{n-1} + x_0^{n-1} + x_0^{n-1} + \cdots + x_0^{n-1}}_{n\text{-mal}}$$

$$f'(x_0) = n \cdot x_0^{n-1};\ x_0 = x$$

$$\Rightarrow f'(x) = n \cdot x^{n-1}$$

$n \in \mathbb{Z}^*_-$

Ist bei der Funktion $f\colon x \mapsto x^n$ der Exponent n eine negative Zahl ($n = -m$), so kann der Term $\dfrac{x^{-m} - x_0^{-m}}{x - x_0}$ wie nebenstehend umgeformt werden.

$f\colon x \mapsto x^n;\ n = -m \text{ mit } m \in \mathbb{N}^*$

$$f'(x_0) = \lim_{x \to x_0} \frac{x^n - x_0^n}{x - x_0} = \lim_{x \to x_0} \frac{x^{-m} - x_0^{-m}}{x - x_0}$$

$$\frac{x^{-m} - x_0^{-m}}{x - x_0} = \frac{\dfrac{1}{x^m} - \dfrac{1}{x_0^m}}{x - x_0}$$

Die beiden Zählerbrüche werden zusammengefaßt und der Doppelbruch beseitigt.

$$= \frac{\dfrac{x_0^m - x^m}{x_0^m x^m}}{x - x_0}$$

$$= -\frac{x^m - x_0^m}{x_0^m x^m (x - x_0)}$$

$$= -\frac{1}{x_0^m x^m} \cdot \frac{x^m - x_0^m}{x - x_0}$$

Die Zerlegung in ein Produkt zweier Brüche erlaubt wieder die Anwendung der Grenzwertbildung $\lim\limits_{x \to x_0} \dfrac{x^n - x_0^n}{x - x_0}$ auf den zweiten Bruch.

$$f'(x_0) = \lim_{x \to x_0} \left[-\frac{1}{x_0^m x^m} \cdot \frac{x^m - x_0^m}{x - x_0}\right] = -\frac{1}{x_0^{2m}} \cdot m \cdot x_0^{m-1}$$

$$= -m \cdot x_0^{m-1-2m}$$

$$= (-m) \cdot x_0^{(-m)-1};\ (-m) = n$$

Die Vereinfachung zeigt, daß die Ableitung $f'(x) = n \cdot x^{n-1}$ auch für negative Exponenten gilt.

$$f'(x) = n \cdot x^{n-1}$$

Beispiel:

Bestimmen Sie die Ableitungsfunktionen der Funktionen:

$f_1\colon x \mapsto x^9$; $\quad f_2\colon x \mapsto x^{4a},\ a \in \mathbb{N}^*$; $\quad f_3\colon x \mapsto x^{4r-3},\ r \in \mathbb{N}^*$;
$f_4\colon x \mapsto x^{a+r},\ a, r \in \mathbb{N}^*$; $\quad f_5\colon x \mapsto x^{-5}$; $\quad f_6\colon x \mapsto x^{-8r},\ r \in \mathbb{N}^*$

Lösung:

Wir ermitteln die Ableitungsfunktionen mit Hilfe der Potenzregel.

$f_1(x)=x^9 \Rightarrow f'(x)=9x^8;$ $n=9$
$f_2(x)=x^{4a} \Rightarrow f'(x)=4a\,x^{4a-1};$ $n=4a$
$f_3(x)=x^{4r-3} \Rightarrow f'(x)=(4r-3)\,x^{4r-4};$ $n=4r-3$
$f_4(x)=x^{a+r} \Rightarrow f'(x)=(a+r)\,x^{a+r-1};$ $n=a+r$
$f_5(x)=x^{-5} \Rightarrow f'(x)=(-5)\,x^{-5-1}=-5x^{-6};$ $n=-5$
$f_6(x)=x^{-8r} \Rightarrow f'(x)=-8r\cdot x^{-8r-1};$ $n=-8r$

Beispiel:

In welchen Punkten der Hyperbel mit der Gleichung $f(x)=\frac{1}{x}$ besitzt der Graph Tangenten mit dem Steigungswinkel $\alpha = 135°$?

Lösung:

Wir ermitteln die Ableitung nach der Potenzregel. Die Steigung in dem gesuchten Punkt ist gleich $\tan\alpha$. Wir setzen $f'(x_0)=\tan 135°$ und lösen nach x_0 auf.

Wir erhalten zwei Punkte mit der gewünschten Eigenschaft.

$P_1(1, 1)$ liegt auf dem Hyperbelast im ersten, $P_2(-1, -1)$ auf dem Hyperbelast im zweiten Quadranten.

$$f(x)=\frac{1}{x}=x^{-1}$$
$$f'(x)=-1\cdot x^{-2}=-\frac{1}{x^2}$$
$$\tan\alpha=\tan 135°=-1$$
$$-\frac{1}{x_0^2}=-1$$
$$\Leftrightarrow \quad x_0^2 = 1$$
$$\Rightarrow \quad x_0 = 1 \vee x_0=-1$$
$$y_0=-1 \vee y_0=-1$$

2. Ableitung der konstanten Funktion $f\colon x \longmapsto c$ (Konstantenregel)

Satz:

Die Ableitung f' der konstanten Funktion $f\colon x \longmapsto c;\ c \in \mathbb{R}$ ist die Nullfunktion.

$$f\colon x\longmapsto c \Rightarrow f'\colon x\longmapsto 0$$
$$f(x)=c \Rightarrow f'(x)=0$$

Konstantenregel
$c\in\mathbb{R}$

Beweis:

Die Differenzenquotientenfunktion ist unabhängig von x_0 bzw. x.

$$a_{x_0}(x)=\frac{f(x)-f(x_0)}{x-x_0}=\frac{c-c}{x-x_0}=\frac{0}{x-x_0}=0$$
$$\lim_{x\to x_0} 0 = 0$$

3. Ableitung einer Funktion mit konstantem Faktor (Faktorregel)

Satz:

Ist u eine in D differenzierbare Funktion, so ist auch $f\colon x\longmapsto c\cdot u(x)$ mit $c\in\mathbb{R}$ differenzierbar, und es gilt:
$f'(x)=c\cdot u'(x)$ für alle $x\in D$.

$$f\colon x\longmapsto c\cdot u(x) \Rightarrow f'\colon x\longmapsto c\cdot u'(x)$$
$$f(x)=c\cdot u(x) \Rightarrow f'(x)=c\cdot u'(x)$$

Faktorregel

Beweis:

Wir benutzen den Grenzwertsatz für das Produkt von Funktionen.

$$f\colon x\longmapsto c\cdot u(x);\ c\in\mathbb{R}$$
$$f'(x)=\lim_{x\to x_0}\frac{c\cdot u(x)-c\cdot u(x_0)}{x-x_0};\ x \neq x_0$$
$$=\lim_{x\to x_0}\left[c\cdot\frac{u(x)-u(x_0)}{x-x_0}\right]$$
$$=\lim_{x\to x_0} c\cdot\lim_{x\to x_0}\frac{u(x)-u(x_0)}{x-x_0}$$
$$=c\cdot u'(x_0)$$

Merkregel: *Ein konstanter Faktor bleibt beim Differenzieren erhalten.*

Beispiel:

Ermitteln Sie die Ableitungsfunktionen von $f_1\colon x \longmapsto 10ax^5$ und $f_2\colon x \longmapsto 120x^{-3}$.

Lösung:

Mit Hilfe der Potenz- und Faktorregel erhalten wir die Ableitungsfunktion.

$$f_1(x) = 10\,a\,x^5 \;\Rightarrow\; f_1'(x) = 5 \cdot 10 \cdot a \cdot x^{5-1}$$
$$\Rightarrow\; f_1'\colon x \longmapsto 50\,a\,x^4$$

$$f_2(x) = 120\,x^{-3} \;\Rightarrow\; f_2'(x) = -3 \cdot 120\,x^{-3-1}$$
$$\Rightarrow\; f_2'\colon\; x \longmapsto -360\,x^{-4};\; f_2'\colon\; x \longmapsto -\frac{360}{x^4}$$

4. Ableitung einer Funktion mit Summenterm (Summenregel)

Satz:

Die Ableitung einer Summe (Differenz) von differenzierbaren Funktionen existiert und ist gleich der Summe (Differenz) der Ableitungen der einzelnen Funktionen.

$$f\colon\; x \longmapsto u(x) \pm v(x) \;\Rightarrow\; f'\colon\; x \longmapsto u'(x) \pm v'(x)$$
$$f(x) \;=\; u(x) \pm v(x) \;\Rightarrow\; f'(x) \;=\; u'(x) \pm v'(x)$$

Summenregel

Beweis:

Die Ableitung zeigt, daß die Summe (Differenz) der Funktionsterme abgeleitet erhalten bleibt.

$$f\colon\; x \longmapsto u(x) \pm v(x)$$
$$f'(x_0) = \lim_{x \to x_0} \frac{f(x) - f(x_0)}{x - x_0}$$
$$= \lim_{x \to x_0} \frac{u(x) \pm v(x) - [u(x_0) \pm v(x_0)]}{x - x_0}$$
$$= \lim_{x \to x_0} \frac{u(x) - u(x_0) \pm v(x) \mp v(x_0)}{x - x_0}$$
$$= \lim_{x \to x_0} \frac{u(x) - u(x_0)}{x - x_0} \pm \lim_{x \to x_0} \frac{v(x) - v(x_0)}{x - x_0}$$
$$f'(x_0) = u'(x_0) \pm v'(x_0) \quad \textit{für jedes } x_0 \in \mathbb{R}$$
$$\Rightarrow\; f'(x) \;= u'(x) \pm v'(x);\; x \in \mathbb{R}$$

Beispiel:

Bestimmen Sie die Ableitungsfunktionen von:

$$f_1\colon x \longmapsto 3x^2 - 4x^3 + 1, \quad f_2\colon x \longmapsto 10x^4 + \frac{10}{x}, \quad f_3;\, x \longmapsto (x+1)^2 - ax^{-5}$$

Lösung:

Die Ableitungsfunktionen werden mit Hilfe der Potenz-, Konstanten-, Faktoren- und Summenregel bestimmt.

$$f_1(x) = 3\,x^2 - 4\,x^3 + 1 \;\Rightarrow f_1'(x) \;=\; 6\,x - 12\,x^2$$
$$f_1'\colon\; x \longmapsto 6\,x - 12\,x^2$$

$$f_2(x) = 10\,x^4 + 10 \cdot x^{-1} \;\Rightarrow\; f_2'(x) \;=\; 40\,x^3 - 10\,x^{-2}$$
$$\Rightarrow\; f_2'\colon\; x \longmapsto 40\,x^3 - \frac{10}{x^2}$$

Bevor wir die Regeln auf den Term $(x + 1)^2$ anwenden können, müssen wir ihn ausrechnen.

$$f_3(x) = (x+1)^2 - a\,x^{-5} \;\Rightarrow\; f_3(x) \;=\; x^2 + 2\,x + 1 - a\,x^{-5}$$
$$\Rightarrow\; f_3'(x) \;=\; 2\,x + 2 + 5\,a\,x^{-6}$$
$$\Rightarrow\; f_3'\colon\; x \longmapsto 2\,x + \frac{5\,a}{x^6} + 2$$

5. Ableitung der Funktion $f: x \mapsto \sqrt{x}$

Satz:

Die Funktion $f: x \mapsto \sqrt{x}$; $x \geq 0$ ist ableitbar für $x > 0$.

Beweis:

Siehe Beispiel Seite 290.

$$f: x \mapsto \sqrt{x} \Rightarrow f': x \mapsto \frac{1}{2\sqrt{x}}$$

$$f(x) = \sqrt{x} \Rightarrow f'(x) = \frac{1}{2\sqrt{x}}$$

6. Ableitungen höherer Ordnung

Wenn die Ableitungsfunktion f' einer Funktion f differenzierbar ist, kann die Ableitung von f' gebildet werden. Die durch zweimaliges Differenzieren gewonnene Funktion heißt *zweite Ableitung von f* und wird mit f'' bezeichnet (f'' wird gelesen: f-zwei-Strich). Ist f'' wiederum differenzierbar, läßt sich das Ableiten fortsetzen. Wir erhalten die dritte Ableitung f''', gegebenenfalls die vierte Ableitung $f^{(4)}$ usw. Allgemein spricht man von der n-ten Ableitung $f^{(n)}$, $n = 1, 2, 3 \ldots$.

Definition:

Eine Funktion f heißt n-mal differenzierbar, wenn die Ableitungsfunktionen $f' \ldots f^{(n)}$ existieren.

$$\begin{aligned} f'&: x \mapsto f'(x) \\ f''&: x \mapsto f''(x) \\ &\vdots \qquad \vdots \\ f^{(n)}&: x \mapsto f^{(n)}(x) \end{aligned}$$

Beispiel:

Leiten Sie die Funktion $f: x \mapsto 5x^4 - 3x^3 + 17x$ viermal ab.

Lösung:

Mit Hilfe der Potenz-, Summen-, Faktor- und Konstantenregel erhalten wir die Ableitungen f', f'', f''' und $f^{(4)}$.

$$\begin{aligned} f'&: x \mapsto 20x^3 - 9x^2 + 17 \\ f''&: x \mapsto 60x^2 - 18x \\ f'''&: x \mapsto 120x - 18 \\ f^{(4)}&: x \mapsto 120 \end{aligned}$$

Die Ableitung einer ganzrationalen Funktion ist wieder eine ganzrationale Funktion; mithin sind ganzrationale Funktionen beliebig oft ableitbar. Durch mehrfaches Anwenden der Potenzregel erhält man: Die n-te Ableitung der Funktion $f: x \mapsto x^n$, $n \in \mathbb{N}$ ist die konstante Funktion $f^{(n)}: x \mapsto n! = 1 \cdot 2 \cdot 3 \ldots \cdot n$. Deshalb ist die $(n+1)$-te Ableitung jeder ganzrationalen Funktion n-ten Grades die Funktion $f_0: x \mapsto 0$.

Beispiel:

Leiten Sie die Funktion $f: x \mapsto 10x^4 + 30x^3 + 7x - 240$ so oft ab, bis Sie $f^{(n)}(x) = 0$ erhalten.

Lösung:

$f': x \mapsto 40x^3 + 90x^2 + 7$, $\quad f'': x \mapsto 120x^2 + 180x$

$f''': x \mapsto 240x + 180$, $\quad f^{(4)}: x \mapsto 240$, $\quad f^{(5)}: x \mapsto 0$

Beispiel:

Berechnen Sie in einem Schritt die 6-te Ableitung von $f: x \mapsto 10x^6$.

Lösung:

$f^{(6)}: x \mapsto 6! \cdot 10$, $\quad f^{(6)}: x \mapsto 7200$

Ableitungsregeln

1. Leiten Sie folgende Funktionen mit Hilfe der Potenzregel, Summenregel, Faktorregel und Konstantenregel ab:

a) $x \mapsto 19x^2$ **b)** $x \mapsto x^2 + 3x^7$ **c)** $x \mapsto a^3x^4 - b^3x^5$

d) $x \mapsto x^{-3} + \frac{2}{x}$ **e)** $x \mapsto \lg 10\,x^3 - \ln \mathrm{e}\,x^3$ **f)** $x \mapsto mx^4 + \frac{x^2}{4} + 3x$

g) $x \mapsto -5(x^{-7} - x^{11})$ **h)** $x \mapsto (x^2 + 2x)^2$ **i)** $x \mapsto (x+7)^2 + 3x^{-3}$

k) $x \mapsto (x^3 - 1) + \sqrt{x} + 3$ **l)** $x \mapsto 3x^{-2} \cdot 4x^4$ **m)** $x \mapsto 8x + \frac{2}{x^{-2}} - x^{-3}$

n) $x \mapsto \frac{m}{2x} + 2rx - 3\sqrt{x}$

2. Leiten Sie folgende Funktionen so weit ab, bis $f^{(n)}: x \mapsto k$:

a) $x \mapsto 3x^4$ **b)** $x \mapsto 8x^3 - 2x^2$ **c)** $x \mapsto x^9 + 2x^2 + 4$

d) $x \mapsto 2x^2 - 6x^3 + x^4$ **e)** $x \mapsto 3mx + 100\,nx^3 - 5x^3$

f) $x \mapsto 0{,}15x^7$ **g)** $x \mapsto 4x^n$ **h)** $x \mapsto x^{n+1} + x^{n+2}$

3. Legen Sie an folgende Funktionen Tangenten, die durch den Koordinatenursprung gehen. Ermitteln Sie die Gleichung der Tangenten und ihre Steigungswinkel.

a) $f: x \mapsto \frac{x^2}{2} + 4$ **b)** $f: x \mapsto x^2 - 2x + 4$ **c)** $f: x \mapsto -x^2 + 2x + 4$

4. Gegeben sind die Funktion $f: x \mapsto x^3 - x^2 - x + 1$ und die Punkte

a) $P_1(1,0)$; $P_2(-1,0)$, **b)** $P_1(0,1)$; $P_2(3,16)$.

In welchen Punkten des Funktionsgraphen verläuft die Tangente an den Graphen parallel zu der Geraden, die durch die beiden Punkte P_1 und P_2 geht?

9.5 Untersuchung von Funktionen mit Hilfe der Ableitung

Zur genauen Kenntnis des Verlaufs des Graphen einer differenzierbaren Funktion in einem Koordinatensystem muß man eine Wertetafel aufstellen und den Graphen zeichnen. Dieses Verfahren ist sehr zeitraubend und kann nur für einen bestimmten Bereich der Funktion Anwendung finden. Zur Charakterisierung einer Funktion genügt es jedoch oft, wenn man einige wichtige Punkte des Graphen ermittelt.

In den Kapiteln 6. und 8. wurden Methoden zur Auffindung von Nullstellen, Schnittstelle mit der y-Achse, Polstellen, Asymptoten und Lücken sowie die Bestimmung des Definitions- und Wertebereichs aufgezeigt.

Mit Hilfe der Differentialrechnung lassen sich weitere wichtige Punkte finden, die das Bild einer Funktion vervollständigen.

Vor der genauen Definition dieser charakteristischen Punkte eines Graphen folgt eine anschauliche Erklärung.

Für differenzierbare Funktionen
$f\colon x \longmapsto y = f(x)$ gilt:

1. *Maximalpunkt* nennt man den Punkt eines Graphen, dessen benachbarte Punkte (links und rechts) einen kleineren y-Wert besitzen. Die Tangente verläuft in diesem Punkt parallel zur x-Achse. Ihre Steigung ist 0.
2. *Minimalpunkt* nennt man den Punkt eines Graphen, dessen benachbarte Punkte einen größeren y-Wert besitzen. Die Tangente verläuft in diesem Punkt parallel zur x-Achse, d.h. ihre Steigung ist 0.
3. *Wendepunkt* nennt man den Punkt eines Graphen, in dem der Graph sein Krümmungsverhalten ändert. Die Tangente im Wendepunkt heißt Wendetangente.
4. *Sattelpunkt* nennt man einen Wendepunkt, dessen Wendetangente parallel zur x-Achse verläuft, d.h. deren Steigung gleich Null ist.

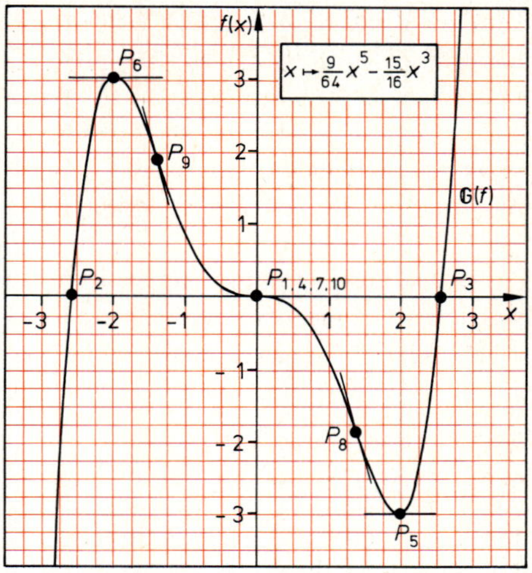

$P_1(0,0)$; $P_2\left(-\sqrt{\tfrac{20}{3}},0\right)$; $P_3\left(\sqrt{\tfrac{20}{3}},0\right)$ Nullstellenpunkte

$P_4(0,0) = P_1(0,0)$ Schnittpunkt mit $f(x)$-Achse

$P_5(2,-3)$ Minimalpunkt; $P_6(-2,3)$ Maximalpunkt

$P_7(0,0) = P_1(0,0)$ Wende- und zugleich Sattelpunkt

$P_9\left(-\sqrt{2},\tfrac{21}{16}\sqrt{2}\right)$; $P_8\left(\sqrt{2},-\tfrac{21}{16}\sqrt{2}\right)$ Wendepunkte

9.5.1 Extremwerte

Definition:

1. *Der Punkt $P_0(x_0, f(x_0))$ des Graphen einer Funktion f heißt lokaler Maximalpunkt, wenn es eine Umgebung $U(x_0)$ gibt, so daß für alle $x \in U(x_0)$ gilt: $f(x) \leq f(x_0)$. Dann heißt x_0 lokale Maximalstelle und $f(x_0)$ heißt lokales Maximum der Funktion f.*

2. *Gilt für den Punkt $P_0(x_0, f(x_0))$, daß es eine Umgebung $U(x_0)$ mit $f(x) \geq f(x_0)$ für alle $x \in U(x_0)$ gibt, so heißt P_0 lokaler Minimalpunkt, x_0 lokale Minimalstelle und $f(x_0)$ lokales Minimum der Funktion f.*

P_1, P_2 lokale Extrempunkte
- ▶ *P_1 lokaler Maximalpunkt*
- ▶ *P_2 lokaler Minimalpunkt*

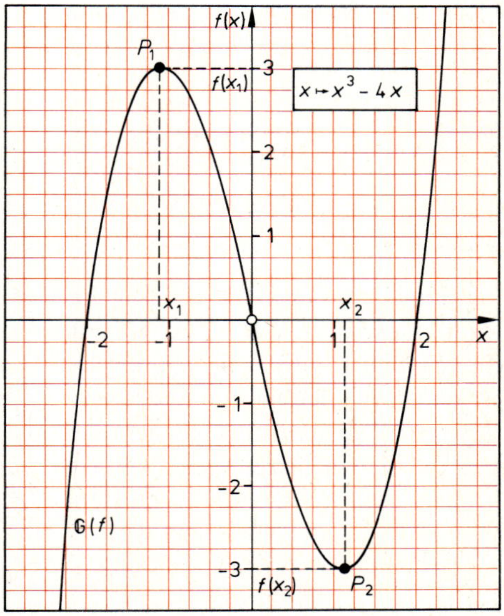

3. *Lokale Maximal- und Minimalpunkte werden lokale Extrempunkte, lokale Maximal- und Minimalstellen werden lokale Extremstellen und lokale Maxima und Minima werden lokale Extrema (Singular: Extremum) genannt.*

$f(x_1), f(x_2)$ *lokale Extrema*
► $f(x_1)$ *lokales Maximum*
► $f(x_2)$ *lokales Minimum*

x_1, x_2 *lokale Extremstellen*
► x_1 *lokale Maximalstelle*
► x_2 *lokale Minimalstelle*

Es soll ausdrücklich darauf hingewiesen werden, daß die soeben definierten Begriffe für alle Funktionen definiert worden sind und nicht nur für spezielle Funktionenklassen, etwa die stetigen oder differenzierbaren Funktionen.

Beispiel:

Die Funktion $f\colon x \longmapsto \begin{cases} \frac{1}{3}x^2 & ; x \le 3 \\ x-2; & x > 3 \end{cases}$

ist an der Stelle $x = 3$ nicht stetig (also auch nicht differenzierbar). Sie hat aber an dieser Stelle ein lokales Maximum, denn für jedes $x \in (2,4) \setminus \{3\}$ gilt:

$$f(x) < f(3) = 3.$$

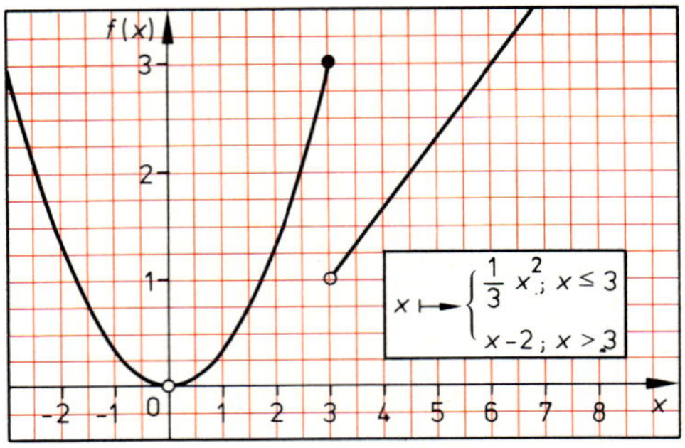

Der Zusatz „*lokal*" soll bedeuten, daß der betreffende Funktionswert $f(x_0)$ nur mit den Funktionswerten in einer gewissen Umgebung $U(x_0)$ verglichen wird. Neben den *lokalen Extrema* gibt es auch *absolute Extrema*. Es sind dies die größten bzw. kleinsten Funktionswerte in einem betrachteten Intervall.

Definition:

Sei f eine Funktion und $[a,b] \subset D(f)$. $f(x_0)$ heißt absolutes Maximum, wenn für alle $x \in [a,b]$ gilt: $f(x_0) \ge f(x)$. Entsprechend heißt $f(x_0)$ absolutes Minimum, wenn für alle $x \in [a,b]$ gilt: $f(x_0) \le f(x)$.

Eine Funktion kann also in einem Intervall mehrere lokale Maxima und Minima haben, jedoch nur ein absolutes Maximum und ein absolutes Minimum. *Absolute* Extrema im Innern des Intervalls sind zugleich *lokale* Extrema. Liegt ein absolutes Extremum am Rande eines abgeschlossenen Intervalls, ist es nicht möglich, von einer (beidseitigen) Umgebung zu sprechen.

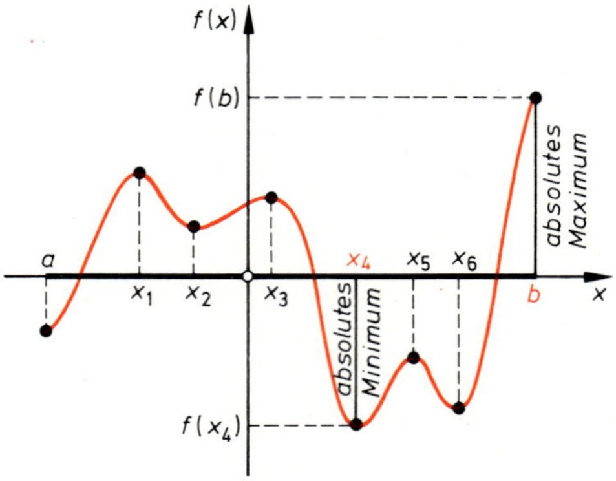

lokale Minima	*bei* x_2, x_4, x_6
absolutes Minimum	*bei* x_4
lokale Maxima	*bei* x_1, x_3, x_5
absolutes Maximum	*bei* b

Hinweis:

Wird im folgenden von einem Extremum gesprochen (auch Extremwert genannt), so ist stets ein lokales Extremum gemeint. Andernfalls wird ausdrücklich darauf hingewiesen, daß absolute Extrema gemeint sind.

Beispiel:

Gegeben sind die Funktionen: $f: x \longmapsto \frac{1}{2}x^2 - x - 1{,}5$ und ihre Ableitungsfunktion $f': x \longmapsto x - 1$.

a) Zeichnen Sie f und f' im Intervall $[-2{,}5; 5]$.

b) Bestimmen Sie die lokalen und absoluten Extremwerte von f in diesem Intervall.

Lösung:

a) Der Graph von f ist eine Parabel mit den Nullstellen $x_1 = -1$ und $x_2 = 3$.
Der Graph von f' ist eine Gerade, die an der Stelle $x_3 = 1$ die x-Achse schneidet.

b) Aus der Anschauung entnehmen wir, daß der Graph von f an der Stelle $x_3 = 1$ einen lokalen Extremwert $f(x_3)$ (lokales Minimum) hat. Dort hat der Graph von f' eine Nullstelle.

Absolute Extremwerte liegen bei $x_3 = 1$ (absolutes Minimum) und bei $x_4 = 5$ (absolutes Maximum) vor.

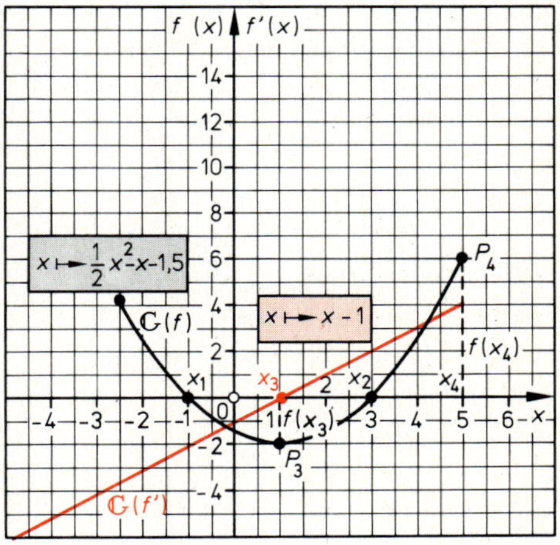

P_3 ▶ *lokaler Minimalpunkt*
P_4 ▶ *absoluter Maximalpunkt*
$f(x_3)$ ▶ *lokales Minimum*
$f(x_4)$ ▶ *absolutes Maximum*

Das Beispiel veranschaulicht folgenden Satz:

Satz:

Hat eine in x_0 differenzierbare Funktion f an dieser Stelle einen lokalen Extremwert, so gilt: $f'(x_0) = 0$.

Beweis (*Minimum*):

Nach Voraussetzung existiert eine Umgebung $U(x_0)$, in der alle Funktionswerte $f(x)$ größer sind als $f(x_0)$ (Minimum). Der Differenzenquotient ist für $x > x_0$ größer als Null und für $x < x_0$ kleiner als Null. Da f an der Stelle x_0 differenzierbar ist, die Differenzenquotientenfunktion also stetig fortsetzbar ist, muß der Grenzwert gleich Null sein.

Für $x \in U(x_0)$ *gilt:*

$f(x) \geq f(x_0)$ *bzw.* $f(x) - f(x_0) \geq 0$

$$x > x_0 \wedge f(x) \geq f(x_0) \Rightarrow \frac{f(x) - f(x_0)}{x - x_0} \geq 0$$

$$x < x_0 \wedge f(x) \geq f(x_0) \Rightarrow \frac{f(x) - f(x_0)}{x - x_0} \leq 0$$

$$f'(x_0) = \lim_{\substack{x \to x_0 \\ \wedge x > x_0}} \frac{f(x) - f(x_0)}{x - x_0} = \lim_{\substack{x \to x_0 \\ \wedge x < x_0}} \frac{f(x) - f(x_0)}{x - x_0} = 0$$

Anmerkung:

1. Der Graph der Funktion $f: x \longmapsto |x|$ hat bei $x_0 = 0$ auch ein lokales Minimum, doch eine waagerechte Tangente liegt dort nicht vor, da f in x_0 nicht ableitbar ist. Der obige Satz gilt nur für differenzierbare Funktionen.

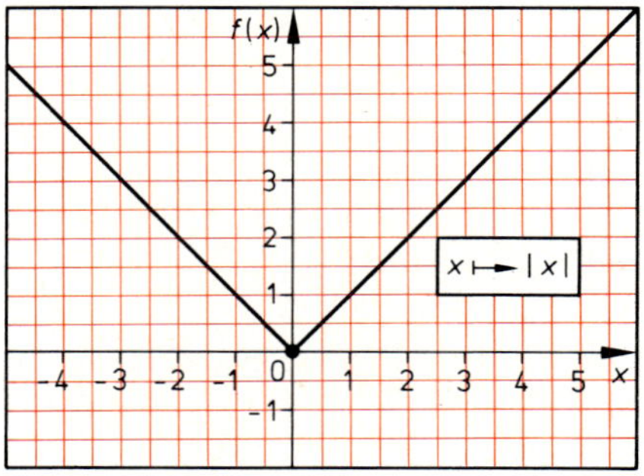

2. Die Funktion $f: x \longmapsto x^3$ hat an der Stelle $x_0 = 0$ keinen Extremwert, obwohl dort die Ableitung existiert und $f'(0) = 0$ ist.

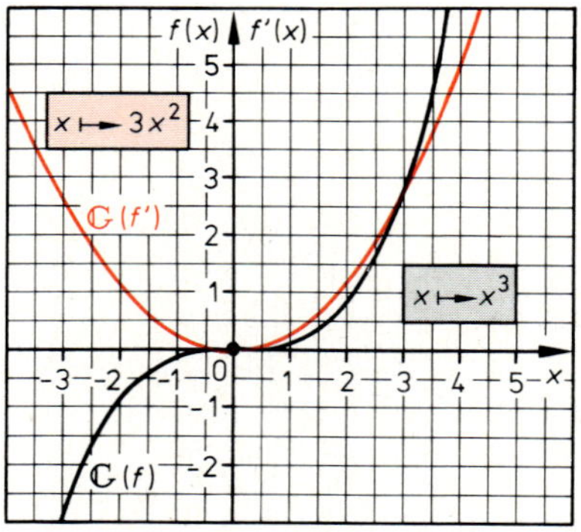

Die Umkehrung des oben bewiesenen Satzes gilt also nicht.

Wir sagen: Die Bedingung $f'(x_0) = 0$ für eine in x_0 differenzierbare Funktion f ist *notwendig*, aber *nicht hinreichend* für das Vorhandensein eines lokalen Extremwertes.

Es stellt sich die Frage, ob es eine Bedingung gibt, für die eine Funktion an einer Stelle x_0 auf jeden Fall einen lokalen Extremwert hat. Solch eine Bedingung bezeichnen wir dann als *hinreichend*.

Wir betrachten noch einmal die Funktion $f: x \longmapsto \frac{1}{2}x^2 - x - 1{,}5$ und ihre Ableitungsfunktion $f': x \longmapsto x - 1$.

Beispiel:

a) Die Funktion $f\colon x \longmapsto \frac{1}{2}x^2 - x - 1{,}5$ hat an der Stelle $x_0 = x_3 = 1$ ein lokales Minimum; die erste Ableitung ist dort Null, $f'(1) = 0$. Aus dem Graphen von $f'\colon x \longmapsto x - 1$ entnehmen wir, daß f' an der Stelle $x_0 = 1$ mit wachsenden x-Werten von negativen zu positiven Funktionswerten übergeht, d.h. daß die Funktionswerte der Ableitungsfunktion f' an der Stelle $x_0 = 1$ einen Vorzeichenwechsel erfahren (f' wechselt an der Stelle $x_0 = 1$ das Vorzeichen).
Es gibt demnach ein $\varepsilon > 0$ mit den Eigenschaften:

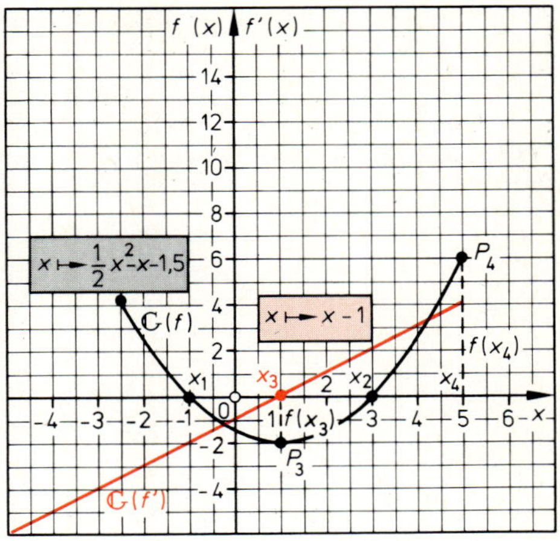

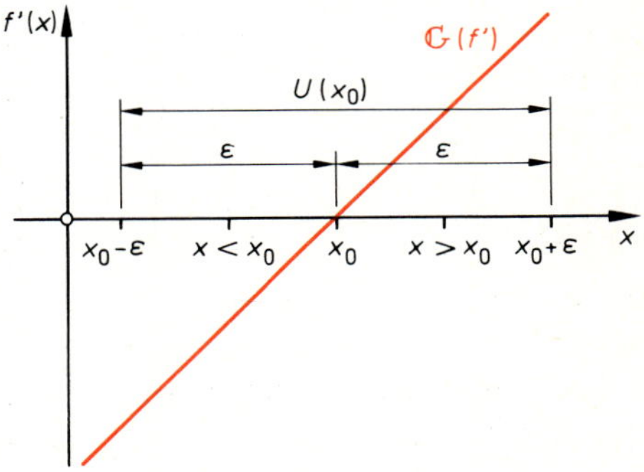

1. für jedes $x \in U(x_0) \wedge x < x_0$ gilt:
   $x_0 - \varepsilon < x < x_0 \Rightarrow f'(x) < 0$
2. für jedes $x \in U(x_0) \wedge x > x_0$ gilt:
   $x_0 + \varepsilon > x > x_0 \Rightarrow f'(x) > 0$

b) Die gleichen Überlegungen gelten für die Funktion $f\colon x \longmapsto |x|$. Die Funktion f ist für alle $x \in \mathbb{R}^*$ differenzierbar. Ihre Ableitungsfunktion lautet

$$f'\colon x \longmapsto \begin{cases} 1; & x > 0 \\ -1; & x < 0 \end{cases}$$

Das bedeutet, daß f' an der Stelle $x_0 = 0$ einen Vorzeichenwechsel erfährt. Wir brauchen demnach nicht einmal vorauszusetzen, daß f an der zu betrachtenden Stelle x_0 auch differenzierbar ist, wenn feststeht, daß f in einer Umgebung $U(x_0)$ auch ohne x_0 differenzierbar ist, vorausgesetzt, f ist in x_0 stetig.

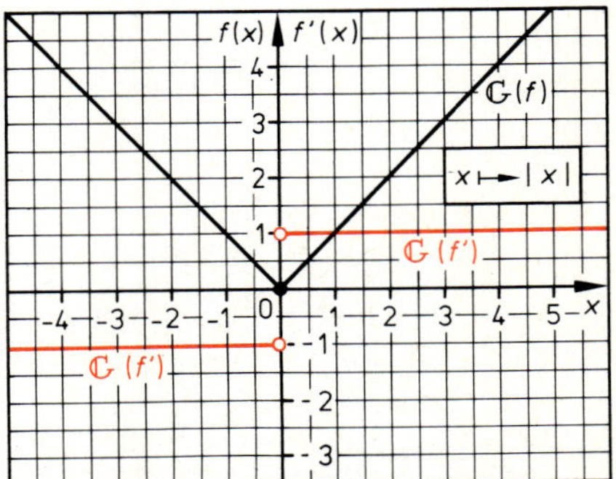

Jetzt sind wir in der Lage, eine hinreichende Bedingung – *Vorzeichenwechsel von f' an der Stelle* x_0 – für das Vorhandensein von lokalen Extremwerten anzugeben.

Satz:

Ist eine Funktion in x_0 stetig und in einer Umgebung $U(x_0)$ — auch ohne x_0 — differenzierbar, so hat f an der Stelle x_0 ein lokales

Maximum	Minimum
wenn für $x \in U(x_0)$ bzw. $x \in U(x_0) \setminus \{x_0\}$	
f' an der Stelle x_0 mit wachsendem x von positiven zu negativen Werten übergeht.	**f' an der Stelle x_0 mit wachsendem x von negativen zu positiven Werten übergeht.**
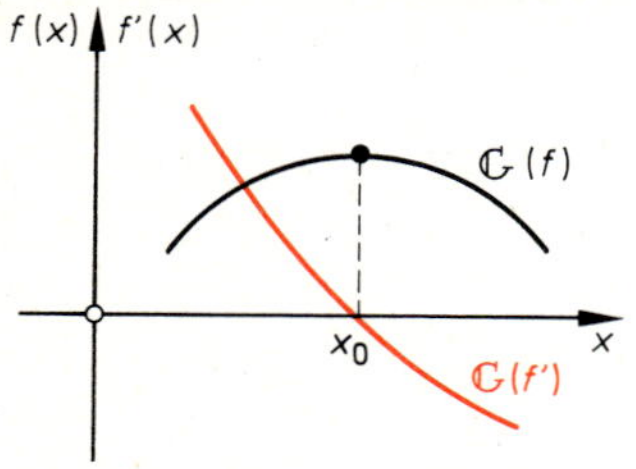	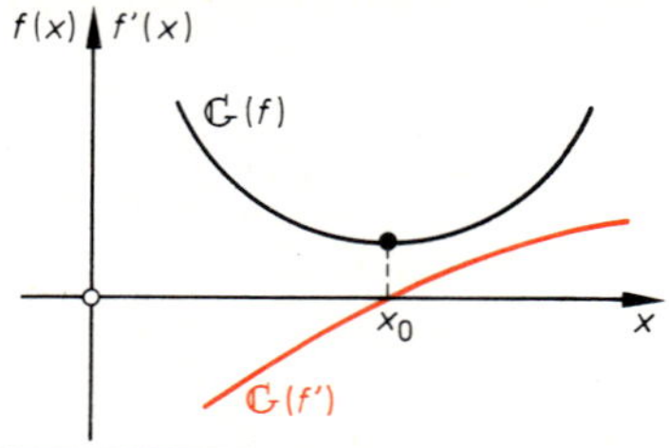

Beispiel:

Gegeben sei die Funktion $f\colon x \longmapsto \begin{cases} x^2; & x \leq 2 \\ 6 - x; & x > 2 \end{cases}$

a) Zeichnen Sie f und f' im Intervall $x \in [-2, 6]$

b) Zeigen Sie, daß f im Punkt $x_0 = 2$ ein lokales Maximum hat.

Lösung:

a) Der Graph von f besteht aus einem Stück der Normalparabel und einer Halbgeraden. Für $x_0 = 2$ ist f nicht differenzierbar. Für $x_0 \neq 2$ lautet die Ableitungsfunktion

$$f'\colon x \longmapsto \begin{cases} 2x; & x < 2 \\ -1; & x > 2 \end{cases}$$

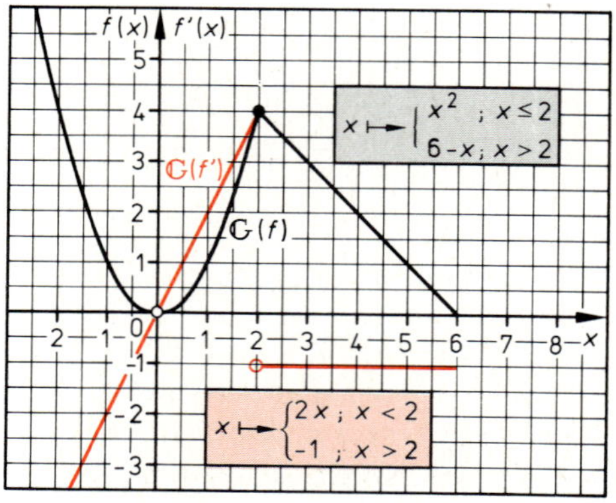

b) Da f' an der Stelle $x_0 = 2$ mit wachsendem x von positiven zu negativen Werten übergeht, liegt bei $x_0 = 2$ ein Maximum vor.

Links von $x_0 = 2$ gilt:

$$f'(x) = 2x > 0 \qquad \text{für } 0 < x < 2$$

Rechts von $x_0 = 2$ gilt:

$$f'(x) = -1 < 0 \qquad \text{für } x > 2$$

Beispiel: Zeigen Sie, daß die Funktion $f\colon x \longmapsto x^4$ bei $x_0 = 0$ ein lokales Minimum hat.

Lösung:

Wir bilden die erste Ableitung, die an der Stelle $x_0 = 0$ Null ist.

Ein Vorzeichenwechsel der ersten Ableitungsfunktion f' ist bei $x_0 = 0$. Da $f'(x)$ für $x < 0$ negativ und $f'(x)$ für $x > 0$ positiv ist, hat die Funktion ein Minimum.

$f\colon x \longmapsto x^4$, $f'\colon x \longmapsto 4x^3$; $f'(0) = 0$

$f'(x) < 0$, *wenn* $x < 0$

$f'(x) > 0$, *wenn* $x > 0$

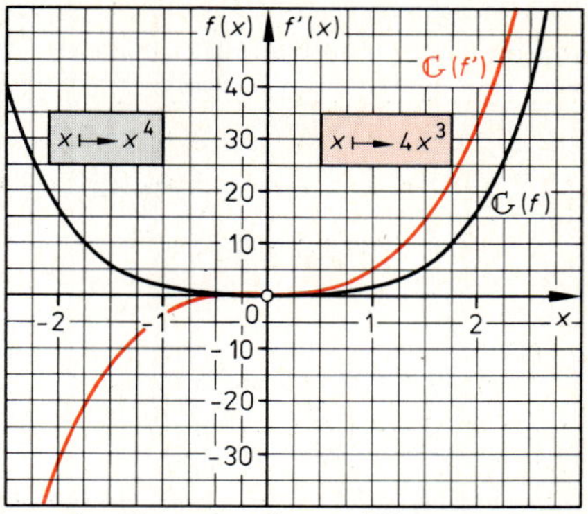

Bisher war es nicht notwendig, daß eine Funktion an der Extremstelle x_0 differenzierbar sein muß, wenn lokale Extremwerte bestimmt werden sollen. Ist eine Funktion an jeder Stelle $x \in D(f)$ differenzierbar, so können die Extremstellen leichter berechnet werden.

Beispiel:

Gegeben sei $f\colon x \longmapsto x^4 - 6x^2 + 5$. Zeichnen Sie die Graphen von f, f' und f''. Welche Beziehung besteht zwischen den Graphen von f, f' und f'' und den Extrempunkten von f?

Lösung:

Aus den Graphen von f, f' und f'' kann man erkennen:

- Der Graph von f hat an der Stelle $x_2 = 0$ den Maximalpunkt P_1. An dieser Stelle hat der Graph von f' eine Nullstelle, und für den Graphen von f'' gilt: $f''(x_2) < 0$.
- Der Graph von f hat an den Stellen x_1 und x_3 die Minimalpunkte P_2 und P_3. An diesen Stellen hat der Graph von f' Nullstellen, und für den Graphen von f'' gilt: $f''(x_1) > 0$ und $f''(x_3) > 0$.

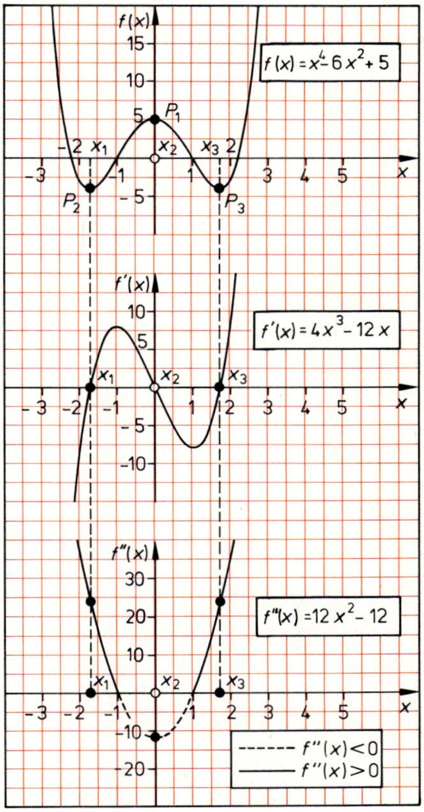

Dieses Beispiel verdeutlicht:

- ▶ Hat die Funktion f an der Stelle x_0 einen Extrempunkt, so ist dort $f'(x_0) = 0$.
- ▶ Dieser Extrempunkt ist:
  für $f''(x_0) < 0$ ein *Maximalpunkt*
  für $f''(x_0) > 0$ ein *Minimalpunkt*

Satz:

<table>
<tr><th colspan="2">Ist f eine in x_0 zweimal differenzierbare Funktion, so hat f in x_0 ein lokales</th></tr>
<tr><td>Maximum</td><td>Minimum</td></tr>
<tr><td colspan="2">wenn $f'(x_0) = 0$ und außerdem</td></tr>
<tr><td>$f''(x_0) < 0$</td><td>$f''(x_0) > 0$</td></tr>
<tr><td>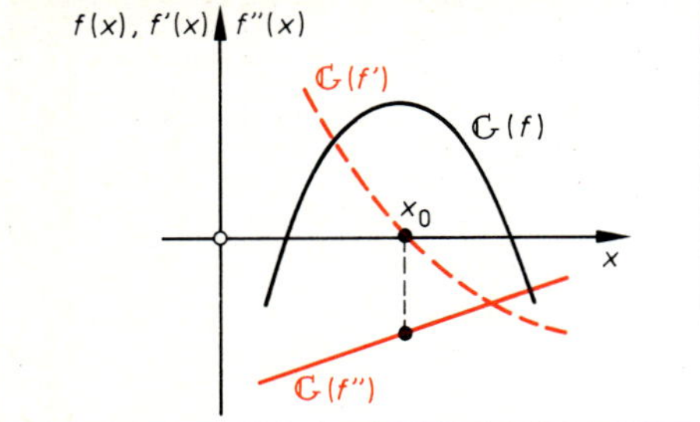
</td><td>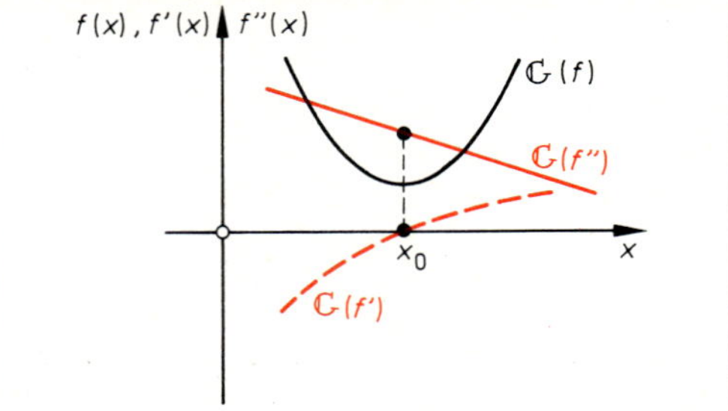
</td></tr>
</table>

Beweis siehe Übungen.

Anmerkung

Ist auch die zweite Ableitung gleich Null, so wird dieses Verfahren solange fortgesetzt bis eine ungerade Ableitung gleich Null und die nächstfolgende gerade Ableitung ungleich Null wird. Ist diese Ableitung dann kleiner als Null, so liegt an der Stelle x_0 ein Maximum vor, ist sie größer als Null, so handelt es sich um ein Minimum.

Beispiel:

Gegeben sei die Funktion $f\colon x \longmapsto 0{,}25x^3 + 0{,}3x^2 - 0{,}5x$.

a) Berechnen Sie die lokalen Extremstellen.

b) Zeichnen Sie die Graphen von f, f' und f''.

Lösung:

a) Wir erhalten die lokalen Extremstellen durch Bestimmung der Nullstellen von f': $x_1 \approx 0{,}5$; $x_2 \approx -1{,}3$.

$$f(x) = 0{,}25x^3 + 0{,}3x^2 - 0{,}5x$$
$$f'(x) = 0{,}75x^2 + 0{,}6x - 0{,}5$$
$$0 = 0{,}75x^2 + 0{,}6x - 0{,}5$$
$$\Leftrightarrow x^2 + 0{,}8x - 0{,}\overline{6} = 0$$
$$\Leftrightarrow x = 0{,}509 \vee x = -1{,}309$$

Um nun festzustellen, wo ein Maximum und wo ein Minimum vorliegt, bilden wir die zweite Ableitung und setzen x_1 und x_2 in den Funktionsterm ein. Wir erhalten:

$f(0{,}5) \approx -0{,}14$ *ist Minimum*

$f(-1{,}3) \approx 0{,}6$ *ist Maximum*

$$f''(x) = 1{,}5x + 0{,}6$$
$$f''(x_1) = 1{,}364 > 0$$
$$\Rightarrow x_1 \text{ ist Minimalstelle}$$
$$f''(x_2) = -1{,}350 < 0$$
$$\Rightarrow x_2 \text{ ist Maximalstelle}$$

b) Die Graphen der drei Funktionen f, f' und f'' zeigen:

- An den Extremstellen von f hat f' Nullstellen.
- An der Minimalstelle x_1 von f ist $f''(x_1) > 0$.
- An der Maximalstelle von x_2 ist $f''(x_2) < 0$.

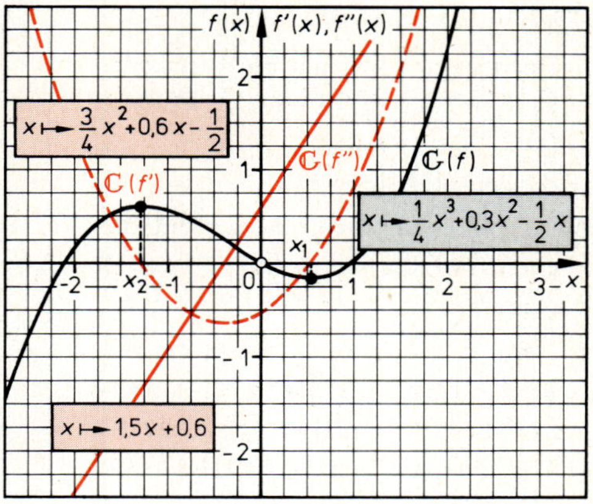

9.5.2 Monotonie und Krümmungsverhalten

In diesem Abschnitt werden nur Funktionen f betrachtet, die nicht linear oder konstant sind.

Betrachten wir also eine ansonsten beliebige in einem Intervall $[a, b]$ monoton steigende und stetige Funktion f_1, so erkennen wir, daß alle Tangenten an den Graphen der Funktion positive Steigungen haben (Steigungswinkel ist kleiner als 90°).

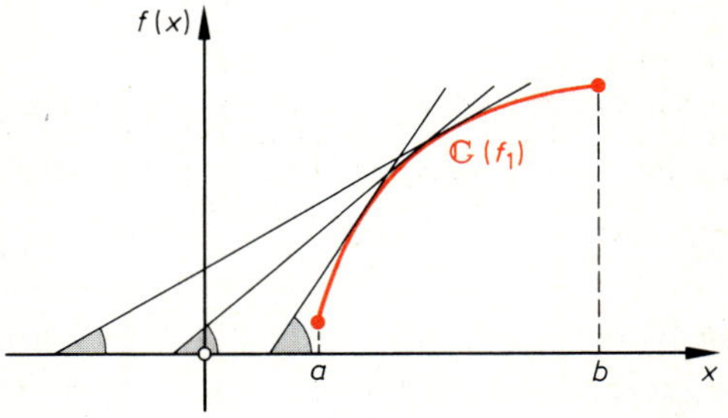

Entsprechend haben alle Tangenten an den Graphen der monoton fallenden Funktion f_2 im Intervall $[a, b]$ eine negative Steigung (Steigungswinkel ist größer als 90°).

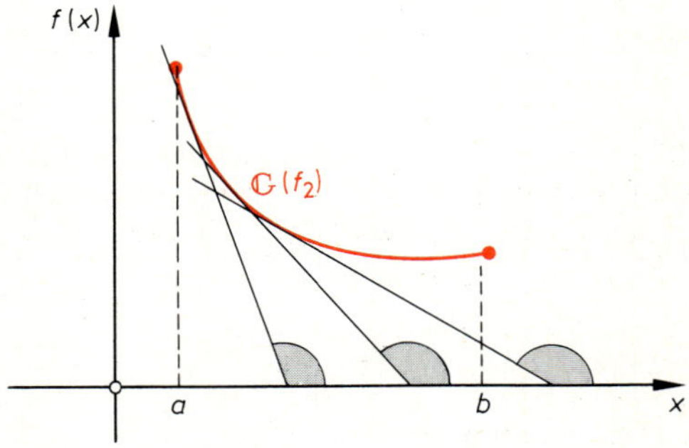

Bei einer Funktion f gibt es also Zusammenhänge zwischen den Funktionswerten $f'(x)$ und der Monotonie im gleichen Intervall. Das wollen wir an einem Beispiel näher untersuchen.

Beispiel:

Wir betrachten die Funktion $f\colon x \mapsto 0{,}25x^3 + 0{,}3x^2 - 0{,}5x$ aus obigem Beispiel und ihre Ableitungsfunktion $f'\colon x \mapsto 0{,}75x^2 + 0{,}6x - 0{,}5$.

Eigenschaften von f:

1. Der Graph von f hat die Nullstellen $x_1 = -2{,}14$, $x_2 = 0$ und $x_3 = 0{,}94$.
2. Bei $x_4 \approx -1{,}3$ und $x_5 \approx 0{,}5$ hat der Graph die Steigungen Null, d.h. die Tangenten verlaufen an den entsprechenden Graphenpunkten P_4 und P_5 waagerecht.
3. Für $x < -1{,}3$ hat der Graph positive Steigungen. Die Steigung $a = \tan \alpha$ ist im Intervall $-1{,}3 < x < 0{,}5$ negativ. Für alle $x > 0{,}5$ hat der Graph positive Steigungen.

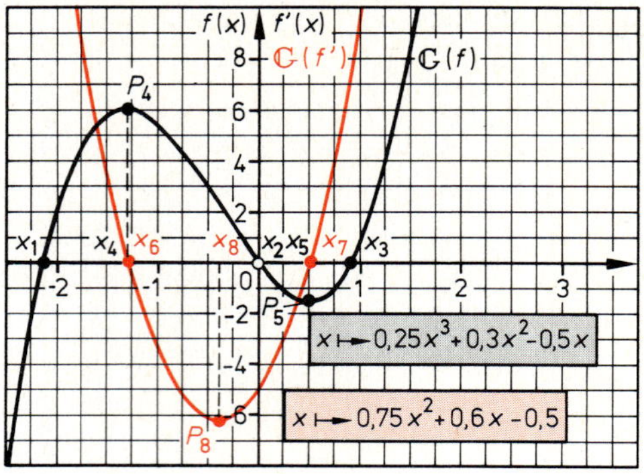

Eigenschaften von f':

1. Der Graph ist eine Parabel mit den Nullstellen $x_6 \approx -1{,}3$ und $x_7 \approx 0{,}5$. Für $x < -1{,}3$ ist $f'(x) > 0$. Für $-1{,}3 < x < 0{,}5$ ist $f'(x) < 0$; für $x > 0{,}5$ ist $f'(x) > 0$.
2. Den tiefsten Punkt P_8 hat der Graph von f' bei $x_8 = -0{,}4$. Dort ist die Steigung Null.

Aus den Eigenschaften der Graphen von f und f' kann man folgendes erkennen:

a) Für $x < x_4$ gilt: Der Graph von f steigt streng monoton und $f'(x) > 0$.

b) Im Intervall (x_4, x_5) gilt: Der Graph von f fällt streng monoton und $f'(x) < 0$.

c) Für $x > x_5$ gilt: Der Graph von f steigt streng monoton und $f'(x) > 0$.

d) An den Punkten P_4 und P_5 des Graphen f ist $f'(x_4) = f'(x_5) = 0$, d.h. die Tangente verläuft in beiden Punkten waagerecht.

Satz:

Ist eine Funktion f in (a, b) differenzierbar und monoton	
steigend	**fallend**
so gilt für jedes $x \in (a, b)$	
$f'(x) \geq 0$	$f'(x) \leq 0$
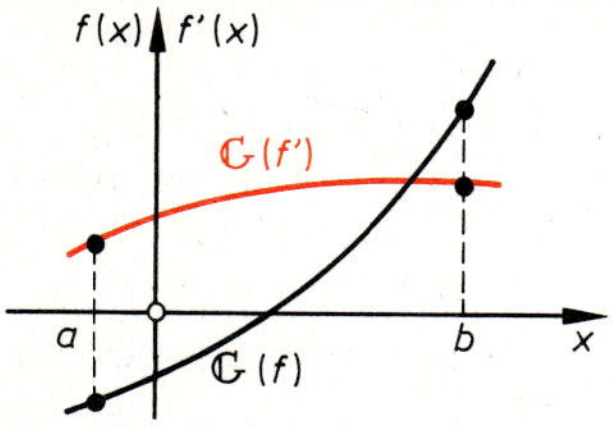	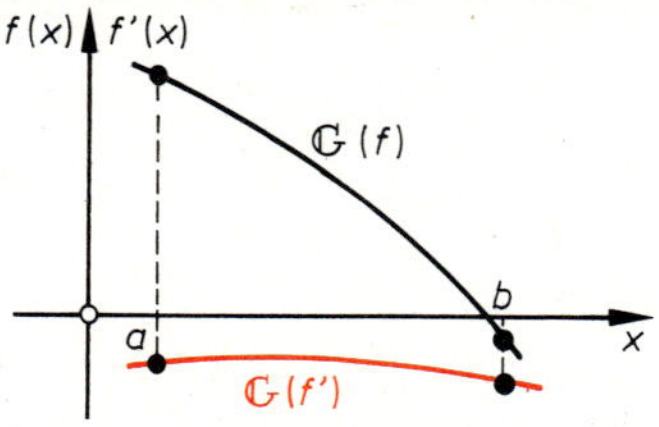

Beweis:

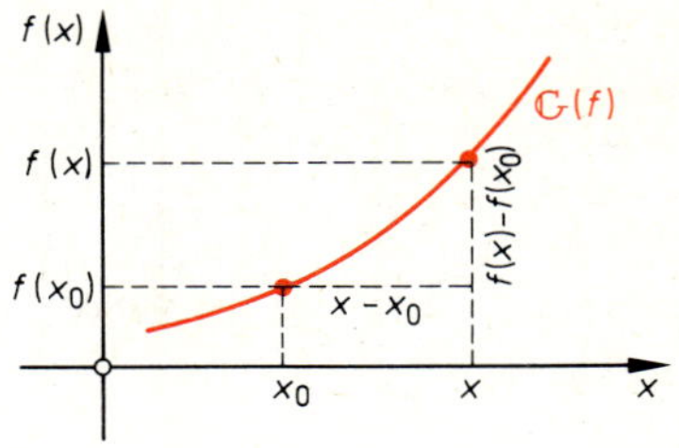

Es wird steigende Monotonie vorausgesetzt: $x \geq x_0 \Rightarrow f(x) \geq f(x_0)$

Die Ungleichung wurde umgeformt: $x - x_0 \geq 0 \Rightarrow f(x) - f(x_0) \geq 0$

Auch der Differenzenquotient ist ≥ 0: $\Rightarrow \dfrac{f(x) - f(x_0)}{x - x_0} \geq 0$

Der Grenzwert des Quotienten, die Ableitung, bleibt ≥ 0.

$$\Rightarrow \lim_{x \to x_0} \frac{f(x) - f(x_0)}{x - x_0} = f'(x_0) \geq 0; \; x_0 \neq x$$

$$\Rightarrow f'(x) \geq 0$$

Entsprechend wird der Satz für die fallende Monotonie bewiesen.

Beispiel:

Gegeben sei die Funktion $f\colon x \longmapsto \frac{1}{3}x^3 + \frac{1}{2}x^2 + 1$.

a) Zeichnen Sie die Graphen von f und von f' für $x \in [-3, 3]$.

b) Berechnen Sie die Intervalle, in denen f monoton steigt bzw. fällt. An welchen Stellen hat $\mathbb{G}(f)$ eine waagerechte Tangente?

Lösung:

a) Der Graph von f ist eine kubische Parabel mit einer Nullstelle. Der Graph von f' ist eine Parabel mit den Nullstellen $x_1 = -1$, $x_2 = 0$.

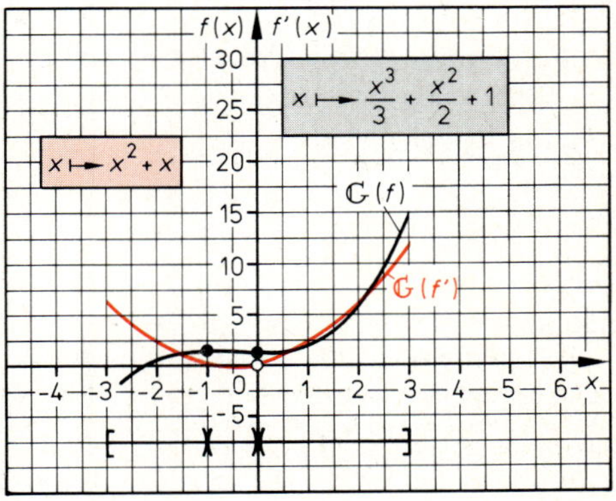

b) Im Intervall $[-3, -1)$ ist $f'(x) > 0$, d.h. f ist dort streng monoton steigend.

Im Intervall $(-1, 0)$ ist $f'(x) < 0$, d.h. f ist dort streng monoton fallend.

Im Intervall $(0, 3]$ ist $f'(x) > 0$, d.h. f ist dort streng monoton steigend.

Bei $x_1 = -1$ und $x_2 = 0$ hat $\mathbb{G}(f)$ waagerechte Tangenten.

Für $x \in [-3, -1)$ *ist* $f'(x) > 0$
$\Rightarrow$ *f ist streng monoton steigend*

Für $x \in (-1, 0)$ *ist* $f'(x) < 0$
$\Rightarrow$ *f ist streng monoton fallend*

Für $x \in (0, 3]$ *ist* $f'(x) > 0$
$\Rightarrow$ *f ist streng monoton steigend*

Um zu verdeutlichen, was wir unter dem Krümmungsverhalten einer Funktion im Punkt x_0 verstehen wollen, betrachten wir die Funktion $f\colon x \mapsto x^3$.

An den Stellen $x_1 = -1$ und $x_2 = 1$ sind die Tangenten an den Graphen gezeichnet. In der Umgebung von $x_1 = -1$, $U(-1)$ liegen alle Punkte des Graphen unterhalb der Tangente.

Wir sagen:
Der Graph der Funktion f ist im Punkt $x_1 = -1$ nach oben gewölbt bzw. rechtsgekrümmt.

In der Umgebung von $x_2 = 1$, $U(1)$ liegen alle Punkte des Graphen oberhalb der Tangente.

Wir sagen:
Der Graph der Funktion f ist im Punkt $x_2 = 1$ nach unten gewölbt bzw. linksgekrümmt.

Wie kann man nun mathematisch entscheiden, welche Krümmung der Graph einer gegebenen Funktion an der Stelle x_0 hat?

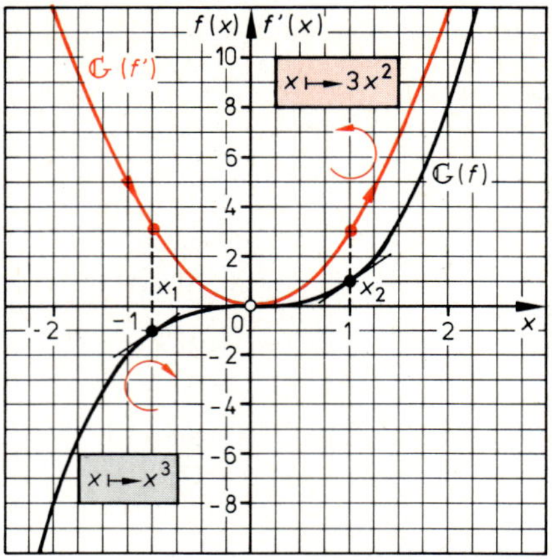

Der Graph der ersten Ableitungsfunktion $f'\colon x \mapsto 3x^2$ von der Funktion $f\colon x \mapsto x^3$ ist in einer Umgebung von $x_1 = -1$ monoton fallend und in einer Umgebung von $x_2 = 1$ monoton steigend.

Diesen anschaulich erfaßten Sachverhalt benutzen wir zu einer Definition der Begriffe „*rechtsgekrümmt*" und „*linksgekrümmt*".

Definition:

<table>
<tr><td colspan="2">Der Graph der in einem Intervall I differenzierbaren Funktion f heißt in I</td></tr>
<tr><td>rechtsgekrümmt</td><td>linksgekrümmt</td></tr>
<tr><td colspan="2">genau dann, wenn f' in I</td></tr>
<tr><td>monoton fällt</td><td>monoton steigt</td></tr>
<tr><td>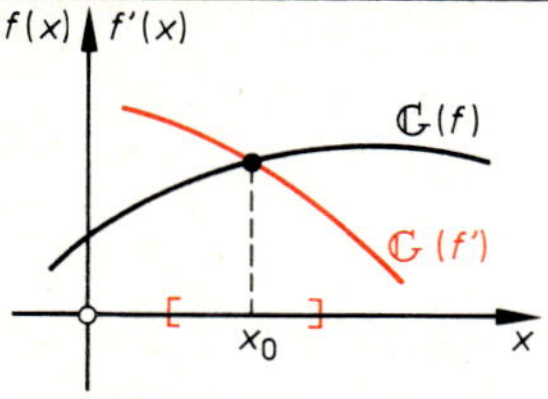
</td><td>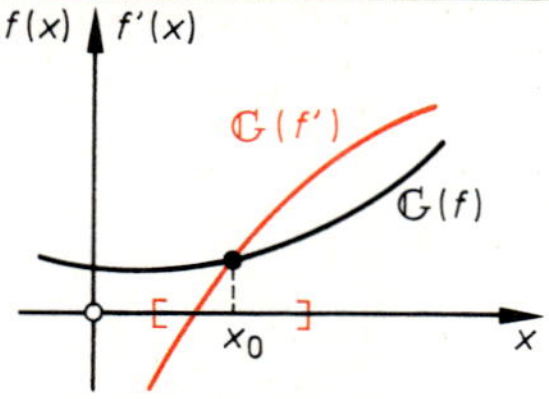
</td></tr>
</table>

Wir wissen, daß die Ableitung $f'(x)$ einer Funktion f in einem Intervall größer als Null ist, wenn die Funktion in diesem Intervall streng monoton steigt $(f'(x) > 0)$ und daß umgekehrt die Ableitung $f'(x)$ einer Funktion f in einem Intervall kleiner als Null ist, wenn die Funktion in diesem Intervall streng monoton fällt $(f'(x) < 0)$. Ist die Funktion f sogar zweimal für alle $x \in [a, b]$ differenzierbar, so können wir das Monotonieverhalten von f' mit Hilfe von f'' beschreiben.
Um dies zu verdeutlichen, betrachten wir noch einmal die Funktion $f\colon x \longmapsto x^3$ und ihre Ableitungsfunktionen $f'\colon x \longmapsto 3x^2$ und $f''\colon x \longmapsto 6x$.

In dem Intervall, in dem f' streng monoton fällt, ist $f''(x) < 0$ und $\mathbb{G}(f)$ ist rechtsgekrümmt ($\curvearrowright$). In dem Intervall, in dem f' streng monoton steigt, ist $f''(x) > 0$ und $\mathbb{G}(f)$ ist linksgekrümmt ($\circlearrowleft$). Es gilt folgender Satz:

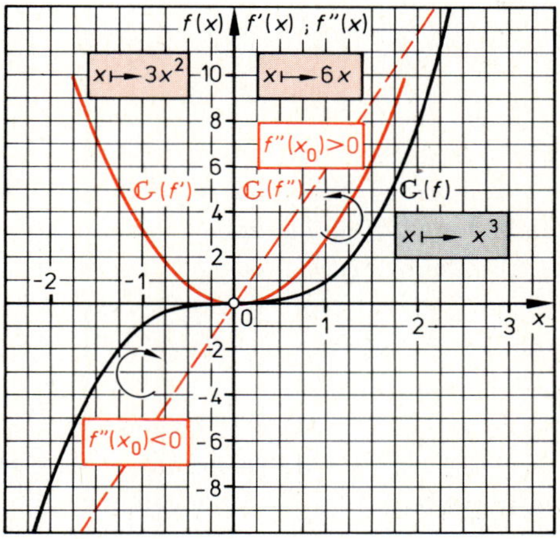

Satz:

Sei f eine für alle $x \in [a, b]$ zweimal differenzierbare Funktion. Wenn für alle $x \in [a, b]$ gilt:	
$f''(x) > 0$	$f''(x) < 0$
so ist der Graph von f in $[a, b]$	
linksgekrümmt	**rechtsgekrümmt**
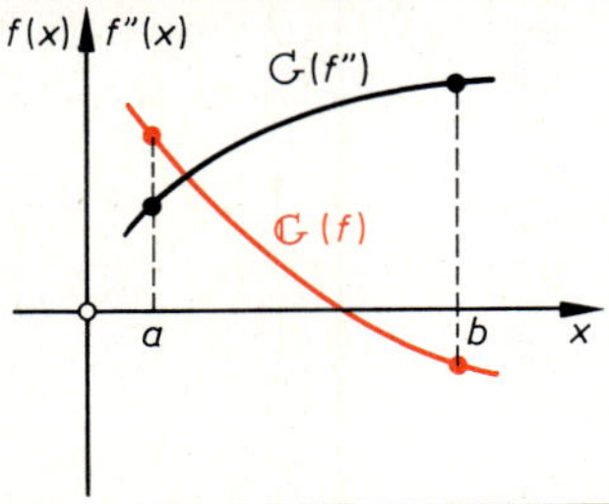	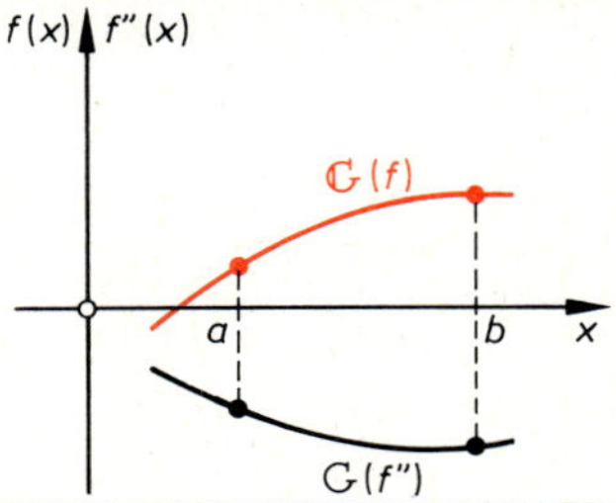

Beweis: (Rechtskrümmung)
Wegen $f''(x) < 0$ für alle $x \in [a, b]$, ist nach unserer Überlegung f' im Intervall $[a, b]$ streng monoton fallend. Nach Definition ist f dann rechtsgekrümmt.

Beispiel:

Bestimmen Sie die Krümmungseigenschaften des Graphen der Funktion $f\colon x \longmapsto x^5 - 5x^3 + 4x$.

Lösung:

Die zweite Ableitung von f besitzt drei Nullstellen $x_1 = -1{,}23$, $x_2 = 0$, $x_3 = 1{,}23$. Diese Nullstellen von f'' teilen $D(f) = \mathbb{R}$ in vier Intervalle $(I_1 \dots I_4)$ mit $f'' \neq 0$.

$$f(x) = x^5 - 5x^3 + 4x$$
$$f'(x) = 5x^4 - 15x^2 + 4$$
$$f''(x) = 20x^3 - 30x$$
$$f''(x) = 10x(2x^2 - 3) \quad \textit{für } f''(x) = 0$$
$$\Leftrightarrow\ 0 = 10x(2x^2 - 3)$$

Also:

$$10x = 0 \vee 2x^2 - 3 = 0$$
$$\Leftrightarrow\ x = 0 \vee x = -1{,}23 \vee x = 1{,}23$$

Durch Berechnung eines beliebigen Funktionswertes in allen vier Intervallen wird bestimmt, ob der Graph von f dort linksgekrümmt (↺) oder rechtsgekrümmt (↷) ist. Es zeigt sich, daß der Graph von f folgende Krümmungen hat:

$f''(-2) = -160 + 60 = -100 < 0 \Rightarrow I_1$ *Graph ist rechtsgekrümmt*

$f''(-1) = -20 + 30 = 10 > 0 \Rightarrow I_2$ *Graph ist linksgekrümmt*

$f''(1) = 20 - 30 = -10 < 0 \Rightarrow I_3$ *Graph ist rechtsgekrümmt*

$f''(2) = 160 - 60 = 100 > 0 \Rightarrow I_4$ *Graph ist linksgekrümmt*

$I_1 \approx (-\infty; -1{,}23)$	Rechtskrümmung
$I_2 \approx (-1{,}23; 0)$	Linkskrümmung
$I_3 \approx (0; 1{,}23)$	Rechtskrümmung
$I_4 \approx (1{,}23; \infty)$	Linkskrümmung

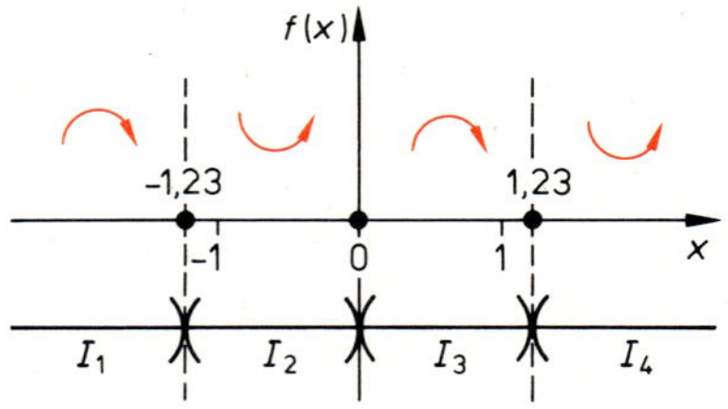

In den Nullstellen hat der Graph sowohl Rechts- als auch Linkskrümmung.

9.5.3 Wendepunkte

„Durchläuft" man den Graphen unten stehender Funktion f in Richtung wachsender x-Werte, so ändert der Graph im Punkt $P_0(x_0, f(x_0))$ sein Krümmungsverhalten, er geht von der Rechtskrümmung in die Linkskrümmung über. Auch ein umgekehrter Verlauf ist möglich, dann geht der Graph der Funktion f im Punkt $P_0(x_0, f(x_0))$ von der Linkskrümmung in die Rechtskrümmung über.

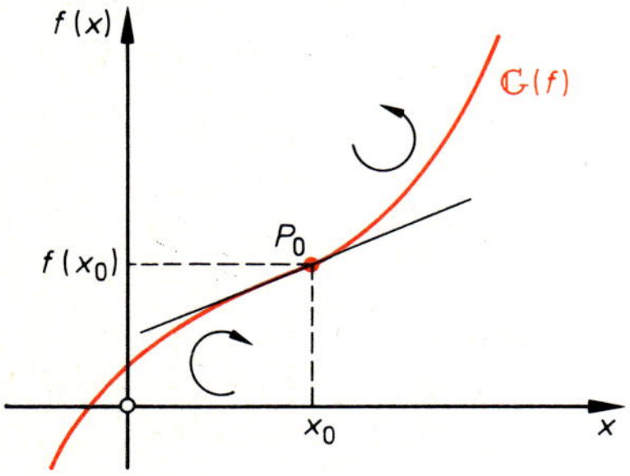

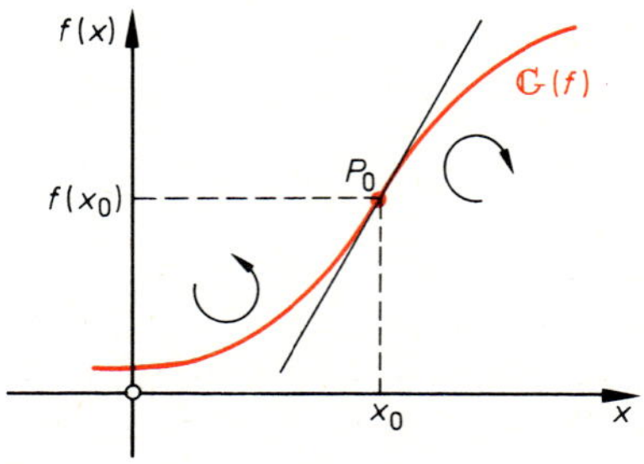

Einen solchen Punkt P_0 bezeichnet man als *Wendepunkt* und die Stelle x_0 als *Wendestelle*. Die Tangente im Wendepunkt heißt *Wendetangente*. Im Wendepunkt ändert der Graph von f sein Krümmungsverhalten.

Definition:

Ein Punkt $P_0(x_0, f(x_0))$ heißt Wendepunkt des Graphen der Funktion f genau dann, wenn f an der Stelle x_0 differenzierbar ist und wenn es eine linke Umgebung $U^l(x_0)$ und eine rechte Umgebung $U^r(x_0)$ gibt, so daß gilt: in einer der Umgebungen liegt Links-, in der anderen liegt Rechtskrümmung vor.

Das folgende Beispiel führt zu einem Kriterium, mit dem Wendepunkte bestimmt werden können.

Beispiel:

Wir zeichnen die Graphen der Funktionen $f: x \mapsto x^3$ und $f': x \mapsto 3x^2$. Im Punkt $P(0,0)$ hat f einen Wendepunkt. Da sich in P das Krümmungsverhalten von f ändert, muß sich dort das Monotonieverhalten von f' ändern. Links von P liegt Rechtskrümmung von f vor, und f' fällt monoton. Rechts von P liegt Linkskrümmung von f vor, und f' steigt monoton. Im Wendepunkt P hat f' ein Extremum.

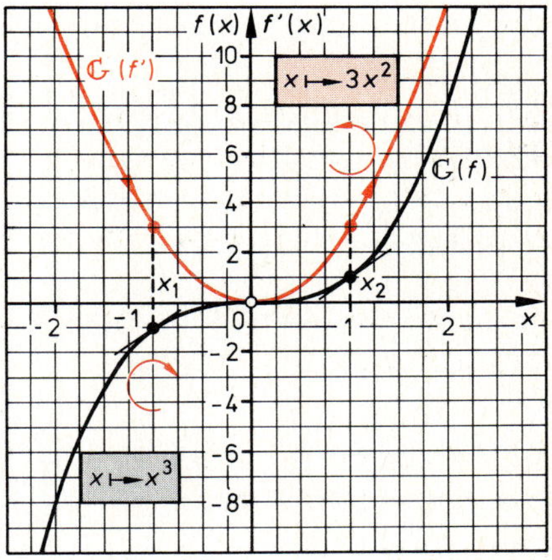

Wir formulieren diese Erkenntnis ganz allgemein als Satz, den wir aber nicht beweisen wollen.

Satz:

Ist die Funktion f in einer Umgebung von x_0 differenzierbar, so hat f in x_0 genau dann eine Wendestelle, wenn f' in x_0 eine lokale Extremstelle hat.

Beispiel:

Gegeben sei $f: x \mapsto x^4 - 6x^2 + 5$. Zeichnen Sie die Graphen von f, f', f'' und f'''. Welche Beziehung besteht zwischen den Graphen von f'', f''' und den Stellen $x_1 = -1$ und $x_2 = 1$ (Wendestellen von f)?

Lösung:

Aus den Graphen von f, f', f'' und f''' kann man erkennen:

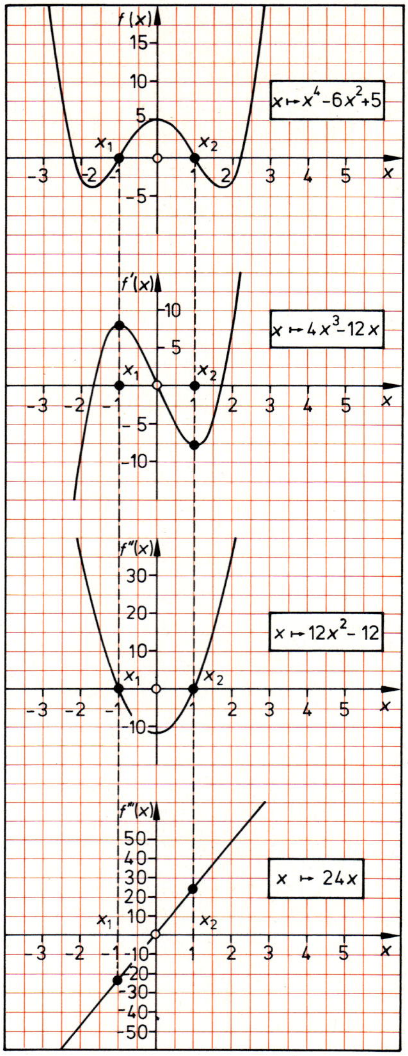

- Der Graph von f hat an den Stellen $x_1 = -1$ und $x_2 = 1$ Wendepunkte.

- Der Graph von f' hat an den Stellen $x_1 = -1$ und $x_2 = 1$ Extremwerte, die ungleich Null sind.

- An den Wendestellen x_1 und x_2 von f hat $\mathfrak{G}(f'')$ Nullstellen. An diesen Stellen ändern die Funktionswerte der Funktion f'' ihre Vorzeichen.

- An den Wendestellen x_1 und x_2 von f sind die Funktionswerte von f''' ungleich Null.

Eine Funktion f hat genau dann eine Wendestelle x_0, wenn $f'(x_0)$ lokales Extremum ist. Wir wenden die Sätze über Extrema nun auf die Funktion f' an (indem wir die Ordnungen der jeweiligen Ableitungen um eins erhöhen). Wir können dann notwendige und hinreichende Bedingungen für Wendestellen angeben.

Satz:

Es sei f eine im Intervall $[a, b]$ zwei- bzw. dreimal differenzierbare Funktion. Für die Existenz einer Wendestelle x_0 gelten folgende Bedingungen:

$f''(x_0) = 0$	**notwendige Bedingung:** aus $f''(x_0) \neq 0$ kann geschlossen werden, daß *keine* Wendestelle vorliegt.
$f''(x_0) = 0$ **und** Vorzeichenwechsel von $f''(x_0)$ an der Stelle x_0	**hinreichende Bedingungen:** ist eine der Bedingungen erfüllt, liegt eine Wendestelle vor. Ist zwar $f''(x_0) = 0$, aber der zweite Teil der Bedingung nicht erfüllt, kann dennoch eine Wendestelle vorliegen.
$f''(x_0) = 0$ **und** $f'''(x_0) \neq 0$	

Beispiel:

Gegeben sei die Funktion

$$f\colon x \longmapsto \frac{x^3}{3} - 4x^2 + 16x.$$

Zeichnen Sie die Graphen von f, f', f'' und f''', und veranschaulichen Sie die Aussagen obigen Satzes.

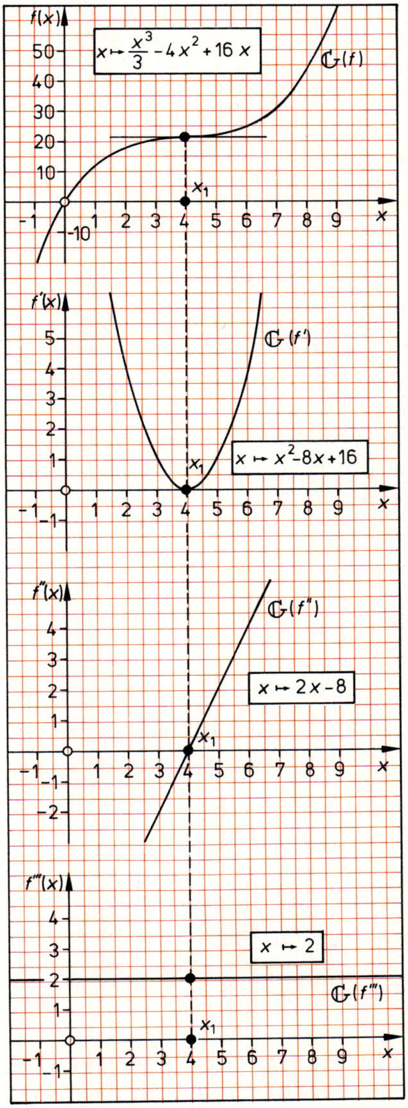

Lösung:

Wir erkennen aus den Zeichnungen:
Der Graph von f hat bei $x_1 = 4$ eine Wendestelle. An dieser Stelle hat f' ein lokales Minimum, und es gilt $f''(x_1) = 0$. f'' ändert bei $x_1 = 4$ das Vorzeichen von Minus nach Plus.
Ferner ist $f'''(x_1) = 2 \neq 0$.

In diesem Beispiel ist noch eine weitere Besonderheit zu erkennen: Die Wendetangente an der Stelle $x_1 = 4$ verläuft waagerecht, $P_1(x_1, f(x_1))$ ist ein *Sattelpunkt*. Da die Steigung des Graphen von f in P_1 gleich Null ist, folgt $f'(x_1) = 0$ (notwendige Bedingung für einen Sattelpunkt).

Übungen — 9.5

Untersuchung von Funktionen mit Hilfe der Ableitung

1. Zeichnen Sie den Graphen $\mathbb{G}(f)$ zu folgenden Funktionen und ermitteln Sie die lokalen Extremwerte.
Welche der lokalen Extremwerte sind absolute Extremwerte?

a) $f\colon x \mapsto x^2 + 2x;\quad x \in [-2, 2]$

b) $f\colon x \mapsto 4 - x^2;\quad x \in [-2, 3]$

c) $f\colon x \mapsto \frac{1}{2}x - 4;\quad x \in [-2, 10]$

d) $f\colon x \mapsto x^3 - 3x^2 - 9x;\quad x \in [-3, 4]$

e) $f\colon x \mapsto |x + 1|;\quad x \in [-2, 1]$

f) $f\colon x \mapsto |4 - x^2|;\quad x \in [-3, 3]$

g) $f\colon x \mapsto \begin{cases} x & ;\ -2 \leq x < 0 \\ x - 1; & \ 0 \leq x < 2 \end{cases}$

h) $f\colon x \mapsto \begin{cases} x + 2; & -3 \leq x \leq -1 \\ x^2 & ;\ -1 < x \leq 2 \end{cases}$

i) $f\colon x \mapsto \begin{cases} \dfrac{x^2}{2} & ;\ x \leq 2 \\ x - 1; & x > 2 \end{cases}$

k) $f\colon x \mapsto \begin{cases} x^3; & x \geq 0 \\ x^2; & x < 0 \end{cases};$

2. Berechnen Sie die Stellen x_0, für die $f'(x_0) = 0$ ist. Zeichnen Sie den Graphen von f und prüfen Sie, ob ein lokales Extremum vorliegt.

a) $f\colon x \mapsto x^2$ **b)** $f\colon x \mapsto x^3 - 2x$ **c)** $f\colon x \mapsto x^2 - 2x$

d) $f\colon x \mapsto x^3 + x^2 - 4$ **e)** $f\colon x \mapsto x^4 - 8x^2 + 2$ **f)** $f\colon x \mapsto x^3 + 2$

g) $f\colon x \mapsto \dfrac{x^3}{3} + x^2 + 1$ **h)** $f\colon x \mapsto -27$

3. In welchen Intervallen sind folgende Funktionen monoton steigend bzw. monoton fallend?

a) $f\colon x \mapsto 4 - \frac{2}{3}x$ **b)** $f\colon x \mapsto x^2 - 2x$ **c)** $f\colon x \mapsto 2x^2 + 2x - 4$

d) $f\colon x \mapsto x^3 - 2x$ **e)** $f\colon x \mapsto \dfrac{x^3}{6} + 2x$ **f)** $f\colon x \mapsto x^4 - 2x^2 + 3$

4. Geben Sie die Richtung bzw. das Vorzeichen der Steigung in den angegebenen Stellen an und stellen Sie fest, wo eine waagerechte Tangente vorliegt.

a) $f\colon x \mapsto x^3 - 3x^2 + 8 \quad x \in \{-2, -1, 0, 1, 2, 3\}$

b) $f\colon x \mapsto 1 + 6x^2 - x^3 \quad x \in \{-1, 0, 1, 2, 3, 4, 5\}$

c) $f\colon x \mapsto x^4 - 8x^2 + 2 \quad x \in \{-4, -3, -2, -1, 0, 1, 2, 3, 4\}$

5. Zeigen Sie: Ist f an der Stelle x_0 zweimal differenzierbar und $f'(x_0) = 0$ und $f''(x_0) > 0$, dann hat $f(x_0)$ ein lokales Minimum.
(Berücksichtigen Sie beim Beweis: Wenn $f''(x_0) > 0$, dann muß f' in einer Umgebung $U(x_0)$ streng monoton steigen.)

6. Zeigen Sie: Ist eine Funktion f in (a, b) differenzierbar und monoton fallend, so gilt für jedes $x \in (a, b)$: $f'(x) \leq 0$

7. Zeigen Sie, daß die Funktion $f\colon x \mapsto x^2$ für $x \in \mathbb{R}$ linksgekrümmt ist.

8. Bestimmen Sie die Intervalle, in denen folgende Funktionen linksgekrümmt bzw. rechtsgekrümmt sind.

a) $f\colon x \mapsto x^3$ **b)** $f\colon x \mapsto x^2 - 4x + 2$ **c)** $f\colon x \mapsto x^3 - x^2$

d) $f\colon x \mapsto x^4 - 4x^2$ **e)** $f\colon x \mapsto \sqrt{x}$ **f)** $f\colon x \mapsto \frac{1}{x}$

g) $f\colon x \mapsto \frac{1}{x^2}$

9. Berechnen Sie, falls vorhanden, die Wendepunkte folgender Funktionen. Bestimmen Sie die Steigung der Tangente in den jeweiligen Wendepunkten.

a) $f\colon x \mapsto x^2 + \frac{x}{3} + 4$ **b)** $f\colon x \mapsto x^3 - 24x$ **c)** $f\colon x \mapsto 2x^4 - 32x^2 - 10x$

d) $f\colon x \mapsto x^5 + x^3 - 2x$ **e)** $f\colon x \mapsto 3x^3 - 2x^2 - x - 4$ **f)** $f\colon x \mapsto |x^2 - 4|$

10. Zeigen Sie: Ist f für alle $x \in [a, b]$ zweimal differenzierbar gilt: $f''(x_0) > 0$, dann ist $\mathbb{G}(f)$ im Punkt $(x_0, f(x_0))$ linksgekrümmt.

11. Bei welchen der Funktionen ist der Wendepunkt ein Sattelpunkt?

a) $f\colon x \mapsto x^3 - 1$ **b)** $f\colon x \mapsto x^4 - x^2$ **c)** $f\colon x \mapsto x^3 - x^2 + x$

d) $f\colon x \mapsto 2x^4 - 3x^3$ **e)** $f\colon x \mapsto x^2(1 - x^2)$

9.6 Kurvendiskussion von ganzrationalen Funktionen

Zur Erinnerung: Eine ganzrationale Funktion hat die folgende Form:

$$f\colon \mathbb{R} \to \mathbb{R};\; x \mapsto a_n x^n + a_{n-1} x^{n-1} + \cdots + a_1 x + a_0$$
$$a_n, a_{n-1}, \ldots, a_0 \in \mathbb{R};\; x \in \mathbb{R},\, n \in \mathbb{N},\, a_n \neq 0$$

Unter der Diskussion einer Funktion versteht man ganz allgemein die vollständige Ermittlung ihrer Eigenschaften sowie die Darstellung ihres Graphen. Man bezeichnet eine solche Untersuchung auch als „*Kurvendiskussion*".
Es empfiehlt sich, die Kurvendiskussion nach einem Schema durchzuführen.

Untersuchungsschema bei einer Kurvendiskussion:

1. Definitionsbereich	6. Wendepunkte
2. Symmetrie	7. Monotonie und Krümmung
3. Nullstellen	8. Wertebereich
4. Stetigkeit	9. Verhalten im Unendlichen
5. Extrempunkte	10. Zeichnen des Graphen

In vielen Fällen ist es nicht erforderlich, alle im Untersuchungsschema aufgeführten Punkte zu diskutieren. In Kapitel 6.1 dieses Buches haben wir bereits Untersuchungen von rationalen Funktionen durchgeführt. Durch die Sätze aus Kapitel 8 und 9 sind uns nun Hilfsmittel an die Hand gegeben, mit denen wir weitere Eigenschaften ermitteln und die früher schon bestimmten Eigenschaften einfacher feststellen können. Wir tragen im folgenden alle wichtigen Begriffe und Methoden noch einmal zusammen.

1. Definitionsbereich

Der Definitionsbereich $D(f)$ ist entweder vorgegeben, oder er muß bestimmt werden. In der Regel ist $D(f)$ die Teilmenge von $\mathbb{R}$, für die der Funktionsterm $f(x)$ definiert ist, also für eine ganzrationale Funktion die ganze Menge $\mathbb{R}$.

2. Symmetrie

Der Graph einer Funktion f ist *achsensymmetrisch* zur Ordinate (y-Achse), wenn $f(x) = f(-x)$ für alle $x \in D(f)$ gilt.
Ganzrationale Funktionen sind achsensymmetrisch, wenn alle Exponenten im Funktionsterm gerade sind.

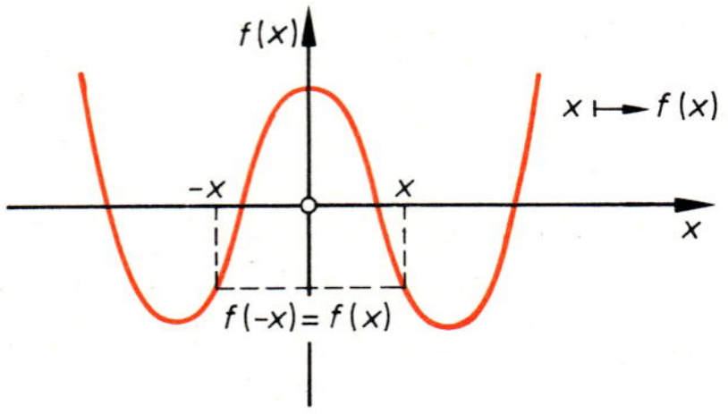

$f(x) = f(-x)$ Achsensymmetrie

Der Graph einer Funktion f ist *punktsymmetrisch* zum Nullpunkt, wenn $f(-x) = -f(x)$ bzw. $-f(-x) = f(x)$ für alle $x \in D(f)$ gilt.
Ganzrationale Funktionen sind punktsymmetrisch, wenn alle Exponenten im Funktionsterm ungerade sind.

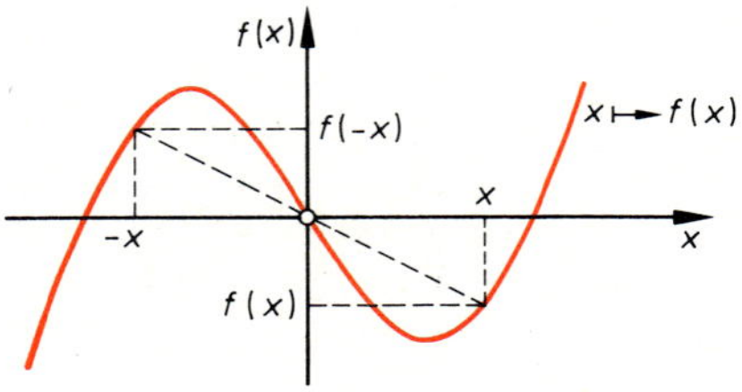

$f(-x) = -f(x)$ Punktsymmetrie

3. Nullstellen

- Die Nullstellen einer Funktion $x \mapsto f(x)$ sind durch das Lösen der Gleichung $f(x) = 0$ zu ermitteln.
- Eine Funktion n-ten Grades hat höchstens n Nullstellen.
- Hat die ganzrationale Funktion $f\colon x \mapsto a_n x^n + a_{n-1} x^{n-1} + \cdots + a_2 x^2 + a_1 x + a_0$ eine Nullstelle x_1, gilt also $f(x_1) = 0$, so läßt sich f als Produkt eines Linearfaktors $(x - x_1)$ und einer ganzrationalen Funktion g vom Grade $n-1$ schreiben: $f\colon x \mapsto a_n(x - x_1) \cdot g(x)$.

4. Stetigkeit

- Stetigkeit muß anhand der Definition geprüft werden: Eine Funktion f heißt *an der Stelle x_0 stetig*, wenn dort der links- und der rechtsseitige Grenzwert von f für x gegen x_0 gleich sind und beide mit dem Funktionswert $f(x_0)$ übereinstimmen. Eine Funktion heißt in einem Intervall I (in ganz $D(f)$) stetig, wenn sie für jeden Wert $x \in I$ $(x \in D(f))$ stetig ist. Ist f an einer Stelle x_0 nicht stetig, so heißt diese Stelle x_0 Unstetigkeitsstelle der Funktion.
- Ganzrationale Funktionen f sind an jeder Stelle $x \in \mathbb{R}$ stetig.

5. Extremstellen und -werte

Extremstellen werden wie folgt berechnet:

- Bestimmung der Ableitungsfunktion f'.
- Lösen der Gleichung $f'(x) = 0$. Lösungen x_i $(i \in \mathbb{N}^*)$ sind mögliche Nullstellen.
- Bestimmung von f'', einsetzen von x_i in $f''(x)$.
  $f'(x_i) = 0 \wedge f''(x_i) < 0 \Rightarrow x_i$ ist Maximalstelle.
  $f'(x_i) = 0 \wedge f''(x_i) > 0 \Rightarrow x_i$ ist Minimalstelle.
- Gilt $f''(x_i) = 0$, dann werden so lange weitere Ableitungen gebildet, bis eine Ableitung gerader Ordnung an der Stelle x_i ungleich Null ist (ganzrationale Funktionen sind beliebig oft differenzierbar). Für $n \in \mathbb{N}$:

$$f'(x_i) = f''(x_i) = \dots f^{(2n+1)}(x_i) = 0 \wedge \begin{cases} f^{(2n+2)}(x_i) < 0 \Rightarrow x_i \text{ ist Maximalstelle} \\ f^{(2n+2)}(x_i) > 0 \Rightarrow x_i \text{ ist Minimalstelle.} \end{cases}$$

- $f(x_i)$ berechnen.

6. Wendestellen und -punkte, Sattelpunkte

Da die Wendestellen der Funktion f Extremstellen der 1. Ableitung f' sind, kann bei der Berechnung der Wendestellen wie bei der Berechnung der Extremstellen verfahren werden:

- 2. Ableitung f'' bilden.
- $f''(x) = 0$ lösen und damit Nullstellen der 2. Ableitung berechnen. Diese Nullstellen sind mögliche Wendestellen und müssen weiter untersucht werden.
- 3. Ableitung f''' bilden und Nullstellen der 2. Ableitung in $f'''(x)$ einsetzen.
  Es gilt: $f''(x_0) = 0 \wedge f'''(x_0) \neq 0 \Rightarrow$ *Wendepunkt* liegt vor
  $f''(x_0) = 0 \wedge f'''(x_0) \neq 0 \wedge f'(x_0) = 0 \Rightarrow$ *Sattelpunkt* liegt vor
- Ist auch die 3. Ableitung an den Nullstellen der 2. Ableitung gleich Null, so müssen höhere Ableitungen herangezogen und die Nullstellen der 2. Ableitung eingesetzt werden. Dieses Verfahren wird solange fortgesetzt, bis man eine Ableitung findet, die an den Nullstellen der zweiten Ableitung ungleich Null ist. Ist dies eine Ableitung ungerader Ordnung, liegt eine Wendestelle vor.

7. Monotonie und Krümmung

Eine im Intervall [a, b] differenzierbare Funktion ist genau dann in diesem Intervall	
monoton steigend	*monoton fallend*
wenn für alle $x \in [a, b]$ gilt:	
$f'(x) > 0$	$f'(x) < 0$

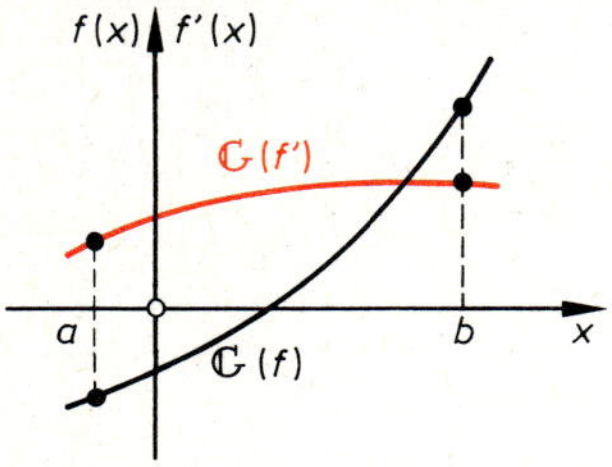

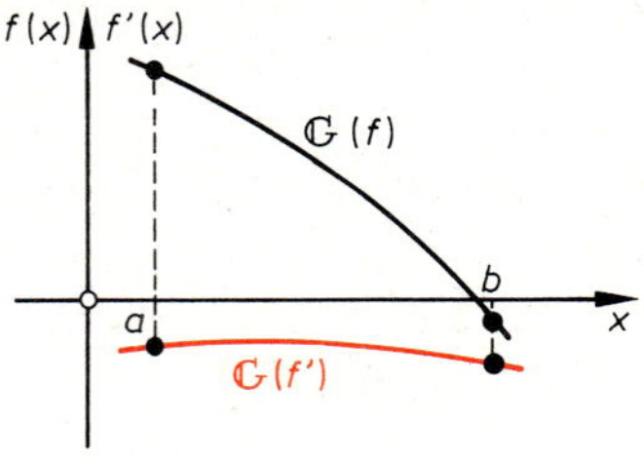

Zur Bestimmung der Krümmung dient das folgende Kriterium. Versagt es, muß direkt auf die Definition zurückgegriffen und festgestellt werden, ob der Graph der ersten Ableitung streng monoton steigt (Linkskrümmung) oder streng monoton fällt (Rechtskrümmung).

Ist für eine im Intervall [a, b] zweimal differenzierbare Funktion f	
$f''(x_0) > 0$	$f''(x_0) < 0$
so ist der Graph dort	
linksgekrümmt	*rechtsgekrümmt*

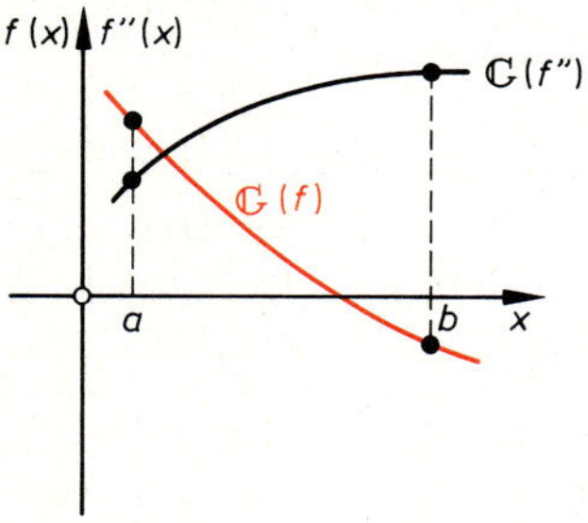

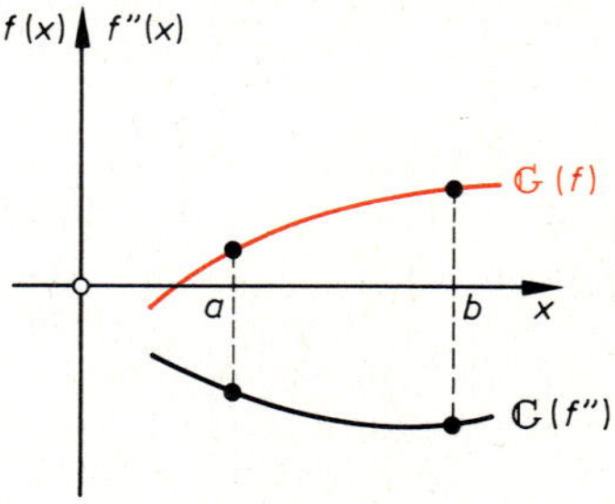

8. Wertebereich

Der Wertebereich $W(f)$ ist die Menge aller Funktionswerte $f(x)$. $W(f)$ enthält den Wert $f(0)$, der sich durch Einsetzen von Null in den Funktionsterm berechnen läßt. Der Punkt $P(0, f(0))$ ist der Schnittpunkt des Graphen von f mit der Ordinate (y-Achse).

9. Verhalten im Unendlichen

Funktionen können für x gegen ∞ oder gegen $-\infty$ einen eigentlichen Grenzwert haben. Sie können aber auch divergieren, und sie können eine Asymptote haben. Ganzrationale Funktionen divergieren und haben keine Asymptote. Ihr Verhalten im Unendlichen ist im folgenden tabelliert:

	$f\colon x \longmapsto a_n x^n + a_{n-1} x^{n+1} + \cdots + a_1 x + a_0$			
	n gerade		n ungerade	
	$a_n > 0$	$a_n < 0$	$a_n > 0$	$a_n < 0$
$x \to \infty$	$f(x) \to \infty$	$f(x) \to -\infty$	$f(x) \to \infty$	$f(x) \to -\infty$
$x \to -\infty$	$f(x) \to \infty$	$f(x) \to -\infty$	$f(x) \to -\infty$	$f(x) \to \infty$
	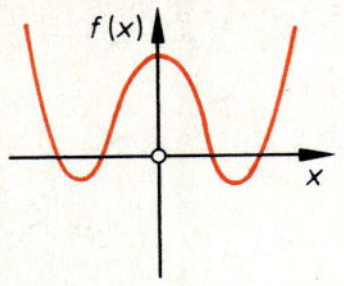	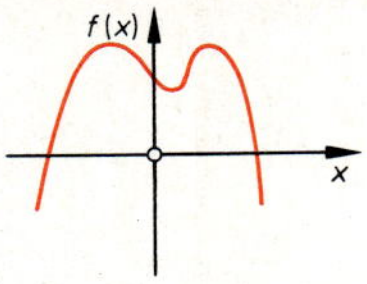	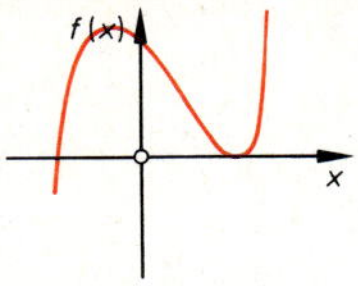	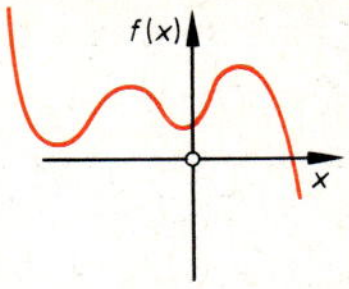

10. Zeichnen des Graphen

- Koordinatensystem zeichnen.
- Definitionsbereich mit Unstetigkeitsstellen eintragen.
- Nullstellen und Schnittpunkte mit der y-Achse eintragen.
- Extrempunkte und Wendepunkte kennzeichnen.
- In der Nähe starker Krümmungen weitere Graphenpunkte berechnen (Wertetabelle).

Beispiel:

Führen Sie eine vollständige Diskussion der Funktion $f\colon x \longmapsto 4x^2 - 2x^4$ durch.

Lösung:

1. *Definitionsbereich*

1. $f(x) = 4x^2 - 2x^4 \Rightarrow D(f) = \mathbb{R}$

2. *Symmetrie*
   Der Graph ist symmetrisch zur $f(x)$-Achse $\big(f(-x) = f(x)\big)$.

2.
$$f(-x) = 4(-x)^2 - 2(-x)^4 = 4x^2 - 2x^4 = f(x)$$

3. *Nullstellen*
   Gleichung $f(x) = 0$ nach x auflösen. Ein Produkt ist Null, wenn ein Faktor Null ist. Man erhält folgende Nullstellen:
   $x_1 = 0,\ x_2 = \sqrt{2},\ x_3 = -\sqrt{2},$

3.
$$f(x) = 4x^2 - 2x^4$$
$$f(x) = 2x^2(2 - x^2)$$
$$0 = 2x^2(2 - x^2)$$
$$\left.\begin{aligned} 2x^2 = 0 &\Leftrightarrow x = \underline{\underline{0}} \\ 2 - x^2 = 0 &\Rightarrow x = \underline{\underline{\sqrt{2}}} \\ &\vee\ x = \underline{\underline{-\sqrt{2}}} \end{aligned}\right\}\ \textit{Nullstellen}$$

4. *Stetigkeit*
   Jede ganzrationale Funktion ist für alle $x \in \mathbb{R}$ stetig.

5. *Extrempunkte*

Gleichung $f'(x) = 0$ nach x auflösen. Mögliche Extremstellen:

$x_4 = 0,\ x_5 = 1,\ x_6 = -1.$

Um zu entscheiden, ob ein Maximum oder Minimum vorliegt, muß die zweite Ableitung herangezogen werden.

Die $f(x)$-Koordinaten der Extrempunkte ergeben sich durch Berechnung der Funktionswerte an den Extremstellen (Symmetrie ausnutzen).

6. *Wendepunkte*

$f''(x) = 0$ nach x auflösen. Man erhält:

$x_7 = \sqrt{\frac{1}{3}},\ x_8 = -\sqrt{\frac{1}{3}}$

Um zu entscheiden, ob x_7 und x_8 Wendestellen sind, wird die dritte Ableitung herangezogen.

Durch Einsetzen in den Funktionsterm erhält man die Koordinaten der Wendepunkte.

7. *Monotonie und Krümmung*

Durch die Nullstellen $-1, 0, 1$ der Ableitungsfunktion f' läßt sich der Definitionsbereich $D(f)$ in vier Monotonieintervalle einteilen:

$I_1 = (-\infty, -1),\ I_2 = (-1, 0),$

$I_3 = (0, 1),\qquad I_4 = (1, \infty).$

Um die Monotonieeigenschaft festzustellen, berechnet man in jedem Intervall einen beliebigen Funktionswert $f'(x)$ und untersucht ob $f'(x) > 0$ (Funktion steigt monoton) oder $f'(x) < 0$ (Funktion fällt monoton) ist.

5. $f(x) = 4x^2 - 2x^4$

$f'(x) = 8x - 8x^3$

$0 = 8x - 8x^3$

$\Leftrightarrow\ 0 = 8x(1 - x^2)$

$\Leftrightarrow 8x = 0 \vee 1 - x^2 = 0$

$\Leftrightarrow\ x = 0 \vee x = 1 \vee x = -1$

$f''(x) = 8 - 24x^2$

$f''(0) = 8 > 0$

$x_4 = 0$ *Minimalstelle*

$f''(1) = -16 < 0$

$x_5 = 1$ *Maximalstelle*

$f''(-1) = -16 < 0$

$x_6 = -1$ *Maximalstelle*

$P_4(0, 0)$ *Minimalpunkt*
$P_5(1, 2)$ *Maximalpunkt*
$P_6(-1, 2)$ *Maximalpunkt*

6. $f''(x) = 8 - 24x^2$

$0 = 8 - 24x^2$

$\Leftrightarrow x^2 = \frac{1}{3}$

$\Leftrightarrow\ x = \sqrt{\frac{1}{3}} \vee x = -\sqrt{\frac{1}{3}}$

$f'''(x) = -48x$

$f'''\left(\sqrt{\frac{1}{3}}\right) \neq 0,$ *also* x_7 *Wendestelle*

$f'''\left(-\sqrt{\frac{1}{3}}\right) \neq 0,$ *also* x_8 *Wendestelle*

$\left.\begin{array}{l} P_7\left(\sqrt{\frac{1}{3}}, \frac{10}{9}\right) \\ P_8\left(-\sqrt{\frac{1}{3}}, \frac{10}{9}\right) \end{array}\right\}$ *Wendepunkte*

7. *Monotonieeigenschaft:*

$f'(x) = 8x - 8x^3$

$I_1: f'(-2) = 48 \Rightarrow\quad f'(-2) > 0$
Also: *f wächst monoton*

$I_2: f'(-\frac{1}{2}) = -3 \Rightarrow\quad f'(-\frac{1}{2}) < 0$
Also: *f fällt monoton*

$I_3: f'(\frac{1}{2}) = 3$ *Also:* *f wächst monoton*

$I_4: f'(2) = -48$ *Also:* *f fällt monoton*

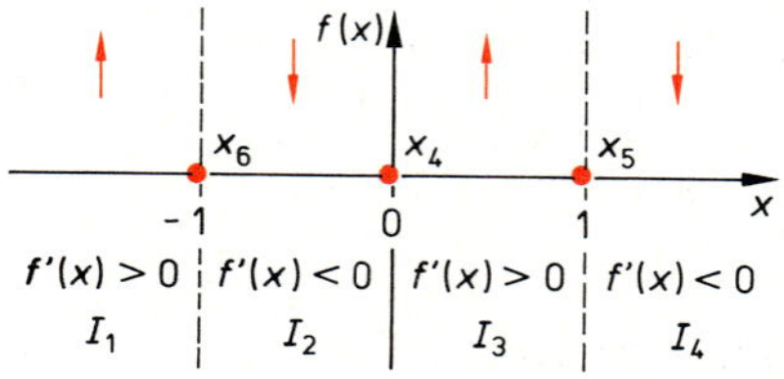

Durch die Nullstellen $-\sqrt{\frac{1}{3}}, \sqrt{\frac{1}{3}}$ der zweiten Ableitung läßt sich der Definitionsbereich $D(f)$ in drei Intervalle einteilen:

$I_1 = (-\infty, -\sqrt{\tfrac{1}{3}}),\ I_2 = (-\sqrt{\tfrac{1}{3}}, \sqrt{\tfrac{1}{3}}),$
$I_3 = (\sqrt{\tfrac{1}{3}}, \infty).$

Dazu berechnet man in jedem Intervall einen beliebigen Funktionswert von f''.

Krümmungseigenschaften:

$f''(x) = 8 - 24x^2$

$I_1: f''(-1) = -16 \Rightarrow f''(-1) < 0$

Also: Graph ist rechts gekrümmt

$I_2: f''(\tfrac{1}{4}) = 6{,}5 \Rightarrow f''(\tfrac{1}{4}) > 0$

Also: Graph ist links gekrümmt

$I_3: f''(1) = -16 \Rightarrow f''(1) < 0$

Also: Graph ist rechts gekrümmt

8. *Wertebereich*

Unter Beachtung der Extrempunkte von f (P_5 und P_6) ergibt sich ein eingeschränkter Wertebereich.
Für $x = 0$ erhält man $f(0) = 0$ und damit den Schnittpunkt $(0,0)$ mit der $f(x)$-Achse.

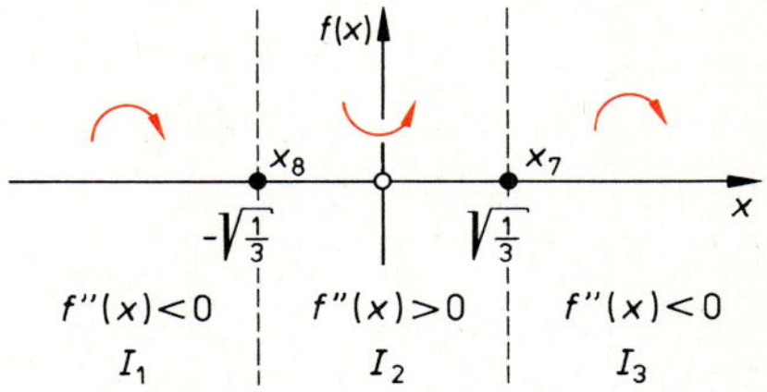

$f(0) = 4 \cdot 0^2 - 2 \cdot 0^4 = 0$

$P(0,0)$ *Schnittpunkt mit der $f(x)$-Achse*

9. *Verhalten im Unendlichen*

$a_n = -2$, d.h. $a_n < 0$
$n = 4$, d.h. n gerade

9.

$x \rightarrow \infty \quad \Rightarrow f(x) = -\infty$
$x \rightarrow -\infty \Rightarrow f(x) = -\infty$

10. *Zeichnen des Graphen*

Die ermittelten Punkte werden in ein Koordinatensystem gezeichnet und lassen den charakteristischen Verlauf des Graphen erkennen.

$P_1(0,0)$, $P_2(\sqrt{2},0)$, $P_3(-\sqrt{2},0)$	Nullstellenpunkte
$P_4(0,0)$	Minimalpunkt
$P_5(1,2)$, $P_6(-1,2)$	Maximalpunkte
$P_7(\sqrt{\tfrac{1}{3}}, \tfrac{10}{9})$, $P_8(-\sqrt{\tfrac{1}{3}}, \tfrac{10}{9})$	Wendepunkte
$P_9(0,0)$	Schnittpunkt mit der $f(x)$-Achse
$P_{10}, \dots, P_{15}$	weitere Punkte

10.

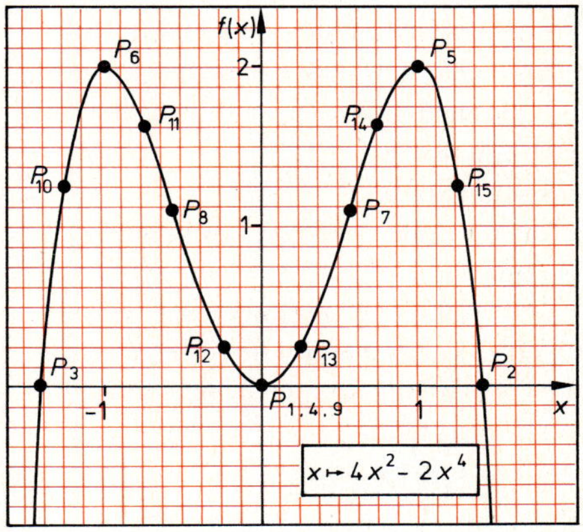

Beispiel: Diskutieren Sie die Funktion $f: x \mapsto \begin{cases} x^2 + 1; & x < 0 \\ 4x - x^2; & x \geq 0 \end{cases}$

Lösung:

1. *Definitionsbereich*

1. $D(f) = \mathbb{R}$

2. *Symmetrie*

überprüft wird:
$f(x) = f(-x)$ (Achsensymmetrie)
und
$-f(x) = f(-x)$ (Punktsymmetrie).
Der Graph von f ist weder achsen- noch punktsymmetrisch.

2.

$$4x - x^2 \neq (-x)^2 + 1$$
$$-(4x - x^2) \neq (-x)^2 + 1$$

3. *Nullstellen*

Der Abschnitt $x < 0$ hat keine Nullstellen, da $x^2 + 1 > 0$ für alle $x \in \mathbb{R}$.
Der Abschnitt $x \geq 0$ hat zwei Nullstellen: $x_1 = 0$; $x_2 = 4$.

3.

$$0 = 4x - x^2$$
$$\Leftrightarrow 0 = x(4 - x) \Leftrightarrow x = 0 \vee x = 4$$

4. *Stetigkeit*

Die Teilfunktionen auf $(-\infty, 0)$ und $(0, \infty)$ sind als ganze rationale Funktionen stetig. An der Stelle $x = 0$ sind jedoch rechts- und linksseitiger Grenzwert verschieden. Also ist f nicht stetig.

$$\lim_{\substack{x \to 0 \\ \wedge x < 0}} x^2 + 1 = 1$$
$$\lim_{\substack{x \to 0 \\ \wedge x > 0}} 4x - x^2 = 0$$

5. *Extremstellen und -punkte*

f ist an der Stelle $x_3 = 0$ nicht stetig, also auch nicht differenzierbar. Wir sehen jedoch sofort, daß $f(x) \geq f(0)$ für $x \in (-1, 1)$ gilt (Umgebung von $f(0)$). Die Stelle $x_3 = 0$ ist lokale Minimalstelle, $P(0, 0)$ ist lokaler Minimalpunkt.

$f(0) = 0 \leq x^2 + 1$ *für* $x < 0$
$f(0) = 0 \leq 4x - x^2$ *für* $0 < x < 1$

Im Abschnitt $x < 0$ gibt es keine Extremstelle.

$f_1: x \mapsto x^2 + 1$ *für* $x < 0$
$f_1': x \mapsto 2x$, $f_1'(x) \neq 0$ *für alle* $x < 0$

Im Abschnitt $x > 0$ finden wir durch Differenzieren und Überprüfen von f'' die lokale Maximalstelle $x_4 = 2$ und damit den lokalen Maximalpunkt $P_4(2, 4)$.

$f_2: x \mapsto 4x - x^2$ *für* $x \geq 0$
$f_2': x \mapsto 4 - 2x$
$f_2'(x) = 0 \Leftrightarrow 4 - 2x = 0 \Leftrightarrow x = 2$
$f_2''(x) = -2 < 0$; *also:* $x_4 = 2$ *Maximalstelle*

6. *Wendepunkt*

Die zweite Ableitung von f besteht aus Konstanten, so daß die Bedingung $f''(x) = 0$ nicht erfüllt werden kann. Die Funktion f hat keine Wendestellen und -punkte.

6.

$$f''(x) = \begin{cases} 2; & x < 0 \\ -2; & x \geq 0 \end{cases}$$

$f''(x) \neq 0$ *für alle* $x \in \mathbb{R}$

7. *Monotonie und Krümmungsverhalten*

Die Untersuchung der ersten Ableitung zeigt: es gibt drei Monotonieintervalle. f fällt monoton im Intervall $(-\infty, 0)$, f steigt monoton im Intervall $[0, 2)$, und f fällt monoton im Intervall $(2, \infty)$.

Die Untersuchung der zweiten Ableitung f'' läßt eine Aussage über die Krümmung zu: Im Abschnitt $x < 0$ liegt Linkskrümmung, im Abschnitt $x > 0$ liegt Rechtskrümmung vor.

$$f'(x) = \begin{cases} 2x & \textit{für } x < 0 \\ 4 - 2x & \textit{für } x > 0 \end{cases}$$

$f'(x) < 0$ *für* $x \in (-\infty, 0)$
$f'(x) > 0$ *für* $x \in [0, 2)$
$f'(x) < 0$ *für* $x \in (2, \infty)$

$$f''(x) = \begin{cases} 2 & \textit{für } x < 0 \\ -2 & \textit{für } x > 0 \end{cases}$$

$f''(x) > 0$ *für* $x < 0$
$f''(x) < 0$ *für* $x \geq 0$

8. *Wertebereich*

Der Wertebereich $W(f)$ umfaßt alle reellen Zahlen.

8.
$W(x^2+1) = (1, \infty)$ $W(4x - x^2) = (-\infty, 4]$
$W(f) = (-\infty, 4] \cup (1, \infty) = \mathbb{R}$

9. *Verhalten im Unendlichen*

Abschnitt $x < 0$: $f(x) = x^2 + 1$
$a_n = 1$, d.h. $a_n > 0$
$n = 2$, d.h. n gerade
Abschnitt $x \geq 0$: $f(x) = 4x - x^2$
$a_n = -1$, d.h. $a_n < 0$
$n = 2$, d.h. n gerade

9.

$x \to -\infty \Rightarrow f(x) \to \infty$

$x \to \infty \Rightarrow f(x) \to -\infty$

10. *Zeichnen des Graphen*

$P_1(0, 0)$, $P_2(4, 0)$ *Nullstellen*
$P_3 = P_1(0, 0)$ *Minimum*
$P_4 = (2, 4)$ *Maximum*

10.

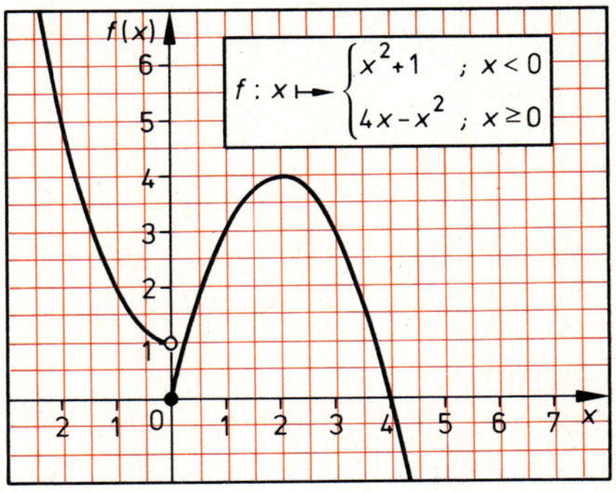

Bestimmung von ganzrationalen Funktionen durch vorgegebene Bedingungen

Ein mit der Kurvendiskussion verwandtes Problem besteht darin, aus vorgegebenen Bedingungen die Gleichung bzw. die Koeffizienten $a_n, a_{n-1}, \ldots, a_1, a_0$ einer ganzrationalen Funktion eindeutig zu bestimmen. Kennt man $n + 1$ Punkte, so hat man ein System von $n + 1$ Gleichungen und kann das Problem lösen. Aber auch die Angabe von Extrema, Wendepunkten, Steigungswerten und anderen Eigenschaften führt auf Bestimmungsgleichungen. Im allgemeinen ist eine ganzrationale Funktion n-ten Grades durch $n + 1$ Bedingungen eindeutig festgelegt.

Beispiel:

Bestimmen Sie die ganzrationale Funktion 5. Grades mit folgenden Eigenschaften: 1. Punktsymmetrie, 2. waagerechte Tangente an der Stelle $x_0 = 0$, 3. Extremalpunkt im Punkt $P(2, -3)$.

Lösung:

Wir gehen von einer allgemeinen Gleichung für eine ganzrationale Funktion 5. Grades aus.

$$f(x) = a_5x^5 + a_4x^4 + a_3x^3 + a_2x^2 + a_1x + a_0$$

Wegen Eigenschaft 1., Punktsymmetrie, sind die Koeffizienten der Glieder mit geradem Exponenten gleich Null.

$$f(-x) = -(x)$$
$$\Rightarrow \quad a_4 = a_2 = a_0 = 0$$
$$\Rightarrow f(x) = a_5x^5 + a_3x^3 + a_1x$$

Die Koeffizienten a_5, a_3, a_1 sind noch zu bestimmen, und hierfür sind drei Bedingungen gegeben: 2. und 3., 3. liefert zwei Bestimmungsgleichungen.

Verwendung von 2.:

Waagerechte Tangente an der Stelle $x_0 = 0$ bedeutet $f'(0) = 0$.

$$f'(x) = 5a_5x^4 + 3a_3x^2 + a_1$$
$$f'(0) = 0 \Rightarrow \underline{\underline{a_1 = 0}}$$
$$\Rightarrow f(x) = a_5x^5 + a_3x^3$$
$$f'(x) = 5a_5x^4 + 3a_3x^2$$

Verwendung von 3.:

Man setzt die Koordinaten $(2, -3)$ in die Gleichung für $f(x)$ ein. Da P Extremalpunkt ist, gilt $f'(2) = 0$. Dies ist die zweite Bestimmungsgleichung.

$$f(2) = -3 \Rightarrow -3 = 32a_5 + 8a_3 \mid \cdot(-3)$$
$$f'(2) = 0 \Rightarrow 0 = 80a_5 + 12a_3 \mid \cdot 2$$
$$\left.\begin{array}{l} 9 = -96a_5 - 24a_3 \\ 0 = 160a_5 + 24a_3 \end{array}\right\} +$$
$$9 = 64a_5 \Rightarrow \underline{\underline{a_5 = \tfrac{9}{64}}}$$
$$0 = 80 \cdot \tfrac{9}{64} + 12a_3$$
$$\Rightarrow \underline{\underline{a_3 = -\tfrac{15}{16}}}$$

Durch Einsetzen der Werte a_3 und a_5 erhält man die gesuchte Funktion.

$$\underline{\underline{f\colon x \longmapsto \tfrac{9}{64}x^5 - \tfrac{15}{16}x^3}} \quad (\textit{Graph Seite } 301)$$

Tangente und Normale

Die Funktion f sei im Punkt $P(x_0, f(x_0))$ differenzierbar, so daß wir in diesem Punkt eine Tangente an den Graphen legen können. Die senkrecht auf der Tangente stehende Gerade durch $P(x_0, f(x_0))$ heißt *Normale* zum Graphen von f im Punkt P.

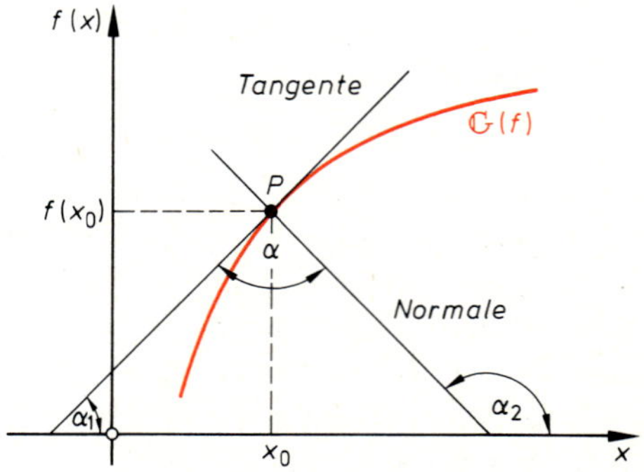

Wir wollen jetzt untersuchen, wie die Steigungen zueinander senkrechter Geraden zusammenhängen. Es sei $\alpha_2 > \alpha_1$, dann gilt:
Die Steigung einer Geraden ist der Tangens des Steigunswinkels; mit Hilfe einer trigonometrischen Umformung erhalten wir: das Produkt der Steigungen zweier aufeinander senkrecht stehender Geraden ist gleich (-1), vorausgesetzt, daß keine der Steigungen gleich Null ist.

Gerade g_2 mit Steigungswinkel α_2
Gerade g_1 mit Steigungswinkel α_1

$$g_2 \perp g_1 \Leftrightarrow \alpha_2 - \alpha_1 = 90° \Leftrightarrow \alpha_2 = 90° + \alpha_1$$

$$\tan\alpha_2 = \tan(90° + \alpha_1) = -\cot\alpha_1 = -\frac{1}{\tan\alpha_1}$$

$$\tan\alpha_2 \cdot \tan\alpha_1 = -1$$

Dies gilt auch für die Steigungen m_N bzw. m_T der Normalen und der Tangente einer Funktion f.

m_N *Normalensteigung*
m_T *Tangentensteigung*

$$\boxed{m_N \cdot m_T = -1} \quad m_N, m_T \neq 0$$

Beispiel:

Gesucht ist die ganzrationale Funktion dritten Grades, die bei $x_1 = 0$ eine Nullstelle und bei $x_2 = -2$ die gleiche Steigung hat wie dort der Graph von $f_1\colon x \mapsto -x^2 - \frac{9}{5}x$. Die Normale im Punkt $P(1, f(x))$ hat die Gleichung $f_N(x) = \frac{10}{17}x - \frac{169}{85}$.
Wie lautet die Gleichung der Tangente, die durch P geht?

Lösung:

- Aufstellen der allgemeinen Form einer ganzrationalen Funktion dritten Grades und ihrer ersten Ableitung. Mit Hilfe der Bedingungen lassen sich die einzelnen Koeffizienten a_3, a_2, a_1 und a_0 bestimmen.

$$f\colon x \mapsto a_3x^3 + a_2x^2 + a_1x + a_0$$
$$f'\colon x \mapsto 3a_3x^2 + 2a_2x + a_1$$

- Nullstelle bei $x_1 = 0$.

  Einsetzen von $x_1 = 0$ in die Ausgangsgleichung: $a_0 = 0$.

$f(x) = 0$ *bei* $x_1 = 0$
$$\Rightarrow \underline{\underline{a_0 = 0}}$$

- Die Graphen von f und f_1 haben bei $x_2 = -2$ die gleiche Steigung, d.h. ihre Ableitungen sind an dieser Stelle gleich. Wir berechnen $f_1'(-2)$ und setzen diesen Wert in die Gleichung für $f'(-2)$ ein. Wir erhalten eine erste Bestimmungsgleichung.

$$f_1(x) = -x^2 - \frac{9}{5}x$$
$$f_1'(x) = -2x - \frac{9}{5}$$
$$f_1'(-2) = \frac{11}{5}$$

$$f'(-2) = \frac{11}{5} = 3a_3 \cdot (-2)^2 + 2a_2 \cdot (-2) + a_1$$

$$\boxed{1.\ \frac{11}{5} = 12a_3 - 4a_2 + a_1}$$

- Die Normale und der Graph von f laufen beide durch $P(1, f(x))$. Wir berechnen $f(1)$ als Funktionswert $f_N(1)$. Daraus erhalten wir eine zweite Bestimmungsgleichung.

$$f_N(x) = \frac{10}{17}x - \frac{169}{85}$$
$$f_N(1) = \frac{10}{17} - \frac{169}{85}$$
$$f_N(1) = -\frac{7}{5} = f(1)$$
$$-\frac{7}{5} = a_3 \cdot 1^3 + a_2 \cdot 1^2 + a_1 \cdot 1$$

2.	$-\frac{7}{5} = a_3 + a_2 + a_1$

- Aus der Normalensteigung läßt sich die Tangentensteigung und damit die Steigung des Graphen von f im Punkt $P(1, -\frac{7}{5})$ berechnen. Dies liefert eine dritte Bestimmungsgleichung.

$$f'_N = \frac{10}{17} \Leftrightarrow m_N = \frac{10}{17}$$
$$\Rightarrow m_T = -\frac{17}{10} \text{ wegen } m_N \cdot m_T = -1$$
$$\Rightarrow f'(1) = -\frac{17}{10}$$
$$f'(1) = 3a_3 + 2a_2 + a_1$$

3.	$-\frac{17}{10} = 3a_3 + 2a_2 + a_1$

- Wir bestimmen aus dem Gleichungssystem mit drei Gleichungen die drei Unbekannten a_1, a_2, a_3.

$$a_3 = \frac{1}{10};\ a_2 = -\frac{1}{2};\ a_3 = -1$$

Damit können wir die Funktion f angeben.

$$f\colon x \longmapsto \frac{1}{10}x^3 - \frac{1}{2}x^2 - x$$

- Aus der allgemeinen Form der Tangentengleichung (Geradengleichung) kennen wir m und den Punkt $P(1, -\frac{7}{5})$, so daß wir daraus b berechnen können.

$$f_T(x) = m_T x + b$$
$$m_T = -\frac{17}{10};\ P = (1, -\frac{7}{5})$$
$$-\frac{7}{5} = -\frac{17}{10} \cdot 1 + b$$
$$\Leftrightarrow b = \frac{3}{10}$$
$$f_T(x) = -\frac{17}{10}x + \frac{3}{10}$$

Übungen 9.6

Kurvendiskussion von ganzrationalen Funktionen

1. Führen Sie die vollständige Diskussion folgender Funktionen durch.

a) $f\colon x \longmapsto \frac{4}{3}x - \frac{1}{3}x^2$

b) $f\colon x \longmapsto x^3 - 4x - 1$

c) $f\colon x \longmapsto x^3 - 3x^2 + 6x + 10$

d) $f\colon x \longmapsto 2x^4 - 2x^2$

e) $f\colon x \longmapsto \frac{x^5}{10} - 2x$

f) $f\colon x \longmapsto -x^3 + 3x^2 + x - 3$

g) $f\colon x \longmapsto \frac{1}{10}(x^3 - 3x^2 - 24x + 26)$

h) $f\colon x \longmapsto \frac{1}{2}(x^4 - 8x^2 + 12)$

i) $f\colon x \longmapsto -\frac{x^4}{6} + x^2 - \frac{4}{3}x + \frac{1}{2}$

k) $f\colon x \longmapsto -(x + 1)^2 \cdot (x - 2)^2$

2. Diskutieren Sie folgende Funktionen:

a) $f\colon x \mapsto \begin{cases} x^2; & x < 0 \\ -x^3; & x \geq 0 \end{cases}$

b) $f\colon x \mapsto \begin{cases} 2x + 1; & x \leq 0 \\ (x-1)^2; & x > 0 \end{cases}$

c) $f\colon x \mapsto \begin{cases} 1 - x; & x > 1 \\ 1 - x^2; & x \leq 1 \end{cases}$

d) $f\colon x \mapsto \begin{cases} 4-3x+2; & -3 \leq x \leq -1 \\ x^2; & -1 < x \leq 2 \\ 154-75x; & 2 < x \leq 3 \end{cases}$

3. Gegeben sei die Funktion $f\colon x \mapsto |x^2 - 4|$.

a) An welchen Stellen ist f stetig aber nicht differenzierbar?

b) Berechnen Sie im Intervall $[-4, 4]$ alle lokalen und absoluten Extrema.

c) Zeichnen Sie die Graphen von f, f' und f''. (Welche Beobachtung machen Sie über den Graphen von f' an den Stellen, an denen f nicht differenzierbar ist?)

4. Zeigen Sie: Jede ganzrationale Funktion dritten Grades hat genau einen Wendepunkt.

5. Gesucht ist die Funktion dritten Grades, deren Graph bei $x_0 = 0$ die x-Achse tangiert und im Punkt $P(\frac{2}{3}; -\frac{16}{27})$ einen Wendepunkt hat.

6. Der Graph einer Funktion dritten Grades hat im Punkt $P_1(0,0)$ einen Wendepunkt. Außerdem hat er im Punkt $P_2(2; -4)$ die Steigung 2. Wie lautet die Funktion?

7. Der Graph einer Funktion vierten Grades ist achsensymmetrisch und hat im Wendepunkt $P(3; 31{,}5)$ die Steigung von -18. Wie lautet die Funktion?

8. Gesucht ist eine Funktion fünften Grades, deren Graph punktsymmetrisch ist. Im Punkt $P(1, 1)$ beträgt seine Steigung 0, und im Punkt $P(2; f(2))$ hat er einen Wendepunkt.

9. Wie lautet die Funktion dritten Grades, deren Graph durch den Nullpunkt geht und bei $x_1 = 3$ einen Extremwert hat? Die Normale im Wendepunkt $P(\frac{2}{3}; f(\frac{2}{3}))$ hat die Steigung von $m_N = \frac{3}{49}$.

10. Die Normale mit der Gleichung $f(x) = \frac{5}{3}x - \frac{5}{3}$ schneidet den Graphen einer Funktion dritten Grades bei $x_1 = 1$. Wie lautet die Funktion, wenn ihr Graph bei $x_2 = \frac{2}{3}$ eine Wendestelle hat und bei $x_3 = -2$ eine Nullstelle?

11. Eine Funktion vierten Grades hat die zweite Ableitung $f''\colon x \mapsto 12x^2 - 6$. Ihr Graph geht durch die Punkte $P_1(1, 2)$ und $P_2(-2, 3)$. Wie lautet die Funktion?

12. Die zweite Ableitung einer Funktion dritten Grades ist $f''\colon x \mapsto x$. Geben Sie alle Möglichkeiten für f an, die diese Bedingung erfüllen.

13. Welche Beziehung muß zwischen a_2 und a_4 bestehen, damit die Funktion $f\colon x \mapsto a_4x^4 + a_2x^2 + a_0$ zwei Wendepunkte hat?

9.7 Extremwertaufgaben

Für viele Anwendungsgebiete der Mathematik ist die Berechnung von größten und kleinsten Funktionswerten besonders wichtig. Kann die Bestimmung der Extremwerte auf differenzierbare Funktionen zurückgeführt werden, so sind die im vorigen Abschnitt behandelten Kriterien anwendbar.

In den folgenden Beispielen handelt es sich darum, für eine gegebene Funktion die absoluten Extrema in einem bestimmten Intervall zu berechnen. Doch diese absoluten Extrema sind in den meisten Fällen zugleich lokale Extrema.

In besonderen Fällen, z.B. bei abgeschlossenen Intervallen, müssen dann die berechneten lokalen Extrema noch mit den Funktionswerten an den Intervallenden verglichen werden.

Beispiel:

Die Zahl 100 soll derart in Summanden zerlegt werden, daß die Summe der Quadrate der beiden Summanden möglichst klein wird.

Lösung:

x: erster Summand
z: zweiter Summand
y: Summe

$y = x^2 + z^2$ *Funktionsgleichung*
$\wedge\ x + z = 100$ *Nebenbedingung*

$z = 100 - x$

Nach Bezeichnung der Variablen wird aus diesen entsprechend dem Text eine Funktionsgleichung gebildet und der durch die Aufgabenstellung bedingte Zusammenhang der Variablen x und z durch eine Gleichung erfaßt, die man als **Nebenbedingung** bezeichnet.

$$y = x^2 + (100 - x)^2$$
$$f(x) = 2x^2 - 200x + 10000$$
$$f'(x) = 4x - 200$$
$$f'(x) = 0 \Rightarrow 4x - 200 = 0$$
$$\underline{\underline{x = 50}}$$

Das Auflösen der Nebenbedingung nach z erlaubt das Eliminieren dieser Variablen in der Funktionsgleichung, so daß jetzt die Extremstellen der Funktion

$$x \longmapsto 2x^2 - 200x + 10000$$

bestimmt werden können.

$$f''(x) = 4 > 0$$
$$\Rightarrow \underline{\underline{x = 50}} \quad \textit{ist Minimalstelle}$$

Bei einer Zerlegung der Zahl 100 in die Summanden 50 + 50 wird die Summe der Quadrate der Summanden am kleinsten und beträgt 5000.

$$z = 100 - x;\ x = 50$$
$$z = 100 - 50 = \underline{\underline{50}}$$
$$y = x^2 + z^2$$
$$y = 50^2 + 50^2 = \underline{\underline{5000}}$$

Zur Lösung von Extremwertaufgaben empfiehlt sich folgende Vorgehensweise:

1. *Bezeichnung der Variablen*
2. *Aufstellen der Funktionsgleichung*
3. *Aufstellen der Nebenbedingungen*
4. *Auflösen der Nebenbedingungsgleichungen nach Variablen. Nach welchen Variablen die Nebenbedingungsgleichungen aufgelöst werden ist beliebig. Man sollte deshalb nach solchen Variablen auflösen, die den Aufwand für die weiteren Untersuchungen – vor allem bei den Differentiationen – möglichst gering halten*
5. *Einsetzen dieser Variablen in die Funktionsgleichung, so daß eine Funktionsgleichung der Form $y = f(x)$ entsteht*
6. *Untersuchung der Funktion auf Extremwerte*
7. *Falls zur Lösung erforderlich: Berechnung der eingesetzten Variablen*

Beispiel:

In die kegelförmige Spitze eines Turmes soll ein zylindrischer Wasserbehälter mit möglichst großem Volumen eingebaut werden.
Wie müssen die Maße des Behälters bei gegebenem Volumen V_2 gewählt werden? Wieviel Prozent des Turmvolumens werden ausgenutzt?

Lösung:

d_2: gegebener Durchmesser

d_1: gesuchter Durchmesser

h_2: gegebene Höhe

h_1: gesuchte Höhe

V_2: gegebenes Volumen

V_1: gesuchtes Volumen

$0 \leq d_1 \leq d_2$

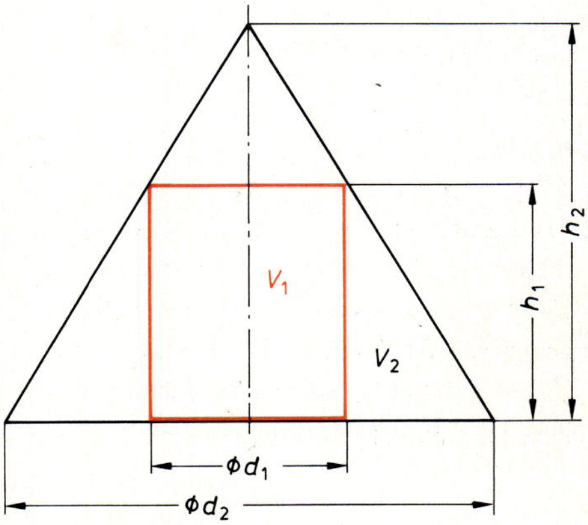

Funktionsgleichung:

$$V_1(d_1) = \frac{1}{4} d_1^2 \cdot \pi \cdot h_1$$

Mit Hilfe des Strahlensatzes erhält man die Nebenbedingung.

$$\frac{h_2}{d_2} = \frac{h_2 - h_1}{d_1} \Rightarrow h_1 = h_2 \left(1 - \frac{d_1}{d_2}\right)$$

$$V_1(d_1) = \frac{h_2 \cdot \pi}{4} \left(d_1^2 - \frac{d_1^3}{d_2}\right)$$

Durch Weglassen der Konstanten $\frac{1}{4} \cdot h_2 \cdot \pi$ wird die Funktion $d_1 \longmapsto V_1^*(d_1)$ betrachtet. (Konstante werden beim Ableiten vernachlässigt, weil sie die Lage der Extremstelle nicht verändern.)

$$V_1^*(d_1) = d_1^2 - \frac{d_1^3}{d_2}$$

$$V_1^{*\prime}(d_1) = 2 \cdot d_1 - 3 \cdot \frac{d_1^2}{d_2} \blacktriangleright V_1^{*\prime}(d_1) = 0$$

$$\Rightarrow \quad 0 = d_1 \left(2 - 3 \cdot \frac{d_1}{d_2}\right)$$

$d_1 = 0$ ist hier sinnlos.

$$\Rightarrow \quad d_1 = 0 \vee d_1 = \frac{2}{3} d_2$$

Da die zweite Ableitung für $d_1 = \frac{2}{3}d_2$ negativ wird, ist d_1 eine Maximalstelle. Es ist rechnerisch und anschaulich klar, daß es an den Rändern ($d_1 = 0$ bzw. $d_1 = d_2$) kein absolutes Maximum gibt.

$$V_1^{*''}(d_1) = 2 - 6\frac{d_1}{d_2}; \quad d_1 = \frac{2}{3}d_2$$

$$\Rightarrow V_1^{*''}(d_1) = 2 - 4 = -2$$

$$\Rightarrow \quad d_1 = \frac{2}{3}d_2 \quad \textit{ist Maximalstelle}$$

Die Maße des Wasserbehälters müssen also zu $d_1 = \frac{2}{3}d_2$ und $h_1 = \frac{1}{3}h_2$ gewählt werden um das größtmögliche Volumen $V_1 = \frac{1}{27}d_2^2 \cdot \pi \cdot h_2$ zu erreichen.

$$h_1 = h_2\left(1 - \frac{d_1}{d_2}\right) \Rightarrow \underline{\underline{h_1 = \frac{1}{3} \cdot h_2}}$$

$$V_1 = \frac{h_2 \cdot \pi}{4}\left(d_1^2 - \frac{d_1^3}{d_2}\right) \quad \textit{mit } d_1 = \frac{2}{3}d_2$$

$$\Rightarrow V_{1_{max}} = \frac{4 \cdot d_2^2 \cdot \pi \cdot h_2}{9 \cdot 4 \cdot 3}$$

$$\Rightarrow \underline{\underline{V_{1_{max}} = \frac{d_2^2 \cdot \pi \cdot h_2}{27}}}$$

Die Ausnutzung des Turmes in Prozent ergibt sich aus der Proportion:

$$\frac{V_{1_{max}}}{V_2} = \frac{p}{100}$$

$$\frac{V_{1_{max}}}{V_2} = \frac{p}{100}$$

$$p = \frac{100 \cdot V_{1_{max}}}{V_2}$$

$$p = \frac{100 \cdot d_2^2 \pi \cdot h_2 \cdot 12}{27 \cdot d_2^2 \cdot \pi \cdot h_2}$$

$$p = = \frac{400}{9}$$

$$\underline{\underline{p = 44{,}4\,\%}}$$

Die Ausnutzung des Turmvolumens beträgt 44,4 %.

Beispiel:

Wie müssen sich bei einer zylindrischen Konservendose (mit Deckel) Höhe zum Durchmesser verhalten, damit bei gegebenem Volumen möglichst wenig Blech verbraucht wird?

Lösung:

Der geringste Blechbedarf liegt dann vor, wenn die Oberfläche A der Dose (Mantel und zwei Kreisflächen) ein Minimum wird.

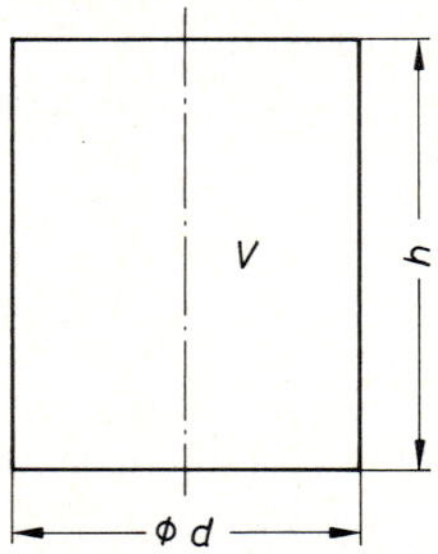

Funktionsgleichung:

$$A(d) = 2 \cdot \frac{d^2 \cdot \pi}{4} + d \cdot \pi \cdot h$$

Nebenbedingung:

$$V = \frac{d^2 \cdot \pi \cdot h}{4} \Rightarrow h = \frac{4V}{d^2 \cdot \pi}$$

$$A(d) = \frac{d^2 \cdot \pi}{2} + \frac{4 \cdot V}{d}$$

Mit Hilfe der Nebenbedingung können wir in der Funktionsgleichung die Höhe h ersetzen. Die Nullstelle der ersten Ableitung führt zu einer Extremstelle.

$$A'(d) = d \cdot \pi - \frac{4 \cdot V}{d^2} \blacktriangleright A'(d) = 0$$

$$0 = d \cdot \pi - \frac{4 \cdot V}{d^2} \Leftrightarrow \underline{\underline{d = \sqrt[3]{\frac{4 \cdot V}{\pi}}}}$$

Wegen $A''(d) > 0$ ist

$d = \sqrt[3]{\frac{4V}{\pi}}$ Minimalstelle.

Auch hier ist klar, daß an den Rändern kein absolutes Minimum liegt.

$$A''(d) = \pi + \frac{8 \cdot V}{d^3} > 0 \quad \textit{für } d = \sqrt[3]{\frac{4V}{\pi}}$$

$$h = \frac{4V}{d^2 \pi} \blacktriangleright d = \sqrt[3]{\frac{4V}{\pi}} \quad \textit{einsetzen}$$

$$h = \frac{4V \cdot \sqrt[3]{\frac{4V}{\pi}}}{\pi \sqrt[3]{\left(\frac{4V}{\pi}\right)^2} \cdot \sqrt[3]{\frac{4V}{\pi}}}$$

$$= \frac{4V\sqrt[3]{\frac{4V}{\pi}}}{\frac{\pi 4V}{\pi}} = \sqrt[3]{\frac{4V}{\pi}} = d \Rightarrow \underline{\underline{h = d}}$$

Der geringste Blechverbrauch liegt dann vor, wenn man Durchmesser und Höhe der Konservendose gleich groß macht.

Beispiel:

Bestimmen Sie das Rechteck mit dem größten Flächeninhalt A, das zwischen der positiven x-Achse und der Funktion $f\colon x \longmapsto 8x - x^2$ liegt.

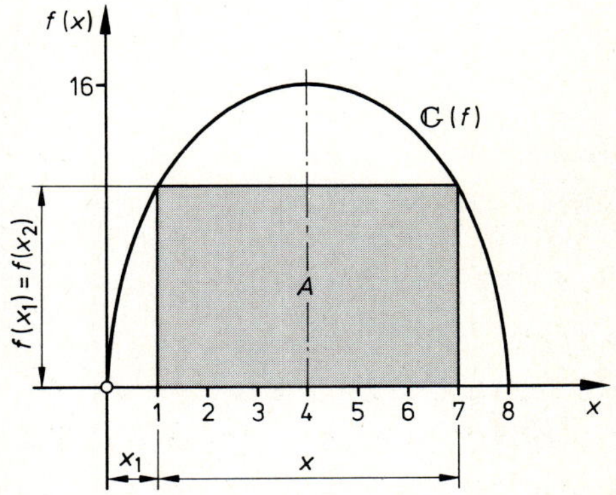

Lösung:

- Wir bezeichnen:
  A Flächeninhalt des Rechtecks
  x Breite des Rechtecks ≙ 1. Seite
  h Höhe des Rechtecks ≙ 2. Seite
  h läßt sich durch Funktionswerte von f ausdrücken. Wir erhalten für die Fläche:

$$h = f(x_1) = f(x_1 + x) = f(x_2)$$
$$A = h \cdot x$$
$$= f(x_1) \cdot x$$
$$= (8x_1 - x_1^2)\,x$$

- Nebenbedingung:

  $2x_1 + x = 8$

$$2x_1 + x = 8$$
$$\Rightarrow x = 8 - 2x_1$$

  Wir erhalten für die Fläche A:

$$A = (8x_1 - x_1^2)(8 - 2x_1)$$
$$A = 2x_1^3 - 24x_1^2 + 64x_1$$

- Wir suchen nun ein absolutes Maximum der Funktion $A\colon x_1 \longmapsto A(x_1)$ (x_1 ist hier nun Variable). Die Einschränkung des Definitionsbereiches ergibt sich aus der Bedeutung von x_1 als Länge einer Strecke. Anschaulich ist bereits klar, daß die gesuchte Maximalstelle irgendwo innerhalb von $(0, 4)$ liegen muß und eine lokale Maximalstelle ist.

$$A\colon x_1 \longmapsto A(x_1) = 2x_1^3 - 24x_1^2 + 64x_1$$
$$0 < x_1 < 4$$
$$A(0) = A(4) = 0$$

- Bilden der Ableitung A' und Berechnen einer Nullstelle x_{10}. $x_{10} = 6{,}31$ liegt nicht im Definitionsbereich.

$$A'(x_1) = 6x_1^2 - 48x_1 + 64$$
$$0 = 6x_1^2 - 48x_1 + 64$$
$$0 = x_1^2 - 8x_1 + 10\tfrac{2}{3}$$
$$x_{10} = 6{,}31 \vee x_{10} = 1{,}69$$

- Bilden der zweiten Ableitung A'' und Prüfung von $A''(x_{10})$.
  Also: $x_{10} = 1{,}69$ ist Maximalstelle.

$$A''(x_1) = 12x_1 - 48$$
$$A''(1{,}69) = -27{,}72 < 0$$

- Berechnung von x, h und A.

$$x = 8 - 2x_1$$
$$x = 8 - 2 \cdot 1{,}69 = \underline{\underline{4{,}62}}$$
$$h = f(x_1) = 8 \cdot 1{,}69 - 1{,}69^2 = \underline{\underline{10{,}66}}$$
$$A = h \cdot x = 10{,}66 \cdot 4{,}62 = \underline{\underline{49{,}25}}$$

Beispiel:

Eine Zulieferfirma in der Industrie berechnet die Gesamtkosten K für die Herstellung einer Maschine nach der Gesamtkostengleichung

$$K(x) = x^3 - 9x^2 + 40x + 25.$$

x steht für die Stückzahl, die fixen Kosten betragen 25. Die variablen Kosten V lassen sich also berechnen nach

$$V(x) = x^3 - 9x^2 + 40x.$$

Als Erlös E (Verkaufspreis) erzielt man

$$E(x) = 40x$$

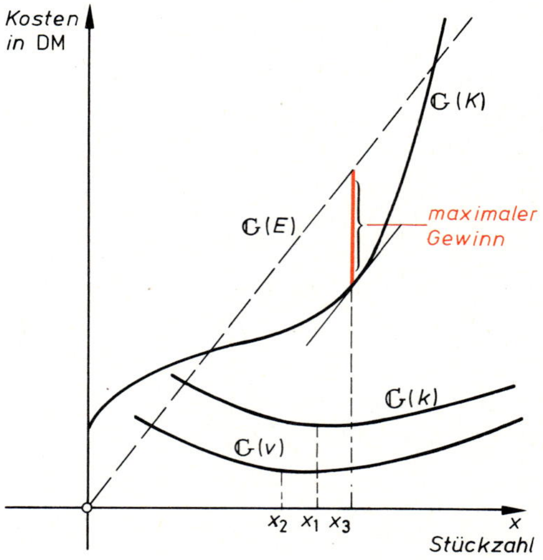

a) Berechnen Sie die Stückzahl x_1, für die die Stückkosten $k(x)$ minimal sind.

b) Berechnen Sie die Stückzahl x_2, für die die variablen Stückkosten $v(x)$ minimal sind.

$K(x)$	*Gesamtkosten*
$V(x)$	*variable Gesamtkosten*
$k(x) = \dfrac{K(x)}{x}$	*Stückkosten*
$v(x) = \dfrac{V(x)}{x}$	*variable Stückkosten*
$E(x)$	*Erlös*

c) Für welche Stückzahl x_3 liegt ein maximaler Gewinn vor?

Lösung:

a) Wir stellen die Stückkostenfunktion k auf und bilden die erste Ableitung k'.

$$k(x) = \frac{K(x)}{x} = \frac{x^3 - 9x^2 + 40x + 25}{x} = x^2 - 9x + 40 + \frac{25}{x}$$

$$k'(x) = 2x - 9 - \frac{25}{x^2}$$

$$0 = 2x - 9 - \frac{25}{x^2}$$

$$\Leftrightarrow 0 = 2x^3 - 9x^2 - 25$$

$$\Rightarrow x = 5$$

Durch Probieren finden wir die Nullstelle $x_{01} = 5$ von k'. Wir dividieren durch $(x - 5)$ und erhalten $(2x^3 - 9x^2 - 25):(x - 5) = 2x^2 + x + 5$. $2x^2 + x + 5 = 0$ liefert keine weitere Lösung. Die Berechnung von $k''(x_{01})$ zeigt, daß x_{01} Minimalstelle ist. Also liegen die Stückkosten für $x_1 = \underline{\underline{5}}$ Maschinen am niedrigsten.

$$k''(x) = 2 + \frac{50}{x^3}$$

$$k''(5) = 2{,}4 > 0 \quad \textit{Minimum}$$

b) Wir stellen die Funktion v der variablen Stückkosten auf und kürzen durch x; dies ist möglich, da $0 \notin D(v)$. Wir bilden die Ableitung v' und erhalten als (einzige) Nullstelle $x_{02} = 4{,}5$. Sie ist wegen $v''(x) > 2$ Minimalstelle. Die variablen Stückkosten liegen für $x_2 = \underline{\underline{4{,}5}}$ Maschinen am niedrigsten.

$$v(x) = \frac{V(x)}{x} = \frac{x^3 - 9x^2 + 40x}{x} = x^2 - 9x + 40$$

$$v'(x) = 2x - 9$$

$$0 = 2x - 9$$

$$\Leftrightarrow x = 4{,}5$$

$$v''(x) = 2 > 0 \quad \textit{Minimum}$$

c) Wir stellen die Erlösfunktion G auf und ermitteln ihre möglichen Maxima durch Bestimmung der Nullstellen der ersten Ableitung. Man kann dies auch deuten als „Gleichsetzen" der Ableitungen E' und K' (Tangente an $\mathbb{G}(K)$ parallel zu $\mathbb{G}(E)$). Durch Prüfen der zweiten Ableitung G'' erhalten wir: Der Gewinn ist am größten für $x_3 = \underline{\underline{6}}$ Maschinen (die Lösung $x = 0$ ist ökonomisch sinnlos!).

$$G(x) = E(x) - K(x)$$

$$G'(x) = E'(x) - K'(x)$$

$$G'(x) = 0$$

$$\Leftrightarrow E'(x) - K'(x) = 0$$

$$\Leftrightarrow E'(x) = K'(x)$$

$$\Leftrightarrow 40 = 3x^2 - 18x + 40$$

$$\Leftrightarrow 0 = x(x - 6)$$

$$\Leftrightarrow x = 0 \vee x = 6$$

$$G''(6) = -6x + 18 = -18$$

$$G''(6) < 0 \quad \textit{Maximum}$$

Extremwertaufgaben

1. Die Zahl 500 ist so in zwei Summanden zu zerlegen, daß das Produkt dieser Summanden möglichst groß wird.

2. Aus einem 4,80 m langen Stück Winkeleisen soll das Kantengerüst für ein Aquarium hergestellt werden. Die Kanten der Bodenfläche sollen im Verhältnis 2 : 3 stehen. Welche Abmessungen muß das Aquarium haben, damit sein Volumen möglichst groß wird?

3. Bestimmen Sie den kürzesten Abstand zwischen den Graphen der Funktionen: $f_1: x \mapsto x^2 + 1$ und $f_2: x \mapsto x - 1$.

4. Beschreiben Sie einem gleichschenkeligen Dreieck von 10 cm Schenkellänge und der Höhe $h = 6$ cm das größtmögliche Rechteck ein.

5. Eine Fläche, die an einer Seite durch eine Mauer abgegrenzt ist, soll an den anderen drei Seiten so mit einem 40 m langen Zaun umgeben werden, daß ihr Inhalt möglichst groß wird.

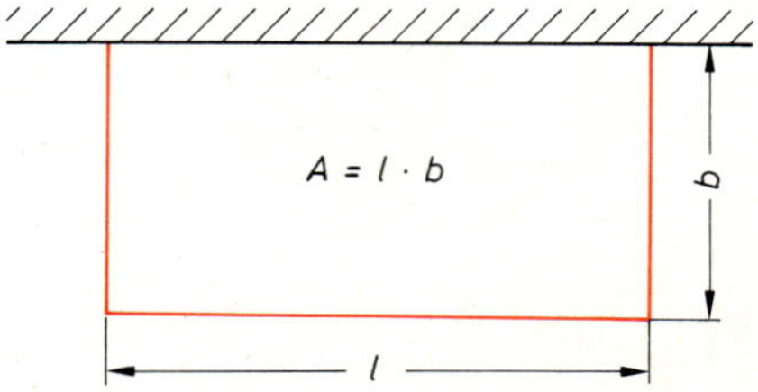

6. Aus Blechtafeln 500 mm × 800 mm sollen durch Ausschneiden, Biegen und Schweißen nach Skizze allseitig geschlossene quaderförmige Kanister mit möglichst großem Volumen hergestellt werden. Es sind Maße und Volumen des Quaders zu berechnen.

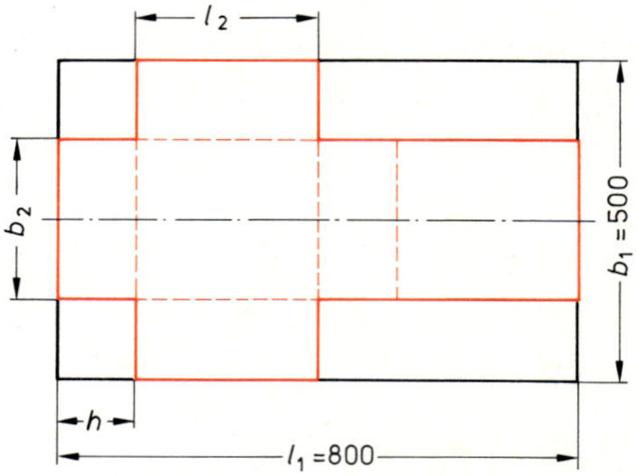

7. Einer quadratischen Pyramide soll ein Quader so einbeschrieben werden, daß sein Volumen ein Maximum wird.

8. Einem Quadrat mit der Seite $a = 10\,\text{cm}$ ist ein Rechteck mit maximalem Flächeninhalt (diagonal angeordnet) einzubeschreiben.

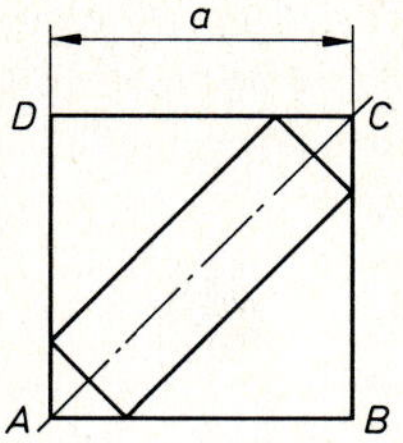

9. Aus einem runden Baumstamm vom Durchmesser d ist ein rechteckiger Balken von größter Tragfähigkeit T zu schneiden. Es gilt: $T = \frac{b \cdot h^2}{6}$. Geben Sie b und h in Abhängigkeit von d an.

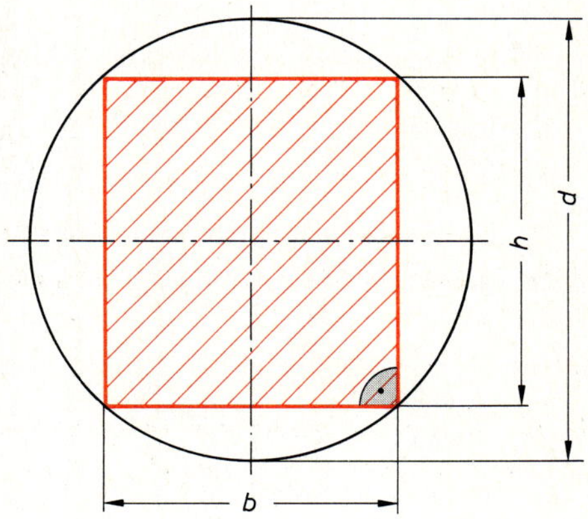

10. Ein Bewässerungskanal mit dreieckigem Querschnitt soll stündlich $28\,800\,\text{m}^3$ Wasser bei einer Strömungsgeschwindigkeit von $3{,}6\,\frac{\text{km}}{\text{h}}$ befördern. Wie müssen die Maße gewählt werden, damit die benetzte Fläche d.h. der Betonverbrauch möglichst klein wird?

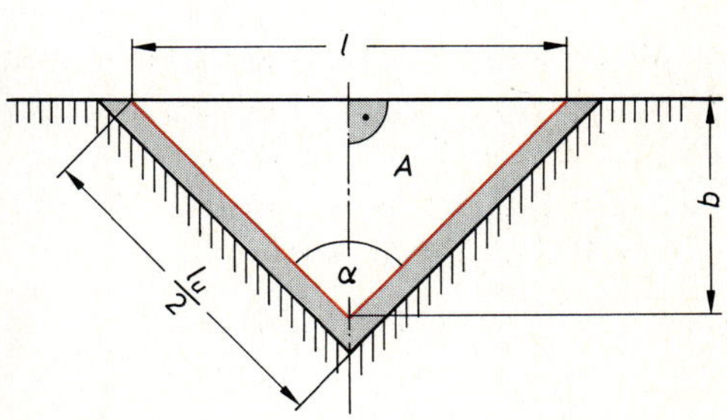

11. Ein Fenster hat die Form eines Rechtecks mit aufgesetztem Halbkreis. Wie sind die Abmessungen zu wählen, damit bei gegebenem Umfang U die Fläche möglichst groß wird?

12. Die Graphen der Funktionen $f_1\colon x \mapsto x$ und $f_2\colon x \mapsto 3 - \frac{x}{2}$ schneiden sich im ersten Quadranten. Berechnen Sie das Rechteck mit dem größten Flächeninhalt, das zwischen den Graphen der Funktionen und der x-Achse liegt.

13. Beschreiben Sie dem Flächenstück, das zwischen den Graphen der Funktionen $f_1\colon x \mapsto \sqrt{x+2}$ und $f_2\colon x \mapsto 2 - \frac{x}{2}$ und der positiven x-Achse liegt, ein Rechteck größten Inhalts bzw. größten Umfangs ein.

14. Bestimmen Sie für folgende Gesamtkostenfunktion die Stückzahlen, für die die variablen Stückkosten $v(x)$ und die Stückkosten $k(x)$ ein Minimum werden. Für welche Warenmenge liegt ein maximaler Gewinn vor? $E(x) = 10 \cdot x$

$$K: x \mapsto \begin{cases} x^3 - \dfrac{x^2}{2} + 14; & x \leq 2 \\ \dfrac{x^3}{2} - 1{,}5x^2 + 2x + 18; & x > 2 \end{cases}$$

Fixe Kosten: 14 bzw. 18

15. Ein Hüttenwerk erzeugt Stahl. Die Gesamtkosten errechnen sich nach der Kostengleichung $K(x) = \dfrac{x^3}{10} - 2x^2 + 30x + 175$.

a) Für welche Stahlmenge werden die Gesamtstückkosten ein Minimum?

b) Bei welcher abgesetzten Stahlmenge wird der Gewinn für $E(x) = 50 \cdot x$ maximal?

c) Bei welcher Erlösfunktion E ist eine verlustfreie Produktion nicht möglich?

16. Die Kostenfunktion eines Betriebes entspricht bei einer Ausbringungsmenge von 6 bis 12 Stück Ware ungefähr $K(x) = 1{,}5x + 40$. Die Gewinnfunktion des Betriebes ist $E(x) = 19{,}5x - x^2$.

a) Bei welcher Stückzahl hat der Betrieb den größten Gewinn (Gewinnmaximierung eines Monopolisten, Cournotsche Menge).

b) Berechnen Sie Nutzenschwelle und Nutzengrenze.

c) Berechnen Sie den Cournotschen Preis.

10. Einführung in die Integralrechnung

10.1 Das bestimmte Integral

Die Differentialrechnung ergab sich aus dem Problem, die Steigung des Graphen einer Funktion zu bestimmen bzw. den Begriff der Tangente für beliebig gekrümmte Kurven zu definieren („*Tangentenproblem*"). Die Integralrechnung entsteht aus der Aufgabe, beliebigen Flächen einen Flächeninhalt zuzuordnen, also auch krummlinig begrenzten. Bisher können wir die Flächeninhalte geradlinig begrenzter Flächen wie Dreieck, Rechteck, Trapez usw. berechnen. Schon Archimedes befaßte sich mit der Berechnung des Flächeninhalts krummlinig begrenzter Flächen. Dazu zerlegte er Flächen beispielsweise in Streifen, deren Flächen angenähert als geradlinig begrenzt aufgefaßt werden können. Im Interesse der Genauigkeit sollen die Streifen möglichst schmal gewählt werden, und wir werden wie beim Grundproblem der Differentialrechnung auf die *Berechnung eines Grenzwertes* geführt. Wir beginnen mit einer grundlegenden Aufgabe. Hier wie im weiteren ist mit „Berechnung des Flächeninhaltes" die Berechnung des Zahlenwertes des Flächeninhaltes bezüglich einer bestimmten Flächeneinheit gemeint.

Aufgabe:

Es soll der Flächeninhalt derjenigen Fläche bestimmt werden, die durch den Graphen $\mathbb{G}(f)$ der Funktion f, die x-Achse und die beiden Parallelen zur $f(x)$-Achse durch die Stellen $x_1 = a$ und $x_2 = b$ begrenzt ist. Wir schreiben für diesen Flächeninhalt: $A = [A]_a^b$.

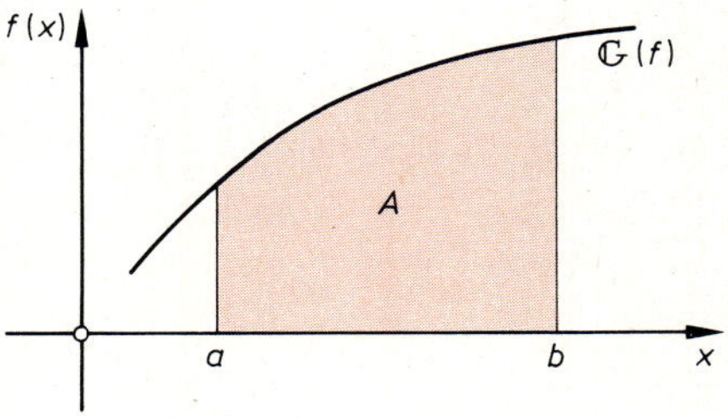

$$A = [A]_a^b$$

Lösung:

Wir betrachten zunächst nur stetige Funktionen mit nicht-negativen Funktionswerten. Wir wollen den Flächeninhalt $[A]_a^b$ auf den Flächeninhalt von Rechtecken zurückführen.

Dazu teilen wir das Intervall $[a, b]$ in sechs Teilintervalle $[x_0, x_1]$, $[x_1, x_2]$, …, $[x_5, x_6]$ mit gleicher Länge Δx.

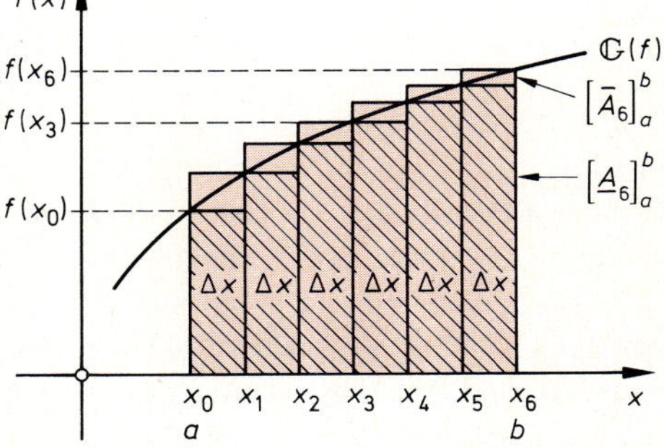

$$\Delta x = \frac{b - a}{6}$$

Wir greifen das vierte Teilintervall $[x_3, x_4]$ heraus. Da die Funktion stetig ist, hat sie in dem Teilintervall ein Maximum und ein Minimum. Wir nennen die Maximalstelle $\bar{z}_4$ und die Minimalstelle $\underline{z}_4$ (im Falle monotoner stetiger Funktionen liegen die Minimal- und Maximalstelle an den Rändern des Teilintervalls). Wir können nun zu dem Teilintervall das „obere Rechteck“ mit den Seitenlängen Δx und $f(\bar{z}_4)$ bilden (in der Zeichnung rot unterlegt). Ebenso läßt sich das „untere Rechteck“ mit den Seitenlängen Δx und $f(\underline{z}_4)$ bilden (in der Zeichnung schraffiert).

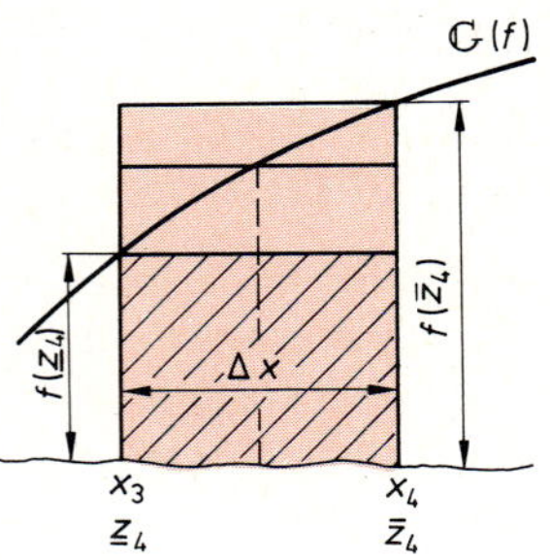

Flächeninhalt oberes Rechteck: $\Delta x \cdot f(\bar{z}_4)$

unteres Rechteck: $\Delta x \cdot f(\underline{z}_4)$

In entsprechender Weise kann für alle anderen Teilintervalle verfahren werden. Die Summe der Flächeninhalte aller oberen Rechtecke heißt Obersumme $[\bar{A}_6]_a^b$. Die Summe der Flächeninhalte aller unteren Rechtecke heißt Untersumme $[\underline{A}_6]_a^b$. Von der Anschauung her ist klar, daß der gesuchte Flächeninhalt $[A]_a^b$ zwischen Unter- und Obersumme liegen muß. Wir haben also zwei Näherungswerte berechnet, von denen der eine zu groß, der andere zu klein ist.

Obersumme bei sechs Teilintervallen

$$[\bar{A}_6]_a^b = \Delta x \cdot f(\bar{z}_1) + \Delta x \cdot f(\bar{z}_2) + \cdots + \Delta x \cdot f(\bar{z}_6)$$

Untersumme bei sechs Teilintervallen

$$[\underline{A}_6]_a^b = \Delta x \cdot f(\underline{z}_1) + \Delta x \cdot f(\underline{z}_2) + \cdots + \Delta x \cdot f(\underline{z}_6)$$

$$[\underline{A}_6]_a^b \leq [A]_a^b \leq [\bar{A}_6]_a^b$$

Statt nur sechs Teilintervalle wählen wir nun eine beliebige Anzahl n von Teilintervallen gleicher Länge. Wir erhalten für die Ober- und Untersumme:

bei n Teilintervallen: $\Delta x = \dfrac{b-a}{n}$

Obersumme bei n Teilintervallen:

$$[\bar{A}_n]_a^b = \sum_{i=1}^{n} \Delta x \cdot f(\bar{z}_i)$$

Untersumme bei n Teilintervallen:

$$[\underline{A}_n]_a^b = \sum_{i=1}^{n} \Delta x \cdot f(\underline{z}_i)$$

Auch bei der Wahl von n Teilintervallen liegt der Flächeninhalt zwischen Ober- und Untersumme. Wenn nun die Differenz von Ober- und Untersumme für wachsendes n ständig abnimmt, ist der Flächeninhalt $[A]_a^b$ bestimmt. Dann haben nämlich die Folgen der Ober- und Untersummen einen gemeinsamen Grenzwert für n gegen ∞, und dieser Grenzwert ist gerade gleich $[A]_a^b$.

$$[\underline{A}_n]_a^b \leq [A]_a^b \leq [\bar{A}_n]_a^b$$

Wenn $\lim\limits_{n\to\infty} [\underline{A}_n]_a^b$ *und* $\lim\limits_{n\to\infty} [\bar{A}_n]_a^b$ *existieren, so gilt:*

$$\lim_{n\to\infty} [\underline{A}_n]_a^b = [A]_a^b = \lim_{n\to\infty} [\bar{A}_n]_a^b$$

Wir wollen dieses Verfahren der Flächenberechnung auf ein konkretes Beispiel anwenden.

Beispiel: Berechnen Sie den Flächeninhalt $[A]_1^5$ für die Funktion $f\colon x \longmapsto x$.

Lösung:

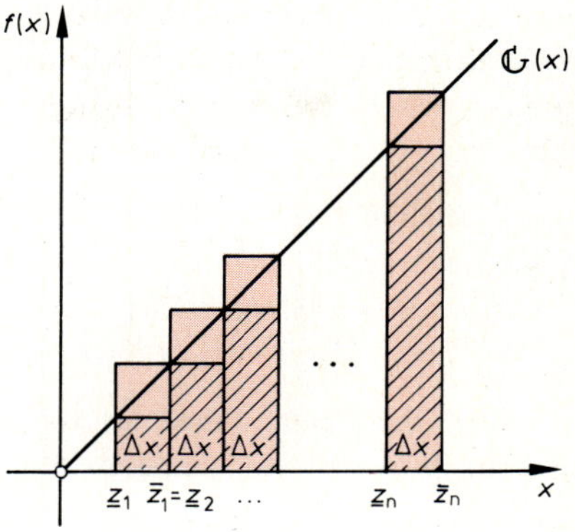

Wir teilen das Intervall $[1, 5]$ in n Teilintervalle der Länge $\Delta x = \frac{4}{n}$. Zu betrachten sind die Maximalstellen

$$\bar{z}_1 = 1 + \frac{4}{n}$$
$$\bar{z}_2 = 1 + 2 \cdot \frac{4}{n}$$
$$\bar{z}_3 = 1 + 3 \cdot \frac{4}{n}$$
$$\vdots$$
$$\bar{z}_i = 1 + i \cdot \frac{4}{n}$$
$$\vdots$$

Die zugehörigen Funktionswerte sind:

$$f(\bar{z}_1) = 1 + \frac{4}{n}$$
$$f(\bar{z}_2) = 1 + 2 \cdot \frac{4}{n}$$
$$\vdots$$
$$f(\bar{z}_i) = 1 + i \cdot \frac{4}{n}$$
$$\vdots$$

Wir berechnen die Obersumme:

$$[\bar{A}_n]_1^5 = \frac{4}{n} \sum_{i=1}^{n} \left(1 + i \cdot \frac{4}{n}\right) = \frac{4}{n}\left[n + \sum_{i=1}^{n} i \cdot \frac{4}{n}\right]$$
$$= \frac{4}{n}\left[n + \frac{4}{n} \cdot \sum_{i=1}^{n} i\right] \quad = 4 + \frac{16}{n^2} \cdot \sum_{i=1}^{n} i$$
$$= 4 + \frac{16}{n^2}\,\frac{n(n+1)}{2} = 12 + \frac{8}{n}$$

Es gilt: $\sum_{i=1}^{n} i = 1 + 2 + \dots n = \frac{n(n+1)}{2}$

(Seite 214)

Der Grenzwert der Obersumme läßt sich leicht bestimmen, er ist gleich 12.

$$\lim_{n\to\infty} [\bar{A}_n]_1^5 = \lim_{n\to\infty}\left(12 + \frac{8}{n}\right) = 12$$

Entsprechend berechnen wir die Untersumme und bilden den Grenzwert. Zu betrachten sind die Werte:

$$f(1) = 1$$
$$f\left(1 + \frac{4}{n}\right) = 1 + \frac{4}{n}$$
$$\vdots$$
$$f\left(1 + (i-1) \cdot \frac{4}{n}\right) = 1 + (i-1)\frac{4}{n}$$
$$\vdots$$

$$[\underline{A}_n]_1^5 = \frac{4}{n} \cdot \sum_{i=1}^{n}\left[1 + (i-1) \cdot \frac{4}{n}\right]$$
$$= 4 + \frac{4}{n}\sum_{n=1}^{n}(i-1)\frac{4}{n} \quad = 4 + \frac{16}{n^2} \cdot \sum_{i=1}^{n} i - 1$$
$$= 4 + \frac{16}{n^2}\left[\frac{n(n+1) - 2n}{2}\right]$$
$$= 12 - \frac{8}{n}$$

$$\lim_{n\to\infty} [\underline{A}_n]_1^5 = \lim_{n\to\infty}\left(12 - \frac{8}{n}\right) = 12$$

Es gilt: $\sum_{i=1}^{n} i - 1 = 0 + 1 + \dots n - 1$

$$= \frac{n(n+1) - 2n}{2}$$

Die Grenzwerte von Obersumme und Untersumme stimmen überein. In diesem Beispiel ist es leicht möglich, den gesuchten Flächeninhalt auch direkt zum Vergleich zu berechnen (Summe der Flächeninhalte von Rechteck und Dreieck).

Direkte Berechnung von $[A]_1^5$:

$$[A]_1^5 = A_\triangle + A_\square = \tfrac{1}{2}(4 \cdot 4) + 1 \cdot 4 = 12$$

Bei dem beschriebenen Verfahren zur Flächenberechnung werden Teilintervalle gleicher Länge benutzt. Es läßt sich jedoch beweisen, daß man zum gleichen Ergebnis kommt, wenn Teilintervalle verschiedener Länge verwendet werden; Voraussetzung ist jedoch, daß die Folge der Längen der jeweils größten Teilintervalle gegen Null konvergiert.

Auch braucht man nicht unbedingt das Maximum im jeweiligen Teilintervall zur Berechnung der Obersumme oder das Minimum im jeweiligen Teilintervall zur Berechnung der Untersumme zu nehmen. Man kann in jedem Teilintervall $[x_{i-1}, x_i]$ eine Stelle z_i wählen und das Rechteck mit den Seitenlängen $\Delta x_i = (x_i - x_{i-1})$ und $f(z_i)$ betrachten.

Falls Ober- und Untersumme einen gemeinsamen Grenzwert g haben, konvergiert auch die Folge der Flächeninhalte der so konstruierten Rechtecke gegen g und gestattet die Berechnung des gesuchten Flächeninhalts.

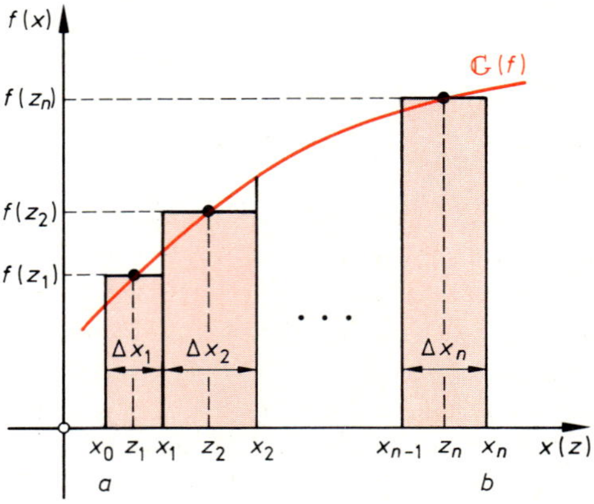

$$[A_n]_a^b = \sum_{i=1}^{n} \Delta x_i \cdot f(z_i), \quad z_i \in [x_{i-1}, x_i]$$

$$\lim_{n\to\infty} [A_n]_a^b = [A]_a^b$$

Definition:

Existieren zu einer Funktion f die Grenzwerte für n gegen ∞ der Ober- und der Untersummen im Intervall $[a, b]$ und sind sie gleich, so heißt dieser Grenzwert ***bestimmtes Integral*** *von f über $[a, b]$; in Zeichen:*

$$\int_a^b f(x)\,dx.$$

Gibt es zu einer Funktion f ein bestimmtes Integral über dem Intervall $[a, b]$, so heißt die Funktion über dem Intervall $[a, b]$ ***integrierbar****.*

$$g = \lim_{n\to\infty} [\underline{A}_n]_a^b = \lim_{n\to\infty} [\bar{A}_n]_a^b$$

$g = \int_a^b f(x)\,dx$ *bestimmtes Integral*

gelesen: Integral von $f(x)$ nach dx von a bis b

Bezeichnung:

a, b:	*Integrationsgrenzen*
$f(x)$:	*Integrand*
f:	*Integrandenfunktion*
x:	*Integrationsvariable*

Diese Definition wird zwar durch die Ergebnisse der oben betrachteten grundlegenden Aufgabe nahegelegt: Für eine stetige Funktion f mit nicht-negativen Funktionswerten gibt das bestimmte Integral $\int_a^b f(x)\,dx$ den Flächeninhalt derjenigen Fläche an, die von der x-Achse, den Parallelen zur $f(x)$-Achse durch a und b und den Graphen der Funktion eingeschlossen wird. Der Zusammenhang zwischen anderen Flächen und dem bestimmten Integral ist noch zu untersuchen.

Wir wollen uns an dieser Stelle jedoch zunächst der Frage zuwenden, welche Funktionen überhaupt integrierbar sind. In unseren bisherigen Überlegungen wurde Stetigkeit vorausgesetzt, und es gilt:

Satz:

Jede im Intervall $[a, b]$ stetige Funktion ist in diesem Intervall integrierbar.

Auf einen Beweis dieses Satzes wollen wir verzichten.

Die Stetigkeit ist zwar eine hinreichende, aber keine notwendige Bedingung für Integrierbarkeit: Es gibt auch nicht stetige Funktionen, die integrierbar sind. Beispielsweise ist die nebenstehend abgebildete Funktion mit Unstetigkeitsstelle integrierbar. Anschaulich kann man sagen, daß das Intervall, in dem die Unstetigkeitsstelle liegt, im Grenzübergang mit seiner Länge gegen Null strebt und nichts zur Unter- bzw. Obersumme beiträgt.

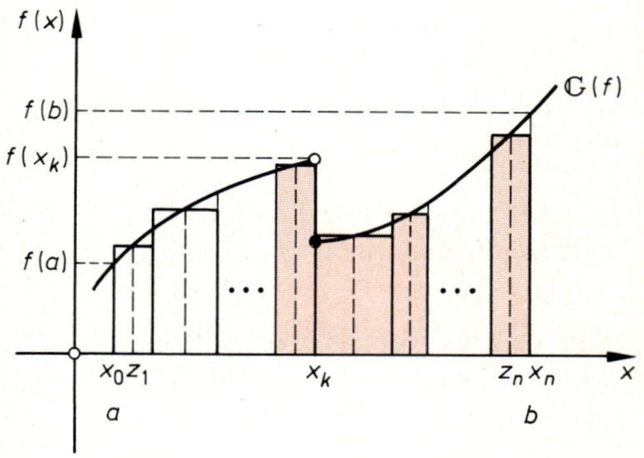

Diese Überlegung bleibt bestehen, wenn endlich viele solcher Unstetigkeitsstellen vorliegen (eine Funktion also stückweise stetig ist). Sie gilt nicht mehr an Unendlichkeitsstellen, da sich dann im Intervall, in dem die Unendlichkeitsstelle liegt, kein Maximum bzw. Minimum angeben läßt. Wir formulieren diese Erkenntnis als Satz:

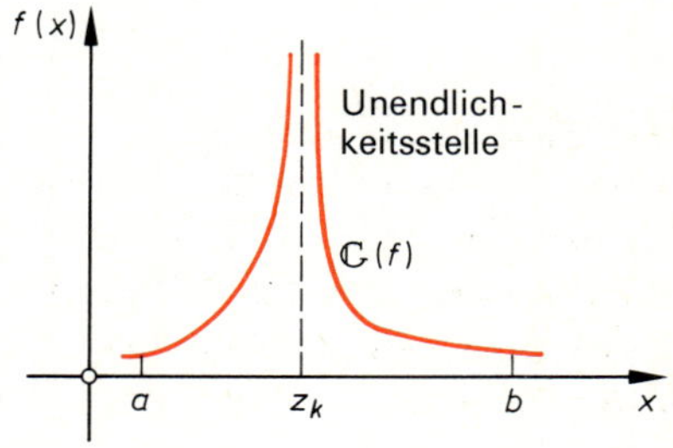

Satz:

Jede auf dem Intervall $[a, b]$ stückweise stetige beschränkte Funktion f ist in diesem Intervall integrierbar.

Auf einen exakten Beweis dieses Satzes wollen wir verzichten.

Beispiel: Berechnen Sie $\int_a^b x\,dx$.

Lösung:

Da die Funktion $f: x \mapsto x$ über ganz $\mathbb{R}$ stetig und deshalb dort für jedes Intervall integrierbar ist, reicht zur Berechnung die Bestimmung der Obersumme und die Bildung des Grenzwertes der Folge von Obersummen. Da wir bereits $[A]_1^5$ für diese Funktion berechnet haben, greifen wir auf die Teilergebnisse dieser Berechnung zurück. Als Ergebnis erhalten wir:

$$\int_a^b x\,dx = \tfrac{1}{2}b^2 - \tfrac{1}{2}a^2$$

Zerlegung von $[a, b]$ in n Teilintervalle der Länge

$$\Delta x = \frac{b-a}{n}.$$

$$\begin{aligned}
[\bar{A}_n]_a^b &= \frac{b-a}{n} \sum_{i=1}^{n} a + i\frac{b-a}{n} \\
&= \frac{b-a}{n}\left[n\,a + \frac{b-a}{n}\sum_{i=1}^{n} i\right] \\
&= \frac{b-a}{n}\left[n\,a + \frac{b-a}{n}\cdot\frac{n(n+1)}{2}\right] \\
&= \frac{b-a}{n}\left[n\,a + \tfrac{1}{2}n(b-a) + \tfrac{1}{2}(b-a)\right] \\
&= (b-a)\,a + \tfrac{1}{2}(b-a)^2 + \tfrac{1}{2}\frac{(b-a)^2}{n} \\
&= \tfrac{1}{2}b^2 - \tfrac{1}{2}a^2 + \tfrac{1}{2}\frac{(b-a)^2}{n}
\end{aligned}$$

$$\int_a^b x\,dx = \lim_{n\to\infty} [\bar{A}_n]_a^b = \tfrac{1}{2}(b^2 - a^2)$$

Beispiel: Gegeben sei die Funktion $f: x \mapsto x^2$. Berechnen Sie $\int_0^a x^2\,dx$ für $0 < a$.

Lösung:

Die Funktion f ist stetig auf dem Intervall $[a, b]$ und dort also integrierbar. Es reicht aus, zur Bestimmung des Integrals den Grenzwert der Folge von Obersummen zu bestimmen. Wir zerlegen das Intervall in n Teilintervalle gleicher Länge $\Delta x = \frac{a}{n}$. Es gilt:

$$\begin{aligned}
z_1 &= \Delta x, & f(z_1) &= f(\Delta x) = (\Delta x)^2 \\
z_2 &= 2\Delta x, & f(z_2) &= f(2\Delta x) = (2\Delta x)^2 \\
&\vdots & &\vdots \qquad\quad \vdots
\end{aligned}$$

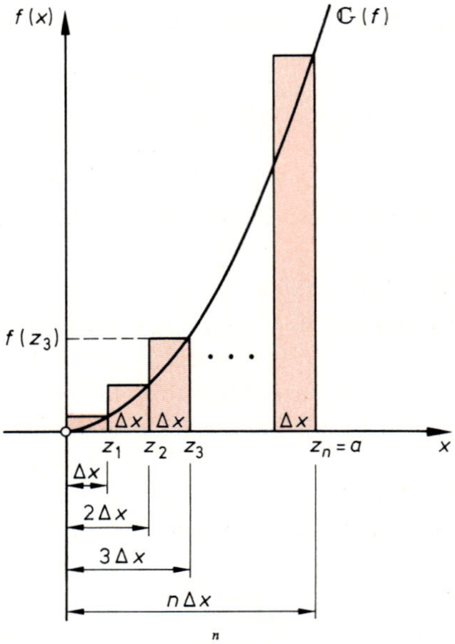

$$[\bar{A}_n]_a^b = \sum_{k=1}^{n} f(z_k)\cdot\Delta x$$

Wegen $f\colon x \mapsto x^2$ ist z.B. $f(\Delta x) = \Delta x^2$.

Es gilt:

$$1 + 4 + 9 + \cdots + n^2 = \frac{(n+1) \cdot n \cdot (2n+1)}{6}$$

(siehe Übungen 7.5. Nr. 1i.)

und $\Delta x = \frac{a}{n}$.

$$= f(z_1) \cdot \Delta x + f(z_2) \cdot \Delta x + f(z_3) \cdot \Delta x + \cdots + f(z_n) \cdot \Delta x$$
$$= f(\Delta x) \cdot \Delta x + f(2\Delta x) \cdot \Delta x + f(3\Delta x) \cdot \Delta x + \cdots + f(n \cdot \Delta x)\Delta x$$
$$= \Delta x^2 \cdot \Delta x + (2\Delta x)^2 \cdot \Delta x + (3\Delta x)^2 \cdot \Delta x + \cdots + (n \cdot \Delta x)^2 \cdot \Delta x$$
$$= \Delta x^3 \underbrace{(1 + 4 + 9 + \cdots + n^2)}_{\frac{(n+1) \cdot n(2n+1)}{6}}$$
$$= \frac{a^3}{n^3} \cdot \frac{(n+1) \cdot n \cdot (2n+1)}{6}$$
$$= \frac{a^3}{6}\left(2 + \frac{3}{n} + \frac{1}{n^2}\right) = \frac{a^3}{6}\left(1 + \frac{1}{n}\right)\left(2 + \frac{1}{n}\right)$$

Der Grenzwertprozeß für $n \to \infty$ liefert den Flächeninhalt $[A]_a^b$.

$$[A]_a^b = \lim_{n \to \infty} [\bar{A}_n]_a^b$$

$$[A]_a^b = \lim_{n \to \infty} \frac{a^3}{6}\left(1 + \frac{1}{n}\right)\left(2 + \frac{1}{n}\right) = \int_0^a x^2 \, dx = \underline{\underline{\frac{a^3}{3}}}$$

Eigenschaften von bestimmten Integralen

1. Das bestimmte Integral $\int_a^b f(x)\,dx$ einer in $[a, b]$ integrierbaren Funktion f ist nur vom Integranden $f(x)$ und den Grenzen a, b abhängig und nicht von der Integrationsvariablen x.

Satz:

Die Funktion f sei auf dem Intervall [a, b] integrierbar. Dann gilt:

$$\int_a^b f(x)\,dx = \int_a^b f(z)\,dz = \int_a^b f(t)\,dt$$

2. Vertauscht man die Integrationsgrenzen a und b, so wechselt das Integral das Vorzeichen.

Satz:

Die Funktion f sei auf dem Intervall [a, b] integrierbar. Dann gilt:

$$\int_a^b f(x)\,dx = -\int_b^a f(x)\,dx$$

3. Das bestimmte Integral mit gleicher oberer und unterer Grenze hat den Wert Null.

Satz:

$$\int_a^a f(x)\,dx = 0$$

4. Ein Integral von a nach b kann berechnet werden, indem zunächst von a nach einer Stelle c und dann von c nach b integriert wird.

Satz:
Sei f eine auf einem Intervall I integrierbare Funktion, und es seien $a, b, c \in I$. Dann gilt:

$$\int_a^b f(x)\,\mathrm{d}x = \int_a^c f(x)\,\mathrm{d}x + \int_c^b f(x)\,\mathrm{d}x$$

Auf einen Beweis der vier Sätze wird hier verzichtet.

Im Spezialfall $a \leq c \leq b$ kann die Bedeutung von Satz 4 für Funktionen f, die in I positive Funktionswerte haben, leicht veranschaulicht werden: Die Summe $[A]_a^c + [A]_c^b$ der Flächeninhalte der Flächen A_1 und A_2 ist gleich dem Flächeninhalt $[A]_a^b$ der schraffierten Gesamtfläche.

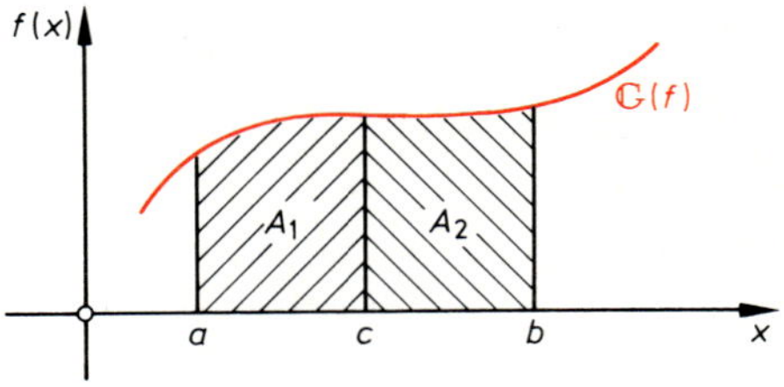

5. Mittelwertsatz der Integralrechnung

Das schraffierte Flächenstück zwischen $\mathbb{G}(f)$ und der x-Achse hat den Flächeninhalt $[A]_a^b = \int_a^b f(x)\,\mathrm{d}x$. Die Abbildung läßt erkennen, daß es einen Funktionswert $f(x_0)$ gibt, so daß der Flächeninhalt $[A]_a^b$ gleich dem des Rechtecks $ABCD$, also gleich $f(x_0) \cdot (b - a)$ ist.

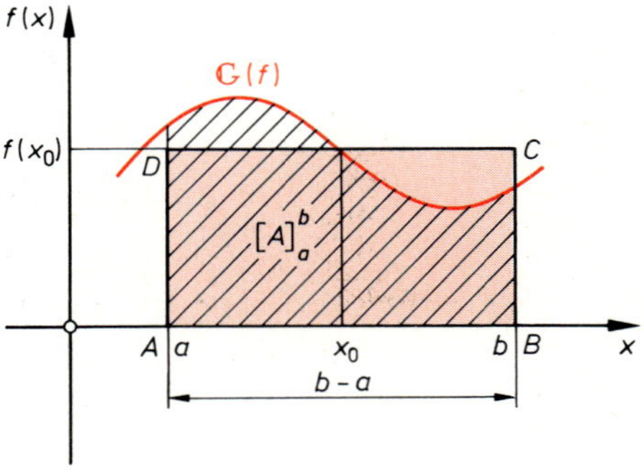

$$\square ABCD = \int_a^b f(x)\,\mathrm{d}x$$

$$\square ABCD = f(x_0) \cdot (b - a)$$

$$\int_a^b f(x)\,\mathrm{d}x = f(x_0) \cdot (b - a)$$

Die Zahl $f(x_0)$ heißt *Integralmittelwert*:

$$f(x_0) = \frac{1}{b - a} \int_a^b f(x)\,\mathrm{d}x$$

Diese Beziehung gilt nicht nur für den dargestellten Sonderfall. Man bezeichnet sie allgemein als den „*Mittelwertsatz der Integralrechnung*".

Satz:

Ist f eine im Intervall $[a,b]$ stetige Funktion, dann gibt es mindestens eine Zahl x_0 mit $a < x_0 < b$, deren Funktionswert $f(x_0)$ mit $b - a$ multipliziert das bestimmte Integral $\int_a^b f(x)\,dx$ ergibt.

$$\int_a^b f(x)\,dx = f(x_0)\cdot(b-a)$$

Auf einen Beweis wollen wir verzichten.

Beispiel: Gesucht ist die Zahl x_0 aus $[a, b]$ für die $\int_a^b x\,dx = f(x_0)(b-a)$ ist.

Lösung:

Wir berechnen zunächst das bestimmte Integral.
Nach Anwendung des Mittelwertsatzes der Integralrechnung, und Vereinfachung nach der dritten binomischen Regel erhalten wir $f(x_0)$. Entsprechend der Funktion $f\colon x \mapsto x$ gilt $f(x_0) = x_0$.

$$\int_a^b x\,dx = \frac{b^2}{2} - \frac{a^2}{2}$$

$$f(x_0)\cdot(b-a) = \int_a^b x\,dx = \frac{b^2}{2} - \frac{a^2}{2}$$

$$= \tfrac{1}{2}(b+a)(b-a)$$

$$f(x_0)\cdot(b-a) = \tfrac{1}{2}(b+a)(b-a)$$

$$f(x_0) = \tfrac{1}{2}(b+a)$$

$$\Rightarrow \underline{\underline{x_0 = \tfrac{1}{2}(b+a)}}$$

Übungen 10.1

Das bestimmte Integral

1. Gegeben seien die Funktionen: $f_1\colon x \mapsto x^2 + 1$ und $f_2\colon x \mapsto x^3$
a) Zeichnen Sie die Graphen der Funktionen im Intervall $[0,2]$ und zerlegen Sie dieses in 4 gleichbreite Teilintervalle
b) Berechnen Sie Ober- und Untersumme bei unter **a)** angegebener Zerlegung.

2. Bilden Sie die Unter- und Obersummen folgender Funktionen:
a) $f\colon x \mapsto 3x + 1$; $[a,b] = [0, 10]$; $n = 4$
b) $f\colon x \mapsto \frac{1}{2}x^2$; $[a,b] = [1, 7]$; $n = 6$

3. Berechnen Sie folgende bestimmte Integrale nach Beispiel S. 346
a) $\int_0^a (x+1)\,dx$ **b)** $\int_a^b 2x^2\,dx$ **c)** $\int_a^b c\,dx$

4. Welche der Funktionen f sind im Intervall $[0,4]$ integrierbar?
a) $f\colon x \mapsto 2x^2 - x$ **b)** $f\colon x \mapsto \begin{cases} x+1; & 0 \le x \le 2 \\ x^2; & 2 < x \le 4 \end{cases}$ **c)** $f\colon x \mapsto \dfrac{1}{x^2-4}$ **d)** $f\colon x \mapsto \dfrac{1}{x+1}$

5. Zeigen Sie: $\int_a^b 2x\,dx = -\int_b^a 2x\,dx$.

6. Im Intervall $[a, b]$ ist die Stelle $x_0 \in (a, b)$ gesucht, für die gilt:
$\int_a^b f(x)\,dx = f(x_0) \cdot (b - a)$.

a) $\int_a^b x\,dx$; $[a, b] = [1, 4]$ **b)** $\int_a^b x^2\,dx$; $[a, b] = [0, 4]$ **c)** $\int_a^b 2x\,dx$; $[a, b] = [1, 3]$

10.2 Die Integralfunktion

Das bestimmte Integral der stetigen Funktion f über dem Intervall $[a, b]$ haben wir mit dem Symbol $\int_a^b f(x)\,dx$ bezeichnet. Die Integrationsgrenzen a und b waren dabei reelle Zahlen.

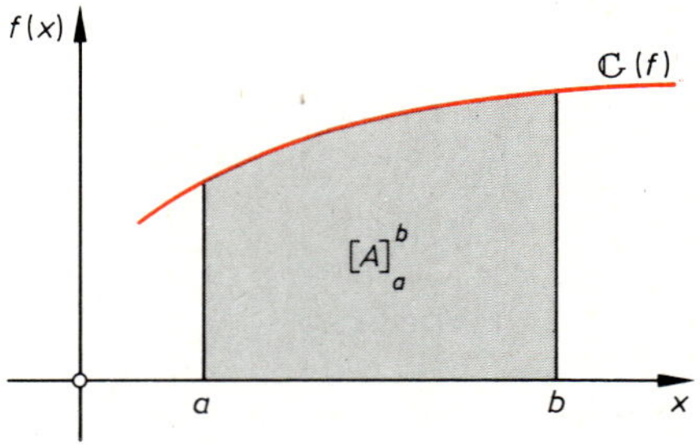

$$[A]_a^b = \int_a^b f(x)\,dx$$

Wenn wir nun die untere Grenze a festlassen und für die obere Grenze reelle Zahlen x einsetzen, so definieren wir hierdurch eine Funktion F_a, da das Integral eindeutig bestimmt ist.

Die Bezeichnung der Integrationsvariablen kann frei gewählt werden. Um Verwechslungen zu vermeiden, nehmen wir besser t als ebenfalls x. Da die Funktion auch von der festen unteren Grenze a abhängt, fügen wir a als Index an.

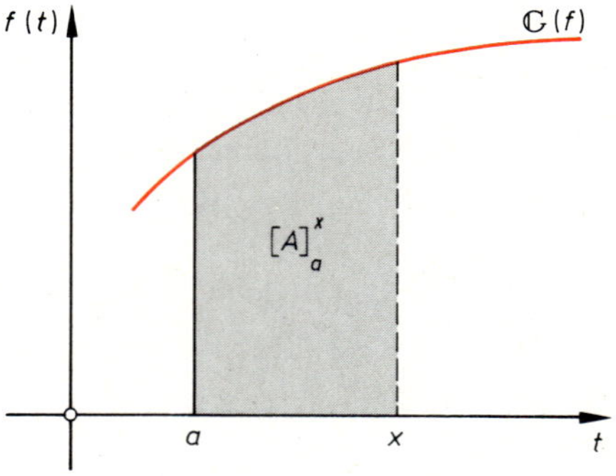

$$[A]_a^x = \int_a^x f(t)\,dt = F_a(x)$$

Definition:

Die Funktion $F_a\colon x \longmapsto \int_a^x f(t)\,dt$ heißt Integralfunktion von f bezüglich a.

$$F_a\colon x \longmapsto \int_a^x f(t)\,dt$$ *Integralfunktion*

Beispiel:

Gegeben sei die Funktion $f\colon x \mapsto x$. Geben Sie die Integralfunktion F_a mit Hilfe eines Terms an.

Lösung:

Wir berechnen $\int_a^x t\,dt$ und bilden mit dem Ergebnis den gesuchten Term. Das Integral ist bereits früher berechnet worden (Seite 346).

$$f\colon x \mapsto x$$

$$F_a\colon x \mapsto \int_a^x t\,dt$$

$$\int_a^x t\,dt = \frac{x^2}{2} - \frac{a^2}{2}$$

$$F_a\colon x \mapsto \frac{x^2}{2} - \frac{a^2}{2}$$

Beispiel:

Gegeben sei die Funktion $f\colon x \mapsto x$. Berechnen Sie die Ableitungsfunktion F_a'. Welche Beobachtung können Sie machen?

Lösung:

Die Integralfunktion ist im obigen Beispiel bestimmt worden:

$$f\colon x \mapsto x$$

$$F_a\colon x \mapsto \int_a^x f(t)\,dt = \int_a^x t\,dt = \tfrac{1}{2}(x^2 - a^2)$$

Wir leiten ab und erhalten:

$$F_a'\colon x \mapsto x$$

Die gesuchte Ableitungsfunktion ist also gerade die integrierte Funktion.

Das Beispiel verdeutlicht einen allgemeinen Zusammenhang von Differential- und Integralrechnung, der als 1. Hauptsatz der Differential- und Integralrechnung formuliert werden soll:

Satz:

Wenn die Funktion $f\colon x \mapsto f(x)$ stetig in $[a, b]$ ist, dann ist die Integralfunktion $F_a\colon x \mapsto \int_a^x f(t)\,dt$ ableitbar in $[a, b]$ und es gilt:

$$F_a'(x) = f(x)$$

für alle $x \in [a, b]$.

$$F_a\colon x \mapsto \int_a^x f(t)\,dt \Rightarrow F_a'(x) = f(x)$$

1. *Hauptsatz der Differential- und Integralrechnung*

Beweis:
Um die Differenzierbarkeit der Funktion F_a zu beweisen, muß die Existenz des nebenstehenden Grenzwertes für jede Zahl $x_0 \in [a, b]$ gezeigt werden.

notwendig ist Existenznachweis von

$$F_a'(x_0) = \lim_{x \to x_0} \frac{F_a(x) - F_a(x_0)}{x - x_0} \quad \textit{für } x_0 \in [a, b]$$

Wir setzen in den Differenzenquotienten die entsprechenden Integrale ein und wenden die Integrationsregeln 2 und 4 an (Seiten 347/48).

$$\begin{aligned}\frac{F_a(x) - F_a(x_0)}{x - x_0} &= \frac{1}{x - x_0}\left(\int_a^x f(t)\,dt - \int_a^{x_0} f(t)\,dt\right)\\ &= \frac{1}{x - x_0}\left(\int_a^x f(t)\,dt + \int_{x_0}^{a} f(t)\,dt\right)\\ &= \frac{1}{x - x_0}\left(\int_{x_0}^a f(t)\,dt + \int_a^x f(t)\,dt\right)\\ &= \frac{1}{x - x_0}\int_{x_0}^x f(t)\,dt\end{aligned}$$

Die Zahlen x und x_0 begrenzen ein Intervall, und wir finden nach dem Mittelwertsatz der Integralrechnung eine Zahl z zwischen x und x_0, so daß gilt:

$$\int_{x_0}^x f(t)\,dt = (x - x_0)\,f(z)$$

Also können wir im Term für den Differenzenquotienten das Integral ersetzen.

$$\frac{F_a(x) - F_a(x_0)}{x - x_0} = \frac{1}{(x - x_0)} \cdot (x - x_0) \cdot f(z) = f(z)$$

Damit gilt:

$$F_a'(x_0) = \lim_{x \to x_0} f(z)$$

Die Zahl z hängt von x ab. Sie liegt jedoch zwischen x und x_0 und geht deshalb im Grenzübergang x gegen x_0 auch gegen x_0. Da die Funktion f nach Voraussetzung stetig ist, existiert der Grenzwert von $f(z)$ und ist $f(x_0)$. Da die Zahl x_0 beliebig aus dem Intervall $[a, b]$ gewählt war, gilt für alle $x \in [a, b]$:

$$F_a'(x_0) = \lim_{z \to x_0} f(z)$$

$$F_a'(x_0) = f(x_0)$$

$$F_a'(x) = f(x)$$

Kurz zusammengefaßt kann der 1. Hauptsatz der Differential- und Integralrechnung auch so formuliert werden:

Die Differentiation ist die Umkehrung der Integration.

Übungen 10.2

Die Integralfunktion

1. Berechnen Sie einen einfachen Funktionsterm für die Integralfunktionen F_a der folgenden Funktionen f:

a) $f\colon x \longmapsto 2x$ **b)** $F_a\colon x \longmapsto \int_3^x 2t\,dt$ **c)** $F_a\colon x \longmapsto \int_1^x 3\,dt$

d) $f\colon x \longmapsto x^2$ **e)** $F_a\colon x \longmapsto \int_0^x 2t^2\,dt$

2. Berechnen Sie λ:

a) $\int_1^\lambda t\,dt = 4$ **b)** $\int_{-4}^\lambda 3t\,dt = 30$ **c)** $\int_0^\lambda 2t^2\,dt = 18$

3. Gegeben sei die Funktion $f\colon t \longmapsto 2t$.
Welche der folgenden Funktionen ist eine Integralfunktion von f?

a) $F_a\colon x \longmapsto x^2 - 4$ **b)** $F_a\colon x \longmapsto x - 4$ **c)** $F_a\colon x \longmapsto x^2 + 4$ **d)** $F_a\colon x \longmapsto x^2 - 16$

10.3 Die Stammfunktion

Die Funktion f sei im Intervall $[a,b]$ integrierbar und habe die Integralfunktion F_a. Es gilt dann: $F_a'(x)=f(x)$. Aus einer Integralfunktion F erhält man die Integrandenfunktion f durch Ableiten. Wir wollen uns nun Verfahren zuwenden, die Integralfunktion F aus der Integrandenfunktion f zu ermitteln, ohne auf die Definition zurückgehen zu müssen. Wir untersuchen zunächst an einem Beispiel den Zusammenhang von F und f noch näher.

Beispiel:

Welche der zwei Funktionen $F_1\colon x \longmapsto \frac{x^2}{2}+\frac{a^2}{2}$ und $F_2\colon x \longmapsto \frac{x^2}{2}-\frac{a^2}{2}$ ist eine Integralfunktion F_a?

Lösung:

Beide Funktionen F_1 und F_2 haben dieselbe Ableitung:

$$F_1'(x)=F_2'(x)=f_1(x)=f_2(x).$$

Nur F_2 ist jedoch Integralfunktion.

$$F_1(x)=\frac{x^2}{2}+\frac{a^2}{2} \Rightarrow F_1'(x)=f_1(x)=x$$

$$F_2(x)=\frac{x^2}{2}-\frac{a^2}{2} \Rightarrow F_2'(x)=f_2(x)=x$$

$$\Rightarrow F_1'(x)=F_2'(x)=f_1(x)=f_2(x)=x$$

$$F_2(x)=\int_a^x t\,\mathrm{d}t=\frac{x^2}{2}-\frac{a^2}{2}=F_a(x)$$

Das Beispiel zeigt, daß die „Umkehrung" der Differentiation nicht unbedingt zu Integralfunktionen führt. Das gibt Anlaß zu einer Definition:

Definition:

Eine über einem Intervall $[a,b]$ differenzierbare Funktion F heißt „Stammfunktion von f" genau dann, wenn gilt:

$$F'(x)=f(x) \text{ für alle } x\in[a,b]$$

Beispiele:

Da wir in Kapitel 9 von Funktionen F die Ableitungsfunktion $F'=f$ gebildet haben, kennen wir nun umgekehrt schon viele Stammfunktionen F zu Funktionen f.

$F'(x)=f(x)$	0	c	$2x$	$x^n;\ n\in\mathbb{N}$	$x^z;\ z\in\mathbb{Z}\setminus\{-1\}$	$-\frac{1}{x^2}$	$\frac{1}{2\sqrt{x}}$
$F(x)$	c	cx	x^2+c	$\frac{x^{n+1}}{n+1};\ n\in\mathbb{N}$	$\frac{x^{z+1}}{z+1};\ z\in\mathbb{Z}\setminus\{-1\}$	$\frac{1}{x}$	$\sqrt{x}$
differenzierbar in	$\mathbb{R}$	$\mathbb{R}$	$\mathbb{R}$	$\mathbb{R}$	$\mathbb{R}^*$	$\mathbb{R}^*$	$\mathbb{R}^*_+$

Beispiel:

Gegeben sind die Funktionsterme $f(x)$. Bestimmen Sie jeweils Funktionsterme $F(x)$ einer Stammfunktion.

1. $f(x) = x^7;\ x \in \mathbb{R}$
2. $f(x) = x^{-3};\ x \in \mathbb{R}^*$
3. $f(x) = \frac{1}{x^5};\ x \in \mathbb{R}^*$
4. $f(x) = \frac{1}{4\sqrt{x}};\ x \in \mathbb{R}_+^*$

1. $F(x) = \frac{x^{7+1}}{7+1} + c_1 = \frac{x^8}{8} + c_1;\ x, c_1 \in \mathbb{R}$

2. $F(x) = \frac{x^{-3+1}}{-3+1} + c_1 = -\frac{1}{2x^2} + c_1;\ x \in \mathbb{R}^*;\ c_1 \in \mathbb{R}$

3. $F(x) = \frac{x^{-5+1}}{-5+1} + c_1 = -\frac{1}{4x^4} + c_1;\ x \in \mathbb{R}^*;\ c_1 \in \mathbb{R}$

4. $F(x) = \frac{1}{2}\sqrt{x} + c_1,\ x \in \mathbb{R}_+^*,\ c_1 \in \mathbb{R}$

Nicht jede Funktion besitzt eine Stammfunktion. Das wird aus dem folgenden Beispiel klar.

Beispiel:

Gegeben sei die Funktion $f\colon x \mapsto \begin{cases} 2;\ x \geq 0 \\ -2;\ x < 0 \end{cases}$

Hat f eine Stammfunktion?

Lösung:

Wir bilden eine Funktion F für f: $F(x) = 2x + c_1;\ x \geq 0$ und $F(x) = -2x + c_2;\ x < 0$.
Da $F(0) = 0 + c_1 = -0 + c_2$ ist folgt $c_1 = c_2$, und wir schreiben die Funktion F als Betragsfunktionsgleichung $F(x) = 2|x| + c_1$. Doch wir wissen, daß die Funktion F an der Stelle $x_0 = 0$ nicht ableitbar ist. F kann also nicht Stammfunktion von f sein.

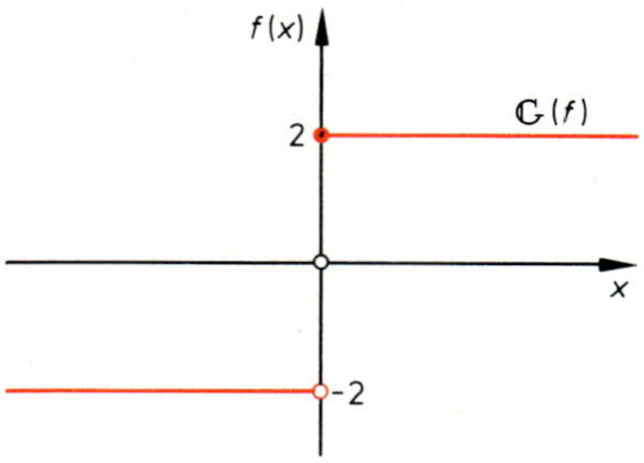

$$F(x) = \begin{cases} 2x + c_1;\ x \geq 0 \\ -2x + c_1;\ x < 0 \end{cases} = 2|x| + c_1$$

$F(x) = 2|x| + c_1$

ist für $x_0 = 0$ nicht ableitbar

Da f unstetig ist, liegt zwar die Vermutung nahe, daß unstetige Funktionen keine Stammfunktionen besitzen, doch diese Vermutung ist falsch, was hier aber nicht näher untersucht werden soll. Umgekehrt gilt jedoch:

Satz:

Jede über einem Intervall stetige Funktion f besitzt mindestens eine Stammfunktion F.

Wir führen den Beweis nicht aus, sondern deuten ihn nur an: Da f stetig ist (im betrachteten Intervall), ist f integrierbar. Dann kann nach dem 1. Hauptsatz der Differential- und Integralrechnung eine Integralfunktion als Stammfunktion angegeben werden.

Nun sind aber Integralfunktionen F nicht die einzigen Funktionen in $[a, b]$, die abgeleitet die Funktion f ergeben, für die also gilt $F'(x) = f(x)$.

Die Funktion $f\colon x \longmapsto x$ hat unendlich viele Stammfunktionen F_n die alle die Ableitungsfunktion f besitzen, da sich die Stammfunktionen nur durch Addition einer Konstanten c unterscheiden, die beim Ableiten Null ergibt.

$$F_1(x) = \tfrac{1}{2}x^2 - 10 \Rightarrow F_1'(x) = x = f(x)$$
$$F_2(x) = \tfrac{1}{2}x^2 - 1 \Rightarrow F_2'(x) = x = f(x)$$
$$F_3(x) = \tfrac{1}{2}x^2 + 1 \Rightarrow F_3'(x) = x = f(x)$$
$$\vdots \qquad\qquad \vdots$$
$$F_n(x) = \tfrac{1}{2}x^2 + c \Rightarrow F_n'(x) = x = f(x)$$

Was bedeutet geometrisch die Konstante c bei der Stammfunktion?

Beispiel:

Stellen Sie zur Funktion $f\colon x \longmapsto x;\ x \in \mathbb{R}$ folgende Stammfunktionen grafisch dar: $F_1\colon x \longmapsto x^2$; $F_2\colon x \longmapsto x^2 + 1$; $F_3\colon x \longmapsto x^2 - 1$.

Lösung:

Die Konstante verschiebt den Graph der Funktion in Richtung der $f(x)$-Achse. Alle Graphen haben unabhängig von den Konstanten die gleiche Steigung. $F'(x) = f(x) = 2x$. Für $x = 1$ z. B. ist $f(1) = 2$.

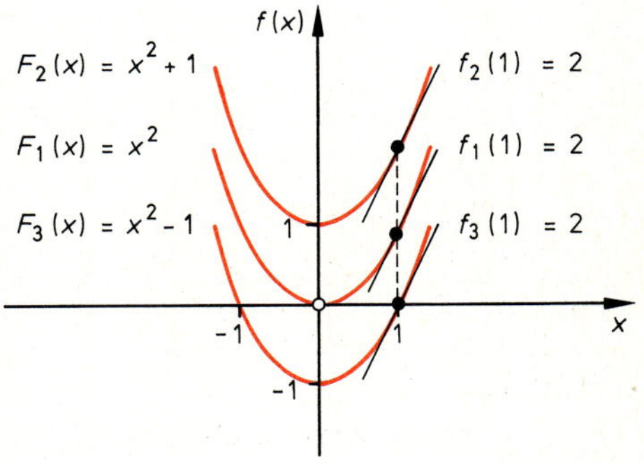

$f(x)=2x \Rightarrow F_1(x)=x^2;\ F_2(x)=x^2+1;\ F_3(x)=x^2-1$

Folgerung:

Zum Graphen der Funktion $f\colon x \longmapsto 2x$ gehören unendlich viele Graphen der Stammfunktionen $F\colon x \longmapsto x^2 + c$. Sie ergeben alle Parabeln, die in Richtung der $f(x)$-Achse verschoben sind. Alle Graphen haben in den Punkten mit einem festen x_0-Wert dieselbe Steigung $F'(x_0) = f(x_0) = 2x_0$. Zeichnet man diese Steigung in alle Punkte der x, y-Ebene ein, so erhält man das zu $F'(x) = f(x) = 2x$ gehörige *Richtungsfeld.*

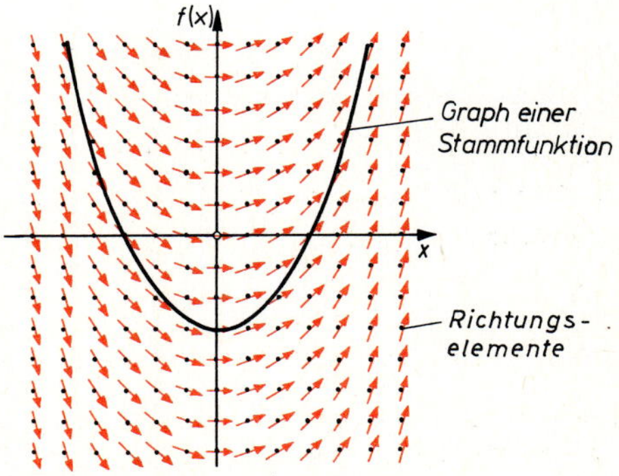

Richtungsfeld zu $F'(x) = f(x) = 2x$

Daß sich alle Stammfunktionen **nur** durch die Konstante c unterscheiden, besagt folgender Satz:

Satz:

Sind F_1 und F_2 Stammfunktionen von f, so unterscheiden sie sich nur durch eine Konstante c.

$$F_1(x) - F_2(x) = c$$

$c \in \mathbb{R}$

Beweis:

Die Differenz zweier beliebiger Stammfunktionen von f sei g. Da

$$g'(x) = F_1'(x) - F_2'(x) = f(x) - f(x) = 0$$

ist, kann wegen $g'(x) = 0$ der Funktionsterm $g(x)$ nur eine Konstante $c \in \mathbb{R}$ sein.

$$\begin{aligned} g(x) &= F_1(x) - F_2(x) \\ g'(x) &= F_1'(x) - F_2'(x) \\ &= f(x) - f(x) = 0 \\ &\Rightarrow g(x) = c \\ &\Rightarrow F_1(x) - F_2(x) = c \end{aligned}$$

Anmerkung:

Oft wird der Begriff des *„unbestimmten Integrals"* eingeführt. Man versteht darunter die Menge aller Stammfunktionen zu einer über einem Intervall $[a, b]$ integrierbaren Funktion f.

Kennt man von einer Funktion f eine Stammfunktion F, so kennzeichnet man durch nebenstehende Schreibweise die Menge aller Stammfunktionen.

$$\int f(x)\,dx = F(x) + c$$

unbestimmtes Integral

Wir wollen diese Schreibweise aber nicht verwenden, da sie mathematisch aus folgenden Gründen nicht ganz korrekt ist:

1. Sie erweckt den Eindruck, als gäbe es zu f nur *ein* unbestimmtes Integral, das Zeichen „$\int f(x)\,dx$" ist also nicht eindeutig.
2. Im Term $F(x) + c$ stehen die freien Variablen x und c. Im Term $\int f(x)\,dx$ ist die Variable x aber eine „gebundene" Variable, was wegen der Gleichheit der Terme unzulässig ist, zumal auch die Variable c dort nicht vorkommt.

Berechnung des bestimmten Integrals mit Hilfe einer Stammfunktion

Beispiel: Berechnen Sie $\int_a^b x\,dx$.

Lösung:

Durch einen Grenzprozeß haben wir für dieses Integral bereits einen Wert ermittelt.

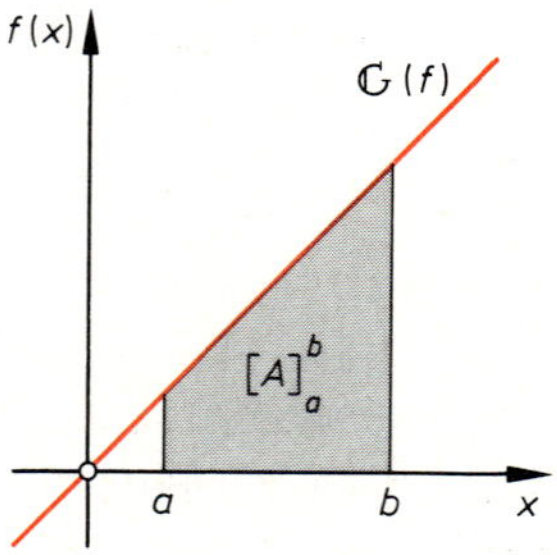

$$\int_a^b x\,dx = \tfrac{1}{2}(b^2 - a^2) = [A]_a^b$$

Stammfunktionen der Funktion $f\colon x \mapsto x;\ x \in \mathbb{R}$ haben die Gestalt $F\colon x \mapsto \frac{1}{2}x^2 + c,\ c \in \mathbb{R}$ (vgl. Tabelle). Die Integralfunktion $F_a\colon x \mapsto \int_a^x t\,dt$ ist eine spezielle Stammfunktion, also muß gelten: $F_a(x) = \frac{1}{2}x^2 + c_1$. Da nun $\int_a^a t\,dt = 0$, folgt $c_1 = -\frac{1}{2}a^2$, und wir erhalten $F_a(x) = \frac{1}{2}x^2 - \frac{1}{2}a^2$. Setzen wir für die Variable x die obere Grenze b ein, erhalten wir das gesuchte Integral. Es ergibt sich der schon früher durch Grenzprozeß ermittelte Wert.

allgemeine Gestalt einer Stammfunktion:

$$F\colon x \mapsto \tfrac{1}{2}x^2 + c$$

spezielle Stammfunktion

$$F_a\colon x \mapsto \int_a^x t\,dt$$

$$\Rightarrow \int_a^x t\,dt = \tfrac{1}{2}x^2 + c_1$$

$$\int_a^a t\,dt = \tfrac{1}{2}a^2 + c_1 = 0$$

$$\Rightarrow \quad c_1 = -\tfrac{1}{2}a^2$$

$$\Rightarrow F_a(x) = \tfrac{1}{2}x^2 - \tfrac{1}{2}a^2$$

$$\underline{\underline{F_a(b) = \int_a^b t\,dt = \tfrac{1}{2}(b^2 - a^2)}}$$

Nun sind wir in der Lage, ein bestimmtes Integral einer stetigen Funktion f ohne Grenzwertbestimmungen auszurechnen, wenn uns eine Stammfunktion F von f bekannt ist.

Satz (2. Hauptsatz der Differential- und Integralrechnung):

Das bestimmte Integral der stetigen Funktion $f\colon x \mapsto f(x)$ zwischen den Grenzen $x=a$ und $x=b$ findet man, indem man eine Stammfunktion F von f bestimmt und die Differenz $F(b) - F(a)$ bildet.

$$\boxed{\int_a^b f(x)\,dx = F(b) - F(a)}$$

Man schreibt auch oft: $\quad F(b) - F(a) = [F(x)]_a^b$

Beweis:

Wir wollen die Integralfunktion F_a von f bestimmen und nehmen an, daß uns eine Stammfunktion F von f bekannt ist. Da auch F_a Stammfunktion von f ist, unterscheiden sich F und F_a nur durch die Konstante c, die wir bestimmen müssen.

$$F_a(x) = \int_a^x f(t)\,dt$$

$$F' = f$$

$$F_a(x) = F(x) + c \quad \textit{bzw.}$$

$$\int_a^x f(t)\,dt = F(x) + c$$

Wählen wir im Integral $\int_a^x f(t)\,dt$ für die obere Grenze $x = a$, so wird der Wert des bestimmten Integrals mit gleicher oberer und unterer Grenze gleich Null.

$$\int_a^a f(t)\,dt = 0$$

Da $\int_a^a f(t)\,dt = F(a) + c = 0$ erhalten wir für $c = - F(a)$ und setzen dies in die Ausgangsgleichung ein.

$$\int_a^a f(t)\,dt = 0 = F(a) + c$$

$$\Leftrightarrow c = -F(a)$$

$$\int_a^x f(t)\,dt = F(x) - F(a)$$

Da x jeden beliebigen Wert aus dem Intervall $[a, b]$ annehmen kann, gilt für $x = b$:

$$\int_a^b f(t)\,dt = F(b) - F(a)$$

Mit der Integrationsvariablen x geschrieben:

$$\int_a^b f(x)\,dx = F(b) - F(a)$$

Beispiel:

Berechnen Sie das bestimmte Integral $\int_2^5 \frac{4}{9}x^3\,dx$.

Lösung:

Wir bestimmen eine Stammfunktion der Funktion $f\colon x \mapsto \frac{4}{9}x^3$ und bilden die Differenz der Funktionswerte an der oberen und unteren Grenze.

$$\int_2^5 \frac{4}{9}x^3\,dx = \left[\frac{4}{9}\,\frac{x^{3+1}}{3+1}\right]_2^5 = \left[\frac{1}{9}\,x^4\right]_2^5$$
$$= \tfrac{1}{9}\,5^4 - \tfrac{1}{9}\,2^4$$
$$= \underline{\underline{67\tfrac{2}{3}}}$$

Weitere Eigenschaften von bestimmten Integralen

Gegeben seien die Funktionen $g\colon x \mapsto g(x)$ und $f\colon x \mapsto f(x)$ mit $g(x) = c \cdot f(x)$; f sei stetig im Intervall $[a, b]$, dann ist g dort auch stetig.

Es gilt: $\int_a^b g(x)\,dx = G(b) - G(a)$ und

$\int_a^b c f(x)\,dx = c F(b) - c F(a)$.

$$\int_a^b g(x)\,dx = \int_a^b c f(x)\,dx$$
$$= G(b) - G(a)$$
$$= c\,F(b) - c\,F(a)$$
$$= c\big(F(b) - F(a)\big)$$
$$= c \int_a^b f(x)\,dx$$

Satz:

Ein konstanter Faktor kann vor das Integral geschrieben werden, wenn f in $[a, b]$ stetig ist.

$$\int_a^b c \cdot f(x)\,dx = c \cdot \int_a^b f(x)\,dx$$

Sind F und G Stammfunktionen von f bzw. g, so gilt nach dem Satz S. 357 für das bestimmte Integral einer Summe nebenstehende Beziehung.

$$\int_a^b \big(f(x) + g(x)\big)\,dx = \big(F(b) + G(b)\big) - \big(F(a) + G(a)\big)$$
$$= \big(F(b) - F(a)\big) + \big(G(b) - G(a)\big)$$
$$= \int_a^b f(x)\,dx + \int_a^b g(x)\,dx$$

Satz:

Eine Summe $f + g$ von Funktionen darf gliedweise integriert werden, wenn die Funktionen f und g in $[a, b]$ stetig sind.

$$\int_a^b \big(f(x) + g(x)\big)\,dx = \int_a^b f(x)\,dx + \int_a^b g(x)\,dx$$

Beispiele:

Berechnen Sie folgende bestimmte Integrale:

a) $\int_{-2}^{3} (16x^3 + 6x^2)\,dx$ **b)** $\int_1^4 \frac{x^2 - 4}{x^4}\,dx$

Lösung:

a) Unter Berücksichtigung der beiden obigen Sätze bestimmen wir eine Stammfunktion von f und setzen für die Variable x die obere und untere Grenze ein.

$$\int_{-2}^{3} (16x^3 + 6x^2)\,dx = 16 \int_{-2}^{3} x^3\,dx + 6 \int_{-2}^{3} x^2\,dx$$
$$= 16\left[\frac{x^4}{4}\right]_{-2}^{3} + 6\left[\frac{x^3}{3}\right]_{-2}^{3}$$
$$= 16\left(\frac{3^4}{4} - \frac{(-2)^4}{4}\right) + 6\left(\frac{3^3}{3} - \frac{(-2)^3}{3}\right)$$
$$= 260 + 70$$
$$= \underline{\underline{330}}$$

b) Durch Kürzen ergibt sich ein vereinfachter Funktionsterm $f(x)$. Wir teilen in zwei Integrale auf und ermitteln für jedes der beiden Integrale einen Funktionsterm der Stammfunktion F. Für die Variable x setzen wir die obere und untere Grenze ein.

$$f(x) = \frac{x^2 - 4}{x^4} = \frac{1}{x^2} - \frac{4}{x^4};\ x \neq 0$$
$$\int_1^4 \left(\frac{1}{x^2} - \frac{4}{x^4}\right) dx = \int_1^4 \frac{1}{x^2}\,dx - \int_1^4 \frac{4}{x^4}\,dx$$
$$= \left[-\frac{1}{x}\right]_1^4 - \left[\frac{-4}{3x^3}\right]_1^4$$
$$= \left(-\tfrac{1}{4} - (-1)\right) - \left(\frac{-4}{3\cdot 64} - \frac{-4}{3}\right)$$
$$= \tfrac{3}{4} - \left(\frac{-1}{48} + \frac{4}{3}\right)$$
$$= \underline{\underline{-\tfrac{27}{48}}}$$

Beispiel:

Berechnen Sie das bestimmte Integral der Funktion $f\colon x \longmapsto 4x^3 - x$, das sich ergibt, wenn man zwischen den äußeren Nullstellen der Funktion f integriert.

Lösung:

Die Nullstelle $x_1 = 0$ erkennen wir unmittelbar, weitere Nullstellen liegen bei $x_2 = \frac{1}{2}$ und $x_3 = -\frac{1}{2}$, so daß $x_2 = \frac{1}{2}$ und $x_3 = -\frac{1}{2}$ die Integrationsgrenzen sind.

$$f(x) = 0 = 4x^3 - x = x(4x^2 - 1)$$
$$\Leftrightarrow x = 0 \lor x = \tfrac{1}{2} \lor x = -\tfrac{1}{2}$$

$$\int_{-\frac{1}{2}}^{\frac{1}{2}} (4x^3 - x)\,dx = \int_{-\frac{1}{2}}^{\frac{1}{2}} 4x^3\,dx - \int_{-\frac{1}{2}}^{\frac{1}{2}} x\,dx$$
$$= [x^4]_{-\frac{1}{2}}^{\frac{1}{2}} - \left[\frac{x^2}{2}\right]_{-\frac{1}{2}}^{\frac{1}{2}}$$
$$= 0 - 0 = 0$$

Übungen 10.3

Die Stammfunktion

1. Gegeben seien die Funktionen $f\colon x \longmapsto f(x)$. Bestimmen Sie jeweils den Funktionsterm $F(x)$ einer Stammfunktion

a) $f(x) = x^2$ **b)** $f(x) = x^{-2}$ **c)** $f(x) = 2x$ **d)** $f(x) = 2x^2$

e) $f(x) = -8x^5$ **f)** $f(x) = \dfrac{1}{x^3}$ **g)** $f(x) = \dfrac{x}{4\sqrt{x}}$ **h)** $f(x) = \dfrac{10}{x^4}$

2. Untersuchen Sie folgende Funktionen im angegebenen Intervall auf Stetigkeit. Welche der Funktionen besitzen Stammfunktionen? Geben Sie eine Stammfunktion an.

a) $f\colon x \longmapsto 2x;\ x \in \mathbb{R}$ **b)** $f\colon x \longmapsto \begin{cases} 1; & x > 0 \\ 0; & x \leq 0 \end{cases}$ **c)** $f\colon x \longmapsto \begin{cases} 1; & x > 0 \\ 0; & x = 0 \\ -1; & x < 0 \end{cases}$

d) $f\colon x \longmapsto |x|;\ x \in [-3, 3]$ **e)** $f\colon x \longmapsto \begin{cases} 2 & ;\ x < 0 \\ x+2; & x \geq 0 \end{cases}$ **f)** $f\colon x \longmapsto \begin{cases} \frac{1}{x^2}; & x > 1 \\ x & ;\ x \leq 1 \end{cases}$

g) $f\colon x \longmapsto [x];\ x \in \mathbb{R}$

Hinweis: $[x]$ bezeichnet die größte ganze Zahl, die kleiner oder gleich x ist.

3. Berechnen Sie folgende bestimmte Integrale, nachdem Sie eine Stammfunktion ermittelt haben.

a) $\int\limits_1^2 \frac{x^2}{3}\,dx$ **b)** $\int\limits_{-1}^0 x\,dx$ **c)** $\int\limits_{-2}^4 2\,dx$

d) $\int\limits_{-6}^6 x^3\,dx$ **e)** $\int\limits_{-2}^2 (3x+3)\,dx$ **f)** $\int\limits_2^3 (6x^2 - x^3)\,dx$

g) $\int\limits_{-1}^3 (3 - 4x - x^2)\,dx$ **h)** $\int\limits_{-\sqrt{3}}^{\sqrt{3}} (4x^3 - 3x^5)\,dx$ **i)** $\int\limits_{\sqrt{3}}^{\sqrt{6}} \left(\frac{x^4}{4} - x^2\right) dx$

k) $\int\limits_{-1}^4 \frac{x^3 - x}{4}\,dx$ **l)** $\int\limits_{-2}^{-0,5} \left(\frac{1}{2}x^2 - \frac{2}{x^3}\right) dx$ **m)** $\int\limits_1^4 \frac{4 - 2x}{x^3}\,dx$

n) $\int\limits_{0,5}^1 \left(x + \frac{x^2}{2} - \frac{3}{2x^2}\right) dx$ **o)** $\int\limits_1^3 \frac{2\sqrt{x}}{x}\,dx$ **p)** $\int\limits_2^4 \left(\frac{2}{\sqrt{x}} + 2x\right) dx$

4. Bestimmen Sie Funktionen F mit den angegebenen Eigenschaften:

a) $F'\colon x \longmapsto 2x - 2;\quad F(2) = 10$ **b)** $F'\colon x \longmapsto 1 - x^2;\quad F(2) = -\frac{8}{3}$

c) $F'\colon x \longmapsto x^3 + x^2 + 1;\ F(-2) = 0$ **d)** $F'\colon x \longmapsto 5 - x - x^2;\ F(-1) = 10$

5. Bestimmen Sie die Nullstellen der Funktion f und berechnen Sie das bestimmte Integral zwischen den äußeren Nullstellen.

a) $f\colon x \longmapsto 2x^2 - 4$ **b)** $f\colon x \longmapsto \frac{1}{4}x^3 - x$

c) $f\colon x \longmapsto x^3 - 2x^2 + 1$ **d)** $f\colon x \longmapsto 0{,}25x^3 + 0{,}3^2 - 0{,}5x$

10.4 Berechnen von Flächeninhalten

Im Abschnitt 10.1 wurde in Beispielen das bestimmte Integral als Flächeninhalt $[A]_a^b$ interpretiert und berechnet, wobei die Fläche A umschlossen wird von

1. dem Graphen der Funktion f,
2. der x-Achse,
3. den Parallelen zur $f(x)$-Achse durch die Stellen $x = a$ und $x = b$.

Die Berechnung erfolgte über einen Grenzwertprozeß.

Durch Definition der Begriffe Integral- und Stammfunktion sind wir zu einem Gesetz (2. Hauptsatz der Differential- und Integralrechnung) gekommen, mit denen wir das bestimmte Integral als Fläche ohne Grenzwertprozeß berechnen können.

Je nach Verlauf des bzw. der Graphen der Integrandenfunktionen müssen wir nun vier Fälle unterscheiden.

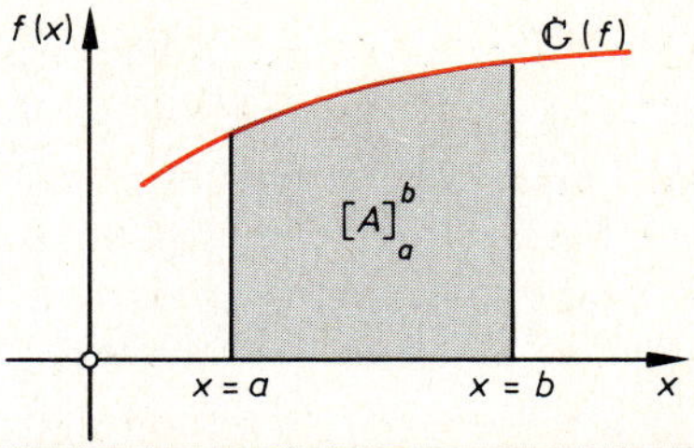

$$[A]_a^b = \int_a^b f(x) \cdot \mathrm{d}x = [F(x)]_a^b = F(b) - F(a)$$

1. Fläche oberhalb der *x*-Achse

Ist f eine im Intervall $[a, b]$ stetige Funktion und sind die Funktionswerte von f in $[a, b]$ positiv ($f(x) > 0$), so berechnen wir den Flächeninhalt des Flächenstückes, das vom Graphen von f, der x-Achse und den Parallelen zur $f(x)$-Achse durch die Stellen $x = a$ und $x = b$ begrenzt wird, nach nebenstehender Formel.

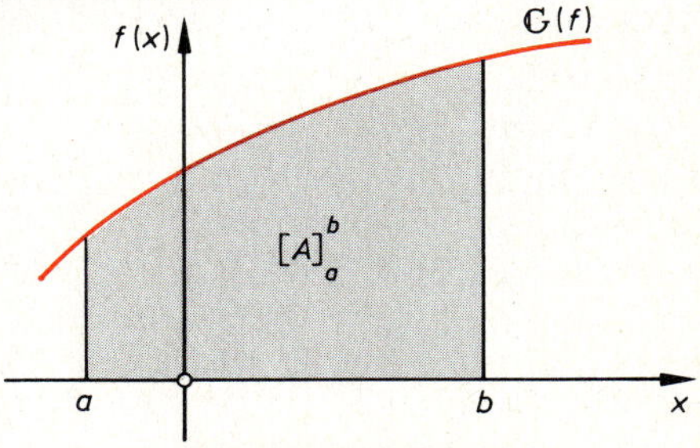

$$[A]_a^b = \int_a^b f(x)\,\mathrm{d}x$$

Beispiel:

Berechnen Sie den Flächeninhalt des Flächenstücks, das vom Graphen der Funktion $f\colon x \longmapsto \frac{1}{2}x^2 - 2x + 3$, der x-Achse und den Parallelen zur $f(x)$-Achse an den Stellen $x_1 = -1$ und $x_2 = 3$ begrenzt wird.

Lösung:

Das zu berechnende Flächenstück liegt oberhalb der x-Achse.

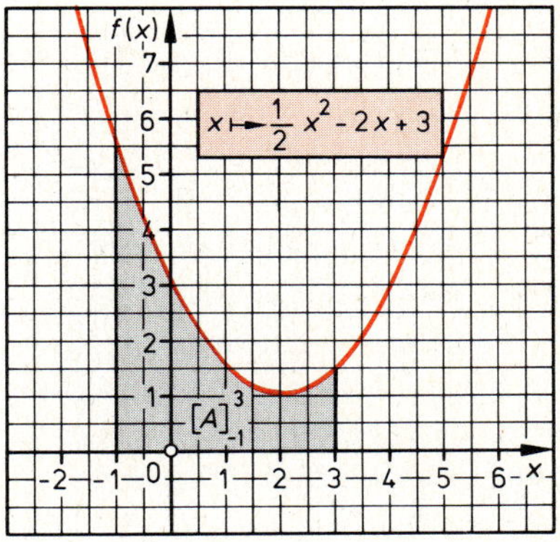

Wir erhalten den Flächeninhalt A durch Bestimmung einer Stammfunktion von f und durch Einsetzen der unteren Grenze -1 sowie der oberen Grenze 3.

$$\begin{aligned}[A]_{-1}^3 &= \int_{-1}^3 \left(\frac{x^2}{2} - 2x + 3\right) \mathrm{d}x \\ &= \left[\frac{x^3}{6} - x^2 + 3x\right]_{-1}^3 \\ &= \tfrac{27}{6} - 9 + 9 - \left(-\tfrac{1}{6} - 1 - 3\right) \\ &= \tfrac{27}{6} - \left(-\tfrac{25}{6}\right) \\ [A]_{-1}^3 &= \underline{\underline{\tfrac{52}{6}}}\end{aligned}$$

Ergebnis: $[A]_1^3 = \frac{52}{6}$.

2. Fläche unterhalb der x-Achse

Sind die Funktionswerte einer in $[a, b]$ stetigen Funktion f nicht positiv, $f(x) \leq 0$, so liegt das vom Graphen von f, von der x-Achse und den Parallelen zur $f(x)$-Achse an den Stellen $x = a$ und $x = b$ begrenzte Flächenstück unterhalb der x-Achse. Das bestimmte Integral liefert einen negativen Zahlenwert für den Flächeninhalt $[A]_a^b$. Um den Flächeninhalt $[A]_a^b$ eines solchen Flächenstückes ohne Vorzeichen angeben zu können, versehen wir das bestimmte Integral mit Betragsstrichen. (Wir können uns den Graphen $\mathfrak{G}(f)$ an der x-Achse gespiegelt denken.)

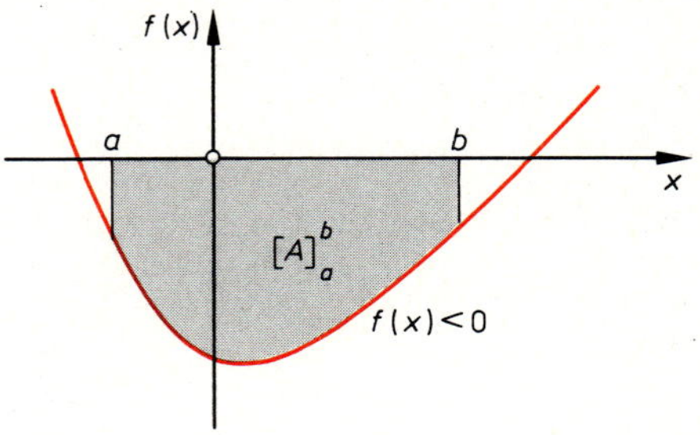

$$[A]_a^b = \int_a^b - f(x)\,dx = -\int_a^b f(x)\,dx$$

$$[A]_a^b = \left|\int_a^b f(x)\,dx\right|$$

Beispiel:

Berechnen Sie den Flächeninhalt A der Flächenstücke unterhalb der x-Achse, die von dem Graphen der Funktion $f\colon x \longmapsto x^4 - 6x^2 + 5$, der x-Achse und den Nullstellen des Graphen umschlossen wird.

Lösung:

Der Graph der Funktion ist achsensymmetrisch. Nullstellen sind $x_1 = -\sqrt{5}$, $x_2 = -1$, $x_3 = 1$ und $x_4 = \sqrt{5}$, die wir durch Substitution mit $x^2 = z$ finden können. Es genügt, den Zahlenwert einer der beiden unterhalb der x-Achse befindlichen Flächen zu berechnen, da beide Flächen wegen der Achsensymmetrie des Graphen gleichen Inhalt haben. Wir erhalten A durch Verdoppeln von $[A]_1^{\sqrt{5}}$. Es ist $A = 6{,}4$.

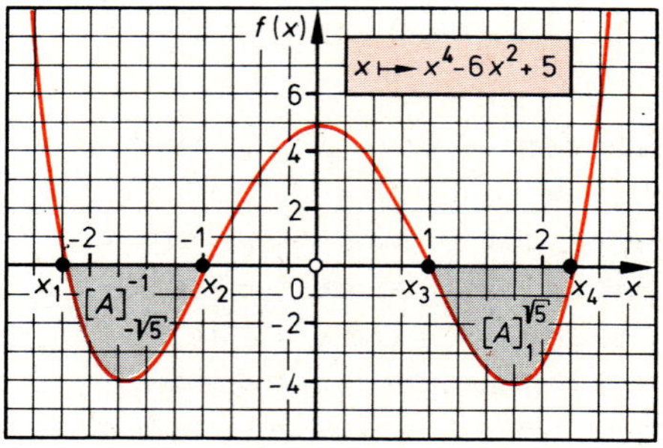

$$[A]_1^{\sqrt{5}} = \left|\int_1^{\sqrt{5}} (x^4 - 6x^2 + 5)\,dx\right|$$

$$= \left|\left[\frac{x^5}{5} - 2x^3 + 5x\right]_1^{\sqrt{5}}\right|$$

$$= |0 - 3{,}2|$$

$$= |-3{,}2| = 3{,}2$$

$$A = 2 \cdot [A]_1^{\sqrt{5}} = 2 \cdot 3{,}2 = \underline{\underline{6{,}4}}$$

3. Fläche teilweise oberhalb und teilweise unterhalb der x-Achse

Beispiel:

Berechnen Sie die Fläche zwischen dem Graphen der Funktion $f\colon x \longmapsto 2x - 2$ und der x-Achse in den Grenzen $x = 0$ und $x = 3$, und zwar

1. mit Hilfe der Arithmetik $A = \frac{l \cdot b}{2}$,
2. unter Verwendung der Integralrechnung.

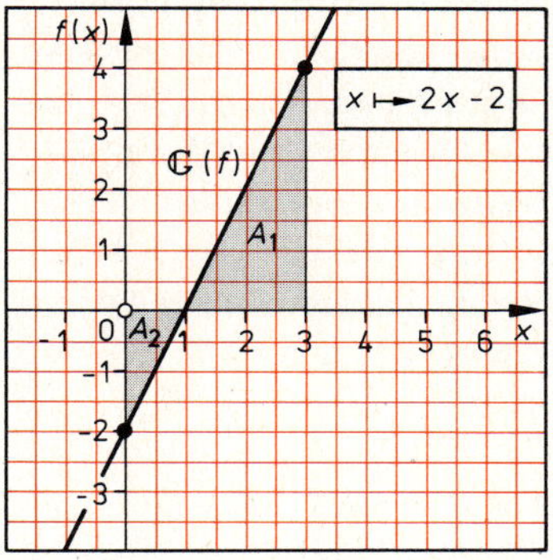

Lösung:

1. Aus der Aufzeichnung bzw. durch Bestimmung der Nullstelle und Einsetzen der Grenzen lassen sich die Seiten der beiden Dreiecke und damit ihre Flächeninhalte berechnen. Die Summe der beiden Flächeninhalte ist gleich dem Inhalt der Fläche über dem Graphen von $x = 0$ bis $x = 1$ und unter dem Graphen von $x = 1$ bis $x = 3$.

$$A = A_1 + A_2$$
$$= \frac{l_1 \cdot b_1}{2} + \frac{l_2 \cdot b_2}{2}$$
$$= \frac{2 \cdot 4}{2} + \frac{2 \cdot 1}{2}$$
$$A = 5$$

2. Integriert man einfach von 0 bis 3, so erhält man einen Wert, der nicht mit der arithmetisch ermittelten Lösung übereinstimmt.

$$\int_0^3 (2x - 2) \cdot \mathrm{d}x$$
$$= \left[\frac{2x^2}{2} - 2x\right]_2^3$$
$$= 3^2 - 2 \cdot 3$$
$$= 3 \neq 5$$

Integriert man die Funktion $f\colon x \longmapsto 2x - 2$ jedoch in zwei Intervallen, indem man neue Grenzen einführt, und zwar von $x = 0$ bis zur Nullstelle $x = 1$ und $x = 1$ bis $x = 3$, so erhält man zwei Inhalte von Flächen, die jeweils nur auf einer Seite der x-Achse liegen. Die Addition ergibt die Gesamtfläche $A = 5$.

$$[A]_0^3 = \left|\int_0^1 (2x - 2) \cdot \mathrm{d}x\right| + \left|\int_1^3 (2x - 2) \cdot \mathrm{d}x\right|$$
$$= |[x^2 - 2x)]_0^1| + |[x^2 - 2x]_1^3|$$
$$= |(-1)| + |(9 - 6) - (1 - 2)|$$
$$= 1 + 4$$
$$A = [A]_0^3 = 5$$

Erkenntnis:

Bei der Berechnung von Flächeninhalten mit Hilfe der Integration können sich Teilflächen subtrahieren, wenn innerhalb der Grenzen eine Nullstelle liegt.

Liegt das von $\mathbb{G}(f)$, der x-Achse und $x=a$ und $x=b$ begrenzte Flächenstück einer im Intervall $[a, b]$ stetigen Funktion teilweise unterhalb und teilweise oberhalb der x-Achse, d.h. hat $\mathbb{G}(f)$ im Intervall $[a, b]$ mindestens eine Nullstelle, so sind die Teile dieser Fläche, die unter- bzw. oberhalb der x-Achse liegen, getrennt zu berechnen und dann ist zu addieren.

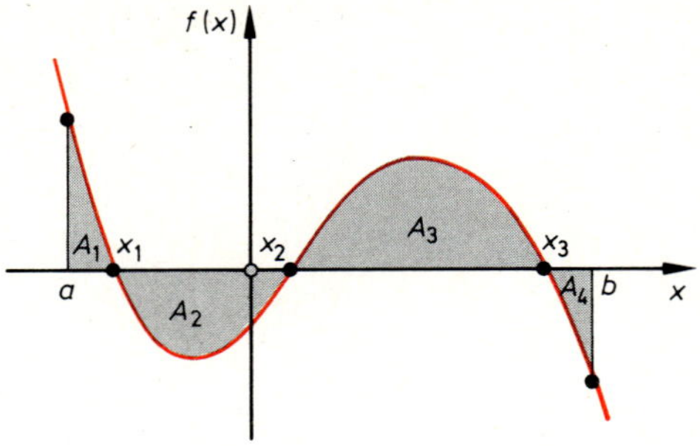

$$[A]_a^b = A_1 + A_2 + A_3 + A_4$$

$$[A]_a^b = \left|\int_a^{x_1} f(x)\,dx\right| + \left|\int_{x_1}^{x_2} f(x)\,dx\right| + \left|\int_{x_2}^{x_3} f(x)\,dx\right| + \left|\int_{x_3}^{b} f(x)\,dx\right|$$

Beispiel:

Berechnen Sie den Flächeninhalt der Fläche, die vom Graphen der Funktion $f\colon x \longmapsto x^2 - 2x - 3$, der x-Achse und den Parallelen zur $f(x)$-Achse an den Stellen $x_1 = 0$ und $x_2 = 4$ eingeschlossen wird.

Lösung:

Die Funktion f wird auf Nullstellen untersucht. Es ergeben sich Nullstellen bei $x_3 = -1$ und $x_4 = 3$. Die Nullstelle $x_3 = -1$ bleibt unberücksichtigt, da sie außerhalb des Integrationsintervalls liegt.

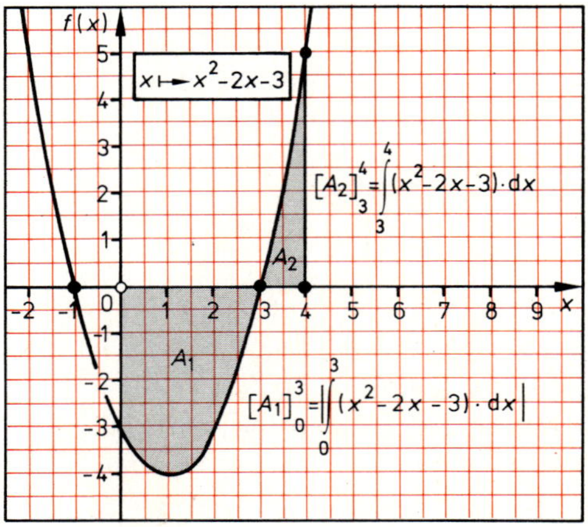

Da sich die Fläche A_1 unterhalb und die Fläche A_2 oberhalb der x-Achse befindet, müssen wir die Inhalte der Flächen A_1 und A_2 getrennt berechnen. Durch die Nullstelle bei $x_4 = 3$ sind die Teilgrenzen der beiden Integrale bestimmt, nämlich 0 und 3 sowie 3 und 4. Zu den beiden Integralen ermitteln wir eine Stammfunktion und setzen die entsprechenden Grenzen ein.

Die Summe der absoluten Zahlenwerte ergibt den Zahlenwert der Gesamtfläche. Es ist $[A]_0^4 = 11\frac{1}{3}$.

$$[A]_0^4 = [A]_0^3 + [A]_3^4$$

$$[A]_3^4 = \left|\int_0^3 (x^2-2x-3)\,dx\right| + \left|\int_3^4 (x^2-2x-3)\,dx\right|$$

$$= \left|\left[\frac{x^3}{3} - x^2 - 3x\right]_0^3\right| + \left|\left[\frac{x^3}{3} - x^2 - 3x\right]_3^4\right|$$

$$= |-9| + |\tfrac{7}{3}|$$

$$[A]_0^4 = \underline{\underline{11\tfrac{1}{3}}}$$

4. Flächen zwischen den Graphen zweier Funktionen

Sind f und g zwei beliebige in einem Intervall $[a, b]$ stetige Funktionen, so unterscheiden wir zwei Fälle:

1. $f(a) = g(a)$ und $f(b) = g(b)$.
Ist $f(x) \geq g(x)$ bzw. $g(x) \geq f(x)$ so wird die eingeschlossene Fläche aus der Differenz der Einzelflächen zwischen der x-Achse und den Graphen von f und g berechnet. Die Integrationsgrenzen sind in diesem Fall die Abzissen der Schnittpunkte der Graphen.

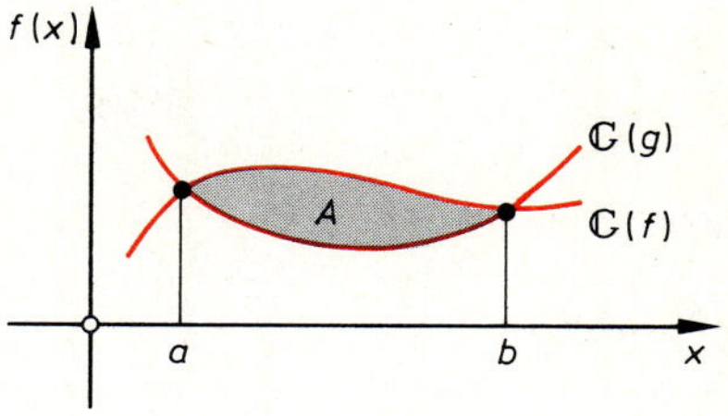

$$[A]_a^b = \int_a^b f(x)\,dx - \int_a^b g(x)\,dx$$

$$[A]_a^b = \int_a^b (f(x) - g(x))\,dx \qquad f(x) \geq g(x)$$

$$[A]_a^b = \int_a^b (g(x) - f(x))\,dx \qquad g(x) \geq f(x)$$

Beispiel:

Berechnen Sie den Flächeninhalt der Fläche, die von den Graphen der Funktionen $f: x \mapsto 2x + 3$ und $g: x \mapsto x^2$ eingeschlossen wird.

Lösung:

Um die Integrationsgrenzen zu erhalten, in denen die gesuchte Fläche liegt, müssen die Schnittpunkte der Graphen bestimmt werden.

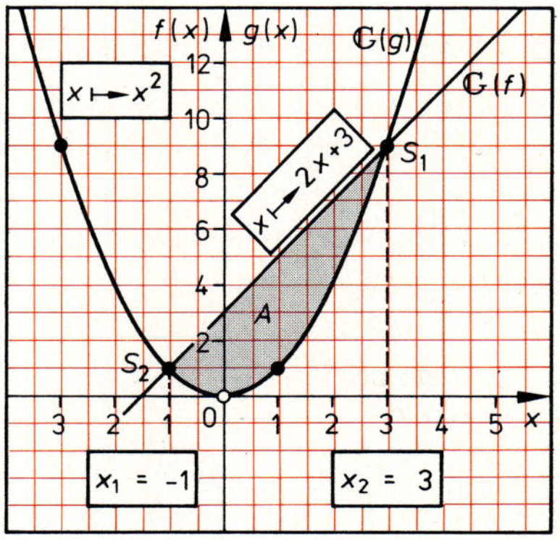

Dies geschieht durch Gleichsetzen der beiden Funktionsterme und Auflösen nach x.

$$2x + 3 = x^2 \Leftrightarrow$$
$$x^2 - 2x - 3 = 0 \quad \Rightarrow x = -1 \vee x = 3$$
$$x_1 = -1; \; x_2 = 3$$

Wegen $f(x) \geq g(x)$ für alle $x \in [-1, 3]$ können wir den Flächeninhalt mit nebenstehender Formel bestimmen.

$$[A]_{-1}^{3} = \int_{-1}^{3} (f(x) - g(x))\,dx$$
$$= \int_{-1}^{3} (2x + 3 - x^2)\,dx$$
$$= \left[x^2 + 3x - \frac{x^3}{3}\right]_{-1}^{3}$$
$$= 9 + 9 - 9 - (1 - 3 + \tfrac{1}{3})$$

Es ist $[A]_{-1}^{3} = 10\frac{2}{3}$

$$[A]_{-1}^{3} = \underline{\underline{10\tfrac{2}{3}}}$$

2. $f(a) \neq g(a)$ und $f(b) \neq g(b)$

Dieser Fall tritt ein, wenn entweder die Grenzen a und b so vorgegeben sind oder gewählt werden mußten, weil sich die Graphen nicht schneiden. Die Formel

$$[A]_a^b = \int_a^b (f(x) - g(x))\,dx$$

bleibt gültig. Sie gilt auch, wenn die zu berechnende Fläche ganz unterhalb oder auf beiden Seiten der x-Achse liegt. Durch Übergang zu den Funktionen $f\colon x \longmapsto f(x) + c$ und $g\colon x \longmapsto g(x) + c$ kann die Fläche so verschoben werden, daß sie ganz oberhalb der x-Achse liegt. Der Flächeninhalt ändert sich dadurch nicht.

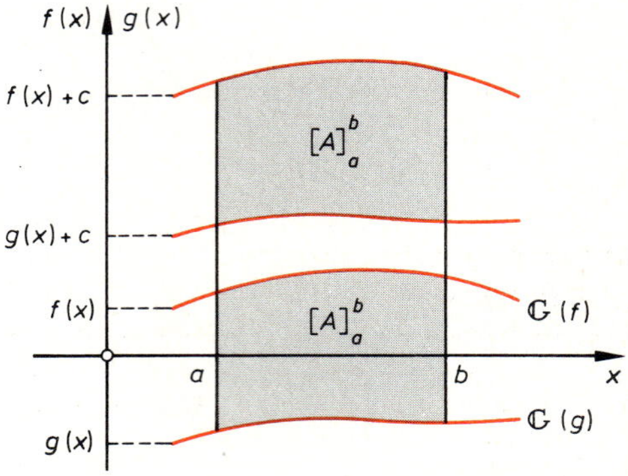

$$[A]_a^b = \int_a^b (f(x) + c - (g(x) + c))\,dx$$
$$= \int_a^b (f(x) + c - g(x) - c)\,dx$$
$$= \int_a^b (f(x) - g(x))\,dx$$

Beispiel:

Bestimmen Sie den Flächeninhalt der Fläche, die zwischen den Graphen der Funktionen $f\colon x \longmapsto \frac{x}{4} + 2$ und $g\colon x \longmapsto -\sqrt{x}$ und den Grenzen $x = 1$ und $x_2 = 6$ liegt.

Lösung:

Wegen $f(x) \geq g(x)$ für $x \in [1, 6]$ kommt die Formel

$$[A]_1^6 = \int_1^6 (f(x) - g(x))\,dx$$

zur Anwendung, um den verlangten Flächeninhalt zu berechnen.

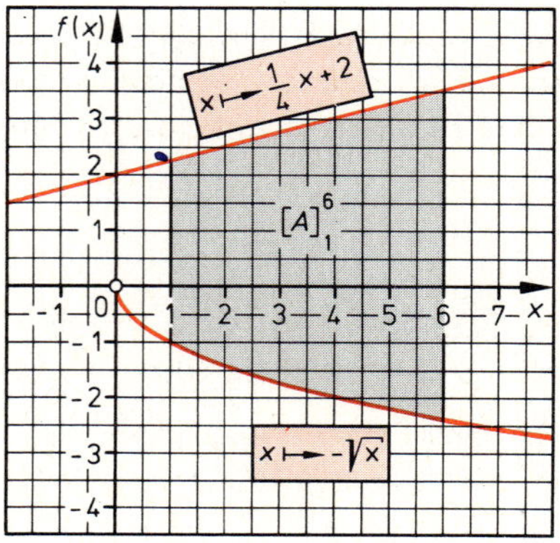

Dabei gilt

$$\int_1^6 \sqrt{x}\,dx = \int_1^6 x^{\frac{1}{2}}\,dx = [\tfrac{2}{3}x^{\frac{3}{2}}]_1^6,$$

wie wir im nächsten Kapitel noch präzisieren werden.

Es ist $[A]_1^6 = 23{,}51$

$$[A]_1^6 = \int_1^6 (f(x) - g(x))\,dx$$

$$= \int_1^6 \left(\frac{x}{4} + 2 - (-\sqrt{x})\right) dx$$

$$= \int_1^6 \left(\frac{x}{4} + 2\right) dx + \int_1^6 \sqrt{x}\,dx$$

$$= [\tfrac{1}{8}x^2 + 2x]_1^6 + [\tfrac{2}{3}\sqrt{x^3}]_1^6$$

$$= (16{,}50 - 2{,}125) + (9{,}80 - 0{,}67)$$

$$[A]_1^6 = 23{,}51$$

Übungen 10.4

Berechnen von Flächeninhalten

1. Berechnen Sie den Flächeninhalt der Fläche oberhalb der x-Achse, der vom Graphen der Funktion f, der x-Achse und den Parallelen zur $f(x)$-Achse durch die Stellen $x = a$ und $x = b$ begrenzt wird:

a) $f: x \mapsto 2x^2 + 2;\ a = -2,\ b = 1$
b) $f: x \mapsto x^2 - x + 1;\ a = -1,\ b = 3$
c) $f: x \mapsto 4x^2 - 4;\ a = 1,\ b = 2$
d) $f: x \mapsto x^3 + x^2 - 4x + 4;\ a = -1,\ b = 1$
e) $f: x \mapsto x^4 - 8x^2 + 16;\ a = 0,\ b = 2$

2. Berechnen Sie den Flächeninhalt der Fläche unterhalb der x-Achse, der vom Graphen der Funktion f, der x-Achse und den Grenzen bei $x = a$ und $x = b$ eingeschlossen wird.

a) $f: x \mapsto 2x - 4;\ a = -2,\ b = 2$
b) $f: x \mapsto 2x^2 - 2;\ a = -1,\ b = 1$
c) $f: x \mapsto -4 \cdot \sqrt{x};\ a = 0{,}5,\ b = 5$
d) $f: x \mapsto \frac{1}{3}(1 - x^2);\ a = 1,\ b = 4$

3. Ermitteln Sie die Inhalte aller Flächen, die von den Graphen der nachstehenden Funktionen und der x-Achse eingeschlossen werden. Als Integrationsgrenzen dienen die Nullstellen der Funktionen, diese müssen berechnet oder durch Probieren ermittelt werden.

a) $f: x \mapsto 2x^3 - x$
b) $f: x \mapsto x^2 - x - 2$
c) $f: x \mapsto x^4 - 6x^2 + 2$
d) $f: x \mapsto \frac{1}{2}x^4 + \frac{2}{3}x^3 - 2x^2 + \frac{5}{6}$

4. Die Graphen folgender Funktionen f haben eine Nullstelle. Sie umschließen mit der x-Achse und den Geraden durch die Punkte $(a, 0)$ und $(b, 0)$ parallel zur $f(x)$-Achse zwei Flächenstücke A_1 und A_2. Berechnen Sie die Zahlen a und b.

a) $f: x \mapsto x - 2;\ A_1 = A_2 = 3$
b) $f: x \mapsto x^3;\ A_1 = A_2 = 20{,}25$
c) $f: x \mapsto \frac{1}{2}x - 1;\ A_1 = A_2 = 1{,}25$
d) $f: x \mapsto x^2;\ A_1 = A_2 = 6{,}25$

5. Berechnen Sie den Flächeninhalt der Flächenstücke, die von den sich schneidenden Graphen der Funktionen f und g und der x-Achse eingeschlossen werden.

a) $f\colon x \mapsto x - 1;\; g\colon x \mapsto 4 - x$ **b)** $f\colon x \mapsto x^2;\; g\colon x \mapsto 6 - \frac{1}{2}x$

c) $f\colon x \mapsto \frac{1}{4}x;\quad g\colon x \mapsto -\frac{x^2}{2} + 1$ **d)** $f\colon x \mapsto 4;\quad g\colon x \mapsto \frac{x^2}{2} - 1$

6. Berechnen Sie den Flächeninhalt der Fläche, die von den Graphen folgender Funktionen f eingeschlossen wird.

a) $f\colon x \mapsto x^2;\; g\colon x \mapsto 4$ **b)** $f\colon x \mapsto x^2;\; g\colon x \mapsto 4 - x^2$

c) $f\colon x \mapsto x^2;\; g\colon x \mapsto x^3$ **d)** $f\colon x \mapsto x^2 + 2x - 2;\; g\colon x \mapsto x + 4$

e) $f\colon x \mapsto x^3 + 3x^2 - 35x + 35;\; g\colon x \mapsto 2x^2 + 2x$

7. Berechnen Sie den Flächeninhalt der Flächen, die von den Graphen folgender Funktionen sowie den Geraden parallel zur $f(x)$-Achse durch die Punkte $x = a$ und $x = b$ begrenzt werden.

a) $f\colon x \mapsto x;\; g\colon x \mapsto \frac{x}{2} + 1;\; a = -1,\; b = 3$ **b)** $f\colon x \mapsto x^2;\; g\colon x \mapsto x + 1;\; a = 0,\; b = 3$

c) $f\colon x \mapsto x^2 + 1;\; g\colon x \mapsto 1 - x^2;\; a = -2,\; b = 2$

d) $f\colon x \mapsto x^3 - 5;\; g\colon x \mapsto \frac{x^2}{2};\; a = -2,\; b = 1{,}71$

8. Berechnen Sie den Flächeninhalt, der vom Graphen der Funktion $f\colon x^3 - 2x^2 + 1$ und vom Graphen der Funktion der Normalen im Wendepunkt eingeschlossen wird.

9. Berechnen Sie das Volumen pro lfd. m des skizzierten Querschnittes eines unterirdischen Kanals.

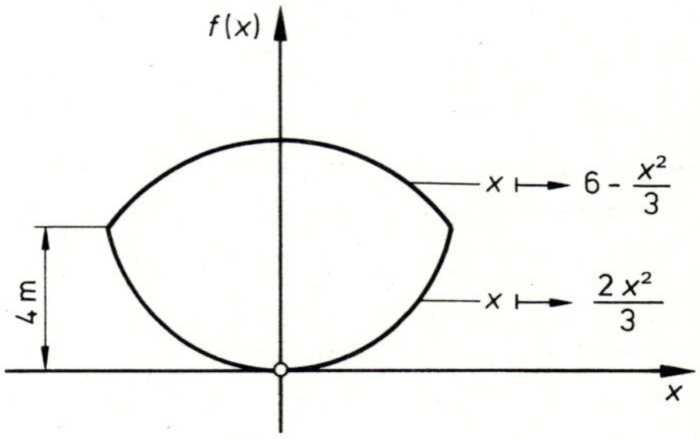

WEITERFÜHRUNG DER DIFFERENTIAL- UND INTEGRALRECHNUNG

11. Ableitungsregeln

11.1 Produkt- und Quotientenregel

Produktregel

Beispiel:

Berechnen Sie für die Funktion $f\colon x \longmapsto x^3 \cdot x^4$ die Ableitungsfunktion f'

a) mit Hilfe der Potenzregel

b) direkt als Produkt von Funktionen u und v mit $u(x) = x^3$ und $v(x) = x^4$.

Lösung:

a) $f(x) = x^3 \cdot x^4 = x^7$ kann mit der Potenzregel abgeleitet werden.

$$f(x) = x^7$$
$$f'(x) = 7x^6$$

b) Wir bilden aus der Funktionsgleichung $f(x) = u(x) \cdot v(x)$ den Differenzenquotienten.
Der Zähler wird mit $u(x_0)\,v(x) - u(x_0) \cdot v(x) = 0$ ergänzt. Er kann durch Ausklammern in zwei Summanden zerlegt werden. Die übliche Grenzwertbildung ergibt:
$f'(x_0) = u'(x_0) \cdot v(x_0) + u(x_0) \cdot v'(x_0)$
Der Grenzwert existiert für alle Stellen x_0, an denen die Funktionen u und v differenzierbar sind.
Die aufgefundene Regel wird auf die Funktion $f\colon x \longmapsto x^3 \cdot x^4$ angewendet und liefert das schon in **a)** bestimmte Ergebnis.

$$\frac{f(x) - f(x_0)}{x - x_0} = \frac{u(x) \cdot v(x) - u(x_0) \cdot v(x_0)}{x - x_0}$$
$$= \frac{1}{x - x_0}[u(x) \cdot v(x) - u(x_0) \cdot v(x_0) + u(x_0)\,v(x) - u(x_0)\,v(x)]$$
$$= \frac{1}{x - x_0}[(u(x) - u(x_0))\,v(x) + u(x_0)\,(v(x) - v(x_0))]$$
$$\triangleq \frac{u(x) - u(x_0)}{x - x_0}\,v(x) + u(x_0)\,\frac{v(x) - v(x_0)}{x - x_0}$$
$$f'(x_0) = \lim_{x \to x_0} \frac{f(x) - f(x_0)}{x - x_0}$$
$$= \lim_{x \to x_0} \frac{u(x) - u(x_0)}{x - x_0}\,v(x) + \lim_{x \to x_0} u(x_0)\,\frac{v(x) - v(x_0)}{x - x_0}$$
$$\underline{\underline{f'(x_0) = u'(x_0) \cdot v(x_0) + u(x_0) \cdot v'(x_0)}}$$

$$f'(x) = 3x^2 \cdot x^4 + x^3 \cdot 4x^3$$
$$\underline{\underline{f'(x) = 7x^6}}$$

Wir haben eine „Produktregel" abgeleitet, die wir als Satz formulieren:

Satz:

Sind die Funktionen u und v an der Stelle $x \in (a, b)$ differenzierbar, so ist auch die Funktion f mit $f(x) = u(x) \cdot v(x)$ an der Stelle $x \in (a, b)$ differenzierbar, und es gilt:

$$f'\colon x \longmapsto u'(x) \cdot v(x) + u(x)\,v'(x)$$

$$f(x) = u(x) \cdot v(x) \blacktriangleright f'(x) = u'(x) \cdot v(x) + u(x) \cdot v'(x)$$
oder kurz
$$u \cdot v \blacktriangleright u'\,v + u\,v'$$

Beispiele:

Differenzieren Sie nachstehende Funktionen unter Verwendung der Produktregel

Lösung:

$f'(x) = u'(x) \cdot v(x) + u(x) \cdot v'(x)$

1. $f\colon x \longmapsto x^2 \cdot (x + 3)$

1. $f(x) = x^2 \cdot (x + 3)$

$u(x) = x^2 \Rightarrow u'(x) = 2x$

$v(x) = x + 3 \Rightarrow v'(x) = 1$

$f'(x) = x^2 \cdot 1 + (x + 3) \cdot 2x$

$f'(x) = x^2 + 2x^2 + 6x$

$f'(x) = 3x^2 + 6x$

$\underline{\underline{f'\colon x \longmapsto 3x^2 + 6x}}$

2. $f\colon x \longmapsto (x^2 + a) \cdot (x^2 - a)$

2. $f(x) = (x^2 + a) \cdot (x^2 - a)$

$u(x) = x^2 + a \Rightarrow u'(x) = 2x$

$v(x) = x^2 - a \Rightarrow v'(x) = 2x$

$f'(x) = (x^2 + a) \cdot 2x + (x^2 - a) \cdot 2x$

$f'(x) = 2x^3 + 2ax + 2x^3 - 2ax$

$f'(x) = 4x^3$

$\underline{\underline{f\colon x \longmapsto 4x^3}}$

3. $f\colon x \longmapsto x^a \cdot x^b$

3. $f(x) = x^a \cdot x^b$

$u(x) = x^a \Rightarrow u'(x) = ax^{a-1}$

$v(x) = x^b \Rightarrow v'(x) = bx^{b-1}$

$f'(x) = x^a \cdot b \cdot x^{b-1} + x^b \cdot a \cdot x^{a-1}$

$f'(x) = b \cdot x^{a+b-1} + a \cdot x^{a+b-1}$

$f'(x) = (a + b)\, x^{a+b-1}$

$\underline{\underline{f\colon x \longmapsto (a + b)\, x^{a+b-1}}}$

4. $f\colon x \longmapsto (x^4 - x^3)\sqrt{x}$

4. $f(x) = (x^4 - x^3)\sqrt{x}$

$u(x) = x^4 - x^3 \Rightarrow u'(x) = 4x^3 - 3x^2$

$v(x) = \sqrt{x} \Rightarrow v'(x) = \dfrac{1}{2\sqrt{x}}$

$f'(x) = (4x^3 - 3x^2) \cdot \sqrt{x} + \dfrac{1}{2\sqrt{x}} \cdot (x^4 - x^3)$

$f'(x) = \dfrac{9x^4 - 7x^3}{2\sqrt{x}}$

$\underline{\underline{f'\colon x \longmapsto \dfrac{9x^4 - 7x^3}{2\sqrt{x}}}}$

Quotientenregel

Beispiel: Berechnen Sie für $f\colon x \mapsto \frac{x^7}{x^4}$ die Ableitung f'

a) mit Hilfe der Potenzregel,

b) in der Form $f(x) = \frac{u(x)}{v(x)}$ mit $u(x) = x^7$ und $v(x) = x^4$

Lösung:

a) Um die Potenzregel anwenden zu können, schreibt man $\frac{x^7}{x^4} = x^3$.

a) $f(x) = \frac{x^7}{x^4}$

$f(x) = x^3$

$f'(x) = 3x^2$ bzw. $\underline{\underline{f'\colon x \mapsto 3x^2}}$

b)
$$\frac{f(x)-f(x_0)}{x-x_0} = \frac{\frac{u(x)}{v(x)} - \frac{u(x_0)}{v(x_0)}}{x-x_0}$$

$$= \frac{\frac{u(x)\cdot v(x_0) - u(x_0)\cdot v(x)}{v(x)\cdot v(x_0)}}{x-x_0}$$

$$= \frac{u(x)\cdot v(x_0) - u(x_0)\cdot v(x)}{v(x)\cdot v(x_0)\cdot(x-x_0)}$$

$$= \frac{1}{v(x)\cdot v(x_0)}\cdot\frac{u(x)\cdot v(x_0) - u(x_0)\cdot v(x) + u(x_0)\cdot v(x_0) - u(x_0)\cdot v(x_0)}{x-x_0}$$

$$= \frac{1}{v(x)\cdot v(x_0)}\cdot\frac{u(x)\cdot v(x_0) - u(x_0)\cdot v(x_0) - u(x_0)\cdot v(x) + u(x_0)\cdot v(x_0)}{x-x_0}$$

$$= \frac{1}{v(x)\cdot v(x_0)}\cdot\left(v(x_0)\frac{u(x)-u(x_0)}{x-x_0} - u(x_0)\frac{v(x)-v(x_0)}{x-x_0}\right)$$

$$f'(x) = \lim_{x\to x_0}\left[\frac{1}{v(x)\cdot v(x_0)}\left(v(x_0)\frac{u(x)-u(x_0)}{x-x_0} - u(x_0)\frac{v(x)-v(x_0)}{x-x_0}\right)\right]$$

$$f'(x) = \frac{1}{(v(x_0))^2}\left(v(x_0)\cdot u'(x_0) - u(x_0)\cdot v'(x_0)\right)$$

$$\underline{\underline{f'(x) = \frac{v(x_0)\cdot u'(x_0) - u(x_0)\cdot v'(x_0)}{(v(x_0))^2}}}$$

Die gefundene Regel wird nun auf das gegebene Zahlenbeispiel angewendet. Die Ergebnisse a) und b) stimmen überein.

$$f(x) = \frac{x^7}{x^4} = \frac{u(x_0)}{v(x_0)}$$

$$u(x) = x^7 \Rightarrow u'(x) = 7x^6$$

$$v(x) = x^4 \Rightarrow v'(x) = 4x^3$$

$$f'(x) = \frac{v(x)\cdot u'(x) - u(x)\cdot v'(x)}{v^2(x)}$$

$$f'(x) = \frac{x^4\cdot 7x^6 - x^7\cdot 4x^3}{x^8}$$

$$f'(x) = \frac{7x^{10} - 4x^{10}}{x^8} = 3x^2$$

$$\underline{\underline{f'\colon x \mapsto 3x^2}}$$

Damit haben wir die „Quotientenregel" der Differentialrechnung abgeleitet.

Satz:

Sind die Funktionen u und v an der Stelle $x \in (a, b)$ differenzierbar, so ist auch die Funktion f mit $f(x) = \frac{u(x)}{v(x)}$ an der Stelle $x \in (a, b)$ differenzierbar, und es gilt:

$$f': x \mapsto \frac{u'(x)\,v(x) - u(x)\,v'(x)}{[v(x)]^2}$$

$$f(x) = \frac{u(x)}{v(x)} \blacktriangleright$$

$$f'(x) = \frac{u'(x) \cdot v(x) - u(x) \cdot v'(x)}{(v(x))^2}$$

oder kurz

$$f = \frac{u}{v} \quad \blacktriangleright \quad f' = \frac{u'v - uv'}{v^2}$$

Beispiele:

Differenzieren Sie nachstehende Funktionen unter Verwendung der Quotientenregel:

Lösung:

$$f'(x) = \frac{u'(x) \cdot v(x) - u(x) \cdot v'(x)}{(v(x))^2}$$

1. $f: x \mapsto \frac{1}{1 - x}$

1. $f(x) = \frac{1}{1 - x}$

$u(x) = 1 \Rightarrow u'(x) = 0$

$v(x) = 1 - x \Rightarrow v'(x) = -1$

$$f'(x) = \frac{(1 - x) \cdot 0 - 1 \cdot (-1)}{(1 - x)^2}$$

$$f'(x) = \frac{1}{(1 - x)^2}$$

$$f': x \mapsto \frac{1}{(1 - x)^2}$$

2. $f: x \mapsto \frac{1}{x^3 + 3x - 2}$

2. $f(x) = \frac{1}{x^3 + 3x - 2}$

$u(x) = 1 \Rightarrow u'(x) = 0$

$v(x) = x^3 + 3x - 2 \Rightarrow v'(x) = 3x^2 + 3$

$$f'(x) = \frac{(x^3 + 3x - 2) \cdot 0 - 1 \cdot (3x^2 + 3)}{(x^3 + 3x - 2)^2}$$

$$f'(x) = \frac{-(3x^2 + 3)}{(x^3 + 3x - 2)^2}$$

$$f': x \mapsto \frac{-(3x^2 + 3)}{(x^3 + 3x - 2)^2}$$

3. $f\colon x \mapsto \dfrac{x^5+1}{x-1}$.

3. $f(x) = \dfrac{x^5+1}{x-1}$

$u(x) = x^5 + 1 \Rightarrow u'(x) = 5x^4$

$v(x) = x - 1 \Rightarrow v'(x) = 1$

$$f'(x) = \frac{(x-1)\cdot 5x^4 - (x^5+1)\cdot 1}{(x-1)^2}$$

$$f'(x) = \frac{4x^5 - 5x^4 - 1}{x^2 - 2x + 1}$$

$$f'\colon x \mapsto \frac{4x^5 - 5x^4 - 1}{x^2 - 2x + 1}$$

4. $f\colon x \mapsto \dfrac{1-\sqrt{x}}{1+\sqrt{x}}$

4. $f(x) = \dfrac{1-\sqrt{x}}{1+\sqrt{x}}$

$u(x) = 1 - \sqrt{x} \Rightarrow u'(x) = -\dfrac{\sqrt{x}}{2x}$

$v(x) = 1 + \sqrt{x} \Rightarrow v'(x) = \dfrac{\sqrt{x}}{2x}$

$$f'(x) = \frac{(1+\sqrt{x})\cdot\left(-\frac{\sqrt{x}}{2x}\right) - (1-\sqrt{x})\cdot\frac{\sqrt{x}}{2x}}{(1+\sqrt{x})^2}$$

$$f'(x) = \frac{-\sqrt{x}}{x(1+\sqrt{x})^2} \quad \textit{oder}$$

$$f'(x) = \frac{\sqrt{x}(\sqrt{x}-1)^2}{x(1-x)^2}$$

$$f'\colon x \mapsto -\frac{\sqrt{x}(\sqrt{x}-1)^2}{x(1-x)^2}$$

Übungen — 11.1

Produkt- und Quotientenregel

1. Bestimmen Sie die Ableitung folgender Funktionen mit Hilfe der Produktregel:

a) $f\colon x \mapsto (x^2+1)(x^2-1)$ **b)** $f\colon x \mapsto (x^2-x-2)^2$ **c)** $f\colon x \mapsto (x+7)^2 + 2x$

d) $f\colon x \mapsto (4x^2 - x + 10)^2$ **e)** $f\colon x \mapsto (x^3 + x^4)\cdot x$

f) $f\colon x \mapsto (m + nx)(m - n\cdot\sqrt{x})$ **g)** $f\colon x \mapsto x\cdot\sqrt{ax^2}$

h) $f\colon x \mapsto \sqrt{x}\cdot x + 3x^2\cdot\sqrt{x}$ **i)** $f\colon x \mapsto 3x^2\cdot(x - 4x^3)$

2. Bestimmen Sie die Ableitung folgender Funktionen mit Hilfe der Quotientenregel:

a) $f\colon x \mapsto \frac{1}{a+bx}$ **b)** $f\colon x \mapsto \frac{5x-2}{3x}$ **c)** $f\colon x \mapsto \frac{1}{1+x} - \frac{1}{1-x}$

d) $f\colon x \mapsto \frac{1-x^2}{x^2+1}$ **e)** $f\colon x \mapsto \frac{x^2+1}{3x}$ **f)** $f\colon x \mapsto \frac{\sqrt{x}}{1-\sqrt{x}}$

g) $f\colon x \mapsto \frac{x^2+x}{\sqrt{x}}$ **h)** $f\colon x \mapsto \frac{x^2 \cdot \sqrt{x}}{x^2-1}$ **i)** $f\colon x \mapsto \frac{ax+a\sqrt{x}}{a\sqrt{x}}$

3. Bestimmen Sie die Ableitung folgender Funktionen:

a) $f\colon x \mapsto 2x \cdot \frac{1}{x-1}$ **b)** $f\colon x \mapsto \frac{6+\sqrt{x}}{5x-1}$ **c)** $f\colon x \mapsto \frac{(x+3)^2 \cdot \sqrt{x^3}}{\sqrt[3]{x}}$

d) $f\colon x \mapsto \frac{1}{x} \cdot (2x+2)^2$ **e)** $f\colon x \mapsto \frac{3x^2}{x+1} \cdot (x-1)$ **f)** $f\colon x \mapsto \frac{2}{3}x \cdot \sqrt{x}$

11.2 Kettenregel, Umkehrregel, Potenzregel

Kettenregel

Gegeben seien die stetigen Funktionen f_1 und f_2.

$f_1\colon x \mapsto \frac{1}{2}x^2;\quad f_2\colon x \mapsto x+1$

Wir können nun beide Funktionen miteinander verknüpfen (verketten). Die Schreibweise dafür ist $f_1 \circ f_2$.

$f_1 \circ f_2$: *Verkettung von* f_1 *mit* f_2

Den Funktionsterm der verketteten Funktion $f_1 \circ f_2$ erhalten wir, indem wir den Funktionsterm $f_2(x) = x+1$ in die Variable x des Funktionsterms $f_1(x) = \frac{1}{2}x^2$ einsetzen.

$$\left.\begin{array}{l} f_1(x) = \frac{1}{2}x^2 \\ f_2(x) = x+1 \end{array}\right\} \Rightarrow f_1 \circ f_2\colon x \mapsto \frac{1}{2}(x+1)^2$$

Auch die Verkettung $f_2 \circ f_1$ ist möglich, doch es muß immer darauf geachtet werden, daß der Verknüpfungsterm sinnvoll ist.

$$\left.\begin{array}{l} f_2(x) = x+1 \\ f_1(x) = \frac{1}{2}x^2 \end{array}\right\} \Rightarrow f_2 \circ f_1\colon x \mapsto \frac{1}{2}x^2+1$$

Allgemein:

$$\left.\begin{array}{l} f_1\colon x \mapsto f_1(x) \\ f_2\colon x \mapsto f_2(x) \end{array}\right\} \Rightarrow f_1 \circ f_2\colon x \mapsto f_1(f_2(x))$$

Definition:

Unter einer Verkettung der stetigen Funktionen

$$f_1\colon x \mapsto f_1(x);\ x \in D(f_1) \quad \textit{und} \quad f_2\colon x \mapsto f_2(x);\ x \in D(f_2)$$

verstehen wir die Funktion

$$f_1 \circ f_2\colon x \mapsto f_1(f_2(x));\ x \in D(f_2) \quad \textit{oder}$$
$$f_2 \circ f_1\colon x \mapsto f_2(f_1(x));\ x \in D(f_1)$$

Die an erster Stelle stehende Funktion heißt die äußere Funktion, die an zweiter Stelle stehende Funktion heißt die innere Funktion.

Bei dieser Definition wird vorausgesetzt, daß die Funktionsterme $f_1(f_2(x))$ und $f_2(f_1(x))$ sinnvoll sind.

Beispiel:

Gegeben seien die Funktionen:

$$f_1: x \longmapsto -2x^2 - 3; \quad x \in \mathbb{R} \quad \text{und}$$
$$f_2: x \longmapsto \sqrt{x}; \quad x \in \mathbb{R}_+.$$

Bilden Sie die Verkettungen der Funktionen: $f_1 \circ f_2$ und $f_2 \circ f_1$.

Lösung:

Beim Verketten der Funktionen f_1 und f_2 wird in die Leerstelle von f_1 der Funktionsterm von f_2 eingesetzt. Die neue Funktion $f_1 \circ f_2 = f_3$ ist für alle $x \in \mathbb{R}$ definiert.

$$f_1(x) = -2x^2 - 3; \quad x \in \mathbb{R}$$
$$f_2(x) = \sqrt{x}; \quad x \in \mathbb{R}_+$$
$$f_1 \circ f_2: x \longmapsto f_1(f_2(x))$$
$$x \longmapsto -2(\sqrt{x})^2 - 3$$
$$f_1 \circ f_2: x \longmapsto -2x - 3; \quad x \in \mathbb{R}$$
$$f_3: x \longmapsto -2x - 3; \quad x \in \mathbb{R}$$

Beim Verketten der Funktionen f_2 und f_1 wird in die Variable x von f_2 der Funktionsterm von f_1 eingesetzt. Die neue Funktion $f_2 \circ f_1 = f_4$ ist für kein $x \in \mathbb{R}$ definiert, diese Verkettung ist nicht möglich.

$$f_2 \circ f_1: x \longmapsto f_2(f_1(x))$$
$$f_4: x \longmapsto \sqrt{-2x^2 - 3};$$

für kein $x \in \mathbb{R}$ definiert

Eine sinnvolle Verkettung von zwei Funktionen ist nur möglich, wenn der Wertebereich der inneren Funktion Teilmenge des Definitionsbereiches der äußeren Funktion ist.

Manchmal ist es wünschenswert, eine verkettete Funktion in einfache Funktionen zu zerlegen.

Beispiel:

Zerlegen Sie die verkettete Funktion $x \longmapsto (2x^2 + 3)^3$; $x \in \mathbb{R}$ in einfache Funktionen.

Lösung:

Der Funktionsterm der inneren Funktion ist $f_2(x) = 2x^2 + 3$. Die äußere Funktion hat dann den Funktionsterm $f_1(x) = x^3$. Für die Verkettung $f_1 \circ f_2$ gilt $W(f_2) \subset D(f_1)$.

$$x \longmapsto (2x^2 + 3)^3; \quad x \in \mathbb{R}$$
$$x \longmapsto f_1(f_2(x)); \quad x \in \mathbb{R}$$
$$f_1: x \longmapsto x^3; \quad x \in \mathbb{R}$$
$$f_2: x \longmapsto 2x^2 + 3; \quad x \in \mathbb{R}$$

Beispiel:

Gegeben seien die Funktionen:

$$f_1\colon x \longmapsto \ln x;\ x \in \mathbb{R}_+^*; \quad f_3\colon x \longmapsto x^5; \quad x \in \mathbb{R}_+$$
$$f_2\colon x \longmapsto \sqrt[3]{x};\ x \in \mathbb{R}_+; \quad f_4\colon x \longmapsto 2x+1;\ x \in \mathbb{R}_+$$

Bilden Sie die Verkettung $f = f_1 \circ f_2 \circ f_3 \circ f_4$.

Lösung:

Die Lösung wird stufenweise berechnet.

$$\begin{aligned}
f_1\colon &\ x \longmapsto \ln x \\
f_2\colon &\ \qquad x \longmapsto \sqrt[3]{x} \\
f_1 \circ f_2\colon &\ x \longmapsto \ln \sqrt[3]{x} \\
f_3\colon &\ \qquad x \longmapsto x^5 \\
(f_1 \circ f_2) \circ f_3\colon &\ x \longmapsto \ln \sqrt[3]{x^5} \\
f_4\colon &\ \qquad x \longmapsto 2x+1 \\
(f_1 \circ f_2 \circ f_3) \circ f_4 = f\ \colon &\ x \longmapsto \ln \sqrt[3]{(2x+1)^5};\ x \in \mathbb{R}_+
\end{aligned}$$

Umgekehrt könnte die verkettete Funktion $f\colon x \longmapsto \ln \sqrt[3]{(2x+1)^5}$ wieder in Einzelfunktionen zerlegt werden.

Beispiel:

Zerlegen Sie die durch Verkettung entstandene Funktion $f\colon x \longmapsto (2x^3+1)^5$

Lösung:

$f\colon x \longmapsto (2x^3+1)^5$

$$\left.\begin{aligned}
g\colon x \longmapsto x^5 \quad &\Rightarrow g(x) = x^5 \\
h\colon x \longmapsto 2x^3+1 \quad &\Rightarrow h(x) = 2x^3+1
\end{aligned}\right\} \Rightarrow f = g \circ h\colon x \longmapsto g(h(x))$$

Über die Stetigkeit verketteter Funktionen gilt folgender Satz, der hier nicht bewiesen wird.

Satz:

Ist eine Funktion f_2 stetig an der Stelle x_0 und eine Funktion f_1 stetig an der Stelle $z_0 = f_2(x_0)$, so ist $f = f_1 \circ f_2$ mit $f_1 \circ f_2\colon x \longmapsto f_1(f_2(x))$ stetig an der Stelle x_0.

Für die Ableitung verketteter Funktionen gilt folgender Satz:

Satz (Kettenregel):

Ist eine Funktion h im Intervall $[a, b]$ und eine Funktion g für alle $h(x)$ mit $x \in [a, b]$ differenzierbar, so ist auch die verkettete Funktion f mit $f(x) = g(h(x))$ in $[a, b]$ differenzierbar, und es gilt:

$$f'\colon x \longmapsto g'(h(x)) \cdot h'(x)$$

$f\colon x \longmapsto (g \circ h)(x)$	$\blacktriangleright f'\colon x \longmapsto (g' \circ h)(x) h'(x)$
$f(x) = g(h(x))$	$\blacktriangleright f'(x) = g'(h(x)) \cdot h'(x)$

Kettenregel

Beweis:

Den Beweis wollen wir nur für den Fall führen, daß die Funktion h streng monoton ist. Die anderen Fälle lassen sich ähnlich beweisen.

Sei x_0 eine beliebige Stelle in $[a, b]$.
Wir definieren den Differenzenquotienten und ersetzen $f(x)$ durch $g(z)$ bzw. $f(x_0)$ durch $g(z_0)$ mit $z = h(x)$ und $z_0 = h(x_0)$. Um den Differenzenquotienten beider Funktionen h und g zu erhalten – denn h und g werden abgeleitet – erweitern wir den Differenzenquotienten von g mit $\frac{h(x)-h(x_0)}{z-z_0} = 1$.
(Dies ist „erlaubt“, da h nach Voraussetzung streng monoton ist und daher $z \neq z_0$ bzw. $h(x) \neq h(x_0)$ ist.) Da h in x_0 und g in $h(x_0)$ differenzierbar sind, können wir den Grenzwert für $x \longrightarrow x_0$ bilden. Da h stetig ist, geht z gegen z_0, d.h. $h(x)$ gegen $h(x_0)$, wenn x gegen x_0 geht.

Da wir den Beweis für eine beliebige Stelle $x_0 \in [a, b]$ durchgeführt haben, gilt er für jedes $x \in [a, b]$.

$$\frac{f(x)-f(x_0)}{x-x_0} = \frac{g(h(x))-g(h(x_0))}{x-x_0} = \frac{g(z)-g(z_0)}{x-x_0}$$
$$= \frac{g(z)-g(z_0)}{x-x_0}$$
$$= \frac{g(z)-g(z_0)}{x-x_0} \cdot \frac{h(x)-h(x_0)}{z-z_0}$$
$$= \frac{g(z)-g(z_0)}{z-z_0} \cdot \frac{h(x)-h(x_0)}{x-x_0}$$

$$f'(x_0) = \lim_{x \to x_0} \frac{f(x)-f(x_0)}{x-x_0} = \lim_{z \to z_0} \frac{g(z)-g(z_0)}{z-z_0} \cdot \lim_{x \to x_0} \frac{h(x)-h(x_0)}{x-x_0}$$
$$= g'(z_0) \cdot h'(x_0)$$
$$= g'(h(x_0)) \cdot h'(x_0)$$
$$f'(x_0) = g'(h(x_0)) \cdot h'(x_0)$$
$$f'\colon x \longmapsto g'(h(x)) \cdot h'(x)$$

Beispiele:

1. $f\colon x \longmapsto (x^3 + 3x)^3$

2. $f\colon x \longmapsto \left(\frac{x}{a-x}\right)^2$

Quotientenregel:

Lösung:

1. $f(x) = (x^3 + 3x)^3$

$$h(x) = x^3 + 3x \quad \Rightarrow \quad h'(x) = 3x^2 + 3$$
$$g(h(x)) = (x^3 + 3x)^3 \quad \Rightarrow \quad g'(h(x)) = 3(x^3 + 3x)^2$$
$$f'(x) = (3x^2 + 3) \cdot 3(x^3 + 3x)^2$$
$$\underline{\underline{f'\colon x \longmapsto 9x^8 + 63x^6 + 135x^4 + 81x^2}}$$

2. $f(x) = \left(\frac{x}{a-x}\right)^2$

$$h(x) = \frac{x}{a-x} \quad \Rightarrow \quad h'(x) = \frac{a}{(a-x)^2}$$
$$g(h(x)) = \left(\frac{x}{a-x}\right)^2 \quad \Rightarrow \quad g'(h(x)) = 2\left(\frac{x}{a-x}\right)$$
$$f'(x) = \frac{a}{(a-x)^2} \cdot 2\left(\frac{x}{a-x}\right)$$
$$\underline{\underline{f'\colon x \longmapsto \frac{2ax}{(a-x)^3}}}$$

Umkehrregel

Beispiel:

Die Funktion $f\colon x \longmapsto x^2$ ist überall differenzierbar, d.h. wir können in jedem Punkt des Graphen die Steigung berechnen. Im Punkt $P_1(2, 4)$ ist die Steigung $m_1 = 4$. Die Umkehrfunktion von f, $f^{-1}\colon x \longmapsto \sqrt{x}$ ist für $x > 0$ differenzierbar. Die Steigung des Graphen im entsprechenden Punkt $P_2(4, 2)$ ($P_2(4, 2)$ erhalten wir durch Spiegelung

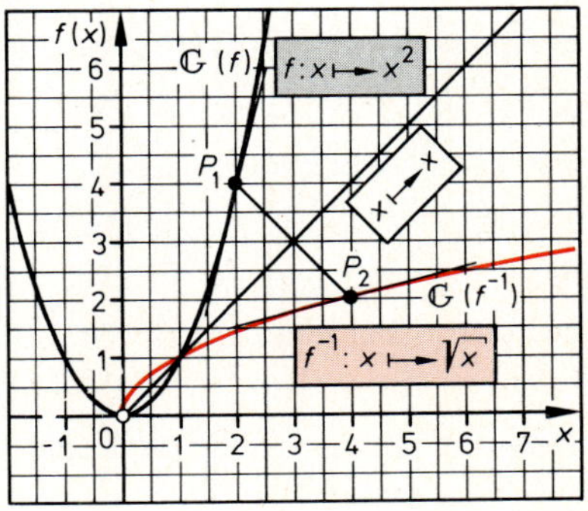

an dem Graphen von $f(x) = x$ aus $P_1(2,4)$) ist $m_2 = \frac{1}{4}$. Bilden wir von beiden Funktionen die Ableitungen f' und $(f^{-1})'$ und errechnen in den entsprechenden Punkten $P_1(2,4)$ und $P_2(4,2)$ die Steigung der Graphen, so erkennen wir:

$f\colon x \longmapsto x^2$

$f'(x) = 2x$; *für* $x_0 = 2$: $f'(2) = m_1 = 4$

$f^{-1}\colon x \longmapsto \sqrt{x}$

$(f^{-1}(x))' = \dfrac{1}{2\sqrt{x}}$; *für* $x_0 = 4$: $(f^{-1}(4))' = m_2 = \frac{1}{4}$

Die Steigungen der Graphen in den entsprechenden Punkten sind zueinander reziprok. Allgemein gilt der Satz:

Satz (Umkehrregel):

Ist die Funktion $f\colon x \longmapsto f(x)$ im Intervall $[a,b]$ stetig und an der Stelle $x_0 \in [a,b]$ differenzierbar und existiert dort die Umkehrfunktion f^{-1}, so ist diese an der Stelle $y_0 = f(x_0)$ differenzierbar und es gilt:

Ausgangsfunktion f	Umkehrfunktion f^{-1}	Ableitung von f^{-1}
$f\colon x \longmapsto f(x)$	$f^{-1}\colon x \longmapsto f^{-1}(x)$	$(f^{-1})'\colon x \longmapsto \dfrac{1}{f'(f^{-1}(x))}$ $(f^{-1})'(x) = \dfrac{1}{f'(f^{-1}(x))}$

Beweis:

Sei f eine Funktion mit den vorausgesetzten Eigenschaften. Die Verkettung g von Funktion f und Umkehrfunktion f^{-1} ist die Funktion $k\colon x \longmapsto x$. Wir bestimmen die Ableitung von k an einer Stelle $x_0 \in [a,b]$ zum einen direkt, zum anderen nach der Kettenregel und setzen die Ergebnisse gleich. Wir erhalten einen Term für die Ableitungsfunktion $(f^{-1})'$ an der Stelle x_0, und da x_0 beliebig gewählt war, für alle Stellen $x \in [a,b]$.

$k(x) = (f \circ f^{-1})(x) = (f^{-1} \circ f)(x) = x$

direkt bestimmt: $k'(x_0) = 1$

mit der Kettenregel bestimmt (setze $h = f^{-1}$, $g = f$):

$k'(x_0) = f'(f^{-1}(x_0)) \cdot (f^{-1})'(x_0)$

$\Rightarrow\ (f^{-1})'(x_0) = \dfrac{1}{f'(f^{-1}(x_0))},\ f^{-1}\colon x \longmapsto \dfrac{1}{f'(f^{-1}(x))}$

Man findet den Term der abgeleiteten Umkehrfunktion $[f^{-1}(x)]'$ nach folgendem Schema:

1. Ableitung $f'(x)$ der Funktion f ermitteln,

2. Funktionsterm $f^{-1}(x)$ der Umkehrfunktion bestimmen,

3. Kehrwert $\dfrac{1}{f'(x)}$ der abgeleiteten Funktion bilden,

4. x durch den Funktionsterm $f^{-1}(x)$ ersetzen.

Beispiel:

Gegeben sei die Funktion $f\colon x \longmapsto x^3$. Bilden Sie die Ableitung der zugehörigen Umkehrfunktion mit Hilfe der Umkehrregel.

Lösung:

1. Ableitung f' der Funktion f ermitteln.

$f(x) = x^3 \Rightarrow f^{-1}(x) = \sqrt[3]{x}$

2. Funktionsterm der Umkehrfunktion $f^{-1}(x)$ bestimmen.

$f(x) = x^3 \Rightarrow f'(x) = 3x^2$

3. Kehrwert $\frac{1}{f'(x)}$ bilden.

4. x in $f'(x) = \frac{1}{3x^2}$ durch den Funktionsterm $f^{-1}(x) = \sqrt[3]{x}$ ersetzen.

$$\frac{1}{f'(x)} = \frac{1}{3x^2}$$

$$\frac{1}{f'(f^{-1}(x))} = \frac{1}{3(\sqrt[3]{x})^2} = \frac{1}{3\sqrt[3]{x^2}}$$

$$(f^{-1}(x))' = \frac{1}{3\sqrt[3]{x^2}}$$

$$(f^{-1})': x \longmapsto \frac{1}{3\sqrt[3]{x^2}}$$

Durch die Umkehrregel wird die Ableitung einer Umkehrfunktion auf die Ableitung der zugehörigen Ausgangsfunktion zurückgeführt. Sie wird daher immer dann zweckmäßigerweise angewendet, wenn die Ausgangsfunktion einfacher abzuleiten ist als die Umkehrfunktion. Außerdem verwendet man sie, um die Ableitung einer Funktion zu berechnen, von deren Umkehrfunktion die Ableitung bereits bekannt ist.

In vielen Fällen ist es deshalb vorteilhaft, eine gegebene Funktion als Umkehrfunktion aufzufassen, um sie mit Hilfe ihrer einfacher abzuleitenden oder bereits bekannten Ausgangsfunktion zu differenzieren.

Beispiel:

Bilden Sie die Ableitung der Wurzelfunktion $f: x \longmapsto \sqrt[n]{x} = x^{\frac{1}{n}}$; $x \in \mathbb{R}_+$, $n \in \mathbb{N}^*$

Lösung:

Wir kennen bereits die Ableitung der Umkehrfunktion g von f. Wir fassen deshalb jetzt umgekehrt f als die Umkehrfunktion von g auf und bestimmen die Ableitungsfunktion f' nach der Umkehrregel:

$$f: x \longmapsto x^{\frac{1}{n}}; \quad x \in \mathbb{R}_+, \quad n \in \mathbb{N}^*$$

$$f^{-1} = g: x \longmapsto x^n$$

1. Ableitung von g ermitteln:

2. Funktionsterm von $g^{-1} = f$ bestimmen:

3. Kehrwert $\frac{1}{g'(x)}$ bilden:

4. x in $\frac{1}{g'(x)} = \frac{1}{nx^{n-1}}$ durch den Funktionsterm $g^{-1}(x) = x^{\frac{1}{n}}$ ersetzen:

$$(f^{-1})' = g': x \longmapsto nx^{n-1}$$

$$g^{-1}(x) = f(x) = x^{\frac{1}{n}}$$

$$\frac{1}{g'(x)} = \frac{1}{nx^{n-1}}$$

$$\frac{1}{g'(g^{-1}(x))} = \frac{1}{n(x^{\frac{1}{n}})^{n-1}}$$

$$(g^{-1}(x))' = \frac{1}{nx^{1-\frac{1}{n}}}$$

$$= \frac{1}{n} x^{\frac{1}{n}-1}$$

$$\underline{\underline{f'(x) = \frac{1}{n} x^{\frac{1}{n}-1}}}$$

Potenzregel

Wir haben in Kapitel 9 die Ableitung der Potenzfunktion für ganzzahlige Exponenten bestimmt und dafür die Potenzregel formuliert. Im letzten Beispiel wurde gezeigt, daß sie auch für Exponenten $\frac{1}{n}$ gilt. Wir können nun beweisen, daß sie sogar für beliebige rationale Exponenten r gültig ist.

Satz (Potenzregel):
Für die Ableitungsfunktion f' der Funktion $f: x \mapsto x^r;\ r \in \mathbb{Q},\ x \in \mathbb{R}_+$ gilt:

$$f': x \mapsto r \cdot x^{r-1}$$

$$f(x) = x^{\frac{m}{n}};\ m \in \mathbb{Z},\ n \in \mathbb{N}^*,\ x \in \mathbb{R}_+$$

$$\blacktriangleright\ f'(x) = \frac{m}{n} \cdot x^{\frac{m}{n}-1}$$

Potenzregel

Beweis:
Wir teilen den Exponenten $r = \frac{m}{n}$ und wenden die Kettenregel an. Die Ableitung h' kann nach Potenzregel für ganze Exponenten, die Ableitung g' nach obigem Beispiel bestimmt werden (für alle Funktionen ist $D = \mathbb{R}_+$).

$$f(x) = x^{\frac{m}{n}}$$

$$h(x) = x^m,\quad g(x) = x^{\frac{1}{n}}$$

$$f(x) = g(h(x)) = (x^m)^{\frac{1}{n}}$$

$$h'(x) = m\,x^{m-1},\quad g'(h(x)) = \frac{1}{n} \cdot (x^m)^{\frac{1}{n}-1}$$

$$f'(x) = g'(h(x)) \cdot h'(x)$$

$$= \frac{1}{n} (x^m)^{\frac{1}{n}-1} \cdot m x^{m-1}$$

$$= \frac{m}{n} x^{\frac{m}{n}-m} \cdot x^{m-1}$$

$$= \frac{m}{n} x^{\frac{m}{n}-m+m-1} = \frac{m}{n} x^{\frac{m}{n}-1}$$

Beispiele:

1. $f: x \mapsto x^{\frac{3}{7}}$
2. $f: x \mapsto \frac{1}{\sqrt[4]{x^3}}$
3. $f: x \mapsto \sqrt{ax+b}$
4. $f: x \mapsto x^3 \cdot \sqrt{x^2+1}$
   Die Funktion f wird mit der Produktregel abgeleitet: $(uv)' = u'v + v'u$.

   Durch Termumformung kann die Summe in einen Bruchterm umgewandelt werden.

Lösung:

1. $f': x \mapsto \frac{3}{7} x^{\frac{3}{7}-1} = \frac{3}{7} x^{-\frac{4}{7}}$

2. $f: x \mapsto x^{-\frac{3}{4}}$
$f': x \mapsto -\frac{3}{4} x^{-\frac{7}{4}}$

3. $f(x) = \sqrt{ax+b}$

$$h(x) = ax+b \Rightarrow h'(x) = a$$

$$g(h(x)) = \sqrt{ax+b} \Rightarrow g'(h(x)) = \frac{1}{2} \frac{1}{\sqrt{ax+b}}$$

$$f'(x) = \frac{a}{2\sqrt{ax+b}}$$

$$\Rightarrow f': x \mapsto \frac{a}{2} \cdot \frac{1}{\sqrt{ax+b}}$$

4. $f(x) = x^3 \cdot \sqrt{x^2+1}$

$$u(x) = x^3 \Rightarrow u'(x) = 3x^2$$

$$v(x) = \sqrt{x^2+1}$$

$$h(x) = x^2+1 \Rightarrow h'(x) = 2x$$

$$g(h(x)) = \sqrt{x^2+1} \Rightarrow g'(h(x)) = \frac{1}{2} \frac{1}{\sqrt{x^2+1}}$$

$$v'(x) = \frac{x}{\sqrt{x^2+1}}$$

$$f'(x) = 3x^2 \cdot \sqrt{x^2+1} + \frac{x}{\sqrt{x^2+1}} \cdot x^3$$

$$f': x \mapsto \frac{4x^4 + 3x^2}{\sqrt{x^2+1}}$$

Kettenregel — Umkehrregel — Potenzregel

1. Bestimmen Sie mit Hilfe der Kettenregel die Ableitung.

a) $f\colon x \longmapsto (3x-10)^2$ **b)** $f\colon x \longmapsto (5x-3x^2)^2$ **c)** $f\colon x \longmapsto x + \left(\frac{1}{x}\right)^2$

d) $f\colon x \longmapsto \sqrt{1-x^2}$ **e)** $f\colon x \longmapsto a - x \cdot \sqrt{2x}$ **f)** $f\colon x \longmapsto x \cdot \sqrt{x^2-1}$

g) $f\colon x \longmapsto \frac{x}{\sqrt{x-1}}$; $x \neq 1$ **h)** $f\colon x \longmapsto \sqrt{\frac{x-1}{x+1}}$; $x \neq -1$

2. Bestimmen Sie die Ableitung von f. Geben Sie $D(f)$ an, und die Punkte $x \in D(f)$ in denen die Ableitungsfunktion f' nicht existiert.

a) $f\colon x \longmapsto \sqrt{x}$ **b)** $f\colon x \longmapsto \sqrt{x^2-4}$

c) $f\colon x \longmapsto \frac{x}{\sqrt{27-x^3}}$ **d)** $f\colon x \longmapsto \frac{1}{x} \cdot \sqrt{5-x}$

3. Leiten Sie mit Hilfe der Potenzregel folgende Funktionen ab.

a) $f\colon x \longmapsto \sqrt[3]{x}$ **b)** $f\colon x \longmapsto a^{10} \cdot x^{\frac{3}{4}}$

c) $f\colon x \longmapsto \frac{5}{x} + 2\sqrt[3]{x^7}$ **d)** $f\colon x \longmapsto \frac{1}{\sqrt[n]{ax^3}}$

e) $f\colon x \longmapsto \frac{\lg 10}{x + \sqrt[3]{x}}$ **f)** $f\colon x \longmapsto \frac{4}{\sqrt[7]{x^3}} + \frac{11}{x^6}$

4. Beweisen Sie: Ist die Funktion g in x_0 differenzierbar, so ist auch die Funktion $f\colon x \longmapsto \frac{1}{g(x)}$ bei x_0 differenzierbar, und es gilt: $f'\colon x \longmapsto \frac{-g'(x)}{(g(x))^2}$
(Anleitung: Quotientenregel anwenden).

5. Bestimmen Sie mit Hilfe der Umkehrregel die Ableitung von f^{-1}.

a) $f\colon x \longmapsto x^4$ **b)** $f\colon x \longmapsto 2x^2$ **c)** $f\colon x \longmapsto \sqrt{x}$

d) $f\colon x \longmapsto \sqrt[4]{x^3}$ **e)** $f\colon x \longmapsto \sqrt[n]{x}$

6. Bestimmen Sie von der Funktion $f\colon x \longmapsto \frac{1}{\sqrt{1-x}}$ $\left(f\colon x \longmapsto \sqrt{\frac{x+1}{x}}\right)$.

a) $D(f)$ **b)** f^{-1} **c)** f' und $(f^{-1})'$ **d)** $D(f')$ und **e)** $D(f^{-1})'$

7. Bilden Sie die Ableitung der als Umkehrfunktionen aufzufassenden Funktionen:

a) $f^{-1}\colon x \longmapsto \sqrt[3]{\frac{x}{2}}$ **b)** $f^{-1}\colon x \longmapsto \frac{x^2}{9}$ **c)** $f^{-1}\colon x \longmapsto \frac{x^3}{16}$

12. Diskussion algebraischer Funktionen

In Kapitel 9.6 haben wir als Anwendung der Differentialrechnung ganzrationale Funktionen diskutiert („Kurvendiskussionen“ durchgeführt). Wir können die Diskussion nun auf gebrochene rationale und andere Funktionen ausdehnen. Zur Erinnerung:

Definition:
Eine Funktion heißt gebrochene rationale Funktion, wenn sie sich als Quotient zweier ganzrationaler Funktionen darstellen läßt (Nenner $\neq 0$).

$$f\colon \mathbb{R} \to \mathbb{R};\; x \mapsto \frac{p_n(x)}{q_m(x)};\; q_m \neq 0.$$

$$f\colon \mathbb{R} \to \mathbb{R};\; x \mapsto \frac{a_n x^n + a_{n-1} x^{n-1} + \cdots + a_1 x + a_0}{b_m x^m + b_{m-1} x^{m-1} + \cdots + b_1 x + b_0}$$

$$a_n, a_{n-1}, \ldots, a_0;\; b_m, b_{m-1}, \ldots, b_0 \in \mathbb{R};\; x \in \mathbb{R};\; m, n \in \mathbb{N}^*$$

Wir wollen die Diskussion gebrochener rationaler Funktionen wieder nach dem Schema aus Kapitel 9.6 durchführen:

Untersuchungsschema bei einer Kurvendiskussion:

1. Definitionsbereich	6. Wendepunkte
2. Symmetrie	7. Monotonie und Krümmung
3. Nullstellen	8. Wertebereich
4. Unendlichkeitsstellen – Lücken – Sprungstellen (Unstetigkeitsstellen)	9. Asymptoten
5. Extrempunkte	10. Zeichnen des Graphen

Zunächst erläutern wir die zehn einzelnen Diskussionspunkte.

1. Definitionsbereich

Der Definitionsbereich $D(f)$ ist entweder vorgegeben oder muß bestimmt werden. In der Regel ist $D(f)$ die Teilmenge von $\mathbb{R}$, für die der Funktionsterm $f(x)$ definiert ist. Es ist darauf zu achten, daß der Nenner nicht Null sein darf.

Beispiel:

1. Die Zahlen (-3) und 3 gehören nicht zu $D(f)$, weil sonst der Nenner Null wird.

1. $f(x) = \dfrac{x^2 - 4}{x^2 - 9} = \dfrac{x^2 - 4}{(x+3)(x-3)}$

$D(f) = \mathbb{R} \setminus \{-3, 3\}$

2. Symmetrie

Wir erinnern an die Definitionen:

Der Graph einer Funktion f ist *achsensymmetrisch* zur $f(x)$-Achse, wenn $f(-x)=f(x)$ für jedes $x \in D(f)$ gilt.

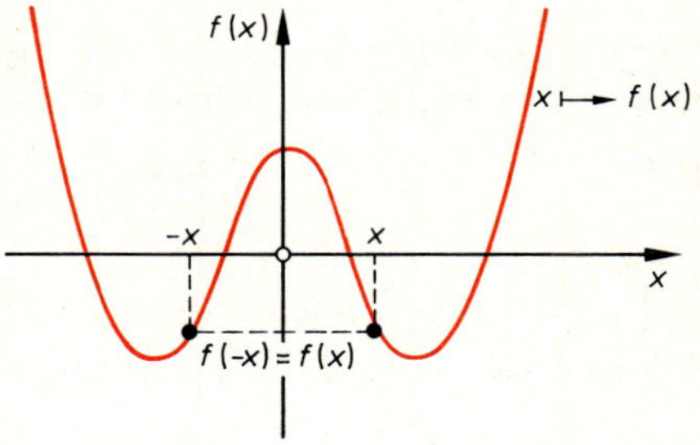

achsensymmetrischer Graph: $f(-x)= \quad f(x)$

Der Graph einer Funktion f ist *punktsymmetrisch* zum Nullpunkt, wenn $f(-x)=-f(x)$ für jedes $x \in D(f)$ gilt.

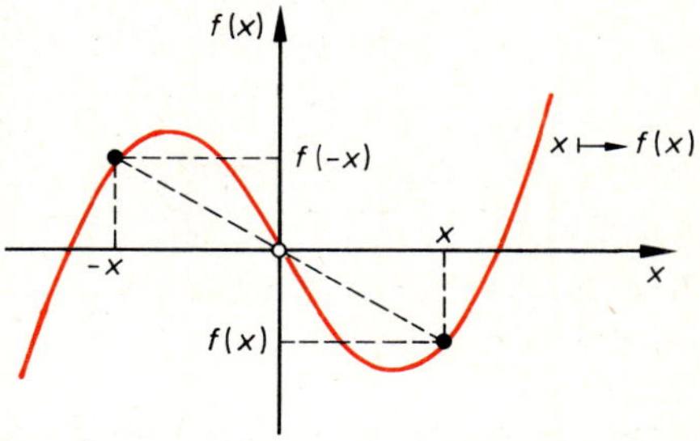

punktsymmetrischer Graph: $f(-x)=-f(x)$

Beispiele:

1. Der Graph der Funktion f ist wegen $f(-x)=-f(x)$ punktsymmetrisch.

1. $f(x) \quad = \dfrac{2x}{1+x^2}$

$$f(-x)=\frac{2(-x)}{1+(-x)^2}=-\frac{2x}{1+x^2}=-f(x)$$

$\underline{\underline{f(-x)=-f(x)}}$

2. Der Graph der Funktion f ist wegen $f(-x)=f(x)$ achsensymmetrisch.

2. $f(x) \quad = \dfrac{x^2-4}{1-x^2}$

$$f(-x)=\frac{(-x)^2-4}{1-(-x)^2}=\frac{x^2-4}{1-x^2}=f(x)$$

$\underline{\underline{f(-x)=f(x)}}$

3. Der Graph der Funktion f ist weder achsen- noch punktsymmetrisch.

3. $f(x) \quad = \dfrac{x^2-3x-5}{x+2}$

$$f(-x)=\frac{(-x)^2-3(-x)-5}{-x+2}=-\frac{x^2+3x-5}{x-2}$$

$f(-x) \neq f(x)$ *und* $f(-x) \neq -f(x)$

z.B. *für* $x=1$: $\quad f(1)=2\frac{1}{3}$

$\qquad f(-1)=-1$

3. Nullstellen

Die Nullstellen der gebrochenen rationalen Funktion $f\colon x \longmapsto \frac{p_n(x)}{q_m(x)}$ werden aus der Gleichung $p_n(x) = 0$ ermittelt. Für diese Berechnung gilt, was schon bei der Diskussion ganzrationaler Funktionen in Abschnitt 9.6 gesagt wurde.

4. Unendlichkeitsstellen — Lücken — Sprungstellen

Wir betrachten eine gebrochene rationale Funktion $f\colon x \longmapsto \frac{p_n(x)}{q_m(x)}$. Gilt $q_m(x_u) = 0$, so müssen wir zwei Fälle unterscheiden:

Fall 1: $q_m(x_u) = 0 \wedge p_n(x_u) \neq 0$

In diesem Fall liegt eine *Unendlichkeitsstelle* vor, an der das Vorzeichen gleich bleiben oder wechseln kann. Wir können dies durch die Betrachtung der einseitigen Grenzwerte feststellen.

Arten von Unendlichkeitsstellen		
$\lim\limits_{\substack{x \to x_u \\ \wedge x < x_u}} f(x) = \infty = \lim\limits_{\substack{x \to x_u \\ \wedge x > x_u}} f(x)$	*oder*	$\lim\limits_{\substack{x \to x_u \\ \wedge x < x_u}} f(x) = -\infty = \lim\limits_{\substack{x \to x_u \\ \wedge x > x_u}} f(x)$
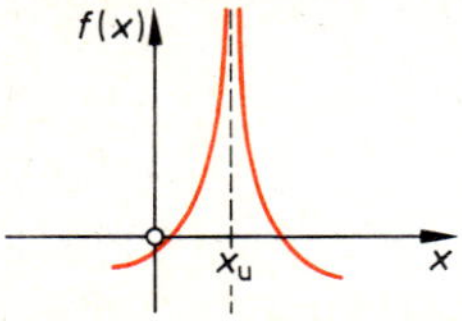	Unendlichkeitsstelle *ohne* Vorzeichenwechsel	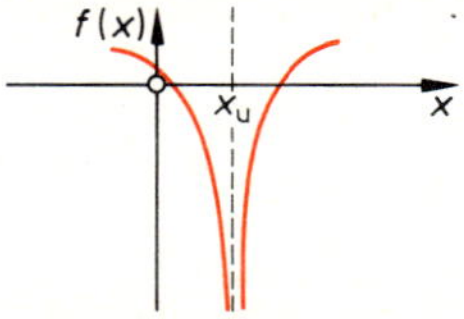
$\lim\limits_{\substack{x \to x_u \\ \wedge x < x_u}} f(x) = -\infty \wedge \lim\limits_{\substack{x \to x_u \\ \wedge x > x_u}} f(x) = \infty$	*oder*	$\lim\limits_{\substack{x \to x_u \\ \wedge x < x_u}} f(x) = \infty \wedge \lim\limits_{\substack{x \to x_u \\ \wedge x > x_u}} f(x) = -\infty$
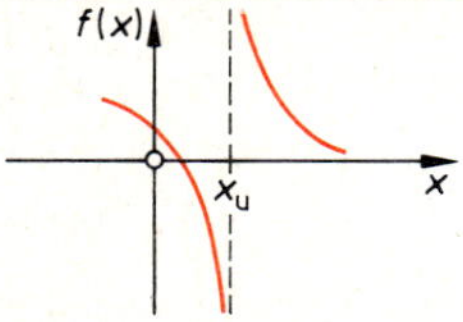	Unendlichkeitsstelle *mit* Vorzeichenwechsel.	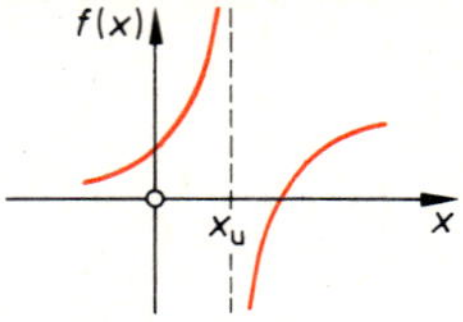

Fall 2: $q_m(x_u) = 0 \wedge p_n(x_u) = 0$

In diesem Fall lassen sich q_m und p_n durch den Faktor $(x - x_u)$ dividieren:

$$f(x) = \frac{(x - x_u)^k \cdot p_{n-k}(x)}{(x - x_u)^l \, q_{m-l}(x)}, \quad k \text{ und } l \text{ Ordnungen der Nullstelle von } p_n \text{ bzw. } q_m$$

Ist nun $k < l$, so liegt eine *Unendlichkeitsstelle* (mit oder ohne Vorzeichenwechsel) vor. Ist hingegen $k \geq l$, handelt es sich um eine *Definitionslücke*.

Ob eine Funktion an einer Definitionslücke stetig fortgesetzt werden kann, hängt von den rechts- und linksseitigen Grenzwerten an dieser Stelle ab. Existieren sie und stimmen sie überein, so kann man stetig fortsetzen. Andernfalls hat man es mit einer Sprungstelle zu tun.

Existieren der linksseitige und der rechtsseitige Grenzwert einer Funktion f für x gegen a und sind diese verschieden, so heißt a *Sprungstelle* der Funktion.

$$\lim_{\substack{x \to a \\ \wedge x < a}} f(x) \neq \lim_{\substack{x \to a \\ \wedge x > a}} f(x)$$

Eine Sprungstelle ist also weder eine Unendlichkeitsstelle noch eine hebbare Definitionslücke (Lücke).

Beispiel:

Gegeben sei die Funktion $f\colon x \mapsto \frac{2x^2 - 7x + 5}{x^3 - 5x^2 + 7x - 3}$.

Untersuchen Sie die Funktion auf Unendlichkeitsstellen.

Wir bestimmen zunächst die Nullstellen von Zähler und Nenner.

$$f(x) = \frac{2x^2 - 7x + 5}{x^3 - 5x^2 + 7x - 3} = \frac{p_2(x)}{q_3(x)}$$

$$q(x) = x^3 - 5x^2 + 7x - 3 = 0 \Rightarrow x_1 = 1$$

(*Probieren*)

$$(x^3 - 5x^2 + 7x - 3) : (x - 1) = x^2 - 4x + 3$$

$$x^2 - 4x + 3 = 0 \Rightarrow x_2 = 1 \wedge x_3 = 3$$

$$p(x) = 2x^2 - 7x + 5 = 0 \Rightarrow x_1 = 1 \wedge x_4 = 2{,}5$$

Die Bedingung:

$$p_n(x_0) \neq 0 \wedge q_m(x_0) = 0$$

wird erfüllt von: $x_3 = 3$.

Bei $x_3 = 3$ liegt eine Unendlichkeitsstelle *mit* Vorzeichenwechsel vor.

$$\lim_{\substack{x \to 3 \\ \wedge x < 3}} \frac{2x^2 - 7x + 5}{x^3 - 5x^2 + 7x - 3} \text{ existiert nicht (linksseitig)}$$

$$\lim_{\substack{x \to 3 \\ \wedge x > 3}} \frac{2x^2 - 7x + 5}{x^3 - 5x^2 + 7x - 3} \text{ existiert nicht (rechtsseitig)}$$

Die Bedingung: $p_n(x_0) = 0 \wedge q_m(x_0) = 0$ wird erfüllt von: $x_1 = 1$.

Durch Ausklammern des Terms $x - 1$ im Zähler und zweimal im Nenner (im Nenner liegt eine doppelte Nullstelle vor) erhalten wir die Terme $p_{n-k}(x)$ und $q_{m-l}(x)$ mit $k = 1$ und $l = 2$.

$$\frac{2x^2 - 7x + 5}{x^3 - 5x^2 + 7x - 3} = \frac{(2x - 5)(x - 1)}{(x - 3)(x - 1)^2} = \frac{2x - 5}{(x - 3)(x - 1)}$$

$$p_{n-1}(x_0) = 2x - 5; \quad k = 1$$

$$q_{m-2}(x_0) = x - 3; \quad l = 2$$

Da beide Terme für $x_0 = 1$ ungleich Null sind, liegt, da $l > k$ ist $(2 > 1)$ eine Unendlichkeitsstelle vor.

$$p_{n-1}(1) = 2 - 5 = -3; \quad -3 \neq 0$$

$$p_{m-2}(1) = 1 - 3 = -2; \quad -2 \neq 0$$

Bei $x_u = 1$ liegt eine Unendlichkeitsstelle mit Vorzeichenwechsel vor.

$$\lim_{\substack{x \to 1 \\ \wedge x < 1}} \frac{2x - 5}{(x - 1)(x - 3)} \text{ existiert nicht}$$

$$\lim_{\substack{x \to 1 \\ \wedge x > 1}} \frac{2x - 5}{(x - 1)(x - 3)} \text{ existiert nicht}$$

Anmerkung:

Es gibt auch Funktionen mit nur einseitiger Unendlichkeitsstelle (Beispiel dazu an späterer Stelle).

5. Extremstellen und -punkte

Extremstellen werden genauso mit Hilfe der Ableitungsfunktionen bestimmt, wie wir es in Kapitel 9.5/9.6 beschrieben haben.

6. Wendestellen und -punkte, Sattelpunkte

Dies gilt auch für die Untersuchung auf Wendepunkte und Sattelpunkte. Handelt es sich bei den Ableitungsfunktionen wieder um gebrochene rationale Funktionen, so werden deren Nullstellen durch die Berechnung der Nullstellen der Zählerfunktion bestimmt.

7. Monotonie und Krümmung

Auch die Feststellung von Monotonie und Krümmung erfolgt mit den bekannten notwendigen und hinreichenden Bedingungen (S. 322).

8. Wertebereich

Der Wertebereich $W(f)$ ist die Menge aller Funktionswerte $f(x)$. Der Wertebereich $W(f)$ einer gebrochenen rationalen Funktion braucht nicht die ganze Menge $\mathbb{R}$ zu sein, und er muß deshalb in jedem Einzelfall bestimmt werden.

9. Asymptoten

Definition:

Eine ganzrationale Funktion h heißt Asymptote der Funktion f, wenn gilt:

$$\lim_{x\to\infty}\big(f(x)-h(x)\big)=0 \wedge \lim_{x\to-\infty}\big(f(x)-h(x)\big)=0.$$

Der Graph einer Funktion $f\colon x \longmapsto \dfrac{p_n(x)}{q_m(x)}$ besitzt stets eine Asymptote für x gegen ∞.

- Ist $n < m$, dann ist die x-Achse Asymptote des Graphen von f.
- Ist $n \geq m$, so wird dividiert: $\dfrac{p_n(x)}{q_m(x)} = h(x) + \dfrac{r_s(x)}{q_m(x)},\ s < m.$

  Man kann sich anschaulich vorstellen, daß $\dfrac{r_s(x)}{q_m(x)}$ wegen $s < m$ sowohl für x gegen ∞ als auch für x gegen $-\infty$ gegen Null strebt. Asymptote ist dann der Graph der Funktion $h\colon x \longmapsto h(x)$.

10. Zeichnen des Graphen

- Koordinatensystem zeichnen.
- Definitionsbereich mit Unstetigkeitsstellen eintragen.
- Asymptoten einzeichnen (sofern vorhanden).
- Nullstellen und Schnittpunkte mit der y-Achse eintragen.
- Extrempunkte und Wendepunkte kennzeichnen.
- In der Nähe starker Krümmungen weitere Graphenpunkte berechnen (Wertetabelle).

Beispiel:

Diskutieren Sie die Funktion $f\colon x \longmapsto \dfrac{x^2-3x-4}{x+2}$

Lösung:

1. *Definitionsbereich*

1. $f(x) = \frac{x^2 - 3x - 4}{x + 2} \Rightarrow D(f) = \mathbb{R} \setminus \{-2\}$

denn: Nenner $= 0$ *für* $x = -2$

2. *Symmetrie*
   Der Graph ist weder achsen- noch punktsymmetrisch.

2. $f(-x) = \frac{(-x)^2 - 3(-x) - 4}{-x + 2} = -\frac{x^2 + 3x - 4}{x - 2}$

$\Rightarrow f(-x) \neq f(x)$ und $f(-x) \neq -f(x)$

3. *Nullstellen*
   Die gebrochen rationale Funktion f kann nur dort Nullstellen besitzen, wo der Zähler von $f(x)$ Null wird. Man erhält folgende Nullstellenpunkte:
   $P_1(4, 0)$ und $P_2(-1, 0)$.

3. $f(x) = \frac{p(x)}{q(x)}$: $p(x) = 0$

$\Leftrightarrow \quad 0 = x^2 - 3x - 4$

$\Rightarrow \quad x = \frac{3}{2} + \sqrt{\frac{9}{4} + 4} \vee x = \frac{3}{2} - \sqrt{\frac{9}{4} + 4}$

$\Rightarrow \quad x = 4 \vee x = -1$

4. *Unendlichkeitsstellen, Lücken, Sprungstellen*
   $q(x_u) = 0 \wedge p(x_u) \neq 0$:
   Diese Bedingung wird von $x_u = -2$ erfüllt.
   $x_u = -2$ ist eine Unendlichkeitsstelle mit Vorzeichenwechsel.
   Die Bedingung
   $q(x_L) = 0 \wedge p(x_L) = 0$
   wird von keinem $x \in \mathbb{R}$ erfüllt. Die Funktion f hat keine Lücke.

4. $f(x) = \frac{x^2 - 3x - 4}{x + 2} = \frac{p(x)}{q(x)}$

$q(x) = x + 2 = 0 \Leftrightarrow x = -2$

$p(-2) = 6 \Leftrightarrow x = x_u = -2$ *Unendlichkeitsstelle*

$$\lim_{\substack{x \to -2 \\ x > -2}} \frac{x^2 - 3x - 4}{x + 2} = \underline{\underline{\infty}}$$

$$\lim_{\substack{x \to -2 \\ \wedge x < -2}} \frac{x^2 - 3x - 4}{x + 2} = \underline{\underline{-\infty}}$$

$f(x) = \frac{x^2 - 3x - 4}{x + 2}$; $\quad x_3 = -2$

$\Rightarrow f(-2) = \frac{6}{0} \Rightarrow$ *keine Lücke*

5. *Extremstellen und -punkte*
   Der Funktionsterm der Ableitung wird mit der Quotientenregel bestimmt. Wir berechnen die Nullstellen der Ableitung. Dies geschieht durch Bestimmung der Nullstellen der Zählerfunktion.

5. $f(x) = \frac{x^2 - 3x - 4}{x + 2} = \frac{u(x)}{v(x)}$

$u(x) = x^2 - 3x - 4 \Rightarrow u'(x) = 2x - 3$

$v(x) = x + 2 \qquad \Rightarrow v'(x) = 1$

$$\left(\frac{u}{v}\right)' = \frac{u' \cdot v - v' \cdot u}{v^2}$$

$$f'(x) = \frac{(2x - 3)(x + 2) - (x^2 - 3x - 4)}{(x + 2)^2}$$

$$f'(x) = \frac{x^2 + 4x - 2}{(x + 2)^2}$$

$0 = x^2 + 4x - 2$

$\Rightarrow \quad x = -2 + \sqrt{4 + 2} \vee x = -2 - \sqrt{4 + 2}$

$\Rightarrow \quad x = 0{,}45 \qquad \vee x = -4{,}45$

Ob 0,45 und $-4{,}45$ Extremstellen sind, wird mit Hilfe der 2. Ableitung untersucht, wobei erneut die Quotientenregel Anwendung findet.

$$f'(x) = \frac{x^2 + 4x - 2}{(x+2)^2}$$

$$u(x) = x^2 + 4x - 2 \Rightarrow u'(x) = 2x + 4$$

$$v(x) = (x+2)^2$$

$$v(x) = x^2 + 4x + 4 \Rightarrow v'(x) = 2x + 4$$

$$f''(x) = \frac{(2x+4)(x+2)^2 - (2x+4)(x^2+4x-2)}{(x+2)^4}$$

Nach Bildung der 2. Ableitung und Einsetzen der entsprechenden x-Werte zeigt sich, ob eine Maximalstelle oder Minimalstelle vorliegt.

$$f''(x) = \frac{12(x+2)}{(x+2)^4}$$

$$f''(x) = \frac{12}{(x+2)^3}$$

$$f''(0{,}45) = \frac{12}{(0{,}45+2)^3} = 0{,}82 > 0$$ ▶ *Minimalstelle*

Die zugehörigen $f(x)$-Werte werden durch Einsetzen der x-Werte in die Stammfunktion errechnet.

$$f''(-4{,}45) = \frac{12}{(-4{,}45+2)^3} = -0{,}82 < 0$$ ▶ *Maximalstelle*

$P_4(0{,}45;\ -2{,}1)$ *Minimalpunkt*

$P_5(-4{,}45;\ -11{,}9)$ *Maximalpunkt*

6. *Wendepunkte*

Der Graph von f besitzt keine Wendepunkte, da die 2. Ableitung den Funktionswert 0 nicht annimmt.

6. $f''(x) = \dfrac{12}{(x+2)^3} = \dfrac{p_0(x)}{q_3(x)}$

$f''(x) = 0 \Rightarrow p_0(x) = 0$ ▶ *keine Lösung*

7. *Monotonie und Krümmung*

Durch die Nullstellen von f', $x_4 = 0{,}45$ und $x_5 = -4{,}45$, läßt sich der Definitionsbereich $D(f)$ in drei Intervalle einteilen:

$I_1 = (-\infty; -4{,}45)$, $I_2 = (-4{,}45; 0{,}45)$, $I_3 = (0{,}45; \infty)$.

Man berechnet danach in jedem Intervall einen beliebigen Funktionswert und untersucht, ob $f'(x) > 0$ oder $f'(x) < 0$ ist.

7. *Monotonieeigenschaften*

$$f'(x) = \frac{x^2 + 4x - 2}{(x+2)^2}$$

$I_1: f'(-5) = \frac{1}{3} > 0 \Rightarrow f$ *wächst monoton*

$I_2: f'(-3) = -5 < 0 \Rightarrow f$ *fällt monoton*

$I_3: f'(1) = \frac{1}{3} > 0 \Rightarrow f$ *wächst monoton*

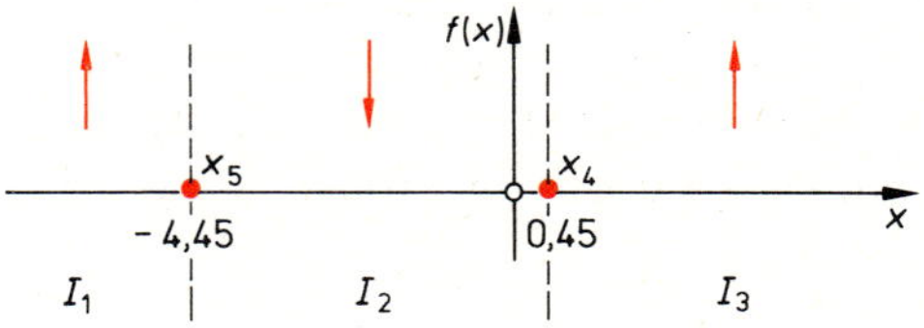

Krümmung:

Da $f''(x) \neq 0$, sind die Intervallgrenzen zunächst nicht festlegbar. Dennoch führt folgende Betrachtung zu den Krümmungseigenschaften von f.

Krümmungseingenschaften

$f''(x) = \dfrac{12}{(x+2)^3} < 0 \Leftrightarrow x < -2$ ▶ *Rechtskrümmung*

$f''(x) = \dfrac{12}{(x+2)^3} > 0 \Leftrightarrow x > -2$ ▶ *Linkskrümmung*

$f''(x) = \dfrac{12}{(x+2)^3}$ ist größer Null für $(x+2)^3 > 0$.
Das ist der Fall für $x > -2$.

$f''(x) = \dfrac{12}{(x+2)^3}$ ist kleiner Null für $(x+2)^3 < 0$.
Das ist der Fall für $x < -2$.

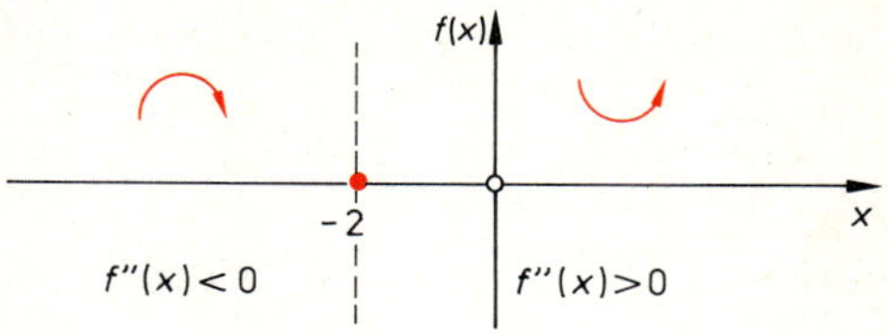

8. *Wertebereich*
Neben den beiden Grenzwerten ($x \longrightarrow \pm\infty$) sind die beiden Extrempunkte zu beachten.

Schnittpunkt mit der $f(x)$-Achse:
Es wird in der Funktion $x = 0$ gesetzt und $f(0)$ berechnet.

8. $\lim\limits_{x\to\infty} f(x) = \lim\limits_{x\to\infty} \dfrac{x^2-3x-4}{x+2} = \infty$

$\lim\limits_{x\to-\infty} f(x) = -\infty$

$\Rightarrow \underline{\underline{W(f) = \mathbb{R}\setminus\{f(x)\,|\,-11{,}19 \leq f(x) \leq -2{,}1\}}}$

$f(0) = \dfrac{0^2 - 3\cdot 0 - 4}{0+2} = -2$

$P_6(0, -2)$

9. *Asymptoten*
Wegen $n > m$ führt die Termdivision $p(x)\colon q(x)$ zu dem ganzrationalen Term $x - 5$ und dem echt gebrochenen Term $\dfrac{6}{x+2}$.
Der Graph der Funktion

$h\colon x \longmapsto x - 5$

ist Asymptote der Funktion.

9. $f(x) = \dfrac{x^2 - 3x - 4}{x+2} = \dfrac{p(x)}{q(x)}$

$(x^2 - 3x - 4) : (x+2) = x - 5 + \dfrac{6}{x+2}$

$\underline{\underline{h\colon x \longmapsto x - 5}}$ ▶ *Asymptote*

10. *Zeichnen des Graphen*
Die errechneten Punkte der Funktion werden in ein Koordinatensystem eingetragen. Zwischenwerte ergänzen den Graphen.

$P_1(4, 0)$, $P_2(-1, 0)$	Nullstellenpunkte
$x_3 = -2$	Unendlichkeitsstelle
$P_4(0{,}45; -2{,}1)$	Minimum
$P_5(-4{,}45; -11{,}9)$	Maximum
$P_6(0, -2)$	Schnittpunkt mit der $f(x)$-Achse
$h(x) = x - 5$:	Asymptote

10.

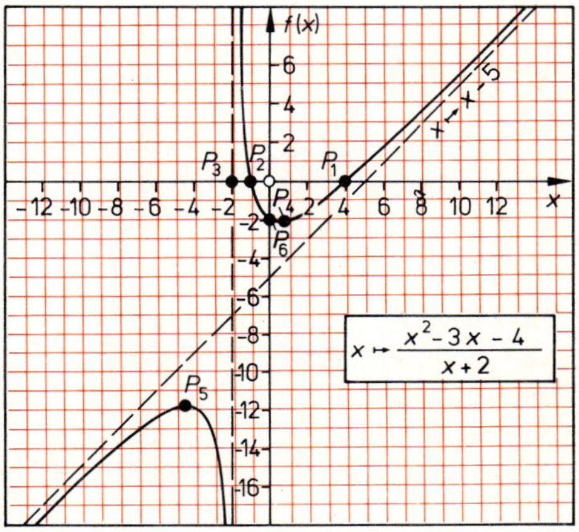

Beispiel:

Diskutieren Sie die Funktion $f\colon x \longmapsto \frac{2x^3}{3x^2 - x - 1}$.

Lösung:

1. *Definitionsbereich*
   Die Funktion f ist dort nicht definiert, wo der Nenner von $f(x)$ Null wird.

1. $3x^2 - x - 1 = 0 \quad |:3$

$\Leftrightarrow x^2 - \frac{1}{3}x - \frac{1}{3} = 0$

$\Rightarrow x = \frac{1}{6} + \sqrt{\frac{1}{36} + \frac{1}{3}} \vee x = \frac{1}{6} - \sqrt{\frac{1}{36} + \frac{1}{3}}$

$\Rightarrow x = 0{,}77 \vee x = -0{,}43$

$\Rightarrow \underline{\underline{D(f) = \mathbb{R} \setminus \{-0{,}43; 0{,}77\}}}$

2. *Symmetrie*
   Der Graph von f ist weder achsen- noch punktsymmetrisch.

2. $\frac{2x^3}{3x^2 - x - 1} \neq \frac{-2x^3}{3x^2 + x - 1} \neq -\frac{2x^3}{3x^2 - x - 1}$

$f(x) \neq f(-x); \quad f(-x) \neq -f(x)$

3. *Nullstellen*
   Die gebrochen rationale Funktion f kann nur dort Nullstellen besitzen, wo der Zähler von $f(x)$ Null wird. Man erhält die Nullstelle $x_1 = 0$. Der Graph verläuft durch den Ursprung $P_1(0, 0)$.

3. $f(x) = \frac{2x^3}{3x^2 - x - 1}$ ▶ *Null setzen*

$\Rightarrow 2x^3 = 0 \Leftrightarrow \underline{\underline{x_1 = 0}}$

4. *Unendlichkeitsstellen, Lücken, Sprungstellen*
   Unendlichkeitsstelle:
   $q(x_u) = 0 \wedge p(x_u) \neq 0$.
   Diese Bedingung erfüllen
   $x_{u1} = -0{,}77$ und $x_{u2} = -0{,}43$.
   $x_{u1} = 0{,}77$ ▶ Unendlichkeitsstelle mit Vorzeichenwechsel.

4. $f(x) = \frac{2x^3}{3x^2 - x - 1} = \frac{p(x)}{q(x)}$

$q(x) = 3x^2 - x - 1 = 0$

$\Rightarrow x_2 = \frac{1}{6} + \sqrt{\frac{13}{36}} = 0{,}77 = x_{u1}$ ▶ *Unendlich-*

$x_3 = \frac{1}{6} - \sqrt{\frac{13}{36}} = -0{,}43 = x_{u2}$ ▶ *keitsstellen*

$\lim\limits_{\substack{x \to 0{,}77 \\ \wedge x > 0{,}77}} \frac{2x^3}{3x^2 - x - 1}$ *existiert nicht*

$\lim\limits_{\substack{x \to 0{,}77 \\ \wedge x < 0{,}77}} \frac{2x^3}{3x^2 - x - 1}$ *existiert nicht*

$x_{u2} = -0{,}43$ ▶ Unendlichkeitsstelle mit Vorzeichenwechsel.

$\lim\limits_{\substack{x \to -0{,}43 \\ \wedge x > -0{,}43}} \frac{2x^3}{3x^2 - x - 1}$ *existiert nicht*

$\lim\limits_{\substack{x \to -0{,}43 \\ \wedge x < -0{,}43}} \frac{2x^3}{3x^2 - x - 1}$ *existiert nicht*

Lücken: $p(x_L) = 0 \wedge q(x_L) = 0$
Für keinen x-Wert ist diese Bedingung erfüllt.

$f(x) = \frac{2x^3}{3x^2 - x - 1}; \quad x = 0$

$\Rightarrow f(0) = \frac{0}{-1} \Rightarrow$ *keine Lücke*

Sprungstellen: Keine Sprungstellen, da für alle $x \in \mathbb{R}$ linksseitige und rechtsseitige Grenzwerte gleich sind.

5. *Extrempunkte*

Der Ableitungsterm wird mit der Quotientenregel bestimmt. Ein Bruch ist gleich Null, wenn der Zähler 0 ist. Man setzt also $p(x) = 0$ und berechnet die x-Werte.

5. $f(x) = \dfrac{2x^3}{3x^2 - x - 1}$

$u(x) = 2x^3 \Rightarrow u'(x) = 6x^2$

$v(x) = 3x^2 - x - 1 \Rightarrow v'(x) = 6x - 1$

$$f'(x) = \frac{6x^2(3x^2 - x - 1) - (6x - 1) \cdot 2x^3}{(3x^2 - x - 1)^2}$$

$$f'(x) = \frac{6x^4 - 4x^3 - 6x^2}{(3x^2 - x - 1)^2}$$

$$0 = 2x^2(3x^2 - 2x - 3)$$

$\Leftrightarrow \quad 2x^2 = 0 \vee 3x^2 - 2x - 3 = 0$

$\Rightarrow \quad x = 0 \vee x = 1{,}39 \vee x = -0{,}72$

$\underline{\underline{x_4 = 0}}; \quad \underline{\underline{x_5 = 1{,}39; \; x_6 = -0{,}72}}$

Die Nullstellen des Zählers liegen im Definitionsbereich der Funktion f'. Daher sind sie Nullstellen von f'.

$$f''(x) = \frac{16x^3 + 12x^2 + 12x}{(3x^2 - x - 1)^3}$$

$f''(x_4) = f''(0) = \dfrac{0}{-1} = 0$ ▶ *Keine Entscheidung evtl. Sattelstelle*

$f''(x_5) = f''(1{,}39)$

$$= \frac{16 \cdot 1{,}39^3 + 12 \cdot 1{,}39^2 + 12 \cdot 1{,}39}{(3 \cdot 1{,}39^2 - 1{,}39 - 1)^3}$$

$= 2{,}09 > 0$

$x_5 = 1{,}39$ ▶ *Minimalstelle*

Zur Feststellung, welche der Nullstellen von f' Extremstellen sind, wird die 2. Ableitung herangezogen. Für $x_4 = 0$ ist $f''(0) = 0$, d.h. eine Entscheidung über die Existenz eines Extrempunktes ist noch nicht möglich. Diese Stelle wird gesondert untersucht, da ein Sattelpunkt vorliegen kann.

Wir berechnen die Funktionswerte $f(x)$ für x_5 und x_6.

$f''(x_6) = f''(-0{,}72)$

$$= \frac{16 \cdot (-0{,}72)^3 + 12 \cdot (-0{,}72)^2 + 12 \cdot (-0{,}72)}{[3 \cdot (-0{,}72)^2 - (-0{,}72) - 1]^3}$$

$= -4{,}05 < 0$

$x_6 = -0{,}72$ ▶ *Maximalstelle*

$P_4(0; 0)$ ▶ *noch nicht entschieden*

$P_5(1{,}39; 1{,}58)$ ▶ *Minimalpunkt*

$P_6(-0{,}72; -0{,}59)$ ▶ *Maximalpunkt*

6. *Wendepunkte*

$f''(x)$ wird Null, wenn der Zähler Null wird.

Die Gleichung $4x^2 + 3x + 3$ besitzt keine reellen Lösungen. Nur an der Stelle $x_7 = 0$; $f(0) = 0$, also im Nullpunkt, befindet sich ein Wendepunkt. Dieser Wendepunkt ist wegen $f'(x_7) = 0$ ein Sattelpunkt (P_7).

6. $f''(x) = \dfrac{16x^3 + 12x^2 + 12x}{(3x^2 - x - 1)^3}$

$0 = 16x^3 + 12x^2 + 12x$

$0 = 4x(4x^2 + 3x + 3)$

$0 = 4x \Rightarrow \underline{\underline{x_7 = 0 = x_4}}$

$0 = 4x^2 + 3x + 3$ ▶ *Ergebnisse imaginär*

$$f'''(x) = \frac{-12(12x^4 + 12x^3 + 18x^2 + 1)}{(3x^2 - x - 1)^4}$$

$$f'''(0) = \frac{-12}{1} \neq 0$$

$$f'(x) = \frac{6x^4 - 4x^3 - 6x^2}{(3x^2 - x - 1)^2}$$

$$f'(0) = 0$$

$\Rightarrow \underline{\underline{x_7 = 0}}$ *Sattelstelle*

$P_7(0, 0)$ *Sattelpunkt*

7. *Monotonie und Krümmung*
Durch die drei Nullstellen von f' läßt sich $D(f)$ in vier Intervalle $I_1 \ldots I_4$ einteilen.
$I_1 = (-\infty; -0{,}72)$
$I_2 = (-0{,}72; 0)$
$I_3 = (0; 1{,}39)$
$I_4 = (1{,}39; \infty)$

Um die Monotonieeigenschaft festzustellen berechnet man in jedem Intervall einen beliebigen Funktionswert $f'(x)$ und untersucht, ob $f'(x) > 0$ (Funktion steigt monoton) oder $f'(x) < 0$ (Funktion fällt monoton) gilt.

7. *Monotonieeigenschaften*

$$f'(x) = \frac{6x^4 - 4x^3 - 6x^2}{(3x^2 - x - 1)^2}$$

$I_1: f'(-1) = \frac{4}{9} > 0$ ▸ f *wächst monoton*
$I_2: f'(-0{,}5) = -\frac{5}{8} < 0$ ▸ f *fällt monoton*
$I_3: f'(1) = -\frac{1}{4} < 0$ ▸ f *fällt monoton*
$I_4: f'(2) = \frac{40}{441} > 0$ ▸ f *wächst monoton*

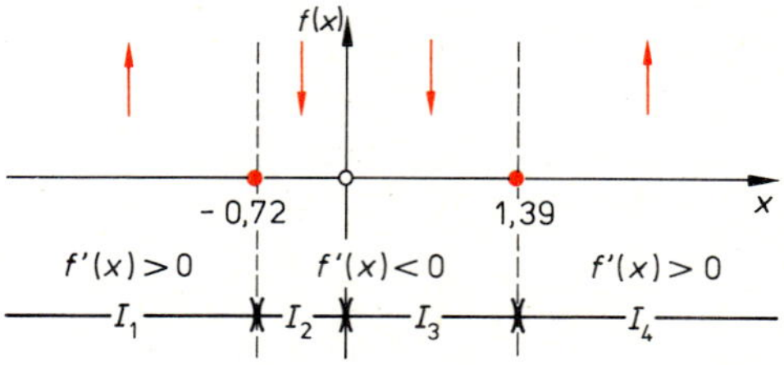

Krümmungseigenschaften

Durch die Nullstelle $x_1 = 0$ und die Unendlichkeitsstellen $x_2 = 0{,}77$ und $x_3 = -0{,}43$ kann man $D(f)$ in vier Intervalle einteilen. Man berechnet danach in jedem Intervall einen beliebigen Funktionswert und untersucht, ob $f''(x) > 0$ (Linkskrümmung) oder $f''(x) < 0$ (Rechtskrümmung) ist.
$I_1 = (-\infty; -0{,}43)$
$I_2 = (-0{,}43; 0)$
$I_3 = (0; 0{,}77)$
$I_4 = (0{,}77; \infty)$

$$f''(x) = \frac{16x^3 + 12x^2 + 12x}{(3x^2 - x - 1)^3}$$

$I_1: f''(-1) = -\frac{16}{27} < 0$ ▸ *Rechtskrümmung*
$I_2: f''(-\frac{1}{4}) = 14{,}1 > 0$ ▸ *Linkskrümmung*
$I_3: f''(\frac{1}{2}) = -26{,}1 < 0$ ▸ *Rechtskrümmung*
$I_4: f''(1) = 40 > 0$ ▸ *Linkskrümmung*

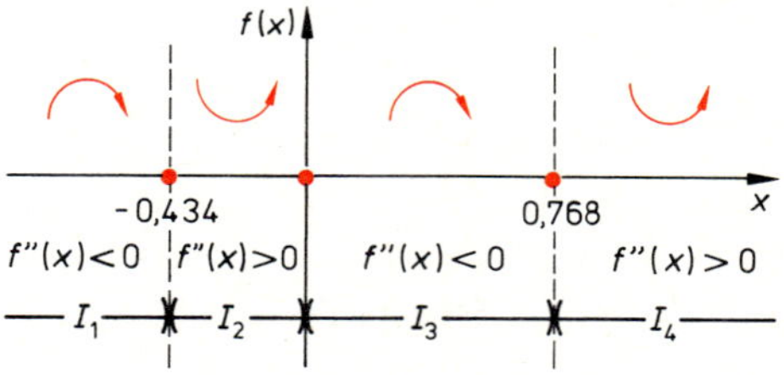

8. *Wertebereich*

Beide Unendlichkeitsstellen haben Vorzeichenwechsel und für x gegen $+\infty$ und gegen $-\infty$ geht $f(x)$ gegen $+\infty$ bzw. $-\infty$.

Für den Schnittpunkt mit der $f(x)$-Achse wird $f(x)$ für $x = 0$ bestimmt.

8. $\lim\limits_{x \to \infty} f(x) = \lim\limits_{x \to \infty} \dfrac{2x^3}{3x^2 - x - 1}$ *existiert nicht*

$\lim\limits_{x \to -\infty} f(x)$ *existiert nicht*

$\underline{\underline{W(f) = \mathbb{R}}}$

$f(x) = \dfrac{2x^3}{3x^2 - x - 1}$ ▶ $x = 0$

$f(0) = \dfrac{0}{-1} = 0$

$P_8(0, 0)$ ▶ *Schnittpunkt mit $f(x)$-Achse*

9. *Asymptoten*

Der Graph von $f(x) = \dfrac{p(x)}{q(x)}$ hat eine Asymptote. Wegen $n > m$ führt die Division $p(x) : q(x)$ zu einer rationalen Funktion, deren Graph die Asymptote ist.

9. $f(x) = \dfrac{2x^3}{3x^2 - x - 1} = \dfrac{p(x)}{q(x)}$

$f(x) = \frac{2}{3}x + \frac{2}{9} + \dfrac{\frac{8}{9}x + \frac{2}{9}}{3x^2 - x - 1}$

$\Rightarrow$ $\underline{\underline{h(x) = \frac{2}{3}x + \frac{2}{9}}}$ ▶ *Asymptote*

10. *Zeichnen des Graphen*

$P_1(0, 0)$	Nullstellenpunkt
$x_2 = 0{,}77$, $x_3 = -0{,}43$	Unendlichkeitsstellen
$P_5(1{,}39; 1{,}58)$	Minimalpunkt
$P_6(-0{,}72; -0{,}59)$	Maximalpunkt
$P_7(0, 0)$	Sattelpunkt
$P_8(0, 0)$	Schnittpunkt mit der $f(x)$-Achse
$h(x) = \frac{2}{3}x + \frac{2}{9}$	Asymptote
$P_9(-\frac{1}{4}, \frac{1}{18})$	Schnittpunkt: Graph-Asymptote

10.

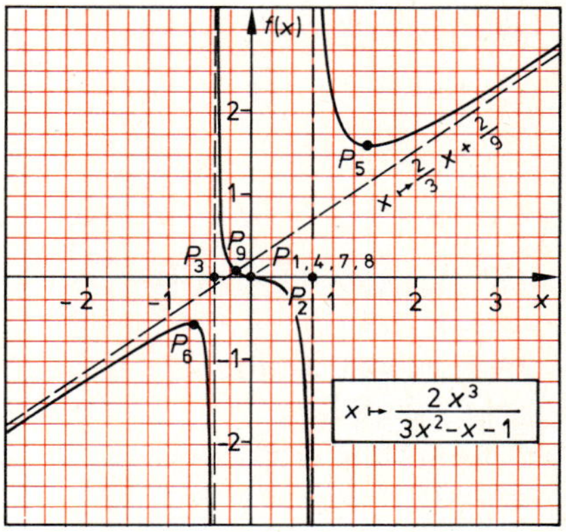

Wurzelfunktionen

Die Diskussion einer Wurzelfunktion sei an einem Beispiel verdeutlicht.

Beispiel:

Diskutieren Sie die Funktion $f\colon x \mapsto \sqrt{\dfrac{x+1}{x-1}}$.

Lösung:

1. *Definitionsbereich*
   Die Funktion ist nur dort definiert, wo der Radikand nicht negativ und dessen Nenner von 0 verschieden ist; sie ist also im Intervall $(-1, 1]$ nicht definiert.

1. $x - 1 \neq 0$

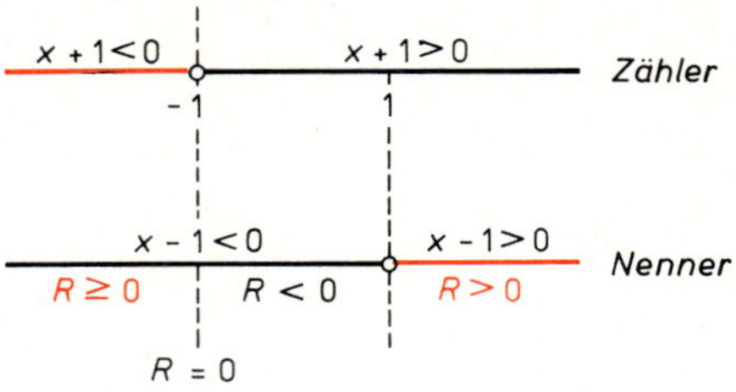

$$\underline{\underline{D(f) = \{x \mid x \leq -1 \;\; oder \;\; x > 1\}}}$$

2. *Symmetrie*

Der Graph von f ist weder achsen- noch punktsymmetrisch.

2. $\sqrt{\frac{x+1}{x-1}} \neq \sqrt{\frac{-x+1}{-x-1}}; \neq -\sqrt{\frac{x+1}{x-1}}$

$f(x) \neq f(-x); \quad f(-x) \neq -f(x)$

3. *Nullstellen*
   Ein Bruch wird Null, wenn der Zähler Null ist.
   Man erhält die Nullstelle $x_1 = -1$.

3. $f(x) = \sqrt{\frac{x+1}{x-1}} = \frac{\sqrt{x+1}}{\sqrt{x-1}}$

$p(x) = 0 \Leftrightarrow 0 = \sqrt{x+1}$

$\Leftrightarrow 0 = x + 1 \Leftrightarrow x = -1$

$x_1 = -1$

$P_1(-1, 0)$ ▶ *Nullstellenpunkt*

4. *Unendlichkeitsstellen, Lücken, Sprungstellen*
   Die Funktion f besitzt keine Lücken und Sprungstellen.
   Es existiert nur eine *rechtsseitige Unendlichkeitsstelle* bei $x_2 = 1$.

4. $\lim\limits_{\substack{x \to 1 \\ \wedge x > 1}} \sqrt{\frac{x+1}{x-1}} = \infty$ ▶ $x_2 = 1$. *Unendlichkeitsstelle*

5. *Extrempunkte*
   Zur Berechnung des Ableitungsterms ist die Quotientenregel zu verwenden.

5. $f(x) = \frac{\sqrt{x+1}}{\sqrt{x-1}} = \frac{u(x)}{v(x)}$

$u(x) = \sqrt{x+1} \Rightarrow u'(x) = \frac{1}{2\sqrt{x+1}}$

$v(x) = \sqrt{x-1} \Rightarrow v'(x) = \frac{1}{2\sqrt{x-1}}$

$$f'(x) = \frac{\frac{\sqrt{x-1}}{2\sqrt{x+1}} - \frac{\sqrt{x+1}}{2\sqrt{x-1}}}{x-1}$$

$f'(x)$ ist für $x > 1$ oder $x < -1$ stets von 0 verschieden, d.h. der Graph besitzt keinen Extrempunkt mit waagerechter Tangente.

$$f'(x) = \frac{-1}{\sqrt{(x-1)^2(x^2-1)}}: \blacktriangleright \textit{ Null setzen}$$

$$f'(x) \neq 0 \quad \textit{für} \quad x \in D(f) \setminus \{-1\}$$

Der einzige Extrempunkt (Randminimum) des Graphen liegt am Randpunkt $(-1, 0)$ des Definitionsbereichs.

$$0 = f(-1) \leq f(x) \textit{ für alle } \quad x \in D(f)$$

$P_3(-1, 0)$ ▶ *Randminimum*

Denn alle anderen Funktionswerte sind größer als 0.

6. *Wendepunkte*
Für $f''(x) = 0$ erhält man eine Gleichung 3. Grades, deren eine Lösung $x_1 = 1$ wir durch Probieren bekommen. Die zweite Lösung $x_2 = -0{,}5$ erhalten wir durch Auflösen der Gleichung $2x - x - 1 = 0$, denn
$(2x^3 - 3x^2 + 1) : (x - 1) = 2x^2 - x - 1$

6. $$f'(x) = \frac{-1}{\sqrt{(x-1)^2(x^2-1)}}$$

$$f'(x) = -(x^4 - 2x^3 + 2x - 1)^{-\frac{1}{2}}$$

$$f''(x) = \frac{2x^3 - 3x^2 + 1}{\sqrt{(x^4 - 2x^3 + 2x - 1)^3}}$$

$$f''(x) = 0 \Rightarrow 2x^3 - 3x^2 + 1 = 0$$

$$\Rightarrow x = 1 \vee x = -0{,}5$$

$$x_1 = 1; \; x_2 = -0{,}5$$

$$x_1, x_2 \notin D(f)$$

Da beide Lösungen nicht zum Definitionsbereich gehören, besitzt der Graph keine Wendepunkte.

7. *Monotonie und Krümmung*
Wir teilen $\mathbb{R}$ in drei Intervalle:

$I_1 = (-\infty, -1]$

$I_2 = (-1, 1]$

$I_3 = (1, \infty)$

Dabei ist $I_1 \cup I_3 = D(f)$, in I_2 ist f nicht definiert.

7. *Monotonieeigenschaften*

$$f'(x) = \frac{-1}{\sqrt{(x-1)^2(x^2-1)}}$$

I_1: $f'(-2) = -\frac{1}{9}\sqrt{3} < 0$ ▶ f *fällt monoton*

I_2: *f ist nicht definiert*

I_3: $f'(2) = -\frac{1}{3}\sqrt{3} < 0$ ▶ f *fällt monoton*

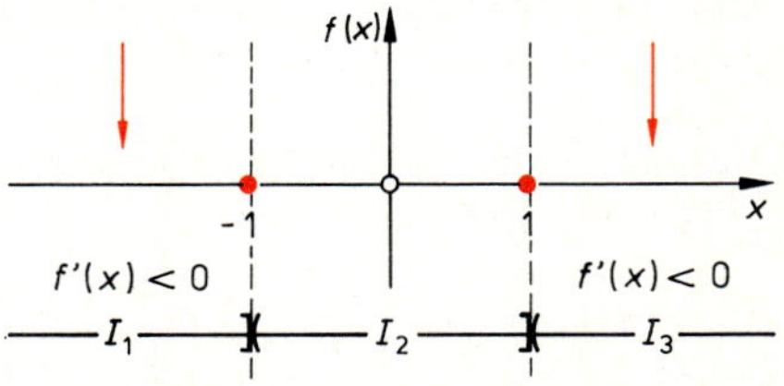

Krümmungseigenschaften

Da $f''(x)$ stets ungleich Null ist, erhalten wir die Grenzen der Intervalle mit gleichartiger Krümmung durch die Grenzen der Definitionsintervalle.

Wir berechnen in den Definitionsintervallen einen beliebigen Funktionswert und untersuchen, ob $f''(x) > 0$ (Linkskrümmung) oder $f''(x) < 0$ (Rechtskrümmung) ist.

$$f''(x) = \frac{2x^3 - 3x^2 + 1}{\sqrt{(x^4 - 2x^3 + 2x - 1)^3}}$$

I_1: $f''(-2) = -\frac{1}{9}\sqrt{3} < 0$ ▶ *Rechtskrümmung*

I_2: f ist nicht definiert

I_3: $f''(2) \quad = \frac{5}{9}\sqrt{3} > 0$ ▶ *Linkskrümmung*

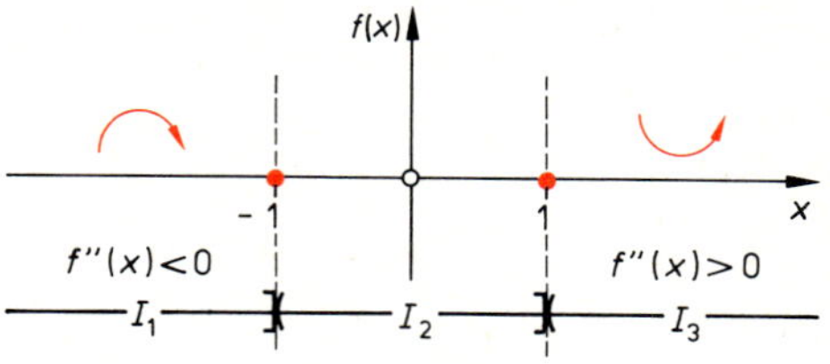

8. *Wertebereich*
Unter Beachtung der Unendlichkeitsstelle und des Randminimums P_3 wird der Wertebereich $W(f)$ *bestimmt.*
Es bestehen keine Schnittpunkte mit der $f(x)$-Achse, da für $x = 0$ die Funktion nicht definiert ist.

8. $\lim\limits_{x \to \infty} f(x) = \lim\limits_{x \to \infty} \sqrt{\dfrac{x+1}{x-1}} = 1$

$\lim\limits_{x \to -\infty} f(x) \quad = 1$

$\underline{\underline{W(f) = \mathbb{R}_+ \setminus \{1\}}}$

9. *Asymptoten*
Die Grenzwertbetrachtung $\lim\limits_{x \to \infty} f(x)$ liefert die Asymptote $h(x) = 1$.

9. $f(x) = \sqrt{\dfrac{x+1}{x-1}}$

$\lim\limits_{x \to \infty} \sqrt{\dfrac{x+1}{x-1}} = 1 \;\Rightarrow\; h(x) = 1$ *Asymptote*

10. *Zeichnen des Graphen*

$P_1(-1, 0)$	Nullstelle
$x_2 = 1$	Unendlichkeitsstelle (rechts)
$P_3(-1, 0)$	Randminimum
$h(x) = 1$	Asymptote

10.

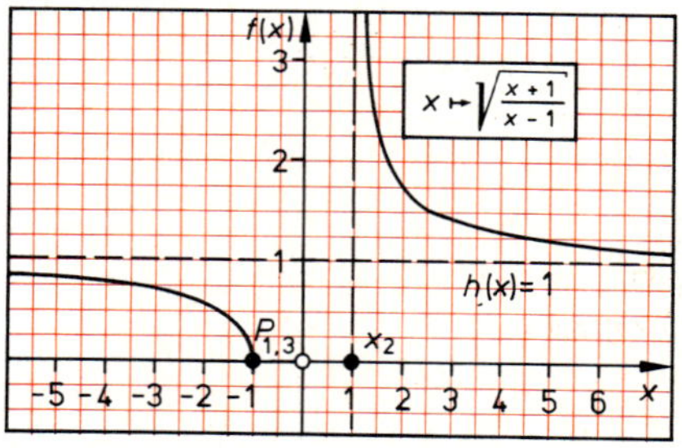

Übungen **12.**

Algebraische Funktionen

1. Bestimmen Sie: **a)** Unendlichkeitsstellen, Lücken; **b)** Asymptoten folgender Funktionen:

a) $f\colon x \mapsto \dfrac{x}{x+1}$ **b)** $f\colon x \mapsto \dfrac{x-1}{x^2+1}$

c) $f\colon x \mapsto \dfrac{x^2 - 2x + 1}{x^2 - 1}$ **d)** $f\colon x \mapsto \dfrac{1}{\sqrt{x-1}}$

2. Diskutieren Sie die folgenden Funktionen:

a) $f\colon x \mapsto \dfrac{2x^2}{1+x^2}$ **b)** $f\colon x \mapsto \dfrac{x^2}{2x^4-8}$ **c)** $f\colon x \mapsto \dfrac{x^2+1}{2x^2-8x+6}$

d) $f\colon x \mapsto \dfrac{x^2-4}{x+2}$ **e)** $f\colon x \mapsto \dfrac{x^3-4x}{2x^2+2}$ **f)** $f\colon x \mapsto \dfrac{2x^2-8x+6}{x^2-5x+12}$

g) $x \mapsto \dfrac{x^3-3x+2}{x^2}$ **h)** $f\colon x \mapsto x^2 - \dfrac{1}{x^2}$ **i)** $f\colon x \mapsto \dfrac{9-x^2}{x^2-1}$

3. Bestimmen Sie die Zahl a so, daß der Graph von f an der Stelle $x_0 = 1$ die Steigung $m = -1$ hat. $f\colon x \mapsto \dfrac{x+a}{x^2}$

4. Wandeln Sie die Linsengleichung: $\dfrac{1}{x} + \dfrac{1}{y} = \dfrac{1}{f}$ in eine Funktionsgleichung $y = \dfrac{x \cdot f}{x-f}$ um und diskutieren Sie die Funktion. (x: Gegenstandsweite; f: Brennweite; y: Bildweite)

5. Diskutieren Sie folgende Funktionen:

a) $f\colon x \mapsto \sqrt{x-4}$ **b)** $f\colon x \mapsto \sqrt{x^3-x^2}$ **c)** $f\colon x \mapsto \sqrt{\dfrac{x^3}{4-x}}$

d) $f\colon x \mapsto \dfrac{x}{\sqrt{1+x}}$ **e)** $f\colon x \mapsto \sqrt{\dfrac{x-1}{x+1}}$ **f)** $f\colon x \mapsto \sqrt{\dfrac{x^2+1}{x^2-1}}$

6. Geben Sie Funktionen an, die mindestens zwei der folgenden Eigenschaften besitzen:

a) Nullstelle bei $x = 1$ **b)** Unendlichkeitsstelle bei $x = 2$ (mit Vorzeichenwechsel),

c) Unendlichkeitsstelle bei $x = -2$ (ohne Vorzeichenwechsel),

d) Lücke bei $x = -1$.

7. Geben Sie eine Funktion an, die alle unter 6. genannten Eigenschaften hat.

13. Ableitung transzendenter Funktionen

13.1 Ableitung der Exponential- und Logarithmusfunktionen

Ableitung der Exponentialfunktion

Beispiel:

Zeichnen Sie den Graphen von $f\colon x \longmapsto e^x$.

a) Bestimmen Sie $f(0)$ und $f(1)$.

b) Zeichnen Sie an den Graphen die Tangenten in den Punkten $P_1(0, f(0))$ und $P_2(1, f(1))$ und bestimmen Sie durch Nachmessen die betreffenden Steigungen $\tan\alpha_1$ und $\tan\alpha_2$ der Tangenten.

c) Vergleichen Sie $f(0)$ mit $\tan\alpha_1$ und $f(1)$ mit $\tan\alpha_2$.

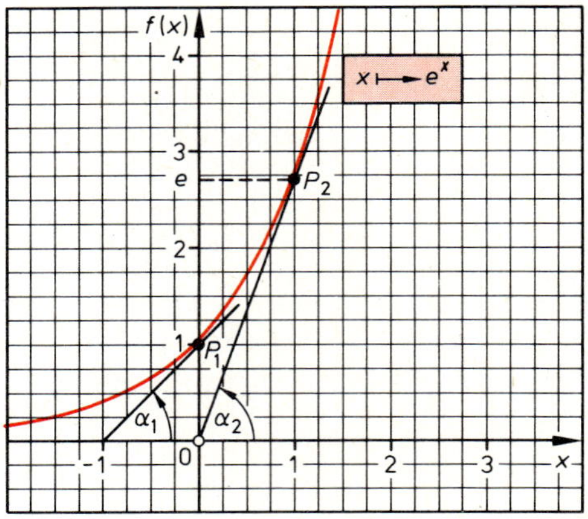

Lösung:

a) Es ergeben sich die Werte:
$f(0) = 1$ und $f(1) = e$.

$f(x) = e^x$; $x = 0 \blacktriangleright f(0) = e^0 = \underline{\underline{1}}$
$x = 1 \blacktriangleright f(1) = e^1 = \underline{\underline{e}} = 2{,}718\ldots$

b) Auf Grund von Zeichnung und Messung ergeben sich die Werte:
$\tan\alpha_1 = 1$ und $\tan\alpha_2 \approx e$.

$\alpha_1 = 45° \blacktriangleright \tan\alpha_1 = \underline{\underline{1}}$
$\alpha_2 = 69{,}8° \blacktriangleright \tan\alpha_2 \approx 2{,}718\cdots = \underline{\underline{e}}$

c) Bei der Funktion f sind Funktionswert und Ableitung an den beiden Stellen gleich.
Überraschenderweise gilt dies für alle Stellen.

$f(0) = \tan\alpha_1 = 1$; $f(1) = \tan\alpha_2 = e$
$f(0) = f'(0)$ und $f(1) = f'(1)$

Satz:

Die Ableitung der natürlichen Exponentialfunktion $f\colon x \longmapsto e^x$ ist wieder die natürliche Exponentialfunktion. Sie existiert für alle $x \in \mathbb{R}$.

$f\colon x \longmapsto e^x \blacktriangleright f'\colon x \longmapsto e^x$ $f(x) = e^x \blacktriangleright f'(x) = e^x$	$x \in \mathbb{R}$

natürliche Exponentialfunktion

Beweis:

Der Differenzquotient lautet:

$$\frac{f(x)-f(x_0)}{x-x_0} = \frac{e^x - e^{x_0}}{x-x_0} = e^{x_0}\frac{\left(\frac{e^x}{e^{x_0}}-1\right)}{x-x_0}$$
$$= e^{x_0}\cdot\frac{e^{x-x_0}-1}{x-x_0}$$
$$= e^{x_0}\cdot\frac{e^h-1}{h}$$

Mit der Substitution $h = x - x_0$ ist statt $x \longrightarrow x_0$ der Grenzwert für $h \longrightarrow 0$ zu bilden.

$$\lim_{x\to x_0}\frac{f(x)-f(x_0)}{x-x_0} = \lim_{h\to 0} e^{x_0}\cdot\frac{e^h-1}{h}$$

Für $h \neq 0$ gilt $e^h \neq 1$ und es gibt ein $k \in \mathbb{R}$ mit $k \neq 0$, so daß $e^h = 1 + k$ richtig ist. Berücksichtigt man, daß mit $e^h = 1 + k$ auch $h = \ln(1 + k)$ gilt, dann kann statt $h \longrightarrow 0$ der Grenzwert für $k \longrightarrow 0$ gebildet werden.
(Es gilt: $x \cdot \ln a = \ln a^x$.)

$$= e^{x_0}\cdot\lim_{k\to 0}\frac{1+k-1}{\ln(1+k)}$$
$$= e^{x_0}\cdot\lim_{k\to 0}\frac{k}{\ln(1+k)}$$
$$= e^{x_0}\cdot\lim_{k\to 0}\frac{1}{\frac{1}{k}\cdot\ln(1+k)}$$
$$= e^{x_0}\cdot\lim_{k\to 0}\frac{1}{\ln[(1+k)^{\frac{1}{k}}]}$$

Der Grenzwert $\lim\limits_{x\to\infty}\left(1+\frac{1}{x}\right)^x = e$ wurde in Abschnitt 8.2. angegeben. Mit $k = \frac{1}{x}$ folgt daraus

$$\lim_{x\to\infty}\left(1+\frac{1}{x}\right)^x = \lim_{k\to 0}(1+k)^{\frac{1}{k}} = e$$

und für jedes $x_0 \in \mathbb{R}$ lautet der Grenzwert des Differenzenquotienten e^{x_0}.

$$= e^{x_0}\cdot\frac{1}{\ln[\lim\limits_{k\to 0}(1+k)^{\frac{1}{k}}]}$$
$$= e^{x_0}\cdot\frac{1}{\ln[e]}$$
$$= e^{x_0}\cdot\frac{1}{1}$$
$$= e^{x_0}$$

Für $f\colon x \longmapsto e^x$ wollen wir keine Kurvendiskussion nach dem eingeführten Schema führen, sondern einige Eigenschaften des Graphen durch einfache Überlegungen gewinnen.

Wegen $e^0 = 1$ ist $P(0, 1)$ ein Schnittpunkt mit der $f(x)$-Achse. Nullstellen sind keine vorhanden, auch nicht bei den einzelnen Ableitungen, daher gibt es auch keine Extrem- oder Wendepunkte. Aus $f'(x) > 0$ und $f''(x) > 0$ für alle $x \in \mathbb{R}$ folgt: Der Graph steigt monoton und hat eine Linkskrümmung. Symmetrieeigenschaften sind nicht vorhanden.

Beispiele:

1. $f\colon x \longmapsto e^{ax}$
   Die Funktion f wird mit der Kettenregel $(f'(x) = g'(h(x)) \cdot h'(x))$ abgeleitet.

1. $f(x) = e^{ax} = g(h(x))$

$$h(x) = a\,x \Rightarrow h'(x) = a$$
$$g(h(x)) = e^{ax} \Rightarrow g'(h(x)) = e^{ax}$$
$$f'(x) = a \cdot e^{ax}$$
$$f'\colon x \longmapsto a \cdot e^{ax}$$

2. $f\colon x \longmapsto e^{x\cdot(2x^2+3)}$
   Die Funktion f wird mit Hilfe der Kettenregel und der Produktregel abgeleitet.

2. $f(x) = e^{x\cdot(2x^2+3)} = g(h(x))$

$$h(x) = x\cdot(2x^2+3) = u(x)\cdot v(x)$$
$$u(x) = x \Rightarrow u'(x) = 1$$
$$v(x) = 2x^2+3 \Rightarrow v'(x) = 4x$$
$$h'(x) = u'(x)\cdot v(x) + v'(x)\cdot u(x)$$
$$= 6x^2+3$$
$$g(h(x)) = e^{x\cdot(2x^2+3)} \Rightarrow g'(h(x)) = e^{x\cdot(2x^2+3)}$$
$$f'(x) = (6x^2+3)\cdot e^{x(2x^2+3)}$$
$$\Rightarrow f'\colon x \longmapsto (6x^2+3)\cdot e^{x(2x^2+3)}$$

3. $f\colon x \longmapsto e^{\sqrt{3x+5}}$

Beim Ableiten der Funktion $f(x) = g(h(k(x)))$ mit der Kettenregel bilden wir k' von $k(x) = 3x + 5$. Die Kettenregel lautet dann:

$f'(x) = g'(h(k(x))) \cdot h'(k(x)) \cdot k'(x)$.

3. $f(x) = e^{\sqrt{3x+5}} = g(h(k(x)))$

$$k(x) = 3x + 5 \Rightarrow k'(x) = 3$$
$$h(k(x)) = (3x+5)^{1/2} \Rightarrow h'(k(x)) = \tfrac{1}{2}(3x+5)^{\frac{1}{2}-1}$$
$$g(h(k(x))) = e^{\sqrt{3x+5}} \Rightarrow g'(h(k(x))) = e^{\sqrt{3x+5}}$$

$$f'(x) = g'(h((x))) \cdot h'(k(x)) \cdot k'(x)$$
$$f'(x) = e^{\sqrt{3x+5}} \cdot \tfrac{1}{2}(3x+5)^{-\frac{1}{2}} \cdot 3$$
$$f'\colon x \longmapsto \frac{3e^{\sqrt{3x+5}}}{2\sqrt{3x+5}}$$

Beispiel:

Untersuchen Sie die Funktion $f\colon x \longmapsto x^2 \cdot e^{-x}$ auf Definitionsbereich, Symmetrie, Nullstellen, Extrempunkte, Wendepunkte und zeichnen Sie den Graphen im Intervall $x \in [-1{,}5; 4]$.

Lösung:

Definitionsbereich

f ist in ganz $\mathbb{R}$ definiert.

$$f(x) = x^2 e^{-x} \Rightarrow D(f) = \mathbb{R}$$

Symmetrie

Der Graph von f ist weder achsen- noch punktsymmetrisch.

$x^2 \cdot e^{-x} \neq (-x)^2 \cdot e^{-(-x)}$ *nicht achsensymmetrisch*

$-(x^2 \cdot e^{-x}) \neq (-x)^2 \cdot e^{-(-x)}$ *nicht punktsymmetrisch*

Nullstellen

Nur der Term x^2 kann Null werden, da e^{-x} stets ungleich Null ist.

$$0 = x^2 \cdot e^{-x} \Rightarrow \underline{\underline{x_1 = 0}}$$

$$e^{-x} = \frac{1}{e^x} \neq 0 \quad \textit{für } x \in \mathbb{R}$$

Extrempunkte

Die erste Ableitungsfunktion bestimmen wir mit Hilfe der Produktregel. Da e^{-x} stets ungleich Null ist, muß der Term $2x - x^2$ auf Nullstellen untersucht werden.

$f(x) = x^2 \cdot e^{-x}$ $\qquad u = x^2 \Rightarrow u' = 2x$

$\qquad v = e^{-x} \Rightarrow v' = -e^{-x}$

$f'(x) = 0 = 2x \cdot e^{-x} - x^2 \cdot e^{-x}$

$0 = e^{-x} \cdot (2x - x^2)$

$0 = 2x - x^2 \Rightarrow \underline{\underline{x_2 = 0 \wedge x_3 = 2}}$

$y_2 = f(0) = 0 \wedge y_3 = f(2) = 0{,}54$

Nach Bildung der zweiten Ableitung mit Hilfe der Produktregel und Einsetzen der entsprechenden x-Werte zeigt sich, ob eine Maximal- oder Minimalstelle vorliegt.

$f'(x) = e^{-x} \cdot (2x - x^2)$ $\quad u(x) = e^{-x} \Rightarrow u'(x) = -e^{-x}$

$\qquad v(x) = 2x - x^2 \Rightarrow v'(x) = 2 - 2x$

$f''(x) = -e^{-x} \cdot (2x - x^2) + e^{-x}(2 - 2x)$

$f''(x) = e^{-x}(x^2 - 4x + 2)$

$f''(0) = \quad 2 > 0 \Rightarrow x_2 = 0$ $\quad$ ist *Minimalstelle*

$f''(2) = -0{,}27 < 0 \Rightarrow x_3 = 2$ $\quad$ ist *Maximalstelle*

Extrempunkte:

$P_2(0, 0)$ *Minimalpunkt*

$P_3(2; 0{,}54)$ *Maximalpunkt*

Wendepunkte

Für die zweite Ableitungsfunktion liefert nur der Term $x^2 - 4x + 2$ Nullstellen, da e^{-x} stets ungleich Null ist.

$0 = e^{-x} \cdot (x^2 - 4x + 2)$

$0 = x^2 - 4x + 2$ ▶ $\underline{\underline{x_4 = 2 + \sqrt{2};\ x_5 = 2 - \sqrt{2}}}$

$y_4 = f(2 + \sqrt{2}) = 0{,}32 \wedge y_5 = f(2 - \sqrt{2}) = 0{,}19$

Graph

$P_1(0,0)$ *Nullstellenpunkt*

$P_2(0,0)$ *Minimalpunkt*

$P_3(2;\ 0{,}54)$ *Maximalpunkt*

$P_4(2+\sqrt{2};\ 0{,}32)$ 1. *Wendepunkt*

$P_5(2-\sqrt{2};\ 0{,}19)$ 2. *Wendepunkt*

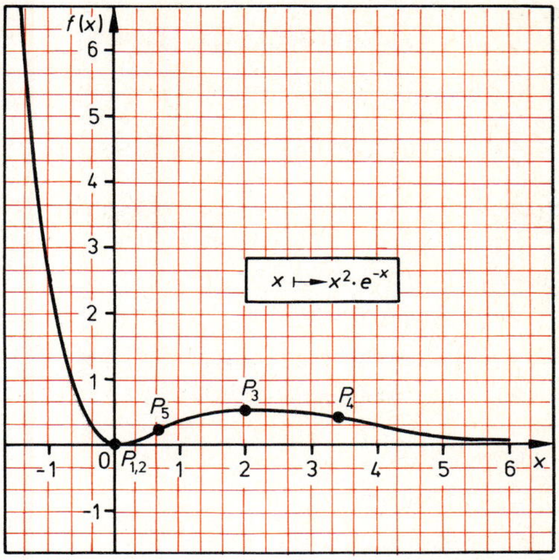

Ableitung der Logarithmusfunktion

Die Funktion $f\colon x \longmapsto \ln x$ ist die Umkehrfunktion der Exponentialfunktion $f\colon x \longmapsto e^x$.

$$f\colon x \longmapsto y = e^x$$

$$y = e^x \Rightarrow \ln y = \ln e^x = x \cdot \underbrace{\ln e}_{1}$$

$$x = \ln y$$

Mit Hilfe der Umkehrregel: $(f^{-1}(x))' = \dfrac{1}{f'(f^{-1}(x))}$ können wir zeigen, daß die Ableitung der Logarithmusfunktion mit der Basis e $f'\colon x \longmapsto \dfrac{1}{x}$ ist. (Es gilt: $e^{\ln x} = x$)

Umbenennung der Variablen:

$y = \ln x;\ f^{-1}\colon x \longmapsto y = \ln x$

$$\left.\begin{array}{r} f^{-1}(x) = \ln x \\ f'(x) = e^x \end{array}\right\} \Rightarrow (f^{-1}(x))' = \frac{1}{e^{\ln x}} = \underline{\underline{\frac{1}{x}}}$$

Satz:

Die natürliche Logarithmusfunktion ist für $x \in \mathbb{R}_+^*$ differenzierbar und hat die Ableitung

$$f'\colon x \longmapsto \frac{1}{x}$$

$$f\colon x \longmapsto \ln x \Rightarrow f'\colon x \longmapsto \frac{1}{x}$$

$$f(x) = \ln x \Rightarrow f'(x) = \frac{1}{x} \qquad x \in \mathbb{R}_+^*$$

natürliche Logarithmusfunktion

Auch für $f\colon x \longmapsto \ln x$ ist eine Graphendiskussion nach dem eingeführten Schema nicht notwendig, da sich die Eigenschaften des Graphen analog wie bei der Funktion $f\colon x \longmapsto e^x$ durch einfache Überlegungen gewinnen lassen:

f hat an der Stelle 1 eine Nullstelle.

Die Funktionswerte der ersten Ableitung $f': x \longmapsto \frac{1}{x}$, $x \in \mathbb{R}^*_+$, sind stets größer als Null, d.h. f hat keine Extremstellen und der Graph steigt streng monoton.

Die Funktionswerte der zweiten Ableitung $f'': x \longmapsto -\frac{1}{x^2}$, $x \in \mathbb{R}^*_+$, sind stets negativ, d.h. f hat keine Wendestellen und der Graph hat Rechtskrümmung.

Beispiele:

1. $f: x \longmapsto \ln(1 + x^2)$

   Wir leiten die Funktion mit Hilfe der Kettenregel ab.

1. $f(x) = \ln(1 + x^2) = g(h(x))$

$$h(x) = 1 + x^2 \Rightarrow h'(x) = 2x$$

$$g(h(x)) = \ln(1 + x^2) \Rightarrow g'(h(x)) = \frac{1}{1 + x^2}$$

$$f'(x) = 2x \cdot \frac{1}{1 + x^2}$$

$$f': x \longmapsto \frac{2x}{1 + x^2}$$

2. $f: x \longmapsto \ln \frac{b + ax}{b - ax}$

   Wir formen $f(x)$ in zwei Funktionsterme um und leiten beide mit der Kettenregel ab.

2. $f(x) = \ln \frac{b + ax}{b - ax}$

$$= \underset{1.}{\ln(b + ax)} - \underset{2.}{\ln(b - ax)}$$

1. $h_1(x) = b + ax \Rightarrow h_1'(x) = a$
2. $h_2(x) = b - ax \Rightarrow h_2'(x) = -a$

1. $g_1(h_1(x)) = \ln(b + ax) \Rightarrow g_1'(h_1(x)) = \frac{1}{b + ax}$
2. $g_2(h_2(x)) = \ln(b - ax) \Rightarrow g_2'(h_2(x)) = \frac{1}{b - ax}$

$$f'(x) = h_1'(x) \cdot g_1'(h_1(x)) - h_2'(x) \cdot g_2(h_2(x))$$

$$f'(x) = \frac{a}{b + ax} - \frac{-a}{b - ax}$$

$$= \frac{a(b - ax) + a(b + ax)}{b^2 - a^2x^2}$$

$$f': x \longmapsto \frac{2ab}{b^2 - a^2x^2}$$

Ableitung der allgemeinen Exponential- und Logarithmusfunktion

Die Ableitung einer Exponentialfunktion mit beliebiger Basis a, $a \in \mathbb{R}^*_+$, führen wir auf die Ableitung der natürlichen Exponentialfunktion zurück. Dabei benutzen wir die Beziehung:

$$a^x = e^{\ln(a^x)} = e^{x \cdot \ln a}$$

und wenden die Kettenregel an.

$f: x \longmapsto a^x$; $a \in \mathbb{R}^*_+$, $x \in \mathbb{R}$

$$f(x) = a^x$$

$$f(x) = e^{x \cdot \ln a} = g(h(x))$$

$$h(x) = x \cdot \ln a \Rightarrow h'(x) = \ln a$$

$$g(h(x)) = e^{x \cdot \ln a} \Rightarrow g'(h(x)) = e^{x \cdot \ln a}$$

$$f'(x) = \ln a \cdot e^{x \cdot \ln a}$$

$$= \ln a \cdot a^x$$

Satz:

Die allgemeine Exponentialfunktion $f\colon x \longmapsto a^x$; $a \in \mathbb{R}_+^*$ ist für alle $x \in \mathbb{R}$ differenzierbar und hat die Ableitung

$$f'\colon x \longmapsto \ln a \cdot a^x$$

$f\colon x \longmapsto a^x$ ▶ $f'\colon x \longmapsto \ln a \cdot a^x$		
$f(x) = a^x$ ▶ $f'(x) = \ln a \cdot a^x$	$x \in \mathbb{R}_+^*$	

allgemeine Exponentialfunktion

Zur Differentiation einer Logarithmusfunktion $f\colon x \longmapsto \log_a x$ mit beliebiger Basis a, $a \in \mathbb{R}_+^* \setminus \{1\}$ benutzen wir die Beziehung

$$\log_a x = \frac{\ln x}{\ln a}$$

$$f\colon x \longmapsto \log_a x$$

$$f(x) = \log_a x = \frac{\ln x}{\ln a}$$

$$f'(x) = \frac{1}{\ln a} \cdot \frac{1}{x}$$

$$f'\colon x \longmapsto \frac{1}{x \ln a}$$

Mit Hilfe der Ableitung der natürlichen Logarithmusfunktion können wir sofort die Ableitungsfunktion f' angeben, denn $\ln a$ ist eine Konstante.

Satz:

Die allgemeine Logarithmusfunktion $f\colon x \longmapsto \log_a x$ mit $a \in \mathbb{R}_+^* \setminus \{1\}$ ist für $x \in \mathbb{R}_+^*$ differenzierbar und hat die Ableitung

$$f'\colon x \longmapsto \frac{1}{x \cdot \ln a}$$

$f\colon x \longmapsto \log_a x$ ▶ $f'\colon x \longmapsto \dfrac{1}{\ln a \cdot x}$	
$f(x) = \log_a x$ ▶ $f'(x) = \dfrac{1}{\ln a \cdot x}$	$x \in \mathbb{R}_+^*$

allgemeine Logarithmusfunktion

Beispiele:

1. $f\colon x \longmapsto a^{bx+c}$

   Wir wenden die Kettenregel an.

1. $f(x) = a^{bx+c} = g(h(x))$

$$h(x) = bx + c \Rightarrow h'(x) = b$$
$$g(h(x)) = a^{bx+c} \Rightarrow g'(h(x)) = \ln a \cdot a^{bx+c}$$
$$f'(x) = b \cdot \ln a \cdot a^{bx+c}$$

$$\underline{\underline{f'\colon x \longmapsto b \cdot \ln a \cdot a^{bx+c}}}$$

2. $f\colon x \longmapsto \frac{1}{2} \log_a \sqrt{x}$

   Wir wenden die Kettenregel an.

2. $f(x) = \frac{1}{2} \log_a \sqrt{x}$

$$h(x) = \sqrt{x} \Rightarrow h'(x) = \frac{1}{2\sqrt{x}}$$
$$g(h(x)) = \tfrac{1}{2} \log_a \sqrt{x} \Rightarrow g'(h(x)) = \frac{1}{2} \cdot \frac{1}{\ln a \cdot \sqrt{x}}$$
$$f'(x) = \frac{1}{2\sqrt{x}} \cdot \frac{1}{2} \cdot \frac{1}{\ln a \cdot \sqrt{x}} = \frac{1}{4 \cdot \ln a \cdot x}$$

$$\underline{\underline{f'\colon x \longmapsto \frac{1}{4 \cdot \ln a \cdot x}}}$$

Ableitung der Exponential- und Logarithmusfunktionen

1. Bestimmen Sie die Ableitung:

a) $f\colon x \mapsto \frac{1}{a} \cdot e^{ax}$ **b)** $f\colon x \mapsto 5e^{\frac{x}{5}}$ **c)** $f\colon x \mapsto x^3 \cdot e^{\frac{x}{3}}$

d) $f\colon x \mapsto x \mapsto \frac{e^x + 1}{e^x - 1}$ **e)** $f\colon x \mapsto \frac{1}{\sqrt{e^x}}$ **f)** $f\colon x \mapsto \sqrt[3]{e^{2x}}$

g) $f\colon x \mapsto x^n \cdot e^{-x}$ **h)** $f\colon x \mapsto \sqrt{x \cdot e^x + x}$ **i)** $f\colon x \mapsto e^x \sqrt{\frac{x+1}{x-1}}$

k) $f\colon x \mapsto \frac{a}{2}(e^{\frac{x}{a}} + e^{-\frac{x}{a}})^2$ **l)** $f\colon x \mapsto 2x + \frac{e^{2x} - e^{-2x}}{2}$

2. Geben Sie den Definitionsbereich von f an.
Bestimmen Sie die Ableitung und deren Definitionsbereich:

a) $f\colon x \mapsto \ln(5x^2)$ **b)** $f\colon x \mapsto \ln \frac{1}{\sqrt[3]{x}}$ **c)** $f\colon x \mapsto \ln \frac{1+x}{1-x}$

d) $f\colon x \mapsto \ln\left(1 - \frac{7}{\sqrt[7]{x}}\right)$ **e)** $f\colon x \mapsto \ln \sqrt{\frac{1-x}{1+x}}$ **f)** $f\colon x \mapsto \ln \frac{1}{\sqrt{1+x}}$

g) $f\colon x \mapsto x^n \cdot \ln(4x^2)$ **h)** $f\colon x \mapsto \frac{x^3}{\ln x}$ **i)** $f\colon x \mapsto \frac{x^2 - 1}{\ln(x^2 - 1)}$

3. Geben Sie die Ableitungen an:

a) $f\colon x \mapsto a^{\sqrt[3]{x}}$ **b)** $f\colon x \mapsto a^{\sqrt[3]{x^2-1}}$ **c)** $f\colon x \mapsto x^a \cdot a^x$

d) $f\colon x \mapsto \log_a\left(1 - \frac{b}{x}\right)$ **e)** $f\colon x \mapsto \log_a \sqrt{1 \pm \frac{b}{x}}$ **f)** $f\colon x \mapsto \lg \frac{1+x^2}{1-x^2}$

g) $f\colon x \mapsto \lg \sqrt{\frac{1+x^3}{1-x^3}}$ **h)** $f\colon x \mapsto e^x \cdot \log_a(1-x)$ **i)** $f\colon x \mapsto \ln(\log_a x)$

4. Der Graph von $f\colon x \mapsto a^x$ hat an einer bestimmten Stelle x_0 eine Tangente mit der Gleichung $y = 2x$. Bestimmen Sie x_0! Wie groß muß dann a sein?

5. Wie lautet die Funktionsgleichung der Tangente, die parallel zum Graphen von $f\colon x \mapsto 3x - 4$ verläuft und den Graphen von $f\colon x \mapsto x \cdot \ln x$ berührt?

6. Der Graph einer e-Funktion der Form $f\colon x \mapsto ae^{bx}$; $a, b \in \mathbb{R}$ geht durch die Punkte $P_1(0, 2)$ und $P_2(1; 1{,}213)$. Wie lautet die Funktion? Ist die Funktion f eindeutig bestimmt?

13.2 Ableitung der trigonometrischen Funktionen

Sinusfunktion

Satz:

Die Sinusfunktion ist für alle $x \in \mathbb{R}$ differenzierbar, und ihre Ableitung ist die Kosinusfunktion.

$f\colon x \longmapsto \sin x \;\blacktriangleright\; f'\colon x \longmapsto \cos x$	
$f(x) = \sin x \;\blacktriangleright\; f'(x) = \cos x$	$x \in \mathbb{R}$

Beweis:

Wir bilden den Differenzenquotienten. Der Quotient wird mit Hilfe der goniometrischen Formel

$$\sin\alpha - \sin\beta = 2\cdot\sin\frac{\alpha-\beta}{2}\cdot\cos\frac{\alpha+\beta}{2}$$

umgeformt.

$$f(x) = \sin x$$

$$\frac{f(x)-f(x_0)}{x-x_0} = \frac{\sin x - \sin x_0}{x-x_0} = \frac{2\cdot\sin\frac{x-x_0}{2}\cdot\cos\frac{x+x_0}{2}}{x-x_0} = \frac{\sin\frac{x-x_0}{2}}{\frac{x-x_0}{2}}\cdot\cos\frac{x+x_0}{2} = \frac{\sin h}{h}\cdot\cos(x_0+h)$$

Ferner gilt:

$$\frac{x+x_0}{2} = x_0 + \tfrac{1}{2}(x-x_0);\; h = \tfrac{1}{2}(x-x_0)$$

$$\Rightarrow\; \frac{x+x_0}{2} = x_0 + h$$

Dadurch führt der Grenzwert von $x \to x_0$ auf den Grenzwert von $h \to 0$.

$$f'(x) = \lim_{x\to x_0}\frac{\sin x - \sin x_0}{x-x_0} = \lim_{h\to 0}\left(\frac{\sin h}{h}\cdot\cos(x_0+h)\right) = \lim_{h\to 0}\frac{\sin h}{h}\cdot\lim_{h\to 0}\cos(x_0+h) = 1 \cdot\cos x_0$$

Der erste der beiden Grenzwerte wurde auf Seite 263 zu 1 bestimmt, der zweite ergibt $\cos x_0$ für jedes $x_0 \in \mathbb{R}$.

$$f'(x) = \cos x$$

$$f'\colon x \longmapsto \cos x$$

Kosinusfunktion

Satz:

Die Kosinusfunktion ist für alle $x \in \mathbb{R}$ differenzierbar, und ihre Ableitung ist die Funktion $f'\colon x \longmapsto -\sin x$.

$f\colon x \longmapsto \cos x \;\blacktriangleright\; f'\colon x \longmapsto -\sin x$	
$f(x) = \cos x \;\blacktriangleright\; f'(x) = -\sin x$	$x \in \mathbb{R}$

Beweis:

Wir führen die Differentiation der Kosinusfunktion auf die der Sinusfunktion zurück, indem wir die Beziehung $\cos x = \sin\left(\frac{\pi}{2} - x\right)$ benutzen und unter Berücksichtigung der Kettenregel differenzieren.

$$f(x) = \cos x$$

$$f(x) = \cos x = \sin\left(\frac{\pi}{2} - x\right) = g(h(x))$$

$$h(x) = \frac{\pi}{2} - x \;\Rightarrow\; h'(x) = -1$$

$$g(h(x)) = \sin\left(\frac{\pi}{2} - x\right) \;\Rightarrow\; g'(h(x)) = \cos\left(\frac{\pi}{2} - x\right)$$

$$f'(x) = g'(h(x))\cdot h'(x) = \cos\left(\frac{\pi}{2} - x\right)\cdot(-1) = -\cos\left(\frac{\pi}{2} - x\right)$$

Es ist $\cos\left(\frac{\pi}{2} - x\right) = \sin x$.

$$f'(x) = -\sin x$$

$$f'\colon x \longmapsto -\sin x$$

Tangensfunktion

Satz:

Die Tangensfunktion $f\colon x \mapsto \tan x$ ist für alle $x \in D(f) = \mathbb{R} \setminus \left\{\frac{\pi}{2}(2z+1) \mid z \in \mathbb{Z}\right\}$ differenzierbar und ihre Ableitung ist die Funktion $f'\colon x \mapsto \frac{1}{\cos^2 x} = 1 + \tan^2 x$.

$f\colon x \mapsto \tan x \;\blacktriangleright\; f'\colon x \mapsto \frac{1}{\cos^2 x}$

$\blacktriangleright\; f'\colon x \mapsto 1 + \tan^2 x$

$f(x) = \tan x \;\blacktriangleright\; f'(x) = \frac{1}{\cos^2 x}$

$\blacktriangleright\; f'(x) = 1 + \tan^2 x$

$x \neq \frac{\pi}{2}(2z+1)$

$z \in \mathbb{Z}$

Beweis:

Wegen $\tan x = \frac{\sin x}{\cos x}$ können wir die Quotientenregel anwenden.

$$f(x) = \tan x = \frac{\sin x}{\cos x}$$

$$f(x) = \frac{\sin x}{\cos x} = \frac{u(x)}{v(x)}$$

$$u(x) = \sin x \Rightarrow u'(x) = \cos x$$
$$v(x) = \cos x \Rightarrow v'(x) = -\sin x$$

$$f'(x) = \frac{u'(x) \cdot v(x) - v'(x) \cdot u(x)}{(v(x))^2}$$

$$= \frac{\cos x \cdot \cos x - (-\sin x) \cdot \sin x}{\cos^2 x} = \frac{\cos^2 x + \sin^2 x}{\cos^2 x}$$

Es gelten die Beziehungen:

$\cos^2 x = \sin^2 x = 1$

$\frac{\cos^2 x + \sin^2 x}{\cos^2 x} = \frac{\cos^2 x}{\cos^2 x} + \frac{\sin^2 x}{\cos^2 x} = 1 + \tan^2 x$

$$f'(x) = \frac{1}{\cos^2 x} = 1 + \tan^2 x$$

$$f'\colon x \mapsto \frac{1}{\cos^2 x};\; f'\colon x \mapsto 1 + \tan^2 x$$

Kontangensfunktion

Satz:

Die Kotangensfunktion $f\colon x \mapsto \cot x$ ist differenzierbar für alle

$$x \in D(f) = \mathbb{R} \setminus \{\pi \cdot z \mid z \in \mathbb{Z}\}$$

und ihre Ableitung ist die Funktion

$$f'\colon x \mapsto -\frac{1}{\sin^2 x} = -(1 + \cot^2 x).$$

$f\colon x \mapsto \cot x \;\blacktriangleright\; f'\colon x \mapsto -\frac{1}{\sin^2 x}$

$\blacktriangleright\; f'\colon x \mapsto -(1 + \cot^2 x)$

$f(x) = \cot x \;\blacktriangleright\; f'(x) = -\frac{1}{\sin^2 x}$

$\blacktriangleright\; f'(x) = -(1 + \cot^2 x)$

$x \neq \pi z$

$z \in \mathbb{Z}$

Beweis:

Wegen $\cot x = \frac{\cos x}{\sin x}$ können wir die Quotientenregel anwenden.

$$f(x) = \cot x = \frac{\cos x}{\sin x}$$

$$f(x) = \frac{\cos x}{\sin x} = \frac{u(x)}{v(x)}$$

$$u(x) = \cos x \Rightarrow u'(x) = -\sin x$$
$$v(x) = \sin x \Rightarrow v'(x) = \cos x$$

$$f'(x) = \frac{u'(x) \cdot v(x) - v'(x) \cdot u(x)}{(v(x))^2}$$

$$= \frac{-\sin x \cdot \sin x - \cos x \cdot \cos x}{\sin^2 x}$$

$$= \frac{-\sin^2 x - \cos^2 x}{\sin^2 x} = \frac{-(\sin^2 x + \cos^2 x)}{\sin^2 x}$$

Klammert man (-1) im Zähler aus, so läßt sich für $\sin^2 x + \cos^2 x = 1$ schreiben. Außerdem gilt die Beziehung:

$$\frac{-(\sin^2 x + \cos^2 x)}{\sin^2 x} = -\left(\frac{\sin^2 x}{\sin^2 x} + \frac{\cos^2 x}{\sin^2 x}\right) = -(1 + \cot^2 x)$$

$$f'(x) = -\frac{1}{\sin^2 x} = -(1 + \cot^2 x)$$

$$f'\colon x \mapsto -\frac{1}{\sin^2 x};\; f'\colon x \mapsto -(1 + \cot^2 x)$$

Beispiele:

1. $f\colon x \longmapsto \dfrac{\sin x}{x},\ x \neq 0$

Wir wenden die Quotientenregel an:

$$f'(x) = \frac{u'(x)\cdot v(x) - u(x)v'(x)}{(v(x))^2}$$

1. $f(x) = \dfrac{\sin x}{x} = \dfrac{u(x)}{v(x)}$

$$u(x) = \sin x \Rightarrow u'(x) = \cos x$$
$$v(x) = x \Rightarrow v'(x) = 1$$

$$f'(x) = \frac{\cos x \cdot x - \sin x \cdot 1}{x^2}$$

$$f'\colon x \longmapsto \frac{\cos x}{x} - \frac{\sin x}{x^2}$$

2. $f\colon x \longmapsto e^{ax}\cdot \cos x$

Wir wenden die Produktregel an:

$$f'(x) = u'(x)\cdot v(x) + u(x)\cdot v'(x)$$

2. $f(x) = e^{ax}\cdot \cos x = u(x)\cdot v(x)$

$$u(x) = e^{ax} \Rightarrow u'(x) = a\cdot e^{ax}$$
$$v(x) = \cos x \Rightarrow v'(x) = -\sin x$$

$$f'(x) = a\cdot e^{ax}\cdot \cos x + e^{ax}\cdot(-\sin x)$$

$$f'\colon x \longmapsto e^{ax}(a\cos x - \sin x)$$

3. $f\colon x \longmapsto \ln(\sin(x+1))$

Wir wenden die Kettenregel an:

$$f'(x) = g'(h(k(x)))\cdot h'(k(x))\cdot k'(x)$$

3. $f(x) = \ln(\sin(x+1)) = g(h(k(x)))$

$$k(x) = x+1 \Rightarrow k'(x) = 1$$
$$h(k(x)) = \sin(x+1) \Rightarrow h'(k(x)) = \cos(x+1)$$
$$g(h(k(x))) = \ln(\sin(x+1)) \Rightarrow g'(h(k(x))) = \frac{1}{\sin(x+1)}$$

$$f'(x) = \frac{1}{\sin(x+1)}\cdot \cos(x+1)\cdot 1 = \frac{\cos(x+1)}{\sin(x+1)}$$

$$f'\colon x \longmapsto \cot(x+1)$$

4. $f\colon x \longmapsto \tan^2\left(\dfrac{x}{x+1}\right)$

Wir wenden die Kettenregel und die Quotientenregel an.

$$f'(x) = g'(h(k(x)))\cdot h'(k(x))\cdot k'(x)$$

4. $f(x) = \tan^2\left(\dfrac{x}{x+1}\right) = g(h(k(x)))$

$$k(x) = \frac{x}{x+1} = \frac{u(x)}{v(x)} \Rightarrow k'(x) = \frac{x+1-x}{(x+1)^2} = \frac{1}{(x+1)^2}$$

$$h(k(x)) = \tan\left(\frac{x}{x+1}\right) \Rightarrow h'(k(x)) = 1+\tan^2\left(\frac{x}{x+1}\right)$$

$$g(h(k(x))) = \tan^2\left(\frac{x}{x+1}\right) \Rightarrow g'(h(k(x))) = 2\tan\left(\frac{x}{x+1}\right)$$

$$f'(x) = 2\tan\left(\frac{x}{x+1}\right)\cdot\left(1+\tan^2\left(\frac{x}{x+1}\right)\right)\cdot\frac{1}{(x+1)^2}$$
$$= \frac{2}{(x+1)^2}\cdot\left(\tan\left(\frac{x}{x+1}\right)+\tan^3\left(\frac{x}{x+1}\right)\right)$$

$$f'\colon x \longmapsto \frac{2}{(x+1)^2}\cdot\left(\tan\left(\frac{x}{x+1}\right)+\tan^3\left(\frac{x}{x+1}\right)\right)$$

5. $f: x \longmapsto \cot(\sqrt{\cot x})$
Wir wenden die Kettenregel an.

$f'(x) = g'(h(k(x))) \cdot h'(k(x)) \cdot k'(x)$

Folgende Beziehungen wurden benutzt:

$$\frac{1}{\sqrt{\cot x}} = \frac{\sqrt{\cot x}}{\cot x}$$

$$\cot x = \frac{\cos x}{\sin x}$$

$$2\cos x \sin x = \sin 2x$$

5. $f(x) = \cot(\sqrt{\cot x}) = g(h(k(x)))$

$$k(x) = \cot x \quad \Rightarrow \quad k'(x) = -\frac{1}{\sin^2 x}$$

$$h(k(x)) = (\cot x)^{\frac{1}{2}} \quad \Rightarrow \quad h'(k(x)) = \tfrac{1}{2}(\cot x)^{\frac{1}{2}-1}$$

$$g(h(k(x))) = \cot(\sqrt{\cot x}) \quad \Rightarrow \quad g'(h(k(x))) = -\frac{1}{\sin^2(\sqrt{\cot x})}$$

$$f'(x) = -\frac{1}{\sin^2\sqrt{\cot x}} \cdot \frac{1}{2\sqrt{\cot x}} \cdot \left(-\frac{1}{\sin^2 x}\right)$$

$$= \frac{1 \cdot \sqrt{\cot x}}{\sin^2(\sqrt{\cot x}) \cdot 2\cot x \cdot \sin^2 x}$$

$$= \frac{\sqrt{\cot x} \cdot \sin x}{\sin^2(\sqrt{\cot x}) \cdot 2 \cdot \cos x \cdot \sin^2 x}$$

$$= \frac{\sqrt{\cot x}}{\sin^2(\sqrt{\cot x}) \cdot \sin(2x)}$$

$$f': x \longmapsto \frac{\sqrt{\cot x}}{\sin^2(\sqrt{\cot x}) \cdot \sin 2x}$$

6. $f: t \longmapsto e^{-at} \cdot \sin(\omega t + \varphi)$
Wir wenden die Produktregel und die Kettenregel an.

6. $f(t) = e^{-at} \cdot \sin(\omega t + \varphi) = u(t) \cdot v(t)$

$$u(t) = e^{-at} \quad \Rightarrow \quad u'(t) = -a\,e^{-at}$$

$$v(t) = \sin(\omega t + \varphi) = g(h(t))$$

$$h(t) = \omega t + \varphi \quad \Rightarrow \quad h'(t) = \omega$$

$$g(h(t)) = \sin(\omega t + \varphi) \quad \Rightarrow \quad g'(h(t)) = \cos(\omega t + \varphi)$$

$$v'(t) = \cos(\omega t + \varphi) \cdot \omega$$

$$f'(t) = -a\,e^{-at} \cdot \sin(\omega t + \varphi) + e^{-at} \cdot \cos(\omega t + \varphi) \cdot \omega$$

$$f'(t) = e^{-at}(-a\sin(\omega t + \varphi) + \omega\cos(\omega t + \varphi))$$

$$f': t \longmapsto e^{-at}(-a\sin(\omega t + \varphi) + \omega\cos(\omega t + \varphi))$$

Übungen 13.2

Ableitung der trigonometrischen Funktionen

1. Geben Sie die Ableitungen an:

a) $f: x \longmapsto \cos 2x$ **b)** $f: x \longmapsto 3\cos\frac{x}{2}$ **c)** $f: x \longmapsto 2 \cdot \sin\frac{x}{2}$

d) $f: x \longmapsto n \cdot \cos mx$ **e)** $f: x \longmapsto x \cdot \ln\tan x$ **f)** $f: x \longmapsto x^2 \cdot \sin x$

g) $f: x \longmapsto e^{2x} \cdot \sin x$ **h)** $f: x \longmapsto \sin^2 x(1-\cot x)$ **i)** $f: e^{-x^2} \cdot \cos x$

k) $f: x \longmapsto \sin^2 x \cdot \cos^2 x$ **l)** $f: x \longmapsto \sin x \cdot \sqrt{\cos x}$ **m)** $f: x \longmapsto \frac{\sin^m x}{\sin mx}$

n) $f: x \longmapsto e^{-ax} \cdot \cos(\omega x - \varphi)$ **o)** $f: x \longmapsto \ln(e^{\sin(x-1)})$ **p)** $f: x \longmapsto \sqrt{\cos 2} + \sin(\ln x + x)$

2. Unter welchem Winkel schneidet die Funktion $f: x \longmapsto \sin x$ bei $x_1 = \pi$ bzw. $x_2 = 2\pi$ die x-Achse?

3. Die Graphen der Funktionen $f_1: x \longmapsto ax^2$ und $f_2: x \longmapsto b\sin x$ schneiden sich im Punkt $P(\frac{1}{2}, 2)$. Berechnen Sie a und b.

4. Berechnen Sie Nullstellen und Extremwerte folgender Funktionen:

a) $f: x \longmapsto \sin x + \cos x;\ x \in [0, 2\pi]$ **b)** $f: x \longmapsto \frac{1}{\sin x};\ x \in [0, \pi]$

14. Berechnung von Volumen und Flächenschwerpunkten

14.1 Volumenberechnung von Drehkörpern

Drehung um die *x*-Achse

Die Integralrechnung ist auch ein nützliches Hilfsmittel, um ein Volumen zu berechnen. Wir wollen uns hier auf bestimmte Körper beschränken.

Gegeben sei eine im Intervall $[a, b]$ integrierbare Funktion f. Ihr Graph umschließt mit der x-Achse und den Parallelen zur $f(x)$-Achse an den Stellen a und b eine Fläche A. Drehen wir diese Fläche um die x-Achse, so entsteht ein Drehkörper.

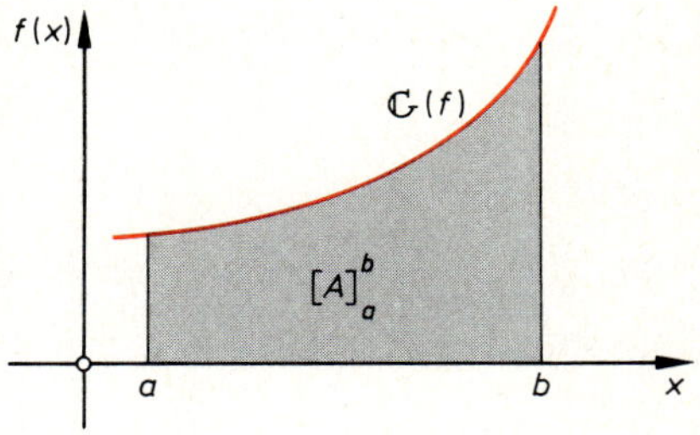

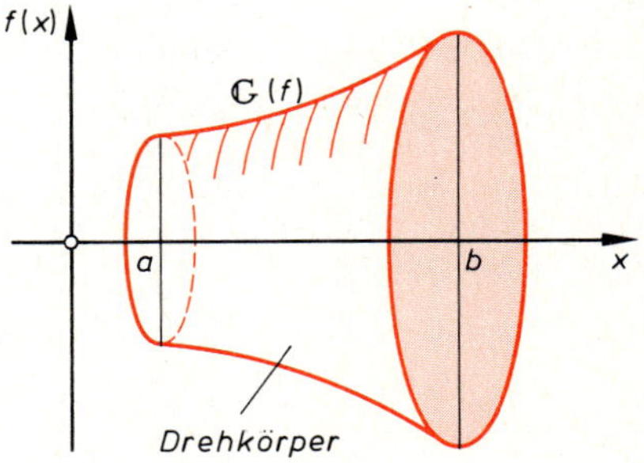

Beispiele:

1. Gegeben sei die konstante Funktion $f\colon x \longmapsto r;\ r \in \mathbb{R}$. Die Fläche zwischen Graphen, x-Achse und Parallelen zur $f(x)$-Achse an den Stellen a und b stellt bei Drehung um die x-Achse einen Drehkörper dar, der uns bekannt ist. Es ist ein Zylinder mit dem Volumen $V = \pi r^2(b - a)$. Dabei ist r der Radius der Grundfläche und $b - a$ die Höhe des Zylinders.

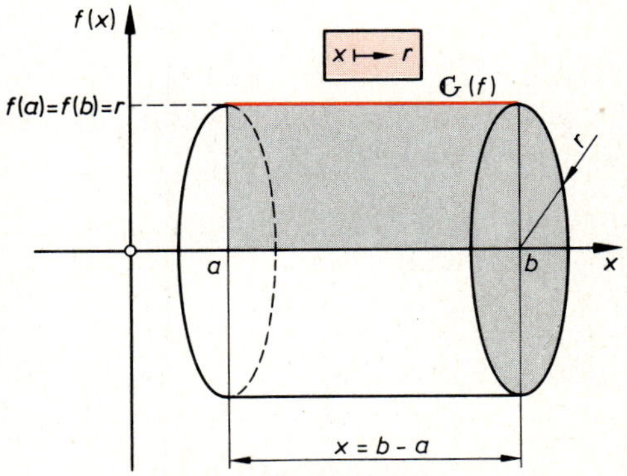

$$V = \pi \cdot r^2 (b - a)$$

Ersetzen wir $b - a$ durch x, so erhalten wir eine Funktion F, die eine Stammfunktion der Funktion $\bar{f}\colon x \longmapsto \pi \cdot r^2$ ist.

$$F\colon x \longmapsto \pi \cdot r^2 \cdot x$$

$$\int \pi \cdot r^2 \,\mathrm{d}x = \pi \cdot r^2 x + c$$

Berechnen wir das bestimmte Integral von $\bar{f}: x \mapsto \pi \cdot r^2$ in den Grenzen a und b, so ergibt dies die Volumenformel für einen Zylinder.
Ein Vergleich der Funktionen f und $\bar{f}$ zeigt, daß wir $\bar{f}$ aus f durch Quadrieren und Multiplikation mit π erhalten. Für die Volumenformel V_x zeigt sich folgender Zusammenhang:

$$\int_a^b \pi r^2 \, dx = [\pi \cdot r^2 x]_a^b$$
$$= \pi \cdot r^2 (b-a) = V_{Zylinder}$$

$$f(x) = r; \; \bar{f}(x) = \pi \cdot r^2$$

$$\bar{f}(x) = \pi \cdot (f(x))^2$$

$$V_x = \int_a^b \pi (f(x))^2 \, dx = \pi \int_a^b r^2 \, dx = [\pi r^2 x]_a^b = \pi \cdot r^2 (b-a)$$

2. Gegeben sei die Funktion

$f: x \mapsto \frac{r}{h} \cdot x$; $r, h \in \mathbb{R}$. Denken wir uns auch hier die Fläche zwischen $\mathbb{G}(f)$ und x-Achse in den Grenzen a und b um die x-Achse gedreht, so entsteht ein Kreiskegel mit dem Volumen $V = \frac{1}{3}\pi \cdot r^2 \cdot (b-a)$. Dabei ist r der Radius der Grundfläche und $h = b - a = b - 0 = b$ die Höhe des Kegels.

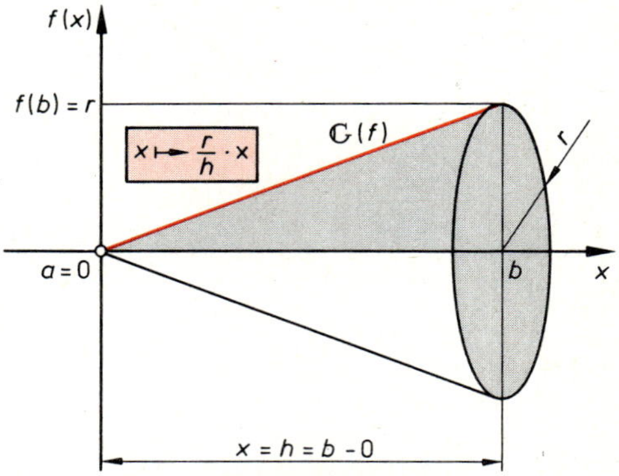

$$V = \tfrac{1}{3}\pi \cdot r^2 \cdot (b-a) \quad bzw.$$
$$V = \tfrac{1}{3}\pi \cdot r^2 \cdot h$$

Setzen wir $x = b = h$ bzw. $h^3 = x^3$, also $h = \frac{x^3}{h^2}$, so erhalten wir eine Funktion F, die eine beliebige Stammfunktion von

$\bar{f}: x \mapsto \pi \cdot \frac{r^2}{h^2} \cdot x^2$ ist.

$$h^3 = x^3 \Rightarrow h = \frac{x^3}{h^2}$$

$$F: x \mapsto \tfrac{1}{3}\pi \cdot r^2 \frac{x^3}{h^2}$$

$$\int \pi \cdot \frac{r^2}{h^2} \cdot x^2 \, dx = \tfrac{1}{3}\pi \cdot r^2 \frac{x^3}{h^2} + c$$

Das bestimmte Integral von $\bar{f}$ in den Grenzen b und 0 ergibt die Volumenformel für den Kegel.

$$\int_0^{b=h} \pi \cdot \frac{r^2}{h^2} \cdot x^2 \, dx = \left[\tfrac{1}{3}\pi \frac{r^2}{h^2} \cdot x^3\right]_0^{b=h}$$
$$= \tfrac{1}{3}\pi \cdot r^2 \cdot h$$
$$= V_{Kegel}$$

Wie oben, wird $\bar{f}(x)$ aus $f(x)$ durch Quadrieren und Multiplikation mit π errechnet. Für das Kegelvolumen V_x ergibt sich nebenstehender Zusammenhang:

$$f(x) = \frac{r}{h} \cdot x; \; \bar{f}(x) = \pi \cdot \left(\frac{r\,x}{h}\right)^2$$
$$\bar{f}(x) = \pi \cdot (f(x))^2$$

$$V_x = \int_0^b \pi (f(x))^2 \, dx = \int_0^b \pi \left(\frac{r\,x}{h}\right)^2 dx = \left[\tfrac{1}{3}\pi \frac{r^2}{h^2} \cdot x^3\right]_0^{b=h} = \tfrac{1}{3}\pi r^2 h$$

Die beiden Beispiele geben Anlaß zu einem Satz, der sich mit ähnlichen Überlegungen beweisen läßt, wie wir sie bei der Einführung des bestimmten Integrals angestellt haben.

Satz:

Drehen wir die Fläche zwischen dem Graphen der stetigen Funktion f, der x-Achse und den Geraden parallel zur f(x)-Achse durch die Stellen x = a und x = b um die x-Achse, so entsteht ein Drehkörper mit dem Volumen V_x, dessen Zahlenwert wir mit der Formel $V_x = \pi \int_a^b (f(x))^2 \,\mathrm{d}x$ *berechnen können.*

$$V_x = \pi \int_a^b (f(x))^2 \,\mathrm{d}x$$

Volumen eines Drehkörpers bei Drehung um die x-Achse

Beweis:

Um das Volumen des Drehkörpers zu bestimmen, denken wir uns die gerasterte Fläche aus endlich vielen (*n*) Rechtecken der Breite Δx ersetzt. Jedes dieser Rechtecke erzeugt bei Drehung um die *x*-Achse einen Kreiszylinder. Das Volumen der Kreiszylinder $V_1, V_2 \dots V_n$ können wir mit Hilfe der Volumenformel für Kreiszylinder berechnen: $V = \pi \cdot r^2 \cdot h$. Dabei setzen wir $r = f(x)$ und $h = \Delta x$. (Auch hier können wieder verschiedene Zerlegungen von $[a, b]$ verwendet werden.)

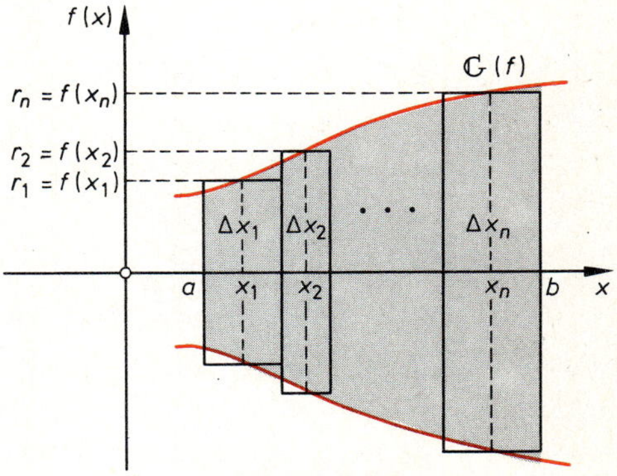

$$V = \pi \cdot r^2 \cdot h$$

1. $r = f(x_1),\ h = \Delta x_1$ $V_1 = \pi \cdot (f(x_1))^2 \cdot \Delta x_1$	*Volumen des ersten Kreiszylinders*
2. $r = f(x_2),\ h = \Delta x_2$ $V_2 = \pi \cdot (f(x_2))^2 \cdot \Delta x_2$ ⋮	*Volumen des zweiten Kreiszylinders*
n. $r = f(x_n),\ h = \Delta x_n$ $V_n = \pi \cdot (f(x_n))^2 \cdot \Delta x_n$	*Volumen des n-ten Kreiszylinders*

Durch Addition der Volumen $V_1, V_2, \dots, V_n$ erhalten wir das gesamte Volumen der einzelnen Kreiszylinder. Wir bezeichnen es mit V_z. Durch Ausklammern von π und Verwendung des Summenzeichens können wir für V_z schreiben:
Dabei kennzeichnet der Index *k* den jeweiligen Kreiszylinder.

$$V_z = V_1 + V_2 + \dots + V_n$$

$$V_z = \pi \cdot (f(x_1))^2 \cdot \Delta x_1 + \pi \cdot (f(x_2))^2 \cdot \Delta x_2 + \dots + \pi \cdot (f(x_n))^2 \cdot \Delta x_n$$

$$V_z = \pi \sum_{k=1}^{n} (f(x_k))^2 \cdot \Delta x_k; \quad k = 1, 2 \dots n$$

Um die Näherung zu verbessern, lassen wir die Höhe Δx der Zylinder gegen Null streben, während gleichzeitig die Anzahl *n* der Zylinder immer größer wird, also $n \to \infty$ geht.

$$\Delta x_k \to 0 \Rightarrow n \to \infty; \quad k = 1, 2 \dots n$$

Der Grenzwertprozeß für $n \to \infty$ liefert dann das Volumen V_x des Drehkörpers.

$$V_x = \lim_{n \to \infty} V_z = \lim_{n \to \infty} \pi \sum_{k=1}^{n} (f(x_k))^2 \cdot \Delta x_k$$

Da *f* in $[a, b]$ stetig ist, ist auch $\pi \cdot f^2$ in $[a, b]$ stetig und wir können das Volumen *V* des Drehkörpers als bestimmtes Integral angeben.

$$V_x = \lim_{n \to \infty} \pi \sum_{k=1}^{n} (f(x_k))^2 \cdot \Delta x_k = \pi \cdot \int_a^b (f(x))^2 \cdot \mathrm{d}x$$

Beispiel:

Gegeben sei die Funktion $f\colon x \longmapsto \sqrt{x}$. Berechnen Sie das Volumen des Drehkörpers, der bei Drehung der Fläche zwischen $\mathbb{G}(f)$, der x-Achse und der Parallelen zur $f(x)$-Achse durch $b = 4$ entsteht.

Lösung:

Bei Drehung der gerasterten Fläche um die x-Achse entsteht das zu berechnende Volumen.

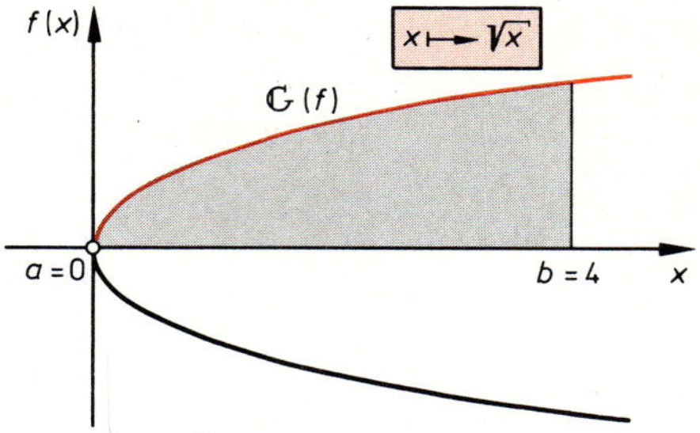

Wir verwenden die Formel aus dem obigen Satz.

$$V_x = \pi \int_a^b (f(x))^2 \,\mathrm{d}x$$

$$V_x = \pi \int_0^4 (\sqrt{x})^2 \,\mathrm{d}x = \left[\frac{\pi x^2}{2}\right]_0^4$$

$$= \underline{\underline{25{,}13}}$$

Drehung um die y-Achse

Ist die Funktion $f\colon x \longmapsto f(x)$ in $[a, b]$ streng monoton und stetig, so existiert eine Umkehrfunktion $f^{-1}\colon f(x) \longmapsto x$ bzw. $f^{-1}\colon y \longmapsto x$ (die Variablen x und y sollen nicht umbenannt werden) in $[c, d]$ mit $c = f(a)$ und $d = f(b)$, die auch monoton und stetig ist.

Drehen wir die Fläche, die vom Graphen von f, der $f(x)$-Achse und Parallelen zur x-Achse durch $f(a) = c$ und $f(b) = d$ begrenzt wird um die $f(x)$-Achse, so entsteht ein Drehkörper, dessen Volumen wir aus dem bestimmten Integral $\pi \int_c^d x^2 \,\mathrm{d}y$ berechnen, dabei ist $\bar{f}^{-1}(y)$ das Quadrat von $f^{-1}(y)$ multipliziert mit π.

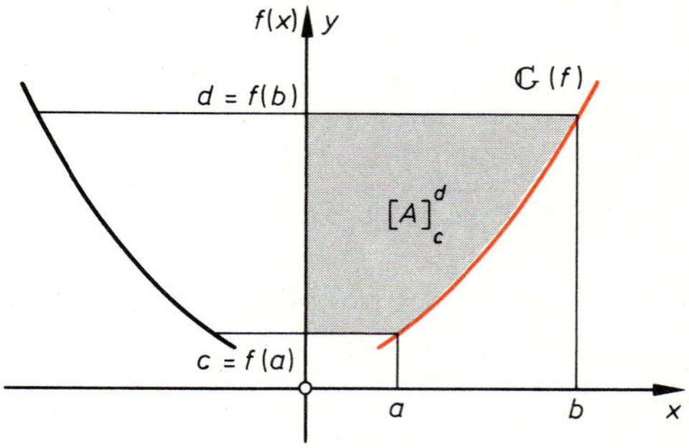

$$f\colon x \longmapsto y \Rightarrow f^{-1}\colon y \longmapsto x$$

$$f^{-1}(y) = x;\ \bar{f}^{-1}(y) = \pi \cdot x^2$$

$$V_y = \pi \int_c^d x^2 \,\mathrm{d}y \quad \textit{mit } c = f(a) \textit{ und } d = f(b)$$

Satz:

Durch Drehung der Fläche A um die $f(x)$-Achse entsteht ein Drehkörper mit dem Volumen V_y dessen Zahlenwert wir mit der Formel $V_y = \pi \int_c^d x^2 \,\mathrm{d}y$ berechnen können.

$$V_y = \pi \int_c^d x^2 \,\mathrm{d}y$$

Volumen eines Drehkörpers bei Drehung um die $f(x)$-Achse

Beispiel:

Gegeben sei die Funktion $f\colon x \longmapsto \sqrt{r^2 - x^2}$ im Intervall $[0, r]$. Bestimmen Sie das Volumen der Kugel bei Drehung um die y-Achse.

Lösung:

Der im 1. Quadranten liegende Viertelkreis mit dem Mittelpunkt in $P(0, 0)$ und dem Radius r dreht sich um die y-Achse und erzeugt eine Halbkugel.

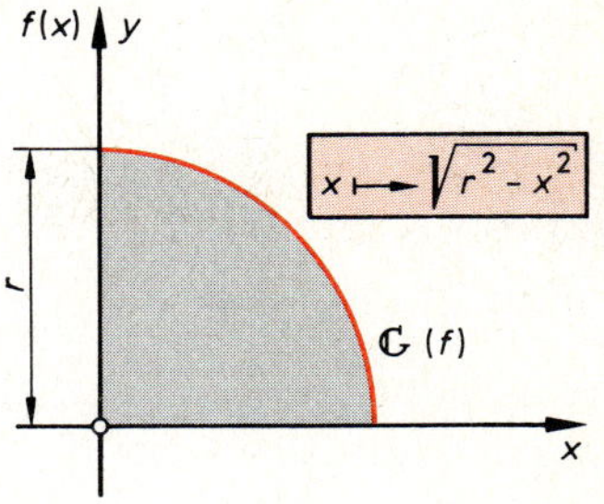

Das Volumen V_y berechnen wir mit der im obigen Satz angegebenen Formel im Intervall $[0, r]$.

$$V_y = \pi \int_a^b x^2 \, dy; \qquad y = \sqrt{r^2 - x^2}$$

$$y^2 = r^2 - x^2$$

$$x^2 = r^2 - y^2$$

$$V_y = \pi \int_0^r (r^2 - y^2) \, dy = \pi \left[r^2 y - \frac{y^3}{3} \right]_0^r = \tfrac{2}{3} \pi r^3$$

Wir erhalten das gesamte Kugelvolumen durch Verdoppeln von V_y.

$$V_{Kugel} = 2 \cdot \tfrac{2}{3} \pi r^3 = \underline{\underline{\tfrac{4}{3} \pi r^3}}$$

Beispiel:

Gegeben sei die Funktion $f\colon x \longmapsto \sqrt{2px}$. Berechnen Sie das Volumen eines Rotationskörpers:

a) bei Rotation um die x-Achse in den Grenzen $x = 0$ und $x = a$,

b) bei Rotation um die y-Achse in den Grenzen $f(x) = 0$ und $f(x) = b$.

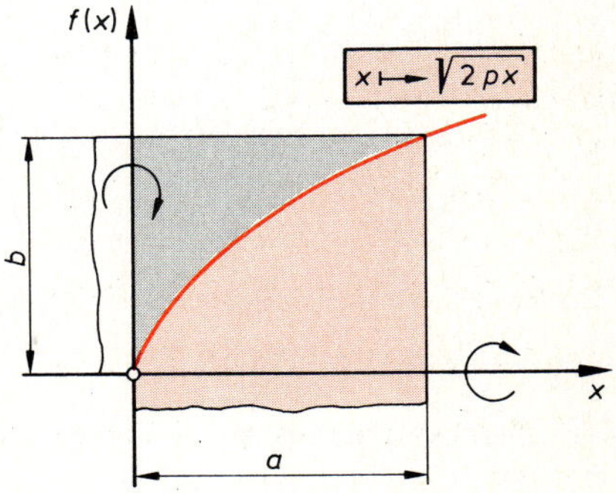

Lösung:

a) Aus den Koordinaten $f(x) = b$ für $x = a$ läßt sich $2p$ berechnen und in die Funktionsgleichung einsetzen.

$$f(x) = \sqrt{2px}; \; f(x) = b \; \text{und} \; x = a$$

$$\Rightarrow \quad b = \sqrt{2pa}$$

$$\Rightarrow \quad 2p = \frac{b^2}{a}$$

$$\Rightarrow \quad f(x) = \sqrt{\frac{b^2}{a} x}$$

$$V_x = \pi \int_0^a (f(x))^2 \, dx = \pi \int_b^a \frac{b^2}{a} x \, dx$$

$$V_x = \left[\frac{\pi b^2}{a} \cdot \frac{x^2}{2} \right]_0^a = \underline{\underline{\frac{\pi}{2} \cdot a b^2}}$$

Das Volumen beträgt $V_x = \dfrac{\pi}{2} a b^2$.

b) Aus der Gleichung $y = \sqrt{\frac{b^2}{a} x}$ wird x^2 bestimmt und eingesetzt:

$$y = \sqrt{\frac{b^2}{a} x}$$

$$\Rightarrow y^2 = \frac{b^2}{a} x$$

$$\Rightarrow x^2 = \frac{a^2}{b^4} y^4$$

$$V_y = \pi \int_c^b x^2 \, dy$$

$$= \pi \int_0^b \frac{a^2}{b^4} y^4 \, dy$$

$$= \pi \left[\frac{a^2 \cdot y^5}{b^4 \cdot 5} \right]_0^b$$

$$V_y = \frac{\pi}{5} a^2 b$$

Übungen	**14.1**

Volumenberechnung von Drehkörpern

Berechnen Sie das Volumen der durch die Funktion und die angegebenen Grenzen bestimmten Drehkörper.

1. Drehung um die x-Achse

a) $f\colon x \mapsto \frac{x}{3} - 8;\ a = 4, b = 9$

b) $f\colon x \mapsto x^2 - 7;\ a = -3, b = 4$

c) $f\colon x \mapsto \sqrt{x^3};\ a = 0, b = 5$

d) $f\colon x \mapsto \frac{x^3 - x^2}{2};\ a = -4, b = -10$

e) $f\colon x \mapsto \sin x;\ a = 0, b = \pi$

f) $f\colon x \mapsto 1 + \cos x;\ a = \frac{\pi}{2};\ b = \pi$

g) $f\colon x \mapsto \sqrt{16 - x^2};\ a = 0, b = 4$

2. Drehung um die y-Achse

a) $f\colon x \mapsto 12 - 8x;\ a = -3, b = 6$

b) $f\colon x \mapsto x^3;\ a = -4, b = 4$

c) $f\colon x \mapsto 2x^2 - 4;\ a = 0, b = 6$

d) $f\colon x \mapsto \frac{4}{3}\sqrt{x^2 + 9};\ a = 4, b = 6$

e) $f\colon x \mapsto \frac{1}{x^2 - 1};\ a = 2, b = 3$

f) $f\colon x \mapsto \ln \frac{2}{x};\ a = 1, b = 2$

3. Beweisen Sie mit Hilfe der Integralrechnung die Volumenformel des Kegelstumpfes.

14.2 Berechnung von Flächenschwerpunkten

Für den Begriff Schwerpunkt wollen wir auf den Physikunterricht verweisen und seine Kenntnis voraussetzen. Die beiden Koordinaten eines Flächenschwerpunktes und damit seine Lage bezogen auf Bezugslinien ergeben sich aus der Gleichung:

„Das Moment der Gesamtfläche ist gleich der Summe der Momente der Teilflächen."

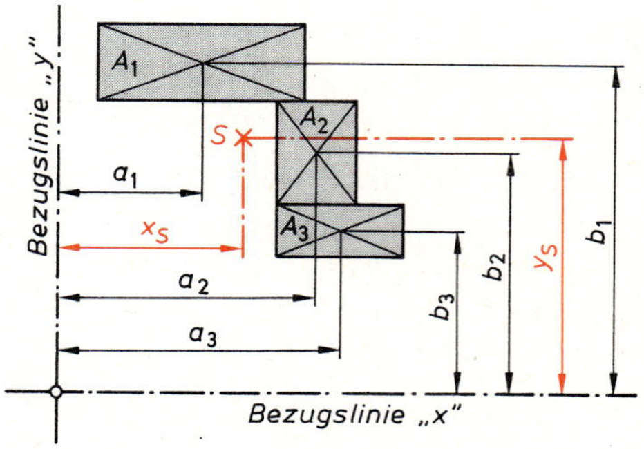

An dem nebenstehenden Beispiel soll dieses Gesetz wiederholend erläutert werden.

$$M_x = A_{ges} \cdot y_s = A_1 \cdot b_1 + A_2 \cdot b_2 + A_3 \cdot b_3$$

$$y_s = \frac{A_1 \cdot b_1 + A_2 \cdot b_2 + A_3 \cdot b_3}{A_1 + A_2 + A_3}$$

Die gesuchten Koordinaten x_s und y_s lassen sich leicht durch Umstellung der Gleichungen ermitteln.

$$M_y = A_{ges} \cdot x_s = A_1 \cdot a_1 + A_2 \cdot a_2 + A_3 \cdot a_3$$

$$x_s = \frac{A_1 \cdot a_1 + A_2 \cdot a_2 + A_3 \cdot a_3}{A_1 + A_2 + A_3}$$

In vielen Fällen der Ermittlung von Schwerpunkten sind die Teilflächen unregelmäßige geometrische Flächen, bei denen die dargestellte Methode versagt, weil der Flächeninhalt nicht exakt bestimmbar ist. Hier wird die Integralrechnung entsprechend eingesetzt.

x-Achse als Bezugsachse

Um die Schwerpunktskoordinaten x_s und y_s einer Fläche zu bestimmen, die durch den Graphen einer beliebigen, stetigen Funktion f der x-Achse und zwei Parallelen durch a und b zur $f(x)$-Achse begrenzt wird, zerlegen wir die Fläche A in n rechteckige Flächenstreifen mit den Breiten $\Delta x_1 \ldots \Delta x_n$ und dem Flächeninhalt $\Delta A_1 = \Delta x_1 \cdot f(x_1)$ bis $\Delta A_n = \Delta x_n \cdot f(x_n)$. Die Schwerpunktsabstände sind dann $\frac{1}{2} f(x_1)$ bis $\frac{1}{2} f(x_n)$ für die x-Achse als Bezugsachse.

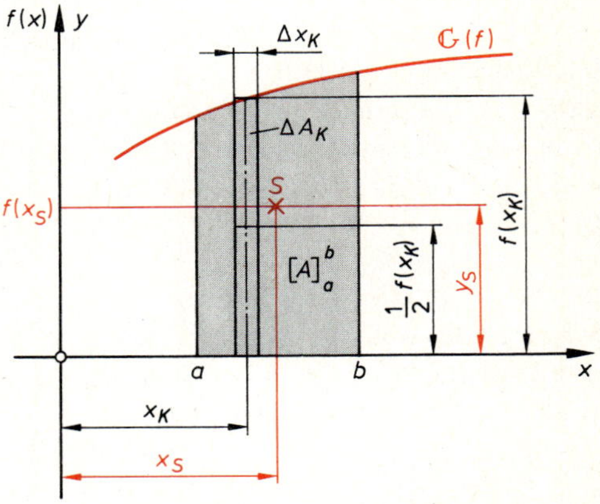

$$\Delta A_k = \Delta x_k \cdot f(x_k) \qquad \textit{Teilfläche}$$

$$\Delta A_k \cdot \tfrac{1}{2} f(x_k) = \Delta x_k \cdot f(x_k) \cdot \tfrac{1}{2} f(x_k) \qquad \textit{Moment}$$

Die Momentengleichung für die Fläche in den Grenzen a und b lautet:

$$[A]_a^b \cdot f(x_s) = \Delta x_1 \cdot f(x_1) \cdot \tfrac{1}{2} f(x_1) + \cdots + \Delta x_n f(x_n) \cdot \tfrac{1}{2} f(x_n)$$

$$= \tfrac{1}{2} \Delta x_1 \cdot (f(x_1))^2 + \cdots + \tfrac{1}{2} \Delta x (f(x_n))^2$$

$$= \sum_{k=1}^{n} \tfrac{1}{2} (f(x_k))^2 \cdot \Delta x_k; \quad k = 1, 2, \ldots, n$$

Um die Genauigkeit zu verbessern, lassen wir Δx gegen Null streben, während gleichzeitig die Anzahl der Streifen immer größer wird.

Es gilt: $\Delta x \longrightarrow 0 \Rightarrow n \longrightarrow \infty$

$$[A]_a^b \cdot f(x_s) = \lim_{n \to \infty} \sum_{k=1}^{n} \tfrac{1}{2} (f(x_k))^2 \cdot \Delta x_k$$

Es gilt $f(x_s) = y_s$:

$$y_s = \frac{1}{2A} \int_a^b (f(x))^2 \, \mathrm{d}x = \frac{\frac{1}{2} \int_a^b (f(x))^2 \, \mathrm{d}x}{A}$$

Für die Fläche $A = [A]_a^b$ gilt:

$$[A]_a^b = \int_a^b f(x) \, \mathrm{d}x$$

Der Schwerpunktsabstand y_s des Schwerpunktes einer Fläche in Bezug auf die x-Achse in den Grenzen a und b beträgt:

$$y_s = \frac{\frac{1}{2} \cdot \int_a^b (f(x))^2 \, \mathrm{d}x}{\int_a^b f(x) \, \mathrm{d}x}$$

y-Achse als Bezugsachse

Analog zur eben angestellten Überlegung läßt sich auch der Schwerpunktsabstand x_s in Bezug auf die y-Achse bestimmen.

Der Schwerpunktsabstand x_s des Schwerpunktes einer Fläche in Bezug auf die y-Achse in den Grenzen a und b beträgt:

$$x_s = \frac{\int_a^b x \cdot f(x)\,dx}{\int_a^b f(x)\,dx}$$

Beispiel:

Berechnen Sie den Schwerpunkt des Dreiecks.

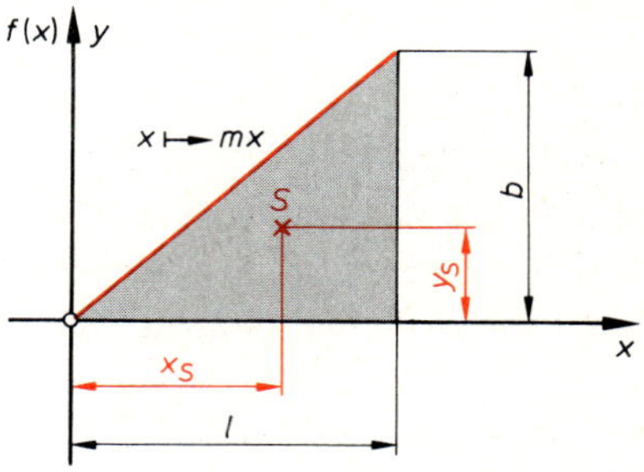

Die Fläche des Dreiecks wird begrenzt durch den Graphen der Funktion $f\colon x \mapsto mx$, der x-Achse und der Parallele zur y-Achse durch den Punkt $x = l$.

In die ermittelten Formeln für die Schwerpunktsabstände wird der Funktionsterm mx eingesetzt und y_s bzw. x_s errechnet. Es gilt: $a = 0$ und $b = l$ und $m = \frac{b}{l}$.

$$f(x) = m\,x; \quad m = \frac{b}{l}$$

$$y_s = \frac{\frac{1}{2}\int_0^l (m\,x)^2\,dx}{\int_0^l m\,x\,dx} = \frac{[\frac{1}{6}m^2\,x^3]_0^l}{[\frac{1}{2}m\,x^2]_0^l}$$

$$= \frac{m^2\,l^3}{3\,m\,l^2} = \frac{m \cdot l}{3} = \frac{b \cdot l}{3 \cdot l} = \underline{\underline{\frac{b}{3}}}$$

$$x_s = \frac{\int_0^l (mx \cdot x)\,dx}{\int_0^l mx\,dx} = \frac{[\frac{1}{3}mx^3]_0^l}{[\frac{1}{2}mx^2]_0^l}$$

$$= \frac{2\,m\,l^3}{3\,m\,l^2} = \underline{\underline{\frac{2}{3}l}}$$

Der Schwerpunkt des Dreiecks liegt jeweils $\frac{2}{3}l$ bzw. $\frac{1}{3}b$ von den Ecken des Dreiecks entfernt. Dieses Ergebnis stimmt mit dem aus der Geometrie bereits bekannten Resultat überein.

Beispiel:

Bestimmen Sie den Schwerpunkt einer halbkreisförmigen Fläche mit $f\colon x \mapsto \sqrt{r^2 - x^2}$.

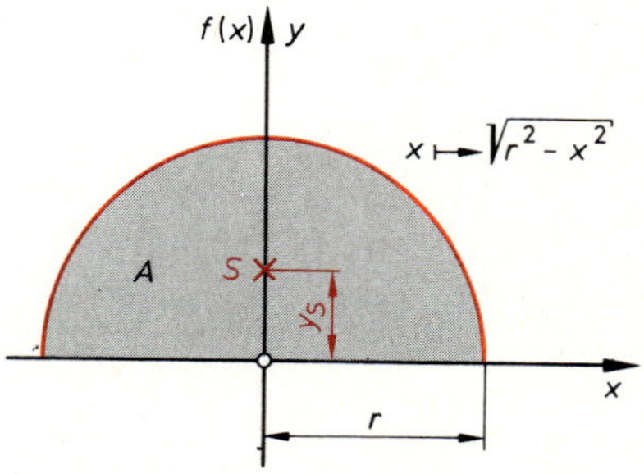

Der Schwerpunkt liegt auf der Symmetrieachse, d.h. die Schwerpunktskoordinate x_s ist gleich Null.

Da sich der Flächeninhalt A mit Hilfe der Formel für die Kreisfläche leicht berechnen läßt, wird die nebenstehende einfachere Methode angewendet.

Es gilt: $f(x) = \sqrt{r^2 - x^2}$ und

$$A = \frac{\pi r^2}{2}$$

Nach Integration in den Grenzen $-r$ bis r ergibt sich der Abstand des Schwerpunktes vom Kreismittelpunkt.

$$y_s = \frac{\frac{1}{2}\int_{-r}^{r} (f(x))^2 \, dx}{A}$$

$$= \frac{\int_{-r}^{r} (r^2 - x^2) \cdot dx}{\pi r^2}$$

$$= \frac{\left[r^2 x - \frac{x^3}{3}\right]_{-r}^{r}}{\pi r^2}$$

$$= \frac{r^3 - \frac{r^3}{3} - \left(-r^3 + \frac{r^3}{3}\right)}{\pi r^2}$$

$$y_s = \underline{\underline{\frac{4r}{3\pi}}}$$

Übungen 14.2

Berechnung von Flächenschwerpunkten

1. Bestimmen Sie die Lage des Schwerpunktes im Trapez.

2. Beweisen Sie, daß der Schwerpunkt eines Rechtecks im Schnittpunkt der Diagonalen liegt

Wo liegen die Schwerpunkte der Flächen unter den Graphen in den angegebenen Grenzen:

3. $f\colon x \mapsto x^3;\ x_1 = 0;\ x_2 = 4$

4. $f\colon x \mapsto 3x^2;\ x_1 = -4;\ x_2 = 2$

5. $f\colon x \mapsto x^4 - 2x^2;\ x_1 = 0;\ x_2 = \sqrt{2}$

6. $f\colon x \mapsto 2 - x^2;\ x_1 = -2;\ x_2 = 2$

7. $f\colon x \mapsto x\sqrt{x};\ x_1 = 0;\ x_2 = 10$

8. Berechnen Sie x_s für nebenstehende Fläche A

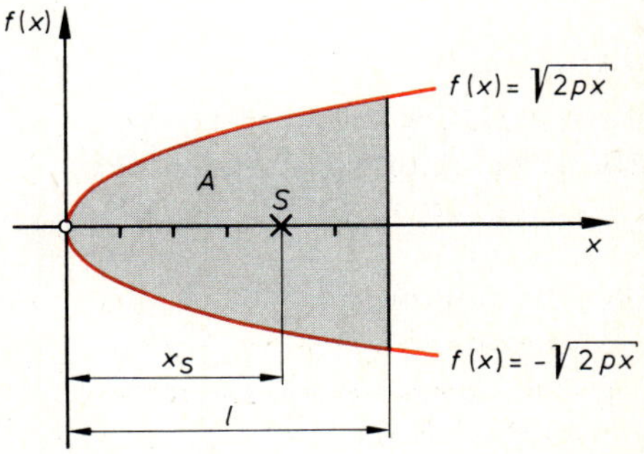

Zusammenstellung wichtiger Stammfunktionen

Integrandenfunktion f	Stammfunktion F
$f(x) = x^n;\ n \neq 1$	$F(x) = \frac{x^{n+1}}{n+1}$
$f(x) = c,\ c \in \mathbb{R}$	$F(x) = cx$
$f(x) = (a + bx)^n$	$F(x) = \frac{(a+bx)^{n+1}}{b(n+1)}$
$f(x) = \frac{1}{x};\ x \neq 0$	$F(x) = \ln x$
$f(x) = \frac{1}{x+a};\ x \neq a,\ a \in \mathbb{R}$	$F(x) = \ln(x + a)$
$f(x) = \sqrt{x};\ x \in \mathbb{R}_+$	$F(x) = \frac{2}{3}\sqrt{x^3}$
$f(x) = \frac{1}{\sqrt{x}};\ x \in \mathbb{R}_+^*$	$F(x) = 2\sqrt{x}$
$f(x) = e^x$	$F(x) = e^x$
$f(x) = a^x;\ a \in \mathbb{R}_+^*$	$F(x) = \frac{a^x}{\ln a}$
$f(x) = \ln x;\ x \in \mathbb{R}_+^*$	$F(x) = x(\ln x - 1)$
$f(x) = \sin x$	$F(x) = -\cos x$
$f(x) = \cos x$	$F(x) = \sin x$
$f(x) = \tan x$	$F(x) = -\ln \cos x$
$f(x) = \cot x$	$F(x) = \ln \sin x$
$f(x) = \frac{1}{\cos^2 x}$	$F(x) = \tan x$
$f(x) = -\frac{1}{\sin^2 x}$	$F(x) = \cot x$

Das griechische Alphabet

$A\,\alpha$	$B\,\beta$	$\Gamma\,\gamma$	$\Delta\,\delta$	$E\,\varepsilon$	$Z\,\zeta$	$H\,\eta$	$\Theta\,\vartheta$	$I\,\iota$	$K\,\kappa$	$\Lambda\,\lambda$	$M\,\mu$
Alpha	Beta	Gamma	Delta	Epsilon	Zeta	Eta	Theta	Jota	Kappa	Lambda	My
$N\,\nu$	$\Xi\,\xi$	$O\,o$	$\Pi\,\pi$	$P\,\varrho$	$\Sigma\,\sigma$	$T\,\tau$	$Y\,\upsilon$	$\Phi\,\varphi$	$X\,\chi$	$\Psi\,\psi$	$\Omega\,\omega$
Ny	Xi	Omikron	Pi	Rho	Sigma	Tau	Ypsilon	Phi	Chi	Psi	Omega

Stichwortverzeichnis

K

L

M

N

O

P

Q

R

S

T